Engenharia de infraestrutura de transportes

Dados Internacionais de Catalogação na Publicação (CIP)
(Câmara Brasileira do Livro, SP, Brasil)

Lester A., Hoel
 Engenharia de infraestrutura de transportes / Hoel Lester A., Nicholas J. Garber, Adel W. Sadek; tradução All Tasks; revisão técnica Carlos Alberto Bandeira Guimarães. – São Paulo: Cengage Learning, 2018.

2. reimpr. da 1. ed. de 2011.
Título original: Transportation infrastructure engineering: a multimodal integration.
Bibliografia.
ISBN 978-85-221-1075-9

1. Engenharia de transportes I. Garber, Nicholas J.. II. Sadek, Adel W.. III. Título.

11-11946   CDD-629.04

Índice para catálogo sistemático:

1. Engenharia de transportes 629.04

Engenharia de infraestrutura de transportes

Uma integração multimodal

Lester A. Hoel
University of Virginia

Nicholas J. Garber
University of Virginia

Adel W. Sadek
University of Vermont

Revisor Técnico
Carlos Alberto Bandeira Guimarães
Formado em Engenharia Civil e Mestre em Transportes pela Escola de Engenharia de São Carlos da USP e Doutor em Engenharia Mecânica pela UNICAMP. Professor da Área de Estradas e Aeroportos do Departamento de Geotécnica e Transportes da Faculdade de Engenharia Civil, Arquitetura e Urbanismo da UNICAMP.

Tradução
All Tasks

Austrália • Brasil • México • Cingapura • Reino Unido • Estados Unidos

Engenharia de infraestrutura de transportes – Uma integração multimodal
Lester A. Hoel, Nicholas J. Garber e Adel W. Sadek

Gerente Editorial: Patricia La Rosa

Supervisora Editorial: Noelma Brocanelli

Supervisora de Produção Editorial: Fabiana Alencar Albuquerque

Título original: Transportation Infrastructure Engineering
ISBN 13: 978-0-495-66789-6
ISBN 10: 0-495-66789-7

Tradução: All Tasks

Copidesque: Daniele Fátima

Revisão: Rosângela Ramos e Isabel Aparecida Ribeiro da Silva

Pesquisa iconográfica: Josiane Camacho e Vivian Rosa

Diagramação: Alfredo Carracedo Castillo

Capa: Thiago Lacaz

© 2011 Cengage Learning
© 2012 Cengage Learning Edições Ltda.

Todos os direitos reservados. Nenhuma parte deste livro poderá ser reproduzida, sejam quais forem os meios empregados, sem a permissão, por escrito, da Editora. Aos infratores aplicam-se as sanções previstas nos artigos 102, 104, 106 e 107 da Lei nº 9.610, de 19 de fevereiro de 1998.

Para informações sobre nossos produtos, entre em contato pelo telefone
0800 11 19 39
Para permissão de uso de material desta obra, envie seu pedido para
direitosautorais@cengage.com

© 2012 Cengage Learning.
Todos os direitos reservados.
ISBN: 13: 978-85-221-1075-9
ISBN: 10: 85-221-1075-1

Até o fechamento desta edição, todos os sites contidos neste livro estavam no ar, com funcionamento normal, entretanto, a Editora não se responsabiliza caso ocorra a sua suspensão.

Esta editora empenhou-se em contatar os responsáveis pelos direitos autorais de todas as imagens e de outros materiais utilizados neste livro. Se porventura for constatada a omissão involuntária na identificação de algum deles, dispomo-nos a efetuar, futuramente, os possíveis acertos.

Cengage Learning
Condomínio E-Business Park
Rua Werner Siemens, 111 – Prédio 11
Torre A – Conjunto 12 – Lapa de Baixo
CEP 05069-900 – São Paulo – SP
Tel.: (11) 3665-9900 – Fax: (11) 3665-9901
SAC: 0800 11 19 39

Para suas soluções de curso e aprendizado, visite **www.cengage.com.br**

Impresso no Brasil
Printed in Brazil
2. reimpr. – 2018

Dedicatória

Este livro é dedicado às nossas esposas,
Unni, Ada e Marianne
e às nossas filhas
Sonja, Lisa e Julie
Valerie, Elaine e Allison
Maria Raphaela
com profundos agradecimentos pelo apoio, ajuda e incentivo
que recebemos durante a composição deste livro.

Sumário

Prefácio à edição SI xi

Capítulo 1 – Visão geral do transporte 1

Transporte e sociedade 1
Oportunidades de carreira no setor de transportes 6
História do transporte 8
Resumo 17

Capítulo 2 – Modelos de sistemas de transporte 21

Sistemas e suas características 21
Componentes dos sistemas de transporte 22
Ferramentas e técnicas para análise dos sistemas de transporte 24
Resumo 67

Capítulo 3 – Características dos usuários, dos veículos e da via 75

Características dos usuários 76
O processo de resposta humana 77
Características do comportamento do passageiro nos terminais de transporte 80
Características do veículo 81
Características das vias 104
Resumo 120

Capítulo 4 – Análise da capacidade do transporte 125

Conceito de capacidade 125
Conceito de nível de serviço 126
Capacidade das rodovias 127
Capacidade do transporte público 149

Infraestrutura para pedestres 179
Infraestruturas para bicicletas 189
Capacidade das pistas de pouso e decolagem de um aeroporto 196
Resumo 204

Capítulo 5 – Planejamento e avaliação do transporte 215

Contexto para o planejamento de transporte multimodal 216
Fatores na escolha de uma modalidade de transporte de cargas ou de passageiros 218
Processo de planejamento do transporte 225
Estimativa da demanda futura de viagens 235
Avaliação das alternativas de transporte 244
Resumo 248

Capítulo 6 – Projeto geométrico das vias de transporte 253

Classificação das vias de transporte 253
Sistema de classificação de rodovias e de vias urbanas 253
Classificação das pistas de pouso e decolagem de aeroportos 256
Classificação das pistas de rolamento de aeroportos 258
Classificação das vias férreas 261
Padrões de projeto para as vias de transporte 262
Padrões de projeto de pistas de pouso/decolagem e de rolamento de aeroportos 272
Padrões de projeto de vias férreas 281
Projeto de alinhamento vertical 285
Projeto de alinhamento horizontal 300
Determinação da orientação e do comprimento de uma pista de pouso e decolagem de aeroportos 328
Resumo 343

Capítulo 7 – Projeto estrutural das vias de transporte 349

Componentes estruturais das vias de transporte 349
Princípios gerais do projeto estrutural das via de transporte 352
Resumo 457

Capítulo 8 – Segurança no transporte 465

Questões envolvidas na segurança do transporte 466
Coleta e análise de dados de colisões 471
Melhorias de segurança de alta prioridade 487
Segurança rodoviária: quem está em risco e o que pode ser feito? 497
Segurança no transporte comercial: uma abordagem de equipe 499
Resumo 506

Capítulo 9 – Transporte inteligente e tecnologia da informação 511

Sistemas de gerenciamento de incidentes e de via expressa 512
Sistemas de controle avançado de tráfego (ATC) 547
Sistemas de transporte público avançados 559
Sistemas de informações ao viajante multimodal 562
Tecnologias avançadas para ferrovias 563
Resumo 563

Apêndice 571

Unidades utilizadas 573

Índice remissivo 577

Prefácio à edição SI

Esta edição de *Engenharia de Infraestrutura de Transporte: uma integração multimodal* foi adaptada para incorporar o Sistema Internacional de Unidades (*Le Système International d'Unités* ou SI) ao longo do livro.

Le Système International d'Unités

O Sistema Tradicional dos Estados Unidos (USCS) utiliza as unidades FPS (pé-libra-segundo), também conhecidas como Unidades Inglesas ou Imperiais. As unidades do SI são principalmente as do sistema MKS (metro-quilograma-segundo). No entanto, as unidades CGS (centímetro-grama-segundo) são frequentemente aceitas como as do SI, especialmente em livros didáticos.

Utilização das unidades do SI

Neste livro, utilizamos as unidades MKS e CGS. As unidades USCS ou FPS da edição americana foram convertidas em unidades do SI em todo o texto e problemas. No entanto, no caso de dados provenientes de manuais, normas governamentais e manuais de produto, além de ser extremamente difícil converter todos os valores no SI, a propriedade intelectual da fonte também é invadida. Além disso, algumas quantidades, como o número do tamanho de grão ASTM e as distâncias Jominy, são geralmente calculadas em unidades FPS e perderiam sua relevância se convertidas no SI. Alguns dados em figuras, tabelas, exemplos e referências, portanto, permanecem em unidades FPS. Para os leitores não familiarizados com a relação entre os sistemas FPS e SI, tabelas de conversão estão disponibilizadas no final do livro.

Para resolver problemas que exigem o uso de dados da fonte, os valores da fonte podem ser convertidos das unidades FPS em unidades do SI um pouco antes de serem utilizados em um cálculo. Para obter as quantidades padronizadas e os dados dos fabricantes em unidades do SI, os leitores podem contatar as agências ou as autoridades do governo em seus países/regiões.

Introdução

Este livro destina-se a ser um recurso para os cursos de Engenharia de Transportes que enfatizam o transporte em uma perspectiva global do sistema. Pode servir como manual para um curso introdutório ou de nível superior avançado e para o primeiro ano dos cursos de pós-graduação. O aspecto peculiar deste livro é a sua característica multimodal e integrativa, que abrange amplamente os sistemas de transporte.

Seu objetivo é fornecer uma visão geral dos transportes do ponto de vista multimodal, em vez de detalhar um modo específico. Este livro também difere dos outros que reivindicam o domínio da engenharia de transportes. Alguns textos incluem a "Engenharia de Transportes" em seus títulos, mas tratam de rodovias, com algumas menções sobre o transporte público. Outros dedicam capítulos separados ou seções a vários modos, como o tráfego aéreo e o transporte de massa, com pouca integração ou demonstração das semelhanças e diferenças que possam existir de um para outro. Alguns deixam de fornecer um contexto que inclui a história do transporte, o seu papel na sociedade e a sua vocação.

Este livro ressalta a explicação do ambiente em que o transporte funciona e, assim, apresenta a "visão macro" para ajudar os alunos a compreender por que os sistemas de transporte funcionam dessa forma e os seus papéis em uma sociedade global. A abordagem aqui utilizada é discutir os conceitos básicos no transporte e como eles foram aplicados aos vários modos. Como cada modalidade inclui veículos e a via em que trafegam, referimo-nos a essa rota, seja rodovia, ferrovia, pista de voo ou rota marítima, como a "via de percurso". Assim, por exemplo, o capítulo sobre geometria da via de percurso descreve as semelhanças e diferenças nos princípios de projeto para o transporte aéreo, ferroviário e rodoviário e explica como eles são usados na prática.

O livro-texto está organizado em torno dos fundamentos no campo da engenharia de transportes. A seleção dos tópicos do capítulo é destinada a cobrir as áreas profissionais importantes da engenharia de transportes. Essas áreas incluem uma visão geral do transporte na sociedade; modelos de sistemas de transporte; características do condutor, do veículo e da via de percurso; análise da capacidade; planejamento e avaliação; projeto geométrico das vias de percurso; projeto estrutural dos pavimentos; segurança e tecnologia da informação no transporte. A abordagem pedagógica utilizada neste livro é o uso extensivo de exemplos resolvidos em cada capítulo que ilustram o material de texto, um conjunto de problemas de lição de casa disponibilizado no final de cada capítulo, bem como um resumo e uma lista de sugestões para outras leituras.

A conclusão deste livro-texto não teria sido possível sem a ajuda e o apoio de muitos indivíduos e organizações. Em primeiro lugar, os nossos agradecimentos aos que serviram como revisores dos rascunhos de manuscritos: Murtaza Haider, Stephen P. Mattingly, Carroll J. Messer e outros que preferiram permanecer anônimos. Agradecemos também a ajuda de John Miller e Rod Turochy, que apresentaram comentários em capítulos específicos. Agradecimentos especiais a Jane Carlson e Hilda Gowans, que serviram como nossas editoras e trabalharam conosco durante todo o projeto. Estamos gratos também às organizações profissionais que permitiram que incluíssemos materiais de seus manuais e publicações, assegurando, assim, que os profissionais de transportes emergentes aprendessem o que há de mais moderno sobre transportes, tanto teoricamente como na prática. Essas organizações são: American Association of State Highway and Transportation Officials, Institute of Transportation Engineers, Portland Cement Association, Eno Transportation Foundation, Transportation Research Board of the National Academies, American Railway Engineering and Maintenance-of-Way Association, Association of American Railroads e U.S. Department of Transportation.

Visão geral do transporte

CAPÍTULO 1

O objetivo deste capítulo é descrever o contexto para o transporte em termos de sua importância para a sociedade e as questões levantadas pelos impactos criados quando novos sistemas de transporte e serviços são fornecidos. O capítulo também descreve o tipo de oportunidades de emprego disponíveis na indústria do transporte, com ênfase no setor de infraestrutura. Visto que a popularidade e o uso das modalidades de transporte – como hidroviário, ferroviário, aéreo, rodoviário (automóveis e caminhões) – mudarão ao longo do tempo, sua história também é resumida, com ênfase na revolução dos transportes desde o início dos anos 1800 até os dias de hoje.

Transporte e sociedade

A finalidade do transporte é fornecer um mecanismo para a troca de bens, de informações, deslocamento de pessoas, e para apoiar o desenvolvimento econômico da sociedade. O transporte fornece os meios para viagens de negócios, exploração ou realização pessoal e é uma condição necessária para as atividades humanas, como comércio, recreação e defesa. Ele é definido como o movimento de pessoas e bens para atender às necessidades básicas da sociedade que demandam mobilidade e acessibilidade. Há muitos exemplos de deslocamentos que ocorrem diariamente: uma família viaja para outro país buscando uma vida melhor; uma emergência médica requer a transferência imediata de um paciente para o hospital; um executivo de vendas atravessa o país para participar de uma conferência sobre gestão de negócios; uma carga de produtos frescos é entregue a um supermercado; trabalhadores viajam de suas casas para os seus locais de trabalho.

A qualidade do transporte afeta a capacidade de a sociedade utilizar seus recursos naturais de mão de obra e/ou materiais. O transporte também influencia a posição competitiva em relação a outras regiões ou nações. Sem a capacidade de transportar com facilidade seus produtos, uma região pode se tornar incapaz de oferecer bens e serviços a um preço competitivo e, portanto, reduzir ou perder sua participação de mercado. Por meio da prestação de serviços de transporte segura, confiável, rápida, com capacidade suficiente e a um preço competitivo, um estado ou nação poderão expandir sua base econômica, entrar em novos mercados e importar mão de obra qualificada.

Todas as nações e regiões desenvolvidas, com uma forte base econômica, têm investido em serviços de transporte de alta qualidade. Nos séculos XVIII e XIX, países como Inglaterra e Espanha, com forte presença marítima, tornaram-se os governantes de vastos impérios coloniais e estabeleceram o comércio internacional com as rotas de comércio para a América do Norte, Índia, África e Extremo-Oriente. No século XX, os países que se tornaram líderes na indústria e no comércio, como Estados Unidos, Canadá, Japão e Alemanha, contaram com modernas redes de transporte marítimo, terrestre e aéreo. Esses sistemas reforçam a capacidade de suas indústrias para transportar bens manufaturados, matérias-primas e conhecimentos técnicos, e, assim, maximizar a vantagem comparativa sobre os outros concorrentes. No século XXI, a tecnologia da informação e a integração das modalidades terrestres, marítimas e aéreas ajudaram a criar uma economia global. Para os países sem recursos naturais, o transporte é essencial para garantir a importação de matérias-primas necessárias para a fabricação de automóveis, eletrônicos e outros produtos de exportação.

Sistemas de transporte integrados e modernos são uma necessidade, mas não a garantia de desenvolvimento e prosperidade econômica. Sem os serviços competitivos de transporte, o potencial econômico de uma região torna-se limitado. Para ter sucesso, uma região deve ser dotada de recursos naturais ou humanos, infraestrutura (como instalações de água, energia e esgoto), capital financeiro, habitação adequada e forte defesa militar. Quando essas condições estiverem adequadas, o crescimento econômico dependerá da qualidade do sistema de transporte interno, que consiste em rodovias, ferrovias, companhias aéreas, transportes marítimos e portos. Além disso, dependerá da qualidade das ligações multimodais com o resto do mundo, incluindo todos os serviços de transporte.

Um bom sistema de transporte oferece muitos benefícios à sociedade, além de seu papel no desenvolvimento econômico. Os avanços nos transportes têm contribuído para a qualidade de vida e expandido as oportunidades na busca da felicidade, um direito dos norte-americanos declarado por Thomas Jefferson na Proclamação da Independência. Os sistemas modernos de transporte têm proporcionado ao mundo um grau de mobilidade sem precedentes.

Em contraste com o passado, hoje podemos viajar de automóvel, trem, navio ou avião para qualquer parte do país ou do mundo, a fim de visitar amigos e parentes ou a turismo. Podemos também alterar nossas condições atuais de vida, deslocando-nos para outro lugar. Em decorrência do bom sistema de transporte, os cuidados com a saúde melhoraram drasticamente; por exemplo, os medicamentos, transplantes e equipamentos médicos podem ser transportados em situações de emergência a um hospital remoto, ou os pacientes podem ser removidos rapidamente para centros médicos especializados. As melhorias no transporte têm contribuído para o declínio mundial da fome, pois, quando há escassez de alimentos em decorrência da miséria, guerras ou do clima, os transportes aéreo e marítimo são fundamentais para o reabastecimento. Outros benefícios para a sociedade abrangem a extensão da expectativa de vida, melhores oportunidades para a educação superior e de formação técnica, o aumento da renda e dos padrões de vida, maiores opções de recreação, redução das desigualdades na educação e no emprego, e maior participação em experiências multiculturais em todo o mundo.

Os benefícios de oferecer à sociedade melhores condições de transporte, quer sejam justificados com base no desenvolvimento econômico ou na mobilidade, não são obtidos sem um preço. Os custos para a sociedade são diretos e indiretos. Os primeiros incluem as despesas operacionais e de capital, o direito de passagem, de instalações e de manutenção. Os segundos compreendem os impactos ambientais, congestionamento, danos materiais, lesões e mortes. Nos Estados Unidos, a construção dos 75.140 km do Sistema Nacional de Rodovias Interestaduais e de Defesa (chamado Sistema Interestadual Dwight D. Eisenhower) começou em 1956, e levou 40 anos para ser concluída, ao custo total de 130 bilhões de dólares. Outros projetos importantes são o Canal do Panamá, concluído em 1914 (Figura 1.1), e a ferrovia transcontinental, concluída em 1869 (Figura 1.2). Ambos exigiram o gasto de vastas somas de dinheiro e a contratação de milhares de trabalhadores. Em tempos mais recentes, o "Big Dig", em Boston,[1] que substituiu uma horrorosa via elevada por um sistema de túneis, custou mais de 14 bilhões de dólares e levou dez anos para ser concluído.

Figura 1.1 – U.S.S. Arizona nas eclusas do Canal do Panamá, 1921.

Os viajantes arcam com os custos de transporte quando ocorrem acidentes ou desastres. Esses eventos tendem a ser pouco frequentes, mas, quando acontecem, servem como um lembrete dos riscos envolvidos. Cada modalidade de transporte traz à memória um grande desastre. Exemplos são o naufrágio do *Titanic*, em 1912 (Figura 1.3), que vitimou 1.500 pessoas, um assunto que fascina até hoje, e o acidente com o zepelim *Hindenburg*, que explodiu em chamas enquanto atracava após um voo transatlântico da Alemanha a Lakehurst, Nova Jersey (EUA), em 1936. Os desastres aéreos dos tempos modernos, embora raros, são dramáticos e catastróficos, como os voos United 718 e TWA 2, de Los Angeles, que colidiram no Grand Canyon em 1956, matando 128 passageiros e tripulantes, e a explosão e queda do voo 800 da TWA, em 1996, durante a decolagem de Nova York para Paris, em que 230 vidas foram perdidas. Os desastres aéreos são investigados pelo Conselho de Segurança de Transporte Nacional, do Departamento de Transporte dos Estados Unidos, para determinar a causa e aprender como tais tragédias podem ser evitadas. Os acidentes rodoviários também têm um custo significativo, e nos Estados Unidos resultam na perda de mais de 40 mil vidas a cada ano.

---

[1] Big Dig é o nome não oficial do Central Artery/Tunnel Project (CA/T), um grande empreendimento para direcionar a Central Artery (Interestadual 93), rodovia principal de acesso controlado que cruza o coração de Boston, Massachusetts, para um túnel sob a cidade, substituindo uma antiga via elevada. O projeto também inclui a construção do túnel Ted Williams (ampliação da Interestadual 90 para o Aeroporto Internacional Logan) e da ponte Zakim Bunker Hill sobre o rio Charles.

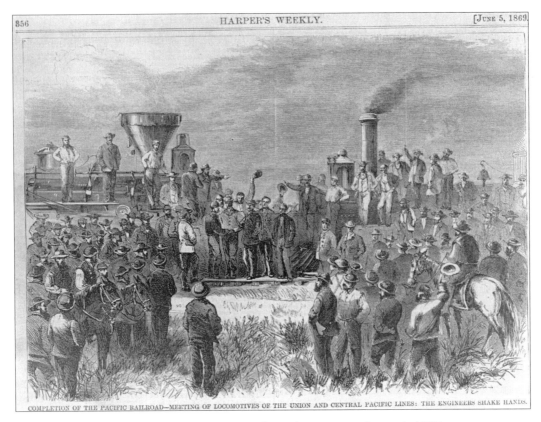

Figura 1.2 – Conclusão da ferrovia transcontinental, 1869.

Os impactos ambientais causados pelo transporte incluem ruído, poluição do ar e da água, efeitos climáticos de longo prazo do monóxido de carbono e de outros poluentes gerados pelos motores de combustão interna, transtornos às áreas pantanosas, profanação da beleza natural e desmembramento dos *habitats* naturais. Esses impactos são profundos e têm estimulado a legislação ambiental no sentido de atenuar os danos potenciais.

O impacto dos transportes sobre a sociedade pode ser ilustrado com as seguintes afirmações:

- Os gastos relacionados ao transporte representam aproximadamente 17,5% do Produto Interno Bruto (PIB) dos Estados Unidos.
- Quase 100% da energia utilizada para tração dos veículos de transporte é derivada de recursos petrolíferos.
- Mais de 50% de todos os produtos do petróleo consumidos nos Estados Unidos são para fins de transporte.
- Mais de 80% dos motoristas qualificados são licenciados para operar um veículo motorizado.
- Cada pessoa nos Estados Unidos viaja uma média de 19.300 km por ano.
- Mais de 10% da força de trabalho dos Estados Unidos estão empregadas em uma atividade relacionada com o transporte.
- Nos Estados Unidos existem mais de 6 milhões de quilômetros de rodovias pavimentadas, das quais cerca de 1,2 milhão de quilômetros são utilizados para viagens intermunicipais.
- Existem aproximadamente 177.000 km de estradas de ferro, 10 mil aeroportos, 42.000 km de hidrovias, e 343.000 km de dutovias.

O uso do solo, que é a organização das atividades no espaço, está intimamente inter-relacionado com o transporte, pois a viagem acontece de um tipo de uso de solo para outro (por exemplo: da residência para o trabalho,

Figura 1.3 – Titanic, construído em 1911.

ou da fábrica para um armazém). Diversas opções de transporte que foram dominantes no passado ilustram as relações entre o uso do solo e o transporte e como eles mudaram ao longo do tempo.

Quando caminhadas e o deslocamento em cavalos eram as modalidades de transporte predominantes, os usos do solo localizavam-se próximos uns dos outros, e muros cercavam muitas cidades. Quando as estradas de ferro e o transporte ferroviário de massa dominavam, as formas deste uso assumiram um padrão em formato radial. O centro da cidade, com sua atividade comercial e industrial, era o ponto focal, e as residências ficavam ao longo das vias radiais. Surgiram padrões de uso do solo altamente concentrados e densos em cidades como Nova York, Filadélfia, Boston e Chicago, a partir do momento em que o transporte ferroviário foi nelas disponibilizado. Quando o automóvel surgiu, os padrões de uso do solo poderiam ser menos densos e mais difusos, tendo em vista que as estradas podiam ser construídas quase em qualquer lugar. Com a construção do Sistema Nacional de Rodovias Interestaduais, surgiram os subúrbios e o desenvolvimento comercial já não era mais confinado às regiões centrais da cidade. Hoje, o padrão típico de uso do solo é espalhado, de baixa densidade e homogêneo.

Da mesma forma, as cidades, que já foram confinadas em locais ao longo do litoral, lagos, rios e terminais ferroviários, podem estar localizadas quase que em qualquer lugar no país. Novas formas de transporte, como o transporte aéreo e o rodoviário interestadual, criaram acessibilidade por toda a parte e permitiram a criação de cidades em locais onde antes eram inviáveis.

Nos Estados Unidos, os governos municipais e os cidadãos são responsáveis pelas decisões sobre o uso do solo em nível local. As decisões de investimentos em instalações de transporte são normalmente de responsabilidade dos governos estaduais e federais e de grandes empresas. Consequentemente, a falta de coordenação do uso do solo e do planejamento do transporte muitas vezes resulta em ineficiências na alocação de recursos, tanto para um como para o outro.

Oportunidades de carreira no setor de transportes

Os quatro principais modos de transporte são o aéreo, o hidroviário, o ferroviário e o rodoviário. Cada modo ou modalidade tem um mercado estabelecido, e as modalidades competem entre si, mas também cooperam uma com a outra. O mundo sofreu alterações profundas no tempo de viagem ao longo dos séculos passados. No início do XIX, uma viagem de 500 km levava 12 dias por diligência. Com a tecnologia de transporte desenvolvida, os tempos de viagem foram sucessivamente reduzidos para sete dias por via fluvial, oito horas por via férrea, cinco horas de automóvel e 50 minutos por via aérea. No século XXI, os profissionais de transporte terão de enfrentar novos desafios, incluindo o desenvolvimento de novas tecnologias, comunicações, a busca por opções de energia para substituir os combustíveis fósseis e as questões complexas do meio ambiente, financiamento e desregulamentação. Assim, as oportunidades profissionais que existirão na área de transportes neste século são muito promissoras.

Os aspectos gerenciais do transporte de mercadorias, conhecidos como *logística empresarial*, ou pesquisa operacional, estão relacionados à movimentação e à armazenagem de mercadorias entre a principal fonte de matérias-primas e a localização do produto acabado. Essa área de especialização profissional, considerada um elemento da administração de empresas, tem crescido em importância à medida que os armadores e as transportadoras procuram minimizar seus custos de transporte, utilizando combinações de modalidades e serviços que ofereçam a melhor combinação de atributos, incluindo o tempo de viagem, custo, confiabilidade, frequência e segurança. Normalmente, gerentes de logística são formados em um ambiente de negócios, mas também podem sê-lo em programas acadêmicos de sistemas e operações de transporte.

Um grande segmento da indústria do transporte trata de *projeto e fabricação de veículos*, incluindo aviões, automóveis e caminhões, locomotivas a *diesel*, ônibus e vagões ferroviários, navios e dutos. Esse segmento da indústria é especializado, e várias grandes empresas americanas, como Boeing, General Motors e Westinghouse desempenham papéis de liderança. Muitas outras nações, como França, Japão, Alemanha, Itália, Grã-Bretanha, Suécia e Canadá, para citar algumas, também fabricam veículos de transporte. O *design* e a fabricação de veículos envolvem a aplicação de sistemas mecânicos, elétricos e proficiência em engenharia de computação. Exigem também o emprego de mecânicos tecnicamente treinados e trabalhadores da produção de diversas outras áreas. O setor de transportes emprega muitos trabalhadores nas *indústrias de serviço*. Para as modalidades de passageiros, os empregos são para assistentes de voo, condutores de trem, comissários de navio, agentes de viagens, carregadores, técnicos de manutenção e agentes de bilheteria. Nas modalidades de carga, os empregos são para despachantes, caminhoneiros, trabalhadores em pátios de ferrovias, marinheiros, estivadores e guardas de segurança. A manutenção e a prestação de serviços para uma vasta frota de veículos exigem mão de obra técnica e qualificada, para servir desde um automóvel pessoal até um Boeing 747. O abastecimento de milhões de veículos automotores, bem como de aviões, navios e trens, exige uma rede de instalações de armazenamento e distribuição, além de pessoal para operá-la.

A *indústria de infraestrutura de transporte* também é uma importante fonte de geração de emprego para os profissionais que aborda todos os aspectos do desenvolvimento da infraestrutura. Os profissionais que trabalham nessa área são contratados por agências governamentais, empresas de consultoria, de construção, autoridades de transporte e empresas privadas. Os profissionais que trabalham na solução de problemas de transporte são engenheiros, advogados, economistas, cientistas sociais, urbanistas e ambientalistas. Entre suas atribuições estão a elaboração da legislação, facilitação para a aquisição do direito de passagem, monitoração dos efeitos do transporte sobre a economia, preparação das declarações de impacto ambiental, desenvolvimento de estratégias de marketing e desenvolvimento dos planos de uso do solo e previsões de demanda.

Engenharia de transporte é a área responsável pelo planejamento, concepção, construção, operação e manutenção das suas infraestruturas. O campo abrange rodovias, aeroportos, pistas de pouso/decolagem de aeroportos, estações ferroviárias e vias férreas, pontes e vias fluviais, dispositivos de drenagem, portos e sistemas de transporte ferroviário ou rodoviário. Existem oportunidades de emprego nessas áreas em agências de transporte federais, no governo estadual, autarquias especiais de transporte, empresas de consultoria, companhias ferroviárias e aéreas, indústria privada e associações profissionais. Embora esse setor esteja associado à engenharia civil, os profissionais do transporte muitas vezes têm formação acadêmica em outras disciplinas de engenharia, como mecânica, elétrica, aeroespacial e de tecnologia da informação. Além de uma compreensão dos princípios básicos de transporte, o engenheiro de transporte deve possuir amplos conhecimentos sobre os fundamentos de engenharia, ciência, estatísticas, comunicação oral e escrita, computadores, economia, história e ciências sociais. Normalmente, o engenheiro de transporte moderno obtém um grau de bacharel em engenharia e mestrado ou doutorado em uma especialidade de transporte, como descrito nas seções seguintes.

O *planejamento de transporte* envolve planos e programas de desenvolvimento que melhoram as condições atuais de viagem. Os planejadores fazem perguntas como: Um aeroporto existente deve ser expandido ou um novo deve ser construído? Uma via expressa deve ter sua largura aumentada? Uma ferrovia deve ser construída? O processo envolve a definição do problema, estabelecendo metas e objetivos, coleta de dados de viagens e instalações, previsão de demanda de tráfego e a avaliação das opções disponíveis. O planejador também deve avaliar os impactos ambientais, o efeito do projeto sobre o uso do solo e os benefícios do projeto em relação ao custo. A viabilidade física e as fontes de financiamento também são consideradas. O produto final é uma comparação das diferentes alternativas com base em objetivos e critérios estabelecidos e uma análise de como cada opção cumprirá as metas e os objetivos desejados. Um plano é, então, recomendado para apreciação por parte dos tomadores de decisão e do público.

O *projeto de transporte* envolve a especificação dos recursos que compõem as instalações para que ele funcione de forma eficiente e de acordo com critérios adequados e modelos teóricos. O projeto final oferece um conjunto de desenhos, para uso do proprietário e do contratante, que estabelece as especificações detalhadas para seu desenvolvimento. O processo do projeto envolve a seleção das dimensões para as características geométricas de alinhamento e de nível, bem como os elementos estruturais de pontes e da pavimentação. No caso de rodovias ou pistas de pouso/decolagem de aeroportos, a espessura do pavimento deve ser determinada. Se as estruturas das pontes ou de drenagem forem necessárias (por exemplo, em um cruzamento ferroviário ou na adaptação da altura livre do túnel para acomodar dois contêineres empilhados), um projeto estrutural deve ser realizado. A provisão para dispositivos de drenagem, incluindo canaletas, bueiros e dispositivos subterrâneos, está incluída no projeto. Os dispositivos de controle de tráfego também são especificados (por exemplo, em cruzamentos ferroviários e nos terminais marítimos). Os centros de controle de tráfego para os sistemas de transportes aéreos, ferroviários ou rodoviários exigirão instalações de monitoramento e modificação dos padrões de tráfego conforme as condições exigirem. Os engenheiros de projeto devem ser proficientes em assuntos como mecânica dos solos e fundações, hidráulica, topografia, pavimentação e projeto geométrico. O processo de projeto resulta em um conjunto de planos detalhados que pode ser usado para estimar o custo da instalação e realização da construção.

A *construção do sistema de transporte* envolve todos os aspectos do processo de construção. Normalmente, uma empreiteira de obras é escolhida por sua experiência, disponibilidade de trabalhadores qualificados e uma proposta de preço competitiva. Algumas empreiteiras especializam-se em um aspecto específico de transporte, como rodovias, aeroportos, portos marítimos ou ferrovias. Para um projeto muito grande, em geral várias empreiteiras se organizam em um consórcio e subdividem o trabalho em segmentos. Essas empresas também se especializam como subcontratadas para tarefas, tais como instalações elétricas, fundações, estaqueamentos, pontes, perfurações de túneis, estruturas, instalações hidráulicas e terraplenagem. O papel do engenheiro de transporte na construção é representar o contratante para assegurar que o projeto está sendo construído de acordo com as especificações, aprovar os pagamentos parciais, inspecionar o trabalho em andamento e representar o contratante em negociações para mudanças no trabalho ou em disputas que possam surgir. Esse profissional também pode ser empregado pela contratada e, nessa qualidade, responsabiliza-se pela estimativa dos custos, gestão do trabalho do dia a dia, tratando com as empresas subcontratadas e representando a empresa nas negociações com o órgão ou empresa contratante.

As *operações e o gerenciamento do transporte* envolvem o controle dos veículos em tempo real para garantir que eles estejam viajando em rotas que são seguras em relação às interferências de outros veículos ou pedestres. Enquanto cada modalidade de transporte tem procedimentos únicos de controle de tráfego, é de responsabilidade do engenheiro de transporte idealizar sistemas e procedimentos que garantam tanto a segurança como a capacidade. Em rodovias, cada motorista está no controle de seu veículo e, assim, o sistema de controle de tráfego consiste em sinais, marcas e sinalizações, que se destinam a adverti-los e direcioná-los. O engenheiro de transporte aplica a mais recente tecnologia para monitorar o tráfego, fornecer informações aos motoristas, e prestar assistência no caso de acidentes. O controle de tráfego aéreo é um processo individual, com um controlador monitorando a localização de cada aeronave e dando orientações sobre a altitude de cruzeiro, velocidade, decolagem e aterrissagem. Os sistemas ferroviários são controlados em um centro de tráfego e por sinais da via férrea que, automaticamente, atribuem o direito de passagem e ajustam a velocidade. O maquinista pode operar sob controle visual ou por rádio. Em cada caso, o engenheiro de transporte é responsável pelo desenvolvimento de um sistema de controle que seja consistente com o fornecimento do mais alto nível de segurança e serviço.

A *manutenção da infraestrutura do transporte* envolve o processo de assegurar que o sistema de transporte do país permaneça em excelente condição. Muitas vezes, a manutenção é negligenciada como uma tática de redução de custos, e o resultado pode ser catastrófico. A manutenção não é politicamente atraente, assim como novas construções, porém, os efeitos da manutenção protelada, se não detectados, podem resultar em tragédia e, por fim, investigações públicas das causas e dos responsáveis pela negligência. A manutenção envolve a substituição de rotina de peças, a programação regular dos serviços, o reparo das superfícies desgastadas em pavimentos e outras ações necessárias para manter o veículo ou a instalação em condições de funcionamento. Envolve ainda o gerenciamento de dados para as atividades de trabalho e o cronograma do projeto, bem como a análise das atividades de manutenção para garantir que elas sejam realizadas de forma adequada e econômica. O engenheiro de transporte é responsável por selecionar estratégias de manutenção e horários, prever seus ciclos, gerenciar riscos, tratar da responsabilidade civil, avaliar os custos econômicos dos programas de manutenção, testar novos produtos e fazer a escala do pessoal de manutenção e dos equipamentos.

História do transporte

Por milhares de anos antes do século XIX, o meio pelo qual as pessoas viajavam não se alterava. Por terra, a viagem era a pé ou em veículos de tração animal. Por mar, os barcos eram movidos pelo vento ou por homens. A viagem era lenta, cara e perigosa. Como resultado, as nações mantiveram-se relativamente isoladas e muitas sociedades cresceram, prosperaram e decaíram sem o conhecimento de pessoas que viviam em outros lugares. Em 1790, ano do primeiro censo federal, 4 milhões de pessoas viviam nos Estados Unidos. O fraco serviço de transporte manteve as comunidades isoladas. Por exemplo, em 1776, passou-se quase um mês para que os cidadãos de Charleston, Carolina do Sul, soubessem que a Declaração de Independência fora ratificada em Filadélfia, a uma distância de menos de 1.200 km.

No alvorecer do século XIX, novas tecnologias, que tiveram uma profunda influência sobre o transporte, foram sendo introduzidas. Em 1769, James Watt, um engenheiro escocês, patenteou um projeto revolucionário de motor a vapor, e, em 1807, Robert Fulton, engenheiro civil, demonstrou a viabilidade comercial da viagem de barco a vapor. Desde então, livros foram escritos em comemoração à história de cada uma das modalidades de transporte que se seguiram a Watt e Fulton, descrevendo os pioneiros, inventores e empreendedores com visão e coragem para desenvolver uma nova tecnologia e, assim, mudar a sociedade.

Entre os principais marcos da história do transporte estão a construção de rodovias pedagiadas para acomodar viagens a pé e a cavalo; a construção de navios a vapor e canais nos rios e hidrovias; a expansão do oeste, possibilitada pela construção de ferrovias; o desenvolvimento do transporte de massa nas cidades; a invenção do avião e o sistema de transporte aéreo resultante dos aviões a jato, aeroportos e navegação aérea; a introdução do automóvel e a construção de rodovias; a evolução do transporte intermodal, considerando as modalidades como um sistema integrado; e a aplicação da tecnologia da informação.

No século XIX, as *primeiras estradas* eram primitivas e não pavimentadas. A viagem era a cavalo ou em veículos de tração animal. Em 1808, o secretário do Tesouro americano, Albert Gallatin, que serviu à presidência de Thomas Jefferson, elaborou um relatório ao Congresso sobre a necessidade nacional de instalações de transporte. O relatório desenvolveu um plano de transporte nacional envolvendo estradas e canais. Apesar de o plano não ter sido adotado oficialmente, houve muita pressão para que o governo federal investisse em transportes. O relatório de Gallatin impulsionou a construção da primeira rodovia nacional, também conhecida como Cumberland Road, que ligou Cumberland, Maryland, a Vandalia, Illinois. Já em 1827, a manutenção da rodovia tornou-se um problema, porque a superfície de pedra estava se desgastando e não havia fundos disponíveis para sua conservação.

A construção de estradas não era uma alta prioridade no século XIX, pois a maioria do tráfego era realizada por embarcações, e mais tarde por estradas de ferro. A construção de rodovias pedagiadas era frequentemente financiada por fundos privados, e sua manutenção era realizada por cidadãos locais. Melhorias no projeto de veículos, tais como o carroção Conestoga, construído pela primeira vez em meados dos anos 1700, transportavam a maior parte das mercadorias e pessoas no sentido oeste pelos Alleghenies[2] até aproximadamente 1850 (Figura 1.4). Esses carroções cobertos, tracionados por parelhas de quatro a seis cavalos, eram chamados de *camels of the prairies* (camelos das pradarias). Eles foram projetados com rodas removíveis de aro largo para evitar o atolamento na lama, e tinham fundo curvado para estabilizar a carga contra deslocamentos.

Figura 1.4 – Carroção Conestoga de tração animal (cavalos), 1910.

---

[2] Montes Allegheny, parte da cordilheira dos Apalaches, no norte dos Estados Unidos.

Figura 1.5 – Clermont, barco a vapor de Fulton, 1807.

O **transporte por hidrovia** desenvolveu-se com a introdução do transporte em barco a vapor nos Estados Unidos após a viagem bem-sucedida do *North River Steamboat* (também chamado *Clermont*) (Figura 1.5). Pela primeira vez na história, os passageiros viajaram sobre o rio Hudson da cidade de Nova York até Albany em um barco não movido a velas. Nos anos subsequentes, o transporte em barcos a vapor prosperou nos principais rios e lagos, e prestou serviços de transporte de passageiros para as cidades localizadas em Long Island Sound, às margens do rio Mississippi, seus afluentes, outros rios no Oeste, e nos Grandes Lagos. Para ampliar o sistema fluvial, canais foram construídos com o objetivo de ligar os rios e os lagos e desbravar o Oeste. O transporte fluvial teve um papel fundamental na localização das cidades. Assentamentos eram mais propensos a ocorrer em locais com acesso a portos, rios, lagos e córregos. Ainda hoje, a maioria das grandes cidades nos Estados Unidos e no mundo está localizada próxima a hidrovias ou a grandes lagos.

Os **canais** eram uma modalidade dominante durante o período de 1800-1840, quando cerca de 6.400 km deles foram construídos para ligar várias hidrovias na região nordeste dos Estados Unidos. O sistema de hidrovias e canais atendeu tanto às necessidades do transporte de carga como à de passageiros, e proporcionou transporte a baixo custo entre muitos locais antes inacessíveis. Um dos projetos mais proeminentes, o Canal de Erie, foi concluído em 1825 e ligou Albany, em Nova York, ao Lago Erie, em Buffalo (Figura 1.6). Esse projeto, de 581 km, gerou uma nova indústria da construção, bem como a profissão de engenheiro civil. As técnicas desenvolvidas na construção desse projeto foram seguidas em todo o mundo em outros projetos, principalmente o do Canal de Suez, concluído em 1869, e o Canal do Panamá, iniciado pelos franceses em 1882 e concluído pelos norte-americanos em 1914. Os canais foram utilizados para encurtar as distâncias das viagens de rotas sinuosas por rios ou por carroça. No entanto, os tempos de viagem em canais eram limitados pela velocidade das mulas que rebocavam os barcos ou pelos atrasos nas eclusas. Não era incomum a formação de longas filas ou as lutas entre as tripulações dos barcos para definir qual direção tinha prioridade para passar.

O **transporte ferroviário** lentamente emergiu como nova modalidade durante o mesmo período em que os canais estavam sendo construídos. O uso de trilhos como superfície de rolamento diminuía as forças de atrito

Figura 1.6 – Canal de Erie, 1825.

e permitia que os cavalos puxassem cargas mais pesadas do que havia sido possível no passado. Os bondes de tração a cavalo foram introduzidos nas cidades em 1832, e a ferrovia de Baltimore e Ohio (B&O) inaugurou o serviço em 1830. A introdução de motores a vapor na Inglaterra abriu uma nova era de transporte, e a *locomotiva* substituiu os cavalos como fonte de força de tração (Figura 1.7). Os norte-americanos demoraram a aceitar essa nova tecnologia, pois estavam empenhados nos rios e nos canais, e a nação tinha uma fonte de energia barata com a água. As ferrovias foram introduzidas gradualmente, primeiro pela Companhia Ferroviária e de Canais da Carolina do Sul no final dos anos 1820, com uma locomotiva a vapor chamada *Best Friend of Charleston*. A ferrovia de B&O começou as atividades com o vapor quando adquiriu a *Tom Thumb*.[3] Em uma corrida contra um cavalo e uma carruagem, em 1830, a *Tom Thumb* perdeu porque uma correia de transmissão se partiu, transformando essa história em um mito do transporte até hoje.

Em 1850, as ferrovias tinham provado que poderiam fornecer um serviço superior com relação a tempo, custo e confiabilidade quando comparadas aos rios, canais ou rodovias pedagiadas. Consequentemente, os fundos para construir estradas para carruagens de tração a cavalos ou canais não estavam mais disponíveis, e a nação se mobilizou em um esforço maciço para a construção de vias, pontes e estações. Em 1840, havia 6.400 km de ferrovias nos Estados Unidos, enquanto somente no ano de 1887, 21.000 km foram concluídos (Figura 1.8). O projeto mais grandioso foi a construção da ferrovia transcontinental, concluída em 1869 com a cavilha de ouro sendo batida em Promontory Point, estado de Utah. No início do século XX, as ferrovias tornaram-se a modalidade de transporte dominante tanto para passageiros como para carga, com uma vasta rede de linhas ferroviárias que atingiu seu pico de 416.000 km em 1915.

Os Estados Unidos transformaram-se por causa das ferrovias, que abriram o Oeste para a colonização. Novas ferramentas de gestão foram desenvolvidas pelas companhias ferroviárias e adotadas por outras indústrias. Em 1883, as companhias ferroviárias estabeleceram o sistema de fuso horário que vigora até hoje. No final

---

[3] Tom Thumb, a primeira locomotiva a vapor projetada e fabricada por Peter Cooper, em 1830. (NR)

Figura 1.7 – Trem movido a vapor, 1915.

do século XIX, as ferrovias tinham controle do monopólio do comércio de carga interestadual e usavam esse poder para levar a efeito cobranças abusivas aos clientes, principalmente aos fazendeiros, que se rebelaram e fizeram *lobby* no Congresso para obter ajuda. Como resultado, o governo federal, por meio da criação da Comissão de Comércio Interestadual (ICC) em 1887, começou a regular as ferrovias. Hoje, esses poderes já não existem mais, e a importância das ferrovias diminuiu, não tendo mais o monopólio sobre os expedidores de carga. Assim, a lei federal Staggers Act, de 1980, desregulamentou as ferrovias e outras modalidades de transporte. Em 1996, muitas das funções da ICC foram interrompidas.

A introdução da *conteinerização* ocorreu em 1956, quando Malcolm McLean modificou um navio-tanque para permitir o transporte de 58 contêineres. Essa inovação motivou o setor ferroviário a se tornar uma das principais modalidades de movimentação de carga. Com o crescimento do tráfego deste tipo de carga e a construção de portos para grandes contêineres, como o de Long Beach, em Los Angeles, Califórnia, as ferrovias tornaram-se um elo vital para o transporte de carga internacional. As ferrovias transportavam as mercadorias entre os portos marítimos e os destinos em terra, ou serviam como uma ponte em terra para ligar as costas leste e oeste. O setor expandiu suas atividades de pesquisa e desenvolvimento nas áreas de manutenção, operações e segurança.

Neste século, os projetos de *trens de passageiros de alta velocidade* estão sendo desenvolvidos para atender a pares de cidades com alto tráfego de viagens, a fim de aliviar o congestionamento aéreo em rotas com menos de 800 km, apesar de o transporte ferroviário de passageiros não ser mais uma modalidade dominante como era no início do século XX.

O **transporte público urbano** tem uma função diferente em comparação com as modalidades interurbanas. Este tipo de transporte é parte integrante da infraestrutura urbana que impacta o uso do solo e a qualidade de vida. A expansão dos limites da cidade só pode ocorrer com o aumento da velocidade de deslocamento. Além das características da viagem, como custo, tempo e conveniência, as modalidades de transporte urbano que são silenciosas e não poluentes são as preferidas. Assim, é fácil entender por que os bondes de tração animal foram substituídos por bondes puxados por cabos na década de 1870, e mais tarde por bondes elétricos, que foram introduzidos na década de 1880. Além de maior velocidade e menor custo, a redução da poluição animal nas ruas da cidade (com seu odor e potencial para causar doenças e morte) foi considerada um grande avanço para a melhoria da qualidade de vida.

A introdução do *bonde elétrico* foi um avanço revolucionário no transporte urbano que influenciou o desenvolvimento urbano no século XX. Frank Sprague, que trabalhou com Thomas Edison em seu laboratório em Menlo Park, no estado de Nova Jersey, recebeu os créditos da criação dessa nova modalidade de transporte (Figura 1.9). Em 1884, ele fundou a Sprague Electric Railway and Motor Company e, em 1888, eletrificou uma linha de tração animal de 19 km em Richmond, no estado da Virgínia. Sprague não inventou o bonde elétrico para ruas, mas foi o primeiro a montar com êxito os elementos necessários para o funcionamento do sistema, que abrange a rede aérea para coletar a energia elétrica, um sistema de controle aperfeiçoado para facilitar a operação do bonde e um sistema de suspensão livre de vibrações para os motores.

O bonde provou ser popular, tendo atingido um pico de 17,2 bilhões de passageiros por ano em 1926. Várias cidades construíram linhas de bonde, e em 1916 havia 72.000 km em operação. As cidades desenvolveram um padrão de uso do solo em formato radial, em que as linhas se espalhavam a partir do centro da cidade e ligavam as comunidades residenciais e os parques de diversão localizados ao longo e no final das linhas.

Figura 1.8 – Trabalhadores instalando novas vias ferroviárias, 1881.

O *ônibus* gradualmente substituiu os bondes, tendo em vista que o número de passageiros de bondes declinou acentuadamente na década de 1920. Em 1922, os ônibus transportavam apenas cerca de 400 milhões de passageiros por ano, em comparação com os 13,5 milhões anuais do bonde, mas em 1929 aumentou drasticamente para 2,6 bilhões de passageiros por ano. O setor de bondes esforçou-se para reverter a tendência de queda por meio do desenvolvimento de um novo veículo mais avançado chamado bonde do *President's Conference Committee* (PCC) (Comitê de Conferência do Presidente). Mesmo assim, o declínio foi contínuo, e muitos abandonaram este serviço. A primeira cidade a fazê-lo foi San Antonio, no estado do Texas, em 1933. Após a Segunda Guerra Mundial, as grandes cidades, como Nova York, Detroit, Kansas City e Chicago aderiram às linhas de ônibus. Ironicamente, hoje, muitas dessas cidades e outras, como Portland, San Jose e San Diego, implementaram novas linhas de bonde, que agora são chamadas de *light rail* (veículo leve sobre trilhos).

A passagem rápida do bonde para o ônibus criou uma polêmica, chamada conspiração do transporte. Críticos alegaram que a General Motors, a fabricante de ônibus dominante na década de 1930, adquiriu as empresas de bondes e, em seguida, os substituiu por ônibus. Essas acusações podem ter algum fundamento, mas, na realidade, os ônibus eram mais econômicos e flexíveis do que os bondes. Os motoristas viam os bondes como um entrave para uma condução rápida e segura. Além disso, evidências apontavam claramente que o desenvolvimento do automóvel continuaria a crescer, e o resultado inevitável disso seria o declínio da utilização dos bondes.

Figura 1.9 – Subida em um bonde para troca de roldana, 1939.

No final do século XIX, os *sistemas de transporte público por trilhos* foram construídos em elevados ou túneis. Grandes áreas urbanas precisavam de maior capacidade e velocidade do que eram fornecidas pelas linhas de bonde ou de ônibus. A primeira linha de metrô foi inaugurada em Londres, em 1863. No início do século XX, as linhas de metrô começaram a ser construídas nas grandes cidades dos Estados Unidos, como Nova York, Chicago, Filadélfia, Cleveland e Boston. Após um período de cerca de 50 anos sem que nenhum novo sistema de metrô fosse construído, ocorreu um interesse renovado pelo transporte urbano sobre trilhos. Durante as décadas de 1970 e 1980, os sistemas de metrô foram novamente construídos em cidades como São

Francisco, Washington D.C., Baltimore e Atlanta, e a construção das linhas de veículo leve sobre trilhos ocorreu em várias cidades nos Estados Unidos.

Considera-se que o início do **transporte aéreo** se deu a partir do voo histórico dos irmãos Wright, em 17 de dezembro de 1903, quando Wilbur e Orville, dois fabricantes de bicicletas de Dayton, estado de Ohio, demonstraram que uma máquina automotora mais pesada do que o ar poderia voar. O percurso de 37 m sobre as areias de Kitty Hawk, no estado da Carolina do Norte, deu a largada para uma nova modalidade de transporte que mudaria completamente a forma como as pessoas viajavam. Apenas 24 anos depois, em 1927, um jovem piloto, Charles Lindbergh, fascinaria a nação com seu voo solo de Nova York a Paris em 33,5 horas, percorrendo uma distância de mais de 5.760 km. Um cruzeiro sem parada, entre Tóquio e a Costa Oeste, uma distância de 7.813 km, foi realizado com êxito em 1933.

Esses acontecimentos marcaram o início de uma nova era no transporte aéreo, reconhecido pela sua importância militar e como um meio de transporte de passageiros domésticos e internacionais. Antes da Primeira Guerra Mundial (1914-1918), o transporte aéreo estava em uma fase pioneira, com os pilotos viajando por áreas rurais apresentando espetáculos e demonstrando o novo pássaro de ferro, enquanto a concepção e o desenvolvimento das aeronaves, principalmente na Europa, estavam fazendo grandes progressos. Na Primeira Guerra Mundial, os aviões foram utilizados tanto para combate quanto para reconhecimento, e no período pós-guerra demonstraram ser úteis na prestação de serviços aéreos como a entrega de correspondências e o transporte de passageiros. A indústria aeronáutica recebeu ajuda do governo federal na década de 1920 por meio de contratos para transportar correio aéreo. Novas companhias aéreas foram formadas, como a Pan American World Airways (Pan Am), em 1927, e a Trans World Airways (TWA), em 1930, que passaram a oferecer serviços para o transporte de passageiros internacionais e intercontinentais. Durante a Segunda Guerra Mundial (1939-1945), o poder aéreo foi amplamente utilizado, e se tornou a arma estratégica principal para a Alemanha, o Japão e os Estados Unidos.

Em 1940, o avião a hélice atingiu seu pico de desempenho, e, embora esses aviões a hélice ainda estivessem em uso em 1950, o desenvolvimento do primeiro motor a jato por um projetista britânico, Frank Whittle, em 1938, inaugurou uma nova era no transporte aéreo. A Boeing Aircraft Company entregou o primeiro jato comercial fabricado nos Estados Unidos à Pan Am em 1958, e a velocidade da viagem aérea aumentou de 576 para 912 km/h. O primeiro voo a jato de Nova York a Miami levou menos de três horas, e os tempos de viagem de costa a costa foram reduzidos para menos de seis horas. Essa melhoria surpreendente nos serviços de transporte teve um profundo impacto nas viagens internacionais. Os passageiros começaram a mudar para o novo Boeing 747, apresentado em 1970, o que acelerou o declínio do transporte intermunicipal de passageiros por trem. Os serviços de carga por via aérea não se tornaram um grande concorrente para o transporte marítimo e ferroviário, representando uma pequena fração do total de tonelada/milha transportada. No entanto, em termos de porcentagem de dólar/km, a carga aérea é significativa, já que as mercadorias transportadas são *bens* de alto valor agregado. Empresas como a Federal Express e a United Parcel Service (UPS), que entregam pacotes em até de um dia para vários destinos em todo o mundo, são exemplos da importância do transporte aéreo na movimentação de cargas.

O **transporte rodoviário**, a invenção do *automóvel* e o desenvolvimento de técnicas de produção em série criaram uma revolução nos transportes nos Estados Unidos durante o século XX, e um desafio para que se explorassem tecnologias inteligentes para o século XXI. Em 1895, apenas quatro automóveis foram produzidos, e essa nova invenção era vista como um brinquedo para a classe muito rica (Figura 1.10). Em 1903, Henry Ford fundou a Ford Motor Company e aperfeiçoou um processo para produzir automóveis em série, que poderiam ser comprados a um preço que a maioria dos norte-americanos poderia pagar. Em 1901, havia apenas 8 mil automóveis registrados nos Estados Unidos, mas em 1910 esse número tinha aumentado para 450 mil. Em 1920, mais pessoas viajavam de automóvel particular do que de trem, e, em 1930, 23 milhões de automóveis de passageiros e 3 milhões de caminhões foram registrados.

No início do século XX, as *rodovias* não foram capazes de atender ao crescimento explosivo de viagens de veículos automotores. As estradas estavam em condições tão ruins no começo do século XX que, durante muitos anos, a *League of American Wheelmen*, uma federação de ciclistas formada em 1894, pressionou o Congresso e os estados por melhores estradas. Até mesmo o setor ferroviário promoveu a construção de estradas com seus trens *Good Roads* (Boas Estradas), percorrendo todo o país para demonstrar as vantagens das estradas com superfícies sólidas. Os executivos do setor ferroviário acreditavam que as estradas deveriam ser construídas para que os produtos agrícolas pudessem ser transportados mais facilmente para as estações ferroviárias.

Em 1893, o governo federal instituiu o *U.S. Office of Road Inquiry* (com um orçamento aprovado de dez mil dólares), no âmbito do Departamento da Agricultura, para investigar e divulgar informações sobre as rodovias. Em 1916, a primeira lei federal de auxílio às estradas foi aprovada, proporcionando apoio federal para as rodovias, concedendo aos estados a competência para iniciar projetos e administrar a construção de rodovias por meio de seus Departamentos de Estradas de Rodagem. Assim começou uma parceria de longo prazo entre os estados e o governo federal para organizar, projetar e construir o sistema nacional de estradas de rodagem.

Em 1956, o Congresso autorizou a construção de um sistema de estradas interestadual e de defesa de 67.200 km. A ideia de uma rede de estradas de acesso limitado tinha sido desenvolvida antes da Segunda Guerra Mundial, e os estudos realizados durante a administração do presidente Franklin D. Roosevelt (1932-1945) concluíram que essas estradas não deveriam ser financiadas por pedágios. Era previsto que o novo sistema rodoviário ligaria as principais cidades do Oceano Atlântico ao Oceano Pacífico, e entre o México e o Canadá. A Rodovia Interestadual foi divulgada como sendo a solução para o congestionamento das estradas, uma vez que seria possível – os defensores argumentaram – dirigir de Nova York para a Califórnia sem nunca parar em

Figura 1.10 – Limusine Packard, 1912.

um semáforo. Esperava-se também que esse sistema atendesse às necessidades de defesa. O coronel Dwight Eisenhower, que havia terminado uma turnê nas rodovias nacionais antes da Segunda Guerra Mundial, acreditava no valor militar de um sistema nacional de estradas de alta qualidade. O presidente Eisenhower assinou a legislação que aprovava a implementação do Sistema Interestadual em 29 de junho de 1956, desencadeando um programa maciço de construção que terminou em meados de 1990.

O Sistema de Estradas Interestadual causou profundo impacto sobre o transporte de passageiros e de carga no século XX. O transporte de passageiros por ônibus substituiu o ferroviário em quase todas as cidades, exceto as maiores, e os caminhões, que transportavam menos que 1% da tonelagem-quilômetro em 1920, agora transportam quase 25%, e detêm 75% das receitas de frete.

Resumo

A explosão de invenção, inovação e construção, que ocorreu durante os últimos 200 anos, criou um sistema de transportes altamente desenvolvido nos Estados Unidos. Hoje, existe um complexo conjunto de modalidades de transporte, instalações e opções de serviços que fornecem às transportadoras e ao público viajante uma ampla gama de opções para o transporte de mercadorias e passageiros. Cada modalidade oferece um conjunto exclusivo de características de serviço em termos de tempo de viagem, frequência, conforto, confiabilidade, conveniência e segurança. O termo *nível de serviço* é usado para definir a percepção desses atributos pelo usuário. O viajante, ou a transportadora, compara o nível relativo de serviço oferecido por cada modalidade com o custo da viagem e faz trocas entre os atributos na escolha de uma. Além disso, a transportadora ou o viajante podem escolher uma empresa de transporte público ou usar recursos próprios. Por exemplo, um fabricante pode optar por contratar uma empresa para transportar mercadorias ou usar seus próprios caminhões. Da mesma forma, um proprietário de imóvel pode optar por contratar uma empresa de mudança para ajudar na realocação ou alugar um caminhão e convocar os amigos e a família para fazer o trabalho. O automóvel particular representa uma opção de escolha para o viajante habitual ou viajante de férias, que pode dirigir ou viajar de ônibus, trem ou avião. Cada uma dessas decisões é complexa e envolve fatores importantes do nível de serviço que refletem as preferências pessoais.

Problemas

1.1 Qual é o propósito de um sistema de transporte em uma região ou nação?

1.2 Se lhe pedissem para definir *transporte*, o que você diria? Dê três exemplos para ilustrar sua definição.

1.3 Como a qualidade ou o nível de serviço de um sistema de transporte afeta a vantagem competitiva de uma área geográfica em detrimento de outra (como uma cidade, estado ou nação)? Até que ponto um bom sistema de transporte é suficiente para garantir que o potencial econômico de uma região será maximizado?

1.4 Qual é a característica das nações que possuem bons sistemas de transporte nacional e internacional? Cite três nações com bons sistemas de transporte.

1.5 Além de proporcionar benefícios econômicos para a sociedade, liste cinco exemplos de outras vantagens oferecidas pela disponibilidade de um bom sistema de transporte.

1.6 Explique a afirmação de que "meios de transporte modernos são necessários, mas não suficientes para garantir que uma região ou país prospere".

1.7 Embora seja verdade que um bom sistema de transporte ofereça enormes benefícios para a sociedade, há um preço a ser pago. Quais são os custos diretos e indiretos do transporte?

1.8 Liste três grandes projetos de transporte dos Estados Unidos que foram concluídos nos últimos 150 anos.

1.9 Cada modalidade de transporte passou pela experiência de um grande desastre que vitimou muitas vidas e bens. Use os recursos da internet para fornecer um exemplo de desastres: aéreo, marítimo, ferroviário e rodoviário.

1.10 Liste seis impactos ambientais do transporte.

1.11 Forneça cinco exemplos para convencer alguém da importância do transporte na sociedade, na política e na vida cotidiana.

1.12 O transporte afeta os padrões de uso do solo? Respalde sua resposta com exemplos da influência da caminhada/tração animal, transporte ferroviário, marítimo, rodoviário e aéreo.

1.13 Os avanços na tecnologia e serviços de transporte podem ser mensurados pela redução do tempo de viagem entre as cidades. Considere uma viagem de 450 km entre duas cidades. Compare o tempo de viagem por diligência, hidrovia, ferrovia e de automóvel. Tendo em vista que esses dados são fornecidos no texto, faça uma análise semelhante para uma viagem de 750 km entre duas cidades no seu estado.

1.14 Defina as quatro áreas profissionais no setor de transportes nas quais existem oportunidades de emprego: logística empresarial, projeto e fabricação de veículos, setor de serviços e engenharia de infraestrutura.

1.15 Defina a *engenharia de infraestrutura de transporte*. Descreva os cinco elementos desse campo profissional.

1.16 Descreva a contribuição que cada um dos indivíduos a seguir ofereceu para a melhoria do transporte nos Estados Unidos: Dwight Eisenhower, Henry Ford, Robert Fulton, Albert Gallatin, Charles Lindbergh, Frank Sprague, Harley Staggers, James Watt, Frank Whittle e Wilbur e Orville Wright.

1.17 Quais foram as modalidades de transporte dominantes nos séculos XIX e XX? Em sua opinião, qual será a do século XXI?

1.18 Quando a conteinerização foi introduzida? Como esse desenvolvimento alterou o transporte de carga em todo o mundo?

1.19 Em quais cidades norte-americanas você pode andar pelo sistema de metrô? Quais desses sistemas foram construídos na segunda metade do século XX?

1.20 O que se entende por *nível de serviço* e como este conceito influencia a probabilidade de novas modalidades de transporte serem desenvolvidas no futuro?

Referências

CAVENDISH, Marshall. *The encyclopedia of transport.* [s.d.] ISBN 0 85685 1760.

COYLE, J. J.; Bardi, E. J.; Novack, R. A. *Transportation.* 6. ed. Mason, OH: Thompson-Southwestern, 2006.

DAVIDSON, J. F.; Sweeney, M. S. *On the move: transportation and the american story.* [s.l.]: National Geographic Society and Smithsonian Institution, 2003.

ENO TRANSPORTATION FOUNDATION. *Transportation in America.* 19. ed. [s.l.], 2002.

_____. *National transportation organizations.* [s.l.]: 2005.

LAMBERT, M.; Insley, J. *Communications and transport.* Londres: Orbis Publishing Limited, 1986.

ROGERS, Taylor G. *The transportation revolution: 1815–1860.* Nova York: Harper Torchbooks, Harper & Row Publishers, 1968.

TRANSPORTATION RESEARCH BOARD. Transportation history and TRB's 75th anniversary. *Transportation Research Circular* 461, ago. 1996.

TRANSPORTATION RESEARCH BOARD OF THE NATIONAL ACADEMIES. The interstate achievement: getting there and beyond. *TR News*, maio/jun. 2006.

U.S. DEPARTMENT OF TRANSPORTATION. *America's highways: 1776–1976.* Washington, D.C.: Federal Highway Administration, 1976.

_____. *Moving America: new directions, new opportunities.* Washington, D.C., 1990.

Modelos de sistemas de transporte

CAPÍTULO 2

Este capítulo descreve os princípios fundamentais e as características dos sistemas de transporte e de seus componentes, e apresenta uma série de ferramentas e modelos básicos de análise, que podem ser utilizados para abordar os problemas relacionados aos sistemas de transporte que incluem: (1) ferramentas fundamentais de análise de tráfego; (2) técnicas de regressão; (3) princípios básicos da teoria das probabilidades; (4) teoria de filas; e (5) ferramentas de otimização. A descrição de cada ferramenta é acompanhada por exemplos que ilustram como ela é utilizada na resolução dos problemas de sistemas de transporte.

Sistemas e suas características

Um sistema é definido como um conjunto de componentes inter-relacionados que desempenham várias funções para alcançar um objetivo comum, portanto, é uma entidade que mantém sua existência e funções como um *todo* por meio da interação de suas partes. O comportamento dos diferentes sistemas depende de como as partes estão relacionadas, e não das partes em si. Os sistemas têm diversas características básicas. Primeiro, para que um sistema funcione corretamente, todos os seus componentes devem estar instalados e organizados de uma forma específica. Posto isto, os sistemas possuem propriedades acima e além dos componentes de que são constituídos. Além disso, quando um elemento do sistema é alterado, pode haver efeitos colaterais. Por exemplo, melhorar o transporte público em uma determinada cidade pode ajudar a reduzir o número de veículos no sistema viário de seu entorno, pois mais pessoas usarão o transporte público em vez do automóvel. O alargamento de uma rua pode aliviar o congestionamento por um tempo, mas a longo prazo pode resultar na atração de novos motoristas e no aumento do tráfego por essa rua, o que, em alguns casos, pode até piorar a situação. Segundo, os sistemas tendem a ter fins específicos dentro de um sistema mais amplo no qual estão inseridos, e é isto que determina sua integridade; para os sistemas de transporte, o objetivo óbvio é transportar pessoas e mercadorias de forma eficiente e segura. Terceiro, os sistemas são dotados de *feedback*, o que permite a transmissão e o retorno de informações, crucial para a operação dos sistemas e para sua reflexão. Para os sistemas de transporte, há uma relação de *feedback* entre sistemas de transporte e uso do solo. O zoneamento urbano impulsiona a demanda de viagens, que dependerá da distribuição espacial das diferentes atividades de uso do solo (ou seja, onde as pessoas vivem, trabalham, fazem compras etc.). Por outro lado, o sistema de transporte afeta o padrão de uso do solo, pois a construção de novas estradas, linhas de transporte e aeroportos muitas vezes atrai o desenvolvimento.

Componentes dos sistemas de transporte

Um sistema de transporte consiste em três componentes: (1) elementos físicos; (2) recursos humanos; e (3) normas operacionais.

Elementos físicos

Os elementos físicos abrangem (1) infraestrutura; (2) veículos; (3) equipamentos; e (4) sistemas de controle, comunicação e localização.

Infraestrutura refere-se às partes fixas de um sistema de transporte (ou seja, partes que são estáticas, não se movem), que incluem as vias, os terminais e as estações. As *vias* variam de acordo com o meio de transporte ou modalidade. Por exemplo, as rodovias são vias para automóveis e caminhões. O transporte ferroviário exige ferrovias, e o aéreo utiliza corredores aéreos específicos, chamados aerovias. Os *terminais* são necessários para ônibus, trens, aviões, caminhões e navios; exercem as funções de expedição e armazenagem, regulando a entrada e a saída de veículos e armazenando tanto veículos como carga. Representam os pontos em que os usuários podem entrar ou sair do sistema, e servem como pontos de transferência entre uma modalidade e outra. As *estações* cumprem apenas uma parte das funções dos terminais; são os principais pontos de entrada ou saída do sistema. Exemplos são as estações de ônibus, metrô e trem. Um estacionamento ou um aeroporto regional também servem como estação.

Veículos são os elementos de um sistema de transporte que se movem ao longo da via. Esta categoria abrange automóveis, ônibus, locomotivas, vagões, navios e aviões. A maioria dos veículos é automotor (por exemplo, automóveis, locomotivas, navios e aviões), e alguns não possuem propulsão (por exemplo, vagões, barcos e *trailers*).

Equipamentos são os componentes físicos, cuja principal função é facilitar o processo de transporte. Exemplos são veículos para remoção de neve, de manutenção das ferrovias e as esteiras de bagagens nos aeroportos.

Controle envolve os elementos necessários para atribuir o direito de passagem. Esta atribuição requer centros de controle de tráfego aéreo, semáforos e dispositivos de sinalização nas vias.

Sistemas de comunicação conectam os centros de controle de tráfego aos equipamentos de sinalização nas vias, como os painéis de mensagens, semáforos, veículos de transporte público, controladores de tráfego aéreo e pilotos. Os *sistemas de localização* identificam veículos individuais em tempo real, utilizando sistemas de posicionamento global (GPS[1]) para rastreá-los; por exemplo, veículos de transporte público, caminhões e veículos de emergência; aumentando, assim, a eficiência de sua roteirização.

Recursos humanos

Recursos humanos, essenciais para o funcionamento dos sistemas de transporte, abrangem os motoristas de caminhões e ônibus, engenheiros ferroviários, pilotos de avião, trabalhadores da manutenção e construção, gerentes de transporte e profissionais que utilizam seu conhecimento e informação para propiciar o avanço da

---

[1] Em inglês, *global positioning system*.

indústria do transporte. Entre os gerentes de transporte encontram-se planejadores estratégicos, profissionais de gestão de marketing e de manutenção, analistas de pesquisa operacional e de sistemas de informação e os administradores.

Normas operacionais

As normas operacionais compreendem a programação de horários, alocação da tripulação, padrões de conexão, relação custo/nível dos serviços e planos de contingência.

A *programação de horários* define os horários de chegada e partida dos veículos nos distintos terminais e estações de transporte. Além disso, o estabelecimento desta programação adequada é importante para determinar a qualidade do serviço de uma determinada modalidade de transporte.

A *alocação da tripulação* envolve atribuir operadores aos diferentes veículos (por exemplo, alocar motoristas aos diferentes veículos em uma frota de empresa de transporte público, atribuir pilotos e comissários de bordo aos voos etc.). É uma tarefa desafiadora, uma vez que uma série de restrições precisa ser atendida para cada atribuição. Isto inclui o número máximo de horas contínuas que uma pessoa pode trabalhar, a necessidade de combinar os operadores com o tipo de veículo que estão habilitados a operar e a necessidade de minimizar custos.

Padrões de conexão referem-se a como o serviço está organizado em relação ao sistema ou rede de transporte. Exemplo é o sistema do tipo *hub-and-spoke* (Figura 2.1), em que os passageiros e a carga partem de várias cidades para um ponto central, onde as viagens são redistribuídas de acordo com o destino final. Este sistema apresenta uma série de desafios operacionais, como a necessidade de considerar o tempo de transferência entre um veículo e outro, o cumprimento rigoroso da programação dos horários, assim como a sensibilidade do sistema a perturbações externas, como acidentes ou intempéries.

A *relação custo/nível do serviço* envolve o estabelecimento de normas operacionais para os sistemas de transporte, mas, para fazer isto, existe a necessidade de considerar um equilíbrio entre o custo e o nível do serviço que será oferecido aos usuários do sistema. Por exemplo, para uma empresa de transporte público, operar mais ônibus ao longo de um itinerário significaria um maior nível de serviço para os passageiros, mas a um custo operacional mais elevado. Para o departamento rodoviário estadual, a construção de uma rodovia de oito faixas *versus* uma de quatro faixas se traduziria em um serviço de alto nível para os motoristas, mas a um custo mais elevado para o departamento e a sociedade. Para uma companhia aérea, prestar serviço direto entre duas cidades (em vez de fazer conexão em um *hub*) significaria um nível de serviço mais elevado para os viajantes, mas a um custo alto, especialmente se a demanda entre as duas cidades não for grande o suficiente para justificar o voo direto. A relação entre custo e qualidade do serviço é um conceito fundamental na operação dos sistemas de transporte.

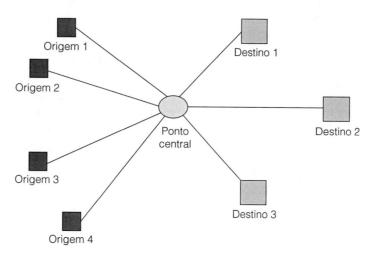

Figura 2.1 – Sistema do tipo *hub-and-spoke*.

Planos de contingência são aplicados quando algo errado ocorre com o sistema de transporte. Por exemplo, um plano de contingência para desvio de tráfego deve existir quando uma rodovia principal estiver fechada por causa de um acidente ou obras, para a evacuação das zonas costeiras durante um furacão e para tratar dos picos de demanda do tráfego (como, por exemplo, durante eventos especiais). A elaboração de um bom plano de contingência, muitas vezes, exige a alocação de recursos adicionais, e este é outro exemplo da relação custo/nível de serviços.

Ferramentas e técnicas para análise dos sistemas de transporte

O restante deste capítulo é dedicado à introdução de cinco ferramentas básicas e técnicas que são amplamente utilizadas na análise dos sistemas de transporte. Estas são as ferramentas de análise das operações de tráfego, análise de regressão, probabilidade, teoria de filas e otimização.

Ferramentas de análise das operações de tráfego

Esta seção descreve duas ferramentas de operações de tráfego: diagramas de espaço-tempo e gráficos cumulativos. *Diagramas de espaço-tempo* são utilizados nos casos em que muitos veículos interagem enquanto compartilham uma via comum, e os *gráficos cumulativos* tratam dos problemas que envolvem o fluxo de tráfego por meio de uma ou mais restrições ao longo da via.

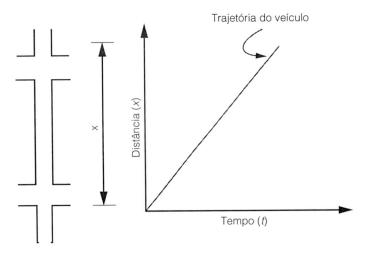

Figura 2.2 – Diagrama de espaço-tempo.

Diagramas de espaço-tempo são uma ferramenta de análise de tráfego simples, mas eficaz, que rastreia a posição de um único veículo ao longo do tempo em uma via unidimensional. Podem ser usados para rastrear a posição de um veículo em uma via expressa, um avião em uma pista de pouso/decolagem, ou um ônibus em um itinerário. A Figura 2.2 ilustra um exemplo desse diagrama: o eixo vertical é a distância (x) ao longo de uma via, e o eixo horizontal é o tempo (t) gasto para percorrer essa distância. *Trajetória* de um veículo é uma representação gráfica de sua posição (x) em função do tempo (t). Matematicamente, a trajetória pode ser representada por uma função *x(t)*.

O diagrama de espaço-tempo também pode ser usado para fornecer um resumo completo do movimento veicular em uma dimensão e, ainda, informações sobre os padrões de aceleração e/ou desaceleração. Como a velocidade em qualquer tempo t é fornecida pela inclinação da trajetória do veículo, ela pode ser expressa como $u = dx/dt$, que é a primeira derivada da função $x(t)$ em relação ao tempo (t).

Exemplo 2.1

Descrição do movimento de um veículo utilizando o diagrama de espaço-tempo
A Figura 2.3 é uma trajetória no espaço-tempo para três veículos, identificados como 1, 2 e 3. Descreva o movimento de cada veículo.

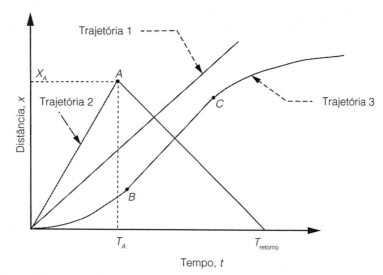

Figura 2.3 – Trajetória no espaço-tempo para o Exemplo 2.1.

Solução
A Trajetória 1 retrata um veículo movendo-se a uma velocidade constante, pois é representada por uma linha reta com inclinação constante. Observe também que o veículo 1 está viajando em apenas uma direção.

A Trajetória 2 retrata o veículo 2, que viaja em velocidade constante até o ponto A percorrendo uma distância (X_A) no tempo (T_A). No ponto A, o veículo inverte a direção, ainda viajando em velocidade constante, porém mais lentamente do que quando estava indo no sentido contrário, visto que a inclinação da trajetória da viagem de volta é menor que a da viagem de ida. No tempo $(T_{retorno})$, o veículo está de volta ao ponto de partida.
A Trajetória 3 retrata o veículo 3 movendo-se à frente, mas com a velocidade variando ao longo do tempo. Para a primeira parte da viagem até o ponto B, ele está em aceleração, conforme indicado pelo aumento na inclinação (velocidade) da trajetória ao longo do tempo. Entre os pontos B e C, a velocidade é constante. Finalmente, acima do ponto C, o veículo desacelera, até parar.

Aplicações dos diagramas de espaço-tempo
Os diagramas de espaço-tempo são usados para analisar as situações em que os veículos interagem entre si enquanto se movem na mesma via. Exemplos podem ser aviões com diferentes velocidades de planeio que compartilham a mesma pista de pouso/decolagem, respeitando as exigências mínimas de separação entre as aeronaves; a programação de trens de carga e passageiros ao longo de uma única via; e estimativa de distâncias de visibilidade seguras para ultrapassagens em rodovias de pista simples. Na maioria dos casos, a análise pode ser concluída sem um diagrama de espaço-tempo. No entanto, como os exemplos a seguir demonstram, a utilização do diagrama ajuda a identificar e corrigir erros na formulação do problema.

Exemplo 2.2

Pátios de desvio para o transporte ferroviário de passageiros e de cargas na mesma via

Um trem de passageiros e outro de carga compartilham uma mesma via. A velocidade média do trem de carga é de 65 km/h, e a do de passageiros é de 130 km/h. A previsão de saída, da mesma estação, do trem de passageiros é de 30 minutos após a partida do trem de carga. Determine:

1. A localização do pátio de desvio onde o trem de carga aguardará para que o trem de passageiros possa prosseguir sem interrupções. Como medida de precaução, o intervalo de separação entre os dois trens no pátio de desvio deve ser de pelo menos 6 minutos.
2. O tempo que leva para o trem de carga chegar ao pátio de desvio.

Solução

Este problema é resolvido com o uso do diagrama de espaço-tempo apresentado na Figura 2.4.

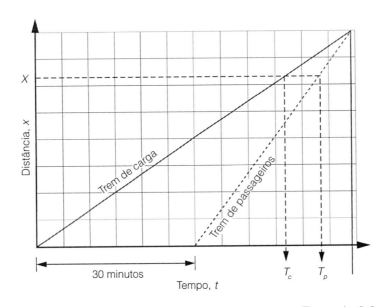

Figura 2.4 – Diagrama de espaço-tempo para o Exemplo 2.2.

(Parte 1) A Figura 2.4 mostra as trajetórias dos trens de carga e de passageiros. A inclinação de cada trajetória é igual à velocidade média de cada trem (ou seja, 65 km/h para o trem de carga e 130 km/h para o de passageiros). A figura também mostra que o trem de passageiros sai 30 minutos depois do de carga. De acordo com os requisitos do problema, o intervalo de tempo entre os dois trens no pátio de desvio deve ser de, pelo menos, 6 minutos.

Com relação à Figura 2.4, use X para se referir à localização do desvio ao longo da via, medida a partir do local de onde os trens partem. Use também T_c e T_p para designar o momento em que os trens de carga e de passageiros chegam ao local do desvio, respectivamente. A diferença entre T_c e T_p é de 6 minutos. Uma vez que as velocidades dos dois trens são fornecidas, T_c e T_p podem ser expressas como segue:

$$T_c = \frac{X}{65} \text{ h}$$

$$T_p = 0.5 + \frac{X}{130} \text{ h}$$

A diferença entre T_c e T_p deve ser igual a 6 minutos (ou seja, 0,10 hora). Portanto,

$$T_p - T_c = 0.10$$

$$0.5 + \frac{X}{130} - \frac{X}{65} = 0.10$$

$$\frac{X}{130} = 0.4$$

$X = 52$ km.

O primeiro desvio deve estar localizado a 52 km da primeira estação.

Parte (2) O tempo para o trem de carga alcançar o desvio é T_c. Portanto,

$T_c = X/65 = 52/65 = 0,8$ hora = 48,0 minutos (resposta).

Exemplo 2.3

Cálculo da velocidade média para uma viagem multimodal

Um grupo de três amigos (A, B e C) faz uma longa viagem em uma bicicleta tandem para duas pessoas. Como a bicicleta não pode acomodar a terceira pessoa, os amigos se revezam na caminhada. Quando estão na bicicleta, a velocidade média é de 24 km/h, e quando estão caminhando, é de 6 km/h.

Para o cenário de viagem a seguir, determine a velocidade média do grupo:

- para iniciar a viagem, dois amigos, A e B, vão de bicicleta, e o terceiro, C, vai a pé;
- depois de um tempo, B desce da bicicleta e começa a andar, enquanto A continua de bicicleta sozinho na direção inversa para pegar C;
- quando A e C se encontram, retornam e seguem adiante até alcançar B. Quando o fazem, esta parte da viagem é concluída.

Solução

Resolver este problema sem o auxílio de um diagrama de espaço-tempo pode ser muito desafiador. Assim, comece desenvolvendo um diagrama de espaço-tempo para representar a maneira como os três amigos completaram esta parte da viagem (veja a Figura 2.5).

Desenhe uma linha cuja inclinação corresponda a 24 km/h para representar a trajetória de A e B andando de bicicleta. Ao mesmo tempo, C está caminhando e é representado por uma trajetória cuja inclinação é igual a 6 km/h. Suponhamos que A e B andam juntos durante o período de tempo $X1$.

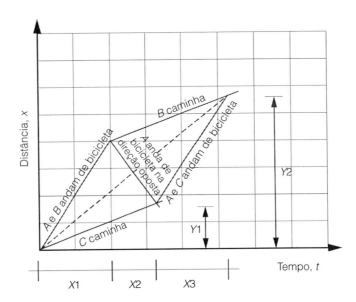

Figura 2.5 – Diagrama de espaço-tempo para o Exemplo 2.3.

Depois de um tempo X1, B desce da bicicleta e começa a caminhar, como representado pela linha cuja inclinação corresponde a 6 km/h (trajetória "B caminha"). A, então, pedala sozinho na direção oposta a uma velocidade de 24 km/h, conforme mostrado na figura, enquanto C continua caminhando a 6 km/h. A encontra C depois de um intervalo de tempo X2. A distância, medida a partir do ponto inicial da viagem até o ponto onde A e C se encontram, é indicada por Y1.

Depois que A e C se encontram, eles pedalam juntos, como representado pela trajetória cuja inclinação é de 24 km/h. Finalmente, A e C, que estão pedalando juntos, se encontram com B, que está caminhando. Isso ocorre em uma distância Y2 do ponto de partida (veja a Figura 2.5) e após um período X3 do momento em que o encontro dos amigos A e C ocorreu. Nesse ponto, essa parte da viagem é concluída.

A velocidade média do grupo é determinada graficamente pela inclinação de uma linha tracejada que começa no cruzamento dos eixos x e y e termina no ponto {(X1 + X2 + X3), (Y2)}, como mostrado na Figura 2.5. Essa inclinação é igual a Y2/(X1 + X2 + X3).

Alternativamente, o problema pode ser solucionado analiticamente com a ajuda do diagrama de espaço-tempo, relacionando as variáveis desconhecidas de X1, X2, X3, Y1 e Y2 uma à outra, como segue:

Com relação à Figura 2.5, a distância Y1 pode ser calculada de duas formas diferentes, usando a expressão $D = u \times t$:

$$Y1 = 6(X1 + X2) \tag{1}$$

$$Y1 = 24X1 - 24X2 \tag{2}$$

Igualando (1) a (2), resulta em

X2 = 0,60X1.

Da mesma forma, a distância Y2 pode ser calculada de formas diferentes, como segue:

$$Y2 = 24X1 + 6(X2 + X3) \tag{3}$$

$$Y2 = 6(X1 + X2) + 24X3 \tag{4}$$

Igualando (3) a (4), resulta em

X1 = X3.

Também,

$Y2 = 24X1 + 6(X2 + X3)$

$\quad = 24X1 + 6x0,6X1 + 6X1$

$\quad = 33,6X1$

A velocidade média $S = Y2/(X1 + X2 + X3)$.

Substituindo os valores para $X2$ e $X3$, conforme determinado anteriormente, resulta em

$S = 33,6X1/(X1 + 0,6X1 + X1) = 12,92$ km/h.

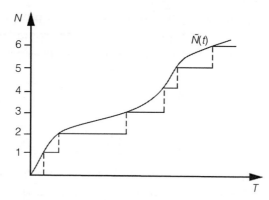

Figura 2.6 – Aproximação do gráfico acumulativo.

Gráficos acumulativos

Gráficos acumulativos representam o número *acumulado* de pessoas ou veículos que passam em um determinado local no tempo t, expresso como $N(t)$. A contagem cumulativa é geralmente composta de unidades discretas (por exemplo, automóveis, ônibus, pessoas). Portanto, $N(t)$ assume a forma de uma função degrau. No entanto, na prática da análise de tráfego, em muitas situações, esta função é aproximada assumindo a forma de uma função contínua $Ñ(t)$, principalmente quando um grande número de objetos em movimento está envolvido (veja a Figura 2.6).

Uma vez que $N(t)$ é o número de veículos ou de pessoas durante um intervalo de tempo $(t_1, t_2,...)$, o número de observações que ocorrem entre os tempos t_1 e t_2 é $(N(t_2) - N(t_1))$. A taxa de fluxo de tráfego (q), durante um determinado intervalo (t_1, t_2), é

$$q = \frac{N(t_2) - N(t_1)}{t_2 - t_1} \quad (2.1)$$

Assim, o fluxo de tráfego (ou volume) q é a inclinação da função $N(t)$.

Os gráficos acumulativos são úteis para analisar as situações que envolvam o fluxo de tráfego em uma ou mais restrições ao longo de uma via. Exemplos são:

1. Fluxo de tráfego em um gargalo onde existe uma redução do número de faixas.
2. Fluxo de tráfego em uma área em obras quando uma ou mais faixas estão fechadas.
3. Fluxo de tráfego no local de um acidente que está bloqueando uma ou mais faixas.
4. Fluxo de tráfego em um cruzamento sinalizado, onde o semáforo restringe o fluxo de tráfego durante determinados intervalos de tempo.

Essas situações são analisadas usando-se dois gráficos acumulativos, um para um ponto a montante (ou antes) da restrição e outro para a jusante (ou depois) da restrição. O gráfico acumulativo a montante representa o padrão de chegada dos veículos no local da restrição, e é chamado de curva de "chegadas" $A(t)$, enquanto o gráfico a jusante representa o padrão da partida, chamado de curva de "partidas", $D(t)$. O procedimento é descrito no exemplo a seguir.

Exemplo 2.4

Desenvolvimento de um gráfico acumulativo para representar o fechamento de uma faixa

Uma via expressa de seis faixas (três em cada sentido) tem volume de tráfego intenso pela manhã, com cerca de 4.800 veículos/h; o número máximo de veículos que a faixa pode acomodar em uma hora é 2.000. Às 8h15 ocorre um acidente que bloqueia completamente uma das faixas. Às 8h45, o local é desobstruído e a faixa bloqueada aberta para o tráfego.

Desenvolva um gráfico acumulativo para a situação descrita, mostrando tanto a curva de chegada quanto a de partida.

Solução

Comece traçando a curva de chegada. Uma vez que os veículos atingem uma taxa constante de 4.800 veículos/h, a curva se transforma em uma linha reta, cuja inclinação representa essa taxa (veja a Figura 2.7). Antes das 8h15, as três faixas estavam abertas, e cada uma delas possuía uma capacidade igual a 2.000 veículos/h (ou um total de 6.000 veículos/h nas três faixas). Assim, antes do acidente, os veículos partiram na mesma taxa que chegaram (pois 4.800 é inferior a 6.000). Dessa forma, as curvas de chegada e partida são idênticas.

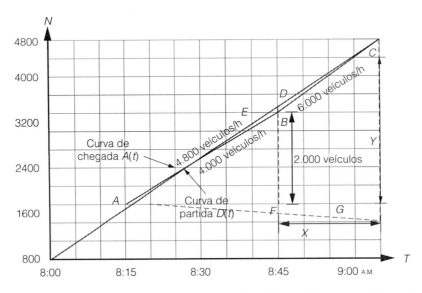

Figura 2.7 – Curvas acumuladas de chegada e de partida para o Exemplo 2.4.

Às 8h15, ocorreu um acidente que resultou no fechamento de uma faixa e reduziu a capacidade para 4.000 veículos/h (2 faixas × 2.000 veículos/h/faixa). Assim, enquanto a faixa estiver bloqueada, a capacidade disponível será inferior ao número de veículos que chegam (4.000 versus 4.800). Como resultado, os veículos se acumularão, formando uma longa fila de espera para atravessar o gargalo. Este fenômeno é chamado *formação de filas*.

O número de veículos na fila em um determinado momento t é mostrado na Figura 2.7 como a distância vertical entre as curvas de chegada $A(t)$ e de partida $D(t)$. Isto ocorre porque a diferença entre o número de veículos que chegam e o número dos que partem é igual ao de veículos que aguardam na fila. Às 8h45, a área do acidente é desobstruída e a capacidade total restabelecida. Agora, os veículos na fila começarão a partir à taxa anterior de 6.000 veículos/h. Eles continuarão a sair do local do acidente à taxa de 6.000 veículos/h até que todos que estavam no congestionamento passem pelo local do acidente e a fila se dissipe. Neste momento, os veículos que chegam serão imediatamente atendidos e partirão na mesma taxa em que chegaram, e as curvas de chegada e partida na Figura 2.7 mais uma vez se tornarão idênticas.

Exemplo 2.5

Utilizando gráficos acumulativos para avaliar congestionamentos de tráfego

Utilize o gráfico acumulativo desenvolvido no Exemplo 2.4 para determinar o seguinte:

1. O número máximo de veículos na fila.
2. O tempo máximo de espera de um veículo no local do acidente.
3. O atraso total do veículo resultante do acidente.

Solução

Parte (1) O comprimento do congestionamento em um determinado ponto é dado pela distância vertical entre as curvas de chegada e de partida. Como pode ser observado na Figura 2.7, o comprimento máximo do congestionamento é dado pela distância BD, que pode ser calculada utilizando-se as curvas de chegada e partida:

O número total de chegada entre 08h15 e 08h45 (0,5 h) é de 2.400 veículos.
O número total de partida entre 08h15 e 08h45 (0,5 h) é de 2.000 veículos.
Assim, o número máximo de veículos no congestionamento às 08h45 é

$BD = 4.800 \times 0,50 - 4.000 \times 0,5 = 400$ veículos.

Parte (2) O tempo que um veículo aguarda no congestionamento é dado pela distância horizontal entre as curvas de chegada e de partida, uma vez que essa distância é a diferença de tempo entre o momento em que um determinado veículo, n, chega ao congestionamento e o momento em que sai da área congestionada. Assim, o atraso máximo é a distância BE, mostrada na Figura 2.7. Este valor representa o atraso na saída do veículo quando a área do acidente é liberada.

Do momento do acidente, às 8h15, até a liberação das faixas, às 8h45, um total de 2.000 veículos (calculado como a taxa de partida de 4.000 veículos/h multiplicada pela duração da ocorrência de 0,50 h) partiu. O último veículo a chegar durante o fechamento da faixa é o 2.000º. Uma vez que a taxa de chegada é igual a 4.800 veículos/h, o 2.000º veículo chegou em 2.000/4.800, ou 0,41667 h (25 minutos), após o fechamento da faixa. No entanto, enquanto o 2.000º veículo entrou na fila 25 minutos após o fechamento da faixa, ele saiu 30 minutos após o acidente ter ocorrido. Em outras palavras, o atraso para esse veículo foi de 5 minutos, que é o atraso máximo.

Parte (3) O atraso total, medido em veículos × h, é dado pela área do triângulo ABC na Figura 2.7. Para calcular a área desse triângulo, determine o tempo necessário para a fila se dissipar após a área do acidente ter sido liberada. A letra X na Figura 2.7 indica esse tempo. Para calcular X, calcule a distância Y, que representa o número de veículos que chegaram (ou partiram) a partir do momento em que o acidente ocorreu até aquele em que as condições de tráfego voltaram ao normal. Y pode ser calculado como segue:

A partir da curva de chegada,

Y = 4.800 × (0,50 + X).

A partir da curva de partida,

Y = 4.000 × 0,50 + 6.000 × X.

Portanto,

4.800 × (0,50 + X) = 4.000 × 0,50 + 6.000 × X

2.400 + 4.800X = 2.000 + 6.000X

1.200X = 400, ou

X = 400/1.200 = 1/3 h.

X, o tempo para a fila se dissipar após a abertura das faixas, é de 1/3 h, ou 20 minutos. Portanto,

Y = 4.000 × 0,50 + 6.000 × 1/3 = 4.000 veículos.

A área do triângulo ABC pode então ser calculada da seguinte forma:

Área do triângulo ACG - área do triângulo ABF - área do trapézio BCGF
= 0,50 × (0,50 + 0,333) × 4.000 - 0,50 × 0,50 × 2.000 - 0,50 × (2.000 + 4.000) × 0,333.

O atraso total do veículo é

= 167,66 veículo × h.

Técnicas de análise de regressão

Em muitas aplicações em engenharia, as relações entre as variáveis são determinadas com base em observações empíricas e dados coletados em experimentos controlados ou de eventos em tempo real, observados diretamente no local. Normalmente, uma variável é denominada *dependente* quando seu valor depende dos valores de outras variáveis, estas denominadas *independentes*. Assim, a coleta de dados serve para determinar a existência de uma relação que pode ser expressa matematicamente entre as variáveis dependentes e independentes. Se os resultados indicarem uma relação que se "encaixa" nos dados, a expressão matemática pode ser usada em análises adicionais de problemas de transporte.

Figura 2.8 – Gráfico de dispersão.

Quando há apenas uma variável *independente* para analisar, a relação com a variável *dependente* pode ser representada como um gráfico de dispersão. Esta variável é assinalada ao longo do eixo *y* e a *independente* ao longo do eixo *x*, conforme ilustradas na Figura 2.8. Nesta figura, pode-se ver facilmente que parece existir uma relação linear entre as variáveis Y e X, da seguinte forma:

$$Y = a + bX \quad (2.2)$$

em que

Y = valor da variável dependente
X = valor da variável independente
a = constante que representa a intercepção da linha ajustada com o eixo *y*
b = inclinação da linha ajustada

Quando há duas ou mais variáveis *independentes* e uma maior quantidade de dados, o processo gráfico é substituído por técnicas computadorizadas. A análise de regressão é uma técnica útil quando lidamos com inúmeras variáveis *independentes*.

Para usar a análise de regressão, considere um modelo matemático (ou seja, linear, quadrático, exponencial etc.) para a relação entre a variável *dependente* e as variáveis *independentes*. O método dos mínimos quadrados é utilizado para determinar os valores dos coeficientes para cada variável independente, de modo que minimize a soma dos quadrados das diferenças entre os valores *observados* da variável *dependente* Y e os *estimados* pelo modelo matemático.

A soma do quadrado das diferenças entre os valores *observados* e os *estimados* da variável dependente Y pode ser expressa como

$$S = \sum_{i=1}^{N} (Y_i - \hat{Y}_i)^2 \quad (2.3)$$

em que

Y_i = valor observado de Y (ou seja, correspondente ao valor de X_i)

$\hat{Y}_i$ = valor estimado para Y correspondente ao valor de X_i

Regressão linear

O caso mais simples de regressão linear entre duas variáveis, uma dependente Y e outra independente X, é a relação

$Y = a + bX$.

Para estimar os valores para os dois parâmetros, *a* e *b*, use as Equações 2.3 e 2.2, substituindo $a + bX_i$ da Equação 2.2 para $\hat{Y}_i$ na Equação 2.3 a fim de obter a Equação 2.4:

$$S = \sum_{i=1}^{N} (Y_i - a - bX_i)^2 \quad (2.4)$$

As derivadas parciais de S em relação a *a* e *b* são determinadas e igualadas a 0, como mostrado nas Equações 2.5 e 2.6:

$$\frac{\partial S}{\partial a} = \sum_{i=1}^{N} \{2(Y_i - a - bX_i)(-1)\} = 0 \quad (2.5)$$

$$\frac{\partial S}{\partial b} = \sum_{i=1}^{N} \{2(Y_i - a - bX_i)(-X_i)\} = 0 \tag{2.6}$$

Resolva as Equações 2.5 e 2.6 simultaneamente para obter as seguintes expressões para os parâmetros *b* e *a*:

$$b = \frac{\sum_{i=1}^{N}(X_i - \overline{X})(Y_i - \overline{Y})}{\sum_{i=1}^{N}(X_i - \overline{X})^2} \tag{2.7}$$

e

$$a = \overline{Y} - b\overline{X} \tag{2.8}$$

em que
$\overline{X}$ e $\overline{Y}$ = valores médios para as variáveis X e Y.

A determinação dos valores do numerador e do denominador da Equação 2.7 requer que os valores médios de $\overline{X}$ e $\overline{Y}$ sejam calculados para os valores observados das duas variáveis X e Y e, em seguida, $\overline{X}$ é subtraído de cada valor observado de X_i para resultar em $(X_i - \overline{X})$. Da mesma forma, $\overline{Y}$ é subtraído de cada valor observado Y_i para resultar em $(Y_i - \overline{Y})$. Com esses cálculos concluídos, o valor de *b* pode ser determinado com o uso da Equação 2.7 e, em seguida, o valor de *a* pela Equação 2.8. O Exemplo 2.6 ilustra a técnica de análise de regressão por meio de uma planilha de cálculos.

Exemplo 2.6

Regressão linear com uma variável independente

Uma das tarefas mais comuns para os engenheiros de transporte é avaliar o impacto que um novo complexo residencial ou comercial criará para a rede de transportes. O primeiro passo para esta avaliação é estimar o número de viagens que o empreendimento gerará. Modelos empíricos desenvolvidos com a utilização de dados coletados em locais similares podem ser usados. As técnicas de análise de regressão são muitas vezes utilizadas para desenvolver esses modelos, relacionando a variável dependente Y = viagens geradas pelo novo complexo a uma ou mais variáveis independentes: X_1 = área do empreendimento em metros quadrados e X_2 = número de funcionários.

Estabeleça uma relação entre o número total de viagens geradas por um edifício comercial e seu número de funcionários. Os dados consistem no número de viagens de e para o local observado durante o horário de pico e o número de funcionários. Vinte edifícios comerciais foram selecionados para a pesquisa e os dados estão apresentados na Tabela 2.1.

Desenvolva um modelo de regressão que relacione o número total de viagens geradas por um edifício comercial (Y) com o número de funcionários que nele trabalham (X).

Solução

Determine os valores de *a* e *b* em um modelo de regressão linear utilizando as Equações 2.7 e 2.8. A variável dependente Y é o número de viagens gerado, e a variável independente X é o número de funcionários. Calcule o valor médio $\overline{Y}$, o valor médio $\overline{X}$, o produto da soma $\sum_{i=1}^{n}(Y_i - \overline{Y})(X_i - \overline{X})$, e a soma dos quadrados $\sum_{i=1}^{n}(X_i - \overline{X})^2$. Os cálculos são realizados com a ajuda do Microsoft Excel, como mostrado na Figura 2.9.

Tabela 2.1 – Dados do Exemplo 2.6.

Número do edifício	Viagens de veículos	Número de funcionários
1	331	520
2	535	770
3	542	1.050
4	261	380
5	702	1.150
6	367	380
7	433	820
8	763	1.720
9	586	1.350
10	1.034	1.870
11	1.038	2.260
12	1.358	2.780
13	890	1.760
14	308	580
15	601	1.320
16	578	780
17	1.310	2.320
18	1.391	2.670
19	1.467	3.300
20	807	1.450

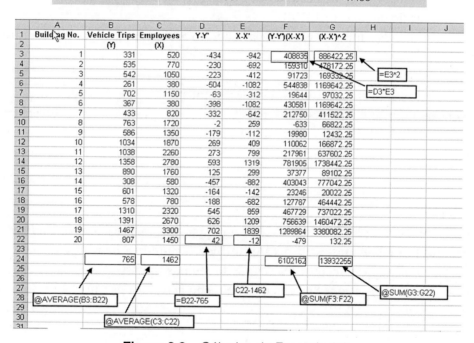

Figura 2.9 – Cálculos do Exemplo 2.6.

Com as quantidades necessárias calculadas, o próximo passo é aplicar as Equações 2.8 e 2.9 para encontrar os parâmetros b e a, como segue:

$$b = \frac{\sum_{i=1}^{n}(X_i - \overline{X})(Y_i - \overline{Y})}{\sum_{i=1}^{n}(X_i - \overline{X})^2} = \frac{6102162}{13932255} = 0,438$$

$$a = \overline{Y} - b\overline{X} = 765 - 0,438 \times 1462 = 124,9$$

Portanto, a relação necessária é

viagens de veículo = 124,9 + (0,438) (número de funcionários).

Regressão linear múltipla com a utilização do Microsoft Excel

Os cálculos para o Exemplo 2.6 teriam sido tediosos se feitos manualmente, principalmente se o conjunto de observações fosse extenso. Para este modelo e outros mais complexos, com muitas variáveis, o mercado disponibiliza pacotes de softwares de análise de regressão, como o Microsoft Excel. Para mais de uma variável independente, o Microsoft Excel possui o suplemento Ferramentas de Análise (*Analysis ToolPak*), cujo uso é explicado no Exemplo 2.7.

Exemplo 2.7

Análise de regressão linear com duas ou mais variáveis independentes

A força e a durabilidade de um trecho de pavimento são expressas por um índice chamado Índice de Condição do Pavimento (em inglês, *Pavement Condition Index – PCI*), que varia de 0 a 100, em que 0 é muito fraca e 100 é excelente. O *PCI* está relacionado a diversas variáveis independentes:

X_1 = idade em anos do trecho de pavimento desde a construção ou recapeamento
X_2 = volume diário médio de tráfego (VDM)
X_3 = número estrutural (NE), uma medida de capacidade do pavimento para suportar as cargas decorrentes do tráfego.

Os dados da Tabela 2.2 foram obtidos com base no levantamento das condições de 20 trechos de pavimento individuais, que também incluem o número de anos desde a construção ou reconstrução, o volume diário médio do tráfego e o número estrutural. Utilize as técnicas de análise de regressão para desenvolver um modelo matemático que poderia ser usado como uma ferramenta para prever a condição futura dos trechos de pavimento nesta região.

Solução

O Microsoft Excel fornece um suplemento chamado Ferramentas de Análise (*Analysis ToolPak*) para ser usado na realização de vários procedimentos estatísticos de análise, incluindo a de regressão. Para verificar se esse recurso está ativo, vá ao menu Ferramentas e verifique no menu suspenso se a opção Análise de Dados está listada e ativa. Caso não esteja, selecione Suplementos no menu Ferramentas e marque a caixa Ferramentas de Análise, como mostrado na Figura 2.10.[2]

---

[2] A versão do Excel utilizada nos exemplos deste livro é a de 2003. Para ativar as Ferramentas de Análise na versão 2007, clique no botão Office e escolha Opções do Excel. Em seguida, na aba Suplementos, clique em Ir na opção Gerenciar Suplementos do Excel, na parte inferior da janela. Será aberta a janela Suplementos. Marque a opção Ferramentas de Análise e clique em OK. Após a instalação, a ferramenta poderá ser acessada no menu Dados do software.

Tabela 2.2 – Dados do Exemplo 2.7.

Número do trecho	Índice de condição do pavimento (PCI)	Idade (anos)	VDM (1.000 veículos/dia)	NE
1	100	1,2	27	4,2
2	93	2,5	15	5,0
3	79	9,2	9	5,1
4	94	2,9	8	5,3
5	79	10,8	12	3,9
6	85	6,3	14	4,3
7	100	0,1	23	4,9
8	97	2,2	17	5,0
9	82	8,1	16	3,1
10	81	9,4	6	5,0
11	88	5,6	27	4,4
12	79	10,0	17	5,2
13	83	7,6	20	4,6
14	76	11,4	13	4,2
15	93	4,0	8	4,0
16	81	9,3	29	5,4
17	100	0,3	5	5,5
18	76	10,4	8	3,8
19	77	10,5	7	3,2
20	84	6,3	17	4,4

 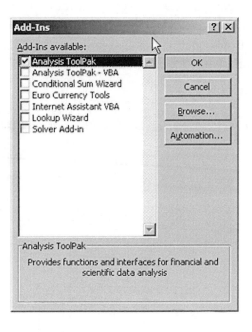

Figura 2.10 – Ativação das Ferramentas de Análise no menu Ferramentas.

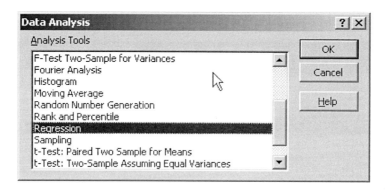

Figura 2.11 – Seleção da opção de análise de regressão.

Depois de adicionar as Ferramentas de Análise, digite os dados do problema, como mostrado na planilha do Excel (Figura 2.12). Há colunas distintas para a variável independente do índice de condição do pavimento (PCI) e para cada uma das três variáveis independentes: idade, VDM e NE. No suplemento das Ferramentas de Análises será exibida uma janela contendo os procedimentos de análise dos dados. Escolha a opção Regressão, como mostrado na Figura 2.11.

Decida qual coluna conterá a variável dependente e quais conterão as variáveis independentes e nomeie cada coluna de forma adequada. Especifique os intervalos de entrada, de Y e X, e de saída para exibir o resultado, conforme ilustrado na Figura 2.12.

Para o Intervalo Y de entrada, especifique o intervalo das células B1... B21, que conterá os valores da variável dependente (PCI). (A Linha 1 é usada para identificar cada coluna.) O Intervalo X de entrada especifica as células que contêm os valores das variáveis independentes Idade, VDM e NE. Esse intervalo é C1...E21, das colunas C, D e E, e células 1-21. Marque a caixa Rótulos para indicar que a primeira célula em cada coluna contém o rótulo ou o nome dessa variável. Finalmente, o intervalo de saída mostra onde deve ser a saída (neste exemplo, a saída começará na célula I1). Outros recursos podem ser selecionados conforme desejado, como os itens da opção *Resíduos*, por exemplo.

Os resultados para este exemplo estão ilustrados na Figura 2.13.

Duas seções desses resultados são de particular interesse, conforme destacado na Figura 2.13. A primeira seção está ligada a um dos coeficientes da regressão, denominado coeficiente de determinação, ou simplesmente R^2, que varia entre 0 e 1. É uma medida de até que ponto os resultados do modelo correspondem aos dados.

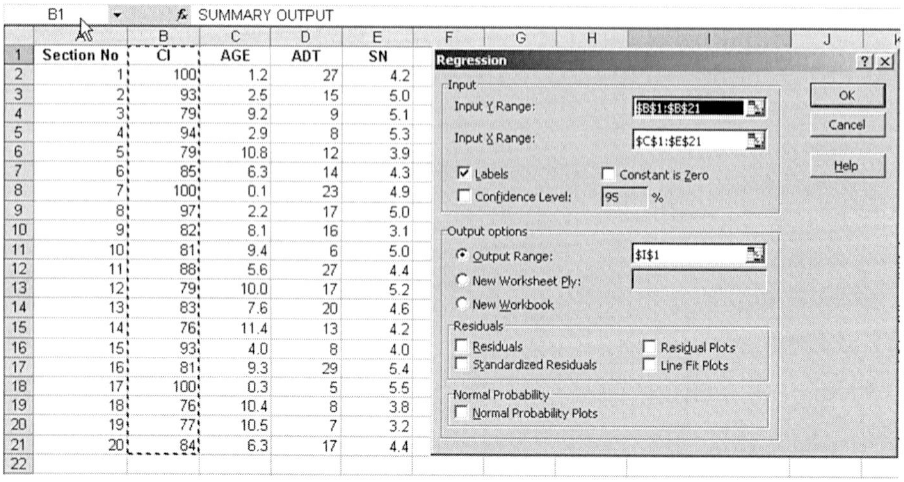

Figura 2.12 – Utilização da opção de análise de regressão no Excel.

SUMMARY OUTPUT					
Regression Statistics					
Multiple R	0.98655111				
R Square	0.9732831				
Adjusted R Square	0.96827368				
Standard Error	1.51592037				
Observations	20				
ANOVA					
	df	SS	MS	F	*ignificance*
Regression	3	1339.448016	446.482672	194.2906195	8.56E-13
Residual	16	36.76823292	2.298014557		
Total	19	1376.216249			
	Coefficients	Standard Error	t Stat	P-value	Lower 95%
Intercept	98.8696111	2.87293944	34.41409511	1.96898E-16	92.77925
AGE	-2.18471661	0.099702259	-21.91240846	2.33048E-13	-2.39608
ADT	0.0183046	0.047795332	0.38297877	0.706775781	-0.08302
SN	0.27571494	0.543613417	0.507189357	0.618940784	-0.87669

Figura 2.13 – Resultados da análise de regressão do Exemplo 2.7.

Um modelo perfeito é aquele que se encaixa exatamente nos dados e tem valor de R^2 igual a 1, enquanto um modelo que não se encaixa absolutamente tem valor de R^2 igual a 0. Os valores normais estão dentro da faixa entre 0 e 1, com valores próximos a 1 indicando um ajuste razoavelmente bom, como é o caso deste exemplo, em que $R^2 = 0,973$.

A segunda seção destacada lista os coeficientes do modelo, que especificam os parâmetros do modelo linear que foi ajustado aos dados. Neste exemplo, o modelo ajustado descreve a deterioração dos trechos de pavimento, como segue:

$$PCI = 98,87 - 2,18 \times \text{Idade} - 0,02 \times \text{VDM} + 0,28 \text{NE} \tag{2.9}$$

em que

    PCI = índice de condição do pavimento
    Idade = número de anos desde a construção
    VDM = volume diário médio de tráfego em termos de 1.000 veículos/dia
    NE = número estrutural

Exemplo 2.8

Determinação da condição de um pavimento utilizando um modelo de regressão
Utilize o modelo desenvolvido no Exemplo 2.7 para mostrar como a condição de um trecho de pavimento pode mudar ao longo do tempo. Suponhamos que o trecho tenha um número estrutural (NE) igual a 5,0, e o VDM seja de 25.000 veículos/dia.

Solução
Use a Equação 2.9 e substitua os valores de 5,0 para NE e 25 para o VDM. A relação entre o PCI e a idade é

$$PCI = 98,87 - 2,18 \times \text{Idade} - 0,02 \times 25 + 0,28 \times 5.$$

Ou seja, PCI = 99,77 - 2,18 × Idade

A Figura 2.14 traça esta relação para mostrar a tendência de deterioração da seção de pavimento ao longo do tempo.

Figura 2.14 – Tendência de deterioração para o trecho de pavimento do Exemplo 2.8.

Regressão com a utilização de variáveis transformadas

A premissa básica das equações de regressão consideradas nas seções anteriores é que a relação entre as variáveis dependentes e independentes é linear. Em alguns casos, uma relação não linear pode ter uma melhor adequação aos dados, e ainda pode ser possível a utilização da regressão linear para desenvolver o modelo por meio de uma transformação adequada da relação não linear adotada. O exemplo a seguir ilustra como os coeficientes de um modelo não linear podem ser determinados com o uso da regressão linear.

Exemplo 2.9

Utilizando a regressão linear para modelar a relação entre a velocidade e a densidade do tráfego

Presume-se que a velocidade média de tráfego em um via expressa em km/h (u) e a densidade de tráfego predominante em veículos/km (k) sejam descritas pela Equação 2.10.

$$u = ae^{\frac{-k}{b}} \tag{2.10}$$

em que
- u = velocidade média em km/h
- k = densidade do tráfego em veículos/km
- a, b = parâmetros de modelo
- e = logaritmo natural ($e = 2,718$)

Os dados mostrados na Tabela 2.3 foram coletados por meio da medição da velocidade média de tráfego em diferentes períodos do dia e do registro da densidade correspondente.

Determine os valores dos parâmetros a e b na Equação 2.10.

Solução

Para converter a Equação 2.10 da forma não linear em linear, utilize o log (base e), resultando em

$$\ln u = \ln(ae^{\frac{-k}{b}})$$

Portanto,

$$\ln u = \ln a + \ln(e^{\frac{-k}{b}})$$

$$\ln u = \ln a + \left(\frac{-k}{b}\right)\ln e$$

$$\ln u = \ln a - \frac{k}{b}$$

Tabela 2.3 – Dados do Exemplo 2.9.

Velocidade (u) em km/h	Densidade (k) em veículos/km
48	98
96	22
64	71
40	110
64	74
80	40
84	39
104	11
108	10
92	32
84	42
69	68
51	104
76	57
84	39
60	73
113	2
64	73
88	33
93	24

A Equação 2.10 agora é uma relação linear entre as variáveis transformada (ln u) e k. Para calcular a e b, considere ln u como a variável dependente, e k a independente. A Figura 2.15 representa a fórmula do Excel com o uso das Ferramentas de Análise para calcular a e b. A coluna A é a velocidade, B, a densidade e C a velocidade do log (base e).

O Excel é utilizado para executar a análise de regressão, especificando as células C2...C21 como a variável dependente, e as células B2...B21 como a independente. O valor da "intersecção" neste caso é equivalente a ln a, enquanto o coeficiente de "Densidade" resultante é equivalente a $(-\frac{1}{b})$. Assim,

$$\ln a = 4{,}769$$

e

$$a = e^{4{,}769} = 117{,}8.$$

Engenharia de infraestrutura de transportes

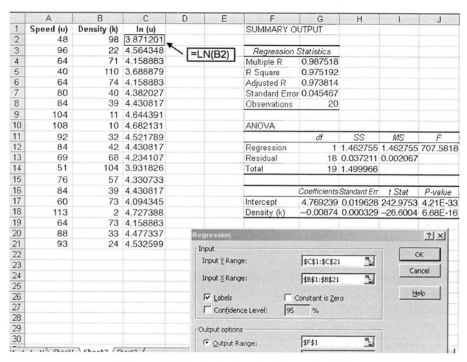

Figura 2.15 – Solução do Exemplo 2.9.

Também,

$$-\frac{1}{b} = -0{,}00874$$

e

$b = 1/0{,}00874 = 114{,}4.$

O modelo pode ser expresso como segue:

$$u = 117{,}8 e^{\frac{-k}{114{,}4}}$$

ilustrado na Figura 2.16.

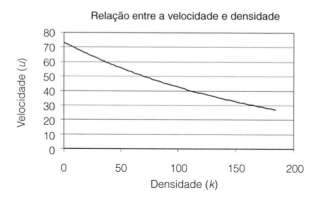

Figura 2.16 – Relação de velocidade desenvolvida e densidade.

Teoria das probabilidades

Em várias situações de transporte, o resultado é desconhecido ou incerto. Por exemplo, é impossível prever o número exato de veículos que chegarão a um cruzamento durante um determinado período, ou o número de pessoas que optarão por uma rota específica de viagem em detrimento de outra.

A *teoria das probabilidades* é um ramo da matemática que trata das incertezas dos acontecimentos. Tudo começou quando o notável cientista francês Pascal (1623-1652) inventou essa teoria e previu o resultado provável de jogos de azar a fim de ajudar os amigos a elaborar suas apostas. Desde então, a teoria das probabilidades tem sido aplicada em uma série de áreas, incluindo a engenharia de tráfego e dos transportes.

Um modelo de incerteza

A teoria das probabilidades descreve a incerteza, referindo-se aos *resultados* e suas *probabilidades* de ocorrência. *Resultados* referem-se a eventos que podem acontecer, ao passo que probabilidades indicam a possibilidade da ocorrência de um resultado.

Os resultados devem ser *mutuamente exclusivos* e *coletivamente exaustivos*. *Mutuamente exclusivo* limita o resultado a um único evento. Por exemplo, ao jogar uma moeda, aparecerá ou cara ou coroa, não ambas ao mesmo tempo. *Coletivamente exaustivo* estipula que um dos resultados especificados deve ocorrer. Por exemplo, ao jogar uma moeda, há apenas dois *resultados*, uma cara ou uma coroa. Assim, a probabilidade de um *resultado* é um número entre 0 e 1, e a soma das probabilidades de todos os resultados é igual a 1. Um *modelo de probabilidades* é, basicamente, a enumeração de todos os resultados possíveis e a probabilidade de ocorrer cada resultado.

Exemplos de modelos de probabilidade simples

Esses exemplos podem ser jogar cara ou coroa ou rolar dados. Como já observado, o lançamento de uma moeda tem apenas dois resultados: cara ou coroa, com a mesma probabilidade de resultado de 0,50. O outro exemplo, rolar um dado, é perfeitamente balanceado. Há seis resultados possíveis: o dado pode cair mostrando os números 1, 2, 3, 4, 5 ou 6. A probabilidade associada a cada resultado é de 1/6. Um modelo de probabilidade é algumas vezes denominado *experimento*. Em um *experimento*, o conjunto de todos os resultados possíveis é chamado de *espaço amostral* representado pela letra grega maiúscula Ω (ômega).

Eventos e suas probabilidades

Na teoria das probabilidades, *evento* refere-se a um conjunto de resultados. Em outras palavras, evento é um subconjunto do espaço amostral, Ω. Por exemplo, no experimento do dado, há três probabilidades de obter um número ímpar: se o dado mostrar 1, 3 ou 5. A probabilidade de um *evento A* é definida como a soma das probabilidades de cada resultado. Ao rolar um dado, a probabilidade de obter um número ímpar é igual a

$$P[A] = \frac{1}{6} + \frac{1}{6} + \frac{1}{6} = \frac{1}{2} \qquad (2.11)$$

O complemento de um evento $\bar{A}$ é definido como o subconjunto de Ω que contém todos os resultados que não pertencem a A. No exemplo do dado, $\bar{A}$ refere-se ao evento de obter 2, 4 ou 6 ao rolar o dado. A probabilidade de $\bar{A}$ é igual a 1 - P(A). Em se tratando de dois eventos, A e B, a probabilidade de "A e B" refere-se à probabilidade de resultados que estão tanto em A como em B, que, por sua vez, se refere à interseção de dois conjuntos, normalmente descrita como $A \cap B$, em que $\cap$ é o símbolo da interseção usado na teoria dos conjuntos. A probabilidade de "A ou B" refere-se à probabilidade de resultados que estão em A, B, ou em ambos. Isto é expresso como $A \cup B$, em que $\cup$ é o operador da união. A probabilidade de "A ou B" é dada pela seguinte expressão:

$$P(A \cup B) = P(A) + P(B) - P(A \cap B) \qquad (2.12)$$

Como pode ser observado na Figura 2.17, a expressão P(A) + P(B) inclui a probabilidade de cada resultado do evento (A ∩ B) ocorrer duas vezes. Assim, P(A ∩ B) é subtraído de P(A) + P(B).

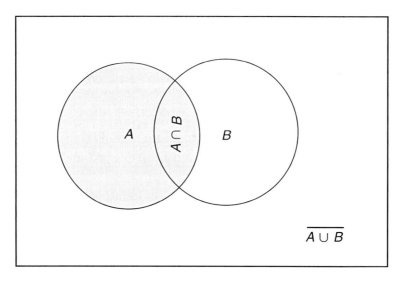

Figura 2.17 – Cálculo da probabilidade de A ou B.

Variáveis aleatórias discretas e suas distribuições de probabilidade

Variável aleatória é um tipo especial de modelo de probabilidade que atribui um valor numérico para cada resultado. É representada por uma letra maiúscula (ou seja, X), e o valor correspondente que ela pode tomar é representado por uma letra minúscula (ou seja, x). Por exemplo, uma variável aleatória, X, poderia presumir até n valores numéricos diferentes $(x_1, x_2,..., x_n)$, com probabilidades associadas de $(p_1, p_2,..., p_n)$, conforme mostrado na Figura 2.18.

A característica diferencial de um modelo de probabilidade de variável aleatória é o fato de que os valores de $(x_1, x_2,..., x_n)$ são numéricos. As variáveis aleatórias podem ser discretas ou contínuas. As discretas têm valores especificados com intervalos entre eles, enquanto as contínuas podem ter qualquer valor, sem intervalos entre eles.

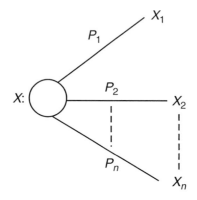

Figura 2.18 – Árvore de probabilidades.

Variáveis aleatórias discretas

A distribuição de probabilidade de uma variável aleatória discreta lista todos os valores possíveis para a variável com suas probabilidades associadas, conforme ilustrado na Figura 2.18. A distribuição de probabilidade de uma variável aleatória discreta é muitas vezes denominada *função massa de probabilidade*, $p(x) = P[X = x]$, que associa cada valor de uma variável aleatória discreta à sua probabilidade. Os valores de $p(x)$ devem atender às duas condições a seguir:

$$0 \leq p(x) \leq 1 \tag{2.13}$$

$$\sum p(x) = 1 \tag{2.14}$$

Além da função massa de probabilidade de uma variável aleatória discreta, outra útil é a *função distribuição acumulada* (*fda*), definida como

$$F(x) = P[X \leq x] \tag{2.15}$$

Em outras palavras, a função distribuição acumulada adiciona esses valores de probabilidade, que são inferiores ou iguais a x, à variável aleatória X. Para variáveis aleatórias discretas, a *fda* assume a forma de uma função degrau, com um aumento em cada um dos valores que a variável aleatória assume. Os limites inferiores e superiores desta função são 0 e 1.

Medidas resumo para variáveis aleatórias

Uma variável aleatória tem dois tipos de medidas resumo. A primeira mede o centro (ou a média) de sua distribuição de probabilidade, e a segunda, sua dispersão (ou variância). A medida mais usada para descrever o centro de uma distribuição de probabilidades é a média (μ), ou a expectativa $E[X]$, definida como segue:

$$E[X] \text{ ou } \mu = \sum_{x} x \, p(x) \tag{2.16}$$

A média ou expectativa de uma variável aleatória não revela se os valores são semelhantes uns aos outros ou totalmente diferentes. Por exemplo, os números 10, 20 e 30, e os 20, 20 e 20 dispõem de médias idênticas, mas a dispersão da média é bem diferente. Assim, uma medida de dispersão é necessária. A variância é a medida de dispersão de distribuições de probabilidade mais comumente utilizada, e é a expectativa do quadrado da diferença entre X e a média $(X - \mu)^2$. A variância é expressa como

$$\text{Var}[X] = \sum_{x} (X - \mu)^2 \, p(x) \tag{2.17}$$

A raiz quadrada da variância é chamada de desvio padrão (σ). Este termo fornece uma medida da dispersão que possui as mesmas unidades que a média e a variável aleatória. O desvio padrão é calculado por meio da Equação 2.18:

$$\sigma(X) = \sqrt{\text{Var}[X]} \tag{2.18}$$

Exemplo 2.10

Cálculo da média e da variância de velocidades de caminhada

A Tabela 2.4 lista as velocidades de caminhada observadas de pedestres que cruzam uma interseção. Determine os seguintes valores para as velocidades observadas:

(a) velocidade média;
(b) variância;
(c) desvio padrão.

Solução

Uma vez que cada observação é equiprovável de ocorrer, $p(x)$, para todos os valores de velocidade observados x é igual a $1/n$, em que n, o número de observações, é 20. A fórmula para a média (μ), a variância e o desvio padrão (σ) neste caso pode ser expressa da seguinte forma (os cálculos podem ser realizados no Microsoft Excel, como mostrado na planilha da Figura 2.19):

$$\mu = \frac{1}{n} \sum_{i=1}^{n} x_i$$

Tabela 2.4 – Dados do Exemplo 2.10.

ID do pedestre	Velocidade (m/s)
1	1,10
2	1,41
3	1,05
4	1,12
5	1,05
6	1,19
7	1,24
8	1,33
9	1,16
10	1,25
11	1,13
12	1,19
13	1,13
14	1,15
15	1,26
16	1,56
17	1,38
18	1,01
19	1,19
20	1,41

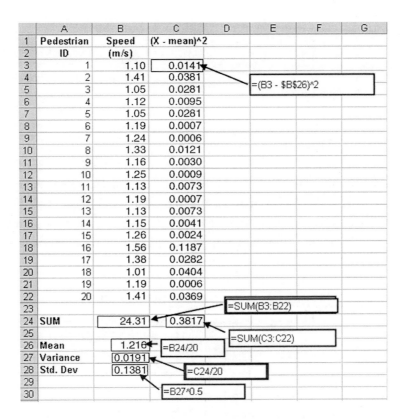

Figura 2.19 – Cálculo da média, variância e desvio padrão com o Excel.

$$\text{Var}[X] = \frac{1}{n} \sum_{i=1}^{n} (X_i - \mu)^2$$

$$\sigma(X) = \sqrt{\text{Var}[X]}$$

(a) Para calcular a média, os valores observados são somados na célula B24. Esse total é dividido por 20 na célula B26 para fornecer o valor médio de 1,216 m/s.

(b) Para calcular a variância e o desvio padrão, uma terceira coluna C foi criada para conter os valores de $(X - \mu)^2$. Os valores de $(X - \mu)^2$ foram somados na célula C24, totalizando 0,3817. A variância foi calculada na célula C27, dividindo o valor da C24 por 20 (observe que, a rigor, deveríamos ter dividido por $(n - 1)$, e não por n, pois esta é uma variância da amostra, e não uma variação da população. Para simplificar, vamos utilizar aqui n). O desvio padrão é calculado na célula B28.

Exemplos de distribuições de probabilidade discreta

Distribuição binomial

A distribuição binomial descreve um experimento com uma sequência de tentativas com apenas dois resultados: ou o resultado acontece ou não acontece (por exemplo, o sucesso ou o fracasso). A probabilidade de qualquer um dos dois resultados é p (sucesso) e $1 - p$ (fracasso), a mesma para cada tentativa. Uma variável aleatória com distribuição binomial resulta na probabilidade de x sucessos em n tentativas independentes. Por exemplo, no experimento de jogar a moeda, a variável poderia descrever o número de caras que aparecem dez lançamentos de uma moeda. A *distribuição binomial* tem dois parâmetros: o número de experimentos n e a probabilidade p de sucesso para cada tentativa. A distribuição de probabilidade de x sucessos em n tentativas é dada na Equação 2.19:

$$p(x) = P\{X = x\} = \frac{n!}{k!(n-k)!} p^x(1-p)^{n-x} \tag{2.19}$$

em que $n!$ é definido como $n(n-1)(n-2) \times ,... \times 1$

O Microsoft Excel pode calcular a distribuição binomial. A função = BINOMDIST(x, n, p, 0) fornece a probabilidade de $P(X = x)$ para uma distribuição binomial com parâmetros n e p. Para a mesma variável, mudando de 0 para 1, ou seja, = BINOMDIST(x, n, p, 1), é feito o cálculo da função distribuição acumulada (fda). Para ilustrar, a Figura 2.20 usa o Excel para calcular a distribuição binomial para uma variável aleatória com parâmetros $n = 10$ e $p = 0,3$. A coluna B enumera a função densidade de probabilidade, e a coluna C, a função distribuição acumulada.

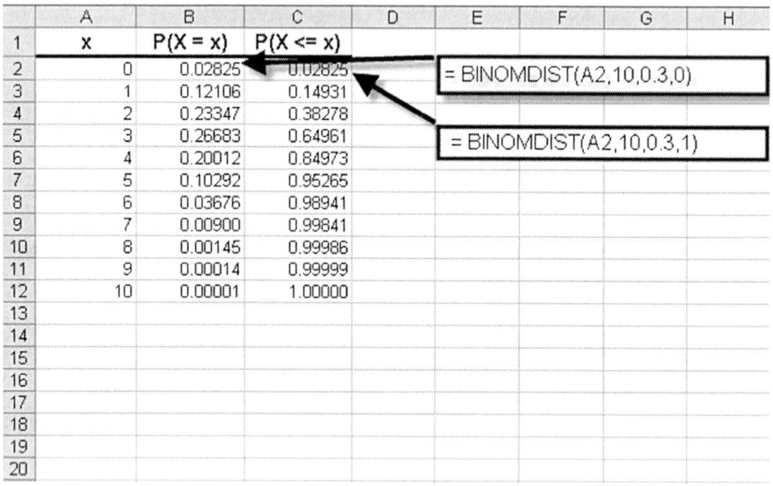

	A	B	C
1	x	P(X = x)	P(X <= x)
2	0	0.02825	0.02825
3	1	0.12106	0.14931
4	2	0.23347	0.38278
5	3	0.26683	0.64961
6	4	0.20012	0.84973
7	5	0.10292	0.95265
8	6	0.03676	0.98941
9	7	0.00900	0.99841
10	8	0.00145	0.99986
11	9	0.00014	0.99999
12	10	0.00001	1.00000

= BINOMDIST(A2,10,0.3,0)

= BINOMDIST(A2,10,0.3,1)

Figura 2.20 – Cálculos de distribuição binomial utilizando o Excel.

Distribuição geométrica

A distribuição geométrica também está baseada em uma sequência de tentativas independentes. Ela representa a probabilidade de que o primeiro sucesso ocorra na x-ésima tentativa (por exemplo, ao jogar a moeda em uma série de tentativas para obter cara após $x = 1, 2, 3,... n$). Isso significa que a primeira tentativa $(x - 1)$ resulta em coroa, e a x-ésima tentativa, em cara. A distribuição geométrica expressa essa probabilidade como segue:

$$p(x) = P[X = x] = (1-p)^{x-1}p \tag{2.20}$$

Exemplo 2.11

Cálculo da probabilidade de pousos de aeronaves
Um aeroporto atende três tipos diferentes de aeronaves: pesada, grande e pequena. Durante uma hora típica, o número de cada tipo de aeronave que pousa é igual a 30 para as pesadas, 50 para as grandes e 120 para as pequenas.

Determine as probabilidades de os seguintes pousos ocorrerem:

(1) A próxima aeronave é pesada.
(2) Exatamente três de cada dez aeronaves são pesadas.
(3) Pelo menos três de cada dez aeronaves são pesadas.
(4) A primeira aeronave pesada será a terceira a pousar.

Solução

Parte (1) A probabilidade de a próxima aeronave a pousar ser pesada pode ser calculada dividindo-se o número de aeronaves pesadas que pousam em uma hora (30) pelo número total de pousos de aeronaves (30 + 50 + 120 = 200):

$$P(\text{aeronave que pousa ser pesada}) = \frac{30}{200} = 0{,}15$$

Parte (2) A probabilidade de exatamente três de cada dez aeronaves que pousam serem pesadas pode ser calculada utilizando a distribuição binomial. O número de tentativas n é 10, o de sucessos x é igual a 3, e a probabilidade de sucesso p é igual a 0,15. Assim, a probabilidade é calculada usando o Excel como segue:

$$P(3 \text{ de } 10 \text{ aeronaves serem pesadas}) = \text{BINOMDIST}(3, 10, 0{,}15, 0)$$
$$= 0{,}13$$

Parte (3) A probabilidade de pelo menos três aeronaves pesadas pousarem de um total de dez aeronaves é $P(X \geq 3)$. Isso pode ocorrer se três ou mais pousos forem de aeronaves pesadas. Por outro lado, é igual à probabilidade $1 - P(X \leq 2)$. $P(X \leq 2)$ pode ser calculada usando o Excel como segue:

$$P(X \leq 2) = \text{BINOMDIST}(2, 10, 0{,}15, 1) = 0{,}82$$
$$P(X \geq 3) = 1 - P(X \leq 2) = 1 - 0{,}82 = 0{,}18.$$

Parte (4) A probabilidade de que o pouso do primeira aeronave pesada seja a terceira aeronave pode ser calculada usando a distribuição geométrica. A probabilidade de que o primeiro sucesso ocorra na terceira tentativa pode ser calculada como

$$P[X = 3] = (1 - p)^{x-1} p$$
$$= (1 - 0{,}15)^2 \times 0{,}15 = 0{,}108$$

Distribuição de Poisson

Esta é uma distribuição de probabilidade discreta com aplicações na análise de tráfego e de transportes. É utilizada para estimar a probabilidade de que o número x de eventos ocorra dentro de um intervalo de tempo indicado, t. Por exemplo, a distribuição de Poisson pode ser usada para descrever o padrão de chegada dos clientes a um posto de atendimento de um dado serviço. Aplicada ao transporte, esses clientes são os veículos em um fluxo de tráfego, pedestres atravessando na faixa, ou quando os navios chegam a um porto. É formulada como:

$$p(x) = \frac{(\lambda t)^x e^{-\lambda t}}{xt} \tag{2.21}$$

em que

    $p(x)$ = probabilidade de que exatamente x unidades chegarão no intervalo de tempo t
    t = duração do intervalo de tempo
    λ = taxa média de chegada de passageiros ou veículo/unidade de tempo
    e = base do logaritmo natural (e = 2,718).

A distribuição de Poisson é mais confiável onde o trânsito está fluindo livremente. Se estiver muito congestionado ou localizado a jusante de uma interseção semaforizada, ela não é precisa.

O Microsoft Excel fornece uma função para o cálculo da distribuição de probabilidade de Poisson, que é = POISSON(x, (λt), 0). Como foi o caso da distribuição binomial, quando 0 é substituído por 1, uma solução para a função distribuição acumulada é fornecida.

Exemplo 2.12

Utilizando a distribuição de Poisson para analisar a chegada de passageiros no balcão de *check-in* de um aeroporto

Os passageiros chegam ao balcão de *check-in* a uma taxa igual a 450 passageiros/h. Qual é a probabilidade de 0, 1, 2, 3 e 4 ou mais passageiros chegarem ao longo de um período de tempo de 15 segundos se o padrão de chegada pode ser descrito usando uma distribuição de Poisson?

Solução

Determine a taxa de chegada, λ, em passageiros/s. Uma vez que a taxa de chegada é de 450 passageiros/h, isto é equivalente a 450/3600 = 0,125 passageiros/s. Durante o intervalo de 15 segundos, λt é igual a 0,125 × 15 = 1,875 passageiros por 15 segundos. Para calcular a probabilidade da chegada de 0, 1, 2 ou 3 pessoas, use a função do Excel = POISSON(x, 1,875, 0), como mostrado na Figura 2.21.

Calcule a probabilidade da chegada de quatro ou mais passageiros como 1 - P(0, 1, 2, 3):

$P(X \geq 4)$ = 1,0 - $P(X = 0)$ - $P(X = 1)$ - $P(X = 2)$ - $P(X = 3)$
             = 1,0 - 0,153 - 0,288 - 0,270 - 0,168 = 0,121.

	A	B	C	D	E	F	G
1	x	P(X = x)					
2	0	0.153					
3	1	0.288		POISSON(A2, 1.875, 0)			
4	2	0.270					
5	3	0.168					
6							
7							
8							
9							

Figura 2.21 – Cálculos da distribuição de Poisson.

Exemplo 2.13

Cálculo da capacidade de acúmulo de veículos em uma faixa exclusiva para conversão à esquerda

Uma faixa exclusiva para conversão à esquerda na aproximação de uma interseção semaforizada pode acomodar no máximo cinco veículos. O volume de tráfego é de 900 veículos/h, e 20% deles convertem à esquerda.

O tempo necessário para completar um ciclo do semáforo é de 60 s, e o tempo de verde alocado para a conversão à esquerda permite o acúmulo de, no máximo, cinco veículos.

Determine a probabilidade de que haverá um excedente de veículos esperando para converter à esquerda, bloqueando, assim, a faixa de passagem direta.

Solução

Se seis ou mais veículos chegarem para a conversão à esquerda durante um ciclo de 60 segundos, um ou mais deles se acumularão na faixa da direita. Assumimos que a distribuição de Poisson seja utilizável. Calcule λ, a taxa de chegada de veículos/s para a conversão à esquerda:

$$\lambda = \frac{0{,}20 \times 900}{3.600} = 0{,}05 \text{ veículos/s para a conversão à esquerda.}$$

Uma vez que a duração do ciclo é de 60 s e há 0,05 veículos/s para a conversão à esquerda, o número de veículos/ciclo para a conversão à esquerda, $\lambda t = 0{,}05 \times 60 = 3{,}0$.

A probabilidade de chegada de seis ou mais veículos em um ciclo é equivalente a 1,0 menos a probabilidade de chegada de cinco ou menos. Assim

$P[X \geq 6] = 1{,}0 - P[X \leq 5]$

$P[X \leq 5]$ pode ser calculado usando a função Excel = POISSON (5, 3, 1) para encontrar o valor da função distribuição acumulada correspondente a $X = 5$ e $\lambda t = 3$.

(*Observação*: o número 1 substitui o zero na função do Excel, pois o cálculo é para fda).

Usando a função do Excel, temos

$P[X \leq 5] = 0{,}916$ e $P[X \geq 6] = 1{,}0 - 0{,}916 = 0{,}084$

A interpretação do resultado é que em 8,4% dos ciclos é esperado que ocorra um acúmulo de veículos.

Distribuições contínuas

Variáveis aleatórias contínuas assumem qualquer valor dentro de um determinado intervalo, e não estão limitadas a valores discretos. Por exemplo, o intervalo de tempo entre as chegadas sucessivas de veículos ou pedestres em uma interseção pode assumir qualquer valor dentro de um determinado intervalo e, portanto, é uma variável contínua.

Para as variáveis aleatórias contínuas, a probabilidade de a variável assumir um valor específico é inexpressiva. Em vez disso, esta probabilidade é determinada para intervalos específicos. Além disso, as funções massa de probabilidade são substituídas por funções densidade de probabilidade $f(x)$. Conforme ilustrado na Figura 2.22, a probabilidade de uma variável assumir valores entre a e b corresponde à área entre os valores a e b sob a função densidade de probabilidade.

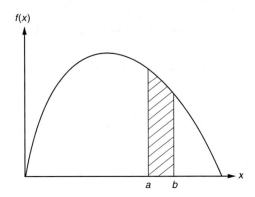

Figura 2.22 – Variáveis aleatórias contínuas e cálculos de probabilidade.

Matematicamente, isso é igual à integral da função f(x) de a até b:

$$P(a \leq X \leq b) = \int_{x=a}^{b} f(x)\, dx \tag{2.22}$$

Se a função distribuição acumulada, F(x) = P[X ≤ x], for conhecida, a probabilidade de x estar entre a e b pode ser calculada como

$$P(a \leq X \leq b) = F(b) - F(a) \tag{2.23}$$

Distribuições normais

As distribuições normais são modelos úteis para descrever uma série de fenômenos naturais, e têm desempenhado um papel importante no desenvolvimento da teoria estatística. Os parâmetros da distribuição normal são a média (μ) e o desvio padrão (σ). A equação é

$$f(x) = \frac{1}{\sigma\sqrt{2\pi}} \exp\left[-\frac{1}{2}\left(\frac{x-\mu}{\sigma}\right)^2\right] \tag{2.24}$$

A notação para a distribuição normal é N[μ, σ], e esta distribuição é definida pelos parâmetros μ e σ. A Figura 2.23 ilustra uma distribuição normal com um valor médio de μ = 0 e um desvio padrão de σ = 1 N[0, 1]. A distribuição normal tem formato de sino, de modo que os valores próximos da média têm maior probabilidade de ocorrência do que aqueles mais distantes. A área sob a curva entre os valores ($\mu - \sigma$) e ($\mu + \sigma$) é igual a 0,6826, indicando que, se uma variável aleatória é normalmente distribuída, 68% das observações estarão dentro de um desvio padrão da média. Aproximadamente 95% de todas as observações estão dentro de dois desvios padrão da média.

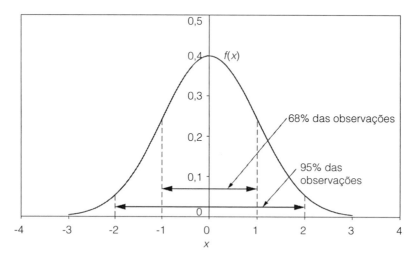

Figura 2.23 – Distribuição normal.

Cálculos da distribuição normal utilizando o Microsoft Excel

O Microsoft Excel possui uma função que permite calcular os valores de probabilidade para a distribuição normal, fornecidos na Equação 2.24. A função é especificada como

$f(x)$ = NORMDIST(x, μ, σ, 0).

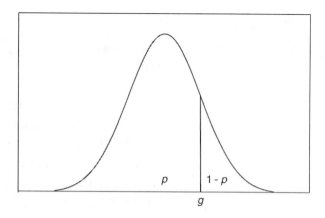

Figura 2.24 – Cálculos da distribuição normal.

O Excel também pode ser utilizado para calcular a função densidade acumulada, $F(x)$ como $F(x)$ = NORMDIST($x, \mu, \sigma, 1$).

Há também uma função que calcula o percentil da distribuição normal, que é o número g, de modo que a probabilidade de X ser inferior a g, $P(X \leq g)$, é igual a p. Essa probabilidade é a área à esquerda da linha mostrada na Figura 2.24. Esta função é expressa como

g(percentil de X) = NORMINV(p, μ, σ).

Exemplo 2.14

Utilizando a distribuição normal para garantir a disponibilidade de gasolina

A demanda diária de um posto de gasolina possui distribuição normal com valor médio de 8.000 litros/dia, com um desvio padrão igual a 1.600 litros/dia. O posto é abastecido diariamente com 10.000 litros.

Determine:

(1) A probabilidade p de que alguns clientes tenham de ir embora do posto em decorrência da falta de combustível;

(2) O número de litros em estoque, de modo que a demanda média seja excedida somente em 1 a cada 20 dias.

Solução

Parte (1) A probabilidade de que alguns clientes não sejam atendidos no posto é equivalente à probabilidade de que a demanda excederá o fornecimento diário de 10.000 litros/dia. Isso pode ser calculado usando o Excel, como segue:

$P(X \geq 10.000) = 1,0 - P(X \leq 10.000)$ = 1,0 - NORMDIST(10.000, 8.000, 1.600, 1)
$= 1,0 - 0,894$
$= 0,106$

Parte (2) A demanda exceder a oferta uma vez a cada 20 dias é equivalente a uma probabilidade de 1/20 = 0,05. Se a probabilidade de $P(X \geq g)$ for 0,05, a probabilidade de $P(X \leq g)$ será 0,95. Assim, o percentil de 0,95 de X, g, pode ser determinado usando o Excel, como segue:

g = NORMINV(0,95, 8.000, 1.600)

= 10.632 litros, ou o posto precisa de mais 632 litros diários adicionais.

Teoria de filas

Fila é uma série de pessoas ou veículos em espera. Pode ser composta por clientes aguardando por serviço ou pessoas esperando para embarcar em uma aeronave. Um sistema de filas consiste de dois elementos básicos: (1) clientes; e (2) servidores. Exemplos de sistemas de filas são encontrados nos setores da indústria e de serviços, e em transporte. Veículos aguardando para passar pelo pedágio; aviões, para pousar ou decolar em uma pista de pouso/decolagem; veículos, para passar por um trecho em obras; caminhões ou navios, para serem descarregados em um terminal marítimo; ou pessoas esperando para renovar suas carteiras de motorista são exemplos de sistemas de filas em transportes. Um cliente está *na fila* a partir do momento em que entra na espera até começar a ser atendido, e está *no sistema* desde quando entra na fila de espera até o momento em que o serviço seja concluído.

A teoria das filas é um ramo da matemática dedicado ao estudo das filas e suas propriedades, e é uma ferramenta útil para calcular as medidas de desempenho a fim de avaliar como funciona um sistema de filas. Essas medidas incluem estimativas do número de clientes na fila, o tempo gasto em fila e no sistema. Na engenharia de infraestrutura de transportes, essas medidas são essenciais para o projeto das vias (por exemplo, determinar o comprimento necessário para uma faixa de conversão à esquerda) e para as operações e controle do tráfego (como a concepção de planos semafóricos).

Por que as filas se formam?

Essa formação se dá quando a taxa de chegada é maior do que a de partida. Por exemplo, em um trecho em obras de uma via expressa, os veículos chegam à taxa de 40 veículos/min, mas o trecho só pode atender 30 veículos/min. Assim, 10 veículos a mais chegarão a cada minuto. Estes formarão uma fila que continuará a crescer até que a taxa de chegada seja menor do que a de partida.

As filas sempre se formam quando a taxa de chegada ultrapassa a de partida. No entanto, isso também acontece quando a taxa de chegada é menor do que a de partida, pois a natureza aleatória do padrão de chegadas provoca picos na taxa de chegada dos veículos. A Figura 2.25 ilustra este fenômeno: a taxa média de chegada é de 58 veículos/min, que é inferior à taxa máxima de serviço de 62 veículos/min. No entanto, por causa das flutuações na taxa de chegada, as filas na verdade se formam durante os períodos em que a taxa efetiva de chegada é maior do que a capacidade máxima de 62 veículos/min. Eventualmente, entretanto, essas filas se dissipariam, porque a taxa de chegada média é inferior à taxa do serviço.

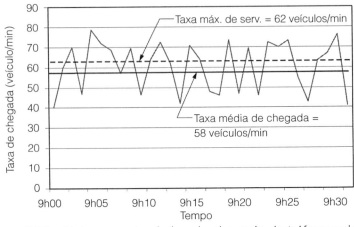

Figura 2.25 – Natureza estocástica da chegada do tráfego veicular.

Tipos de filas

Os sistemas de fila podem ser classificados com base em várias condições: padrões de chegada dos clientes, padrões de partida ou serviço, e as disciplinas da fila. Para o padrão de chegada, pode-se esperar que os clientes cheguem de acordo com uma das seguintes opções:

1. A uma taxa uniforme (ou em intervalos de tempo iguais). Esta opção é uma chegada determinística. Em decorrência de ser determinística, é representada pela letra D.
2. Os tempos entre chegadas são exponencialmente distribuídos (por causa da suposição de que as chegadas estão de acordo com uma distribuição de Poisson) e representados pela letra M (markovianos).
3. Pode-se assumir que os tempos entre chegadas seguem uma distribuição de probabilidade geral, e são representados pela letra G (geral).

Pode-se assumir também que o tempo do serviço (ou o tempo necessário para que o veículo parta) segue uma distribuição uniforme (D), uma distribuição exponencial negativa (M), ou uma distribuição de probabilidade geral (G). Na teoria de filas, as filas e seus modelos são indicados por três valores alfanuméricos ($x/y/z$), em que

x = distribuição dos tempos entre chegadas (D, M ou G)
y = distribuição dos tempos do serviço (D, M ou G)
z = número de servidores ou de canais de atendimento

Com relação à disciplina da fila, os dois tipos mais comuns são "primeiro que entra, primeiro que sai" (PEPS) e "último que entra, primeiro que sai" (UEPS). Nas filas PEPS, a primeira pessoa ou veículo que chega é também o primeiro que sai. Para as UEPS, o último veículo que chega é o primeiro que sai. Para aplicações de transporte, o comportamento PEPS é o predominante. As seguintes hipóteses e notações são utilizadas para os modelos de filas:

1. A taxa de chegada λ é a de clientes/unidade de tempo.
2. O número de servidores c pode significar um ou mais trabalhando em paralelo.
3. A taxa do serviço μ é o número de clientes/unidade de tempo.
4. Tanto a taxa de chegada λ como a do serviço μ possuem a mesma unidade de medida (por exemplo, veículo/minuto).
5. A relação entre a taxa de chegada λ e a do serviço $c\mu$, $\rho = \lambda/c\mu$, é denominada índice de congestionamento.
6. $\overline{Q}$ e $\overline{W}$ denotam o número médio de clientes que aguardam pelo serviço e o tempo médio de espera por cliente, respectivamente.
7. O tempo médio gasto no sistema de filas $\bar{t}$ é igual ao tempo de espera na fila mais o tempo do serviço.

Dois casos para análise de filas

O primeiro é quando a taxa de chegada não ultrapassa a capacidade do sistema, ou $\rho < 1$, conhecido como uma fila estável. O segundo, quando a taxa de chegada ultrapassa a capacidade do sistema, pelo menos temporariamente. Para este caso, os gráficos acumulativos descritos no Exemplo 2.4 são a melhor ferramenta de análise, principalmente se os tempos entre chegadas e de serviço forem determinísticos. As seções seguintes descrevem as filas estáveis e as equações para o cálculo de $\overline{Q}$, $\overline{W}$ e $\bar{t}$ nos problemas mais frequentemente encontrados em transporte.

A fila M/D/1

Está entre os modelos de filas mais frequentemente utilizados em transporte e na análise de tráfego. Este modelo pressupõe que os tempos entre as chegadas dos veículos sejam exponencialmente distribuídos (ou seja, chegadas Poissonianas), os do serviço sejam determinísticos e que exista um servidor. Para essas condições, e supondo que $\rho < 1$, as equações a seguir podem ser utilizadas para calcular $\overline{Q}$, $\overline{W}$ e $\overline{t}$:

$$\overline{Q} = \frac{\rho^2}{2(1-\rho)} \tag{2.25}$$

$$\overline{W} = \frac{\rho}{2\mu(1-\rho)} \tag{2.26}$$

$$\overline{t} = \frac{2-\rho}{2\mu(1-\rho)} \tag{2.27}$$

em que

$\overline{Q}$ = número médio de clientes que aguardam pelo serviço (exceto o que está sendo servido)
$\overline{W}$ = tempo médio de espera/cliente
$\overline{t}$ = tempo médio gasto no sistema
μ = taxa de chegada, clientes/unidade de tempo
ρ = relação entre as taxas de chegada e do serviço

Exemplo 2.15

Determinação das características de um modelo de filas M/D/1

Os passageiros chegam ao balcão de *check-in* de um aeroporto à taxa de 70 passageiros/h. O tempo médio do serviço é constante e igual a 45 s. Pressupõe-se que os intervalos de tempo entre as chegadas sejam exponenciais.

Determine:

1. O número médio de clientes que esperam na fila.
2. O tempo médio de espera na fila.
3. O tempo médio gasto no sistema.

Solução

Calcule as taxas de chegada λ e do serviço μ. Tanto λ como μ devem ter as mesmas unidades:

λ = (70 clientes/h)/(60 min/h) = 1,16667 clientes/min

μ = (60 s/min)/(45 s/cliente) = 1,3333 clientes/min

A relação entre a taxa de chegada e do serviço ρ é igual a

ρ = 1,16667/1,3333 = 0,875.

Considerando que $\rho < 1$, as Equações 2.25 a 2.27 são utilizadas nesta situação.

Os cálculos são apresentados a seguir:

(1) Comprimento médio da fila:

$$\overline{Q} = \frac{\rho^2}{2(1-\rho)} = \frac{0,875^2}{2(1-0,875)} = 3,06 \text{ passageiros}$$

(2) Tempo médio de espera na fila:

$$\overline{W} = \frac{\rho}{2\mu(1-\rho)} = \frac{0,875}{2 \times 1,333 \times (1-0,875)} = 2,625 \text{ min/passageiro}$$

(3) Tempo médio gasto no sistema:

$$\bar{t} = \frac{2-\rho}{2\mu(1-\rho)} = \frac{2-0,875}{2 \times 1,333 \times (1-0,875)} = 3,375 \text{ min/passageiro}$$

A fila M/M/1

Os tempos de serviço seguem uma distribuição exponencial negativa, assim como os entre chegadas. Para algumas aplicações em transportes, a hipótese de uma distribuição exponencial para os tempos de serviço é mais realista do que o caso determinístico. Por exemplo, em uma cabine de pedágio, os tempos do serviço podem variar dependendo se o motorista tiver o valor exato ou não. Para uma fila M/M/1, aplicam-se as seguintes equações:

$$\overline{Q} = \frac{\rho^2}{(1-\rho)} \tag{2.28}$$

$$\overline{W} = \frac{\lambda}{\mu(\mu-\lambda)} \tag{2.29}$$

$$\bar{t} = \frac{1}{(\mu-\lambda)} \tag{2.30}$$

Para um sistema de fila M/M/1, a probabilidade em regime que exatamente n clientes estão no sistema pode ser facilmente calculada como

$$p^n = (1-\rho)\rho^n \tag{2.31}$$

Exemplo 2.16

Determinação das características de um modelo de filas M/M/1

Para os dados no Exemplo 2.15, supomos que os tempos do serviço variam, e são representados por uma distribuição exponencial negativa, com um valor médio de 45 s/passageiro.

Determine:

1. O número médio de passageiros que aguardam na fila.
2. O tempo médio de espera na fila.
3. O tempo médio gasto no sistema.

Solução

A única diferença entre este e o Exemplo 2.15 é a hipótese de um sistema de filas M/M/1. Aplicam-se as Equações 2.28 a 2.30. Os valores da taxa de chegadas λ, da do serviço μ e da relação entre a taxa de chegada e do serviço ρ são os mesmos do Exemplo 2.15.

(1) O comprimento médio da fila:

$$\overline{Q} = \frac{\rho^2}{(1-\rho)} = \frac{0,875^2}{(1-0,875)} = 6,125 \text{ passageiros}$$

(2) Tempo médio de espera na fila:

$$\overline{W} = \frac{\lambda}{\mu(\mu-\lambda)} = \frac{1,16667}{1,333 \times (1,333 - 1,16667)} = 5,25 \text{ min/passageiro}$$

(3) Tempo médio gasto no sistema:

$$\overline{t} = \frac{1}{(\mu-\lambda)} = \frac{1}{1,333 - 1,16667} = 6,00 \text{ min/passageiro}$$

Técnicas de otimização e de tomada de decisão

Otimização é o processo que visa determinar a "melhor" solução ou curso de ação para um problema. O processo fornece uma forma de análise objetiva e sistemática das diferentes decisões encontradas no tratamento de problemas complexos do mundo real. Como se pode imaginar, os problemas de otimização são onipresentes no campo da engenharia de infraestrutura em transportes. Eles são frequentemente encontrados no planejamento, projeto, construção, operações, gestão e manutenção da infraestrutura de transportes.

No processo de planejamento, por exemplo, o planejador de transportes normalmente busca a alocação ou a utilização *ótima* dos fundos disponíveis. Durante a fase de concepção do projeto, uma das tarefas mais importantes para o engenheiro de transporte é identificar o alinhamento ótimo para uma via de transporte proposta, o que minimizaria os custos de construção e terraplanagem.

A otimização também é uma ferramenta muito poderosa para o gerenciamento e a operação do tráfego. Nos projetos de semaforização, o engenheiro de tráfego geralmente tenta chegar a um plano ótimo de fases (isto é, a sequência ideal e a duração das diferentes indicações do semáforo) que minimizaria o tempo total ou o atraso da viagem. Finalmente, nos campos da manutenção e gerenciamento em infraestrutura de transportes, as técnicas de otimização são comumente usadas para determinar as melhores políticas e o tempo ideal para a implementação dessas políticas.

Um processo de otimização requer um modelo matemático adequado para o problema, que é então resolvido, produzindo uma solução ótima. A técnica utilizada para resolver o modelo depende da forma do modelo; por exemplo, se ele é linear ou se contém funções não lineares. Entre as técnicas de otimização, estão as programações linear, dinâmica, inteira e não linear.

Independente da formulação que é utilizada no modelo matemático do problema em análise, ela envolve três etapas básicas: (1) identificação das variáveis de decisão; (2) formulação da função objetivo; e (3) formulação das restrições do modelo.

Variáveis de decisão: estas representam as decisões a serem tomadas. Portanto, para um determinado problema, se houver *n* decisões quantificáveis, elas serão representadas como as variáveis de decisão ($x_1, x_2, x_3,... x_n$), cujos respectivos valores são determinados pela solução do modelo de otimização.

Função objetivo: equação matemática que representa a medida de desempenho (por exemplo, o lucro ou o custo) que será maximizada ou minimizada. É uma função das variáveis de decisão, e a solução do programa matemático procura os valores ótimos para as variáveis de decisão que maximizariam ou minimizariam a função objetivo.

Restrições: restrições impostas sobre os valores que podem ser atribuídos às variáveis de decisão. Elas são normalmente expressas na forma de desigualdades ou equações; um exemplo é $x_1 + x_2 \leq 10$.

Um modelo de otimização, portanto, pode ser referido como um processo para a escolha de valores das variáveis de decisão, de modo que maximize ou minimize a função objetivo, satisfazendo às restrições impostas ao problema.

Exemplo 2.17

Utilizando a programação linear para maximizar as estratégias de produção

Uma pequena fábrica produz dois interruptores de micro-ondas, A e B. O lucro por unidade do interruptor A é de 20 dólares, enquanto o do interruptor B é de 30 dólares. Em decorrência de obrigações contratuais, a empresa fabrica pelo menos 25 unidades do interruptor A por semana. Considerando a dimensão da força de trabalho na fábrica, apenas 250 horas de tempo de montagem estão disponíveis por semana. O interruptor A exige 4 horas de montagem, enquanto o B, 3. Formule uma estratégia de produção que maximizará o lucro da empresa.

Solução

Neste exemplo, formule o problema matematicamente e, então, resolva-o no Microsoft Excel.

Formulação matemática – A formulação de um modelo matemático envolve três etapas básicas: (1) identificação das variáveis de decisão; (2) formulação da função objetivo; e (3) formulação das restrições do modelo. Cada uma dessas etapas está descrita abaixo:

VARIÁVEIS DE DECISÃO – Neste problema, duas decisões precisam ser tomadas: a produção semanal de interruptores do tipo A e a produção semanal do tipo B. Duas variáveis de decisão são necessárias:

x_A = número de interruptores do tipo A produzidos por semana, e

x_B = número de interruptores do tipo B produzidos por semana.

FUNÇÃO OBJETIVO – O objetivo é maximizar o lucro da empresa. Partindo do pressuposto de que o lucro da venda de um interruptor A é de 20 dólares e do B, 30 dólares, a função objetivo pode ser formulada matematicamente da seguinte forma:

Maximizar $z = 20x_A + 30x_B$

RESTRIÇÕES – Representam todas as restrições dos valores que podem ser atribuídos às variáveis de decisão. Neste exemplo, existem três grupos de restrições: (1) número mínimo de interruptores A a ser produzido por semana; (2) horas disponíveis de montagem; e (3) os valores das variáveis de decisão devem ser positivos. As restrições são formuladas da seguinte forma:

(1) *Número mínimo de interruptores A*:

$x_A \geq 25$.

(2) *Horas de montagem disponíveis:*

$4 x_A + 3 x_B \leq 250$ (o interruptor A requer 4 horas de montagem, e o B, 3 horas).

(3) *Valores admissíveis:*

$x_A, x_B \geq 0$.

A terceira restrição é chamada de não negatividade, e é comum na maioria dos problemas.
O modelo matemático completo é formulado da seguinte forma:

Maximizar $z = 20x_A + 30x_B$

sujeito a

$x_A \geq 25$

$4 x_A + 3 x_B \leq 250$

$x_A, x_B \geq 0$

Algoritmo de solução

O modelo de otimização formulado acima é um exemplo de programação linear (PL). Chama-se linear, pois todas as equações e restrições para a função objetivo são lineares nas variáveis de decisão. Várias técnicas estão disponíveis para a solução dos modelos de PL. Para pequenos problemas com duas ou três variáveis de decisão, uma técnica gráfica simples pode ser utilizada. Para aqueles maiores e mais realistas, com mais de três variáveis, a técnica gráfica é impraticável. Para estes, um algoritmo de solução poderoso é o método Simplex, desenvolvido por George Dantzig em 1947. Não é necessário estar familiarizado com esse algoritmo para resolver o problema de PL, pois ele foi codificado em vários softwares disponíveis no mercado, como o Microsoft Excel. A seção a seguir ilustra como usar o Excel para resolver este problema.

Solução com o uso da ferramenta Solver do Microsoft Excel

O Microsoft Excel vem com um suplemento chamado Solver, que pode ser usado para problemas de programação matemática, incluindo os de PL. Para verificar se o Solver foi ativado, acesse o menu Ferramentas e selecione Solver. Se não estiver listado, selecione Suplementos no menu Ferramentas e marque a caixa ao lado do Solver, conforme ilustrado na Figura 2.26.[3]

Com o Solver ativado, o procedimento de resolução dos problemas de otimização consiste nas quatro etapas seguintes:

Etapa 1 – Entrada de dados: Abra uma nova planilha do Excel e insira os dados do problema, como mostrado na Figura 2.27. Nomeie duas colunas, B e C, para os Interruptores A e B, respectivamente. As linhas 2 e 3 são para os valores de parâmetros para o número mínimo e restrições das horas de montagem (ou seja, as restrições de $x_A \geq 25$ e de $4x_A + 3x_B \leq 250$, respectivamente). Os parâmetros a serem multiplicados por x_A o são na coluna do Interruptor A, e aqueles a serem multiplicados por x_B são inseridos na coluna B. A linha 4 contém os parâmetros da função objetivo 20 e 30. A linha 5 contém os valores das duas

---

[3] Para ativar o Solver na versão 2007 do Excel, clique no botão Office e escolha Opções do Excel. Em seguida, na aba Suplementos, clique em Ir, na opção Gerenciar Suplementos do Excel, na parte inferior da janela. Será aberta a janela Suplementos. Marque a opção Solver e clique em OK. Após a instalação, a ferramenta poderá ser acessada no menu Dados do software.

variáveis de decisão. Por fim, as células B5 e C5 contêm os valores ótimos para x_A e x_B, respectivamente. Inicialmente, essa linha podia ser deixada em branco ou uma estimativa poderia ser inserida. Os sinais ">=" e "<=" nas células E2 e E3 são um lembrete, não afetam o processo de busca da solução. Finalmente, as células D2, D3 e D4 são intencionalmente deixadas em branco. Inseriremos uma expressão linear em cada célula na etapa 2.

Etapa 2 – Insirir as expressões lineares: Estas expressões do modelo de PL são formuladas e incluem a função objetivo e o lado esquerdo das restrições. A função SOMARPRODUTO do Excel é usada para calculá-las. A sintaxe para essa função é =SOMARPRODUTO(vetor 1, vetor 2,...). O vetor 1 poderia ser um grupo de células disposto em uma coluna, linha, ou mesmo células em um formato de vetor $m \times n$ (ou seja, ocupa as linhas m em n colunas). A função prossegue primeiro multiplicando cada célula do vetor 1 pela célula correspondente do vetor 2 e, em seguida, adiciona esses produtos.

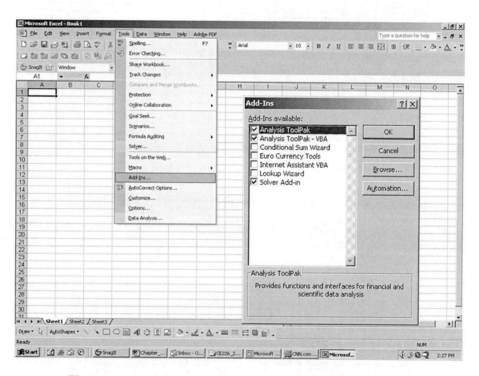

Figura 2.26 – Adicionando o suplemento Solver no Excel.

	A	B	C	D	E	F
1		Switch A	Switch B			
2	Min. Number	1			>=	25
3	Assembly Hours	4	3		<=	250
4	Contribution	20	30			
5	Value of Variable	1	1			
6						

Figura 2.27 – Entrada de dados do Exemplo 2.17.

A Figura 2.28 mostra como a função SOMARPRODUTO pode ser usada para calcular as expressões lineares para o modelo de PL. Como observado, valores arbitrários foram assumidos para as variáveis de decisão nas células B5 e C5. Na etapa 4, o Solver é utilizado para calcular os valores das variáveis que maximizam a função objetivo.

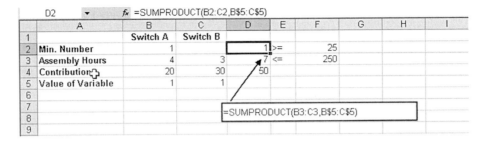

Figura 2.28 – Uso da função SOMARPRODUTO do Excel.

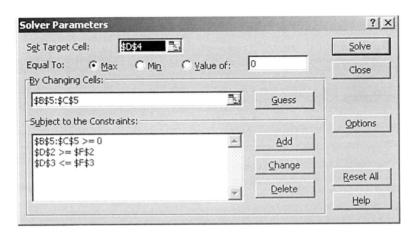

Figura 2.29 – Formulação do modelo de PL.

A fórmula para a célula D2 é =SOMARPRODUTO(B2:C2, B$5, C$5). Essa fórmula é, em seguida, copiada para as células D3 e D4. A utilização da referência absoluta $ para o vetor B$5:C$5 permite que a fórmula em D2 seja copiada para D3 e D4. Os valores assumidos das variáveis de decisão estão nas células B5 e C5. A célula D2 contém o número de interruptores do tipo A (com base nos valores assumidos das variáveis de decisão). A célula D3 é o número de horas de montagem gasto para produzir um interruptor A e um interruptor B, neste caso. A célula D4 é o retorno total da venda de um interruptor A e um interruptor B.

Etapa 3 – Utilize o Solver para formular o problema de PL: Use o Solver para direcionar o programa para as células que contenham as variáveis de decisão, a função objetivo e as restrições. Para isto basta acessar o menu Fer-

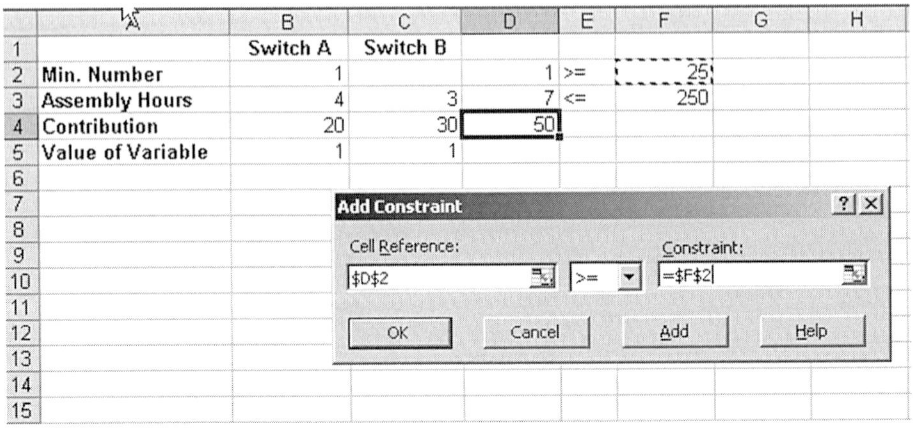

Figura 2.30 – Especificação das restrições.

ramentas e selecionar a ferramenta Solver. A janela representada na Figura 2.29 é apresentada, e o usuário é solicitado especificar as células que contenham as variáveis de decisão, a função objetivo e as restrições. Especifique a "*Célula de Destino*" que contém a expressão a ser maximizada, que é a D4 neste exemplo. Para *maximizar* esse valor, acione o Solver para alterar as variáveis de decisão das células B5 e C5. Especifique os três grupos de restrições clicando no botão Adicionar, que produz a janela mostrada na Figura 2.30. Clicando no botão Adicionar mais uma vez, o usuário poderá inserir mais restrições.

Etapa 4 – Resolver o problema de PL: Clique no botão Solve (Resolver), mostrado na Figura 2.29, para que o Solver resolva o modelo. A solução aparecerá na planilha mostrada na Figura 2.31. Para manter a melhor solução, selecione a opção Keep Solver Solution (Manter Solução do Solver). Relatórios adicionais também podem ser solicitados.

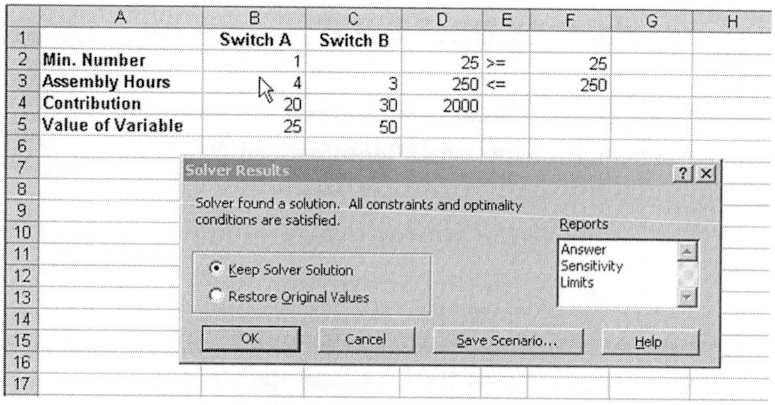

Figura 2.31 – Solução do modelo PL.

Exemplo 2.18

Otimização dos estoques de materiais de construção

Um fornecedor oferece pedra britada para vários locais de construção de infraestruturas de transportes. Ele compra o material de três fontes diferentes (A, B e C) por 140 dólares/t, 180 dólares/t e 170 dólares/t, respectivamente, e tem um contrato para atender à demanda de pedra britada semanalmente em quatro locais diferentes de construção. O custo de transporte do material para cada local, a disponibilidade do material e a demanda semanal são apresentados na Tabela 2.5. Observe que o símbolo t se refere a tonelada.

Para entender a Tabela 2.5, considere que o fornecedor A pode oferecer no máximo 1.000 toneladas de pedra britada por semana a 140 dólares/t. O custo para transportar uma tonelada do fornecedor A para o local 1 é de 30 dólares. A demanda total do local 1 é de 600 toneladas.

Determine uma política ótima que atenderia às necessidades nos quatro locais, mas a um custo mínimo de transporte para o fornecedor.

Tabela 2.5 – Dados do Exemplo 2.18.

Fornecedor	Local 1	Local 2	Local 3	Local 4	Fornecimento
A	$ 30	$ 22	$ 37	$ 43	1.000
B	$ 35	$ 27	$ 34	$ 26	1.200
C	$ 19	$ 41	$ 33	$ 29	800
Demanda	600	700	500	800	

Solução
Formule o problema matematicamente e resolva o problema de PL utilizando o Excel.

Formulação matemática
Sejam
- $c_{i,j}$ = custo unitário de transporte de uma tonelada de pedra britada do fornecedor i (em que i é 1, 2 ou 3) para o local j (em que j é 1, 2, 3 ou 4). Por exemplo, $c_{2,3}$ = 34 dólares, que é o custo unitário de transporte de uma tonelada do fornecedor B para o local 3.
- s_i = a quantidade disponível do fornecedor i (por exemplo, 1.000 toneladas para $i = 1$)
- d_j = demanda necessária do local j (por exemplo, 600 toneladas para $j = 1$)
- p_i = preço de compra de uma tonelada de cascalho do fornecedor i (por exemplo, 140 dólares para $i = 1$)

Continue a formular o problema de PL, identificando as variáveis de decisão, a função objetivo e as restrições.

VARIÁVEIS DE DECISÃO – Para este problema, as decisões são quantas toneladas devem ser transportadas de um determinado fornecedor para um determinado local. Defina as seguintes variáveis de decisão:

$x_{i,j}$ = toneladas métricas de pedra britada por semana a serem transportadas do fornecedor i para o local j ($i = 1 ... 3; j = 1,...,4$)

Existem 12 variáveis de decisão para este problema, pois temos três fornecedores e quatro locais (3 × 4 = 12). Por exemplo, a variável $x_{2,3}$ é o número de toneladas de pedra britada por semana transportadas do fornecedor 2 para o local 3.

FUNÇÃO OBJETIVO – O objetivo aqui é minimizar o custo total, que inclui o preço de compra, bem como os custos de transporte. Isso poderia ser formulado matematicamente da seguinte forma:

$$\text{Minimizar } z = \sum_{i=1}^{3} p_i \times \left(\sum_{j=1}^{4} x_{i,j} \right) + \sum_{i=1}^{3} \sum_{j=1}^{4} c_{i,j} x_{i,j}$$

O primeiro termo expressa o custo de aquisição, enquanto o segundo é o custo de transporte.

RESTRIÇÕES – As restrições deste problema são de três tipos: o primeiro garante que a oferta disponível em cada fornecedor não seja ultrapassada; o segundo, que a demanda necessária chegue a cada local; e o terceiro é uma restrição de não negatividade para os $x_{i,j}$'s. Essas restrições são definidas da seguinte forma:

1. *Restrições em virtude da capacidade de oferta:*

$$\sum_{j=1}^{4} x_{i,j} \leq s_i \quad \text{para } i = 1, 2 \text{ e } 3.$$

2. *Restrições de demanda:*

$$\sum_{i=1}^{3} x_{i,j} = d_j \quad \text{para } j = 1, 2, 3 \text{ e } 4.$$

3. *Restrições de não negatividade:*

$$x_{i,j} \geq 0 \quad \text{para } i = 1,..., 3 \text{ e } j = 1,..., 4.$$

O modelo de PL pode ser resumido conforme abaixo:

Minimizar $z = \sum_{i=1}^{3} p_i \times \left(\sum_{j=1}^{4} x_{i,j} \right) + \sum_{i=1}^{3} \sum_{j=1}^{4} c_{i,j} x_{i,j}$

Sujeito a

$\sum_{j=1}^{4} x_{i,j} \leq s_i$ para $i = 1, 2$ e 3.

$\sum_{i=1}^{3} x_{i,j} = d_j$ para $j = 1, 2, 3$ e 4.

$x_{i,j} \geq 0$ para $i = 1,...,3$ e $j = 1,...,4$.

Solução no Excel

Para concluir este problema, utilize o Solver do Excel, conforme apresentado nas etapas a seguir:

Etapa 1 – Entrada de dados: Insira os dados do problema. Conforme mostrado na Figura 2.32, os dados da Tabela 2.5 são copiados para o intervalo de células A1...F5. Em seguida, crie um vetor 3 × 4 no intervalo das células B10...E12 para conter os valores das 12 variáveis de decisão, como mostrado na Figura 2.32. Inicialmente, assumimos o valor 1 para essas variáveis e as células conterão a solução ótima quando o processo para obtenção da solução estiver concluído.

Etapa 2 – Inserir as expressões lineares: Insira-as do lado esquerdo das restrições e da função objetivo. Com base nas equações de restrição de fornecimento, observe que o lado esquerdo é a soma das variáveis de decisão, que ocupam uma determinada linha na planilha. Por exemplo, para o fornecedor 1, o número total de toneladas de pedra britada fornecido é dado pela soma dos valores das células B10...E10. Insira a fórmula =SOMA(B10...E10) na célula F10. Copie-a para as células F11 e F12.

Da mesma forma, para as restrições de demanda, o lado esquerdo representa a soma das variáveis de decisão em uma determinada coluna. Para o local 1, o número total de toneladas transportado é dado pela soma das variáveis de decisão nas células B10...B12. Insira a fórmula =SOMA(B10...B12) na célula B13 e, em seguida, copie-a para as células C13, D13 e E13.

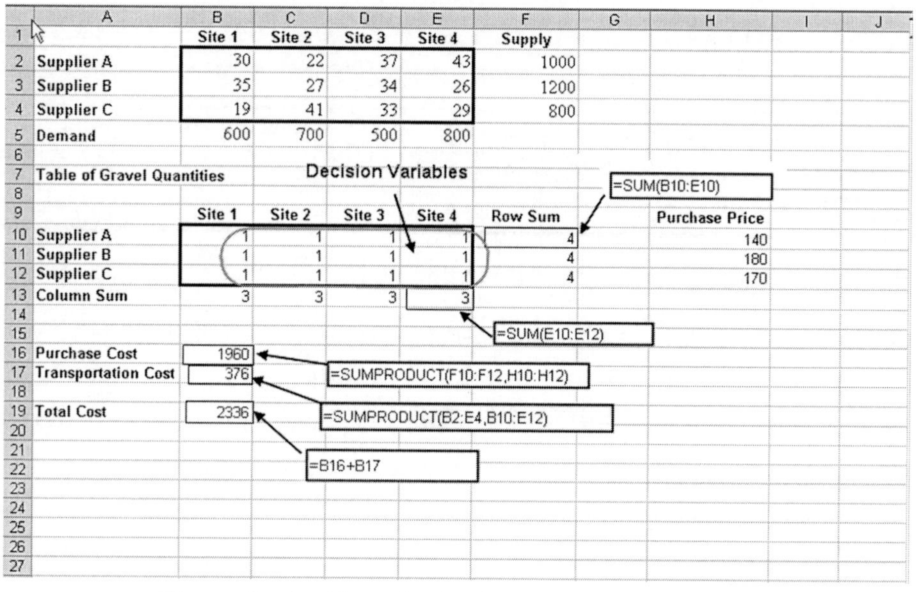

Figura 2.32 – Entrada de dados do Exemplo 2.18.

Para a função objetivo, o custo de compra está na célula B16, e o custo de transporte na célula B17. A expressão da célula B16, SOMARPRODUTO(F10:F12, H10:H12), multiplica a quantidade total fornecida (isto é, as células F10...F12) pelo custo de compra unitário (das células H10...H12). Para o custo de transporte, a expressão da célula B17, SOMARPRODUTO(B2:E4, B10:E12), multiplica as variáveis de decisão pelo custo de transporte unitário e soma o produto; ou seja, ela calcula a quantidade $\sum_{i=1}^{3} \sum_{j=1}^{4} c_{i,j} x_{i,j}$. Adicione os valores nas células B16 e B17 para obter o valor da função objetivo na célula B19.

Etapa 3 – Usar o Solver para resolver o problema de PL: Especifique as células que contêm as variáveis de decisão (as células que variam), a função objetivo (a célula alvo) que deve ser maximizada ou minimizada e as restrições. Isso é apresentado na Figura 2.33.

A célula alvo é a B19. Minimize o valor para minimizar o custo total. As células variáveis são B10...E12, e as seguintes restrições são especificadas: (1) restrições de fornecimento (F10... F12 ≤ F2... F4); (2) restrições de demanda (B13...E13 ≤ = B5...E5); e (3) restrições de não negatividade (B10...E12 ≥ 0).

Etapa 4 – Resolver o modelo de PL: O modelo de PL é então resolvido clicando sobre o Solver. A solução ótima obtida é mostrada na Figura 2.34. O resultado é 600 toneladas do fornecedor C para o local 1, 700 toneladas do fornecedor A para o local 2, 300 toneladas do fornecedor A, 200 toneladas do fornecedor C para o local 3 e 800 toneladas do fornecedor B para o local 4.

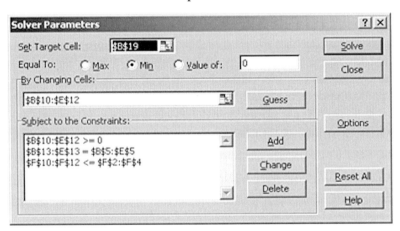

Figura 2.33 – Uso do Solver do Exemplo 2.18.

	A	B	C	D	E	F	G	H	I
1		Site 1	Site 2	Site 3	Site 4	Supply			
2	Supplier A	30	22	37	43	1000			
3	Supplier B	35	27	34	26	1200			
4	Supplier C	19	41	33	29	800			
5	Demand	600	700	500	800				
6									
7	Table of Gravel Quantities								
8									
9		Site 1	Site 2	Site 3	Site 4	Row Sum		Purchase Price	
10	Supplier A	0	700	300	0	1000		140	
11	Supplier B	0	0	0	800	800		180	
12	Supplier C	600	0	200	0	800		170	
13	Column Sum	600	700	500	800				
14									
15									
16	Purchase Cost	420000							
17	Transportation Cost	65300							
18									
19	Total Cost	485300							
20									

Figura 2.34 – Solução final do Exemplo 2.18.

Resumo

Este capítulo apresentou uma visão geral resumida dos sistemas de transportes e seus componentes, e descreveu as ferramentas matemáticas fundamentais e os modelos que podem ser utilizados para resolver problemas de sistemas de transporte. Entre as técnicas apresentadas estão: (1) as ferramentas de análise de tráfego, tais como diagramas de espaço-tempo e gráficos acumulativos; (2) as técnicas de análise de regressão que podem ser utilizadas para desenvolver modelos empíricos para aplicações em transportes; (3) as distribuições de probabilidade que podem ser utilizadas para uma série de problemas de operação de tráfego e de projeto; (4) modelos de filas; e (5) técnicas de otimização. Nos próximos capítulos, estas ferramentas serão empregadas para resolver uma série de problemas de sistemas de transporte e de engenharia de infraestrutura.

Problemas

2.1 Descreva algumas das características básicas dos sistemas.

2.2 Resumidamente, liste os diferentes componentes dos sistemas de transporte.

2.3 Que tipos de problemas são tratados da melhor forma com o uso dos diagramas de espaço-tempo? Quais são os problemas tratados com o uso dos gráficos acumulativos?

2.4 Um trem de carga e outro de passageiros dividem a mesma via. A velocidade média do trem de carga é de 72 km/h, enquanto a do de passageiros é de 112 km/h. O trem de passageiros está previsto para sair 20 minutos depois da partida do de carga, ambos saindo da mesma estação. Determine o local onde um desvio precisará ser instalado para permitir que o trem de passageiros ultrapasse o de carga. Determine também o tempo que leva para o trem de carga chegar até o desvio. Como medida de precaução, o intervalo de separação entre os dois trens no desvio deve ser de pelo menos 6 minutos.

2.5 Três amigos embarcam em uma viagem usando uma bicicleta tandem que pode transportar dois deles de cada vez. Para completar a viagem, eles fizeram o seguinte: primeiro, dois amigos (A e B) pedalam a uma velocidade média de 24 km/h por exatamente 15 minutos. Enquanto isso, o terceiro amigo (C) caminha a uma velocidade média de 6 km/h. Após 15 minutos, o amigo A deixa o amigo B e pedala de volta para encontrar o amigo C a uma velocidade média de 27 km/h. Quando o amigo A encontra o amigo C, eles pedalam juntos a uma velocidade média de 25,5 km/h até encontrarem o amigo B. O ciclo que acabamos de descrever é então repetido até que a viagem seja concluída. Determine a velocidade média dos três amigos.

2.6 Um trem de carga outro trem de passageiros dividem a mesma via. O trem de carga sai da estação A às 8h00. Ele viaja a uma velocidade de 45 km/h durante os primeiros 10 minutos, e depois continua a uma velocidade de 60 km/h. Às 8h35min, o trem de passageiros sai da estação A. Ele viaja inicialmente a uma velocidade de 75 km/h por 5 minutos, e depois continua a uma velocidade de 105 km/h. Determine a localização do desvio onde o trem de carga terá de parar para permitir que o de passageiros, mais rápido, o ultrapasse. Como medida de precaução, o intervalo de tempo entre os dois trens não deve ficar abaixo de 5 minutos.

2.7 Os passageiros que se dirigem até o balcão de *check-in* de uma determinada companhia aérea em um aeroporto chegam de acordo com o padrão mostrado abaixo. Estima-se que se leve, em média, 45 segundos para atender cada passageiro no balcão. Durante os primeiros 30 minutos (ou seja, das 9h00 às 9h30), a companhia aérea só tem dois balcões abertos. Às 9h30, porém, um terceiro balcão é aberto e permanece assim até as 10h30.

Período de tempo	Contagem de 15 minutos	Contagem cumulativa
9h00 – 9h15	45	45
9h15 – 9h30	60	105
9h30 – 9h45	55	160
9h45 – 10h00	40	200
10h00 – 10h15	35	235
10h15 – 10h30	55	290

(a) Construa um gráfico acumulativo mostrando os padrões de chegada e de partida para os passageiros nos balcões de *check-in* da companhia aérea.
(b) Qual é o comprimento da fila às 9h30?
(c) Qual é o comprimento máximo da fila?
(d) Qual é a hora em que não existe mais ninguém na fila?
(e) Qual é o tempo de espera total para todos os passageiros em unidades de clientes/minuto?

2.8 Um acidente ocorre em uma via expressa que tem uma capacidade de 4.400 veículos/h na direção norte e uma taxa de fluxo constante de 3.200 veículos/h durante o período da manhã, antes do acidente. Às 7h30 da manhã, um acidente ocorre e fecha totalmente a via expressa (isto é, reduz sua capacidade para zero). Às 7h50, a via expressa é parcialmente aberta, com uma capacidade de 2.000 veículos/h. Finalmente, às 8h10, os destroços são removidos e a via expressa é restabelecida à sua plena capacidade (ou seja, 4.400 veículos/h).
(a) Construa as curvas de chegada e de partida dos veículos para o cenário descrito.
(b) Determine a magnitude total do atraso, em unidades de veículos × h, a partir do momento em que o acidente ocorre até o momento em que a fila formada se dissipa totalmente.

2.9 Uma via expressa de seis faixas (três em cada sentido) tem uma capacidade de 6.000 veículos/h/faixa sob condições normais. Certo dia, um acidente ocorre às 16h. O acidente inicialmente provoca o fechamento de duas das três faixas da via expressa e, consequentemente, reduz a capacidade para apenas 2.000 veículos/h para aquele sentido. Às 16h30, a capacidade da via expressa é parcialmente restabelecida para 4.000 veículos/h. Finalmente, às 17h, o local do acidente é totalmente liberado e a capacidade plena da via expressa é restabelecida. Considerando que a demanda de tráfego do local do acidente é dada pela tabela a seguir, determine:
(a) o comprimento máximo da fila formada no local do acidente;
(b) a hora em que a fila se dissipa; e
(c) o atraso total.

Período de tempo	Volume em 15 minutos
16h00 – 16h15	700
16h15 – 16h30	900
16h30 – 16h45	1.100
16h45 – 17h00	1.200
17h00 – 17h15	800
17h15 – 17h30	700
17h30 – 17h45	1.100
17h45 – 18h00	900

2.10 Para avaliar a condição de ciclovias foi desenvolvido um índice de condição que classifica o estado da superfície de cada segmento da ciclovia em uma escala de 0 a 100, sendo 100 aquele em melhores condições. A tabela abaixo mostra os dados de inspeção de vários segmentos da ciclovia em termos de índice de condição (IC) para cada segmento, com a sua idade (ou seja, o número de anos desde a sua construção):

Índice de condição (CI)	Idade (anos)
100	0
98	0,5
96	1,2
93	3
100	0
93	2
88	4
86	7
100	0
95	2
90	4
83	8
100	0
92	3
85	6
82	9
81	10

Exige-se que a deterioração das superfícies das ciclovias possa ser expressa pela seguinte equação:

IC = $a + b$(Idade) + c(Idade)^2

Utilizando técnicas de regressão, desenvolva uma curva de previsão de deterioração para as ciclovias. Trace a curva resultante para mostrar a tendência típica de deterioração para as ciclovias.

2.11 Você é convidado a desenvolver uma relação entre o número total de viagens geradas por uma loja de pneus e a área bruta da loja. Para fazer isto, você compila um conjunto de dados mostrando o número médio de viagens por dia que partem e chegam de várias lojas de pneus. A área bruta das lojas é de 100 m². Os dados compilados são mostrados abaixo. Como o seu modelo se encaixa nos dados?

Loja	Viagens finalizadas por dia	Área bruta (em m²)
1	170	9
2	300	14,5
3	250	12
4	350	17
5	340	18
6	200	11
7	230	14
8	250	16
9	100	6
10	400	19
11	150	8
12	380	17,5
13	220	11,5
14	270	12,5
15	280	14

2.12 Supõe-se que a relação entre a velocidade média em km/h de um fluxo de tráfego, u, e a densidade (que fornece o número de veículos por unidade de comprimento), k, em veículos/km para uma determinada instalação de transporte possa ser expressa como segue:

$$u = c \ln \frac{k_j}{k}$$

em que c e k_j são parâmetros. Para ajustar a equação acima, as velocidades médias e a densidade foram coletadas na instalação em diferentes horários do dia e a diferentes níveis de utilização. Os dados coletados são os mostrados abaixo. Utilize uma regressão para ajustar a equação acima aos dados. Quais são os valores para os dois parâmetros c e k_j?

Velocidade, u (km/h)	Densidade, k (veículos/h)
85	14
65	28
59	32
16	78
40	44
32	53
77	17
72	22
43	40
24	56
21	60
56	36
55	37
59	32

2.13 No contexto da teoria das probabilidades, explique o significado de uma variável aleatória.

2.14 Dê alguns exemplos de variáveis aleatórias que surgem no contexto dos problemas de sistemas de transporte e que seguem cada uma das distribuições de probabilidade: (1) distribuição binomial; (2) distribuição geométrica; (3) distribuição de Poisson; e (4) distribuição normal.

2.15 Diferencie a função distribuição de probabilidade (fdp) da função distribuição acumulada (fda).

2.16 No contexto das funções densidade de probabilidade, o que a função do percentil calcula? Ilustre usando um diagrama simples.

2.17 A tabela a seguir lista as velocidades observadas de uma série de trens que passam em um determinado ponto intermediário entre duas estações. Determine (1) a velocidade média; (2) a variância; e (3) o desvio padrão.

ID do trem	Velocidade (km/h)
1	114
2	111
3	117
4	88
5	100
6	85
7	108
8	72
9	87
10	101
11	108
12	66
13	121
14	77
15	69
16	88
17	93
18	95
19	101
20	108

2.18 Os pedestres chegam a uma interseção semaforizada a uma taxa de 600 pedestres/h. A duração do sinal vermelho para os pedestres nessa interseção é de 45 segundos. Assumindo que o padrão de chegada dos pedestres pode ser descrito usando uma distribuição de Poisson, qual é a probabilidade de que haverá mais de dez pedestres esperando para atravessar ao final do sinal vermelho?

2.19 Aeronaves chegam a um aeroporto a uma taxa média de 10 aeronaves/h. Supondo que a taxa de chegada siga uma distribuição de Poisson, calcule a probabilidade de que mais de quatro aviões pousariam durante 15 minutos.

2.20 A aproximação de uma interseção tem um volume médio de 1.000 veículos/h com 15% deles desejando fazer uma conversão à esquerda. A duração do ciclo no cruzamento é de 75 segundos. A prefeitura gostaria de construir uma faixa para conversões à esquerda na interseção, a fim de que os veículos que desejam fazê-la não bloqueiem a pista. Você é solicitado para determinar o comprimento mínimo da faixa à esquerda de modo que a probabilidade de um veículo que deseja fazer a conversão não encontrar espaço suficiente seja inferior a 10%. Suponhamos que o comprimento médio do veículo seja igual a 6 m. Assuma que as chegadas estão de acordo com uma distribuição de Poisson.

2.21 Uma empresa transportadora tem capacidade suficiente para transportar 2.000 toneladas de um determinado material por semana. Se a demanda semanal para o transporte desse material for normalmente distribuída com uma média de 1.750 toneladas e um desvio padrão de 300 toneladas, determine
(a) a probabilidade de que, no prazo de uma semana, a empresa tenha de recusar os pedidos de transporte do material;
(b) a capacidade que a empresa deveria manter para que a probabilidade de recusar pedidos de transporte fosse inferior a 5%.

2.22 Uma determinada empresa opera balsas entre uma pequena ilha e o continente. Cada balsa pode transportar no máximo seis veículos. Estima-se que eles chegam ao cais da balsa a uma taxa de 12 veículos/h. A empresa está interessada em determinar a frequência com que as balsas devem ser operadas de modo que a probabilidade de um veículo ficar para trás no cais por falta de espaço na balsa não ultrapasse 10%. Assumir que os veículos cheguem de acordo com a distribuição de Poisson.

2.23 Um aeroporto atende quatro tipos diferentes de aeronaves: pesada, grande, média e pequena. Durante uma hora típica, 40 aeronaves pesadas, 50 grandes, 60 médias e 70 pequenas pousam. Determine a probabilidade de que:
(a) o próximo avião a pousar seja pequeno;
(b) em um fluxo de 20 aeronaves, pousariam pelos menos cinco aeronaves pequenas;
(c) a primeira aeronave média a pousar seria a quinta aeronave.

2.24 No contexto da teoria de filas, qual é a diferença entre o tempo que um cliente passa na fila e o tempo que ele passa no sistema?

2.25 Dê alguns exemplos de sistemas de filas nos sistemas de transporte.

2.26 Com base em que os diferentes tipos de filas se diferenciam?

2.27 Por que as filas se formam?

2.28 Em um determinado aeroporto, os aviões chegam a uma taxa média de oito aeronaves/h seguindo uma distribuição de Poisson. O tempo médio de pouso de uma aeronave é de cinco minutos. No entanto, esse tempo varia de uma aeronave para outra. Essa variação pode ser considerada exponencialmente distribuída. Determine:
(a) o número médio de aeronaves que aguardam autorização para pousar;
(b) o tempo médio que uma aeronave gasta no sistema;
(c) a probabilidade de haver mais de cinco aeronaves à espera de autorização para pousar.

2.29 Os passageiros chegam ao balcão de *check-in* de um determinado aeroporto a uma taxa de 90 clientes/h. O tempo médio de atendimento por passageiro é mais ou menos fixo e igual a 30 segundos. Determine o comprimento médio da fila, o tempo médio de espera e o tempo médio gasto no sistema.

2.30 Os passageiros chegam à bilheteria de uma estação de trem da Amtrak a uma taxa de 100 passageiros/h. Estima-se que leve em média 30 segundos para atender cada passageiro na bilheteria. Considerando que as chegadas podem ser descritas usando uma distribuição de Poisson, determine o tempo médio de espera na fila e o número médio de clientes que aguardam.

2.31 Os passageiros de um aeroporto chegam a um determinado ponto de verificação de segurança à taxa de 120 passageiros/h. Os tempos de *check-in* dos passageiros variam de acordo com uma distribuição exponencial negativa com um valor médio de 25 segundos por passageiro. Determine:
(a) o número médio de passageiros que aguardam na fila em frente ao ponto de verificação de segurança;
(b) o tempo médio de espera dos passageiros;
(c) o tempo médio que um passageiro gasta no sistema.

2.32 No problema anterior, a limitação da probabilidade de que haja mais de sete passageiros na fila para um valor inferior a 5% é desejável. Determine a taxa máxima de chegada que deveria ser permitida.

2.33 Dê alguns exemplos de problemas de otimização que surgem no campo da engenharia de infraestrutura de transportes.

2.34 Quais são as três etapas básicas na formulação de modelos de otimização?

2.35 A companhia do metrô deve consertar 120 carros por mês. Ao mesmo tempo, deve reformar 60 carros. Cada uma dessas tarefas pode ser feita em suas próprias oficinas ou ser contratada mão de obra externa. A contratação privada aumenta o custo em 1.000 dólares por carro consertado, e em 1.500 dólares por carro reformado. O reparo e a reforma dos carros ocorrem em três oficinas: de montagem, mecânica e de pintura. O reparo de um único carro consome 2% da capacidade de montagem da oficina e 2,5% da capacidade da oficina mecânica. Por outro lado, a reforma de um único carro consome até 1,5% da capacidade da oficina de montagem e 3% da capacidade da oficina de pintura. Formule um problema de minimização do custo mensal para a contratação externa como um programa linear e resolva-o usando a ferramenta Solver do Microsoft Excel.

2.36 Apresente o melhor plano para o transporte de produtos prontos de três fábricas para quatro supermercados. As capacidades de produção das três fábricas são de 2 mil, 3,5 mil e 4 mil unidades. Ao mesmo tempo, a demanda que deve ser suprida em cada supermercado é de 3,2 mil unidades no mercado 1; 2,8 mil unidades no mercado 2; 2 mil unidades no mercado 3; e 1,5 mil unidades no mercado 4. Os custos unitários de transporte são apresentados na tabela abaixo.

	Mercado 1	Mercado 2	Mercado 3	Mercado 4
Fábrica 1	4,5	6,5	4	7
Fábrica 2	11	4	12	3
Fábrica 3	5	7	8	4

Referências

DAGNAZO, C. F. *Fundamentals of transportation and traffic operations*. Oxford, Reino Unido: Elsevier Science, 1997.
DENARDO, E. V. *The science of decision making*: a problem-based approach using Excel. Nova York: John Wiley & Sons, 2002.
GARBER, N. J.; HOEL, L. A. *Traffic and highway engineering*. Pacific Grove, CA: Brooks/Cole, 2002.
HILLIER, F. S.; LIEBERMAN, G. J. *Introduction to mathematical programming*. Nova York: McGraw-Hill, 1995.
IGNIZIO, J. P.; CAVALIER, T. M. *Linear programming*. Upper Saddle River, NJ: Prentice Hall, 1994.
KHISTY, C. J.; MOHAMMADI, J. *Fundamentals of systems engineering*: with economics, probability and statistics. Upper Saddle River, NJ: Prentice Hall, 2001.
OSSENBRUGGEN, P. *Systems analysis for civil engineers*. Nova York: John Wiley & Sons, 1984.
REVELLE, C. S.; WHITLATCH, E. E.; WRIGHT, J. R. *Civil and environmental systems analysis*. Upper Saddle River, NJ: Prentice Hall, 1997.
WASHINGTON, S. P.; KARLAFTIS, M. G.; MANNERING, F. L. *Statistical and econometric methods for transportation data analysis*. Boca Raton, FL: Chapman & Hall/CRC, 2003.

CAPÍTULO 3

Características dos usuários, dos veículos e da via

Os principais componentes de qualquer modalidade de transporte são: usuários, veículos e via. No modo rodoviário, os usuários são os motoristas e os pedestres; o veículo é o automóvel; e a via é a rodovia. Da mesma forma, no modo ferroviário, os usuários são os condutores de trens e os passageiros; o trem é o veículo; e a via é a ferrovia. Para fornecer um sistema de transporte eficiente e seguro, é essencial que o engenheiro de transporte tenha um conhecimento adequado das características e limitações desses componentes que são importantes para a operação do sistema.

A percepção da inter-relação entre esses componentes também é importante para determinar os efeitos, caso existam, que têm uns sobre os outros. Essas características também se tornam críticas quando o controle da operação de qualquer sistema de transporte está em análise. Tratando-se de medidas de engenharia de tráfego – tais como os dispositivos de controle que devem ser utilizados –, certas características dos motoristas (por exemplo, a rapidez com que reagem a um estímulo), dos veículos (por exemplo, que distância percorrem durante uma manobra de frenagem) e das condições da via (como a declividade) são de extrema importância.

Deve-se notar, no entanto, que conhecer as limitações médias pode não ser sempre adequado. Às vezes, pode ser necessário obter informações sobre toda a gama de limitações. Nos Estados Unidos, por exemplo, a idade dos motoristas de automóveis varia entre 16 e 70 anos, podendo inclusive ultrapassar os 80 anos, e a dos pilotos de avião varia entre 18 e 70 anos. A visão e a audição variam consideravelmente entre as faixas etárias, e podem variar até mesmo entre indivíduos da mesma faixa etária.

Da mesma forma, a frota de automóveis consiste em uma vasta gama de veículos que variam de carros compactos a caminhões articulados, assim como a frota de aviões, que vai de monomotores a jatos de fuselagem larga, como os Boeing 747 (Figura 3.1). As características desses diferentes tipos de avião alteram-se significativamente. A aceleração máxima, os raios de giro e a capacidade de subir rampas diferem consideravelmente entre os diversos tipos de automóveis, assim como as distâncias de pouso e decolagem e as alturas máximas de voo entre diferentes tipos de aviões. Portanto, a via deve ser projetada para atender a uma gama variada de características e,

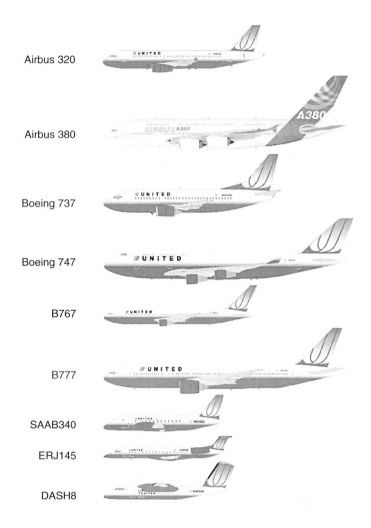

Figura 3.1 – Diferentes tipos de aviões utilizados na aviação civil.

Fonte: Sites da United Airlines e da Airbus.

ao mesmo tempo, permitir sua utilização por motoristas e pedestres com características físicas e psicológicas distintas. Uma pista de pouso/decolagem de um aeroporto deve ser projetada para atender aos requisitos de decolagem e pouso de todos os aviões que a utilizam. Da mesma forma, as instalações de um porto e de um atracadouro devem ser projetadas para atender às características dos navios que as utilizarão.

Este capítulo discute as características dos usuários, dos veículos e das vias, e como elas se relacionam às modalidades de transporte rodoviário, aéreo, ferroviário e hidroviário.

Características dos usuários

Na concepção dos sistemas de transporte, um dos principais problemas que os engenheiros de transporte enfrentam quando consideram as características ou fatores dos usuários – geralmente referidos como *ergonomia* – são as diferentes habilidades e as percepções dos usuários que utilizam e/ou operam o sistema. Isto é demonstrado na ampla gama de habilidades que as pessoas têm de reagir à informação. Estudos têm demonstrado que essas habilidades podem variar em um indivíduo sob diferentes condições, tais como sob a influência de álcool, sob fadiga, estresse e período do dia. Portanto, é importante que os critérios utilizados para fins de projeto sejam compatíveis com as capacidades das pessoas que utilizam e/ou operam o sistema de transporte. Os engenheiros de transporte devem ter algum conhecimento de como os seres humanos se comportam.

A utilização de um valor médio como tempo de reação pode não ser adequada para um grande número de usuários ou operadores do sistema. Tanto o 85º quanto o 95º percentis têm sido utilizados para selecionar os critérios de projeto e, em geral, quanto maior o percentil escolhido, maior o leque coberto.

O processo de resposta humana

As ações tomadas pelos operadores e usuários dos sistemas de transporte são resultados da forma como avaliam e reagem às informações que obtêm com base em determinados estímulos que veem ou ouvem.

Percepção visual

A recepção de estímulos pelo olho é a mais importante fonte de informações tanto para os usuários como para os operadores de qualquer sistema de transporte, e alguns conhecimentos gerais da visão humana, portanto, ajudarão na concepção e operação da maioria dos sistemas de transporte. As principais características da visão são acuidade visual, visão periférica, visão das cores, ofuscamento e recuperação, e percepção de profundidade.

Acuidade visual é a capacidade de perceber em detalhes a forma e o contorno dos objetos. Ela pode ser representada como o inverso do ângulo visual, medido em minutos de arco, definido como o menor ângulo que permite a discriminação de dois pontos como separados. O ângulo visual (φ) de um determinado alvo é dado como

$$\varphi = 2 \operatorname{arctg}\left(\frac{L}{2D}\right) \tag{3.1}$$

em que
  L = diâmetro de um alvo (letra ou símbolo)
  D = distância do olho em relação ao alvo nas mesmas unidades de L

Em geral, um observador terá a mesma resposta para os diversos objetos que supostamente tenham o mesmo ângulo visual se todos os outros fatores visuais forem os mesmos. Esta premissa fundamental é um fator usado para definir padrões de legibilidade em engenharia de transporte, como as indicadas no *Manual on Uniform Traffic Control Devices*, publicado pela *Federal Highway Administration*. Observe que os motoristas geralmente têm várias outras pistas prováveis, tais como a forma ou o comprimento da palavra, que podem alterar seu desempenho visual.

A extrapolação direta dos tamanhos de legibilidade/reconhecimento de letras ou símbolos para os sinais verbais pode, portanto, ser ilusória. Por exemplo, um estudo de campo e dados laboratoriais obtidos por Greene determinaram que um ângulo visual médio de 0,00193 rad (6,6 minutos de arco) foi necessário para um sinal de passagem de animais, enquanto um de passagem de ciclistas, mais complexo, exigiu um ângulo visual médio de 0,00345 rad (11,8 minutos de arco).

Dois tipos de acuidade visual, *estática* e *dinâmica*, são de grande importância nos sistemas de transporte terrestre. *Acuidade estática* é a capacidade de uma pessoa decifrar os detalhes de um objeto quando tanto ela como o objeto estiverem parados. Fatores que influenciam esta acuidade incluem brilho e contraste do fundo e o tempo de exposição, que pode ser definido como o período que um observador terá para ler e compreender uma determinada mensagem. À medida que o brilho de fundo aumenta e todos os outros fatores permanecem constantes, a acuidade estática tende a aumentar até um brilho de fundo de cerca de 30 candelas (cd) m² pés e, em seguida, permanece constante, mesmo com um aumento na iluminação. Quando outros fatores visuais são mantidos constantes a um nível aceitável, o tempo necessário ideal para a identificação de um objeto sem movimento relativo é de 0,5 a 1,0 s. O tempo de exposição pode, no entanto, variar significativamente dependendo de quão complicado e/ou incomum um sinal é.

A capacidade dos indivíduos de decifrar os detalhes de um objeto que tem movimento angular relativo depende de suas *acuidades visuais dinâmicas*, um fator importante que deve ser considerado na concepção dos sistemas de transporte. Por exemplo, os sinais exibidos em rodovias e ferrovias devem ser devidamente legíveis para que os motoristas possam ler e compreender facilmente as informações exibidas. Da mesma forma, o painel do automóvel e a cabine do piloto de avião devem ter um padrão mínimo de legibilidade. Isto é de grande importância para os condutores mais velhos, que tendem a ter menor acuidade visual do que aqueles mais jovens.

Os *painéis de mensagem variável* (PMVs) agora são comumente utilizados para fornecer informações em tempo real sobre as condições de tráfego e a disponibilidade de estacionamento. Os fatores que influenciam a legibilidade desses dispositivos são resolução, luminosidade, contraste e proteção do brilho. A interação entre esses diversos fatores é complexa, e há muitas publicações sobre os padrões recomendados de acordo com os fatores humanos. Por exemplo, Boff e Lincoln desenvolveram padrões de legibilidade para aplicações em aeronaves, e Kimura et al. desenvolveram diretrizes para os níveis adequados de cor, contraste e luminosidade que podem ser utilizados nos painéis de veículos.

Visão periférica é a capacidade de um indivíduo ver objetos além do cone de visão mais clara. A maioria das pessoas tem uma visão clara dentro de um cone de visão com um ângulo entre 3° e 5°, e visão bastante clara 10° e 12°. Embora os objetos possam ser vistos além dessa zona, os detalhes e as cores não são claros. O cone de visão para a visão periférica poderia ser estendido até 160°, mas este valor é afetado pela velocidade relativa do objeto.

A visão periférica também é afetada pela idade. Por exemplo, mudanças significativas ocorrem a partir dos 60 anos, o que deve ser considerado para decidir a localização de painéis dentro e fora do veículo. Por exemplo, se um painel estiver localizado longe do campo de visão normal frontal do motorista, ele pode não ser capaz de compreender as informações mostradas, pois estão fora de sua visão periférica. Isso é de suma importância para os painéis dos automóveis, pois os motoristas tenderão a alternar seu olhar entre a via e o painel. Dingus et al. determinaram que essa mudança ocorre aproximadamente a cada intervalo com valor entre 1,0 e 1,5 s.

Um estudo realizado por Pop e Faber definiu que o desempenho ao volante de um indivíduo é melhor quando um painel está posicionado diretamente na frente do motorista. Além disso, Weintraub et al. determinaram que, para placas na estrada, o tempo de alternância do olhar aumente de acordo com a distância da placa. Portanto, quanto mais distante a placa estiver, menor será o tempo que o motorista lhe dedicará.

Visão de cores é a capacidade de um indivíduo diferenciar uma cor da outra, e a deficiência desta capacidade é normalmente denominada *daltonismo*. Entre 4% e 8% da população sofrem desta deficiência. Por isso, não é aconselhável a utilização de somente uma cor para divulgar informações críticas relativas ao transporte. Devem-se utilizar, portanto, meios adicionais para facilitar o reconhecimento dos sistemas de informação de transporte. Por exemplo, a fim de compensar o daltonismo, os sinais de trânsito são geralmente padronizados em tamanho, forma e cor. A padronização não só auxilia na estimativa da distância, mas também na identificação de sinais pelo indivíduo daltônico, como mostrado na Figura 3.2.

Ofuscamento e recuperação são geralmente classificados em dois tipos: direto e especular. O *ofuscamento direto* ocorre quando uma luz relativamente brilhante aparece no campo de visão do indivíduo, e o *especular* ocorre como resultado de uma imagem refletida por uma luz relativamente brilhante que aparece no campo de visão do indivíduo. A visibilidade é reduzida quando um ofuscamento direto ou especular ocorre, e ambos os tipos de ofuscamento provocam desconforto nos olhos. A sensibilidade ao ofuscamento aumenta à medida que envelhecemos, com uma mudança significativa por volta dos 40 anos.

A recuperação dos efeitos do ofuscamento ocorre algum tempo depois que o indivíduo passa pela fonte de luz causadora, um fenômeno geralmente denominado *recuperação*. Estudos têm demonstrado que a recuperação leva em média três segundos quando o movimento é do escuro para o claro, e aproximadamente seis segundos quando o movimento é o inverso.

Ao questão do ofuscamento da visão é de suma importância durante a condução noturna, principalmente para os motoristas idosos que, em geral, tendem a enxergar menos à noite. Portanto, um atenção especial deve ser dada ao projeto e localização da iluminação pública, para que os efeitos do ofuscamento sejam reduzidos ao mínimo, especialmente em áreas com uma porcentagem relativamente alta de motoristas idosos.

Os princípios básicos que podem ser utilizados para minimizar os efeitos do ofuscamento incluem a diminuição da intensidade da luz e o aumento da luz de fundo no campo de visão do indivíduo para que haja uma interferência mínima na visibilidade do condutor. Por exemplo, ações específicas incluem postes mais altos, com luz menos intensa e posicionados mais distantes das vias.

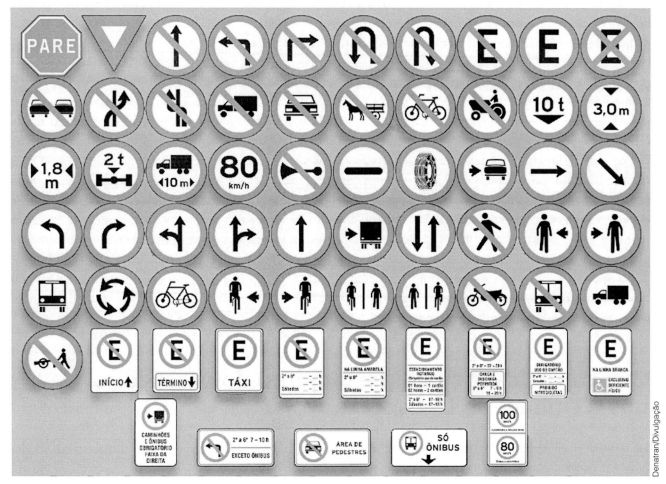

Figura 3.2 – Sinais de trânsito.

Percepção de profundidade é a habilidade de um indivíduo estimar a velocidade e a distância. Esta característica é muito importante nas rodovias de pistas duplas durante as manobras de ultrapassagem, quando a falta de precisão nas estimativas da velocidade exata e da distância pode resultar em colisões frontais. A *percepção de profundidade* também influencia a habilidade de o indivíduo distinguir entre objetos. O olho humano não é confiável para estimar valores absolutos de velocidade, distância, tamanho e aceleração.

Percepção auditiva ocorre quando o ouvido recebe estímulos sonoros; é importante quando sons de alerta são dados. A perda de alguma capacidade auditiva não é de grande importância na concepção e operação dos sistemas de transportes, já que normalmente pode ser corrigida por um aparelho auditivo.

As **velocidades de caminhada** dos indivíduos são importantes na concepção de diversos sistemas de transporte. Por exemplo, uma velocidade de caminhada representativa dos pedestres é necessária no projeto das interseções sinalizadas. Da mesma forma, os terminais ferroviários e aéreos são projetados principalmente para os pedestres que estão ou caminhando ou esperando.

A observação dos movimentos de pedestres indicou que as velocidades de caminhada variam entre 0,9 e 1,8 m/s. Diferenças significativas também foram observadas entre as velocidades de caminhada dos homens e das mulheres. Em interseções, a velocidade média de caminhada do homem foi determinada como sendo igual a 1,5 m/s, contra 1,4 m/s das mulheres. O *Manual on Uniform Traffic Control Device* – MUTCD (Manual sobre dispositivos de controle de tráfego uniformes) sugere o uso de um valor mais conservador, de 1,2 m/s, para o projeto. Estudos têm mostrado que a velocidade de caminhada tende a ser maior no meio do quarteirão do que nas interseções, e que a velocidade das pessoas mais velhas geralmente estará no extremo inferior da faixa de velocidade.

Os fatores que afetam a velocidade dos pedestres incluem hora do dia, temperatura do ar, presença de neve ou gelo e o motivo da caminhada. A idade é o fator que mais causa redução nessa velocidade. O valor mínimo da faixa de velocidade (0,9 m/s) é utilizado como padrão para a velocidade de caminhada no projeto de instalações de transporte que serão amplamente utilizadas por pessoas mais velhas.

O **tempo de percepção e reação** é o período de tempo entre o momento em que um motorista percebe uma obstrução e o instante em que uma ação é tomada para evitar o choque. Esse tempo depende de vários fatores, incluindo a distância do objeto, a acuidade visual do motorista, a capacidade de reação do motorista e o tipo de obstrução, e varia consideravelmente de um indivíduo para outro. Os tempos de percepção e reação são consideravelmente maiores para os motoristas idosos. Deve-se estabelecer uma tolerância de tempo para que um condutor possa ler um sinal antes de tomar as ações necessárias. Os fatores que influenciam esse tempo incluem tipo de texto, número de palavras, estrutura da frase e se o motorista está envolvido com outra atividade. Pesquisa realizada por Dudeck demonstrou que uma palavra curta de quatro a oito caracteres exige um tempo mínimo de exposição (tempo de leitura) de um segundo, enquanto para cada unidade de informação são necessários 2 segundos. Assim, um sinal que tem de 12 a 16 caracteres por linha exigirá um mínimo de dois segundos para leitura. A *American Association of State Highway and Transportation Officials* (AASHTO) recomenda utilizar 2,5 segundos para o tempo de percepção e reação, o que ultrapassa o 90º percentil do tempo de reação para todos os condutores.

Características do comportamento do passageiro nos terminais de transporte

Os terminais de transporte constituem-se em um importante componente do sistema, pois fornecem facilidades para que os passageiros mudem de um veículo para outro dentro de um mesmo modo de transporte ou de um modo para outro. Por exemplo, o terminal de passageiros do aeroporto permite aos passageiros mudar do modo terrestre para o aéreo, enquanto um terminal ferroviário permite que os passageiros possam mudar de um automóvel para um trem. Os terminais devem ser projetados levando-se em conta as características comportamentais dos passageiros e considerar as características que já foram discutidas, tais como a percepção visual e velocidade de caminhada. Por exemplo, a percepção visual é de suma importância no posicionamento de sinais de modo que forneçam informações adequadas para que os passageiros possam fazer bom uso das instalações do terminal. As diferentes velocidades de caminhada serão utilizadas para definir a necessidade de uma esteira rolante.

Características fisiológicas referem-se principalmente ao conforto percebido pelo passageiro. A temperatura dentro de um terminal é um exemplo típico, e deve variar entre 21 °C e 24 °C. O nível de ruído não deve exceder o de inteligibilidade de fala, que é entre 60 e 65 dBA. Outros fatores incluem disponibilidade de lojas e instalações sanitárias.

Características psicológicas referem-se à segurança percebida pelos passageiros, que devem se sentir seguros caso eventualmente utilizarem o terminal de transporte. O maior nível de segurança é alcançado pela presença de policiais uniformizados ou por um ambiente que disponibilize fácil comunicação com os policiais em casos de emergência.

Características do veículo

Um componente importante de qualquer sistema de transporte é o veículo. O engenheiro de transporte, portanto, deve estar familiarizado com as características do veículo que utilizará o sistema, que, por sua vez, influenciará o projeto da via. As características do veículo de projeto influenciam o alinhamento geométrico e a estrutura do pavimento da via. As características da aeronave de projeto influenciam as configurações das pistas de taxiamento e das pistas de pouso e decolagem de um aeroporto. Analisaremos a seguir as características estáticas e dinâmicas dos veículos.

Características estáticas dos veículos automotores

Os componentes físicos de uma rodovia são projetados para ser compatíveis com o tamanho do maior e mais pesado veículo que se espera utilize a via. Esses componentes incluem a largura das faixas, a largura do acostamento, o comprimento e a largura das áreas de estacionamento e das curvas verticais. Os pesos por eixo dos veículos que se espera trafeguem na rodovia são importantes para o projeto da estrutura do pavimento e para a determinação das declividades máximas. Com a aprovação do *Surface Transportation Assistance Act*, legislação federal americana de 1982, os tamanhos e os pesos máximos de caminhões nas rodovias interestaduais e em outras qualificadas para receber auxílio federal foram estabelecidos, incluem:

- 360 kN de peso bruto, com cargas por eixo de 90 kN para eixos simples e 150 kN para eixos duplos;
- 259 cm de largura para todos os caminhões;
- 14,6 m de comprimento para semirreboques e reboques;
- 8,5 m de comprimento para cada reboque duplo.

Os estados com maiores limites de peso, antes de a lei ter sido decretada, estão autorizados a mantê-los para viagens interestaduais. Além disso, os limites do comprimento total dos caminhões não podem mais ser estabelecidos.

Tendo em vista que as características estáticas dos veículos predominantes são utilizadas para estabelecer determinados parâmetros geométricos da rodovia, os veículos foram classificados em função de suas características estáticas. A AASHTO classificou os veículos automotores em quatro classes: veículos de passageiros, ônibus, caminhões e veículos recreacionais. Os veículos incluídos na classe dos de passageiros são os carros de passeio, os veículos esportivo-utilitários, minivans, vans e as camionetes. Os da classe ônibus incluem os intermunicipais, urbanos, escolares e articulados. Os veículos da classe dos caminhões são os do tipo leves, combinações de cavalo mecânico-semirreboque (carretas) e caminhões ou cavalos mecânicos com semirreboques em combinação com reboques. Os veículos da classe dos recreativos são os *motor homes*, carros com *trailers*, carros com reboques de barco, *motor homes* com reboques de barco e *motor home* puxando carros. A Tabela 3.1 fornece as dimensões físicas de 19 veículos de projeto, e a 3.2, os raios mínimos de giro dos veículos de projeto que representam os diversos veículos dentro de cada uma das quatro classes. O maior veículo e com maior tráfego previsto que mais frequentemente deverá utilizar a instalação é escolhido como o veículo de projeto, cujas diretrizes abaixo podem ser utilizadas na sua seleção:

- Para estacionamentos ou uma série destes, a classe de veículos de passageiro poderia ser considerada.
- Para cruzamentos de ruas residenciais e estradas de parques, uma classe de caminhões leves poderia ser considerada.
- Para cruzamentos de rodovias estaduais com ruas urbanas utilizadas por ônibus, mas relativamente pouco por caminhões de grande porte, uma classe de ônibus urbano poderia ser considerada.
- Para cruzamentos de rodovias municipais com baixo volume de tráfego, e estradas locais com volume diário médio (VDM) de tráfego abaixo de 400, um ônibus escolar de grande porte (84 passageiros) ou um ônibus escolar convencional (65 passageiros) poderia ser considerado.
- Para outros cruzamentos de rodovias estaduais e ruas industriais com altos volumes de tráfego e/ou que fornecem acesso a caminhões de grande porte para as fábricas locais, o veículo de projeto mínimo é o WB20 (WB65 ou WB67) (consulte a Tabela 3.1).
- Para as interseções entre terminais de saída de vias expressas e uma via arterial transversal, do tipo diamante convencional, o veículo de projeto mínimo é o WB20 (WB65 e WB67) (consulte a Tabela 3.1).

As características das categorias de veículos que influenciam o projeto das interseções quando as velocidades são iguais a 15 km/h ou menos são: (1) o raio de giro mínimo do eixo; (2) a largura da via de uma extremidade a outra; (3) a bitola; e (4) a trajetória do pneu traseiro interno do veículo ao fazer uma curva na interseção. Quando as curvas são feitas a 10 km/h ou menos, o raio e a trajetória de giro dependem principalmente do tamanho do veículo que está fazendo a curva. Esses parâmetros foram estabelecidos para cada veículo de projeto. Por exemplo, as trajetórias mínimas de giro para veículo de passageiro e os veículos de projeto WB20 (WB65 e WB67) são mostrados nas Figuras 3.3 e 3.4. Para os demais veículos de projeto, esses parâmetros podem ser encontrados em *Policy on Geometric Design of Highways and Streets*. Essas trajetórias de giro são baseadas em um estudo com modelos em escala para cada veículo representante de uma classe. A Tabela 3.2 fornece os raios mínimos de giro para diversos veículos de projeto. Deve-se ressaltar, no entanto, que esses raios mínimos de giro são para curvas feitas a velocidades de 15 km/h ou inferiores. Quando são feitas em velocidades mais altas, os raios dependem principalmente das velocidades com que as curvas são feitas.

Características estáticas das aeronaves

As características estáticas das aeronaves também variam consideravelmente. Dependendo do tipo de aeronave, o peso máximo de decolagem pode variar de 7 kN para o Cessna-150 até 3.800 kN para o Boeing 747-400. Essas aeronaves podem ser classificadas em duas categorias: *de transporte e da aviação geral.*

Uma aeronave também pode ser classificada com base em sua certificação de aeronavegabilidade e nas normas de operações de aeronaves do Título 14 do Código de Regulamentos Federais. Eles são descritos pela *GRA Incorporated* no relatório *Economic Values for FAA Investment and Regulatory Decisions: a Guide* (Valores econômicos para decisões de investimento e de regulamentação da *FAA*: um guia). A *classificação de aeronavegabilidade* baseia-se na aprovação dada pela *Federal Aviation Administration (FAA)* para o projeto da aeronave.

Características dos usuários, dos veículos e da via • **Capítulo 3**   83

Tabela 3.1 – Dimensões dos veículos de projeto.

Veículo de projeto	Símbolo	Altura	Largura	Comprimento	Projeção Dianteira	Projeção Traseira	WB₁	WB₂	S	T	WB₃	WB₄	Pivô central típico para o centro do eixo traseiro
Veículo de passageiro	P	4,25	7	19	3	5	11	—	—	—	—	—	—
Caminhão leve	SU	11-13,5	8,0	30	4	6	20	—	—	—	—	—	—
Ônibus													
Ônibus intermunicipal	BUS-40	12,0	8,5	40	6	6,3[a]	24	3,7	—	—	—	—	—
	BUS-45	12,0	8,5	45	6	8,5[a]	26,5	4,0	—	—	—	—	—
Ônibus urbano	CITY-BUS	10,5	8,5	40	7	8	25	—	—	—	—	—	—
Ônibus escolar convencional (65 passageiros)	S-BUS 36	10,5	8,0	35,8	2,5	12	21,3	—	—	—	—	—	—
Ônibus escolar de grande porte (84 passageiros)	S-BUS 40	10,5	8,0	40	7	13	20	—	—	—	—	—	—
Ônibus articulado	A-BUS	11,0	8,5	60	8,6	10	22,0	19,4	6,2[b]	13,2[b]	—	—	—
Caminhões													
Semirreboque intermediário	WB-40	13,5	8,0	45,5	3	2,5[a]	12,5	27,5	—	—	—	—	27,5
	WB-50	13,5	8,5	55	3	2[a]	14,6	35,4	—	—	—	—	37,5
	WB-62*	13,5	8,5	68,5	4	2,5[a]	21,6	40,4	—	—	—	—	42,5
Semirreboque interestadual	WB-65** ou WB-67	13,5	8,5	73,5	4	4,5 - 2,5[a]	21,6	43,4 - 45,4	—	—	—	—	45,5-47,5
Semirreboque/Reboque de fundo duplo	WB-67D	13,5	8,5	73,3	2,33	3	11,0	23,0	3,0[c]	7,0[c]	23,0	—	23,0
Semirreboque/Reboque triplo	WB-100T	13,5	8,5	104,8	2,33	3	11,0	22,5	3,0[d]	7,0[d]	23,0	23,0	23,0
Semirreboque/Reboque duplo para rodovias de alta velocidade	WB-100D*	13,5	8,5	114	2,33	2,5[e]	14,3	39,9	2,5[e]	10,0[e]	44,5	—	42,5
Veículos recreativos													
Motor home	MH	12	8	30	4	6	20	—	—	—	—	—	—
Carro e trailer	P/T	10	8	48,7	3	10	11	—	5	19	—	—	—
Carro e reboque de barco	P/B	—	8	42	3	8	11	—	5	15	—	—	—
Motor home e reboque de barco	MH/B	12	8	53	4	8	20	—	6	15	—	—	—
Trator de fazenda[f]	TR	10	8 - 10	16[g]	—	—	10	9	3	6,5	—	—	—

* = Veículo de projeto com reboque de 48 pés conforme aprovado na *Surface Transportation Assistance Act* (STAA) de 1982.
** = Veículo de projeto com reboque de 53 pés conforme direito adquirido na *Surface Transportation Assistance Act* (STAA) de 1982.
[a] = Esta é a projeção do eixo traseiro do conjunto de eixos em tandem.
[b] = Dimensão combinada de 19,4 pés e seção de articulação de 4 pés de largura.
[c] = Dimensão combinada normalmente de 10,0 pés.
[d] = Dimensão combinada normalmente de 10,0 pés.
[e] = Dimensão combinada normalmente de 12,5 pés.
[f] = Dimensões para um trator de 150-200 cv, excluindo qualquer comprimento da carreta.
[g] = Para obter o comprimento total do trator e uma carreta, acrescente 18,5 pés ao comprimento do trator. O comprimento do vagão é medido a partir da barra de engate dianteira à parte traseira da carreta, e o comprimento da barra de engate é de 6,5 pés.
• WB₁, WB₂, WB₃ e WB₄ são as distâncias efetivas entre os eixos do veículo ou as distâncias entre os grupos de eixo, iniciando na frente e trabalhando em direção à parte traseira de cada unidade.
• S é a distância efetiva a partir do eixo traseiro ao ponto de engate ou ponto de articulação.
• T é a distância a partir do ponto de engate ou ponto de articulação medido de volta ao centro do próximo eixo ou centro do conjunto de eixo em tandem.

Fonte: Adaptado de *A Policy on Geometric Design of Highways and Streets*, American Association of State Highway and Transportation Officials, Washington, D.C., 2004.
Usado com permissão.
Observação: 1 pé = 0,3 m

Tabela 3.2 – Raios mínimos de giro dos veículos de projeto.

Veículo de projeto	Veículo de passageiro	Caminhão leve	Ônibus intermunicipal		Ônibus urbano	Ônibus escolar convencional (65 passageiros)	Ônibus escolar de grande porte[2] (84 passageiros)	Ônibus articulado	Semirreboque intermediário	
Símbolo	P	SU	BUS-40	BUS-45	CITY-BUS	S-BUS36	S-BUS40	A-BUS	WB-40	WB-50
Raio mínimo de giro de projeto (pés)	24	42	45	45	42,0	38,9	39,4	39,8	40	45
Raio de giro do eixo (pés)	21	38	40,8	40,8	37,8	34,9	35,4	35,5	36	41
Raio interno mínimo (pés)	14,4	28,3	27,6	25,5	24,5	23,8	25,4	21,3	19,3	17,0

Veículo de projeto	Semirreboque interestadual		Combinação de fundo duplo	Semirreboque/ reboque triplo	Semirreboque/ reboque duplo para rodovia de alta velocidade	*Motor home*	Carro e reboque de campista	Carro e reboque de barco	*Motor home* e reboque de barco	Trator agrícola[3] com um vagão
Símbolo	WB-62*	WB-65** ou WB-67	WB-67D	WB-100T	WB-109D*	MH	P/T	P/B	MH/B	TR/W
Raio mínimo de giro de projeto (pés)	45	45	45	45	60	40	33	24	50	18
Raio de giro do eixo (pés)	41	41	41	41	56	36	30	21	46	14
Raio interno mínimo (pés)	7,9	4,4	19,3	9,9	14,9	25,9	17,4	8,0	35,1	10,5

* = Veículo de projeto com reboque de 48 pés conforme aprovado na *Surface Transportation Assistance Act* (STAA) de 1982.
** = Veículo de projeto com reboque de 53 pés conforme direito adquirido na *Surface Transportation Assistance Act* (STAA) de 1982.
[1] = Raio de giro adotado por um projetista ao investigar possíveis trajetórias de giro; é definido como a metade do eixo dianteiro de um veículo. Se a trajetória de giro mínima for adotada, o raio de giro do eixo é aproximadamente igual ao raio de giro mínimo de projeto menos a metade da largura dianteira do veículo.
[2] = Os ônibus escolares são fabricados com tamanhos que variam entre os com capacidade para 42 passageiros até os para 84 passageiros. Isso corresponde aos comprimentos das distâncias entre eixos de 11,0 pés a 20 pés, respectivamente. Para esses tamanhos diferentes, os raios mínimos de giro de projeto variam de 28,8 pés a 39,4 pés e os raios mínimos internos de 14,0 pés a 25,4 pés.
[3] = Raio de giro para trator de 150-200 cv com uma carreta de 18,5 pés de comprimento presa ao ponto de engate. A tração dianteira está desengatada e os freios não estão sendo acionados.

Fonte: *A Policy on Geometric Design of Highways and Streets*, American Association of State Highway and Transportation Officials, Washington, D.C., 2004. Usado com permissão.

Observação: 1 pé = 0,3 m

Características dos usuários, dos veículos e da via • **Capítulo 3**

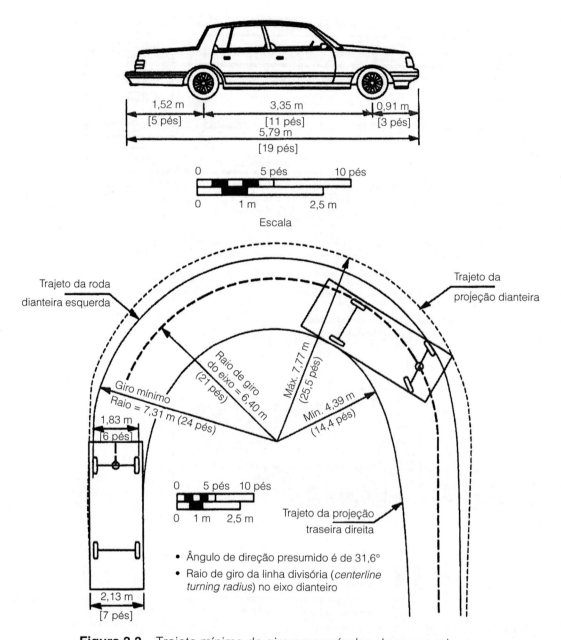

Figura 3.3 – Trajeto mínimo de giro para veículos de passageiro.

Fonte: *A Policy on Geometric Design of Highways and Streets*, American Association of State Highway and Transportation Officials, Washington, D.C., 2004. Usado com permissão.

Esta aprovação é necessária para cada tipo de aeronave que voará nos Estados Unidos. O Título 14 contém quatro partes que tratam das normas de aeronavegabilidade:

Parte 23: Inclui "aeronaves simples, utilitárias, acrobáticas e aeronaves de transporte regional". Essas aeronaves são limitadas a um máximo de nove passageiros e a um peso máximo de decolagem de 55 kN, enquanto os aviões de transporte regional limitam-se a um máximo de 19 passageiros e um peso máximo de decolagem de 85 kN.

Parte 25: Inclui "aeronaves de transporte". São as aeronaves de asa fixa que não atendam às normas da Parte 23. Em geral, inclui aeronaves de asa fixa movidas a motor a pistão e turboélices com menos de 20 assentos. Este grupo também inclui turboélices maiores e todos os aviões a jato.

Engenharia de infraestrutura de transportes

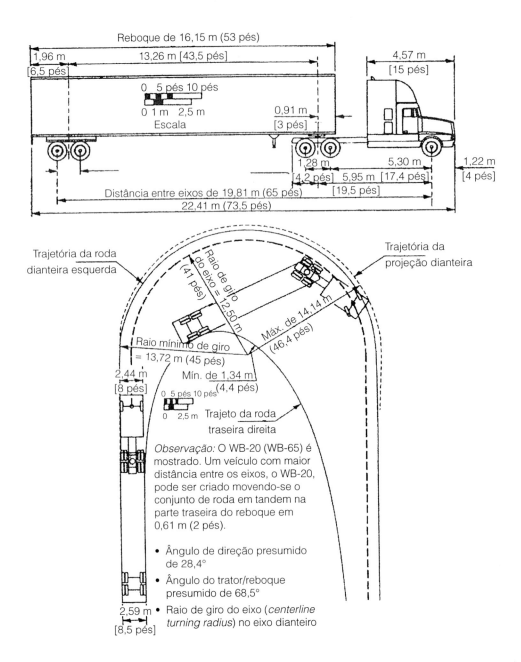

Figura 3.4 – Trajeto de giro mínimo para veículos de projeto WB20 (WB-65 e WB-67).

Fonte: *A Policy on Geometric Design of Highways and Streets*, American Association of State Highway and Transportation Officials, Washington, D.C., 2004. Usado com permissão.

Parte 27: Inclui "aeronaves de asas rotativas simples". Inclui, ainda, os helicópteros a turbina ou com motor a pistão que têm um peso máximo de decolagem de 27 kN e um máximo de nove assentos para passageiros.

Parte 29: Inclui todas as "aeronaves de asas rotativas de categoria de transporte" que não atendem aos requisitos da Parte 27.

O Título 14 também contém várias partes relacionadas às normas para a operação de aeronaves civis nos Estados Unidos:

Parte 91: Refere-se às operações da "aviação geral", incluindo as de aeronaves motorizadas que não possuam atividades que exijam regulamentação em qualquer uma das outras partes. Esta parte é, portanto, menos restritiva.

Uma operadora que pretenda realizar a operação comercial nesta categoria também deve obter o certificado de transportadora aérea ou algum outro certificado de operação.

Parte 121: Fornece as normas para as operações domésticas e de bandeira conduzidas pelos detentores dos certificados de transportadora aérea ou de operações. Isto inclui o uso de aeronaves de transporte de passageiros com mais de nove assentos, ou de transporte de carga com capacidade superior a 33,5 kN. A maioria das companhias aéreas opera sob esta configuração.

Parte 125: Contém normas para operações não comerciais que utilizem aeronaves de asa fixa com 20 ou mais lugares e não se encaixem nas partes 135 ou 137. Observe que essas aeronaves não estão incluídas na Parte 91.

Parte 133: Contém normas para operação de aeronaves de asa rotativa que carregam uma carga externa.

Parte 135: Contém normas para operações como o transporte de correio, alguns voos de lazer ou turísticos e voos regionais. Estes últimos são descritos como "voos comuns que operam de forma regular, mas são realizados com aeronave de asa rotativa ou aeronave de asa fixa com nove ou menos assentos para passageiros ou com uma capacidade útil de 33,5 kN ou inferior".

Parte 137: Contém regras que regem a aplicação de substâncias por aeronaves para apoiar as atividades como agricultura, bombeiros, saúde pública e semeadura de nuvens.

Com base nesse sistema de classificação, chegamos às seguintes categorias:

1. Fuselagem estreita com dois motores;
2. Fuselagem larga com dois motores;
3. Fuselagem estreita com três motores;
4. Fuselagem larga com três motores;
5. Fuselagem estreita com quatro motores;
6. Fuselagem larga com quatro motores;
7. Jato regional com menos de 70 lugares;
8. Jato regional com 70 a 100 lugares;
9. Turboélices com menos de 20 lugares (Parte 23);
10. Turboélices com menos de 20 lugares (Parte 25);
11. Turboélices com 20 ou mais lugares;
12. Motor a pistão (Parte 23);
13. Motor a pistão (Parte 25).

A FAA também classificou as aeronaves em duas categorias, *grupo de aeronaves* e *categoria de aeronaves*, para efeito de seleção dos padrões adequados de projeto de aeroportos, como os critérios de projeto para aeroportos com base nos aviões destinados a nele operar. O *grupo de aeronaves* é baseado na envergadura da aeronave e indicado por um algarismo romano (I, II, III, IV ou V). A *categoria de aeronave*, designada por uma letra (A, B, C ou D), é baseada na velocidade de aproximação da aeronave.

Tabela 3.3 – Código de referência do aeroporto, características estáticas e velocidades de aproximação de diversos aviões.

Aeronave	Código de referência do aeroporto	Velocidade de aproximação (nós)	Envergadura das asas (pés)	Comprimento (pés)	Altura da cauda (pés)	Decolagem máxima (libras)
Cessna-150	A-I	55	32,7	23,8	8,0	1.600
Beech Bonanza A 36	A-I	72	33,5	27,5	8,6	3.650
Beech Baron 58	B-I	96	37,8	29,8	9,8	5.500
Cessna Citation I	B-I	108	47,1	43,5	14,3	11.850
Beech Airliner 1900-C	B-II	120	54,5	57,8	14,9	16.600
Cessna Citation III	B-II	114	53,5	55,5	16,8	22.000
Bae 146-100	B-III	113	86,4	85,8	28,3	74.600
Antonov AN-24	B-III	119	95,8	77,2	27,3	46.305
Airbus A-320-100	C-III	138	111,3	123,3	39,1	145.505
Boeing 727-200	C-III	138	108,0	153,2	34,9	209.500
Boeing 707-320	C-IV	139	142,4	152,9	42,2	312.000
Airbus A-310-300	C-IV	125	144,1	153,2	52,3	330.693
MDC-8-63	D-IV	147	148,4	187,4	43,0	355.000
Boeing 747-200	D-V	152	195,7	231,8	64,7	833.000
Boeing 747-400	D-V	154	213,0	231,8	64,3	870.000

Observação: 1 nó = 1,85 km/h; 1 pé = 0,3 m

Fonte: Adaptado de *Advisory Circular AC* Nº 150/5300-13, U.S. Department of Transportation, Federal Highway Administration, Washington, D.C., 2004.

Um sistema de codificação para aeroportos conhecido como *Código de referência do aeroporto* (*Airport Reference Code – ARC*) (consulte a Tabela 3.3) refere-se a critérios de projeto para as categorias de aeronaves destinadas a operar regularmente naquele aeroporto tendo como base o grupo e a categoria de aeronaves. A Tabela 3.3 fornece exemplos de códigos de referência do aeroporto para diversas aeronaves. Os códigos para outras aeronaves podem ser obtidos em *FAA Advisory Circular 150/5300-13*. Por exemplo, se um aeroporto foi projetado para atender ao Boeing 747-200, com uma envergadura de asa de 59,65 m e uma velocidade de aproximação de 152 nós, o código de referência do aeroporto é D-V.

A Tabela 3.3 mostra que as características estáticas dos aviões variam consideravelmente. Importantes características estáticas que influenciam o projeto dos aeroportos são o peso máximo de decolagem e a envergadura das aeronaves que deverão utilizar o aeroporto. Em geral, quanto maior o peso máximo de decolagem da aeronave, maiores serão os comprimentos de pista para pouso e decolagem.

Características estáticas das locomotivas ferroviárias

As locomotivas podem ser classificadas em cinco categorias, com base principalmente no tipo de propulsão utilizada:

- Elétrica;
- Diesel-elétrica;
- Vapor;
- Levitação magnética (Maglev);
- Outros tipos (gás, turbino-elétrica).

Locomotivas elétricas

A fonte de alimentação de uma locomotiva elétrica é obtida ou por meio de um sistema de corrente contínua (CC) ou de um sistema de corrente alternada (CA). A potência é transmitida de uma fonte externa de alimentação, e a capacidade da locomotiva não é, portanto, limitada internamente. A corrente é transmitida pelo uso de sapatas coletoras que passam sobre um terceiro trilho ou através de cabos aéreos. O sistema do terceiro trilho é utilizado principalmente quando muita potência e baixa tensão são empregadas, enquanto cabos aéreos são utilizados quando alta tensão é necessária, principalmente por razões de segurança. Os motores elétricos podem ser acoplados a unidades múltiplas com um controlador ou ser utilizados em unidades individuais.

Locomotivas diesel-elétricas

A fonte de alimentação de uma locomotiva diesel-elétrica consiste em um motor primário a diesel que está diretamente ligado a um gerador, formando, assim, uma estação geradora completa. Essas locomotivas são, portanto, independentes, com cada uma tendo sua própria estação geradora e motor de tração. Isto dá às diesel-elétricas uma vantagem sobre a locomotiva elétrica, já que a rede de distribuição de energia necessária para as locomotivas elétricas não é necessária para as diesel-elétricas. As locomotivas diesel--elétricas também podem ser utilizadas em unidades individuais ou acopladas controladas por um condutor na cabine. As unidades individuais são utilizadas principalmente em operações no pátio ferroviário, enquanto as acopladas o são em operações de longas distâncias.

Locomotivas a vapor

Estas recebem energia de motores a vapor alternativos, muito menos eficientes que o sistema diesel-elétrico, e, por isso, foram substituídas pelas locomotivas diesel-elétricas. Atualmente, esse sistema é utilizado principalmente nos países em desenvolvimento por causa de seu custo de capital relativamente mais baixo por unidade de potência.

Trens de levitação magnética (Maglev)

Neste tipo de locomotiva não há contato entre a estrutura da via e o veículo. A potência é obtida de conjuntos de magnetos e bobinas posicionados de uma forma apropriada que produzem a força necessária para a levitação, propulsão e direção. A Figura 3.5 ilustra o princípio básico da levitação magnética.

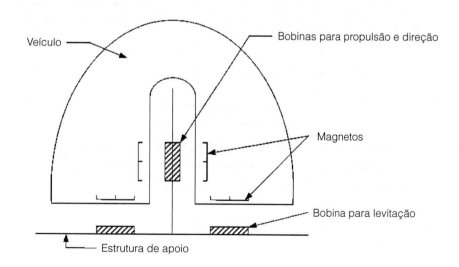

Figura 3.5 – Princípios básicos da levitação magnética.

Fonte: *Railway Engineering*, V.A. Profillidis, Avebury Technical, 1995.

Testes demonstraram que esses trens são capazes de viajar a velocidades muito altas e podem passar por trechos com declividades longitudinais relativamente mais elevadas. Por exemplo, uma via de teste de levitação magnética foi construída como uma seção superelevada de 5 m de altura e uma velocidade de projeto de cerca de 400 km/h. Os carros tinham 54 m de comprimento, pesavam 108 toneladas e eram capazes de transportar 200 passageiros. A via tinha raio mínimo de curvatura de mais de 4.000 m e declividade longitudinal máxima de 10%.

Características estáticas das embarcações marítimas

As embarcações marítimas podem ser classificadas em embarcações de passageiros e de carga. As primeiras podem ser classificadas em balsas e navios de passageiros, enquanto as segundas podem sê-lo em navios tanques e embarcações para cargas secas. A Figura 3.6 mostra exemplos de embarcações marítimas.

Navios de passageiros

Um navio de passageiros é definido como aquele que tem acomodação para mais de 12 passageiros. Por este motivo, é comum os navios de carga terem alojamentos para, no máximo, 12 passageiros, assim não estarão sujeitos aos regulamentos mais rigorosos dos navios de passageiros.

A principal diferença entre as balsas e os navios de passageiros é que as primeiras normalmente transportam passageiros, automóveis e algumas mercadorias por distâncias mais curtas, enquanto os segundos, principalmente passageiros por distâncias relativamente mais longas. Atualmente, existem poucos navios de passageiros em operação com o objetivo primário de apenas transportá-los. Isto se deve principalmente à concorrência com o transporte aéreo, que é muito mais rápido e mais barato. A maioria dos navios de passageiros atua agora como navios de cruzeiro, utilizados, principalmente, durante o período de férias. A Tabela 3.4 mostra as características estáticas de alguns navios de cruzeiro.

Tabela 3.4 – Características estáticas de alguns navios de cruzeiro.

Nome	Comprimento (pés)	Boca (pés)	Tonelagem bruta (toneladas)	Capacidade de passageiros	Velocidade de cruzeiro (nós)
Grandeur of the Seas	916	106	74.000	1.950	22
Rhapsody of the Seas	915	105,6	75.000	2.000	22
Splendour of the Seas	867	105	70.000	1.804	24
Majesty of the Seas	880	106	73.941	2.354	19
Nordic Express	692	100	45.563	1.600	19,5

Observação: 1 pé – 0,3 m; 1 tonelada – 0,91 tonelada métrica; 1 nó – 1,85 km/h

Fonte: www.en.wikipedia.org/wiki/passenger_ship

Características dinâmicas dos veículos de transporte

As forças que atuam sobre um veículo enquanto ele está em movimento são: resistências do ar, de rampa, ao rolamento e de curva. As técnicas para estimar quantitativamente essas forças são apresentadas nesta seção.

Resistência do ar em veículos automotores

O ar na frente e ao redor de um veículo em movimento provoca resistência ao seu movimento, e a força necessária para superar essa resistência é conhecida como *resistência do ar*. A magnitude dessa força depende do quadrado da velocidade em que o veículo está se deslocando e da área da seção transversal, medida em um plano perpendicular à direção do movimento. Claffey tem demonstrado que essa força pode ser estimada pela Equação 3.2:

Cruzeiro de passageiros

Balsa

Navio de carga

Figura 3.6 – Exemplos de três tipos de embarcações.

$$F_a = 0,5 \frac{(0,0772p\, C_D Au^2)}{g} \qquad (3.2)$$

em que

F_a = resistência do ar na força (N)
p = densidade do ar (1,227 kg/m³) no nível do mar: menor em altitudes mais elevadas
C_D = coeficiente de resistência aerodinâmica (o valor médio atual para automóveis de passageiros é de 0,4; para caminhões esse valor varia de 0,5 a 0,8, mas um valor representativo é 0,5)
A = área da seção transversal (m²)
u = velocidade do automóvel (km/h)
g = aceleração da gravidade (9,81 m/s²)

Exemplo 3.1

Determinando a resistência do ar em veículos em movimento

Determine a diferença em termos de resistência do ar entre um automóvel e um caminhão leve se ambos estão a uma velocidade de 96,5 km/h. Assuma que a área da seção transversal do automóvel é igual a 2,79 m² e a do caminhão, 10,70m².

Solução

Determine a resistência do ar para o automóvel com base na Equação 3.2:

$$F_a = 0,5 \left(\frac{0,0772pC_D Au^2}{g} \right)$$

$$= 0,5 \left(\frac{0,0772 \times 1,227 \times 0,4 \times 2,79 \times 96,5 \times 96,5}{9,81} \right) \text{ lb}$$

$$= 501,7 \text{ N}$$

Determine a resistência do ar para o caminhão com base na Equação 3.2:

$$F_a = 0,5 \left(\frac{0,0772 \times 1,227 \times 0,5 \times 10,7 \times 96,5 \times 96,5}{9,81} \right)$$

$$= 2405,3 \text{ N}$$

Determine a diferença nas resistências do ar:

A diferença nas resistências do ar é (2405,3 - 501,7) = 1903,6 N.

Resistência do ar em trens

A equação para a resistência do ar em trens é semelhante àquela para os veículos automotores, exceto que, como os trens são muito mais longos, a resistência de atrito ao longo do seu comprimento também deve ser considerada. É dada como

$$F_{at} = C_{t1} Au^2 + C_{t2} pLu^2 \qquad (3.3)$$

em que
F_{at} = resistência do ar em trens (N)
A = área da seção transversal do trem em m²
u = velocidade do trem (km/h)
L = comprimento do trem (m)
p = perímetro parcial (m) do material rodante para baixo do nível do trilho
C_{t1} e C_{t2} = constantes

A constante C_{t1} depende da forma das partes dianteira e traseira do trem, e a C_{t2}, da condição da superfície do trem. Várias autarquias ferroviárias, portanto, têm desenvolvido fórmulas empíricas para a resistência ao rolamento que também servem para a resistência do ar (consulte a Equação 3.7 para a resistência ao rolamento dos trens).

Resistência de rampa

Um veículo que trafega em uma subida sofre a resistência de uma força que age no sentido oposto (isto é, para baixo). Essa força é o componente do peso do veículo que age para baixo ao longo do plano da trajetória do veículo chamada *resistência de rampa*, que tenderá a reduzir a velocidade do veículo se não for aplica uma força de aceleração. A velocidade alcançada em qualquer ponto ao longo da rampa para uma determinada taxa de aceleração dependerá do grau de inclinação e do tipo de veículo. A resistência de rampa é dada como:

Resistência de rampa = peso × inclinação em decimal (3.4)

O impacto da resistência de rampa é mais significativo na modalidade rodoviária do que nas ferroviária e aérea. A razão disso é que as declividades são muito mais restritas nos transportes ferroviário e aéreo, pois os pesos dos veículos utilizados nessas modalidades são bem maiores do que os dos veículos automotores. Por exemplo, como será discutido no Capítulo 6, as declividades máximas dos aeroportos não excedem a 2%, nas ferrovias, a 4%, mas nas rodovias podem chegar a 9%.

Resistência de rolamento

São forças existentes dentro do próprio veículo que oferecem resistência ao movimento. Entre elas estão as forças resultantes principalmente do efeito do atrito nas partes móveis, outras resistências mecânicas, e aquelas geradas pelo atrito entre as rodas do veículo e a via. O efeito total dessas forças sobre o movimento é conhecido como *resistência de rolamento*. Os fatores que influenciam essa resistência são a velocidade do veículo e a condição da via. Por exemplo, um veículo que viaja a 80 km/h em uma rodovia com uma superfície de asfalto trincada e malconservada sofrerá uma resistência ao rolamento de 255 N/tonelada de peso, enquanto na mesma velocidade em uma superfície de areia solta, esta resistência é de 380 N/tonelada de peso.

Resistência de rolamento em veículos automotores

Fórmulas diferentes foram desenvolvidas para automóveis e caminhões.

A resistência de rolamento para automóveis em um pavimento liso pode ser determinada pela Equação 3.5:

$$F_r = (C_{rs} + 0{,}0772 C_{rv} u^2) W \quad (3.5)$$

em que
F_r = força da resistência de rolamento (N)
C_{rs} = constante (normalmente 0,012 para automóveis)

C_{rv} = constante (normalmente 6,99 × 10⁻⁶ s²/m² para automóveis)
u = velocidade do veículo (km/h)
W = peso bruto do veículo (N)

Para caminhões, a resistência de rolamento é dada como

$$F_{rt} = (C_a + 1{,}47 C_b u^2)W \qquad (3.6)$$

em que
F_{rt} = força da resistência de rolamento (libras)
C_a = constante (normalmente 0,2445 para caminhões)
C_b = constante (normalmente 0,00044 s/pés para caminhões)
u = velocidade do veículo (mph)
W = peso bruto do veículo (libras)

Exemplo 3.2

Determinando a resistência de rolamento em um automóvel
Determine a resistência de rolamento em um automóvel que está se deslocando a 105 km/h se seu peso for igual a 9.000 N.

Solução
Use a Equação 3.5 para determinar a resistência de rolamento:

$F_r = (C_{rs} + 0{,}0772 C_{rv} u^2)900$

$C_{rs} = 0{,}012$

$C_{rv} = 6{,}99 \times 10^{-6}$

$F_r = (0{,}012 + 0{,}0772 \times 6{,}99 \times 10^{-6} \times 105 \times 105)900$

$\quad = (0{,}012 + 0{,}0059)9.000 \text{ N}$

$\quad = 0{,}0179 \times 9.000 \text{ N}$

$\quad = 161{,}1 \text{ N}$

Resistência de rolamento em trens
A *American Railway and Engineering and Maintenance-of-Way Association* propõe que a resistência de rolamento para os trens possa ser estimada pela Equação 3.7:

$$F_{rT} = 0{,}3 + \frac{9{,}07}{m} + 0{,}0031 u + \frac{k}{mn} u^2 \qquad (3.7)$$

em que
F_{rT} = força de resistência de rolamento (N/tonelada)
m = carga média por eixo em toneladas
u = velocidade do veículo (mph)

n = número de eixos
mn = peso médio da locomotiva ou vagão em toneladas
k = coeficiente de resistência do ar: 0,0123 para equipamento convencional; 0,028 para vagões tipo *piggy back*; 0,0164 para vagões de contêineres

A fórmula utilizada para determinar a resistência de rolamento na Equação 3.7 é conhecida como "fórmula modificada de Davis". Concluiu-se que a fórmula original dava resultados satisfatórios para as velocidades entre 8 km/h e 65 km/h, e a modificada, dada na Equação 3.7, foi desenvolvida para considerar as operações modernas com velocidades superiores. Essa equação também calcula a resistência do ar e, portanto, é comumente denominada *resistência inerente ao movimento* ou *resistência básica*.

Exemplo 3.3

Resistência em um trem

Determine a resistência de rolamento em um trem com equipamento convencional que viaja a 130 km/h sobre um trecho retilíneo e em nível se a carga por eixo for igual a 18,14 toneladas e o trem formado por 16 vagões com quatro eixos em cada um.

Solução

Determine a resistência; como o trem está sobre um trecho retilíneo e em nível com a ferrovia, a resistência é a inerente ou básica. Use a Equação 3.7 para determinar essa resistência:

$$F_{rt} = 0,3 + \frac{9,07}{m} + 0,003u + \frac{ku^2}{mn}$$

$$= 0,3 + \frac{9,07}{18,14} + 0,003 \times 130 + \frac{0,0123 \times 130 \times 130}{18,14 \times 4}$$

$$= 4,07 \text{ N/tonelada}$$

Resistência de curva

Quando um veículo viaja em um trecho de curva da via, forças externas agem sobre ele. Determinados componentes dessas forças tendem a retardar o movimento do veículo à frente. O efeito da soma desses componentes é a resistência de curva.

Resistência de curva em veículos automotores

O raio da curva, a velocidade na qual o veículo está se deslocando e o peso bruto do veículo são os fatores que determinam a magnitude da resistência de curva, que pode ser estimada pela Equação 3.8:

$$F_c = 0,5 \frac{0,0772u^2 W}{gR} \tag{3.8}$$

em que
F_c = resistência de curva (N)
u = velocidade do veículo (km/h)

W = peso bruto do veículo (kg)
g = aceleração da gravidade
R = raio de curvatura (m)

Exemplo 3.4

Determinando a resistência de curva em um veículo automotor

Um caminhão leve de três eixos que viaja em uma rodovia a uma velocidade de 88,5 km/h aproxima-se de uma curva horizontal com raio de 274,25 m. Determine a resistência do ar que atua sobre o caminhão ao passar pela curva se o peso por eixo for de 22.675 N.

Solução
Determine o peso bruto do veículo:

Peso bruto do veículo (caminhão) = 3 × 22.675 = 68.025 N

Determine a resistência de curva usando a Equação 3.8:

$$F_c = 0,5 \frac{0,0772 u^2 W}{gR}$$

$$F_c = 0,5 \frac{0,0772 \times 88,5 \times 88,5 \times 68.025 \text{ N}}{9,81 \times 274,25}$$

$$= 7.644,1 \text{ N}$$

Resistência de curva em trens

Esta resistência depende do atrito entre o friso da roda e a lateral do trilho, do deslizamento das rodas sobre os trilhos e do raio de curvatura. Com base nos resultados dos testes realizados com trens reais nos Estados Unidos, a *American Railway Engineering Association (AREA)* adotou um valor recomendado de 4 N/tonelada/grau de curva para um *truck* ferroviário de três peças sem lubrificação entre a roda e o trilho nas vias de bitola padrão. Isto se expressa na Equação 3.9, que é recomendada pela *Canadian National Railway* e pode ser utilizada para determinar a resistência de curva em qualquer via:

$$F_c = 0,279 \times (\text{bitola}) \tag{3.9}$$

em que
F_c = resistência de curva sobre os trens; (N/tonelada) por grau de curvatura
bitola = bitola da via em m

Deve-se observar que a resistência de curva desenvolvida no início do movimento de um trem é aproximadamente o dobro do valor para o trem já em movimento. Isto deve ser levado em consideração no projeto de uma curva caso haja a expectativa de que os trens possam nela parar.

Resistência ao movimento

A força que deve ser aplicada para superar as diversas resistências é a de tração, determinada pela soma dos valores de todas as resistências obtidas pela utilização das equações adequadas.

Requisitos de potência

A capacidade de desempenho de um veículo é medida em termos da potência que o motor pode produzir, medida em HP, para superar as diversas resistências e colocar o veículo em movimento. Potência é a taxa na qual o trabalho é feito; 1 HP equivale a 746 N.m/s. A potência fornecida pelo motor é

$$P = \frac{0{,}278 F u}{76{,}04} \quad (3.10)$$

em que

P = potência fornecida (HP)
F = somatória das resistências ao movimento (kg)
u = velocidade do veículo (km/h)

Exemplo 3.5

Determinando a potência necessária para conduzir um trem ao longo de uma curva

Determine a potência que é necessária para operar um trem de 16 vagões que viaja ao longo de uma curva de 2° a 112,5 km/h em um trecho em nível se o peso total, incluindo o da locomotiva, é aplicado sobre um total de 64 eixos que transportam uma média de 18,14 toneladas por eixo.

Solução

Neste problema precisamos encontrar as resistências básica e de curva para obtermos a resistência ao movimento. Determine a resistência básica com base na Equação 3.7:

$$F_{rt} = 0{,}3 + \frac{9{,}07}{m} + 0{,}0031 u + \frac{k u^2}{m n}$$

Número de eixos/vagão = 64/16 = 4

$$= 0{,}3 + \frac{9{,}07}{18{,}14} + 0{,}0031 \times 112{,}5 + \frac{0{,}0123 \times 112{,}5 \times 112{,}5}{18{,}14 \times 4}$$

$$= 0{,}3 + 0{,}5 + 0{,}35 + 2{,}15$$

$$= 33 \text{ N/tonelada}$$

Determine a resistência de curva utilizando 4 N/tonelada conforme recomendado no texto.

Para uma curva de 2°, resistência = 2 × 4 = 8 N/tonelada

Determine a resistência total/tonelada:

Resistência total = resistência básica + resistência de rampa + resistência de curva

$$= (3{,}3 + 0 + 8) \text{ N/tonelada}$$

$$= 41 \text{ N/tonelada}$$

Determine a potência com a Equação 3.10:

$$P = \frac{0,278Fu}{76,04}$$

em que
F = resistência total

= Resistência/tonelada × peso do trem em toneladas

= 4,1 × 16 × 4 × 18,14

= 47.599 N

$$P = \frac{0,278 \times 4.759,9 \times 112,5}{76,04}$$

= 1.957,7 hp (ou 1460,5 kW)

Exemplo 3.6

Determinando a potência necessária para um automóvel de passageiro superar a resistência ao movimento

Um automóvel de passageiros de 13.600 N está viajando a 88,5 km/h em um trecho em nível de uma estrada com uma curva horizontal de raio igual a 300 m. Se a área transversal do veículo for de 2,7 m², determine a potência em HP necessária para superar a resistência ao movimento que atua sobre o veículo.

Solução

Resistência total = resistência do ar + resistência de rolamento + resistência de rampa + resistência de curva

Determine a resistência do ar utilizando a Equação 3.2:

$$F_a = 0,5 \left(\frac{0,0772 p\, C_D A u^2}{g} \right)$$

$$= 0,5 \left(\frac{0,0772 \times 1,227 \times 0,4 \times 2,7 \times 88,5 \times 88,5}{9,81} \right)$$

= 408,4 N

Determine a resistência de rolamento com a Equação 3.5:

$$F_r = (C_{rs} + 0,0772 C_{rv} u^2) W$$

= (0,012 + 0,0772 × 6,99 × 10⁻⁶ × 88,5 × 88,5)13.600

= (0,012 + 0,00423)13.600

= 220,7 N

Determine a resistência de rampa. A rodovia é em nível; portanto, a resistência de rampa é igual a zero. Determine a resistência de curva utilizando a Equação 3.8:

$$F_c = 0.5 \frac{0.0772 u^2 W}{gR}$$

$$= 0.5 \frac{0.0772 \times 88.5 \times 88.5 \times 13.600}{9.81 \times 300}$$

$$= 1.397,1 \text{ N}$$

Determine a resistência total:

Resistência total = 408,4 N + 220,7 N + 1.397,1 N

$$= 2.026,2 \text{ N}$$

Utilizando a Equação 3.10, determine a potência em HP necessária para superar a resistência:

$$P = \frac{0,278 F u}{76,04}$$

$$P = \frac{0,278 \times 2.026,2 \times 88,5}{550}$$

$$= 65,56 \text{ hp (ou 48,91 kW)}$$

Distância de frenagem

A ação das forças sobre um veículo em movimento desempenha uma parte importante na determinação da distância necessária para o veículo parar com base em uma determinada velocidade. Outros fatores importantes incluem a taxa de desaceleração, o coeficiente de atrito entre os pneus e o pavimento da estrada, no caso de veículos automotores, ou entre as rodas e os trilhos, no caso dos trens.

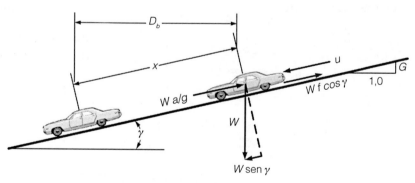

W = peso do veículo
f = coeficiente de atrito
g = aceleração da gravidade
a = desaceleração do veículo

u = velocidade quando os freios são acionados
D_b = distância de frenagem
γ = ângulo de inclinação

G = tan γ (% inclinação/100)
x = distância percorrida pelo veículo ao longo da rodovia durante a frenagem

Figura 3.7 – Forças que atuam sobre um veículo freando em uma descida.

Distância de frenagem para veículos automotores

Considere um veículo viajando em um trecho em declive com uma velocidade inicial u, em mph, como mostrado na Figura 3.7. Sejam

W = peso do veículo
f = coeficiente de atrito entre os pneus e o pavimento da rodovia
γ = ângulo entre a rampa e a horizontal
a = desaceleração do veículo quando os freios são acionados
D_b = componente horizontal de distância percorrida durante a frenagem (isto é, do momento em que o freio é acionado ao momento em que ele para)

Observe que a distância de frenagem D_b é a componente horizontal da distância ao longo da rampa. A razão disto é que as distâncias da rodovia são medidas no plano horizontal de acordo com os padrões de medição da topografia. Considere o seguinte:

Força de atrito sobre o veículo = $Wf \cos \gamma$

Força que age sobre o veículo por causa da aceleração = $W \dfrac{a}{g}$ (3.11)

em que
g = aceleração da gravidade
a = desaceleração que traz o veículo até uma posição estacionária.

Se u for a velocidade inicial, então $a = -\dfrac{u^2}{2x}$ (assumindo uma desaceleração uniforme), em que x = distância percorrida ao longo do plano da rampa durante a frenagem. O componente do peso do veículo = $W \operatorname{sen} \gamma$.

Substituindo em $\Sigma F = ma$, obtemos

$$W \operatorname{sen} \gamma - Wf \cos \gamma = W \dfrac{a}{g} \qquad (3.12)$$

Substituindo a na Equação 3.12, obtemos

$$W \operatorname{sen} \gamma - Wf \cos \gamma = W \dfrac{u^2}{2gx} \qquad (3.13)$$

No entanto, $D_b = x \cos \gamma$.
Substituindo x na Equação 3.13, obtemos

$$W \dfrac{u^2}{2gD_b} \cos \gamma = Wf \cos \gamma - Wf \operatorname{sen} \gamma$$

que resulta em

$$\dfrac{u^2}{2gD_b} = f - \tan \gamma \qquad (3.14)$$

e

$$D_b = \dfrac{u^2}{2g(f - \tan \gamma)} \qquad (3.15)$$

Observe, no entanto, que $\tan \gamma$ é a inclinação G da rampa (ou seja, o percentual de inclinação/100), conforme mostrado na Figura 3.7.

Portanto, a Equação 3.15 pode ser escrita como

$$D_b = \frac{u^2}{2g(f - G)}$$

Se assumirmos g como sendo 9,81 m/s² e u expressa em km/h, a Equação 3.15 se torna

$$D_b = \frac{u^2}{254,3(f - G)} \qquad (3.16)$$

e D_b é dado em metros. Além disso, o coeficiente de atrito f pode ser representado como a/g, em que a é a taxa de desaceleração em m/s². A AASHTO recomenda que uma taxa de desaceleração (a) de 3,41 m/s² seja utilizada, pois trata-se de uma taxa de desaceleração confortável para os motoristas. A Equação 3.16 então se torna

$$D_b = \frac{u^2}{254,3(0,35 - G)} \qquad (3.17)$$

Observe que a Equação 3.17 é utilizada quando o veículo estiver percorrendo um trecho em declive. Quando o veículo estiver percorrendo um trecho em aclive, a equação é

$$D_b = \frac{u^2}{254,3(0,35 + G)} \qquad (3.18)$$

Portanto, uma equação geral para a distância de frenagem pode ser escrita como

$$D_b = \frac{u^2}{254,3(0,35 \pm G)} \qquad (3.19)$$

O sinal de mais é para os veículos que percorrem aclives, e o de menos para os que percorrem declives, e G, o valor absoluto de $\tan \gamma$.

Do mesmo modo, a distância percorrida ao reduzir a velocidade de um veículo automotor de u_1 para u_2 em km/h é dada como

$$D_b = \frac{u_1^2 - u_2^2}{254,3(0,35 \pm G)} \qquad (3.20)$$

Deve-se observar também que a distância percorrida entre o momento em que o motorista percebe um objeto no caminho do veículo e o tempo em que este para é maior que a distância de frenagem calculada pela Equação 3.19. A distância adicional considera a distância percorrida durante o tempo de percepção e reação. A distância total percorrida durante uma manobra de frenagem é denominada *distância de parada*, e é dada como

$$S(in\ m) = 0{,}28ut + \frac{u^2}{254,3(0,35 \pm G)} \qquad (3.21)$$

O primeiro termo da Equação 3.21 calcula a distância percorrida durante o tempo de percepção e reação t (s), e u é a velocidade em km/h em que o veículo estava viajando quando os freios foram acionados.

Exemplo 3.7

Determinando a distância de parada para diversas condições de declividade
Se a velocidade de projeto de uma rodovia de duas pistas for de 90 km/h, determine a distância de parada de um veículo que está viajando na rodovia no limite de velocidade para os seguintes trechos da estrada:

(i) Um trecho em nível;
(ii) Um trecho em aclive de 5%;
(iii) Um trecho em declive de 5%.

Solução
Use a Equação 3.21 para determinar a distância mínima de visibilidade de parada:

$$S = 0,28ut + \frac{u^2}{254,3(0,35 + G)}$$

Determine a distância de parada para o trecho em nível:

$G = 0$

$$S = 0,28 \times 90 \times 2,5 + \frac{90^2}{254,3(0,35 + 0)}$$

$= 63 + 91$

$= 154 \text{ m}$

Determine a distância de parada para o trecho em aclive de 5%:

$G = 0,05$

$$S = 0,28 \times 90 \times 2,5 + \frac{90^2}{254,3(0,35 + 0,05)}$$

$= 63 + 79,63$

$= 142,63 \text{ m}$

Determine a distância de parada para o trecho em declive de 5%:

$$S = 0,28 \times 90 \times 2,5 + \frac{90^2}{254,3(0,35 + 0,05)}$$

$= 63 + 106,17$

$= 169,17 \text{ m}$

Distância de frenagem para trens

Esta distância é semelhante à dos veículos automotores, uma vez que corresponde à distância percorrida pelo trem até a parada após o acionamento dos freios. É, no entanto, diferente no sentido de que a distância de frenagem de um determinado trem pode ser significativamente diferente da de outro. A distância de frenagem do trem é de grande importância no projeto do sistema de sinalização de ferrovia, e pode ser calculada pelas equações empíricas ou por meio da realização de testes dinâmicos com um tipo específico de trem na ferrovia de interesse.

Várias fórmulas empíricas foram desenvolvidas na Europa para a distância de frenagem de trens. Elas dependem do tipo de trem e, portanto, do tipo de sistema de frenagem utilizado. Dois tipos de freios são normalmente utilizados em veículos ferroviários: *de sapatas* ou *a disco*. Os *freios de sapatas* funcionam por meio da pressão aplicada sobre sapatas metálicas, resultando em uma força de atrito aplicada às rodas. Essas sapatas são disponibilizadas em ambas as rodas do eixo. Os *freios a disco* funcionam por meio da ação da fricção sobre discos de aço ou de ferro fundido fixados ao eixo. Segue uma breve descrição dos métodos utilizados para conduzir a força de frenagem:

- *Freio a ar*: a pressão do ar nos condutos especiais é alterada por meio da operação de uma válvula na cabine do condutor. A desvantagem deste sistema é que a força de frenagem não é aplicada simultaneamente a todos os vagões do trem.
- *Eletropneumático*: neste sistema, um sinal elétrico é transmitido sobre a linha ao longo do trem e modifica a pressão de ar simultaneamente em todas as rodas por meio de válvulas de ar acionadas eletricamente em cada freio.
- *Freio eletromagnético*: neste sistema, a força de frenagem é aplicada diretamente aos trilhos por sapatas eletromagnéticas especiais que conduzem uma corrente elétrica durante a frenagem. Este sistema pode operar de forma independente ou em combinação com outros.
- *Freio eletrodinâmico*: a desaceleração é obtida pela conversão dos motores de tração elétrica em geradores elétricos, eliminando, assim, o problema de desgaste da sapata de freio.

Estão disponíveis *softwares* que podem ser utilizados para determinar a distância de frenagem dos trens. Por exemplo, o módulo de distância de frenagem do *software RailSim V7*, desenvolvido pela *Systra Consulting Inc.*, pode ser utilizado para determinar a distância de frenagem de um dado trem para fins de projeto de sinalização. Entre outros recursos incorporados ao *software* estão incluídos composições de trem especificadas pelo usuário, tais como vários comprimentos de trem, configurações e parâmetros definidos pelo usuário, e a distância da roda traseira até o engate, com capacidade de processar múltiplas velocidades para um único local. Os resultados indicaram que a distância de frenagem de um trem pode variar de cerca de 79 m para uma velocidade inicial de 19 km/h até 2.900 m para uma velocidade inicial de 160 km/h.

As ferrovias alemãs desenvolveram duas equações empíricas, uma para trens de passageiros e outra para trens de carga. Elas são denominadas fórmulas *Minden*, apresentadas a seguir:

Para trens de passageiros:

$$L(m) = \frac{3,8u^2}{6,1\psi(1 + \lambda/10) + i} \tag{3.22}$$

Para trens de carga:

$$L(m) = \frac{3,85u^2}{[5,1\psi \sqrt{(\lambda - 5)} + i]} \tag{3.23}$$

em que
$L(m)$ = distância de frenagem (m)
u = velocidade do trem (km/h)
λ = percentuais de frenagem (ou seja, a relação da força de frenagem necessária para frear uma tonelada do peso total do veículo)
ψ = uma constante que depende das características do tipo de freio. Os valores variam de 0,5 a 1,25

Distância de parada dos trens de passageiros
As ferrovias belgas também desenvolveram a fórmula empírica dada na Equação 3.24:

$$L(m) = \frac{4{,}24u^2}{[\lambda(\frac{57{,}5u}{u-20})] + 0{,}05u - i} \tag{3.24}$$

em que $L(m)$, λ e u possuem as mesmas definições das equações 3.22 e 3.23.

Características das vias

As características básicas das vias de qualquer modalidade de transporte dependem do veículo e das características humanas associadas àquela modalidade. Por exemplo, a distância mínima de visibilidade que pode ser estabelecida em uma rodovia depende do tempo de percepção e reação do motorista e das forças que atuam sobre o veículo em frenagem. Da mesma forma, as ferrovias são projetadas para inclinações relativamente menores do que as das rodovias, pois o peso de um trem é muito maior do que o de um automóvel, resultando em um grau de resistência muito maior. Convém, no entanto, notar que as características importantes das vias de percurso diferem de modalidade para modalidade e, portanto, são discutidas separadamente para rodovia, ferrovia e pistas de pouso/decolagem e de taxiamento de aeroportos.

Características das rodovias
As características das rodovias que proporcionam segurança nas paradas e ultrapassagens e as curvaturas de estradas são apresentadas aqui, pois têm uma relação mais direta com o que foi discutido anteriormente. Este material será referência no Capítulo 6, que discutirá o projeto geométrico das vias.

Distância de visibilidade
É o comprimento da via que o motorista pode ver à frente a qualquer momento. Existem dois tipos de distância de visibilidade: de parada e de ultrapassagem.

Distância de visibilidade de parada (DVP)
É a distância mínima de visibilidade que a rodovia deve proporcionar, de modo que, quando um motorista viaja à velocidade de projeto da estrada e percebe uma obstrução na estrada, ele será capaz de parar o veículo sem colidir com a obstrução. Corresponde à soma da distância percorrida durante o tempo de percepção e reação e a distância percorrida durante a frenagem. É, portanto, o mesmo que a distância de parada dada na Equação 3.21. A DVP para o veículo viajando a u km/h, portanto, é dada como

$$DVP = 0{,}28ut \frac{u^2}{254{,}3(0{,}35 \pm G)} \tag{3.25}$$

em que
$\quad DVP$ = distância de visibilidade de parada
$\quad\quad u$ = velocidade de projeto da estrada, km/h
$\quad\quad G$ = rampa da via (ou seja, porcentagem de inclinação/100)

A distância de visibilidade em qualquer ponto da rodovia deve ser pelo menos igual à DVP. A Tabela 3.5(a) apresenta valores de DVP para diferentes velocidades de projeto em nível ($G = 0$). Os valores para aclives são mais curtos e para declives são mais longos, como mostra a Tabela 3.5(b).

Tabela 3.5 – Distâncias de parada para diferentes velocidades-padrão.

Velocidade de projeto (mph)	Distância percorrida durante o tempo de percepção (pés)	Distância de frenagem em nível (pés)	Distância de visibilidade de parada Calculada (pés)	De projeto (pés)
15	55,1	21,6	76,7	80
20	73,5	38,4	111,9	115
25	91,9	60,0	151,9	155
30	110,3	86,4	196,7	200
35	128,6	117,6	246,2	250
40	147,0	153,6	300,6	305
45	165,4	194,4	359,8	360
50	183,8	240,0	423,8	425
55	202,1	290,3	492,4	495
60	220,5	345,5	566,0	570
65	238,9	405,5	644,4	645
70	257,3	470,3	727,6	730
75	275,6	539,9	815,5	820
80	294,0	614,3	908,3	910

(a) Inclinações de zero por cento

Velocidade de projeto (mph)	Declives 3%	Declives 6%	Declives 9%	Aclives 3%	Aclives 6%	Aclives 9%
15	80	82	85	75	74	73
20	116	120	126	109	107	104
25	158	165	173	147	143	140
30	205	215	227	200	184	179
35	257	271	287	237	229	222
40	315	333	354	289	278	269
45	378	400	427	344	331	320
50	446	474	507	405	388	375
55	520	553	593	469	450	433
60	598	638	686	538	515	495
65	682	728	785	612	584	561
70	771	825	891	690	658	631
75	866	927	1003	772	736	704
80	965	1035	1121	859	817	782

(b) Inclinações de diferentes porcentagens
Observação: 1 mph = 1,61 km/h; 1 pé = 0,3 m

Fonte: Adaptado de *A Policy on Geometric Design of Highways and Streets*, American Association of State Highway and Transportation Officials, Washington, D.C., 2004. Usado com permissão.

Distância de visibilidade de tomada de decisão (DVTD)
As distâncias de visibilidade de parada obtidas com a Equação 3.25 são geralmente apropriadas para as condições normais quando o motorista espera o estímulo. Essas distâncias, no entanto, podem não ser apropriadas para situações em que o estímulo é inesperado ou quando os motoristas devem fazer manobras incomuns. Neste caso, uma distância de visibilidade maior é necessária, e isto é normalmente denominado *distância de visibilidade de tomada de decisão*. Esta distância de visibilidade maior proporcionará ao motorista a opção de fazer manobras evasivas que, em alguns casos, pode ser uma opção melhor do que parar. Nestes casos, os tempos de percepção e reação são mais longos, resultando em distâncias de visibilidade maiores. Exemplos de locais onde as *distâncias de visibilidade de tomada de decisão* são preferíveis incluem trevos e interseções que exigem manobras incomuns ou inesperadas, trechos de estrada onde há uma mudança na seção transversal da via, tais como praças de pedágio e faixas de desaceleração, e trechos onde estão localizadas várias fontes de informações que concorrem pela atenção do motorista. Dados empíricos têm sido utilizados pela AASHTO para determinar as distâncias de visibilidade de tomada de decisão para diversas manobras evasivas e velocidades-padrão, conforme mostrado na Tabela 3.6.

Tabela 3.6 – Distância de visibilidade de tomada de decisão para diferentes velocidades de projeto.

Velocidade de projeto (mph)	Distância de visibilidade de tomada de decisão (pés) Manobra evasiva				
	A	B	C	D	E
30	220	490	450	535	620
35	275	590	525	625	720
40	330	690	600	715	825
45	395	800	675	800	930
50	465	910	750	890	1030
55	535	1030	865	980	1135
60	610	1150	990	1125	1280
65	695	1275	1050	1220	1365
70	780	1410	1105	1275	1445
75	875	1545	1180	1365	1545
80	970	1685	1260	1455	1650

Fonte: *A Policy on Geometric Design of Highways and Streets*, American Association of State Highway and Transportation Officials, Washington, D.C., 2004.
Observação: 1 mph = 1,61 km/h; 1 pé = 0,3 m
Manobra evasiva A: Parar em estrada rural – t = 3,0 s
Manobra evasiva B: Parar em estrada urbana – t = 9,1 s
Manobra evasiva C: Mudança de velocidade/trajetória/direção em estrada rural – t varia entre 10,2 e 11,2 s
Manobra evasiva D: Mudança de velocidade/trajetória/direção em estrada suburbana – t varia entre 12,1 e 12,9 s
Manobra evasiva E: Mudança de velocidade/trajetória/direção em estrada urbana – t varia entre 14,0 e 14,5 s

Distância de visibilidade de ultrapassagem (DVU)
Esta é a distância de visibilidade mínima exigida em uma rodovia de pista simples de duas faixas (uma faixa em cada sentido) que permitirá que o motorista complete uma manobra de ultrapassagem sem colidir com um veículo em direção oposta nem fechar o que está sendo ultrapassado. O motorista também deve ser capaz de abortar a manobra de ultrapassagem (ou seja, retornar para a pista da direita atrás do veículo que iria ultrapassar) dentro dessa distância se assim desejar.

Somente ultrapassagens únicas (ou seja, um único veículo que ultrapassa um único veículo) são consideradas no desenvolvimento da expressão para a distância de ultrapassagem. Embora seja possível a realização de múltiplas manobras (ou seja, mais do que um veículo ultrapassa ou é ultrapassado em uma manobra), elas não são práticas para os critérios mínimos a serem considerados.

As hipóteses feitas na determinação da distância de visibilidade de ultrapassagem são as seguintes:

1. O veículo que está sendo ultrapassado (impedidor) está viajando a uma velocidade uniforme.
2. A velocidade do veículo que ultrapassa foi reduzida e ele segue a do veículo que está impedindo a passagem no começo da zona de ultrapassagem.
3. No começo do trecho de ultrapassagem, o motorista do veículo que ultrapassa rapidamente observa o trecho disponível para a ultrapassagem e decide iniciar sua ação.
4. Se a decisão de ultrapassagem for tomada, o veículo que ultrapassa acelera durante a manobra de ultrapassagem e atinge uma velocidade média de aproximadamente 10 mph maior que a do veículo impedidor.
5. Há espaço suficiente entre o veículo que ultrapassa e qualquer veículo em direção oposta quando o que ultrapassa volta à faixa da direita.

Um procedimento para determinar a distância mínima de visibilidade de ultrapassagem para rodovias de pista simples foi desenvolvido pela AASHTO com essas hipóteses, envolvendo a determinação de quatro distâncias, mostradas na Figura 3.8, que somadas resultam na distância de visibilidade de ultrapassagem. São elas:

d_1 = distância percorrida durante o tempo de percepção e reação e durante a aceleração inicial até o ponto onde o veículo que ultrapassa apenas entra na faixa da esquerda;

d_2 = distância percorrida durante o tempo em que o veículo que ultrapassa está viajando na faixa da esquerda;

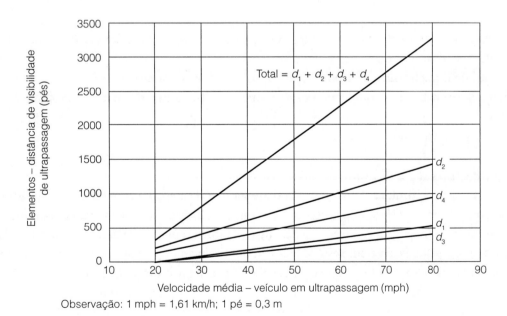

Figura 3.8 – Elementos e distância total de visibilidade de ultrapassagem em rodovias de pista simples.

Fonte: *A Policy on Geometric Design of Highways and Streets*, American Association of State Highway and Transportation Officials, Washington, D.C., 2004. Usado com permissão.

d_3 = distância entre o veículo que ultrapassa e o veículo oposto no final da manobra de ultrapassagem;

d_4 = distância percorrida pelo veículo oposto durante dois terços do tempo em que o veículo que ultrapassa está na faixa da esquerda (geralmente considerado como $\frac{2}{3}d_2$).

A distância d_1 é obtida com a expressão:

$$d_1 = 0{,}28t_1\left(u - m + \frac{at_1}{2}\right) \tag{3.26}$$

em que
 d_1 = distância em m
 t_1 = tempo de manobra inicial em s
 a = taxa média de aceleração (km/h)/s
 u = velocidade média do veículo que ultrapassa (km/h)
 m = diferença de velocidades dos veículos que ultrapassam e que impedem em km/h

A distância d_2 é obtida de

$$d_2 = 0{,}28ut_2$$

em que
 d_2 = distância em m
 t_2 = tempo em que o veículo que ultrapassa está viajando na faixa da esquerda (s); estudos têm demonstrado que esse tempo varia entre 9,3 e 10,4 s
 u = velocidade média do veículo que ultrapassa (km/h)

A distância de folga ao completar a manobra entre o veículo que ultrapassa e o veículo oposto varia entre 33,5 e 91,5 m.

Os valores para esses diferentes componentes calculados para velocidades diferentes estão apresentados na Tabela 3.7. Deve-se observar que esses valores são apenas para fins de projeto, e não são utilizados para a marcação de zonas de ultrapassagem e não ultrapassagem de rodovias de pista simples. Diversas hipóteses são utilizadas para a determinação dos comprimentos das zonas de ultrapassagem e não ultrapassagem de rodovias de pista simples, e estes são muito mais curtos. A Tabela 3.8 apresenta valores sugeridos de comprimentos de zonas de ultrapassagem para rodovias de pista simples.

Raio mínimo de uma curva circular de uma rodovia

O raio mínimo de curva horizontal em uma rodovia pode ser determinado considerando o equilíbrio das forças dinâmicas que atuam sobre o veículo que percorre a curva. As principais forças que atuam em um veículo que percorre uma curva são a força radial externa (centrífuga) e a força radial interna, que é causada pelo efeito do atrito entre os pneus e a pista. Se o veículo está viajando a uma velocidade elevada, essa força de atrito pode não ser suficiente para contrabalançar a força radial externa, o que torna necessário que a estrada seja inclinada em direção ao centro da curva. Isso proporciona uma força adicional ao componente de peso do veículo para baixo da inclinação (veja a Figura 3.9). O ângulo de inclinação da via em direção ao centro da curva é conhecido como *superelevação*.

Tabela 3.7 – Componentes da distância segura de visibilidade de ultrapassagem em rodovias de pista simples.

Componente	\multicolumn{4}{c}{Faixa de velocidade em mph (velocidade média de ultrapassagem em mph)}
	30-40 (34,9)	40-50 (43,8)	50-60 (52,6)	60-70 (62,0)
Manobra inicial:				
a = aceleração média (mph/s)[a]	1,40	1,43	1,47	1,50
t_1 = tempo (s)[a]	3,6	4,0	4,3	4,5
d_1 = distância percorrida (pés)	145	215	290	370
Ocupação da faixa da esquerda:				
t_2 = tempo (s)[a]	9,3	10,0	10,7	11,3
d_2 = distância percorrida (pés)	475	640	825	1.030
Comprimento da folga:				
d_3 = distância percorrida (pés)[a]	100	180	250	300
Veículo oposto:				
d_4 = distância percorrida (pés)	315	425	550	680
Distância total, $d_1 + d_2 + d_3 + d_4$ (pés)	1.035	1.460	1.915	2.380

[a] Para uma relação de velocidade consistente, os valores observados foram ajustados ligeiramente.

Observação: 1 mph = 1,61 km/h; 1 pé = 0,3 m

Fonte: Adaptado de *A Policy on Geometric Design of Highways and Streets*, American Association of State Highway and Transportation Officials, Washington, D.C., 2004. Usado com permissão.

Tabela 3.8 – Exigências mínimas sugeridas de zona de ultrapassagem e de distância de visibilidade de ultrapassagem para rodovias de pista simples em áreas montanhosas.

Velocidade de 85° percentil (mph)	Distância de visibilidade disponível (pés)	Zona de ultrapassagem mínima Sugerida (pés)	MUTCD* (pés)	Distância mínima de visibilidade de ultrapassagem Sugerida (pés)	MUTCD* (pés)
30	600-800	490	400	630	500
	800-1.000	530		690	
	1.000-1.200	580		750	
	1.200-1.400	620		810	
35	600-800	520	400	700	550
	800-1.000	560		760	
	1.000-1.200	610		820	
	1.200-1.400	650		880	
40	600-800	540	400	770	600
	800-1.000	590		830	
	1.000-1.200	630		890	
	1.200-1.400	680		950	
45	600-800	570	400	840	700
	800-1.000	610		900	
	1.000-1.200	660		960	
	1.200-1.400	700		1.020	
50	600-800	590	400	910	800
	800-1.000	630		970	
	1.000-1.200	680		1.030	
	1.200-1.400	730		1.090	

* *Manual on Uniform Traffic Control Devices*, publicado pela FHWA.

Observação: 1 mph = 1,61 km/h; 1 pé = 0,3 m

Fonte: Adaptado de N.J. Garber e M. Saito, *Centerline Pavement Markings on Two-Lane Mountainous Highways*, Relatório de pesquisa nº VHTRC 84-R8, Virginia Highway and Transportation Research Council, Charlottesville, VA, março de 1983.

Engenharia de infraestrutura de transportes

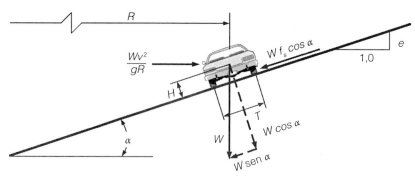

W = peso do veículo
f$_s$ = coeficiente de atrito lateral
g = aceleração da gravidade

u = velocidade quando os freios são acionados
R = raio da curva
α = ângulo de inclinação

e = tan α (taxa de superelevação)
T = largura da via
H = altura do centro de gravidade

Figura 3.9 – Forças que atuam sobre um veículo que percorre um trecho de curva horizontal.

Sejam o raio mínimo de curva *R* m e a inclinação da via α. O componente de peso para baixo da inclinação é *W* sen α, e a força de atrito para baixo da inclinação é *Wf*$_s$ cos α. A força centrífuga é dada como

$$F_c = \frac{Wa_c}{g} \qquad (3.27)$$

em que

a_c = aceleração do movimento curvilíneo = u^2/R (*R* = raio de curva)
W = peso do veículo N
g = aceleração da gravidade

Quando o veículo está em equilíbrio em relação à inclinação (ou seja, o veículo move-se para a frente, não para cima nem para baixo do plano inclinado), as três forças mais importantes podem ser equacionadas para obter

$$\frac{Wu^2}{gR} \cos \alpha = W \operatorname{sen} \alpha + Wf_s \cos \alpha$$

em que

f_s = coeficiente de atrito lateral
$u^2/g = R(\tan \alpha + f_s)$

que resulta

$$R = \frac{u^2}{g(\tan \alpha + f_s)} \qquad (3.28)$$

Tan α é a tangente do ângulo de inclinação da via, conhecida como taxa de *superelevação*.
Portanto, a Equação 3.28 pode ser escrita como

$$R = \frac{u^2}{g(e + f_s)} \qquad (3.29)$$

Se g é considerado como 9,81 m/s², u é medida em km/h e e é dada em porcentagem, o raio mínimo R (em m) é dado como

$$R = \frac{u^2}{127(0,01e + f_s)} \qquad (3.30)$$

Pode ser visto, com base na Equação 3.30, que para reduzir R para uma determinada velocidade, e, f_s ou ambos devem ser aumentados. No entanto, existem valores máximos especificados que podem ser utilizados para e ou f_s. Por exemplo, o valor máximo para a superelevação (e) depende das condições climáticas (como a ocorrência de neve), da distribuição de veículos lentos no fluxo de tráfego e se a rodovia está localizada em uma área urbana. Para rodovias localizadas em áreas rurais sem neve ou gelo, um valor máximo para a superelevação é de 10%. Já para as situadas em áreas com neve ou gelo, são utilizados valores máximos que variam de 8% a 10%. Para vias expressas em áreas urbanas, uma taxa de superelevação máxima de 8% é utilizada. As vias urbanas locais geralmente não são superelevadas, pois as velocidades são relativamente baixas.

O coeficiente de atrito lateral f_s varia com a velocidade de projeto. Em geral, os fatores de atrito lateral são menores nas vias projetadas para altas velocidades do que nas vias-padrão de baixa velocidade. A Tabela 3.9 apresenta os valores máximos para f_s recomendados pela AASHTO para diversas velocidades de projeto.

Tabela 3.9 – Coeficientes máximos de atrito lateral para diversas velocidades de projeto.

Velocidade-padrão (mph)	Coeficientes de atrito lateral, f_s
30	0,20
40	0,16
50	0,14
60	0,12
70	0,10
80	0,08

Observação: 1 mph = 1,61 km/h

Fonte: Adaptado de *A Policy on Geometric Design of Highways and Streets*, American Association of State Highway and Transportation Officials, Washington, D.C., 2004. Usado com permissão.

Exemplo 3.8

Determinando o raio de uma curva horizontal

Uma curva horizontal deve ser projetada para um trecho de uma via expressa com velocidade de projeto de 95 km/h. Determine:

(i) o raio de curva se a superelevação for de 6,5%;
(ii) o raio mínimo se a via expressa estiver localizada em uma área urbana e a taxa de superelevação máxima puder ser utilizada.

Solução
Utilize a Equação 3.30 para determinar o raio de curva para $e = 0,01 \times 6,5$:

$$R = \frac{u^2}{127(0,01e + f_s)}$$

Para uma velocidade de projeto de 95 km/h, $f_s = 0,12$ (consulte a Tabela 3.9):

$$R = \frac{95^2}{127(0,065 + 0,12)}$$

$$= 384 \text{ m}$$

Utilize a Equação 3.30 para determinar o raio mínimo, que será obtido com o uso da superelevação máxima permitida.

Para vias expressas urbanas, o *e* máximo = 8%.

$$R = \frac{95^2}{127(0,01 \times 8 \times 0,12)}$$

$$R = 355 \text{ m}$$

Características das ferrovias

As características das ferrovias que podem ser comparáveis àquelas discutidas para a modalidade rodoviária são a distância de parada e os requisitos de superelevação em curvas horizontais. Este material também será referência no Capítulo 6. Em geral, as vias férreas não são projetadas para fornecer uma *distância de visibilidade mínima* que permitirá que um trem em alta velocidade pare se o condutor observar um objeto na via. A razão disso é que as distâncias de frenagem dos trens podem ser muito altas em comparação com as dos veículos automotores, e não é possível prever as distâncias de visibilidade em curvas que permitam parar o trem antes de colidir com um objeto percebido na via. Curvas horizontais e verticais acentuadas, portanto, são evitadas no projeto ferroviário, conforme será mostrado no Capítulo 6, na discussão sobre o projeto da via. No entanto, nas interseções em nível entre ferrovia e rodovia com dispositivos de alerta que permitem que o motorista de um veículo que se aproxima determine a existência de um perigo iminente pela aproximação de um trem (controle passivo), a decisão de parar ou prosseguir a travessia é de responsabilidade total do motorista do veículo. Deve-se, portanto, providenciar uma distância de visibilidade suficiente para os motoristas dos veículos atravessarem de forma segura a interseção em nível quando virem a aproximação do trem.

Requisitos das distâncias de visibilidade em interseções de ferrovias de controle passivo

Quando os motoristas de veículos automotores se aproximam de uma interseção de ferrovia de controle passivo, têm duas opções:

- Parar na linha de parada ao ver a aproximação do trem.
- Ao ver o trem, continuar a atravessar os trilhos de forma segura antes que ele chegue.

A Figura 3.10 ilustra as distâncias mínimas de visibilidade necessárias para as duas opções disponíveis ao motorista do veículo automotor. A distância mínima (distância de parada) necessária para o motorista parar na linha de parada é dada pela Equação 3.21 como

$$S = 0,28ut + \frac{u^2}{254,3(0,35 + G)}$$

Portanto, a distância mínima (d_H) que os olhos do motorista devem estar da via é a soma da distância de parada, da distância entre a linha de parada e os trilhos e da distância entre os olhos do motorista e a frente do veículo. Isto é dado como

Características dos usuários, dos veículos e da via • **Capítulo 3**

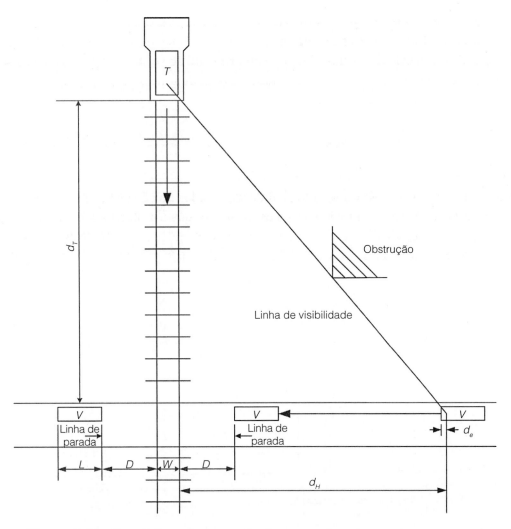

Figura 3.10 – Condições para um veículo em movimento parar ou prosseguir em uma interseção entre ferrovia e rodovia de forma segura.

Fonte: *A Policy on Geometric Design of Highways and Streets*, American Association of State Highway and Transportation Officials, Washington, D.C., 2004. Usado com permissão.

$$d_H = 0{,}28 u_v t + \frac{u_v^2}{254{,}3(0{,}35 + G)} + D + d_e \qquad (3.31)$$

Se partirmos da hipótese de que a estrada que chega à interseção com a via férrea tem rampa igual a zero, d_H é obtido como

$$d_H = 0{,}28 u_v t + \frac{u_v^2}{89} + D + d_e \qquad (3.32)$$

em que
 u_v = velocidade do veículo (km/h)
 t = tempo de percepção e reação do motorista
 D = distância da linha de parada ou entre a frente do veículo e o trilho mais próximo, que deve ser de 4,5 m
 d_e = distância entre o motorista e a frente do veículo, que deve ser de 2,4 m.

Se o motorista continuar a atravessar a estrada de ferro, pode ser visto na Figura 3.10 que a distância total percorrida para desobstruir a via férrea é a soma de d_H, da largura da ferrovia (W), da distância entre os trilhos e a linha de parada do outro lado dos trilhos (D) e do comprimento do veículo (L). O trecho da distância de visibilidade (d_T) sobre a via férrea é a distância percorrida pelo trem durante o tempo em que o veículo automotor estiver percorrendo essa distância total, e é dado como

$$d_T = \frac{u_T}{u_v}\left(0{,}28u_v t + \frac{u_v^2}{89} + 2D + L + W\right) \tag{3.33}$$

Da mesma forma, se o veículo estiver parado na linha de parada, uma distância de visibilidade ao longo do comprimento da via férrea deverá ser providenciada para permitir que o motorista acelere e atravesse os trilhos de forma segura antes da chegada de um trem que aparece justamente quando o motorista inicia sua manobra, conforme mostrado na Figura 3.11. Pode ser mostrado que a distância de visibilidade ao longo da via férrea é dada por

$$d_T = 0{,}28u_T\left[\frac{u_g}{a_1} + \frac{L + 2D + W - d_a}{u_g} + J\right] \tag{3.34}$$

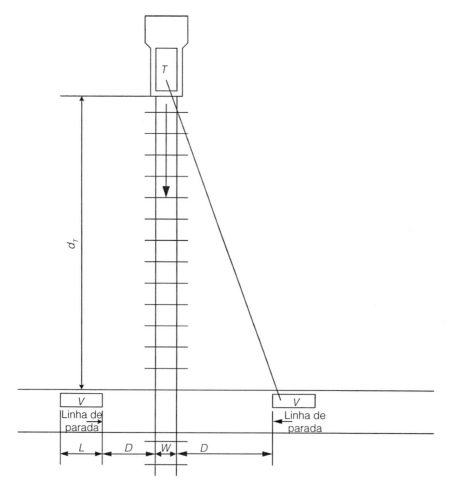

Figura 3.11 – Condições para um veículo parado partir e atravessar com segurança uma via férrea simples.
Fonte: *A Policy on Geometric Design of Highways and Streets,* American Association of State Highway and Transportation Officials, Washington, D.C., 2004. Usado com permissão.

em que

d_T = trecho da distância de visibilidade ao longo das vias férreas para permitir que o veículo atravesse os trilhos de uma condição parada

u_T = velocidade do trem, km/h

u_g = velocidade máxima do veículo em primeira marcha, estimada em 2,68 m/s

a_1 = aceleração do veículo em primeira marcha, estimada em 0,45 m/s²

L = comprimento do veículo, estimado em 19,8 m

D = distância do sinal de parada ao trilho mais próximo, estimada em 4,5 m

J = soma do tempo de percepção e do tempo de acionamento da marcha manual ou automática, estimada em 2 s

W = distância entre os trilhos externos para uma via simples; este valor é de 1,52 m

d_a = distância percorrida pelo veículo ao acelerar até a velocidade máxima na primeira marcha

$$d_a = \frac{u^2_g}{2a_1} = \frac{2,68^2}{2(0,45)} = 7,98 \text{ m}$$

A Tabela 3.10 apresenta distâncias aconselhadas para diversas velocidades de aproximação de um trem e um caminhão de 20 m de comprimento que permitirão que o caminhão prossiga a travessia do cruzamento de nível com segurança. Além disso, o programa *Intelligent Grade Crossings* (*Cruzamentos em nível inteligentes*), da Federal Railroad Administration, fornece informações continuadas sobre as localizações e velocidades dos trens. Essas informações são integradas ao sistema de gestão de tráfego rodoviário com o objetivo de avisar antecipadamente os motoristas sobre a aproximação de trens nas interseções em nível. O sistema também avisa o engenheiro da ferrovia sobre obstáculos ou veículos presos nas interseções.

Tabela 3.10 – Distância de visibilidade de projeto necessária para a combinação de velocidades de veículos rodoviários e ferroviários. Caminhão de 20 m (65 pés) atravessando uma via férrea simples a 90 graus.

Velocidade do trem (mph)	Caso B — Partida desde a parada — 0	Caso A – Veículo em movimento — Velocidade (mph)								
		10	20	30	40	50	60	70	80
		Distância ao longo da ferrovia a partir do cruzamento, d_T (pés)							
10	240	146	106	99	100	105	111	118	126
20	480	293	212	198	200	209	222	236	252
30	721	439	318	297	300	314	333	355	378
40	961	585	424	396	401	419	444	473	504
50	1201	732	530	494	501	524	555	591	630
60	1441	878	636	593	601	628	666	709	756
70	1681	1024	742	692	701	733	777	828	882
80	1921	1171	848	791	801	838	888	946	1008
90	2162	1317	954	890	901	943	999	1064	1134
		Distância ao longo da rodovia a partir do cruzamento, d_H (pés)							
		69	135	220	324	447	589	751	931

Observação: 1 mph = 1,61 km/h; 1 pé = 0,3 m
Fonte: *A Policy on Geometric Design of Highways and Streets*, American Association of State Highway and Transportation Officials, Washington, D.C., 2004. Usado com permissão.

Engenharia de infraestrutura de transportes

Exemplo 3.9

Determinando a velocidade máxima segura em uma interseção rodoferroviária rural

Uma via de pista simples atravessa uma via férrea também simples a 90 graus. Determine:

(i) a velocidade máxima que você recomendará para ser colocada na placa da estrada de modo que os veículos atravessem de forma segura a via férrea quando uma aproximação de trem é observada por um motorista;

(ii) a distância máxima na estrada a partir da via férrea em que o motorista deve inicialmente avistar o trem.

Às seguintes condições se aplicam:

(i) a velocidade dos trens que atravessam a rodovia = 130 km/h;
(ii) o veículo de projeto é um automóvel;
(iii) a distância de visibilidade nas vias férreas no momento em que o motorista do veículo na estrada observa um trem = 245 m.

Solução

Determine a velocidade do automóvel para a condição segura (utilize a Equação 3.33):

$$d_T = \frac{u_T}{u_v}\left(0{,}28u_v t + \frac{u_v^2}{89} + 2D + L + W\right)$$

Neste caso
  d_T = 245 m
  D = 4,5 m
  L = 5,7 m (consulte a Tabela 3.1)
  W = 1,5 m (para uma via férrea simples)
  t = 2,5 s

$$245 = \frac{130}{u_v}\left[\left(0{,}28u_v(2{,}5) + \frac{u_v^2}{89} + 2 \times 4{,}5 + 5{,}7 + 1{,}5\right)\right]$$

$$\frac{u_v^2}{89} - 1{,}185u_v + 16{,}2 = 0$$

que resulta em

$$u_v^2 - 105{,}465u_v + 1.441{,}8.$$

Resolvendo a equação do segundo grau, temos

$$u_v = \frac{105{,}465 \pm \sqrt{105{,}465^2 - 4 \times 1.441{,}8}}{2}$$

$$u_v = \frac{105{,}465 \pm \sqrt{11.122{,}87 - 5.767{,}2}}{2}$$

$$= 89{,}32 \text{ km/h ou } 16{,}14 \text{ km/h}$$

Observe que dois valores são obtidos para u_v tendo em vista que assim o foram de uma equação do segundo grau. O valor razoável para este caso é 89,32 km/h, e um limite de velocidade de 90 km/h pode ser aplicado.

Determine a distância máxima a partir da via férrea em que o motorista deveria inicialmente ver o trem (use a Equação 3.32):

$$d_H = 0,28u_v t + \frac{u_v^2}{89} + D + d_e$$

$$d_H = 0,28 \times 90 \times 25 + \frac{90^2}{89} + 4,5 + 2,4$$

$$= (63 + 91,01 + 4,5 + 2,4) \text{ pés}$$

$$= 160,91 \text{ m}$$

Características da via férrea em curvas horizontais

Quando o trem está se deslocando ao longo de uma curva horizontal, está sujeito a uma força centrífuga que atua radialmente para fora, de forma semelhante ao que foi discutido para as rodovias. Assim sendo, é necessário aumentar a elevação do trilho externo da via férrea em um valor E_q, que é a *superelevação* que proporciona uma força de equilíbrio semelhante à que ocorre nas rodovias. Para qualquer elevação de equilíbrio, há uma *velocidade de equilíbrio*. Esta é a velocidade na qual o peso resultante e a força centrífuga são perpendiculares ao plano da via férrea. Quando isso ocorre, os componentes da força centrífuga e do peso no plano da via férrea são equilibrados. Se todos os trens se deslocassem ao longo da curva na velocidade de equilíbrio, obteríamos tanto uma rolagem suave e como um desgaste mínimo das vias férreas. Este nem sempre é o caso, pois alguns trens poderão viajar a velocidades superiores à de equilíbrio, enquanto outros a velocidades inferiores.

Os trens que viajam a uma velocidade superior causarão mais desgaste que o normal nos trilhos externos, enquanto aqueles que viajam a velocidades inferiores causarão mais desgaste que o normal nos trilhos internos. Além disso, quando o trem está viajando mais rápido que a velocidade de equilíbrio, a força centrífuga não está totalmente equilibrada pela superelevação, o que resulta na inclinação do vagão para fora da curva. Consequentemente, em condições normais, a inclinação do vagão em relação à vertical é menor que a inclinação da via férrea em relação à vertical.

A diferença entre a inclinação do vagão em relação à vertical *(ângulo do vagão)* e a da via férrea em relação à vertical *(ângulo da via férrea)* é conhecida como *ângulo de rolagem*. Quanto maior este ângulo, menor é o conforto obtido quando o trem percorre a curva. A *superelevação teórica* (E_q) é, no entanto, raramente utilizada na prática por duas razões principais. Primeiro, a utilização de uma superelevação teórica pode exigir curvas de transição longas (curvas espirais) que conectam trechos reto e circular da via férrea. Segundo, a superelevação de equilíbrio pode resultar em desconforto para os passageiros de um trem que viaja a uma velocidade muito inferior à de equilíbrio, ou se o trem estiver parado ao longo de uma curva altamente superelevada. A parte da *superelevação teórica* utilizada no projeto da curva é conhecida como *superelevação prática* (E_a), e a diferença entre esta e a *superelevação teórica* é conhecida como *superelevação não compensada*.

As equações relacionadas com a superelevação de curvas, velocidade de projeto e raio da curva foram desenvolvidas separadamente para o transporte público baseado nos veículos leves sobre trilhos (VLT) e para as vias férreas de passageiros e de carga. Essas equações são apresentadas no Capítulo 6, subsequentemente à discussão sobre a classificação das vias.

Características dos aeroportos

As características específicas discutidas nesta seção são aquelas relacionadas às vias utilizadas pelas aeronaves quando estão no aeroporto, como as pistas de taxiamento e de pouso e decolagem. As características relacionadas aos aeroportos são um pouco diferentes daquelas para rodovias e ferrovias, e são tratadas no Capítulo 6, uma vez que estão diretamente relacionadas com o projeto de via para diversas classes de aeroportos. É, no entanto, necessário que o leitor tenha uma compreensão geral de como os aeroportos são classificados para entender as características das pistas de taxiamento e de pouso e decolagem.

Os aeroportos são classificados pelo tipo de atendimento que oferecem e para finalidades de projeto em função da aeronave predominante que se espera venha ali a operar. Uma breve descrição da classificação do aeroporto com base nos tipos de atendimento é dada aqui, e a classificação com relação à aeronave predominante é dada no Capítulo 6.

Com base nos tipos de atendimento, os aeroportos são geralmente classificados nas seguintes categorias:

- Serviço comercial – primário;
- Serviço comercial – outros;
- Aviação geral
  - Público básico (BU)
  - Público geral (GU)
  - Transporte
- Aeroportos de apoio.

Serviço comercial – primário: aeroportos com, pelo menos, 0,01% dos embarques anuais dos Estados Unidos. Os aeroportos nessa categoria também devem ser servidos por, pelo menos, uma operadora regular de serviço de passageiro com um mínimo de 2.500 embarques anuais.

Serviço comercial – outros: aeroportos que têm, pelo menos, 0,01% dos embarques anuais dos Estados Unidos, mas não satisfazem ao critério do serviço de passageiros.

Aviação geral: um aeroporto com qualquer uma das seguintes características: recebe correios dos Estados Unidos; considerado de grande interesse local, regional ou nacional; possui importantes atividades militares; um heliporto de aviação geral que serve mais de 400 operações contínuas de táxi aéreo, ou mais de 810 operações contínuas.

Público básico de aviação geral (BU): aeroportos que acomodam a maioria dos aviões monomotores e muitos bimotores menores.

Público geral da aviação geral (GU): aeroportos que atendem a quase todos os aviões da aviação geral com pesos de decolagem não superiores a 56.300 N.

Transporte de aviação geral: aeroportos servem principalmente a jatos de transporte de carga e executivos, e geralmente são capazes de atender a aviões turbojatos. Eles são normalmente projetados para servirem a aviões com velocidade de aproximação de 120 nós (Observação: 1 nó = 1,85 km/h).

Aeroportos de apoio: aeroportos normalmente localizados em áreas metropolitanas com o objetivo principal de aliviar o congestionamento dos grandes aeroportos.

Classificação da FAA dos aeroportos internacionais

A FAA também desenvolveu um sistema de classificação para os aeroportos internacionais que são aqueles que atendem ao tráfego aéreo internacional, designados como portos de entrada nos Estados Unidos a partir de locais no exterior, e prestam serviços de alfândega e imigração. Este sistema de classificação está em conformidade com o artigo 68 da *Convention on International Civil Aviation Organization (ICAO)*, que exige que cada país signatário especifique a rota que um serviço aéreo internacional deverá seguir dentro do seu território e os aeroportos que poderão ser utilizados por esses serviços. Existem quatro categorias de aeroportos internacionais dentro deste sistema de classificação:

(a) Aeroportos internacionais de entrada designados (Designated international airport of entry – AOE): estes estão abertos a todas as aeronaves internacionais para entrada e possuem serviços aduaneiros. Os voos internacionais não precisam obter autorização prévia para pousar, mas um aviso antecipado de chegada deve ser feito de modo que os inspetores possam ser disponibilizados. Um aeroporto nesta categoria deve ser capaz de gerar tráfego internacional suficiente e proporcionar espaço e instalações adequadas para as inspeções aduaneiras e federais. Exemplos desses aeroportos incluem Juneau Harbor SPB, em Juneau, Alasca; San Diego International Longfield, em San Diego, Califórnia; e o internacional de Houlton, no Maine.

(b) Aeroportos com direitos de aterrissagem (Landing rights airports – LRAs): voos internacionais precisam de prévia autorização para aterrissar nesses aeroportos. O aviso antecipado de chegada também deve ser fornecido pela alfândega dos Estados Unidos. Para aeroportos onde *Advise Customs Service* (ADCUS) é disponibilizado, o aviso de chegada pode ser transmitido pelos planos de voo, considerados como pedidos de permissão para aterrissar. Em alguns casos, os agentes aduaneiros podem conceder "direitos de aterrissagem" em branco para indivíduos ou empresas por um determinado período de tempo. Esse tipo de autorização em branco é normalmente concedido a voos regulares de companhias aéreas em aeroportos desse tipo com muito tráfego intenso. Nesta categoria se incluem muitos dos grandes aeroportos internacionais dos Estados Unidos, tais como os de Los Angeles e Washington Dulles.

(c) Aeroportos com taxa de utilização: um aeroporto dentro desta categoria não atende aos requisitos aduaneiros para a prestação de serviços de liberação, mas um requerimento foi feito em termos de direitos de aterrissagem como um aeroporto de "atendimento ao usuário". Os custos das inspeções nesses aeroportos são reembolsáveis, ou seja, as operadoras das aeronaves devem reembolsar os custos associados à prestação de serviços federais à operadora do aeroporto. Exemplos de aeroportos dentro desta categoria são o Blue Grass Airfield, em Lexington, Kentucky; e Ft. Wayne Internacional, em Ft. Wayne, Indiana.

(d) Aeroportos americanos designados pela ICAO que servem às operações internacionais: são os que servem às operações internacionais, fornecendo serviços de tráfego ou de reabastecimento. Incluem os aeroportos que servem regularmente ao serviço aéreo internacional regular e não regular, aos designados como alternativas e aos que atendem aos voos internacionais da aviação geral. Deve-se observar que esta categoria não é exclusiva em relação às outras três, pois um aeroporto pode estar nas categorias (a), (b) ou (c) e ser classificado nesta categoria como regular, substituto ou de aviação geral. Por exemplo, o Aeroporto Internacional de Juneau (Alaska) está na categoria (a), mas também está classificado como um aeroporto regular nesta categoria.

Características das pistas de taxiamento e pistas de pouso e decolagem de um aeroporto

As pistas de taxiamento e as de pouso e decolagem são os dois principais componentes do aeroporto que atendem diretamente à aeronave. Muitas características específicas das pistas de taxiamento e das de pouso e decolagem são, portanto, baseadas nas características estáticas da aeronave que deve utilizar o aeroporto. As tabelas que fornecem as dimensões mínimas para os itens específicos do projeto de pistas de taxiamento e de pouso e decolagem de um aeroporto estão incluídas no Capítulo 6, na seção de discussão do projeto geométrico das vias.

Resumo

Os engenheiros de transporte precisam estudar e compreender os elementos fundamentais necessários à concepção dos diversos componentes da modalidade de transporte com a qual estão lidando. Este capítulo apresentou as características básicas que são de grande importância no projeto geométrico e estrutural das vias de percurso das modalidades rodoviária, aérea e ferroviária. Deve-se notar que uma pesquisa extensiva foi realizada sobre os aspectos específicos dessas características, especialmente sobre as dos seres humanos. O material apresentado neste capítulo, no entanto, limita-se ao que é diretamente relacionado com o material incluído nas seções de projeto deste livro. Entre os principais pontos de interesse incluem-se:

- Percepção visual dos seres humanos;
- Tempo de percepção e reação;
- Velocidades de caminhada;
- Características estáticas dos veículos automotores, das aeronaves e das locomotivas ferroviárias;
- Potência necessária para os veículos automotores e as locomotivas ferroviárias em movimento superarem as forças de resistência;
- Distâncias de frenagem para veículos automotores e locomotivas ferroviárias;
- Superelevação em curvas para rodovias e ferrovias;
- Requisitos de distância de visibilidade.

Alguns dos temas aqui discutidos serão utilizados no Capítulo 6, na discussão do projeto geométrico das vias, e no Capítulo 7, na discussão do projeto estrutural das vias.

Problemas

3.1 Descreva as duas principais características dos seres humanos que afetam o projeto dos terminais de transporte.

3.2 Por que o daltonismo não é de grande importância na operação de um veículo automotor?

3.3 Selecione pelos menos dez interseções em sua região e determine o seguinte:
  (a) A velocidade média de caminhada de todos os pedestres em cada interseção;
  (b) A velocidade média de caminhada em cada interseção para homens e mulheres separadamente;
  (c) A velocidade média de caminhada de todos os pedestres para todas as interseções em conjunto;
  (d) A velocidade média de caminhada de homens e mulheres separadamente para todas as interseções em conjunto.
  Discuta seus resultados com relação ao valor dado no texto para a velocidade média de caminhada e quaisquer fatores identificados por você que influenciam as velocidades de caminhada dos pedestres.

3.4 Descreva as principais diferenças entre as características de veículos automotores, locomotivas e aeronaves que são de grande importância para o engenheiro de transporte.

3.5 Descreva como os veículos de transporte marítimos são classificados e compare o sistema de classificação com os automotores.

3.6 Descreva o sistema de classificação de aeronaves da *Federal Aviation Administration (FAA)* para a finalidade de escolher os padrões de projeto adequados para aeroportos. Mostre como este sistema de classificação é utilizado no projeto de aeroportos.

3.7 Um automóvel sendo conduzido em um trecho em nível e reto de uma rodovia a uma velocidade de 105 km/h atinge um trecho em curva com uma inclinação de 5% e um raio de 450 m. Determine:
(a) a força de tração adicional que será necessária para manter a velocidade original de 105 km/h;
(b) a porcentagem de aumento na força total de tração para manter a velocidade original de 105 km/h.

Suponha que o peso do carro seja de 907 kg, a área transversal seja de 3,15 m² e o carro esteja sendo dirigido no nível do mar.

3.8 Repita o Problema 3.7 para um caminhão de eixo duplo com uma área transversal de 5,76 m² e carregando uma carga de 81.630 N/eixo.

3.9 Dois automóveis estão viajando a 88,5 km/h. O peso do automóvel A é de 9.000 N e o do B é de 18.000 N. A área transversal de A é 3,15 m², e a de B é 3,6 m². Determine a rampa máxima em que A pode viajar sem que sua resistência total ultrapasse a de B, que viaja em um trecho reto e em nível da rodovia.

3.10 Um caminhão e um automóvel que viajam em um trecho da rodovia a uma velocidade de 80 km/h entram em um trecho curto e em curva com uma inclinação de 5% e um raio de 270 m. Determine a relação entre a força adicional necessária pelo caminhão e a força necessária pelo automóvel para que ambos os veículos mantenham suas velocidades originais de 80 km/h. Suponha que o peso do automóvel seja de 11.250 N e o do caminhão, de 54.000 N.

3.11 Determine a potência necessária para operar um trem de 32 vagões em um trecho em nível se a carga total, incluindo a locomotiva, for distribuída por 128 eixos que transportam uma média de 22,65 toneladas por eixo com equipamentos convencionais que viajam a 153 km/h.

3.12 Se um trem convencional, composto por dez vagões, estiver viajando a 137 km/h em uma curva de 2°, determine a resistência total sobre o trem se a carga por eixo for de 22,65 toneladas com 4 eixos/carro. Suponha que a bitola da via férrea seja de 1,37 m.

3.13 Um trecho sinuoso de uma rodovia tem um raio de 180 m que restringe o limite de velocidade para este segmento a 75% do limite de velocidade. Caso este trecho deva ser melhorado, de forma que o limite de velocidade seja igual ao do restante da rodovia, determine o raio do trecho melhorado. A superelevação máxima permitida é de 8%.

3.14 Um trem está programado para viajar em uma ferrovia com uma curva horizontal máxima de 3,5° e uma inclinação de 3%. Se a carga em cada eixo for de 18,14 toneladas, com 4 eixos por vagão, determine o número máximo de vagões que pode ser tracionado ao longo da via férrea por uma única locomotiva que possui uma força de tração de 405.000 N, viajando a 105 km/h, com uma bitola igual a 1,37 m.

3.15 Um trem de carga composto por 75 vagões, com 4 eixos em cada um e cada eixo transportando uma carga de 22,5 toneladas em uma bitola de 1,37 m está programado para viajar a uma velocidade de 137 km/h em um trecho da via em nível com uma curva horizontal máxima de 3°. Determine o número de locomotivas convencionais que será necessário se as locomotivas disponíveis tiverem uma força de tração máxima de 225.000 N cada.

3.16 Repita o Problema 3.15 se a força de tração da locomotiva for de 360.000 N, a inclinação máxima for de 4% e a curva horizontal máxima for de 3,5°. Discuta seus resultados em relação aos obtidos para o Problema anterior.

3.17 Um engenheiro decidiu construir um desvio temporário partindo de uma via arterial principal em decorrência do grande serviço de reabilitação a ser realizado em um trecho da rodovia. Se a velocidade na via arterial for de 105 km/h, determine a distância máxima a partir do desvio para a colocação de uma placa para informar aos motoristas sobre o limite de velocidade no desvio.
Velocidade de projeto do desvio = 55 km/h
Altura da letra da placa da estrada = 7,5 cm
Tempo de percepção e reação = 2,5 s
Rampa no trecho da via arterial que leva ao desvio = -3%
Suponha que um motorista possa ler uma placa rodoviária dentro de sua área de visão a uma distância de 4,8 m para cada centímetro de altura da letra.

3.18 Uma curva horizontal deve ser projetada para um trecho de uma rodovia com velocidade de projeto de 110 km/h. Se as condições físicas restringem o raio da curva para 285 m, determine:
(a) A superelevação mínima exigida nessa curva;
(b) Se essa superelevação obtida é viável ou não. Se não, quais mudanças você sugeriria para executar este projeto?

3.19 Um trecho de uma estrada possui uma superelevação de 0,6% e uma curva de 180 m de raio. Que limite de velocidade você recomendará para este trecho da rodovia?

3.20 Um desvio temporário foi construído em uma rodovia com rampa de -3% em decorrência das grandes obras que estão sendo realizadas. Determine o limite de velocidade que deve ser imposto no desvio se os motoristas puderem ver a placa informando-os sobre o desvio a uma distância de 120 m do local e se o limite de velocidade determinado para a rodovia for de 95 km/h.

3.21 Um trecho de estrada com uma rampa negativa ligando uma rodovia a um conjunto habitacional deve ser melhorado para proporcionar um aumento esperado do limite de velocidade de 80 km/h para 90 km/h. Para qual percentual deve ser reduzida a inclinação nesse trecho da rodovia se a distância de visibilidade disponível de 159 m for apenas suficiente para a velocidade de 80 km/h e não puder ser aumentada em decorrência das restrições físicas existentes?

3.22 Uma rodovia de pista simples com uma velocidade de projeto de 65 km/h cruza uma via férrea singela que opera trens que viajam a 150 km/h. A rodovia atende a um novo empreendimento com uma porcentagem significativa de crianças em idade escolar, o que demanda a escolha de um ônibus escolar de grande porte (68 passageiros) como veículo de projeto. Se o cruzamento for controlado por uma placa de PARE, determine:
(a) A distância de visibilidade mínima ao longo da rodovia de pista simples que garantirá a parada de todos os veículos na linha de parada;

(b) A distância mínima da via férrea para que um motorista de ônibus possa ter boa visibilidade, de modo que lhe permita cruzar a via férrea de forma segura após a parada.

3.23 Uma interseção rodoferroviária com controle passivo é constituída por uma rodovia de pista simples, com uma velocidade de projeto de 70 km/h, e uma via férrea com trens que operam a uma velocidade igual a 150 km/h. Determine a distância mínima a que um edifício deveria ser colocado em relação ao eixo da via férrea de modo que garanta a passagem segura de um veículo que se aproxima se o edifício estiver localizado a 45 m do eixo da faixa direita da rodovia.

3.24 Descreva as quatro categorias de aeroportos internacionais na classificação federal de aeroportos internacionais.

Referências

AMERICAN ASSOCIATION OF STATE HIGHWAY AND TRANSPORTATION OFFICIALS. *A Policy on geometric design of highways and streets.* Washington, D.C., 2004.

AMERICAN RAILWAY ENGINEERING AND MAINTENANCE-OF-WAY ASSOCIATION (AREMA). *Manual for railway engineering.* Washington, D.C., 2005.

BOFF, K. R.; LINCOLN, J. E. Guidelines for alerting signals. Engineering Data Compendium: Human Perception and Performance, vol. 3, Human Systems Information Analysis Center. Disponível em: http://iac-dtic.mil/hsirc/1988.

CARPENTER, J. T.; FLEISHMAN, R. N.; DINGUS, T. et al. *Human factors engineering, the TravTek driver interface.* Vehicle Navigation and Information Systems Conference, Warrendale, PA: Society of Automotive Engineers, 1991.

CLAFFEY, P. *Running costs of motor vehicles as affected by road design and traffic.* National Cooperative Research Program Report III, Highway Research Board, Washington, D.C., 1971.

DINGUS, T. A.; HULSE, M. C. Some human factors design issues and recommendations for automobile navigation systems, *Transportation Research,* IC(2), 1993.

DUDECK, C. L. *Guidelines on the use of changeable message signs.* FHWA-TS-90-043, Federal Highway Administration, Washington, D.C.

FEDERAL RAILROAD ADMINISTRATION. *Intelligent grade crossings.* Disponível em: http://www.fra.dot.gov/us/content/1270. Acesso em: set. 2003.

GREENE, F. A. *A study of field and laboratory legibility distances for warning symbol signs.* Unpublished doctoral dissertation. Texas A&M University, 1994.

HULBERT, S. Human factors in transportation. In: *Transportation and traffic engineering handbook.* 2ª ed. Englewood Cliffs, NJ: Prentice Hall, 1982.

INTERNATIONAL UNION OF RAILWAYS UIC LEAFLETS 541-5. 4. ed., Paris: Railway Technical Publications, 75015, maio 2006.

KIMURA, K.; SUGIURA, S.; SHINKAI, H.; NEGAI, Y. *Visibility requirements for automobile CRT displays*: color, contrast, and luminance. SAE Technical paper Series (SAE nº 880218, p. 25-31). Warrendale, PA: Society of Automotive Engineers, 1988.

NATIONAL RESEARCH COUNCIL. Transportation Research Board. *Twin trailer trucks special report 211.* Washington, D.C., 1986.

PERIPHERAL VISION HORIZON DISPLAY *(PHVD),* proceedings of a conference held at NASA Ames Research Center. Dryden Flight Research, 15-16 mar. 1983. National Aeronautics and Space Administration, Scientific and Technical Information Branch, 1984.

POPP, M. M.; FABER, B. Advanced display technologies, route guidance systems and the position of displays in cars. In: Gale, A. G. (Ed.). *Vision in vehicles*. Amsterdã: North Holland Elsevier Science Publishers, 1991.

PROFILLIDIS, V. A. *Railway engineering*. Aldershot, Inglaterra: Avebury Technical, 1995.

ROLAND, G.; MORETTI, E. S.; PATTON, M. L. *Evaluation of glare from following vehicle's headlight*. Preparado para U. S. Department of Transportation, National Highway Traffic Safety Administration. Washington, D.C., 1981.

RAILSIM V7, Systra Consulting and Engineering. Disponível em: http://www.systconsulting.com.

U.S. DEPARTMENT OF TRANSPORTATION. Federal Aviation Administration. *Advisory circular AC nº 150/5000-5C*, dez. 1996.

_____. Federal Aviation Administration. *Advisory circular AC nº 150/5300-13*. Incorporating Changes 1–8, set. 2004.

_____. Federal Highway Administration. *Manual on uniform traffic control devices (MUTCD)*. Washington, D.C., 2003.

Visual characteristics of navy drivers. Groton, CT: Naval Submarine Medical Research Laboratory, 1981.

WEINTRAUB, D. J.; HAINES, F. F.; RANDLE, R. J. *Runway to head-up display transition monitoring eye focus and decision times*: proceedings of the human factors society. 29th Annual Meeting, Santa Monica, CA, 1985.

Análise da capacidade do transporte

CAPÍTULO 4

O foco deste capítulo é a compreensão dos conceitos básicos associados à determinação da capacidade e do nível de serviço de vários tipos de infraestrutura de transporte. A análise da capacidade busca responder às várias questões importantes da quantidade de tráfego (por exemplo, veículos, pedestres, aeronaves etc.) que uma determinada infraestrutura pode acomodar em uma condição operacional específica. Por um lado, a ideia básica por trás da análise da capacidade é desenvolver um conjunto de modelos ou equações analíticas que relacionem os níveis de fluxo, a geometria, as condições ambientais e as estratégias de controle, e, por outro, as medidas que descrevem a operação resultante ou a qualidade do serviço. Esses modelos ou equações permitem determinar a capacidade máxima de tráfego-transporte de uma infraestrutura e a qualidade esperada ou nível de serviço em graus diferentes de fluxo.

Neste capítulo, concentraremo-nos nos conceitos básicos, fundamentando os procedimentos de análise da capacidade para uma série de infraestruturas de transporte, incluindo (1) rodovias, (2) transportes de massa, (3) ciclovias, (4) infraestrutura para pedestres e (5) pistas de pouso/decolagem de aeroportos. O objetivo é proporcionar ao leitor uma compreensão da natureza multimodal e ampla da área de transportes. Tendo em vista que consideraremos várias modalidades de transporte neste capítulo, nosso foco será sobre os procedimentos e conceitos gerais, sem aprofundar muito os detalhes dos diversos procedimentos de análise. No entanto, tentaremos orientar os leitores interessados sobre as referências adequadas, sempre que possível, para que possam obter mais detalhes sobre os diversos procedimentos.

Conceito de capacidade

O *Highway Capacity Manual* (HCM), uma das referências mais importantes para os profissionais de transporte, define a capacidade de uma infraestrutura como segue:

> A capacidade de uma instalação é a máxima taxa horária esperada, de forma razoável, em que pessoas ou veículos cruzam um ponto ou uma seção uniforme de uma faixa ou pista durante um determinado período de tempo em uma dada condição de pista, tráfego e operação.

Três importantes observações devem ser feitas quanto à definição do HCM de *capacidade*. Primeiro, deve-se observar que o manual define *capacidade* em termos de veículos ou pessoas. A capacidade das rodovias, por exemplo, é geralmente definida em termos de veículos. Para a infraestrutura do transporte de massa ou de pedestres, ela deverá ser expressa em termos de pessoas. Segundo, a definição especifica que a capacidade é estabelecida para um ponto ou para uma seção *uniforme* de uma instalação. A capacidade de uma instalação varia de acordo com suas características geométricas, a variedade de veículos que a utilizam e todas as ações de controle aplicadas a ela (por exemplo, semáforos). Diante disso, a capacidade só pode ser definida para trechos uniformes ou homogêneos onde os diversos fatores que a afetam permaneçam inalterados. Finalmente, o HCM define capacidade como o número máximo de veículos ou pessoas que uma instalação pode *razoavelmente* acomodar. O uso da palavra *razoavelmente* implica que se deve esperar que o valor da capacidade de uma determinada instalação varie ligeiramente de um local para outro ou de um dia para outro. Isto significa que os valores da capacidade que normalmente utilizamos em nossa análise não são os mais altos já registrados ou esperados para ocorrer em uma instalação, mas sim um nível de fluxo que pode ser razoavelmente atingido repetidamente em uma determinada instalação.

Conceito de nível de serviço

Intimamente associado ao conceito de capacidade está o de nível de serviço (NS). Para infraestruturas de transporte, nosso interesse não está apenas na determinação do número máximo de veículos, passageiros ou pedestres que uma instalação pode acomodar, mas igualmente em quantificar a qualidade ou o nível de serviço (em termos de medidas, tais como atraso, conveniência etc.). A qualidade da operação ou o nível de serviço de uma determinada instalação é uma função direta do fluxo ou do nível de utilização da instalação.

Considere o caso de uma rodovia; quando há apenas alguns veículos na estrada, os motoristas ficam livres para trafegar em qualquer velocidade, considerando as condições do veículo e as características geométricas da estrada. À medida que o nível de fluxo ou volume aumenta, os veículos ficam mais próximos uns dos outros, surgem os congestionamentos, e as velocidades em que os motoristas podem viajar são reduzidas. Em casos extremos, congestionamentos podem ocorrer quando as velocidades dos veículos se aproximam de zero. Assim, os níveis de fluxo impactam claramente a qualidade das operações de uma infraestrutura de transporte. Em níveis de baixo fluxo, as condições operacionais são favoráveis. À medida que estes aumentam, a qualidade do serviço se deteriora.

Tabela 4.1 – Medidas de desempenho que definem o nível de serviço.

Modalidade de transporte	Infraestrutura de transporte	Medidas de desempenho
Rodovia	Vias expressas Rodovias de pistas duplas Rodovias de pista simples	Densidade de tráfego (veículo/km/faixa) Densidade de tráfego (veículo/km/faixa) Velocidade média de viagem (km/h) Porcentagem de tempo em pelotão (%)
Transporte de massa	Interseções semaforizadas Ruas urbanas Transporte público	Atraso no semáforo (s/veículo) Velocidade média de viagem (km/h) Frequência do serviço (veículo/dia) Intervalo entre veículos (minutos) Passageiros/assentos
Bicicletas	Ciclovias	Frequência de eventos conflitantes (eventos/h)
Pedestres	Infraestruturas para pedestres	Espaço (m²/pedestre)
Aéreo	Pistas de pouso/decolagem	Atraso ou tempo de espera da aeronave

Para muitas infraestruturas de transporte, o nível de serviço ao longo de um trecho da instalação é descrito por meio da atribuição de uma letra, variando de A a F, para cada trecho, sendo NS A equivalente às melhores condições operacionais, e NS F, às piores. Esta descrição qualitativa de NS é normalmente baseada em medidas quantitativas de desempenho, tais como velocidade, atraso e densidade de tráfego, entre outras. A Tabela 4.1 apresenta algumas medidas de desempenho que podem ser utilizadas para quantificar o NS para várias infraestruturas de transporte.

É importante notar, contudo, que o NS é definido atualmente na forma de uma função degrau, como mostrado na Figura 4.1, em que cada NS cobre uma faixa de condições operacionais. Esta característica de função degrau utilizada nesta definição pode levar a alguns problemas. Duas instalações semelhantes com o mesmo NS poderiam variar mais do que outras duas instalações com NS diferentes, dependendo de onde elas estão em relação à escala definida. Na Figura 4.1, tanto a instalação 1 como a 2 têm um NS B, enquanto a C, um NS C. No entanto, a diferença entre as instalações 1 e 2 é mais significativa do que a diferença entre as 2 e 3. Diante disso, a descrição qualitativa do NS (ou seja, a designação da letra) deve ser sempre usada com cuidado e em conjunto com o valor real da medida de desempenho em que o sistema de designação por letra está baseado.

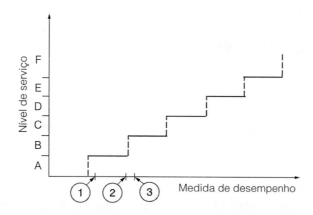

Figura 4.1 – A natureza degrau da definição do nível de serviço.

Taxa de fluxo de serviço

Outro conceito relacionado ao de NS é o da taxa de fluxo de serviço, que representa a taxa *máxima* que pode ser provida *mantendo-se um determinado NS*. Teríamos uma taxa de fluxo de serviço para NS A, outra para NS B, e assim por diante, até NS E. A taxa correspondente a NS E é definida como sendo igual à capacidade da instalação. Não há taxa de fluxo de serviço definida para NS F, porque este corresponde às condições de fluxo instáveis e de colapso das operações.

Vamos nos concentrar na descrição dos procedimentos de análise da capacidade das rodovias, transporte público, ciclovias, infraestruturas para pedestres e pistas de pouso/decolagem de aeroportos.

Capacidade das rodovias

Do ponto de vista de análise do fluxo de tráfego, as rodovias podem ser divididas em duas grandes categorias: (1) com fluxo *ininterrupto* e (2) com fluxo *interrompido*. As primeiras são aquelas em que não há controles externos interrompendo o fluxo do tráfego. Um bom exemplo de rodovia de fluxo *ininterrupto* é uma via expressa onde não há interseções em nível, semáforos nem sinais de pare e de dê a preferência. Nas vias expressas, as condições de fluxo são o resultado de interações entre os veículos entre si e com o ambiente da rodovia.

Os controles externos desempenham um papel importante na definição do tipo de operações de tráfego para as rodovias de fluxo *interrompido*. Aqui, o fluxo de tráfego é regularmente interrompido como resultado de semáforos, sinais de pare e de dê a preferência, interseções não semaforizadas, entradas e saídas de veículos e outros tipos de interrupções. Quase todas as ruas urbanas em nível enquadram-se na categoria de de fluxo *interrompido*.

A análise de tráfego de rodovias de fluxo *interrompido* é mais complexa e mais intrincada do que a das de fluxo *ininterrupto*, pois o impacto dos controles externos deve ser considerado. Aqui, discutiremos os princípios básicos da análise da capacidade tanto das rodovias de fluxo *interrompido* como das de fluxo *ininterrupto*. Nosso foco principal, porém, será a descrição dos procedimentos gerais para a determinação da capacidade de interseções semaforizadas, como um exemplo representativo das rodovias de fluxo interrompido. Os leitores interessados em aprender mais sobre os detalhes dos procedimentos de análise de ambos os fluxos, interrompido e ininterrupto, podem consultar referências e livros clássicos na área de engenharia de tráfego e de rodovias, como *Highway and Traffic Engineering*, de Garber e Hoel. Antes de descrever este procedimento de análise, vamos examinar mais detalhadamente as correntes de tráfego e suas características básicas, bem como outros conceitos relevantes para a análise da capacidade em geral.

Características do fluxo de tráfego

Um fluxo de tráfego rodoviário é constituído de motoristas e veículos que interagem entre si no ambiente da rodovia. Para analisar os fluxos de tráfego, primeiro precisamos descrever o comportamento da corrente de tráfego. No entanto, um problema com este comportamento, ao contrário do de uma corrente de água, é que estamos lidando com motoristas individuais, cuja resposta ou comportamento exato é imprevisível. Apesar disso, normalmente há um intervalo de valores dentro do qual o comportamento da maioria dos motoristas se encaixaria, e é isto o que é considerado na análise e no projeto.

Para descrever o comportamento da corrente de tráfego, os profissionais de transporte idealizaram um conjunto de parâmetros *macro* e *microscópicos*. Os parâmetros *macroscópicos* descrevem o comportamento do fluxo de tráfego como um todo, enquanto os *microscópicos* referem-se ao dos veículos individualmente. Entre os parâmetros *macroscópicos* mais importantes estão (1) o fluxo, (2) a velocidade e (3) a densidade. Os intervalos de tempo e os espaçamentos entre os veículos estão entre os parâmetros *microscópicos* mais importantes. Breve definição destes cinco importantes parâmetros de fluxo de tráfego encontra-se a seguir.

Parâmetros de fluxo de tráfego

Fluxo (q)

Fluxo ou volume é o número de veículos que passa em um determinado ponto de uma rodovia durante um determinado período de tempo, normalmente uma hora (veículos/h). Um importante parâmetro é o valor máximo de fluxo que se pode razoavelmente esperar que uma determinada instalação consiga acomodar. Isso é frequentemente denominado como capacidade (q_m) de uma seção de uma rodovia.

Velocidade (u)

Velocidade é a distância percorrida por um veículo durante uma unidade de tempo. É normalmente expressa em km/h ou m/s. Pode-se calcular a média das velocidades dos veículos individuais ao longo do tempo (isto é, pela média de velocidade daqueles que passam por um observador) ou no espaço (isto é, pela média de velocidade dos veículos que ocupam um determinado trecho de uma rodovia em um determinado ponto no tempo). Isto leva ao que chamamos de velocidade média do tempo (u_t) e de velocidade média no espaço (u_s), respectivamente. A velocidade média no espaço é normalmente utilizada para a modelagem do tráfego.

Densidade (k)
A densidade de tráfego é definida como o número de veículos presentes em um comprimento unitário da rodovia em um determinado instante. A densidade é normalmente expressa em veículo/km.

Intervalo entre veículos (h)
O intervalo entre veículos é definido como a diferença de tempo entre o momento em que a frente de um veículo chega a um ponto da rodovia e aquele em que a frente do veículo seguinte chega ao mesmo ponto. O tempo de intervalo entre veículos é normalmente expresso em segundos.

O fluxo de uma corrente de tráfego é igual ao inverso do tempo médio de intervalo entre veículos:

$$q = 1/h_{média} \tag{4.1}$$

Por exemplo, se o intervalo de tempo médio entre veículos para uma corrente de tráfego for de 2 segundos (isto é, você espera ver um veículo passando pelo seu ponto de observação a cada 2 segundos), o valor do fluxo *horário* correspondente seria igual a 3.600/2 = 1.800 veículos/h (consideramos aqui 3.600 porque 3.600 segundos totalizam uma hora).

Espaçamento (d)
O intervalo entre veículos no espaço (*d*) é definido como a distância entre a frente de um veículo e a frente do seguinte (em metros). O espaçamento médio entre veículos em uma corrente de tráfego é inversamente proporcional à densidade. Se o espaçamento médio em um trecho viário for de 100 m, o número de veículos/km (isto é, a densidade de tráfego) naquele trecho é 1.000/100 = 10 veículos/km. Por isso,

$$k = 1/d_{média} \tag{4.2}$$

Relações entre os parâmetros de fluxo de tráfego macroscópicos
Os três parâmetros macroscópicos básicos de uma corrente de tráfego (isto é, fluxo, velocidade e densidade) estão relacionados entre si por meio da seguinte equação:

$$q = uk \tag{4.3}$$

Esta equação afirma que o fluxo ou o volume de tráfego é igual ao produto da velocidade pela densidade. Portanto, se um trecho de 1 km de uma rodovia contém 15 veículos (ou seja, $k = 15$), e a velocidade média dos 15 veículos é de 60 km/h, após uma hora 900 veículos (60 × 15) terão passado. O valor do fluxo (*q*) ou o volume de tráfego neste caso seria igual a 900 veículos/h.

Exemplo 4.1

Cálculo dos parâmetros macroscópicos de tráfego
Os dados obtidos com base em fotografias aéreas mostraram oito veículos em um trecho de rodovia de 250 m de comprimento. Os dados de tráfego coletados ao mesmo tempo indicaram um intervalo de tempo médio entre os veículos de 3 segundos. Determine (a) a densidade na rodovia, (b) o fluxo na rodovia e (c) a velocidade média no espaço.

Solução

De acordo com as fotografias aéreas, a densidade pode ser calculada como segue:

Densidade (k) = 8/250 = 0,032 veículo/m = 0,01 × 1.000 = 32 veículos/km
Fluxo (q) = 1/intervalo de tempo médio entre os veículos = 1/3 × 3.600 = 1.200 veículos/h

Finalmente, com base na Equação 4.3, temos

$q = uk$

Portanto,

$1.200 = u \times 32$

ou

u (velocidade média no espaço) = 1.200/32 = 37,5 km/h

A relação entre a densidade e o fluxo (Equação 4.3) é normalmente denominada diagrama fundamental do fluxo de tráfego. As seguintes hipóteses podem ser admitidas a respeito dessa relação:

1. A um valor de densidade igual a 0 (ou seja, não existem veículos na rodovia), o fluxo também será igual a 0.
2. À medida que aumenta a densidade, o fluxo também aumenta.
3. Quando a densidade atinge seu valor máximo (isto é normalmente denominado densidade de congestionamento (k_j), o fluxo deve ser igual a zero.
4. Segue, assim, de acordo com (2) e (3), que, conforme aumenta a densidade, o fluxo inicialmente aumenta até um valor máximo (q_m). Um aumento adicional na densidade conduzirá a uma redução do fluxo, que chegará a zero quando a densidade for igual à de congestionamento.

Assim, a relação entre o fluxo e a densidade assume a forma geral mostrada na Figura 4.2a. A densidade em que o fluxo atinge seu valor máximo (q_m) é comumente denominada densidade ótima (k_o). O valor da densidade ótima (k_o) pode ser considerado como a divisão do diagrama fundamental em duas regiões. A região à esquerda da k_o é a de fluxo estável, onde as velocidades são relativamente altas e as condições de tráfego favoráveis. A região à direita da k_o, no entanto, é caracterizada por condições instáveis, volumes mais baixos, velocidades mais baixas e colapso nas operações de tráfego. Na operação das infraestruturas de transporte, os engenheiros de tráfego fazem o possível para se certificarem de que as instalações operem em densidades menores do que a densidade ótima (k_o) a fim de evitar o colapso das condições operacionais.

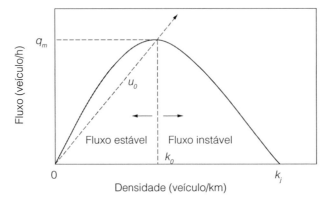

Figura 4.2a – Relação entre fluxo e densidade.

Uma vez que, pela Equação 4.3, a velocidade (u) pode ser expressa pela relação fluxo/densidade (q/k), segue-se que as velocidades em um determinado ponto na Figura 4.2a poderiam ser representadas por linhas radiais desde a origem até esse ponto, conforme apresentado.

Hipóteses semelhantes poderiam ser tecidas sobre a relação entre a velocidade e a densidade e aquela entre velocidade e fluxo. Para a relação velocidade-densidade, quando esta se aproxima de zero (ou seja, há pouca interação entre os veículos individualmente), os motoristas ficam livres para escolher as velocidades que desejam e, assim, a velocidade correspondente é o que comumente denominamos velocidade de fluxo livre (u_f). À medida que aumenta a densidade, a velocidade diminui, até atingir um valor igual a zero quando a rodovia fica completamente congestionada (ou seja, quando a densidade é igual à de congestionamento, k_j). A Figura 4.2b mostra esta relação geral entre a velocidade e a densidade.

Da mesma forma, para a relação entre a velocidade e o fluxo, supõe-se que a velocidade seria igual àquela de fluxo livre (u_f) quando a densidade e, consequentemente, o fluxo fossem igual a zero. O aumento contínuo no fluxo resultará então em uma redução contínua na velocidade. Haverá um ponto, entretanto, em que novas inclusões de veículos resultarão em uma redução no número de veículos que passa em um determinado ponto da rodovia (ou seja, redução no fluxo). A inclusão de veículos além desse ponto resultaria em congestionamento, e tanto o fluxo como a velocidade diminuiriam até que ambos se tornassem zero. Assim, a relação entre a velocidade e o fluxo poderia ser representada como mostrado na Figura 4.2c.

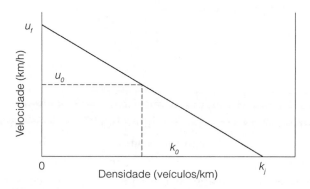

Figura 4.2b – Relação entre velocidade e densidade.

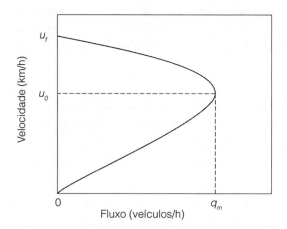

Figura 4.2c – Relação entre velocidade e fluxo.

Com base nas Figuras 4.2a a 4.2c, deveria ser óbvio que, para evitar congestionamento, é desejável operar o sistema viário em densidades que não excedam a que ocorre quando a rodovia opera em sua capacidade.

Modelos de fluxo de tráfego

Greenshields foi um dos primeiros pesquisadores a tentar desenvolver modelos para descrever o fluxo de tráfego. Ele admitiu que existe uma relação linear entre velocidade e densidade por meio da seguinte fórmula:

$$u = u_f - \frac{u_f}{k_j} k \tag{4.4}$$

em que todos os termos já foram definidos previamente. Essa equação indica que, conforme a densidade (k) se aproxima de zero, a velocidade (u) se aproxima da de fluxo livre, u_f.

Além disso, conforme a velocidade (u) se aproxima de zero, a densidade se aproxima da de congestionamento, ou k_j.

Com base na Equação 4.3, sabemos que $q = uk$. Portanto, usando a equação de Greenshields (Equação 4.4), o fluxo, q, pode ser expresso como

$$q = u_f k - \frac{u_f}{k_j} k^2 \tag{4.5}$$

Além disso, com base na Equação 4.3, sabemos que $k = q/u$. Portanto, substituindo q/u por k, a relação entre a velocidade (u) e o fluxo (q) pode ser expressa como

$$u^2 = u_f u - \frac{u_f}{k_j} q \tag{4.6}$$

As Equações 4.4 a 4.6 descrevem os três diagramas representados nas Figuras 4.2a a 4.2c, respectivamente. As três equações ou diagramas são bastante redundantes, pois, se apenas uma relação for conhecida, as outras duas podem ser obtidas facilmente utilizando a relação básica de $q = uk$. No entanto, cada um dos três diagramas tem sua própria finalidade. Para o trabalho teórico, a relação entre velocidade e densidade é a normalmente utilizada, uma vez que existe apenas um valor de velocidade para cada valor de densidade. Este não é o caso com os outros dois diagramas. A relação entre fluxo e densidade é utilizada em vias expressas e sistemas de controle em vias arteriais para controlar a densidade em um esforço para otimizar a produtividade (fluxo). Finalmente, a relação entre velocidade e fluxo poderia ser utilizada no projeto para definir compensações entre os níveis de serviço em uma rodovia, conforme será abordado mais adiante neste capítulo.

Volume por hora, volume por sub-hora e taxas de fluxo

Para fins de análise de tráfego e de projeto, não se pode ter como base apenas o volume diário esperado. Os volumes de tráfego variam consideravelmente ao longo das 24 horas do dia. Por exemplo, geralmente temos um período de pico do fluxo de tráfego – ou a "hora do *rush*" – de manhã, quando a maioria das pessoas está indo para o trabalho, e outro pico à noite, quando as pessoas estão voltando para casa. Se alguém fosse projetar com base no volume médio diário, a instalação falharia em acomodar a demanda de tráfego durante os períodos de pico da manhã e da noite. Os engenheiros de transporte, portanto, normalmente consideram a demanda de pico para fins de análise e projeto.

Além disso, especificamente para análise de capacidade, a variação de tráfego dentro de uma determinada hora também é de interesse. Para entender isso, vamos supor que as contagens de tráfego fossem registradas a cada período de 15 minutos entre 8h00 e 9h00. As contagens registradas são apresentadas na Tabela 4.2. Neste caso, o volume real por hora é igual a 120 + 90 + 110 + 80 = 400 veículos/h.

Tabela 4.2 – Contagem de veículos.

Período de tempo	Contagem (veículos/período de 15 minutos)
8h00 – 8h15	120
8h15 – 8h30	90
8h30 – 8h45	110
8h45 – 9h00	80

No entanto, se projetarmos somente para o volume de 400 veículos/h, significaria que teríamos problemas de congestionamento durante o primeiro e o terceiro períodos de 15 minutos (ou seja, entre 8h00 e 8h15 e novamente entre 8h15 e 8h30). Isso ocorre porque, na projeção de um volume de 400 veículos em uma hora, supõe-se que a infraestrutura não seria capaz de controlar mais de 100 veículos a cada 15 minutos (400/4 = 100) e, como pode ser facilmente visto na Tabela 4.2, esse volume é ultrapassado durante o primeiro e o terceiro períodos de tempo.

Para superar esse problema, ficou convencionado que para a maioria das análises operacionais de tráfego deve-se considerar a contagem do período de pico de 15 minutos e converter essa contagem na *taxa equivalente de fluxo por hora*. Assim, para o exemplo anterior, a contagem de pico de 15 minutos é de 120 veículos/15 min, o que corresponde a 120 × 4 = 480 veículos/h. Esta é a *taxa equivalente de fluxo por hora*, com base no período de pico de 15 minutos; este volume seria utilizado para fins de projeto e análise operacional.

Para facilitar a aplicação deste conceito, a comunidade de transporte definiu o que chamamos de fator de pico horário (FPH), que é utilizado para levar em consideração a variação do fluxo de tráfego dentro da própria hora de pico, definido da seguinte forma:

$$\text{Fator de pico horário} = \frac{\text{volume real por hora}}{\text{taxa máx. de fluxo}} \qquad (4.7)$$

Assim, para o exemplo anterior, o FPH seria computado como 400/480, que é igual a 0,83. O FPH é sempre inferior a 1. Para uma determinada instalação, se o volume horário (V) e o FPH forem conhecidos, a taxa máxima de fluxo (v) pode ser calculada facilmente da seguinte forma:

$$v = V / \text{FPH} \qquad (4.8)$$

em que
  v = taxa máxima de fluxo dentro da hora (veículo/h)
  V = volume por hora (veículo/h)
  FPH = fator de pico horário

A taxa máxima de fluxo, v, seria então utilizada para fins de projeto e análises.

Exemplo 4.2

Cálculo do fator de pico horário (FPH)
A Tabela 4.3 apresenta as contagens de 15 minutos que foram registradas para uma determinada rodovia.

(a) Determine o FPH;
(b) O volume horário de uma instalação semelhante é igual a 6.000 veículos/h. Determine o volume de projeto para a estrutura.

Solução

Com base na Tabela 4.3, o volume real por hora (*V*) é

V = 1.200 + 1.400 + 1.100 + 1.300 = 5.000 veículos/h

A taxa máxima de fluxo, *v*, é calculada como segue:

v = 1.400 × 4 = 5.600 veículos/h

Portanto,

$$\text{FPH} = \frac{5.000}{5.600} = 0,893$$

Para a outra instalação,

V = 6.000 veículos/h

Portanto, o volume de projeto ou a taxa máxima de fluxo (*v*) para a qual a instalação deve ser projetada pode ser calculada como segue:

v = V / FPH = 6.000 / 0,893 = 6.720 veículos/h (resposta)

A razão entre V/C

Outro conceito fundamental para a análise da capacidade de rodovias é a razão entre o volume e a capacidade (*v/c*). Isto é definido pela divisão da demanda atual ou projetada pela capacidade da rodovia. A razão entre *v/c* indica quanta capacidade está sendo ou foi utilizada por uma determinada rodovia em decorrência da demanda. O conceito de *v/c* está intimamente ligado ao de taxas de fluxo de serviço, previamente definido. Dividindo a taxa de fluxo de serviço para um determinado NS pela capacidade resulta no valor máximo para a razão entre *v/c* para aquele NS específico. Se a taxa de fluxo de serviço correspondente ao NS C de uma determinada rodovia for igual a 1.300 veículos/h e a capacidade desta rodovia for de 2.000 veículos/h, a razão máxima entre *v/c* seria de 1.300/2.000 = 0,65. A razão máxima entre *v/c* de um NS E é sempre igual a 1, pois a taxa de fluxo de serviço de NS E é igual à capacidade da rodovia.

Tabela 4.3 – Contagem de veículos do Exemplo 4.2.

Período de tempo	Contagem (veículos/período de 15 minutos)
4h30 – 4h45	1.200
4h45 – 5h00	1.400
5h00 – 5h15	1.100
5h15 – 5h30	1.300

Análise da capacidade de interseções semaforizadas

Nesta seção, discutiremos os procedimentos de análise e de projeto de interseções semaforizadas como um exemplo de rodovias de fluxo interrompido em que o controle externo desempenha um papel primordial na definição das características do fluxo de tráfego. As interseções em nível são locais onde diversas modalidades de transporte interagem, tais como automóveis, caminhões, ônibus, bicicletas e pedestres. Isto ocorre porque correntes de tráfego conflitantes concorrem pelo direito de passagem em uma interseção.

Quando os volumes de tráfego são baixos, o tráfego em uma interseção pode ser regulado por meio das *regras gerais de circulação*, ou com o uso de sinais de pare e dê a preferência. Entretanto, conforme aumentam os volumes de tráfego, torna-se extremamente difícil para os motoristas escolherem as brechas apropriadas nas correntes de tráfego conflitante para executar suas manobras. Quando isso acontece, a semaforização da interseção torna-se mandatória.

Os semáforos desempenham um papel primordial na determinação do nível de desempenho geral de um sistema de vias arteriais. Semáforos mal projetados podem resultar em atrasos desnecessários e excessivos. Se projetado adequadamente, pode proporcionar movimentos ordenados de tráfego e aumentar a capacidade de controle de tráfego de uma interseção. Os semáforos geralmente podem ser divididos em dois grupos: sinais *pré-programados* e sinais *atuados*. Os primeiros são geralmente indiferentes quanto aos volumes vigentes, bem como quanto a duração de seus ciclos, que é fixa. A operação dos controladores atuados varia de acordo com o volume observado. Estes precisam estar conectados aos detectores de tráfego para determinar a demanda de tráfego.

Ainda que a operação dos semáforos pré-programados não seja sensível aos volumes vigentes por si sós, pode-se ainda obter uma série de programas para diversos períodos de tempo durante o dia com a utilização de um controlador pré-programado. Normalmente, obtém-se uma programação para controlar os horários de pico da manhã – ou hora do *rush* – e da noite, e um terceiro para o período fora de pico. O controlador pré-programado seria configurado para utilizar uma programação entre 6h30 e 8h30, outra entre 16h30 e 18h30 e a programação para o período fora de pico durante o resto do dia. Dentro de cada um desses períodos, os parâmetros da programação do semáforo pré-programado permanecem inalterados. Diante disso, a utilização de controladores pré-programados é mais adequada quando as condições de tráfego não variam significativamente nos diversos períodos de pico. Nesta seção, vamos nos concentrar sobretudo nos semáforos pré-programados, uma vez que a plena compreensão da sua operação é crucial para o entendimento de outros tipos de controladores mais avançados.

Definições importantes

Antes de discutirmos os detalhes da metodologia de análise das interseções semaforizadas, alguns termos precisam ser definidos:

Ciclo e duração do ciclo. Ciclo do semáforo é uma rotação completa de todas as indicações em uma determinada interseção. Cada movimento permitido geralmente recebe uma indicação "verde" somente uma vez durante um determinado ciclo. O tempo que leva para o sinal passar por um ciclo de indicações é a *duração do ciclo*.

Intervalo. Período de tempo durante o qual todas as indicações ou luzes permanecem inalteradas. Um ciclo geralmente inclui vários intervalos como o verde, transição ou amarelo, desobstrução ou vermelho total e o intervalo do vermelho.

Fase. Conjunto de indicações (isto é, intervalos verdes e amarelos) durante os quais o direito de passagem é atribuído a um determinado conjunto de movimentos. O número de fases para as interseções semaforizadas normalmente varia entre dois e quatro. Para um semáforo de duas fases, normalmente tem-se uma fase dedicada aos deslocamentos de tráfego das aproximações de leste e oeste e outra aos deslocamentos norte e sul.

Defasagem. Termo utilizado em combinação com os sistemas de coordenação de semáforos. Refere-se à diferença de tempo entre o início da indicação de verde de dois semáforos adjacentes. Normalmente, a defasagem é medida em termos de tempo de início do verde do sinal a jusante (t_d) em relação ao sinal a montante (t_u), isto é, a defasagem é igual a $t_d - t_u$.

Princípios de programação semafórica

A fim de avaliar os fundamentos por trás da metodologia de análise e projeto das interseções semaforizadas, primeiro precisamos discutir as seguintes questões: (1) o mecanismo pelo qual os veículos se dispersam de uma fila de espera em um semáforo; (2) o tempo perdido no processo; e (3) o conceito de capacidade de dada aproximação de uma interseção. Cada uma dessas questões é brevemente discutida a seguir.

Intervalo entre veículos e taxa de fluxo de saturação

As observações da maneira como os veículos saem de uma fila (isto é, uma linha de veículos) revelaram que se os intervalos registrados entre as dispersões de veículos (isto é, o intervalo entre o tempo que um veículo cruza a placa de pare e o tempo que o seguinte leva para cruzá-la) forem traçados em um gráfico contra a posição do veículo na fila, um gráfico semelhante ao da Figura 4.3 será obtido. Essa figura explica o mecanismo pelo qual os veículos partem de uma interseção semaforizada quando temos a indicação de verde. Os primeiros intervalos entre veículos são relativamente longos, mas, em seguida, depois do quarto ou quinto veículo, esse intervalo normalmente converge para um valor constante. Esse valor é conhecido como intervalo de saturação e representa o intervalo médio entre veículos que pode ser atingido por uma fila de veículos em movimento saturado e estável, ou a taxa máxima em que os veículos podem partir de uma faixa de retenção, desde que existam outros aguardando na fila. O intervalo de saturação é frequentemente indicado por h e varia normalmente entre 2 e 3 s/veículo.

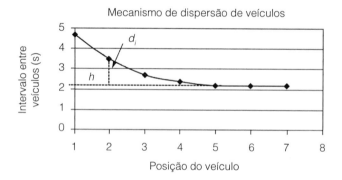

Figura 4.3 – Intervalos entre as dispersões de veículos em interseções semaforizadas.

Se assumirmos que a indicação de verde permanece o tempo todo, que temos veículos suficientes aguardando na fila e que cada um deles gasta h segundos para entrar no cruzamento (ou seja, o intervalo de saturação), o número total de veículos que entram em uma hora (isto é, a taxa de fluxo de saturação) pode ser facilmente calculado como

$$s = \frac{3.600}{h} \tag{4.9}$$

em que
 s = taxa de fluxo de saturação em unidades de veículos/hora de verde/faixa (veículos/hv/faixa)
 h = intervalo de saturação (s/veículo)

Discutiremos mais adiante como levar em consideração o fato de que, em uma interseção semaforizada, cada aproximação recebe a indicação de verde somente durante uma fração da duração total do ciclo.

Tempo perdido total e tempo de verde efetivo

Na Equação 4.9, assumimos que os veículos entram na interseção a cada h segundos. Na realidade, porém, o intervalo médio entre veículos é maior do que h. Como mostra a Figura 4.3, para os primeiros quatro ou cinco veículos, o intervalo entre eles é realmente maior do que h, uma vez que os motoristas desses veículos geralmente precisam de um tempo de reação maior para acelerar. Vamos designar a diferença entre o intervalo real para os primeiros veículos e o de saturação com d_i (consulte a Figura 4.3). A soma desses d_i nos daria o que chamamos de tempo perdido no início do tempo de verde l_1. Isto representa o tempo perdido no início de cada fase (ou seja, quando o semáforo indica verde), como resultado do tempo adicional de reação necessário dos primeiros quatro ou cinco veículos da fila. Poderíamos calcular o tempo total necessário para uma fila de n veículos dispersar de uma interseção semaforizada da seguinte forma

$$T_n = l_1 + nh \tag{4.10}$$

em que
T_n = tempo de sinal verde necessário para dispersar n veículos (segundos)
l_1 = tempo perdido no início do tempo de verde (s/fase)
h = intervalo de saturação (s/veículo)

Além do tempo perdido no início do verde, que ocorre cada vez que uma fila começa a se dispersar, existe um outro que ocorre quando se aproxima o final da fase (quando o semáforo está prestes a indicar vermelho). Esse tempo é chamado tempo perdido no final do verde, indicado com l_2. Para entender por que precisamos considerar l_2, vamos rever o que normalmente acontece quando uma fase está prestes a terminar. Normalmente, um sinal para uma determinada aproximação passa pela seguinte sequência de intervalos: (1) verde; (2) amarelo; (3) vermelho total (isso geralmente é um intervalo de 1 segundo em que as indicações do semáforo para todas as aproximações em uma interseção são vermelhas para garantir a desobstrução da interseção antes do início da indicação de verde para uma segunda aproximação); e (4) vermelho. Os veículos de uma determinada interseção normalmente circulariam durante todo o verde e parte do amarelo, ou tempo de transição. A parte do tempo de amarelo que não é utilizada pelos veículos mais o intervalo de vermelho total, no qual todos estão parados representa um tempo perdido, e é este tempo que l_2 deve capturar. Portanto, o tempo perdido total/fase (t_L) é igual ao tempo perdido no início do tempo de verde mais o tempo perdido no seu final, como segue:

$$t_L = l_1 + l_2 \tag{4.11}$$

Para facilitar a contabilização do tempo perdido/fase na análise e modelagem do semáforo, foi definido o tempo em verde efetivo (g_i). Isto representa o tempo durante o qual os veículos estão efetivamente se movendo à taxa de 1 veículo/h segundo. Este tempo é obtido da seguinte forma

$$g_i = G_i + Y_i - t_{Li} \tag{4.12}$$

em que
g_i = tempo em verde efetivo para a fase i
G_i = tempo em indicação de verde para a fase i
Y_i = duração do intervalo em amarelo
t_{Li} = tempo perdido total durante a fase i

Capacidade de uma determinada faixa

A taxa de fluxo de saturação (s), conforme definido na Equação 4.9, nos fornece a capacidade de uma única faixa em determinada aproximação à interseção, supondo que essa aproximação tem indicação de verde o tempo todo. Para uma interseção semaforizada, cada aproximação normalmente recebe a indicação de verde somente durante determinada fração da duração total do ciclo. Portanto, se determinada aproximação tiver um período de tempo de verde efetivo igual a g_i e se a duração total do ciclo for de C segundos, a capacidade deste acesso será igual a

$$c_i = s_i \frac{g_i}{C} \qquad (4.13)$$

em que
  c_i = capacidade da faixa i (veículo/h)
  s_i = taxa de fluxo de saturação para a faixa i (veículo/hv)
  g_i = tempo de verde efetivo para a faixa i (s)
  C = duração do ciclo (s)

A capacidade da faixa calculada poderia então ser multiplicada pelo número de faixas para obter a capacidade para todo o grupo (ou seja, grupo de faixas que se movem juntas durante uma determinada fase e que possuem características operacionais semelhantes). A Equação 4.13 é útil para o cálculo da capacidade de uma determinada aproximação ou de um grupo de faixa, mas não trata da forma de calcular a capacidade para uma interseção sinalizada como um todo. A questão da capacidade de uma interseção semaforizada será abordada na próxima seção.

Exemplo 4.3

Cálculo da capacidade de uma aproximação semaforizada

A aproximação leste de uma interseção semaforizada com um tempo de ciclo de 80 segundos tem 37 segundos de indicação de verde. Estudos mostram que o intervalo de saturação para este acesso é igual a 2,2 segundos, o tempo perdido no início do tempo de verde é igual a 2 segundos e o tempo perdido no final do verde é igual a 1 segundo. Se a duração do amarelo ou tempo de transição for de 3,5 segundos, determine a capacidade para esta aproximação, partindo do princípio de que ela consiste de duas faixas de tráfego.

Solução

A taxa de fluxo de saturação para este acesso é calculada, primeiro, pela Equação 4.9, da seguinte forma

$$s = \frac{3.600}{2,2} = 1.636 \text{ veículos/h/faixa}$$

Com a Equação 4.11, o tempo perdido total/fase para esta aproximação é calculada da seguinte forma

$$t_L = l_1 + l_2 = 2,0 + 1,0 = 3 \text{ s}$$

Em seguida, o tempo de verde efetivo para a aproximação é calculada pela Equação 4.12 como

$$g_i = G_i + Y_i - t_{Li} = 37,0 + 3,5 - 3,0 = 37,5 \text{ s}$$

Finalmente, a capacidade da aproximação pode ser calculada pela Equação 4.13, como segue:

$$c_i = s_i \frac{g_i}{C}$$

$$= 1.636 \times \frac{37,5}{80} = 767 \text{ veículos/h/faixa}$$

Portanto, a capacidade da aproximação ou do grupo de faixas é dada pela multiplicação do valor anterior por 2, uma vez que a aproximação tem duas faixas, como segue:

$c = 767 \times 2 = 1.534$ veículos/h

Conceitos de taxa de ocupação crítica e taxa de ocupação de faixa crítica

O desenvolvimento de planos de programação semafórica baseia-se em dois conceitos: taxa de ocupação crítica e taxa de ocupação de faixa crítica. O primeiro está voltado para a alocação do tempo disponível entre as correntes veiculares e de pedestres conflitantes em uma interseção. O segundo diz que, durante uma dada fase do semáforo, quando várias aproximações de tráfego são autorizadas a se mover, um movimento específico exigirá maior quantidade de tempo. Esse movimento específico é denominado faixa crítica para esta fase. Satisfazer as necessidades de circulação da faixa crítica automaticamente satisfaria as necessidades de todos os outros movimentos que a acompanham.

Considerando a interseção semaforizada mostrada na Figura 4.4, suponhamos que temos uma fase dedicada aos movimentos de tráfego para leste (L) e oeste (O) (ou seja, estes seis movimentos ocorrem ao mesmo tempo) e uma segunda dedicada aos movimentos de tráfego norte (N) e sul (S). Além disso, suponhamos que temos uma faixa disponível para cada um desses 12 movimentos (ou seja, uma faixa para movimentos de conversão à esquerda, outra para tráfego direto e uma terceira para a direita a partir de cada aproximação) e que estas três faixas sejam semelhantes em termos de suas capacidades para acomodar volumes de tráfego. Neste

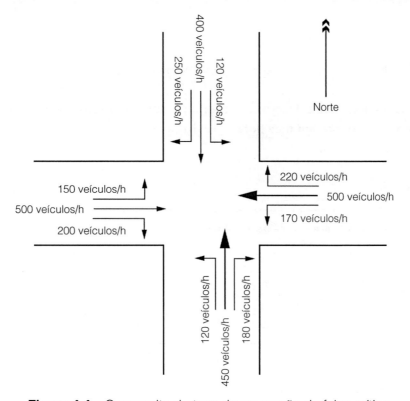

Figura 4.4 – O conceito de taxa de ocupação de faixa crítica.

caso, a fase que serve os movimentos L e O precisa ser dimensionada de modo que satisfaça as necessidades do movimento mais pesado ou mais intenso (isto é, deve ser suficientemente longa para acomodar este volume) que, neste caso, é o volume de 550 veículos/h. Ao fazer isso, as necessidades dos outros volumes menores seriam automaticamente satisfeitas. As fases N e S precisam ser projetadas para a faixa de 450 veículos/h, uma vez que este é o volume mais intenso que se desloca nesta segunda fase. A faixa crítica para a fase 1 é a que transporta o volume de 550 veículos/h, e a da fase 2 é aquela com o volume de 450 veículos/h. Esses dois movimentos são mostrados em destaque na Figura 4.4.

Portanto, para a interseção mostrada na Figura 4.4, o tempo disponível deve ser alocado para os veículos na faixa crítica da fase 1 e para aqueles na da fase 2, considerando o tempo perdido em cada fase.

Capacidade da interseção semaforizada

Com os conceitos de taxa de ocupação crítica e taxa de ocupação de faixa crítica definidos, enfocamos agora uma versão simplificada do conceito de capacidade de uma interseção semaforizada. Em certo sentido, a soma dos volumes máximos das faixas críticas que uma interseção semaforizada pode acomodar pode ser considerada uma medida para a capacidade do cruzamento. Esta é uma medida simplificada em comparação com os métodos mais elaborados descritos no HCM, mas ainda assim é bastante útil.

Para determinar a soma dos volumes máximos das faixas críticas que uma interseção semaforizada pode acomodar, primeiro é preciso determinar o tempo disponível para alocar esses movimentos em uma hora, pois existe algum tempo perdido em cada ciclo do semáforo que não é utilizado pelos veículos. Após o tempo disponível para alocação ser determinado, dividindo-o pelo intervalo de dispersão obtém-se imediatamente o montante máximo de volumes da faixa crítica. Os cálculos prosseguem da seguinte forma: primeiro, o tempo perdido total/ciclo é calculado como

$$L = N \times t_L \tag{4.14}$$

em que

L = tempo perdido total/ciclo (s/ciclo)
N = número de fases no ciclo
t_L = tempo perdido total/fase conforme definido previamente (s/fase)

O número de ciclos em uma hora é dado como ciclos de 3.600/C, em que C é a duração do ciclo em segundos. Portanto, o tempo perdido total em uma hora, L_H, é dado por

$$L_H = N \times t_L \times \left(\frac{3.600}{C}\right) \tag{4.15}$$

Portanto, o tempo disponível para alocação, T_G, é igual a

$$T_G = 3.600 - N \times t_L \times \left(\frac{3.600}{C}\right) \tag{4.16}$$

Dividindo esse tempo pelo intervalo de saturação, h, teríamos então a soma máxima de volumes críticos que o cruzamento poderia acomodar, V_c, que pode ser expresso como

$$V_c = \frac{1}{h}\left[3.600 - N \times t_L \times \left(\frac{3.600}{C}\right)\right] \tag{4.17}$$

Aplicações

A Equação 4.17 pode ser utilizada de diversas maneiras diferentes. Primeiro, pode ser usada para definir os máximos volumes de faixa crítica que uma dada interseção com uma determinada duração de tempo de ciclo pode acomodar. Segundo, para determinar o número de aproximações de faixas/aproximação da interseção necessário se certa duração de tempo de ciclo for desejada. E, finalmente, para determinar a duração mínima do tempo de ciclo necessária para acomodar um determinado conjunto de volumes em uma interseção específica. Os seguintes exemplos ilustram essas aplicações da metodologia.

Exemplo 4.4

Determinando a soma máxima de volumes críticos em uma interseção
Uma interseção semaforizada com três fases tem duração de ciclo igual a 90 segundos. Determine a soma máxima de volumes críticos que a interseção pode acomodar, considerando que o tempo perdido/fase é de 3,50 segundos e o intervalo de saturação é de 2 segundos.

Solução

Com base na Equação 4.17, a soma máxima de volumes críticos pode ser calculada como

$$V_c = \frac{1}{h}\left[3.600 - N \times t_L \times \left(\frac{3.600}{C}\right)\right]$$

$$V_c = \frac{1}{2,0}\left[3.600 - 3 \times 3,5 \times \left(\frac{3.600}{90}\right)\right] = 1.590 \text{ veículos/h}$$

Exemplo 4.5

Determinando o número de faixas em uma interseção
Considere a interseção de duas fases mostrada na Figura 4.5. Ela tem um ciclo de 60 segundos, e o tempo perdido/fase é igual a 4 segundos. Os volumes críticos são apresentados na figura. Determine o número de faixas necessário para cada movimento crítico. Considere um intervalo de saturação de 2,20 segundos.

Solução
O primeiro passo é determinar a soma máxima dos volumes críticos que a interseção com seu tempo de ciclo atual pode acomodar. Este valor é então comparado com os volumes críticos observados, apresentados na Figura 4.5, para determinar o número de faixas. A solução prossegue abaixo:

$$V_c = \frac{1}{h}\left[3.600 - N \times t_L \times \left(\frac{3.600}{C}\right)\right]$$

$$V_c = \frac{1}{2,20}\left[3.600 - 2 \times 4 \times \left(\frac{3.600}{60}\right)\right] = 1.418 \text{ veículos/h}$$

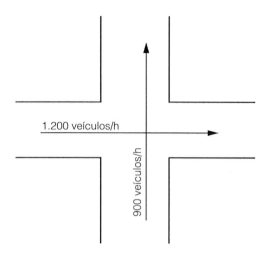

Figura 4.5 – Interseção do Exemplo 4.5.

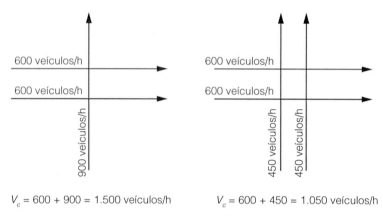

Figura 4.6 – Solução do Exemplo 4.5.

De acordo com a Figura 4.5, a soma dos volumes críticos é igual a 1.200 + 900 = 2.100 veículos/h. Isso significa que esses volumes devem ser distribuídos por um número de faixas de forma que o montante dos volumes críticos observados seja inferior à soma máxima de volumes críticos que a interseção pode controlar, conforme determinado pela Equação 4.17.

Começamos com duas faixas/direção para o sentido leste-oeste e uma faixa/direção para norte-sul, como apresentado na Figura 4.6. Isto nos fornece a soma de volumes críticos de 1.500 veículos/h, que ainda é maior do que a interseção pode controlar (ou seja, 1.418 veículos/h). Continuamos, então, a dividir também o volume crítico norte-sul em duas faixas, o que resulta em uma soma de volumes críticos de 1.050 veículos/h. Uma vez que 1.050 veículos/h é inferior a 1.418 veículos/h, o dimensionamento é aceitável.

Exemplo 4.6

Determinando a duração mínima do ciclo

Determine a duração mínima do ciclo para a interseção de duas fases apresentada na Figura 4.7. Os volumes críticos do cruzamento são apresentados na figura. Considere um intervalo de saturação de 2,10 segundos e um tempo perdido/fase de 3,50 segundos.

Solução
Para este problema, a Equação 4.17 é rearranjada a fim de obter a duração do ciclo, C. Isto nos fornece a seguinte equação:

$$C_{mín} = \frac{Nt_L}{1 - (V_c / 3.600/h)}$$

em que todos os termos são os mesmos já utilizados anteriormente.

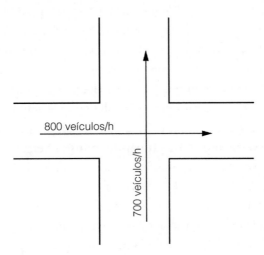

Figura 4.7 – Problema do Exemplo 4.6.

A soma dos volumes críticos, V_c, para a interseção mostrada na Figura 4.6 é 800 + 700 = 1.500 veículos/h. Portanto, a duração mínima do ciclo é

$$C_{mín} = \frac{2 \times 3,5}{1 - \left(\frac{1.500}{3.600/2,1}\right)} = 56 \text{ s}$$

Duração desejada do ciclo

No Exemplo 4.6, encontramos, por meio da Equação 4.17, a duração mínima do ciclo necessária para acomodar uma determinada soma de volumes críticos. Essa equação, entretanto, não leva em consideração as variações horárias do volume de tráfego (que são consideradas utilizando-se o fator de pico horário). Além disso, a maioria dos semáforos é programada de forma que entre 80% e 95% da capacidade disponível seja utilizada (a Equação 4.17 pressupõe que 100% da capacidade é utilizada). O fornecimento de algum excesso de capacidade é importante para os sistemas de transporte por causa das incertezas associadas com a previsão da demanda de tráfego.

Para considerar esses dois fatores (isto é, as variações horárias e a porcentagem de utilização da capacidade), a Equação 4.17 é modificada como segue:

$$C_{des} = \frac{Nt_L}{1 - \left(\frac{V_c}{3.600/h \times \text{FPH} \times (v/c)}\right)} \tag{4.18}$$

em que

C_{des} = duração desejada do ciclo, em oposição à duração mínima do ciclo da Equação 4.17

FPH = fator horário de pico

v/c = razão desejada entre volume e capacidade

Modelo de espera de Webster

Ao dimensionar a programação de um semáforo, o engenheiro de tráfego normalmente tenta atender às necessidades do movimento de faixa crítica de cada fase, enquanto maximiza o desempenho da interseção. Para interseções isoladas, *atraso* é normalmente a medida utilizada para caracterizar como está o desempenho da interseção. Os sistemas de semáforos coordenados normalmente tentam minimizar a função de "penalidade", que representa uma combinação ponderada do número de paradas e a espera total.

Um dos primeiros pesquisadores de transporte a desenvolver um modelo para a espera em interseções semaforizadas foi Webster, em 1958. Seu modelo baseia-se no desenvolvimento de um gráfico cumulativo (como abordado no Capítulo 2) para a forma de como os veículos chegam a e partem da interseção, conforme mostrado na Figura 4.8, que traça um gráfico do número cumulativo de veículos que chegam ao e partem do cruzamento em relação ao tempo. A linha do tempo é dividida em períodos de verde efetivo (quando os veículos estão autorizados a circular) e de vermelho efetivo (quando todos os veículos estão parados). Supõe-se que os veículos chegam a uma taxa de fluxo uniforme, ou seja, v veículos/unidade de tempo. Isto resulta em uma linha reta com uma inclinação v para a curva de chegada de veículos.

Para a partida, durante o período de vermelho efetivo, nenhum veículo pode partir e, portanto, a curva cumulada de partidas durante esse período toma a forma de uma linha horizontal (0 veículo partindo). Assim que o semáforo indica verde, a fila de veículos formada durante o período em vermelho começa a se dispersar a uma taxa igual ao intervalo de dispersão ou à taxa de fluxo de saturação, s veículos/h. A dispersão à taxa de fluxo de saturação continua até que a fila se dissipe (ou seja, o ponto onde a curva de chegada se encontra com a de partida, ponto A na Figura 4.8). Após esse ponto, os veículos começam a se dispersar a uma taxa igual à taxa de chegada.

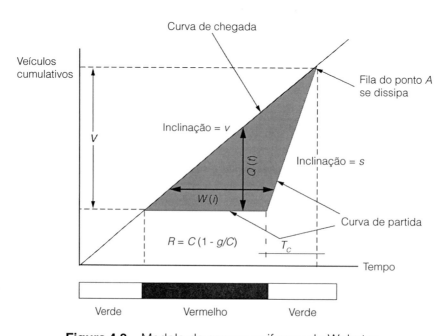

Figura 4.8 – Modelo de espera uniforme de Webster.

Com base na Figura 4.8, deveria ser óbvio que a distância vertical entre as curvas de chegada e de partida no tempo t, $Q(t)$, nos dá o número de veículos que aguardam em fila na interseção e que a diferença horizontal entre as duas curvas, $W(i)$, nos fornece o tempo que um veículo i passa esperando na fila. Diante disso, a espera total ou agregada de todos os veículos processados pelo semáforo é dada pela área sombreada do triângulo na Figura 4.8.

Portanto, para determinar a espera agregada, ou média, o primeiro passo é definir a área sombreada do triângulo da Figura 4.8, da seguinte forma:

A área do triângulo é igual à metade da base multiplicada pela altura, ou

$$\text{Espera agregada} = \frac{1}{2} RV$$

em que R é a duração do período em vermelho efetivo, e V é o número total de veículos em espera na interseção. Por uma questão de convenção, os modelos de tráfego são normalmente expressos em termos de verde efetivo, e não de vermelho. Em termos de verde, o período em vermelho pode ser expresso como

$$R = C[1 - g/C]$$

em que C é a duração do ciclo, e g a duração do período de verde efetivo.

A fim de determinar o número de veículos na fila, V, primeiro precisamos encontrar o tempo que decorre entre o momento em que o semáforo indica verde e o tempo em que a fila se dissipa (ou seja, T_c na Figura 4.8). Uma vez que T_c é determinado, o número de veículos, V, pode ser facilmente calculado multiplicando-se a taxa de fluxo de saturação, s, por T_c. A determinação de T_c ocorre da seguinte forma:

A partir da Figura 4.8, temos

$$V = v(R + T_c) = sT_c$$

Portanto,

$$R + T_c = (s/v)T_c$$

$$R = T_c(s/v - 1)$$

$$T_c = \frac{R}{\left(\frac{s}{v} - 1\right)}$$

Logo,

$$V = sT_c = \frac{sR}{\left(\frac{s}{v} - 1\right)} = R\left[\frac{vs}{s-v}\right] = C\left[1 - \left(\frac{g}{C}\right)\right]\left[\frac{vs}{s-v}\right]$$

Assim, a espera agregada é dada como

$$\text{Espera agregada} = \frac{1}{2}RV = \frac{1}{2}C^2\left[1 - \left(\frac{g}{C}\right)\right]^2\left[\frac{vs}{s-v}\right] \tag{4.19}$$

A espera média/veículo pode então ser calculada pela Equação 4.19, dividindo-se a espera agregada pelo número de veículos processados/ciclo (ou seja, $v \cdot C$). Isto resulta:

$$\text{Espera média} = \frac{1}{2} C \frac{\left[1 - \frac{g}{C}\right]^2}{\left[1 - \frac{v}{s}\right]} \tag{4.20}$$

A Equação 4.20 também pode ser expressa em termos da capacidade de uma aproximação da interseção, c, em vez da taxa de fluxo de saturação, s, observando que $c = s \times (g/C)$ (Equação 4.20).

Isto nos dá a seguinte expressão:

$$\text{Espera média} = \frac{1}{2} C \frac{\left[1 - \frac{g}{C}\right]^2}{\left[1 - \left(\frac{g}{C}\right)\left(\frac{v}{s}\right)\right]} \tag{4.21}$$

Observe que na equação acima, C maiúsculo refere-se à duração do ciclo em segundos, enquanto c minúsculo refere-se à capacidade da aproximação em veículos/h.

Conforme mostrado na Tabela 4.1, o cálculo da espera média dos diversos movimentos de tráfego em uma interseção sinalizada constitui a base para a determinação do NS para os diversos movimentos, bem como para toda a interseção. A Tabela 4.4 mostra como o manual HCM define os diversos NS para as interseções semaforizadas. NS C, por exemplo, corresponde aos valores de espera na faixa de 20 a 35 segundos.

Tabela 4.4 – NS para interseções semaforizadas

NS	Espera no semáforo (s/veículo)
A	0–10
B	10–20
C	20–35
D	35v55
E	55–80
F	>80

Exemplo 4.7

Cálculo da espera média para uma aproximação da interseção

Determine a espera média em s/veículo para uma aproximação de uma interseção que recebe 40 segundos de verde em um ciclo com duração total de 90 segundos. A aproximação registra um volume horário de 600 veículos e uma taxa de fluxo de saturação igual a 1.700 veículos/h. Determine também o NS correspondente.

Solução

A espera média da aproximação pode ser determinada diretamente pelas Equações 4.20 ou 4.21. Utilizando a Equação 4.20, a espera média é dada por

$$\text{Espera média} = \frac{1}{2} C \frac{\left[1 - \frac{g}{C}\right]^2}{\left[1 - \frac{v}{s}\right]}$$

$$= \frac{1}{2} \cdot 90 \cdot \frac{\left[1 - \frac{40}{90}\right]^2}{\left[1 - \frac{600}{1.700}\right]} = 21{,}50 \text{ s/veículo (resposta)}$$

Da Tabela 4.4, isto corresponde ao NS C.

Fórmula de Webster para a duração de ciclo ótima

Com base na minimização da espera na aproximação de uma interseção semaforizada, Webster deduziu uma fórmula para determinar a duração ótima do tempo de ciclo, C_o, que minimiza a espera na aproximação. A equação para determinar a duração de ciclo ótima, C_o, é como segue:

$$C_o = \frac{1{,}5L + 5}{1 - \sum_{i=1}^{N} Y_i} \tag{4.22}$$

em que

C_o = duração de ciclo ótima em segundos
N = número de fases
L = tempo perdido total/ciclo, que é igual ao número de fases (N) multiplicado pelo tempo perdido/fase (t_L)
Y_i = valor máximo das razões entre os fluxos das aproximações e as taxas de fluxo de saturação de todos os grupos de faixa que utilizam a fase i. Portanto, Y_i fornece as razões entre a taxa de ocupação de faixa crítica e a taxa de fluxo de saturação, e é calculado por

$$Y_i = \text{máx}\{v_{ij}/s_j\} \tag{4.23}$$

em que

v_{ij} = volume de tráfego no grupo de faixa j que tem o direito de passagem durante a fase i
s_j = taxa de fluxo de saturação no grupo de faixa j

Com a duração do ciclo determinada, o tempo disponível em verde (ou seja, $C - L$) é alocado entre as diversas fases na proporção de suas respectivas razões Y_i. Portanto, o tempo de verde efetivo para a fase i é calculado da seguinte forma:

$$g_i = \frac{Y_i}{\sum_{i=1}^{N} Y_i} \times (C - L) \tag{4.24}$$

em que todos os termos são os mesmos já utilizados anteriormente.

Exemplo 4.8

Dimensionamento de uma interseção semaforizada

A interseção apresentada na Figura 4.9 tem três fases: a fase A atende somente às conversões leste-oeste; a B, o tráfego no sentido leste-oeste e conversões à direita; e a C, os movimentos no sentido norte-sul em conversões à esquerda, em passagem direta e em conversões à direita.

Considerando os tempos perdidos de 3,5 s/fase, um intervalo amarelo de 3 segundos e as seguintes taxas de fluxo de saturação:

$s(passagem\ direta + conversão\ à\ direita)$ = 1.700 veículos/h
$s(conversão\ à\ esquerda)$ = 1.600 veículos/h

148 Engenharia de infraestrutura de transportes

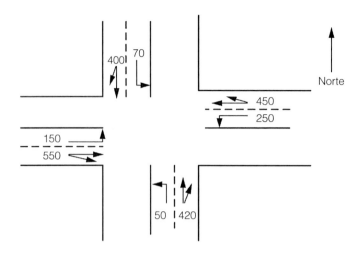

Figura 4.9 – Fluxos horários equivalentes na interseção.

(a) Utilizando o modelo de Webster, determine a duração de ciclo ótima para a interseção.
(b) Determine o tempo de verde efetivo para a fase A.

Solução

(a) O primeiro passo é calcular as razões entre os fluxos das aproximações e as taxas de fluxo de saturação para cada uma das três fases, dividindo esses fluxos por essas taxas para todos os grupos de faixa utilizando cada fase. Os cálculos são organizados da seguinte forma:

	Fase A		Fase B		Fase C			
v_{ij}	150	250	550	450	50	420	70	400
s_j	1.600	1.600	1.700	1.700	1.600	1.700	1.600	1.700
v_{ij}/s_j	0,09	**0,16**	**0,32**	0,26	0,03	**0,25**	0,04	0,24

Com base nesses cálculos, o Y_i de cada fase é determinado como segue:

$Y_1 = 0,16$

$Y_2 = 0,32$

$Y_3 = 0,25$

$\Sigma Y = 0,73$

O tempo perdido total/ciclo, L, neste exemplo, é calculado multiplicando-se o número de fases (isto é, três fases) pelo tempo perdido/fase (ou seja, 3,50 s/fase) como segue:

$L = 3 \times 3,50 = 10,50$ s/ciclo

A duração do ciclo ótima, C_o, pode então ser determinada pela Equação 4.29, como segue:

$$C_o = \frac{1,5L + 5}{1 - \Sigma_{i=1}^{N} Y_i} = \frac{1,5 \times 10,5 + 5}{1 - 0,73} = 76,9 \text{ segundos, que é arredondado para 80 s}$$

(b) O verde efetivo da fase A é então calculado utilizando a Equação 4.30, como segue:

$$g_A = \frac{Y_A}{\Sigma_{i=1}^{3} Y_i} \times (C - L) = \frac{0{,}16}{0{,}73} \times (80 - 10{,}50) = 15{,}2 \text{ s}$$

Breve introdução ao método do HCM

Na discussão anterior, fizemos uma série de simplificações tendo em vista que nosso objetivo principal era apresentar o modelo mais amplo de análise da capacidade nas interseções semaforizadas. Entre as principais, negligenciamos a abordagem dos movimentos de conversão à esquerda nos cruzamentos e o papel importante que exercem sobre o impacto da capacidade da interseção. O HCM contém uma metodologia detalhada que leva isto em consideração, assim como vários outros fatores que ignoramos na discussão anterior. O leitor interessado pode consultar as referências clássicas em engenharia de tráfego, incluindo o livro *Highway and Traffic Engineering*, de Garber e Hoel, para mais detalhes.

Capacidade do transporte público

Do ponto de vista da capacidade, existem algumas diferenças básicas entre o transporte público e o automóvel. Por exemplo, enquanto a capacidade rodoviária está geralmente disponível 24 horas por dia, sete dias por semana, a capacidade e a disponibilidade do transporte público dependem da política operacional da agência gestora (por exemplo, número de veículos, horário de funcionamento etc.). Além disso, a capacidade do transporte público trata do movimento tanto de *pessoas* como de *veículos*. Isto significa que, para o transporte público, temos de tratar a *capacidade veicular* bem como a *capacidade em termos de pessoas*.

A *capacidade veicular* refere-se ao número de unidades de transporte público (ônibus ou trens) que pode ser atendido por uma determinada infraestrutura de transporte público. Normalmente, ela é definida para três locais: (1) áreas de embarque ou plataformas; (2) pontos de parada e estações; e (3) faixas de ônibus e linhas de transporte público. Como será discutido mais adiante, começando com as áreas de embarque, cada um desses locais afeta diretamente o próximo local. A capacidade veicular de uma estação de transporte público, por exemplo, é uma função direta das capacidades veiculares das áreas de embarque dessa estação. Além disso, a capacidade de uma linha de transporte público é controlada pela capacidade dos pontos de parada críticos ao longo dessa linha. Um dos fatores mais importantes que afetam a *capacidade veicular* é o tempo de parada do veículo, que é o período necessário para atender aos passageiros mais o necessário para abrir e fechar as portas. A *capacidade em termos de pessoas* refere-se ao número de pessoas que podem ser transportadas após um local específico durante um dado período de tempo sob condições operacionais especificadas e sem atrasos excessivos, perigo ou restrição. Essa capacidade é normalmente definida para os pontos de parada e estações de transporte público, bem como para o ponto de embarque mais carregado ao longo de uma linha de transporte público ou faixa de ônibus. Os três fatores básicos a seguir controlam a capacidade de pessoas:

Política do operador: A política da agência gestora de transporte público exerce um impacto direto na *capacidade em termos de pessoas* do transporte público. Por exemplo, a política da agência com relação a permitir ou não passageiros em pé impactaria diretamente no número de passageiros que um determinado veículo de transporte público poderia transportar.

Características da demanda de passageiros: A distribuição espacial e temporal da demanda de passageiros impacta diretamente no número de passageiros que podem ser transportados. Em decorrência da distribuição espacial da demanda de passageiros, a *capacidade de passageiros* é geralmente definida para o ponto de embarque mais carregado ao longo de uma linha de transporte público, e não para a linha como um todo. Além disso, um sistema de transporte deve ser projetado para oferecer uma capacidade adequada durante os períodos de pico de demanda. Na análise, isto é geralmente considerado utilizando-se o FPH.

Capacidade veicular: Esta também tem um impacto direto sobre a capacidade de passageiros, uma vez que estabelece um limite superior para o número de passageiros que podem utilizar um ponto de parada do transporte público ou ser transportados além do ponto de embarque mais carregado.

As seções seguintes descrevem resumidamente os processos de análise que podem ser utilizados para determinar a capacidade (veicular e em termos de pessoas) e o nível de serviço do transporte público. Enquanto há várias tecnologias de transporte público (por exemplo, ônibus, bondes, veículos leves sobre trilhos, trens rápidos e ônibus com dirigibilidade automática), estas diversas modalidades do ponto de vista da análise da capacidade geralmente podem ser classificadas em (1) ônibus; (2) tecnologias sobre trilhos na via, tais como bondes e veículos leves sobre trilhos; e (3) tecnologias sobre trilhos fora de via ou em níveis separados. As seções seguintes descrevem os procedimentos de análise da capacidade para esses diversos grupos. Iniciaremos, no entanto, discutindo alguns conceitos gerais que são aplicáveis a todos os três grupos.

Conceitos de capacidade do transporte público

A *capacidade veicular* do transporte público é normalmente definida para três tipos de locais: (1) áreas de embarque/desembarque ou plataformas; (2) pontos de parada e terminais de transporte público; e (3) faixas de ônibus ou trechos sobre trilhos. Cada um desses três tipos de locais é descrito resumidamente a seguir.

Áreas de embarque/desembarque

Para ônibus, a área de embarque/desembarque (por vezes chamada plataforma) refere-se ao espaço destinado para o ônibus parar para embarque e desembarque de passageiros. Parada de ônibus, como será abordado mais adiante, consiste em uma ou mais áreas de embarque/desembarque. As paradas de ônibus ao longo das guias das calçadas são o tipo mais comum de áreas de embarque/desembarque, que podem ser tanto na própria faixa de tráfego (isto é, na própria via) ou na forma de uma baia lateral fora da faixa de tráfego.

Três fatores primordiais determinam a capacidade das áreas de embarque/desembarque: (1) tempo de parada; (2) variabilidade do tempo de parada; e (3) tempo de liberação. Tempo de parada é o período necessário para atender aos passageiros mais o necessário para abrir e fechar as portas do veículo. Tempo de parada é uma função de uma série de fatores, incluindo (1) o número de passageiros que embarcam e desembarcam de um veículo; (2) a distância entre as paradas (distâncias mais longas resultariam em um grande número de passageiros em cada parada, o que, por sua vez, aumentaria o tempo de parada); (3) os procedimentos de pagamento de tarifa (ou seja, se o pagamento é feito em dinheiro, fichas, passes ou cartões inteligentes); (4) o tipo de veículo (para ônibus de piso baixo, por exemplo, o tempo necessário para embarque e desembarque de passageiros é reduzido, principalmente para os idosos e pessoas com deficiências); (5) circulação de passageiros a bordo; e (6) embarque de cadeiras de rodas e bicicletas.

A *variabilidade do tempo de parada* considera o fato de que o tempo de parada em um determinado ponto provavelmente pode variar dependendo da demanda real de passageiros existente. Na análise, essa variabilidade é levada em consideração pela utilização de um *coeficiente de variação* do tempo de parada, calculado dividindo o desvio padrão dos tempos de parada observados no ponto pelo valor médio do tempo de parada.

Tempo de liberação é o período que decorre após o momento em que o veículo fecha suas portas até sair do ponto de parada. Durante esse tempo, a área de embarque/desembarque não está disponível para utilização por outro veículo. Para pontos de ônibus na via e estações de trens metropolitanos, o tempo de liberação é igual ao necessário para o veículo iniciar o movimento e percorrer um trecho igual ao seu comprimento, liberando assim o ponto de parada. Para os pontos de parada de ônibus em baias, é necessário um tempo adicional igual ao necessário para que o ônibus parado encontre uma oportunidade adequada na corrente de tráfego da faixa adjacente que lhe permita voltar novamente ao tráfego.

Estações e terminais

Estes são o segundo local onde a capacidade veicular é determinada e, para os ônibus, geralmente consistem em uma ou mais áreas de embarque/desembarque. Assim, a capacidade de um ponto de ônibus está diretamente relacionada às capacidades das áreas de embarque/desembarque individuais que o compõem. Os pontos de ônibus geralmente podem ser divididos em dois grupos: (1) terminais de ônibus e (2) paradas de ônibus na via. Os terminais de ônibus estão geralmente localizados fora da via, enquanto os pontos de ônibus na via localizam-se nas calçadas de um de três locais: (a) no final da quadra (ou seja, os ônibus param imediatamente antes do cruzamento); (b) no início da quadra (os ônibus param após o cruzamento); e (3) no meio da quadra. Do ponto de vista da capacidade, os pontos no final da quadra têm impacto negativo menor sobre a capacidade, seguido pelos pontos no meio da quadra e os no início da quadra.

Faixas de ônibus e trechos sobre trilhos

Faixas de ônibus referem-se a quaisquer faixas em uma via em que eles circulam. Essas faixas podem ser de uso exclusivo dos ônibus ou estes podem ter de compartilhá-las com os outros veículos. Os trechos sobre trilhos são dedicados ao uso exclusivo de um veículo de transporte público. Normalmente, a capacidade veicular de uma faixa de ônibus ou trecho sobre trilhos é determinada pela capacidade do ponto de ônibus ou estação críticos localizados ao longo da faixa ou do trecho sobre trilhos. As faixas de ônibus são divididas em três tipos (1, 2 e 3). Para o tipo 1, os ônibus não fazem uso da faixa adjacente, enquanto os do tipo 2 fazem uso parcial da faixa adjacente que normalmente poderiam compartilhar com o restante do tráfego. Para o tipo 3, duas faixas são destinadas ao uso exclusivo de ônibus. Para os tipos 1 e 2, os ônibus podem ou não compartilhar a faixa junto à calçada com o restante do tráfego.

Além do tipo, existem outros fatores que afetam a capacidade das faixas de ônibus. Por exemplo, a capacidade pode ser aumentada por meio da dispersão dos pontos de parada, de modo que apenas um subconjunto de ônibus na faixa utiliza um determinado conjunto de paradas. Isto é frequentemente denominado operação de *paradas alternadas* e pode ajudar a aumentar a capacidade, bem como permitir viagens mais rápidas. A eficácia do padrão da operação de paradas alternadas é maximizada quando os ônibus são organizados em pelotões, e a cada pelotão é atribuído um grupo de pontos. Além disso, a localização do ponto pode impactar a capacidade da faixa de ônibus, pois os pontos no final da quadra podem oferecer a maior capacidade da faixa de ônibus, seguidos pelos do meio da quadra e, finalmente, os do início da quadra. Essas duas questões (isto é, operação de paradas alternadas e localização dos pontos de ônibus) não são aplicáveis às vias sobre trilhos em níveis separados.

Conceitos de qualidade de serviço

Diversos indicadores estão disponíveis para avaliar o desempenho do transporte público. Eles podem refletir o ponto de vista do operador ou dos usuários. O primeiro é normalmente avaliado por meio do que é comumente denominado indicadores de produtividade, que incluem o número anual de passageiros, viagens de passageiro/milha renumerada, despesas operacionais/milha, e assim por diante. Esses indicadores, no entanto, não medem diretamente a satisfação do usuário com a qualidade do serviço de transporte público.

A qualidade do serviço de transporte público é definida de modo que reflita o desempenho percebido do ponto de vista do usuário. Em geral, os indicadores de qualidade do serviço de transporte público podem ser divididos em duas categorias principais: (1) avaliação da disponibilidade do serviço de transporte público, e

(2) avaliação do conforto e da conveniência do transporte público. Além disso, esses indicadores dependeriam de um elemento específico do sistema de transporte público sendo avaliado. Como mencionado, considera-se que um sistema de transporte público consiste dos seguintes três elementos básicos: (1) pontos de parada; (2) trechos de linha; e (3) sistemas. Para os pontos de parada, a qualidade dos indicadores do serviço precisa avaliar a disponibilidade e a conveniência do transporte público em um único local. Para os trechos de linha, os indicadores devem abordar a disponibilidade e a conveniência ao longo de um trecho que seria composto por duas ou mais paradas. Finalmente, os indicadores são necessárias para descrever a disponibilidade e a conveniência de todo o sistema de transporte público, que tipicamente consiste de várias linhas que cobrem uma região geográfica específica.

A Tabela 4.5 mostra a estrutura da qualidade de serviço do transporte público e enumera os diversos indicadores que são utilizados para avaliar a disponibilidade e a conveniência dos três diferentes elementos de um sistema de transporte público. Os indicadores com um sobrescrito são aqueles utilizados para definir o NS e são quatro: frequência, horário, volume de passageiros e confiabilidade.

Tabela 4.5 – Estrutura da qualidade de serviço do transporte público.

Categoria	Pontos de parada	Segmento de rota	Sistema
Disponibilidade	• Frequência[a] • Acessibilidade • Volume de passageiros	• Horários[a] • Acessibilidade	• Cobertura do serviço • Percentual de pessoas atendidas por minuto
Conforto e conveniência	• Volume de passageiros[a] • Amenidades • Confiabilidade	• Confiabilidade[a] • Velocidade de viagem • Relação entre tempo de viagem por automóvel e por transporte público	• Relação entre tempo de viagem por automóvel e por transporte público • Tempo de viagem • Segurança

Observação:
a. Medida do serviço que define o NS correspondente.

Fonte: Adaptado do HCM 2000.

Com os conceitos gerais relevantes à capacidade do transporte público e do NS abordados, discutiremos agora os detalhes dos procedimentos de análise para três grupos de tecnologias de transporte público: ônibus, sobre trilhos na via e sobre trilhos em níveis separados.

Metodologia de análise da capacidade de ônibus

A capacidade de transporte público por ônibus é calculada para três locais: áreas de embarque/desembarque, pontos de ônibus e faixas de ônibus. Vários fatores afetam a capacidade das infraestruturas de transporte público: (1) tempo de parada; (2) coeficiente de variação do tempo de parada; (3) tempo de liberação; (4) índice de falha; (5) volume de passageiros; e (6) operação com paradas alternadas. Uma discussão desses fatores é apresentada antes dos detalhes dos procedimentos de análise da capacidade para diversos tipos de infraestruturas de transporte público.

Tempo de parada

Tempo de parada refere-se ao período que decorre enquanto o ônibus está parado em um ponto atendendo aos passageiros. Especificamente, é o tempo necessário para atender aos passageiros na porta mais movimentada mais o tempo de abertura e fechamento das portas. O HCM recomenda um valor que varia entre 2 e 5 segundos para abrir e fechar a porta em operações normais.

A melhor maneira de determinar o tempo de parada é medi-lo diretamente em campo. Este método, no entanto, só é aplicável quando há interesse em determinar a capacidade e o NS para uma linha de ônibus que já está em operação. Se o tempo de parada não puder ser medido em campo (por exemplo, quando precisamos avaliar a capacidade de uma linha nova proposta), valores típicos com base em práticas comuns são presumidos. Por exemplo, para pontos de ônibus em distritos comerciais centrais de uma cidade ou para grandes pontos de transferência, um valor de tempo de parada de 60 segundos pode ser assumido. Para grandes pontos afastados, 30 segundos é o assumido, ou 15 segundos para os pontos afastados típicos. A Equação 4.25 também pode ser utilizada para calcular o tempo de parada:

$$t_d = P_a t_a + P_b t_b + t_{oc} \tag{4.25}$$

em que

t_d = tempo de parada em segundos
P_a = desembarque de passageiros/ônibus pela porta mais movimentada durante o pico de 15 minutos
t_a = tempo de desembarque dos passageiros (segundos/pessoa)
P_b = embarque de passageiros/ônibus pela porta mais movimentada durante o pico de 15 minutos
t_b = tempo de embarque de passageiros (segundos/pessoa)
t_{oc} = tempo de abertura e fechamento da porta (segundos)

Observe que a Equação 4.25 assume que o embarque e o desembarque de passageiros ocorrem na mesma porta, motivo pelo qual os tempos de embarque e desembarque são adicionados. A Tabela 4.6 apresenta valores típicos para os tempos de embarque e desembarque que podem ser utilizados juntamente com a Equação 4.25. No entanto, note-se que os tempos mostrados devem ser aumentados em 0,50 segundos se houver passageiros em pé.

Tabela 4.6 – Tempos de embarque e desembarque para o transporte público.

Tipo de ônibus	Disponibilidade de portas ou canais		Tempos típicos de embarque (s/p)		Tempos típicos de desembarque (s/p)
	Número	Localização	Pré-pagamento[b]	Tarifa de moeda única	
Convencional (corpo rígido)	1	Dianteira	2,0	2,6 a 3,0	1,7 a 2,0
	1	Traseira	2,0	NA	1,7 a 2,0
	2	Dianteira	1,2	1,8 a 2,0	1,0 a 1,2
	2	Traseira	1,2	NA	1,0 a 1,2
	2	Dianteira, traseira[c]	1,2	NA	0,9
	4	Dianteira, traseira[d]	0,7	NA	0,6
Articulado	3	Dianteira, traseira, central	0,9[d]	NA	0,8
	2	Traseira	1,2[e]	NA	—
	2	Dianteira, central[c]	—	—	0,6
	6	Dianteira, traseira, central[c]	0,5	NA	0,4
Ônibus especiais	6	3 portas triplas[f]	0,5	NA	0,4

Observações:
NA: dados não disponíveis.
a. Intervalo típico em segundos entre embarque e desembarque sucessivos de passageiros. Não leva em consideração os tempos de liberação sucessivos entre os ônibus ou o tempo perdido na parada. Se houver pessoas em pé, 0,5 segundo deve ser adicionado aos tempos de embarque.
b. Também se aplica a soluções de pagamento na saída ou de transferência livre.
c. Cada um.
d. Menor uso de portas separadas para embarque e desembarque simultâneos.
e. Porta dupla próxima ao embarque com saída única, típico design europeu. Fornece fluxo unidirecional dentro do veículo, reduzindo o congestionamento interno. Desejável para longas distâncias, principalmente se a operação com duas pessoas for viável. Pode não ser a melhor configuração para a operação de ônibus.
f. Exemplos: Denver 16th Street Mall shuttle, ônibus de aeroporto utilizado para transportar passageiros até os aviões. Normalmente são ônibus de piso baixo com poucos lugares que servem a curtas viagens com altos volumes de passageiros.

Fonte: Adaptado do HCM 2000.

O tempo de parada deve ser ajustado se usuários cadeirantes utilizam regularmente um ponto de ônibus, pois a porta normalmente é bloqueada para uso quando um elevador de cadeira de rodas estiver em uso. Neste caso, o tempo de elevação da cadeira de rodas (entre 60 e 200 segundos) deve ser adicionado ao tempo de parada, que também deve ser ajustado se os sistemas de transporte público permitirem o embarque de bicicleta (normalmente utilizando um *rack* dobrável no ônibus).

Exemplo 4.9

Determinação do tempo de parada e do ponto de parada crítico

Estão em andamento planos para uma linha de ônibus que atenda ao distrito comercial central e terá dez pontos de parada. A linha utilizará ônibus com 42 lugares e exigirá tarifa de moeda única no embarque. O tempo de abertura e fechamento da porta é de 4 segundos, e todos os passageiros serão obrigados a embarcar no ônibus pela porta dianteira e desembarcar pela traseira. Prevê-se que o número potencial de usuários para a linha seguirá o padrão apresentado abaixo:

Número do ponto	1	2	3	4	5	6	7	8	9	10
Desembarque de passageiros	0	5	8	10	12	9	14	17	15	5
Embarque de passageiros	25	20	15	16	10	4	3	2	0	0

Estudos têm mostrado que o tempo de embarque é de 3 s/passageiro quando não há passageiros em pé e que a presença destes aumenta o tempo de embarque para 3,50 s/passageiro. O tempo de desembarque é estimado em 2 s/passageiro. Determine o tempo de parada no ponto crítico.

Solução

O primeiro passo para a solução é calcular o número de passageiros no ônibus ao chegar a cada ponto a fim de determinar os pontos onde algumas pessoas estariam em pé. Isto é necessário, pois a presença de passageiros em pé aumenta o tempo de embarque em 0,50 segundo. Os números de passageiros no ônibus nos diferentes pontos são apresentados abaixo:

Número do ponto	1	2	3	4	5	6	7	8	9	10
Número de passageiros quando o ônibus chega ao ponto *n*	0	25	40	47	53	51	46	35	20	5

Tendo em vista que o ônibus só pode acomodar 42 passageiros, haverá passageiros em pé ao chegar aos pontos 4, 5, 6 e 7. Com isto definido, determinamos os tempos de embarque e desembarque multiplicando o número de passageiros pelo tempo determinado de embarque e desembarque por passageiro. Para os pontos 4 ao 7, o tempo de embarque para o caso em que houver passageiros em pé é utilizado. Finalmente, o tempo de parada do ônibus é calculado adicionando-se o tempo de abertura e fechamento das portas (4 segundos) ao *maior* dos tempos de embarque e desembarque, uma vez que o ônibus tem duas portas, uma dedicada ao desembarque e outra ao embarque. Os resultados são apresentados abaixo:

Número do ponto	1	2	3	4	5	6	7	8	9	10
Tempo de desembarque (s)	0	10	16	20	24	**18**	**28**	**34**	**30**	**10**
Tempo de embarque (s)	**75**	**60**	**45**	**56**	**35**	14	10,5	6	0	0
Tempo de parada (s)	79	64	49	60	39	22	32	38	34	14

Os tempos de embarque regem os pontos de 1 a 5, e os de desembarque, os de 6 a 10. O ponto 1 é o ponto de ônibus crítico que exige o maior tempo de parada.

Coeficiente de variação do tempo de parada

Este coeficiente é calculado dividindo-se o desvio padrão dos tempos de parada observados em um ponto de ônibus pelo tempo médio de parada. A experiência tem demonstrado que esse coeficiente varia entre 40% e 80%. Um valor igual a 60% pode ser assumido na ausência de observações em campo.

Tempo de liberação

Este tempo consiste em dois componentes: (1) o tempo necessário para o ônibus iniciar o movimento e percorrer um trecho igual ao seu comprimento, deixando o ponto de ônibus; e (2) o tempo necessário para o ônibus voltar para a faixa de tráfego no caso de saída de baias. Estudos demonstraram que o tempo para o ônibus iniciar seu movimento é geralmente na faixa de 2 a 5 segundos e que o necessário para o percorrer o trecho igual ao seu comprimento varia entre 5 e 10 segundos. Portanto, para os pontos de ônibus na faixa, o tempo de liberação pode ser assumido como igual a 10 segundos. No caso da baia, o tempo necessário para o ônibus voltar para a corrente de tráfego deve ser adicionado ao de iniciar o movimento e ao necessário para percorrer o trecho igual ao seu comprimento. O atraso da reentrada na corrente de tráfego dependerá do volume de tráfego na faixa adjacente. Na ausência de outras informações, a Tabela 4.7 pode ser utilizada para estimar o tempo da volta à corrente de tráfego.

Índice de falha

Este índice refere-se à probabilidade de que uma fila de ônibus se forme no ponto de parada. Essa probabilidade pode ser deduzida de estatísticas básicas. No procedimento de análise, essa probabilidade é considerada utilizando a variável aleatória normal do lado esquerdo da distribuição, Z_a, que representa a área sob a curva de distribuição normal para além dos níveis aceitáveis de probabilidade de que uma fila se formará (Figura 4.10). A Tabela 4.8 apresenta alguns dos valores típicos para Z_a para diversos índices de falha. Os valores para Z_a também podem ser determinados usando a função NORMINV do Microsoft Excel, descrita no Capítulo 2.

Tabela 4.7 – Atraso médio de volta à corrente de tráfego.

Volume de tráfego misto na faixa adjacente à calçada (veículos/h)	Atraso médio de reentrada (s)
100	0
200	1
300	2
400	3
500	4
600	5
700	7
800	9
900	11
1.000	14

Fonte: Adaptado do HCM 2000.

Em geral, para os pontos de ônibus em áreas centrais, um valor de Z_a entre 1,04 e 1,44 é escolhido (o que corresponde a um índice de falha entre 7,5% e 15%). Para pontos afastados, um valor de 1,96 é assumido, o que corresponde a um índice de falha de menos de 2,50%.

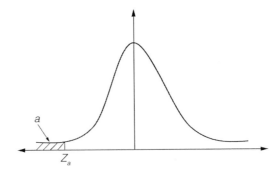

Figura 4.10 – Curva de distribuição normal.

Tabela 4.8 – Valores de porcentagem de falha associados a Z_a.

Índice de falha (%)	Z_a
1,0	2,330
2,5	1,960
5,0	1,645
7,5	1,440
10,0	1,280
15,0	1,040
20,0	0,840
25,0	0,675
30,0	0,525
50,0	0,000

Fonte: Adaptado do HCM 2000.

Volume de passageiros

Este volume refere-se ao número de passageiros em uma única unidade de transporte público. Volumes de passageiros são frequentemente expressos em termos do que é conhecido como um fator de carga, que fornece a razão entre o número de passageiros e o de assentos no veículo de transporte público (ou seja, um valor do fator de carga igual a 1 significaria que todos os assentos estão ocupados). Em geral, para distâncias longas, deve-se tentar manter o fator de carga inferior a 1. Para serviços na área central da cidade, no entanto, os fatores de carga podem se aproximar de 1,50 ou até mesmo de 2 (o que significa que o número de passageiros no ônibus é igual ao dobro do número de assentos).

No transporte público, sempre nos referimos ao que é chamado de lotação máxima prevista e de superlotação. A lotação máxima prevista representa um limite superior para efeitos de previsão, e é equivalente à capacidade dos veículos, presumindo um número razoável de passageiros em pé (fatores de carga normalmente variam entre 1,25 e 1,50). As superlotações correspondem a fatores de carga superiores a 1,50. Nessas circunstâncias, os passageiros em pé estão sujeitos a desconforto excessivo, e a circulação dentro do ônibus torna-se difícil, situação que, por sua vez, aumenta o tempo de parada e reduz a capacidade veicular.

Operação com paradas alternadas

Esta operação refere-se a um tipo em que os pontos de parada estão espalhados e um padrão alternativo é implementado (por exemplo, padrões de pontos de parada de duas ou três quadras). Como mencionado, este tipo de padrão reduz o tempo total de viagem e o número de ônibus que param em cada ponto. Com o padrão de pontos de parada alternativo por quadras, a capacidade de uma faixa de ônibus é quase igual à soma das capacidades dos dois pontos críticos de ônibus.

Capacidade da área de embarque

O primeiro local onde a capacidade de transporte público precisa ser determinada é a área de embarque, ou plataforma. O número máximo de ônibus/plataforma/h, B_{bb}, pode ser determinado pela Equação 4.26:

$$B_{bb} = \frac{3.600 \left(\frac{g}{C}\right)}{t_c + \left(\frac{g}{C}\right) t_d + Z_a c_v t_d} \qquad (4.26)$$

em que

B_{bb} = número máximo de ônibus/plataforma/h (ônibus/h)
g/C = tempo efetivo de verde dividido pela duração do ciclo
t_c = tempo de liberação entre ônibus sucessivos (segundos)
t_d = tempo médio de parada (segundos)
Z_a = variável aleatória normal correspondente ao índice de falha admissível para formação de fila
c_v = coeficiente de variação dos tempos de parada

Capacidade do ponto de parada de ônibus

Esta capacidade é uma função direta das capacidades individuais das áreas de embarque que ela contém. No entanto, o aumento da capacidade do ponto de parada não é uma função linear do número de áreas de embarque (ou seja, a duplicação do número de áreas de embarque não resultará na duplicação da capacidade). Isso ocorre porque as áreas de embarque das múltiplas plataformas não são utilizadas igualmente, o que significa que a eficiência de múltiplas áreas de embarque diminui conforme o número dessas áreas aumenta.

A capacidade de um ponto de parada de ônibus é, portanto, calculada multiplicando-se a capacidade individual da área de embarque pelo número de áreas de embarque *efetivas*, N_{eb}. O número *efetivo* será sempre inferior ao número real de áreas de embarque para refletir o efeito da eficiência reduzida mencionado. A Tabela 4.9 fornece o valor de N_{eb} para diferentes áreas de embarque lineares múltiplas. A capacidade do ponto de parada de ônibus é então dada por

$$B_s = N_{eb} B_{bb} \qquad (4.27)$$

em que

B_s = número máximo de ônibus/ponto de parada de ônibus/h
N_{eb} = número efetivo de áreas de embarque

Capacidade da faixa de ônibus

Para as faixas de ônibus, consideramos dois casos: (1) faixas de ônibus urbanos exclusivas e (2) faixas de ônibus com tráfego misto.

Faixas de ônibus urbanos exclusivas

Em geral, a capacidade de veículos de uma faixa de ônibus exclusiva é igual à do ponto de parada de ônibus crítico ao longo dessa faixa. No entanto, diversos fatores que afetam a capacidade veicular das faixas de ônibus devem ser considerados nos cálculos. Esses fatores incluem (1) o tipo de faixa de ônibus (ou seja, se é do tipo 1, 2 ou 3); (2) se a operação com paradas alternadas é implementada; (3) a razão entre volume e capacidade de tráfego na faixa adjacente para as faixas de ônibus tipo 2; e (4) localização do ponto de parada de ônibus e veículos em conversão à direita a partir da faixa de ônibus. Normalmente, esses fatores são considerados por meio da introdução de fatores de ajuste adequados.

Tabela 4.9 – Número efetivo de áreas de embarque para pontos de parada de ônibus lineares múltiplos, N_{eb}.

Nº da área de embarque	Áreas de embarque na via		Áreas de embarque fora da via	
	Eficiência (%)	Nº acumulado de áreas efetivas de embarque	Eficiência (%)	Nº acumulado de áreas efetivas de embarque
1	100	1,00	100	1,00
2	85	1,85	85	1,85
3	60	2,45	75	2,60
4	20	2,65	65	3,25
5	5	2,70	50	3,75

Fonte: Adaptado do HCM 2000.

Fator de ajuste para conversões à direita: Veículos que farão conversão à direita em uma interseção competem fisicamente por espaço com os ônibus na faixa de ônibus, pois esses veículos geralmente fazem a conversão nessa faixa. Além disso, eles podem formar filas e, consequentemente, bloquear a chegada do ônibus no ponto. A localização do ponto de ônibus em relação à interseção (ou seja, se no início, no meio ou no final da quadra) desempenha um papel importante na determinação do impacto dos veículos que farão a conversão à direita sobre a operação de ônibus, bem como do impacto dos ônibus sobre a operação dos veículos que farão a conversão.

O impacto das conversões à direita sobre a capacidade da faixa de ônibus é obtido multiplicando-se a capacidade veicular da faixa de ônibus sem conversões à direita pelo fator de ajuste de conversão à direita, que é dado por

$$f_r = 1 - f_l \left(\frac{v_r}{c_r}\right) \tag{4.28}$$

em que
- f_r = fator de ajuste de conversão à direita
- f_l = fator de localização do ponto de ônibus
- v_r = volume de conversões à direita em uma interseção específica (veículos/h)
- c_r = capacidade de conversões à direita em uma interseção específica (veículos/h)

Os valores para o fator de localização do ponto de ônibus, f_l, podem ser obtidos da Tabela 4.10. Este fator depende da localização do ponto de ônibus (ou seja, se no início, no meio ou no final da quadra) e do tipo de faixa de ônibus (tipos 1, 2 ou 3).

Ajuste para a operação com paradas alternadas: O número de ônibus que podem ser acomodados por uma série de paradas alternadas deveria ser, teoricamente, igual à soma das capacidades das linhas de ônibus que utilizam cada ponto. Um fator de impedância, f_k, no entanto, é apresentado de modo que reflita os efeitos das chegadas de ônibus não organizadas em pelotões, bem como o impacto do tráfego na faixa adjacente sobre a operação de ônibus com paradas alternadas. O fator de impedância, f_k, é calculado da seguinte forma:

$$f_k = \frac{1 + Ka(N_s - 1)}{N_s} \tag{4.29}$$

em que
- f_k = fator de ajuste da capacidade para operações com paradas alternadas
- K = fator de ajuste da capacidade de utilizar plenamente os pontos de ônibus em uma operação com paradas alternadas

a = fator de impedância da faixa adjacente
N_s = número de paradas alternadas em sequência

Tabela 4.10 – Fator de localização do ponto de parada de ônibus, f_l.

Localização do ponto de ônibus	Tipo de faixa de ônibus		
	Tipo 1	Tipo 2	Tipo 3
Início da quadra	1,0	0,9	0,0
Meio da quadra	0,9	0,7	0,0
Final da quadra	0,8	0,5	0,0

Fonte: Adaptado do HCM 2000.

A operação com paradas alternadas é mais eficiente quando os ônibus chegam em pelotões. Para levar isto em consideração, o fator de ajuste, K, é apresentado na Equação 4.29. Esse fator depende do padrão de chegada dos ônibus. Um valor de 0,50 é assumido para as chegadas aleatórias; 0,75 para as normais; e 1,00 para as em pelotões. O valor do fator de impedância da faixa adjacente, a, pode ser calculado pela Equação 4.30:

$$a = 1 - 0,8 \left(\frac{v}{c}\right)^3 \qquad (4.30)$$

em que (v/c) é a razão entre o volume e a capacidade na faixa adjacente.

Com os fatores de ajuste calculados, a capacidade veicular da faixa de ônibus urbano pode ser calculada pela Equação 4.31 para a operação sem paradas alternadas, e pela Equação 4.32 para operação com paradas alternadas:

Operação sem paradas alternadas:

$$B = B_1 = B_{bb} \times N_{eb} \times f_r \qquad (4.31)$$

em que

B = capacidade veicular da faixa de ônibus (ônibus/h)
B_{bb} = capacidade veicular na área de embarque de ônibus em um ponto de ônibus crítico (ônibus/h)
N_{eb} = número de áreas de embarque efetivas em um ponto de ônibus crítico (Tabela 4.9)
f_r = fator de ajuste para conversão à direita (Equação 4.28)

Operação com paradas alternadas:

$$B = f_k(B_1 + B_2 + ... + B_n) \qquad (4.32)$$

em que

$B_1 ..., B_n$ = capacidades veiculares de cada conjunto de linhas em seus respectivos pontos de ônibus críticos que utilizam o mesmo padrão de paradas alternadas (ônibus/h)
f_k = fator de ajuste da capacidade para as operações de paradas alternadas (Equação 4.29)

Faixas de ônibus com tráfego misto
Com exceção das grandes cidades com alta demanda de transporte de massa, as faixas de ônibus com tráfego misto são mais comuns, comparadas às faixas exclusivas. A capacidade é calculada, essencialmente, da mesma

forma para as faixas de ônibus com tráfego misto como para as faixas exclusivas. No entanto, a interferência de outros veículos nas operações dos ônibus deve ser considerada. Essa interferência é mais evidente quando as baias são utilizadas e os ônibus têm de aguardar por uma abertura adequada na corrente de tráfego da faixa adjacente para voltar para ela.

Para faixas de ônibus com tráfego misto, seus diversos tipos (isto é, tipos 1, 2 ou 3) descrevem as variadas configurações de faixa em comparação com aquelas das faixas exclusivas de ônibus. A faixa com tráfego misto tipo 1 possui uma faixa de tráfego na direção da viagem do ônibus. O tipo 2 possui duas ou mais faixas e não há faixas do tipo 3 para as faixas com tráfego misto.

Em geral, o impacto do tráfego sobre as operações de ônibus em faixas com tráfego misto pode acontecer em uma de duas formas. Primeiro, pode interferir com as operações dos ônibus, principalmente perto de uma interseção onde as filas de veículos podem impedir que um ônibus alcance seu ponto de parada. Segundo, para baias, um ônibus parado teria de esperar até encontrar uma abertura adequada na corrente de tráfego antes de reentrar na faixa. Esta segunda forma de interferência (ou seja, o atraso de reentrada na faixa) é considerada incluindo-se o tempo de liberação do ônibus no cálculo do tempo de parada (consulte a Tabela 4.7).

Para considerar a primeira forma de interferência, um fator de ajuste de tráfego misto, f_m, é utilizado. Ele é calculado de forma muito semelhante ao cálculo do fator de ajuste do veículo em conversão à direita. Especificamente, f_m é dado pela seguinte equação:

$$f_m = 1 - f_l \left(\frac{v}{c} \right) \qquad (4.33)$$

em que
$\quad f_m$ = fator de ajuste de tráfego misto
$\quad f_l$ = fator de localização do ponto de ônibus obtido da Tabela 4.10
$\quad v$ = volume de tráfego da faixa adjacente à calçada em um ponto de ônibus crítico (veículos/h)
$\quad c$ = capacidade da faixa adjacente à calçada em um ponto de ônibus crítico (veículos/h)

A capacidade veicular da faixa de ônibus com tráfego misto é então calculada como segue

$$B = B_{bb} N_{eb} f_m \qquad (4.34)$$

em que B é a capacidade veicular para faixas de ônibus com tráfego misto, e todos os outros termos são conforme definidos anteriormente.

Exemplo 4.10

Cálculo da capacidade da faixa de ônibus
Uma linha de transporte público opera com seus veículos em faixas de tráfego misto. A linha possui um total de oito pontos de ônibus. O ponto de ônibus crítico, que restringe a capacidade dos veículos, é o 3, que se localiza na faixa antes de uma interseção semaforizada.

As seguintes informações sobre o funcionamento da linha de ônibus foram compiladas:

- Tempo de parada no ponto de ônibus 3 = 40 s.
- Volume da faixa adjacente à calçada = 450 carros de passageiro equivalentes/h (cp/h).
- Capacidade da faixa à direita da adjacente à calçada = 700 cp/h.

- O semáforo no ponto de ônibus 3 tem uma duração de ciclo de 90 segundos, que indica verde por 40 segundos na aproximação dos ônibus.
- O número de áreas de embarque no ponto de ônibus 3 é limitado a duas plataformas.
- Os ônibus podem usar a faixa adjacente.

Determine a capacidade da faixa de ônibus, considerando que é desejável que a probabilidade de formar uma fila de ônibus no ponto de parada não exceda 7,50%.

Solução

Passo 1: Calcule a capacidade da área de embarque, B_{bb}. Para isto, usamos a Equação 4.26, como segue:

$$B_{bb} = \frac{3.600\left(\frac{g}{C}\right)}{t_c + \left(\frac{g}{C}\right)t_d + Z_a c_v t_d}$$

No nosso caso,
- $g/C = 40/90 = 0,444$.
- Para pontos na via, presume-se que o tempo de liberação, t_c, é igual a 10 segundos.
- O tempo de parada $t_d = 40$ s.
- Uma vez que o índice de falha não deve ultrapassar 7,50%, o valor de Z_a (da Tabela 4.8) é igual a 1,44.
- Assume-se que o coeficiente de variação do tempo de parada, c_v, é igual a 0,60 na ausência de observações de campo.

Portanto, a capacidade da área de embarque, B_{bb}, é igual a

$$B_{bb} = \frac{3.600 \times 0,444}{10 + 0,444 \times 40 + 1,44 \times 0,60 \times 40} = 25 \text{ ônibus}$$

Passo 2: Calcule a capacidade do ponto de ônibus. Com base na Equação 4.27, a capacidade do ponto de ônibus, B_s, é dada como

$$B_s = N_{eb} B_{bb}$$

Para duas áreas de embarque lineares na via, o número efetivo de áreas de embarque, N_{eb}, utilizando-se a Equação 4.9, é igual a 1,85. Portanto,

$B_s = 1,85 \times 25 = 46$ ônibus

Passo 3: Calcule a capacidade da faixa de ônibus com tráfego misto. Para esse tipo de faixa, o primeiro passo é calcular o fator de ajuste de tráfego misto, f_m, utilizando a Equação 4.33:

$$f_m = 1 - f_l\left(\frac{v}{c}\right)$$

O fator de localização do ponto de ônibus, f_l, pode ser encontrado na Tabela 4.10. Para faixas de ônibus do tipo 2 (tendo em vista que os ônibus podem usar a faixa adjacente à da calçada) e para pontos de ônibus localizados no início da quadra, $f_l = 0,90$.

Portanto,

$$f_m = 1 - 0{,}90 \times \left(\frac{450}{700}\right) = 0{,}42$$

A capacidade de veículos da faixa de ônibus com tráfego misto, B, é então calculada pela Equação 4.34, multiplicando-se a capacidade do ponto de ônibus pelo fator de ajuste de tráfego misto, f_m.

Portanto,

B = 0,42 × 46 = 19 ônibus/h

Exemplo 4.11

Avaliação do impacto da utilização de pontos de ônibus depois da interseção

No Exemplo 4.10, qual seria o impacto sobre a capacidade veicular da faixa de ônibus ao utilizar os pontos de ônibus localizados no final da quadra em vez de os no início da quadra?

Solução

A principal diferença nos cálculos para este exemplo em relação ao anterior seria o valor para o fator de localização de ônibus, f_p, utilizado no cálculo do fator de ajuste de tráfego misto, f_m, na Equação 4.33.

Para pontos de parada no final da quadra e faixas de ônibus do tipo 2, o fator de localização de ônibus, f_p, é igual a 0,50 (Tabela 4.10).

Portanto,

$$f_m = 1 - 0{,}50 \times \left(\frac{450}{700}\right) = 0{,}68$$

A capacidade de veículos da faixa de ônibus de tráfego misto, B, é então calculada como antes, multiplicando-se a capacidade do ponto de ônibus, que foi previamente determinada como igual a 46 ônibus/h, pelo fator de ajuste de tráfego misto, f_m, como segue:

B = 0,68 × 46 = 31 ônibus/h

Exemplo 4.12

Impacto da operação de paradas alternadas

Para o problema descrito no Exemplo 4.10, a agência gestora de transporte público gostaria de tentar as operações de paradas alternadas em que os ônibus param a cada dois pontos. Determine o aumento da capacidade veicular da faixa de ônibus resultante da implementação desse tipo de operação. A faixa adjacente à calçada comporta um total de 600 cp/h e tem uma capacidade de 1.100 cp/h. Considere as chegadas dos ônibus no ponto como aleatórias e os pontos localizados no final da quadra como no Exemplo 4.11.

Para as operações de paradas alternadas, o primeiro passo para calcular a capacidade é determinar o fator de impedância, f_k, usando a Equação 4.29:

$$f_k = \frac{1 + Ka(N_s - 1)}{N_s}$$

No nosso caso,
 $K = 0{,}50$ (chegadas aleatórias)
 $N_s = 2{,}0$ (a cada dois pontos de parada)

Usando a Equação 4.30, a é calculado como

$$a = 1 - 0{,}8\left(\frac{v}{c}\right)^3$$

em que (v/c) é a razão entre o volume e a capacidade da faixa adjacente à calçada. Portanto,

$$a = 1 - 0{,}8\left(\frac{600}{1.100}\right)^3 = 0{,}87$$

Assim, o fator de impedância, f_k, é dado como

$$f_k = \frac{1 + 0{,}50 \times 0{,}87 \times (2 - 1)}{2} = 0{,}72$$

Finalmente, a capacidade da faixa de ônibus é calculada pela Equação 4.32 como segue:

$$B = f_k(B1 + B2)$$

em que $B1 = B2 = 31$ ônibus/h como determinado pela Equação 4.11. Portanto,

$$B = 0{,}72 \times (31 + 31) = 41 \text{ ônibus/h}$$

Procedimento de análise da capacidade de tecnologias sobre trilhos na via

O transporte público sobre trilhos na via inclui bondes e veículos leves sobre trilhos. Essas tecnologias operam em vias urbanas, compartilhando o direito de passagem com os automóveis. Os bondes frequentemente operam em tráfego misto e, portanto, compartilham várias características com os ônibus. Os modernos veículos leves sobre trilhos normalmente usam uma combinação de tipos de direito de passagem que podem incluir operação na via (frequentemente em faixas reservadas), bem como corredores exclusivos com cruzamentos em nível.

Similarmente aos ônibus, o primeiro passo na determinação da capacidade dos bondes e dos veículos leves sobre trilhos é calcular o intervalo mínimo entre os veículos. No entanto, enquanto no caso dos ônibus o intervalo mínimo é em grande parte uma função do tempo de parada no ponto de ônibus crítico juntamente com o tempo de liberação, para os veículos leves sobre trilhos a situação é complicada, pelo fato de que a maioria das linhas dessa tecnologia utiliza uma combinação de tipos de direito de passagem. Nesses casos, a capacidade da faixa é determinada pelo elo mais fraco, que, em alguns casos, poderia ser o trecho na via, principalmente se houver um semáforo com uma duração de ciclo excepcionalmente longa. Em outros casos, a capacidade poderia ser restringida pelos requisitos de separação da sinalização por bloco do trecho fora da via (sistemas de sinalização por bloco são sistemas de segurança destinados a impedir a colisão de um trem com outro).

Além disso, a capacidade poderia ser limitada pelas exigências de intervalos entre veículos nos trechos em via singela em um terceiro caso.

O intervalo entre veículos utilizado para o cálculo da capacidade é, portanto, o maior dos três de controle potenciais a seguir:

1. Intervalo de trecho na via que, de forma similar aos ônibus, é principalmente uma função do tempo de parada dos veículos nas estações;
2. Intervalo do trecho com sinalização por bloco; e
3. Intervalo em via única.

As seções seguintes descrevem como cada um desses três tipos de intervalos entre veículos pode ser calculado para os veículos leves sobre trilhos.

Intervalo entre veículos nos trechos na via

Similarmente aos ônibus, o intervalo mínimo para o trecho na via dos veículos leves sobre trilhos ou bondes é primariamente uma função do tempo de parada nas estações. O tempo de parada é igual à soma de (1) tempo necessário para atender aos passageiros por meio da porta mais movimentada dividido pelo número de canais disponíveis por porta (geralmente dois canais/porta); e (2) o tempo necessário para abrir e fechar as portas, que, normalmente, se assume ser igual a 5 segundos para os veículos leves sobre trilhos modernos. O tempo de parada, portanto, pode ser expresso da seguinte forma:

$$t_d = \frac{P_d t_{pf}}{N_{cd}} + t_{oc} \qquad (4.35)$$

em que

t_d = tempo de parada em segundos
N_{cd} = número de canais por porta para passageiros em movimento
t_{oc} = tempo de abertura e fechamento das portas em segundos
P_d = passageiros desembarcando pela porta mais movimentada durante o pico de 15 minutos
t_{pf} = tempo de fluxo de passageiros (segundos/passageiro), como fornecido pela Tabela 4.11.

Tabela 4.11 – Tempo de fluxo de passageiros.

Entrada do vagão	Principalmente embarque	Principalmente desembarque	Fluxo misto
Nível	2,0	1,5	2,5
Degraus	3,2	3,7	5,2

Fonte: Adaptado do HCM 2000.

Deve ficar claro, no entanto, que o cálculo do tempo de permanência descrito aqui não pode levar em consideração todas as variáveis que provavelmente impactarão o tempo de parada. Por exemplo, os volumes de passageiros podem variar dentro do período de pico de 15 minutos, ou os veículos podem operar mais rápido ou mais devagar do que o esperado, resultando em mais passageiros por veículo do que o estimado. Para considerar essas variações, é prática comum acrescentar algum tempo extra (comumente denominado margem operacional) ao intervalo entre veículos da faixa de transporte público para permitir a operação irregular e assegurar que um veículo não atrase outro. A margem operacional geralmente varia entre 15 e 25 segundos.

Com o tempo de permanência adequadamente determinado, o intervalo mínimo entre veículos pode então ser calculado pela seguinte fórmula:

$$h_{os} = (t_c + (g/C) t_d + Z_a c_v t_d) / (g/C) \tag{4.36}$$

em que
- h_{os} = intervalo mínimo para o trecho em via (s)
- g = tempo de verde efetivo para o semáforo no ponto com o maior tempo de parada (s)
- C = duração do ciclo para o semáforo no ponto com maior tempo de parada (s)
- t_d = tempo de parada no ponto de parada crítico (s)
- t_c = tempo de liberação entre veículos consecutivos, que é igual à soma da separação mínima entre veículos mais o tempo para o veículo liberar a estação. A separação mínima geralmente varia entre 15 e 20 segundos, enquanto o tempo necessário para liberar uma estação é geralmente em torno de 5 segundos. O tempo necessário para o veículo liberar a estação também pode ser calculado pelo comprimento e aceleração do veículo. Deve-se notar que alguns agentes de transporte público utilizam a duração do ciclo do semáforo (C) como o tempo mínimo de liberação
- Z_a = variável aleatória normal correspondente à probabilidade de que as filas de veículos se formarão (da Tabela 4.8, ou utilizando a função NORMINV do Excel)
- c_v = coeficiente de variação dos tempos de parada (geralmente assumido como 0,40 para a operação de veículos leves sobre trilhos em uma faixa exclusiva, e 0,60 para a operação de bondes em tráfego misto)

A equação anterior é semelhante à utilizada para calcular a capacidade das áreas de embarque de ônibus (Equação 4.26). Para veículos leves sobre trilhos, no entanto, em que o comprimento de dois trens excede uma quadra da cidade, o intervalo entre veículos não deve ser inferior a duas vezes a duração do tempo de ciclo semafórico mais longo ($C_{máx}$). Este intervalo entre veículos minimizaria o risco de dois trens adjacentes bloquearem uma interseção.

Intervalo entre veículos do trecho com sinalização por bloco

O intervalo entre veículos para o trecho fora da via é principalmente determinado pelo sistema de sinalização por bloco. Os sistemas de sinalização por bloco são sistemas de segurança projetados para evitar a colisão de um trem com o outro, como será descrito em detalhes na próxima seção, que aborda a capacidade das vias sobre trilhos em níveis separados. De um modo geral, as linhas de veículos leves sobre trilhos não são sinalizadas com o intervalo mínimo possível, mas com o intervalo mínimo planejado, que normalmente gira em torno de 3 minutos. Isso pode facilmente fazer que os segmentos sinalizados sejam a restrição da capacidade dominante.

Intervalo em via única

Trechos curtos de vias singelas são algumas vezes utilizados por veículos leves sobre trilhos como uma medida de redução de custos. Nesses casos, esses trechos poderiam impor severas restrições à capacidade desses veículos, principalmente se forem de comprimento superior a 0,4 km. O cálculo do intervalo mínimo, nestes casos, equivale primeiro a calcular o tempo necessário para percorrer o trecho de via singela mais o comprimento do veículo. O intervalo mínimo é, em seguida, determinado como sendo o dobro do tempo de percurso.

O cálculo do tempo de percurso deve considerar o tempo perdido durante a aceleração, desaceleração e as paradas na estação. Deve-se incluir também uma margem de velocidade para levar em consideração os equipamentos que não funcionam dentro do desempenho esperado ou os condutores que não dirigem na velocidade máxima permitida. A seguinte equação pode ser utilizada para calcular o tempo necessário para percorrer o trecho em via singela:

$$t_{st} = SM\left[\frac{(N_s + 1)}{2}\left(\frac{3S_{máx}}{d_s} + t_{jl} + t_{br}\right) + \frac{L_{st} + L}{S_{máx}}\right] + N_s t_d + t_{om} \qquad (4.37)$$

em que

t_{st} = tempo para cobrir o trecho em via singela (s)
L_{st} = comprimento do trecho em via singela (m)
L = comprimento do veículo (m)
N_s = número de estações no trecho em via singela
t_d = tempo de parada da estação (s)
$S_{máx}$ = velocidade máxima alcançada (m/s)
d_s = taxa de desaceleração (valor padrão = 1,3 m/s²)
t_{jl} = tempo limite de arranque (valor padrão = 0,5 s)
t_{br} = tempo de reação do operador e do sistema de frenagem (valor padrão = 1,5 s)
SM = margem de velocidade (comumente assumida como 1,10)
t_{om} = tempo de margem operacional (s)

O intervalo mínimo entre veículos é então considerado como igual ao dobro do tempo de percurso em via singela calculado anteriormente, como segue:

$$h_{st} = 2 \times t_{st} \qquad (4.38)$$

Capacidade veicular

Com o intervalo mínimo para cada um dos segmentos calculados, o intervalo de controle (isto é, o valor máximo dos três intervalos entre veículos calculados) é determinado. Este valor é então utilizado para calcular a capacidade veicular como segue:

$$T = 3.600/h_{mín} \qquad (4.39)$$

em que

T = número máximo de veículos/h
$h_{mín}$ = intervalo mínimo de controle em segundos

Exemplo 4.13

Cálculo da capacidade de uma linha de veículo leve sobre trilhos

Uma linha de veículo leve sobre trilhos tem dois tipos de direito de passagem. Primeiro, o veículo opera no meio de uma via arterial com uma velocidade de 55 km/h e atravessa suas interseções semaforizadas. Esse trecho é seguido por outro em via singela, que tem 0,6 km de comprimento e uma parada intermediária. O tempo de parada pode ser assumido como 35 segundos para todas as estações. O veículo tem 27 m de comprimento e uma aceleração de serviço inicial igual a 1 m/s². As quadras da cidade são de 120 m de comprimento, e a razão entre g/C para o semáforo no ponto crítico é de 0,50. A duração máxima do ciclo ao longo do trecho da via é de 90 segundos. Determine a capacidade veicular da linha de veículos leves sobre trilhos.

Solução

Para determinar a capacidade veicular neste problema, precisamos primeiro calcular o intervalo mínimo entre veículos para (1) o trecho de rua e (2) o trecho em via singela. Uma vez que nenhuma informação foi fornecida pelo problema com relação a eventuais restrições causadas por um trecho com sinalização por bloco, teremos de assumir que isto não se aplica a este exemplo.

Intervalo mínimo entre trens para trechos de rua: Para calcular o intervalo mínimo entre trens para o trecho de rua, devemos usar a Equação 4.36, tal como definido anteriormente:

$$h_{os} = (t_c + (g/C) t_d + Z_a c_v t_d)/(g/C)$$

Conforme especificado no problema,

$$(g/C) = 0{,}50$$
$$t_d = 35 \text{ s}$$
$$C_{máx} = 90 \text{ s}$$

Para veículos leves sobre trilhos que operam em uma faixa exclusiva, c_v pode ser assumido como 0,40. Também assumimos que a probabilidade de formação de filas de veículos deve ser limitada a 10%. Assim, Z_a, da Tabela 4.8, é igual a 1,28. O que nos resta, portanto, é determinar o tempo de liberação, t_c.

Como discutido anteriormente, o tempo de liberação, t_c, é igual à soma (1) da separação mínima entre veículos e (2) do tempo para o veículo sair da estação. A separação mínima será assumida como 20 segundos neste caso. O tempo necessário para o veículo sair da estação é igual àquele que o veículo precisa para percorrer uma distância igual ao seu comprimento (ou seja, 27 m), a partir do estado em repouso e aceleração a uma taxa de 1 m/s², conforme especificado no problema. Para calcular esse tempo, usamos a fórmula conhecida

$$x = \frac{1}{2} at^2 + u_o t$$

em que
  x = distância percorrida
  a = taxa de aceleração
  u_o = velocidade inicial
  t = tempo de percurso

Portanto,

$$27 = \frac{1}{2} \times 1 \times t^2$$

e

$$t = (27 \times 2)^{1/2} = 7{,}35 \text{ s}$$

Sendo assim, o tempo de liberação, t_c, é igual a 20 + 7,35 = 27,35 s. Substituindo na Equação 4.36,

$$h_{os} = (27{,}35 + 0{,}5 \times 35 + 1{,}28 \times 0{,}4 \times 35)/0{,}5 = 125{,}54 \text{ s}$$

Arredondaremos este valor para 140 segundos para incluir uma margem operacional adequada.

Deve-se observar que, pelo fato de as quadras da cidade poderem acomodar mais de dois trens, a utilização de um intervalo entre trens que seja pelo menos igual ao dobro da maior duração de tempo de ciclo aqui não é um problema.

Intervalo mínimo entre veículos para o trecho em via singela: Em seguida, calculamos o intervalo mínimo entre veículos para este trecho, utilizando a Equação 4.37 para encontrar o tempo de percurso como segue:

$$t_{st} = SM\left[\frac{(N_s + 1)}{2}\left(\frac{3S_{máx}}{d_s} + t_{jl} + t_{br}\right) + \frac{L_{st} + L}{S_{máx}}\right] + N_s t_d + t_{om}$$

Neste exemplo, temos
  $SM = 1,1$ (valor padrão)
  $N_s = 1,0$ estação
  $S_{máx} = 55$ km/h ou 15,3 m/s
  $d_s = 1,3$ m/s² (valor padrão)
  $t_{jl} = 0,5$ s (valor padrão)
  $t_{br} = 1,5$ s (valor padrão)
  $L_{st} = 0,55$ km ou 550 m
  $L = 27$ m
  $t_d = 35$ s
  $t_{om} = 20$ s (margem operacional assumida)

Substituindo na Equação 4.37, temos

$t_{st} = 137,5$ s

O intervalo mínimo entre veículos para o trecho em via singela é igual ao dobro do tempo de percurso nela, t_{st}. Portanto,

$h_{st}(mín) = 2 \times 137,5 = 275$ s

O intervalo mínimo entre veículos para os controles da via singela e, portanto, a capacidade veicular da linha podem ser estimados pela Equação 4.39 da seguinte forma

$T = 3.600/275 = 13$ trens/h

Sistemas sobre trilhos em níveis separados

O transporte público sobre trilhos em níveis separados refere-se a trens elétricos de múltiplas unidades que correm sobre vias férreas duplas totalmente segregadas e sinalizadas. Para estas, o sistema de controle de sinalização por bloco desempenha um papel importante na determinação da capacidade do sistema. Esta seção, portanto, começa com uma breve introdução aos sistemas de controle por bloco e suas diversas características. Depois disso, descreveremos o processo de análise da capacidade.

Sistemas de controle de sinalização por bloco

Os trens, ao contrário dos automóveis, funcionam sobre trilhos fixos. Assim, há sempre um grande potencial para colisões, porque os trens não podem se desviar de situações perigosas como os automóveis. Além disso, a taxa de desaceleração para trens é muito menor do que para automóveis e, consequentemente, a parada ou a distância de frenagem de trens é muito mais longa. Quando o condutor ferroviário visualiza um obstáculo, ele geralmente não tem tempo suficiente para parar o trem antes que ocorra uma colisão.

Por todas estas razões, os sistemas de sinalização por blocos foram introduzidos logo na década de 1850. A ideia básica por trás desses sistemas é dividir a rede ferroviária em trechos conhecidos como blocos. Dois trens não estão autorizados a estar no mesmo bloqueio ao mesmo tempo. Além disso, um trem não pode entrar em um bloco até obter permissão para fazê-lo por meio de um sinal de que o bloco adiante pode ser ocupado. Para fins de análise da capacidade, os sistemas ferroviários de controle de transporte público podem ser classificados em (1) blocos fixos; (2) sinalização de cabine; e (3) blocos móveis. A capacidade ferroviária aumenta do sistema de blocos fixos para o de sinalização de cabine, e deste para o sistema de blocos móveis.

Sistemas por blocos fixos

Estes consistem em trechos eletricamente isolados da ferrovia, conhecidos como blocos. A presença de um trem dentro de um determinado bloco é detectada por suas rodas, que causam um curto de corrente elétrica de baixa tensão. Estes sistemas só podem indicar que um trem está ocupando um determinado bloco, mas não especificar exatamente onde está o trem ao longo dele. Além disso, nos limites do bloco, um único trem ocupará dois blocos por um curto período de tempo.

Os sistemas de sinalização por blocos fixos podem ser classificados de acordo com o número mínimo de blocos a jusante que um trem deve manter desocupado, bem como o número de diversas indicações de sinal ou luzes empregadas (comumente chamado aspectos no contexto dos sistemas de sinalização por blocos). No sistema mais simples de bloco de dois aspectos, apenas duas indicações são utilizadas, vermelho para parar e verde para seguir. Neste caso, um mínimo de dois blocos deve ser deixado desocupado à frente do trem, e cada um deles deve ser pelo menos igual à distância de frenagem mais uma distância de segurança. Isso poderia limitar significativamente a capacidade da via férrea.

Para alcançar maior capacidade e/ou operações mais seguras, os sistemas por blocos fixos mais complexos e com mais aspectos poderiam ser empregados. Por exemplo, um sistema de três aspectos e três blocos empregaria três indicações (vermelho para parar, amarelo para reduzir a velocidade e estar preparado para parar no próximo sinal e verde para seguir a toda velocidade) e usaria três blocos para separar os trens. A adição de um bloco extra permite a implantação de um dispositivo de parada automática do trem como um recurso de segurança adicional. Esse dispositivo ativaria automaticamente os freios de um trem no segundo sinal vermelho atrás de um trem, se seu condutor, por algum motivo, não iniciasse a frenagem no primeiro sinal vermelho. Com este sistema a segurança é melhorada, mas a capacidade é reduzida em decorrência do aumento na distância de separação dos trens (Figura 4.11a).

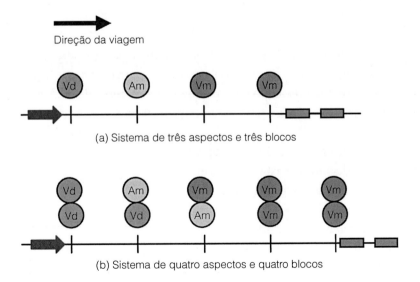

Figura 4.11 – Sistemas de controle de transporte público por blocos fixos.

Além disso, é possível implantar um sistema de quatro aspectos e quatro blocos. Os quatro aspectos, ou indicações, podem ser planejados utilizando luzes duplas, como mostrado na Figura 4.11b. De acordo com esse sistema, uma indicação de vermelho duplo é para parar; verde duplo, para seguir a toda velocidade; um sinal vermelho-amarelo, para se preparar para parar; e um amarelo-verde, para seguir em velocidade média. Nestes sistemas, quatro blocos separariam os trens, mas a distância de frenagem somada à de segurança teria de ser menor ou igual à distância de dois blocos, e não apenas de um. Isso pode ajudar a aumentar a capacidade em relação ao sistema de três aspectos e três bloqueios.

Sistemas de sinalização de cabine
Estes sistemas utilizam códigos integrados em cada circuito de via que podem ser detectados e lidos por uma antena em cada trem. Os códigos comunicam a velocidade máxima permitida do bloco para o trem. Essa velocidade, comumente chamada velocidade de referência, com frequência é exibida na cabine do condutor do trem (daí o nome *sinalização de cabine*).

A velocidade de referência pode ser alterada enquanto um trem estiver em um bloco, dependendo da localização do trem que estiver à frente. Isso permite alcançar velocidades próximas à ideal. Além disso, a sinalização de cabine permite atenuar os problemas de visibilidade do sinal externo, principalmente ao longo de curvas e durante condições climáticas severas. Ela também permite o aumento do número de aspectos em relação ao típico para sinais de bloco fixos. Em geral, os sistemas de sinalização de cabine implementam o equivalente a um sistema de cinco aspectos com as seguintes velocidades de referência: 80, 65, 50, 35 e 0 km/h.

Sistemas por blocos móveis
Estes sistemas utilizam computadores para calcular uma zona segura atrás de cada trem em movimento em que nenhum outro trem pode entrar. O sistema é baseado em cálculos contínuos da distância da zona segura de acordo com as localizações dos trens e a comunicação da velocidade, aceleração ou desaceleração adequada de cada trem. O sistema pode, assim, ser considerado como um de blocos fixos, com blocos muito pequenos e um grande número de aspectos, embora fisicamente o sistema não os tenha. Para o funcionamento do sistema, é necessário o conhecimento preciso de cada localização e velocidade do trem, bem como a comunicação contínua bidirecional com os trens. Os computadores que controlam um sistema de blocos móveis podem estar localizados em cada trem, em uma localização central ou estar dispersos ao longo da margem da via. A sinalização por blocos móveis tem a vantagem de aumentar a capacidade da via e permitir a circulação de trens muito próximos uns dos outros.

Procedimento de análise da capacidade do sistema sobre trilhos em nível separado

Assumindo que a capacidade não seja limitada por entroncamentos ou retornos, o que é quase sempre o caso na maioria dos sistemas modernos, a combinação do tempo de aproximação nas estações, do tempo de parada e da margem operacional determinará a restrição da capacidade. O processo de análise da capacidade, portanto, consiste das seguintes três etapas:

1. Determinação do tempo de aproximação na estação mais carregada;
2. Determinação do tempo de parada nesta estação; e
3. Seleção de uma margem operacional adequada.

Tempo por aproximação na estação mais carregada
Esta estação é geralmente central. No entanto, se um modelo de planejamento regional de transporte estiver disponível, e com dados do número de passageiros que utilizam o transporte público por estação, ele pode ser utilizado para identificar com mais precisão a estação mais carregada. O tempo de aproximação é definido

como aquele entre um trem que está saindo de uma estação e o próximo que está entrando nela. O tempo de aproximação é, às vezes, definido como o de separação segura e é basicamente uma função do sistema de controle do trem, do seu comprimento, sua velocidade de aproximação e seu desempenho. Deve-se notar, contudo, que curvas acentuadas ou declives nas imediações da estação tenderiam a reduzir a velocidade do trem e, consequentemente, levariam a um aumento no tempo de aproximação e uma correspondente redução da capacidade.

A melhor abordagem para a determinação do tempo de aproximação vem da experiência existente de operar na ou perto da capacidade, ou com base em um modelo de simulação computadorizado. No entanto, se os dados operacionais ou um modelo de simulação não estiverem disponíveis, equações analíticas poderiam ser utilizadas para calcular o tempo de aproximação. O procedimento analítico se diferenciará dependendo do tipo de sistema de controle de transporte público implementado. No entanto, a ideia básica é determinar primeiro a velocidade de aproximação para o trem mais longo, que resultará no tempo mínimo por aproximação ou separação. Em seguida, o analista verifica a existência de quaisquer restrições de velocidade (por exemplo, curvas ou desvios) que estão dentro da distância de aproximação do trem. Se houver restrições de velocidade, a velocidade mais restritiva é utilizada junto com seu tempo de separação correspondente. Os parágrafos seguintes apresentam os detalhes do procedimento dos três tipos de sistemas de controle descritos: (1) sinalização por blocos fixos com três aspectos fixo; (2) sinalização de cabine; e (3) sistemas de sinalização por blocos móveis.

Sinalização por blocos fixos com três aspectos e sinalização de cabine: A Equação 4.40 pode ser utilizada para calcular o tempo mínimo de separação de controle do trem tanto para o sistema de blocos fixos quanto para o de sinalização de cabine:

$$t_{cs} = \sqrt{\frac{2(L_t + d_{eb})}{a}} + \frac{L_t}{v_a} + \left(\frac{100}{f_{br}} + b\right)\left(\frac{v_a}{2d}\right) + \frac{at^2_{os}}{2v_a}\left(1 - \frac{v_a}{v_{máx}}\right) + t_{os} + t_{jl} + t_{br} \qquad (4.40)$$

em que

t_{cs} = separação de controle do trem em segundos (a ser calculado)
L_t = comprimento do trem mais longo (valor padrão = 200 m)
d_{eb} = distância desde a parte dianteira do trem parado até o começo do bloco de saída da estação (valor padrão = 10,5 m)
v_a = velocidade de aproximação da estação em m/s (a velocidade de aproximação que corresponde ao tempo mínimo de separação deve ser calculada)
$v_{máx}$ = velocidade máxima da linha (valor padrão = 27 m/s ou 97 km/h)
f_{br} = fator de segurança de frenagem expresso em porcentagem (valor padrão = 75% da taxa normal)
b = fator de segurança de separação, que é igual ao número de blocos que separam os trens (2,4 para blocos fixos com três aspectos e 1,2 para sinalização de cabine)
a = taxa inicial de aceleração de serviço (padrão = 1,3 m/s²)
d = taxa de desaceleração de serviço (padrão = 1,3 m/s²)
t_{os} = tempo para o regulador de excesso de velocidade operar nos sistemas automáticos ou tempo de percepção e reação do condutor nos sistemas manuais (padrão = 3 s)
t_{jl} = tempo perdido com a limitação em decorrência do arranque de frenagem (padrão = 0,5 s)
t_{br} = tempo de reação do sistema de frenagem (padrão = 1,5 s)

A Equação 4.40 deve ser resolvida para o valor mínimo de t_{cs}. A maneira mais fácil de fazê-lo é assumir uma série de valores para a velocidade de aproximação, v_a, e calcular t_{cs}, que corresponde a cada um dos valores assumidos de v_a. Os cálculos podem ser mais bem desenvolvidos utilizando-se o Microsoft Excel ou uma planilha semelhante, como será ilustrado nos próximos exemplos.

Blocos móveis: A Equação 4.41 pode ser utilizada para calcular o tempo de separação seguro para um sistema de sinalização por blocos móveis:

$$t_{cs} = \frac{L_t + P_e}{v_a} + \left(\frac{100}{f_{br}} + b\right)\left(\frac{v_a}{2d}\right) + \frac{at^2_{os}}{2v_a}\left(1 - \frac{v_a}{v_{máx}}\right) + t_{os} + t_{jl} + t_{br} \qquad (4.41)$$

Essa equação apresenta um novo parâmetro em relação à 4.40, ou seja, o erro de posicionamento, P_e, cujo valor padrão é 6,25 m. Deve-se observar também que para os sistemas por blocos móveis, o parâmetro, b, das equações que se refere ao fator de segurança de separação ou ao número de distâncias de frenagem ou blocos que separam os trens é igual a 1,0, ao contrário de 2,4 para blocos fixos e 1,2 para sinalização de cabine. Todas as outras variáveis seguem o que foi definido em relação à Equação 4.40.

Tempo de parada na estação mais carregada
Pelo fato de o tempo de aproximação do trem ser principalmente uma função do seu desempenho físico, com outras características fixas, foi possível desenvolver modelos analíticos para calcular seu valor com alguma precisão. O tempo de parada na estação é uma função de variáveis que estão sujeitas a um certo grau de incertezas. Como discutido em relação aos ônibus e veículos leves sobre trilhos, o tempo de parada é uma função do número de passageiros à espera na estação e de seus tempos de fluxo. Sendo assim, é muito difícil estimar o tempo de parada no mesmo nível de precisão, como foi o caso com o tempo de aproximação da estação. Para o sistema sobre trilhos em níveis separados, a prática comum é simplesmente atribuir um valor definido para o tempo de parada na estação. A experiência tem mostrado que o tempo médio de parada para os sistemas ferroviários de transporte público que operam na ou perto da capacidade durante o horário de pico varia entre 30 e 50 segundos. Os valores nessa faixa podem ser utilizados em conjunto com o tempo de aproximação da estação previamente determinado.

Margem operacional
O último componente para o cálculo do intervalo mínimo entre trens para o sistema sobre trilhos em níveis separados é a margem operacional utilizada para considerar as situações de serviço irregular. Essa margem geralmente varia entre 15 e 25 segundos.

Capacidade de veículos
Com os tempos de aproximação da estação e de parada determinados e uma margem operacional adequada selecionada, o intervalo mínimo, h_{gs}, para uma linha sobre trilhos em nível separado é calculado como a soma desses três valores, conforme segue:

$$h_{gs} = t_{cs} + t_d + t_{om} \qquad (4.42)$$

A capacidade veicular da linha, em termos do número máximo de trens/h, pode então ser facilmente calculada como

$$T = 3.600/h_{gs} \qquad (4.43)$$

Exemplo 4.14

Capacidade veicular de um sistema pesado sobre trilhos com sinalização de cabine
Uma agência de transporte público está planejando desenvolver um projeto para um sistema pesado sobre trilhos de transporte público. Ela está interessada em determinar a capacidade veicular de uma linha de transporte

público para um sistema de sinalização de cabine. O trem mais longo deve ter aproximadamente 200 m de comprimento e operará a uma velocidade máxima de 100 km/h. A distância desde a parte dianteira de um trem parado até o bloco de saída da estação é de 10,5 m. Nenhuma restrição limita a velocidade de aproximação a níveis inferiores aos ideais.

Solução

A fim de determinar a capacidade veicular de um sistema sobre trilhos em nível separado, precisamos encontrar (1) o tempo de aproximação da estação ou de separação de controle, t_{cs}; (2) o tempo de parada, t_d; e (3) a margem operacional, t_{om}.

Tempo de aproximação: Para a sinalização de cabine, a Equação 4.40 deve ser resolvida para o tempo de separação mínimo. Isso será feito com a ajuda do Microsoft Excel:

$$t_{cs} = \sqrt{\frac{2(L_t + d_{eb})}{a}} + \frac{L_t}{v_a} + \left(\frac{100}{f_{br}} + b\right)\left(\frac{v_a}{2d}\right) + \frac{at_{os}^2}{2v_a}\left(1 - \frac{v_a}{v_{máx}}\right) + t_{os} + t_{jl} + t_{br}$$

Para este exemplo,
 $L_t = 200$ m
 $d_{eb} = 10,5$ m
 $v_{máx} = 100$ km/h $= 27,8$ m/s
 $f_{br} = 75\%$
  $b = 1,2$ para sinalização de cabine
  $a = 1,3$ m/s² (assumido)
  $d = 1,3$ m/s² (assumido)
 $t_{os} = 3$ s
 $t_{jl} = 0,5$ s
 $t_{br} = 1,5$ s

A Equação 4.40 é programada em Excel, e um intervalo de valores para a velocidade de aproximação, v_a, é assumido; o tempo de separação de controle correspondente é determinado como mostra a Tabela 4.12.

Os valores do tempo de separação de controle são então traçados no gráfico em relação à velocidade de aproximação, conforme mostrado na Figura 4.12, e essa velocidade, que resulta no tempo de separação mínimo, é determinada conforme mostrado a seguir. A velocidade de aproximação que resulta no tempo de separação mínimo é de aproximadamente 14 m/s (50 km/h), e o tempo de separação correspondente é de aproximadamente 51 segundos.

Tempo de parada: O tempo de parada geralmente varia entre 30 e 50 segundos. Assumiremos um valor de 40 segundos.

Margem operacional: Assumimos um valor de 20 segundos para a margem operacional.

Capacidade veicular: Considerando as informações anteriores, o intervalo mínimo entre trens = 51 + 40 + 20 = 111 s. A capacidade veicular é, portanto, dada por

$T = 3.600/111 = 32$ trens/h

Tabela 4.12 – Velocidade de aproximação *versus* tempo de separação de controle do Exemplo 4.14.

Velocidade de aproximação, v_a (m/s)	Tempo de separação, t_{cs} (s)
2	127,66
4	78,15
6	62,94
8	56,31
10	53,11
12	51,63
14	51,13
16	51,24
18	51,76
20	52,56
22	53,58
24	54,75
26	56,04

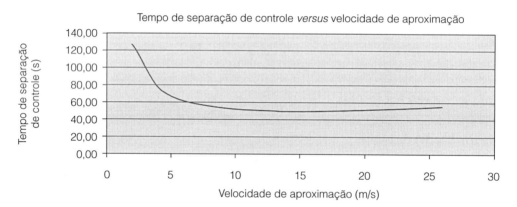

Figura 4.12 – Tempo de separação de controle *versus* velocidade de aproximação.

Exemplo 4.15

Capacidade veicular de um sistema de controle de sinal de bloqueio móvel

Para a linha de transporte público descrita no Exemplo 4.14, determine a capacidade veicular com um sistema de controle de sinalização por blocos móveis em vez de sinalização de cabine.

Solução

Para um sistema de controle por blocos móveis, a Equação 4.41 deve ser resolvida para o tempo de separação mínimo por meio de um procedimento semelhante ao descrito no Exemplo 4.14:

$$t_{cs} = \frac{L_t + P_e}{v_a} + \left(\frac{100}{f_{br}} + b\right)\left(\frac{v_a}{2d}\right) + \frac{a t_{os}^2}{2v_a}\left(1 - \frac{v_a}{v_{máx}}\right) + t_{os} + t_{jl} + t_{br}$$

Para o controle por blocos móveis, o parâmetro b é igual a 1,0, e o erro de posicionamento pode ser assumido como 6,25 m. A Tabela 4.13 lista o tempo de separação de controle para uma série de velocidades de aproximação, e a Figura 4.13 traça o gráfico do tempo em relação à velocidade. Utilizando a Equação 4.13, pode ser visto que a velocidade de aproximação que resulta no tempo mínimo é aproximadamente de 16 m/s e o tempo mínimo de separação de controle é de 32,4 segundos.

Tabela 4.13 – Velocidade de aproximação *versus* tempo de separação de controle do Exemplo 4.15.

Velocidade de aproximação, v_a (m/s)	Tempo de separação, t_{cs} (s)
2	112,63
4	61,40
6	45,52
8	38,48
10	34,97
12	33,23
14	32,50
16	32,40
18	32,73
20	33,34
22	34,17
24	35,17
26	36,28

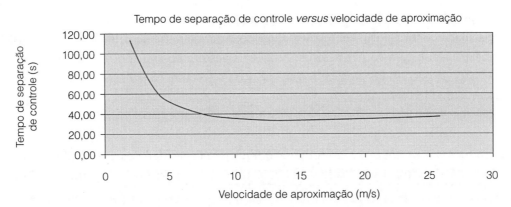

Figura 4.13 – Tempo de separação de controle *versus* velocidade de aproximação.

Assumindo-se um tempo de parada de 40 segundos e uma margem operacional de 20 segundos, o intervalo mínimo entre trens, neste caso, é de 32,4 + 40 + 20 = 92,4 s. A capacidade veicular correspondente é igual a 3.600/92,4 = 39 trens/h. Isso é um aumento significativo em relação à capacidade do Exemplo 4.14.

Capacidade em termos de pessoas no transporte público

Nosso foco até agora tem sido o cálculo da capacidade veicular dos sistemas de transporte público que envolve a determinação do número máximo de ônibus ou trens que podem ser acomodados por hora em uma estação ou ao longo de uma linha. Para sistemas de transporte público, além da determinação da *capacidade veicular*, estamos também interessados na determinação da *capacidade em termos de pessoas*. Para os ônibus, isso pode ser facilmente calculado multiplicando-se a capacidade veicular da faixa de ônibus no ponto mais carregado pelo número de passageiros permitido a bordo de um ônibus individualmente, e pelo fator de pico horário (geralmente assumido como 0,75 para ônibus).

Para veículos leves sobre trilhos ou em níveis separados, a capacidade máxima em termos de pessoas, P, é normalmente calculada multiplicando-se a capacidade veicular em termos de número máximo de trens/h (T), pelo comprimento do trem (L), pelo fator linear da carregamento de passageiros (P_m) – que fornece o número de passageiros por metro de comprimento estabelecido pela política da agência gestora do transporte público –, e pelo fator de pico horário, FPH. Isto pode ser expresso como

$$P = TLP_m(FPH) \tag{4.44}$$

em que

P = capacidade de pessoas (pessoas/h)
T = capacidade de veículos (trens/h)
L = comprimento do trem (m)
P_m = nível da carregamento de passageiros (pessoas/m)
FPH = fator de pico horário

O fator de pico horário é geralmente assumido como 0,80 para o transporte sobre trilhos pesado, 0,75 para veículos leves sobre trilhos e 0,60 para o transporte sobre trilhos suburbano. O nível de carregamento de passageiros linear é de aproximadamente 5,9 passageiros/m de comprimento para o transporte sobre trilhos pesado, e 4,9 passageiros/m de comprimento para os veículos leves sobre trilhos.

Exemplo 4.16

Cálculo da capacidade de transporte em termos de pessoas

Determine a capacidade de transporte em termos de pessoas para a linha descrita no Exemplo 4.12. Todos os ônibus têm uma capacidade para 43 passageiros. A agência gestora do transporte público tem 10 ônibus expressos nos quais não são permitidos passageiros em pé. Para o restante da frota, até 50% de passageiros em pé é permitido. Assuma um FPH = 0,75.

Solução

Conforme determinado no Exemplo 4.12, a linha de ônibus tem capacidade para 41 ônibus/h. Desses 41 ônibus, passageiros em pé não são permitidos apenas em 10 (os ônibus expressos), enquanto nos 31 restantes eles o são.

Portanto,

Capacidade de passageiros = [(10 × 43) + (31 × 43 × 1,50)] × 0,75
= 1.822 passageiros/h

Indicadores de qualidade de serviço

Como discutido, os indicadores de qualidade de serviço do transporte público podem ser divididos em duas categorias principais: (1) avaliação da disponibilidade do serviço de transporte público; e (2) avaliação do conforto e da conveniência do transporte público. A Tabela 4.5 também mostra que, para a designação do NS, quatro indicadores de qualidade de serviço são empregados: (1) frequência; (2) período de serviço; (3) nível de lotação; e (4) confiabilidade. Esta seção define esses quatro indicadores e descreve como podem ser utilizados para determinar o NS para os pontos de parada e linhas do transporte público.

Frequência

Frequência do serviço é o indicador utilizado para avaliar o NS da disponibilidade de transporte público nos pontos de parada. Ela determina o número de vezes por hora que um usuário tem acesso à modalidade de transporte público (assumindo que o ponto de parada esteja dentro de uma distância aceitável para o usuário ir a pé). A Tabela 4.14 mostra os diversos limiares da frequência de serviço que são utilizados para definir os diversos NS. Por exemplo, NS A corresponde a uma frequência de mais de 6 veículos/h, ou intervalos entre ônibus que são inferiores a 10 minutos. Deve-se observar que uma agência gestora de transporte público pode decidir operar seus veículos em diferentes NS ao longo do dia. Por exemplo, durante o horário de pico, o serviço pode operar em NS B, enquanto poderia operar em NS D no meio do dia.

Tabela 4.14 – NS da frequência de serviço.

NS	Intervalo entre veículos (min)	Veículos/h	Comentários
A	<10	>6	Passageiros não precisam de horários
B	≥10–14	5-6	Serviço frequente; passageiros consultam os horários
C	>14–20	3-4	Tempo máximo de espera desejável se o ônibus/trem não passou
D	>20–30	2	Serviço pouco atraente para a escolha dos usuários
E	>30–60	1	Serviço disponível durante a hora
F	>60	<1	Serviço pouco atraente para todos os usuários

Fonte: Adaptado do HCM 2000.

Tabela 4.15 – NS das horas de serviço.

NS	Horas por dia	Comentários
A	>18–24	Serviços prestados no horário noturno ou de madrugada
B	>16–18	Serviços prestados até tarde da noite
C	>13–16	Serviços prestados até o início da noite
D	>11–13	Serviços prestados no horário diurno
E	>3–11	Serviços no horário de pico/serviço limitado do meio do dia
F	0-3	Serviços muito limitados ou sem serviço

Observações:
Linha fixa: número de horas por dia em que o serviço é prestado pelo menos uma vez.
Transporte alternativo: número de horas por dia em que o serviço é oferecido.

Fonte: Adaptado do HCM 2000.

Horário de serviço

Este indicador define o número de horas durante o dia em que o serviço de transporte público está disponível ao longo de uma linha e, portanto, é o indicador de disponibilidade das linhas de transporte público. A Tabela 4.15 mostra como o indicador pode ser usado para determinar o NS de uma linha de transporte público. Tal como acontece com a frequência, o NS do horário de serviço pode variar ao longo do dia.

Nível de lotação

Do ponto de vista do passageiro, os níveis de lotação ajudam a determinar o nível de conforto para encontrar um assento ou ficar em pé de forma confortável. O indicador utiliza a área disponível para cada passageiro como uma medida para o NS. Os limiares de espaço correspondentes aos diversos NS são apresentados na Tabela 4.16

Confiabilidade do trecho de linha

Uma série de indicadores pode ser utilizada para medir a confiabilidade do serviço de um trecho de linha de transporte público, incluindo (1) desempenho no tempo; (2) aderência ao intervalo entre veículos; (3) viagens perdidas; e (4) distância viajada entre panes mecânicas. Do ponto de vista dos passageiros, o desempenho do tempo é a medida que mais reflete de forma precisa sua percepção com relação à confiabilidade do serviço. No entanto, quando os veículos operam em intervalos frequentes entre eles, a aderência a este intervalo torna-se mais importante.

Tabela 4.16 – NS do nível de lotação.

NS	Ônibus ft²/p (m²/p)[a]	Ônibus p/assento[a]	Trem ft²/p (m²/p)	Trem p/assento[a]	Comentários
A	>12,90 (>1,16)	0,00–0,50	<19,90 (<1,79)	0,00–0,50	Nenhum passageiro precisa se sentar ao lado de outro
B	8,60–12,89 (0,77–1,16)	0,51–0,75	14,00–19,90 (1,26–1,79)	0,51–0,75	O passageiro pode escolher onde se sentar
C	6,50–8,59 (0,59–0,77)	0,76–1,00	10,20–13,99 (0,92–1,26)	0,76–1,00	Todos os passageiros podem se sentar
D	5,40–6,49 (0,49–0,59)	1,01–1,25	5,40–10,19 (0,49–0,92)	1,01–2,00	Lotação confortável para passageiros em pé
E	4,30–5,39 (039–0,49)	1,26–1,50	3,20–5,39 (0,29–0,49)	2,01–3,00	Lotação máxima do horário
F	<4,30 (<0,39)	>1,50	<3,20 (<0,29)	>3,00	Superlotação

Observações:
a. Valores aproximados para comparação. O NS é baseado na área por passageiro.
b. ft²/p = 0,093 m²/p

Fonte: Adaptado do HCM 2000.

Tabela 4.17 – Confiabilidade do NS para o desempenho no tempo.

NS	Porcentagem no tempo	Comentários[a]
A	97,5–100,0	1 ônibus atrasado por mês
B	95,0–97,4	2 ônibus atrasados por mês
C	90,0–94,9	1 ônibus atrasado por semana
D	85,0–89,9	1 ônibus atrasado por direção por semana
E	80,0–84,9	
F	<80,0	

Observações:
Aplicam-se a rotas com frequências inferiores a 6 ônibus programados/h.
a. Perspectiva do usuário com base em cinco viagens de ida e volta por semana em uma rota específica de transporte público sem baldeações.
No tempo = 0–5 minutos de atraso no horário de saída publicado (linha fixa)
    chegada dentro de 10 minutos do horário previsto de passagem (linha fixa desviada)
    chegada dentro de 20 minutos do horário previsto de passagem (transporte público alternativo)

Fonte: Adaptado do HCM 2000.

Tabela 4.18 – Confiabilidade do NS da aderência prevista.

NS	Coeficiente de variação
A	0,00–0,10
B	0,11–0,20
C	0,21–0,30
D	0,31–0,40
E	0,41–0,50
F	>0,50

Observação:
Aplicam-se a linhas com frequências superiores ou iguais a 6 ônibus programados/h.

Fonte: Adaptado do HCM 2000.

Para desempenho no tempo, é prática comum definir um veículo de transporte público como estando em atraso quando com mais de cinco minutos além do programado. Saídas antecipadas são geralmente consideradas como equivalentes a um veículo atrasado pelo tempo igual a um intervalo, uma vez que os passageiros teriam de esperar pelo próximo veículo. A Tabela 4.17 lista os limiares de confiabilidade do NS dos veículos de transporte público que operam com frequências inferiores a 6 veículos/h.

Para o serviço de transporte público com frequências superiores a 6 veículos/h, o NS é definido em termos de aderência ao intervalo entre veículos (ou mais especificamente sobre o coeficiente de variação dos intervalos entre veículos, c_v), conforme mostrado na Tabela 4.18. O coeficiente de variação, c_v, é calculado dividindo-se o desvio padrão dos intervalos entre veículos pelo intervalo médio entre eles.

Infraestrutura para pedestres

Nesta seção, discutiremos a análise da capacidade e os procedimentos de determinação do NS para a infraestrutura para pedestres, que inclui passarelas e calçadas, caminhos compartilhados fora da via, faixas de pedestre e demais infraestruturas ao longo das vias urbanas.

Características do fluxo de pedestres

Semelhantemente aos parâmetros de fluxo de tráfego utilizados em conjunto com o de veículos, os seguintes parâmetros são definidos para o estudo da capacidade e do NS para a infraestrutura para pedestres:

Velocidade do pedestre: Esta é a média de velocidade de caminhada do pedestre que em geral é de aproximadamente 1,2 m/s, mas varia com a idade e o propósito da caminhada.

Fluxo de pedestre: Refere-se ao número de pedestres que cruzam uma linha visada em toda a largura de uma infraestrutura perpendicular ao percurso dos pedestres por unidade de tempo (p/min). O fluxo de pedestre/largura unitária é igual ao de pedestres dividido pela largura efetiva da infraestrutura para pedestres em unidades de pedestres/min/m (p/mm/m).

Densidade de pedestre: É calculada como o número médio de pedestres/área unitária da infraestrutura para pedestres (p/m²).

Espaço para pedestre: Refere-se à área média disponibilizada para cada pedestre. É igual ao inverso da densidade, expresso em unidades de metros quadrados/pedestre (m²/p).

Relações fluxo–velocidade–densidade para o tráfego de pedestres

Os parâmetros que acabamos de definir estão relacionados entre si de forma semelhante às relações fundamentais entre os parâmetros de fluxo de tráfego de veículos (Figura 4.2). De modo similar ao fluxo de tráfego de veículos, o fluxo, a densidade e a velocidade dos pedestres estão relacionados entre si pela seguinte equação:

$$v_{ped} = S_{ped} \times D_{ped} \qquad (4.45)$$

em que
  v_{ped} = taxa de fluxo de pedestres (p/min/m)
  S_{ped} = velocidade do pedestre (m/min)
  D_{ped} = densidade de pedestre (p/m²)

Essa equação também pode ser expressa em termos de espaço de pedestre (*M*) que, conforme já definido, é igual ao inverso da densidade, como segue:

$$v_{ped} = \frac{S_{ped}}{M} \tag{4.46}$$

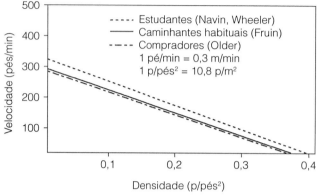

Figura 4.14 – Relação entre a velocidade e a densidade de pedestre.
Fonte: Adaptado do HCM 2000.

em que

M = espaço para pedestre (m²/p)

A Figura 4.14 mostra a relação entre a velocidade e a densidade de pedestres. De modo similar ao tráfego de veículos, a velocidade dos pedestres parece diminuir com o aumento da densidade. Conforme aumenta a densidade, o espaço disponível para cada pedestre diminui e, por sua vez, o grau de mobilidade oferecido também.

A Figura 4.15 mostra a relação entre o fluxo e o espaço de pedestres. Ela é semelhante à relação de fluxo-densidade anteriormente desenvolvida para veículos (Figura 4.2).

O fluxo máximo mostrado na figura anterior corresponde à capacidade da infraestrutura para pedestres. Essa capacidade parece corresponder às densidades ou espaço no intervalo entre 0,5 e 0,8 m²/p (ou 5 e 9 pés²/p). Com a ajuda da Figura 4.15, pode-se definir as variações das taxas de fluxo ou espaço que correspondem aos diversos NS.

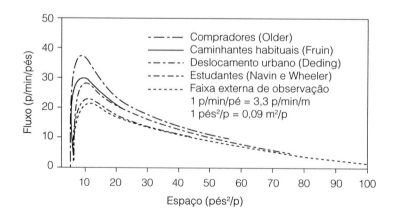

Figura 4.15 – Relação entre o fluxo e o espaço para pedestres.
Fonte: Adaptado do HCM 2000.

Finalmente, a Figura 4.16 mostra a relação entre a velocidade e o fluxo que, mais uma vez, é muito semelhante à relação de tráfego de veículos. À medida que aumenta o fluxo (ou seja, mais pedestres nas passarelas), a velocidade diminui, porque os pedestres se aproximam uns dos outros e sua capacidade de escolher velocidades mais elevadas para caminhar é reduzida. Após atingir o nível crítico de aglomeração, o que corresponde à capacidade da infraestrutura, tanto a velocidade como o fluxo são reduzidos.

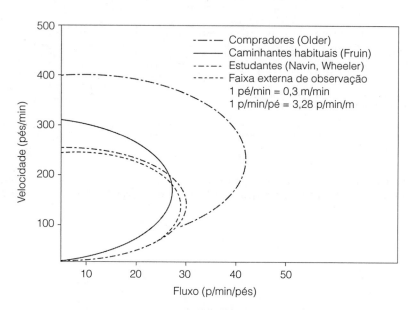

Figura 4.16 – Relação entre velocidade e fluxo.
Fonte: Adaptado do HCM 2000.

Análise da capacidade e os conceitos de níveis de serviço

Na ausência de outros dados, a capacidade de uma infraestrutura ou passarela de pedestre pode razoavelmente ser assumida como 75 p/min/m ou 4.530 p/h/m. No entanto, nessa capacidade, a velocidade do pedestre é severamente prejudicada e, em geral, seria de aproximadamente 0,75 m/s, que é muito inferior ao valor médio normal de 1,2 m/s ou 1,5 m/s. Diante disso, as infraestruturas viárias para pedestres são normalmente projetadas para operar bem abaixo do nível da capacidade de operação.

Para a determinação do NS, a ideia básica é definir intervalos para as taxas de espaço/fluxo de pedestres e/ou velocidades que correspondam a diversos NS. A velocidade é importante, pois pode ser facilmente medida em campo. A velocidade da capacidade normalmente gira em torno de 0,75 m/s ou 45 m/min. A Figura 4.17 apresenta uma ilustração gráfica e uma descrição dos diversos NS para uma passarela e a variação de valores para as taxas de espaço e fluxo de pedestres que correspondem a cada NS.

Os critérios do NS mostrados na Figura 4.17 são baseados nas condições de fluxo médio e não consideram as condições de caminhar em pelotão. No entanto, para as infraestruturas viárias para pedestres, tais como calçadas, por exemplo, a interrupção do fluxo e a formação de filas em semáforos podem resultar em picos de demanda de tráfego e na formação de pelotões de pedestres. Dentro do grupo, em geral o NS será um nível inferior ao que é baseado nas condições da média. A decisão sobre projetar ou não a infraestrutura para as condições da média ou para pelotões depende do espaço disponível, do custo e da política adotada para pedestres.

Metodologia de análise

De forma similar às rodovias, a infraestrutura para pedestres, a partir de um ponto do fluxo de tráfego, também pode ser dividida em infraestruturas de fluxo ininterruptos e interrompidos. Além disso, várias infraestruturas

NS A
Espaço para pedestre > 60 pés²/p *Taxa de fluxo* ≤ 5 p/min/pé
Em uma passagem de NS A, os pedestres se movem nos caminhos que desejarem, sem alterar seus movimentos em resposta a outros pedestres. As velocidades de caminhada são escolhidas livremente e os conflitos entre pedestres são improváveis.

NS B
Espaço para pedestre > 40-60 pés²/p *Taxa de fluxo* > 5-7 p/min/pé
Em NS B, há espaço suficiente para os pedestres escolherem livremente sua velocidade de caminhada, para desviar de outros pedestres e evitar conflitos de passagem. Neste nível, os pedestres começam a se conscientizar da presença de outros pedestres e a responder às suas presenças ao selecionar um caminho para caminhar.

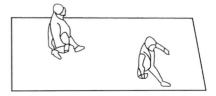

NS C
Espaço para pedestre > 24-40 pés²/p *Taxa de fluxo* > 7-10 p/min/pé
Em NS C, o espaço é suficiente para velocidades normais de caminhada e para desviar de outros pedestres, principalmente nas correntes unidirecionais. Os movimentos em direção contrária e de ultrapassagem podem causar pequenos conflitos, e as taxas de velocidade e de fluxo são um pouco inferiores.

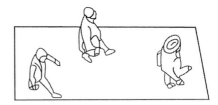

NS D
Espaço para pedestre > 15-24 pés²/p *Taxa de fluxo* > 10-15 p/min/pé
Em NS D, a liberdade para escolher a velocidade de caminhada individual e para se desviar de outros pedestres é restrita. Os movimentos de ultrapassagem e no sentido contrário, em decorrência da grande probabilidade de conflitos, exigem alterações constantes de velocidade e de posição. O NS prevê fluxo razoável de pessoas, mas o atrito e a interação entre os pedestres são prováveis.

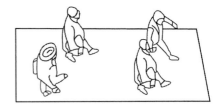

NS E
Espaço para pedestre > 8-15 pés²/p *Taxa de fluxo* > 15-23 p/min/pé
Em NS E, praticamente todos os pedestres restringem sua velocidade normal de caminhada, ajustando frequentemente sua marcha. No intervalo inferior, o movimento para frente é possível somente arrastando-se os pés. O espaço não é suficiente para ultrapassar pedestres mais lentos. Os movimentos de ultrapassagem ou no sentido contrário são possíveis apenas com extrema dificuldade. Os volumes de projeto aproximam-se do limite da capacidade de passarela, com paralisações e interrupções do fluxo.

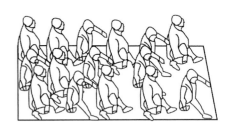

NS F
Espaço para pedestre ≤ 8 pés²/p *Taxa de fluxo* varia p/min/pé
Em NS F, todas as velocidades de caminhada são severamente restritas, e qualquer progresso para a frente só é feito arrastando-se os pés. Há contato frequente e inevitável com outros pedestres. Os movimentos de ultrapassagem e no sentido contrário são praticamente impossíveis. O fluxo é esporádico e instável. Caracteriza-se mais com pedestres movendo-se em filas do que em correntes.

Observação: 1 pé²/p = 0,09 m²/p; 1 p/min/pé = 3,3 p/min/m

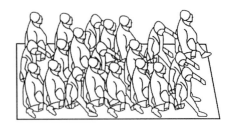

Figura 4.17 – NS de passagens para pedestres.
Fonte: Adaptado do HCM 2000.

para pedestres podem ser distinguidas, incluindo passarelas e calçadas, caminhos compartilhados fora da via, passagens para pedestres em interseções semaforizadas e infraestruturas viárias para pedestres ao longo das vias urbanas. Os procedimentos de análise e os limiares do NS para essas infraestruturas para pedestres variam; portanto, cada uma é tratada separadamente nesta seção.

Passarelas e calçadas

Trata-se de infraestruturas para pedestres que são separadas do tráfego de veículos motorizados. Destinam-se exclusivamente a pedestres, e seu uso por ciclistas e outros usuários normalmente não é permitido. Os trechos de passarelas e calçadas longe das interseções, semaforizadas ou não, podem ser considerados infraestruturas para pedestres de fluxo ininterrupto.

Conforme mostrado na Figura 4.17, o espaço disponível por pedestre é a medida principal para avaliar o NS de uma passarela ou uma calçada. Isto pode ser determinado em campo, dividindo-se o número de pedestres que ocupam uma determinada área da infraestrutura em um determinado tempo pela área. A velocidade do pedestre também pode ser observada em campo e utilizada como um indicador de desempenho suplementar. Para facilitar a determinação do NS, a metodologia de análise também permite utilizar a taxa de fluxo por unidade de pedestre (que pode ser facilmente determinada pelas observações em campo) como um indicador de desempenho. Para determinar a taxa de fluxo unitária de pedestres, é necessário fazer uma contagem de pedestres durante o período de pico de 15 minutos e medir a largura efetiva da passarela (ou seja, largura final, excluindo-se as larguras e as distâncias de recuo das obstruções sobre a passarela). Com essas medições, a taxa de fluxo unitária de pedestre pode ser determinada pela Equação 4.47, como segue:

$$v_p = \frac{v_{15}}{15 \times W_E} \tag{4.47}$$

em que

v_p = taxa de fluxo unitária de pedestre (p/min/m)
v_{15} = taxa de fluxo durante o pico de 15 minutos (p/15 min)
W_E = largura efetiva da passarela (m)

A Tabela 4.19 resume os diversos critérios para o NS nas passarelas. Ela permite usar o espaço, a taxa de fluxo unitária, a velocidade ou a razão v/c para determinar o NS. Para o cálculo da razão v/c, assume-se um valor de 76 p/min/m para a capacidade. Deve-se observar que, no caso de formação significativa de grupos na passarela, a determinação do NS deve ser baseada na Tabela 4.20, em vez da 4.19.

Tabela 4.19 – Critérios do NS para o fluxo médio.

NS	Espaço (pés²/p)	Taxa de fluxo (p/min/pé)	Velocidade (pés/s)	Razão v/c
A	>60	≤5	>4,25	≤0,21
B	>40–60	>5–7	>4,17–4,25	>0,21–0,31
C	>24–40	>7–10	>4,00–4,17	>0,31–0,44
D	>15–24	>10–15	>3,75–4,00	>0,44–0,65
E	>8–15	>15–23	>2,50–3,75	>0,65–1,0
F	≤8	variável	≤2,50	variável

Observação: 1 pé²/p = 0,09 m²/p; 1 p/min/pé = 3,3 p/min/m; 1 pé/s = 0,3 m/s

Fonte: Adaptado do HCM 2000.

Tabela 4.20 – Critérios do NS ajustados a pelotões.

NS	Espaço (pés²/p)	Taxa de fluxo[a] (p/min/pé)
A	>530	≤0,5
B	>90–530	>0,5–3
C	>40–90	>3–6
D	>23–40	>6–11
E	>11–23	>11–18
F	≤11	>18

Observação: 1 pé²/p = 0,09 m²/p; 1 p/min/pé = 3,3 p/min./m

Fonte: Adaptado do HCM 2000.

Exemplo 4.17

Cálculo do NS de uma calçada

Considere um trecho de calçada de 3,5 m, delimitado por guia de um lado e lojas com vitrines de outro. O fluxo de pedestres durante o pico de 15 minutos na calçada é de 1.200 p/15 minutos. A largura efetiva da calçada, após considerar a largura da guia e do lugar ocupado pelas vitrines das lojas, é de 2,5 m. Determine o NS durante o pico des 15 minutos em média e dentro dos pelotões.

Solução

O primeiro passo é determinar a taxa de fluxo unitária de pedestre, o que pode ser feito com a Equação 4.47, como segue:

$$v_p = \frac{v_{15}}{15 \times W_E} = \frac{1.200}{15 \times 2,5} = 32 \text{ p/min/m}$$

O NS, então, pode ser determinado pela Equação 4.19 (dentro das condições médias) e pela Tabela 4.20 (dentro dos pelotões).

Portanto, para as condições médias, o NS é C, com base na Tabela 4.19. Ao passo que, dentro dos grupos, o NS é D com base na Tabela 4.20.

Infraestruturas compartilhadas entre pedestres e bicicletas

Uma grande variedade de usuários pode ser encontrada em infraestruturas compartilhadas entre pedestres e bicicletas, incluindo pedestres, ciclistas e skatistas. As bicicletas, por causa de suas altas velocidades, tendem a ter um impacto negativo sobre a capacidade de pedestres e sobre o NS. Enquanto uma série de procedimentos de análise de capacidade usa fatores de equivalência para considerar os impactos negativos de um tipo de veículo sobre a capacidade dos sistemas viários, no que diz respeito a infraestruturas para pedestres–bicicletas, os pesquisadores descobriram que era difícil estabelecer fatores de equivalência para bicicletas em relação aos pedestres, e um procedimento de análise alternativo era necessário para a avaliação do NS de pedestres em infraestruturas compartilhadas por eles e bicicletas.

A ideia era basear o NS no conceito de impedimento. O NS para um pedestre em um caminho compartilhado é baseado na frequência de ultrapassagem (na mesma direção) e de encontro (na direção oposta) com outros usuários. Uma vez que os pedestres raramente ultrapassam outros usuários, o LOS é realmente dependente da frequência que o pedestre é ultrapassado por ciclistas (tanto na ultrapassagem como no encontro). A Equação 4.48 pode ser utilizada para determinar o número total de ocorrências de bicicletas que ultrapassam e que se encontram por hora.

$$F_p = Q_{sb}\left(1 - \frac{S_p}{S_b}\right)$$

$$F_m = Q_{ob}\left(1 + \frac{S_p}{S_b}\right) \tag{4.48}$$

em que

F_p = número de ocorrências de ultrapassagem/h
F_m = número de ocorrências no sentido contrário ou encontros/h
Q_{sb} = taxa de fluxo de bicicletas na mesma direção (bicicletas/h)
Q_{ob} = taxa de fluxo de bicicletas em direção contrária (bicicletas/h)
S_p = velocidade média do pedestre no caminho (m/s)
S_b = velocidade média da bicicleta no caminho (m/s)

O número total de ocorrências é então calculado como segue:

$$F = F_p + 0{,}5F_m \tag{4.49}$$

O número de ocorrências de encontros é multiplicado por 0,5 porque essas ocorrências consideram o contato visual direto e, portanto, as bicicletas em direção contrária tendem a causar menos impedimentos para os pedestres. Com o número total de ocorrências definido, o NS para pedestres pode ser determinado pela Tabela 4.21.

Tabela 4.21 – Critério do NS para pedestres para caminhos compartilhados nos dois sentidos.

NS de pedestres	Número de ocorrências/h
A	≤38
B	>38–60
C	>60–103
D	>103–144
E	>144–180
F	≥180

Fonte: Adaptado do HCM 2000.

Exemplo 4.18

Determinação do NS para uma infraestrutura compartilhada por pedestres e bicicletas

Uma infraestrutura compartilhada nos dois sentidos por pedestres e bicicletas tem uma largura de 2,5 m. O fluxo de pico de pedestres na infraestrutura é de 150 p/15 minutos. A taxa de fluxo de bicicletas é de 100 bicicletas/h no mesmo sentido que os pedestres, e de 150 bicicletas/h no sentido contrário. Determine o NS para os pedestres. Qual seria o NS se a infraestrutura fosse convertida em uma voltada exclusivamente para pedestres (isto é, sem permissão de bicicletas) com uma largura efetiva de 1,5 m? Suponha que a velocidade dos pedestres seja de 1,2 m/s e a das bicicletas de 4,8 m/s.

Solução

O primeiro passo é determinar o número de ocorrências de bicicletas ultrapassando (F_p) e encontrando (F_m) na infraestrutura por hora utilizando a Equação 4.8 como se segue

$$F_p = Q_{sb}\left(1 - \frac{S_p}{S_b}\right) = 100\left(1 - \frac{1,2}{4,8}\right) = 75 \text{ ocorrências/h}$$

$$F_m = Q_{ob}\left(1 + \frac{S_p}{S_b}\right) = 150\left(1 + \frac{1,2}{4,8}\right) = 187,5 \text{ ocorrências/h}$$

O número total de ocorrências (F) pode, então, ser calculado pela Equação 4.49, como segue:

$$F = F_p + 0,5F_m = 75 + 0,5(187,5) = 169 \text{ ocorrências/h}$$

Com base na Tabela 4.21, o NS correspondente é E.

Se a infraestrutura fosse convertida em uma voltada exclusivamente para pedestres com uma largura efetiva de 1,5 m, a taxa de fluxo unitária de pedestres poderia ser determinada pela Equação 4.47, como segue:

$$v_p = \frac{v_{15}}{15 \times W_E} = \frac{150}{15 \times 1,5} = 6,6 \text{ p/min/m}$$

Com base nas Tabelas 4.19 e 4.20, esta resposta corresponde a um NS A para as condições médias, e a um NS B para as condições em pelotão.

Infraestruturas para pedestres em interseções semaforizadas

Nas passarelas e calçadas, as interseções semaforizadas ou não tendem a interromper o fluxo de pedestres. Nesta seção, descrevemos os procedimentos para a determinação do NS das infraestruturas voltadas para pedestres nas imediações das interseções semaforizadas com uma faixa para eles em pelo menos uma aproximação, como um exemplo de infraestruturas para pedestres de fluxo ininterrupto. A análise das travessias nas interseções semaforizadas é complicada pelo fato de que envolve fluxos de calçadas cruzados, pedestres que atravessam a rua e outros que esperam em fila pela mudança do sinal.

A determinação do NS para pedestres em interseções semaforizadas é normalmente baseado na espera média experimentada por um pedestre. Essa espera média, d_p, pode ser calculada pela Equação 4.50, como segue:

$$d_p = \frac{0,5(C - g)^2}{C} \tag{4.50}$$

em que
d_p = espera média do pedestre em segundos
C = duração do ciclo
g = tempo de verde efetivo *para pedestres* em segundos

Deve-se observar que o tempo de verde efetivo para uma fase de pedestre seria normalmente igual ao verde exibido para o veículo em paralelo. Deve-se também observar que, conforme a Equação 4.50, a espera média dos pedestres não depende do nível do fluxo de pedestres. Isto é realmente verdade até os níveis de fluxo próximos de 5.000 p/h.

Com a espera média de pedestres determinada, a Tabela 4.22 pode ser utilizada para determinar o NS correspondente. Essa tabela também mostra a probabilidade da não observância dos pedestres (ou seja, sua falta de respeito em relação às indicações do semáforo) em função da espera média. Estes valores prováveis aplicam-se a interseções com volumes de veículos conflitantes baixos ou moderados. Em interseções com altos volumes de veículos, os pedestres não têm outra escolha senão aguardar pela indicação de verde.

Deve-se observar que o HCM inclui os procedimentos para a determinação do NS de pedestres nas esquinas das ruas e ao longo da faixa de pedestres. O leitor interessado pode obter mais detalhes no *Highway Capacity Manual*.

Tabela 4.22 – Critérios do NS para pedestres em interseções semaforizadas.

NS	Espera média/pedestre (s)	Probabilidade de comportamento de risco[a]
A	<5	Baixo
B	≥5–10	
C	>10–20	Moderado
D	>20–30	
E	>30–45	Alto
F	>45	Muito alto

Observação:
a. Probabilidade da aceitação de brechas curtas para atravessar

Fonte: Adaptado do HCM 2000.

Exemplo 4.19

Determinação do NS para infraestruturas viárias para pedestres em cruzamentos semaforizados

Determine o NS para pedestres em uma interseção semaforizada de duas fases com um ciclo de duração de 100 segundos. A fase que atende ao tráfego veicular da via principal fica 60 segundos no verde, enquanto a fase que serve à via secundária fica 30 segundos no mesmo estágio.

Solução

A fim de determinar o NS, primeiro precisamos calcular a espera média para os pedestres que atravessam as vias principais e secundárias por meio da Equação 4.50. Deve-se observar, no entanto, que o tempo do verde para os pedestres que atravessam a via principal é igual ao tempo do verde exibido para os veículos da via secundária, pois os pedestres atravessariam a via principal quando os veículos da via secundária estivessem se movimentando. Da mesma forma, o tempo do verde para pedestres que atravessam a via secundária é igual ao tempo do verde exibido para os veículos da via principal. Portanto, pela Equação 4.50,

$$d_p \text{ (para pedestres que atravessam a via principal)} = \frac{0,5(C-g)^2}{C} = \frac{0,5(100-30)^2}{100} = 24,5 \text{ s/p}$$

$$d_p \text{ (para pedestres que atravessam a via secundária)} = \frac{0,5(C-g)^2}{C} = \frac{0,5(100-60)^2}{100} = 8 \text{ s/p}$$

Portanto, pela Tabela 4.22,
O NS para os pedestres que atravessam a rua principal é D e
O NS para os pedestres que atravessam a rua secundária é B.

Tabela 4.23 – Critérios de NS para calçadas de pedestres em vias urbanas.

NS	Velocidade de percurso (pés/s)
A	>4,36
B	>3,84–4,36
C	>3,28–3,84
D	>2,72–3,28
E	≥1,90–2,72
F	<1,90

Observação: 1 pé/s = 0,3 m/s

Fonte: Adaptado do HCM 2000.

Infraestruturas para pedestres em vias urbanas

Para extensas infraestruturas para pedestres ao longo das vias urbanas, existem, ao longo de sua extensão, tanto infraestruturas com fluxo ininterrupto como interrompido. Para estas infraestruturas, a velocidade média de percurso do pedestre (que leva em conta tanto as condições de fluxo ininterrupto como interrompido) é o indicador de desempenho utilizado para determinar o NS. A via urbana em análise é primeiro segmentada, com cada trecho constituindo-se de uma interseção semaforizada e um segmento a montante da calçada de pedestres, começando imediatamente após a interseção mais próxima a montante. A velocidade média de percurso em todo o trecho pode ser calculada pela Equação 4.51, como segue:

$$S_A = \frac{L_T}{\Sigma \frac{L_i}{S_i} + \Sigma d_j} \quad (4.51)$$

em que

S_A = velocidade média dos pedestres em m/s
L_T = extensão total da via urbana sendo analisada (m)
L_i = comprimento do trecho I em m
S_i = velocidade de caminhada do pedestre ao longo do trecho i em m/s
d_j = atraso de cruzamento na interseção j, em segundos, calculado pela Equação 4.50

O NS pode então ser determinado com a utilização da Tabela 4.23.

Exemplo 4.20

Determinação do NS para infraestruturas para pedestres em vias urbanas

Determine o NS de uma calçada proposta para pedestres com 2,5 km de extensão em uma via urbana com três interseções semaforizadas. A calçada é segmentada em três trechos com as seguintes distâncias: 975 m, 610 m e 915 m. Os semáforos têm um ciclo de 90 segundos, e a duração da fase verde para pedestre é igual a 35 segundos. Suponha que a velocidade dos pedestres seja de 1,2 m/s.

Solução

O primeiro passo é determinar a espera média do pedestre nas três interseções semaforizadas, utilizando a Equação 4.50, conforme abaixo:

$$d_p = \frac{0,5(C - g)^2}{C} = \frac{0,5(90 - 35)^2}{90} = 16,80 \text{ s/p em cada cruzamento}$$

A velocidade média pode então ser calculada pela Equação 4.51, como segue:

$$S_A = \frac{L_T}{\sum \frac{L_i}{S_i} + \sum d_j} = \frac{2.500}{\frac{2.500}{1,2} + 3 \times 16,8} = 1,17 \text{ m/s}$$

Pela Tabela 4.23, isto corresponde a um NS B.

Infraestruturas para bicicletas

Existem vários tipos de infraestruturas para bicicletas, incluindo ciclovias exclusivas fora da via, ciclovias compartilhadas fora da via e ciclofaixas na via. Da mesma forma que nas rodovias, as infraestruturas para bicicletas podem ser divididas em infraestruturas ininterruptas e interrompidas. As ciclovias fora da via geralmente pertencem ao grupo das infraestruturas ininterruptas. O tráfego de bicicletas nas ciclovias junto às vias é geralmente interrompido pelos semáforos e pelos sinais de pare.

Características do fluxo de tráfego de bicicletas

Embora diferentes dos veículos, as bicicletas ainda tendem a operar em faixas distintas e, portanto, a capacidade da infraestrutura para bicicletas depende do número de faixas efetivas em uso. A melhor maneira de determinar o número de faixas efetivas é por meio de uma avaliação em campo. No entanto, se houver um planejamento de futuras infraestruturas, a largura padrão de uma faixa para bicicletas pode ser assumida como 1,2 m. Estudos têm mostrado que as infraestruturas com três faixas voltadas para bicicletas operam com maior eficiência em comparação com as de duas. Isto porque as infraestruturas de três faixas fornecem mais oportunidades de ultrapassagem e manobras.

Capacidade e conceitos de níveis de serviço

Ao contrário de outros tipos de infraestruturas viárias, aquelas para bicicletas experimentam uma forte deterioração no NS em níveis de fluxo bem abaixo da capacidade. Por isso, o conceito de capacidade não é tão importante para o projeto e análise de infraestruturas voltadas para bicicletas. Para as infraestruturas nos Estados Unidos, sob condições de fluxo ininterrupto, um valor de 2.000 bicicletas/h/faixa pode ser assumido para a taxa de fluxo de saturação.

Para a determinação do NS, os indicadores de desempenho utilizados em conjunto com o tráfego de veículos não são muito apropriados para as infraestruturas para bicicletas. Por exemplo, estudos têm mostrado que

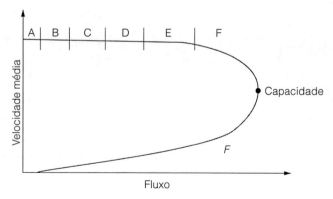

Figura 4.18 – Capacidade e NS para bicicletas.
Fonte: Adaptado do HCM 2000.

as velocidades das bicicletas não são tão sensíveis à taxa de fluxo. Além disso, é difícil determinar a densidade para essas infraestruturas, principalmente quando consideram a utilização compartilhada. Como medida alternativa, o NS das infraestruturas para bicicletas é baseado no conceito de impedimentos (você deve se lembrar que usamos esse mesmo conceito para avaliar o NS de vias compartilhadas por pedestres e bicicletas). Na maioria dos casos, o número de ocorrências (isto é, ultrapassagem e encontro de veículos) é utilizado como um substituto para o impedimento. Com o impedimento utilizado como indicador de desempenho, o NS E/F é atingido em um nível de fluxo bem abaixo da capacidade da infraestrutura, conforme mostrado na Figura 4.18.

Metodologia de análise

As infraestruturas de fluxo ininterrupto incluem ciclovias exclusivas e compartilhadas fora da via. Aquelas na via que são interrompidas por interseções semaforizadas representam um exemplo de infraestrutura para bicicletas de fluxo interrompido. As metodologias de análise para esses três tipos são abordadas a seguir.

Ciclovias exclusivas fora da via

As infraestruturas exclusivas fora da via preveem a separação do tráfego de veículos e não permitem o uso por outros usuários senão ciclistas. Para estes, elas proporcionam o melhor NS comparado a outros tipos de infraestruturas para bicicletas. A determinação do NS para ciclovias exclusivas fora da via é baseada na determinação do número de ocorrências vivenciadas por ciclistas, utilizando as Equações 4.52 a 4.54:

$$F_p = 0{,}188 v_s \tag{4.52}$$

$$F_m = 2 v_o \tag{4.53}$$

$$F = 0{,}5 F_m + F_p \tag{4.54}$$

em que

F_p = número de ocorrências de ultrapassagem com ciclistas na mesma direção (ocorrências/h)
F_m = número de ocorrências de encontros com ciclistas na direção contrária (ocorrências/h)
F = número total de ocorrências na via
v_s = taxa de fluxo de ciclistas na direção em análise (ciclistas/h)
v_o = taxa de fluxo de ciclistas na direção contrária (ciclistas/h)

Com o número de ocorrências determinado, a Tabela 4.24 pode ser utilizada para determinar o NS correspondente.

Tabela 4.24 – NS para ciclovias exclusivas.

NS	Frequência de ocorrências, vias de dois sentidos, duas faixas[a] (ocorrências/h)	Frequência de ocorrências, vias de dois sentidos, três faixas[b] (ocorrências/h)
A	≤40	≤90
B	>40–60	>90–140
C	>60–100	>140–210
D	>100–150	>210–300
E	>150–195	>300–375
F	>195	>375

Observações:
a. vias com 8,0 pés de largura. Também utilizado para ciclofaixas na via.
b. vias de 10 pés de largura.

Fonte: Adaptado do HCM 2000.

Exemplo 4.21

Determinação do NS de uma ciclovia exclusiva

Determine o NS de uma ciclovia exclusiva norte-sul com um volume de 160 bicicletas/h durante o período de pico. As observações em campo determinaram que 65% das bicicletas movimentam-se na direção de pico, que é a norte, durante o período de pico. A via tem 2,4 m de largura e pode-se assumir que tenha duas faixas efetivas.

Solução

O primeiro passo é encontrar o fluxo direcional tanto nas direções norte como sul:

$$v_b(\text{norte}) = 160 \times 0{,}65 = 104 \text{ bicicletas/h}$$

$$v_b(\text{sul}) = 160 \times 0{,}35 = 56 \text{ bicicletas/h}$$

Em seguida, calculamos o número de ocorrências de ultrapassagens e de encontros para cada direção, e o número total de ocorrências com as Equações 4.52 a 4.54, como segue:

Para o norte:

$$F_p = 0{,}188 v_s = 0{,}188 \times 104 = 20 \text{ ocorrências/h}$$

$$F_m = 2 v_o = 2 \times 56 = 112 \text{ ocorrências/h}$$

$$F = 0{,}5 F_m + F_p = 0{,}5 \times 112 + 20 = 76 \text{ ocorrências/h}$$

Com base na Tabela 4.24, para vias de duas faixas, esse número de ocorrências/h corresponde ao NS C.

Para o sul:

$$F_p = 0{,}188 v_s = 0{,}188 \times 56 = 11 \text{ ocorrências/h}$$

$$F_m = 2 v_o = 2 \times 104 = 208 \text{ ocorrências/h}$$

$$F = 0{,}5 F_m + F_p = 0{,}5 \times 208 + 11 = 115 \text{ ocorrências/h}$$

De acordo com a Tabela 4.24, para vias de duas faixas, esse número de ocorrências/h corresponde ao NS D.

Vias compartilhadas fora da via

A diferença entre as vias compartilhadas e as exclusivas fora da via é que as compartilhadas estão abertas para outras modalidades não motorizadas, tais como pedestres, skatistas, patinadores e assim por diante. A metodologia de análise para as infraestruturas para bicicleta e pedestre concentra-se no conceito de impedimento e em seu indicador substituto, isto é, as manobras de ultrapassagem e de encontro. As Equações 4.55, 4.56 e 4.57 podem ser utilizadas para determinar o número de ocorrências de ultrapassagem (F_p) e de ocorrências de encontro (F_m), bem como o número total de ocorrências (F) para situações compartilhadas entre bicicletas e pedestres:

$$F_p = 3 v_{ps} + 0{,}188 v_{bs} \tag{4.55}$$

$$F_m = 5 v_{po} + 2 v_{bo} \tag{4.56}$$

$$F = 0{,}5 F_m + F_p \tag{4.57}$$

em que

v_{ps} = taxa de fluxo de pedestres na direção em análise (p/h)
v_{bs} = taxa de fluxo de bicicletas na direção em análise (bicicletas/h)
v_{po} = taxa de fluxo de pedestres na direção contrária (p/h)
v_{bo} = taxa de fluxo de bicicletas na direção contrária (bicicletas/h)

O NS pode então ser estabelecido pela Tabela 4.25.

Tabela 4.25 – NS para ciclovias compartilhadas fora da via.

NS	Frequência de ocorrências, vias de dois sentidos, duas faixas[a] (ocorrências/h)	Frequência de ocorrências, vias de dois sentidos, três faixas[b] (ocorrências/h)
A	≤40	≤90
B	>40–60	>90–140
C	>60–100	>140–210
D	>100–150	>210–300
E	>150–195	>300–375
F	>195	>375

Observações:
a. Vias de 8,0 pés de largura.
b. Vias de 10 pés de largura.
1 pé = 0,3 m

Fonte: Adaptado do HCM 2000.

Exemplo 4.22

Determinação do NS de uma infraestrutura compartilhada para bicicletas e pedestres

Considere uma infraestrutura compartilhada voltada para bicicletas e pedestres que opera no sentido leste--oeste. A infraestrutura tem 3 m de largura, e pode-se assumir que tenha efetivamente três faixas. A taxa de fluxo de pico para as bicicletas é de 180 bicicletas/h, com uma distribuição direcional de 60/40 (leste/oeste). Para pedestres, a taxa de fluxo de pico é de 70 p/h com uma distribuição direcional de 50/50.

Solução
O primeiro passo é calcular os fluxos direcionais tanto para bicicletas como para pedestres, como segue:

Leste:
Bicicletas = 180 × 0,60 = 108 bicicletas/h
Pedestres = 70 × 0,50 = 35 pedestres/h

Oeste:
Bicicletas = 180 × 0,40 = 72 bicicletas/h
Pedestres = 70 × 0,50 = 35 pedestres/h

Em seguida, calculamos o número de ocorrências de ultrapassagem e de encontros para cada direção e o número total de ocorrências utilizando as Equações 4.55 a 4.57, como segue:

Para leste:
$F_p = 3v_{ps} + 0{,}188v_{bs} = 3 \times 35 + 0{,}188 \times 108 = 126$ ocorrências/h
$F_m = 5v_{po} + 2v_{bo} = 5 \times 35 + 2 \times 72 = 319$ ocorrências/h
$F = 0{,}5F_m + F_p = 0{,}5 \cdot 319 + 126 = 286$ ocorrências/h

Da Tabela 4.25, para vias de três faixas, isto corresponde ao NS D.

Para oeste:
$F_p = 3v_{ps} + 0{,}188v_{bs} = 3 \times 35 + 0{,}188 \times 72 = 126$ ocorrências/h
$F_m = 5v_{po} + 2v_{bo} = 5 \times 35 + 2 \times 108 = 391$ ocorrências/h
$F = 0{,}5F_m + F_p = 0{,}5 \times 391 + 126 = 322$ ocorrências/h

Da Tabela 4.25, para vias de três faixas, isto corresponde ao NS E.

Tabela 4.26 – NS para bicicletas em interseções semaforizadas.

NS	Espera no semafóro (s/bicicleta)
A	<10
B	≥10–20
C	>20–30
D	>30–40
E	>40–60
F	<60

Fonte: Adaptado do HCM 2000.

Ciclovias em interseções semaforizadas

Estas interseções possuem uma ciclovia designada na via com, pelo menos, uma aproximação. O HCM recomenda o uso de um valor de taxa de fluxo de saturação de 2.000 bicicletas/h, assumindo que os veículos que farão a conversão à direita concederão o direito de passagem aos ciclistas. Com o valor da taxa de fluxo de saturação determinado, a capacidade para bicicletas de aproximação a uma interseção semaforizada pode ser determinada de forma semelhante ao que foi feito com relação à capacidade veicular para aproximações a interseções semaforizadas, utilizando a Equação 4.13, como segue:

$$c_i = s_i \frac{g_i}{C} = 2.000 \frac{g}{C} \qquad (4.58)$$

em que g é o tempo de verde efetivo para bicicletas, e C a duração do ciclo.

O NS é, então, baseado na espera média no semafóro. Essa espera também pode ser determinada de forma semelhante ao discutido anteriormente em relação aos veículos, utilizando-se a Equação 4.21. A Tabela 4.26 apresenta os critérios com base na espera para o NS das bicicletas em interseções semaforizadas.

Exemplo 4.23

Determinação do NS para uma infraestrutura voltada para bicicletas em uma interseção semaforizada
Determine o NS de uma ciclofaixa com 1,2 m de largura em uma interseção semaforizada com ciclo de 110 segundos. A ciclofaixa fica 50 segundos no verde e possui uma taxa de fluxo de pico de 120 bicicletas/h.

Solução
O primeiro passo é calcular a capacidade da aproximação de bicicletas com a Equação 4.58, como segue:

$c_i = 2.000 = 2.000 \times (50/110) = 909$ bicicletas/h

A espera média no semafóro é então calculada pela Equação 4.21, como segue:

$$\text{Espera média} = \frac{1}{2} C \frac{[1 - \frac{g}{C}]^2}{[1 - (\frac{g}{C})(\frac{v}{c})]}$$

$$= \frac{1}{2}(110) \frac{[1 - \frac{50}{110}]^2}{[1 - (\frac{50}{110})(\frac{120}{909})]} = 17,40 \text{ s/bicicleta}$$

Da Tabela 4.26, isto corresponde ao NS B.

Ciclofaixas

Da mesma forma como nas infraestruturas voltadas para pedestres ao longo das vias urbanas, as ciclofaixas também experimentam tanto condições de fluxo ininterrupto como interrompido. O NS para as ciclofaixas é, portanto, baseado na velocidade média de percurso da bicicleta (que considera tanto as condições de fluxo ininterrupto como interrompido). A ciclofaixa é dividida em trechos da mesma forma que foi feito com as infraestruturas para pedestres ao longo das vias urbanas, e a velocidade média é calculada pela seguinte equação:

$$S_{ats} = \frac{L_T}{\sum \frac{L_i}{S_i} + \sum \frac{d_j}{3.600}} \qquad (4.59)$$

em que

S_{ats} = velocidade de percurso da bicicleta em km/h
L_T = extensão total da via urbana sob análise em km
L_i = extensão do trecho i em km
S_i = velocidade de corrida da bicicleta em km/h (um valor de 25 km/h pode ser assumido)
d_j = espera média da bicicleta na interseção j calculado com a Equação 4.21

O NS pode então ser determinado pela Tabela 4.27.

Tabela 4.27 – Critérios do NS para ciclofaixas.

NS	Velocidade de percurso da bicicleta (mph)
A	>14
B	>9–14
C	>7–9
D	>5–7
E	≥4–5
F	<4

Observação: 1 mph = 1,61 km/h

Fonte: Adaptado do HCM 2000.

Exemplo 4.24

Determinação do NS para uma ciclofaixa
Determine o NS de uma ciclofaixa de 2,5 km de comprimento com três interseções semaforizadas e quatro trechos. Todas as três interseções têm ciclos de 90 segundos. A razão g/C para as interseções é de 0,40, 0,30 e

0,50, respectivamente, e a extensão dos quatro trechos é de 0,7, 0,5, 1,0 e 0,3 quilômetros. A taxa de fluxo de pico é de 300 bicicletas/h.

Solução

Primeiro, a espera média no semáforo é calculada para cada interseção com as Equações 4.58 e 4.21, como segue:

Cruzamento 1:

$$c_1 = 2.000 \times (g/C) = 2.000 \times 0,40 = 800 \text{ bicicletas/h}$$

$$\text{Espera média} = \frac{1}{2} C \frac{[1 - \frac{g}{C}]^2}{[1 - (\frac{g}{C})(\frac{v}{c})]}$$

$$= \frac{1}{2}(90) \frac{[1 - 0,40]^2}{[1 - (0,40)(\frac{300}{800})]} = 19,1 \text{ s/bicicleta}$$

Cruzamento 2:

$$c_1 = 2.000 \times (g/C) = 2.000 \times 0,30 = 600 \text{ bicicletas/h}$$

$$\text{Espera média} = \frac{1}{2} C \frac{[1 - \frac{g}{C}]^2}{[1 - (\frac{g}{C})(\frac{v}{c})]}$$

$$= \frac{1}{2}(90) \frac{[1 - 0,30]^2}{[1 - (0,30)(\frac{300}{600})]} = 27,6 \text{ s/bicicleta}$$

Cruzamento 3:

$$c_1 = 2.000 \times (g/C) = 2.000 \times 0,50 = 1.000 \text{ bicicletas/h}$$

$$\text{Espera média} = \frac{1}{2} C \frac{[1 - \frac{g}{C}]^2}{[1 - (\frac{g}{C})(\frac{v}{c})]}$$

$$= \frac{1}{2}(90) \frac{[1 - 0,50]^2}{[1 - (0,50)(\frac{300}{1.000})]} = 12,8 \text{ s/bicicleta}$$

A velocidade média é então calculada pela Equação 4.59, assumindo-se uma velocidade média de corrida da bicicleta de 25 km/h, como segue:

$$S_{ats} = \frac{L_T}{\sum \frac{L_i}{S_i} + \sum \frac{d_j}{3.600}}$$

$$= \frac{2,5}{\frac{0,7 + 0,5 + 1,0 + 0,3}{25} + \left(\frac{19,1 + 27,6 + 12,8}{3.600}\right)} = 21,5 \text{ km/h}$$

Da Tabela 4.27, isto corresponde ao NS B.

Capacidade das pistas de pouso e decolagem de um aeroporto

Os sistemas aeroportuários são compostos de vários componentes, incluindo pistas de pouso e decolagem, pistas de taxiamento, pátios, terminais de passageiros, passarelas e sistemas de manipulação de bagagens. Em qualquer aeroporto determinado, cada um dos componentes mencionados teria sua própria capacidade e NS. Nesta seção, nosso foco será principalmente sobre a capacidade das pistas de pouso e decolagem, que é de suma importância para o planejamento e o projeto do aeroporto. Do ponto de vista da capacidade, a das pistas de pouso e decolagem pode ser considerada o principal gargalo do sistema de controle de tráfego aéreo e o fator que normalmente determina a capacidade final de todo o aeroporto. Além disso, um aumento significativo da capacidade das pistas de pouso e decolagem de um aeroporto é extremamente difícil. A construção de novas pistas requer uma quantidade substancial de terreno e pode causar impactos ambientais significativos que exigem longos processos de revisão e aprovação, que podem levar anos para ser concluídos.

Esta seção é dividida em três partes. Primeiro, examinaremos as diversas definições de capacidade das pistas de pouso e decolagem e ilustraremos as diferenças entre elas. Em seguida, discutiremos os diversos fatores que impactam a capacidade de uma pista de pouso e decolagem e, finalmente, voltaremos nossa atenção para os modelos e procedimentos computacionais que poderiam ser utilizados para calcular a capacidade das pistas de pouso e decolagem do aeroporto.

Indicadores da capacidade das pistas de pouso e decolagem

Embora existam vários indicadores para expressar a capacidade de uma pista de pouso e decolagem de um aeroporto em uso, todos eles tentam estabelecer o número de movimentos de aeronaves (isto é, pousos e/ou decolagens) que pode ser acomodado por um sistema de pista de pouso e decolagem de um aeroporto durante um determinado período de tempo. Antes de discutirmos esses indicadores, deve ficar claro para o leitor que a capacidade de uma pista de pouso e decolagem é de fato uma quantidade probabilística, ou uma variável aleatória, conforme discutido no Capítulo 2. Deve-se esperar que a capacidade de uma pista de pouso e decolagem varie ao longo do tempo, dependendo das condições de vento, visibilidade, da habilidade dos controladores de tráfego aéreo e da composição da frota de aeronaves que utiliza a pista. Portanto, o número dado para a capacidade das pistas de pouso e decolagem de um aeroporto específico deve ser sempre considerado como uma média ou, mais especificamente, o número esperado de movimentos realizados durante um período de tempo especificado. Entre os indicadores mais comuns da capacidade das pistas de pouso e decolagem estão (1) a capacidade máxima operacional; (2) a capacidade prática por hora (PHCAP); (3) a capacidade sustentada; e (4) a capacidade declarada. Cada um desses indicadores é discutido em detalhes a seguir.

A capacidade máxima operacional (ou capacidade de saturação) é o número esperado de movimentos de aeronaves que pode ser executado em uma hora em um sistema de pista de pouso e decolagem sem violar as regras de controle de tráfego aéreo e assumindo uma demanda contínua de aeronaves. A definição da capacidade máxima operacional não faz nenhuma referência ao NS associado. A única questão no que diz respeito a essa definição é estabelecer o número máximo de movimentos que não violaria as regras do controle de tráfego aéreo (como os requisitos de separação entre aeronaves, a alocação dos movimentos entre as pistas de pouso e decolagem etc.), mas não estamos preocupados com a espera associada à acomodação desse número de aeronaves na pista de pouso e decolagem.

Em oposição à capacidade máxima por hora, a capacidade prática por hora, que foi inicialmente proposta pela Federal Aviation Administration (FAA) em 1960, preocupa-se com o NS resultante. A capacidade prática é definida como o número esperado de movimentos que podem ser executados em uma hora em um sistema de pista de pouso e decolagem com uma espera média por movimento de quatro minutos. Um valor limite para o

NS aceitável é especificado. Uma pista de pouso e decolagem atingiria sua capacidade prática logo que esse limite fosse excedido. Normalmente, a capacidade prática é igual a 80%-90% da capacidade máxima operacional. Atualmente, os sistemas de pista de pouso e decolagem na maioria dos aeroportos em todo o país realmente experimentam valores de espera acima de 4 min/movimento. Isso indica que, atualmente, a maioria dos aeroportos está operando sob um NS que teria sido inaceitável na década de 1960, quando a capacidade prática foi definida pela primeira vez.

A capacidade sustentada de uma pista de pouso e decolagem é outro indicador que tenta incorporar o NS na definição de capacidade, embora ele seja definido de forma bastante ambígua. A capacidade sustentada é definida como o número de movimentos por hora que podem ser razoavelmente sustentados por um período de várias horas. Esta noção de "razoavelmente sustentado" é bastante ambígua. Refere-se principalmente à carga de trabalho do sistema de controle de tráfego aéreo e de seus controladores. Em geral, a capacidade sustentada é igual a 90% da capacidade máxima operacional, e pode se aproximar de 100% para configurações com baixa capacidade máxima operacional.

A capacidade declarada é ainda um quarto indicador da capacidade da pista de pouso e decolagem do aeroporto, que está intimamente relacionado ao conceito de capacidade sustentada. A capacidade declarada é definida como o número de movimentos de aeronaves por hora que um aeroporto pode atender a um NS razoável. Para pistas de pouso e decolagem de aeroporto, a espera é normalmente o indicador de desempenho principal utilizado para estabelecer o NS. Com frequência a capacidade declarada é utilizada em aeroportos congestionados, em que um deles com problemas de congestionamento "declararia" uma capacidade que define um limite para o número de movimentos que seria permitido naquele local. Infelizmente, não existe uma metodologia padrão para definir essa capacidade e, portanto, sua definição é principalmente deixada para o aeroporto e para as organizações da aviação civil.

Fatores que afetam a capacidade de um sistema de pistas de pouso e decolagem de aeroporto

Há uma série de fatores que impactam a capacidade de um sistema de pistas de pouso e decolagem, incluindo os seguintes:

1. O número e a disposição das pistas de pouso e decolagem;
2. Exigências de separação entre as aeronaves impostas pelo sistema de controle de tráfego aéreo;
3. Condições meteorológicas, incluindo a visibilidade, o teto de nuvens e a precipitação;
4. Direção e força do vento;
5. Composição da frota de aeronaves que utiliza o aeroporto (ou seja, pesadas, grandes ou pequenas);
6. Composição dos movimentos nas pistas de pouso e decolagem (ou seja, pousos, decolagens ou mistas);
7. Tipo e localização das saídas das pistas;
8. A condição e o desempenho do sistema de controle do tráfego aéreo;
9. Considerações relacionadas ao ruído e outras considerações ambientais.

Esses fatores são discutidos resumidamente a seguir.

Número e características geométricas das pistas de pouso e decolagem

Este é talvez o fator mais importante que afeta a capacidade das pistas de pouso e decolagem de um aeroporto. Para este tipo de infraestrutura, precisamos distinguir entre o número real de pistas físicas de pouso e decolagem e o número das que estão ativas em um dado momento. Um aeroporto, por exemplo, pode ter cinco ou seis pistas de pouso e decolagem, mas somente três ou quatro estar disponíveis em um dado momento. A razão para esta diferença pode ser atribuída ao fato de que algumas pistas de pouso e decolagem podem não ser utilizadas sob determinadas condições meteorológicas ou ambientais. O número de pistas ativas simultaneamente é o fator principal na definição da capacidade do lado aéreo. Além disso, as características geométricas precisas dessas pistas também afetam essa capacidade, uma vez que estabelece a interdependência entre as diferentes pistas de pouso e decolagem em um aeroporto.

Requisitos de separação impostos pelo controle de tráfego aéreo

A fim de garantir a segurança das operações, qualquer sistema de controle de tráfego aéreo deve estabelecer uma série de separações mínimas necessárias entre os diversos tipos de aeronaves. Esses requisitos de separação têm um impacto direto sobre o número de movimentos que podem ser atendidos em um determinado período de tempo e, consequentemente, sobre a capacidade das pistas de pouso e decolagem. Para fins de definição desses requisitos, as aeronaves são normalmente classificadas em três ou quatro classes, de acordo com seu tamanho e peso (ou seja, pesada (P), grande (G) e pequena (M)). Os requisitos de separação são então especificados – em unidades de distância ou de tempo – para cada par de classes possível e para cada sequência possível de movimentos (pela sequência de movimentos, queremos dizer se temos "pouso seguido de pouso (P-P)" ou "decolagem seguida de pouso (D-P)", e assim por diante). A Tabela 4.28 lista os requisitos de separação para uma pista simples de pouso e decolagem nos Estados Unidos. Há uma classe separada para o B-757 por causa dos fortes efeitos de turbulência gerados por esse tipo de aeronave.

Tabela 4.28 – Requisitos de separação para uma pista simples de pouso e decolagem nos Estados Unidos.

Trecho I – Pouso seguido de pouso (P-P)
(a) Ao longo da aproximação final, as aeronaves devem estar, no mínimo, separadas por distâncias, em milhas náuticas, listadas nas tabelas abaixo.

		Aeronave de trás		
		P	G + B757	M
	P	4	5	5/6*
Aeronave da frente	B757	4	4	5
	G	2,5–3	2,5–3	3/4*
	M	2,5–3	2,5–3	2,5–3

* Distâncias necessárias no momento em que a aeronave da frente está na cabeceira da pista de pouso e decolagem

(b) A aeronave de trás não deve tocar o solo antes que a aeronave da frente esteja totalmente fora da pista de pouso e decolagem.

Trecho II – Pouso seguido de decolagem (P-D)
Só é concedida autorização para a aeronave de trás decolar após a aterrissagem anterior liberar totalmente a pista de pouso e decolagem.

Trecho III – Decolagem seguida de decolagem (D-D)
As aeronaves devem, no mínimo, estar separadas por um período de tempo em segundos, como indicado abaixo.

		Aeronave de trás		
		P	G + B757	M
	P	90	120	120
Aeronave da frente	B757	90	90	120
	G	60	60	60
	M	45	45	45

Trecho IV – Decolagem seguida de pouso (D-P)
A aeronave de trás que chega deve ficar a, pelo menos, 2 milhas náuticas de distância da pista de pouso e decolagem quando a da frente começar a decolar. Esta aeronave também deve estar totalmente fora da pista de pouso e decolagem antes que a de trás possa tocar o solo.

Observação: 1 milha náutica = 1,85 km

Fonte: De Neufville, R.; Odoni, O. R. *Airport systems:* planning, design and management. Nova York: McGraw-Hill, 2003.

Além dos requisitos de separação longitudinal especificados, normalmente há outros adicionais de separação para a aterrissagem ou decolagem de aeronaves em um par de pistas de pouso e decolagem paralelas, bem como para aeronaves que operam em pistas em interseção, convergentes ou divergentes.

Condições meteorológicas

As condições meteorológicas podem ter um impacto significativo sobre a capacidade de uma pista de pouso e decolagem de um aeroporto. Especificamente, o teto de nuvens e a visibilidade são os dois parâmetros que determinam a categoria meteorológica na qual o aeroporto opera em um determinado momento. Para cada categoria meteorológica, diferentes procedimentos de aproximação, separação e sequenciamento seriam usados pelo controle de tráfego aéreo. Isto significa que a capacidade do aeroporto é significativamente afetada pelas condições meteorológicas.

Além do teto e da visibilidade, a chuva e o gelo normalmente impactam negativamente na capacidade das pistas de pouso e decolagem. Isso ocorre porque a chuva e a formação de gelo resultam frequentemente em condições de má visibilidade, com menor aderência superficial, diminuindo a capacidade de frenagem. Além disso, as aeronaves precisariam ser descongeladas, o que exige mais tempo antes da decolagem. Em casos extremos, nevascas e tempestades podem levar ao fechamento temporário do aeroporto.

Direção e força do vento

Desempenham um papel importante na definição da capacidade do lado aéreo de um aeroporto. Conforme especificado pela Organização da Aviação Civil Internacional (OACI), uma pista de pouso e decolagem não pode ser utilizada se o componente do vento cruzado (componente do vento superficial que é perpendicular ao eixo da pista de pouso e decolagem) ultrapassar certo limite. Assim sendo, a direção e a força do vento realmente determinam quais pistas de pouso e decolagem podem estar ativas em um determinado momento. Portanto, para aeroportos que enfrentam fortes ventos vindos de diferentes direções, pode haver uma grande variação no intervalo da capacidade disponível do sistema das pistas de pouso e decolagem.

Composição da frota de aeronaves

O tipo de aeronave que utiliza uma pista de pouso e decolagem também pode ter um impacto significativo sobre a capacidade das pistas de pouso e decolagem. Isso ocorre porque as exigências de separação do controle de tráfego aéreo dependem do tipo de aeronave (ou seja, pesada, grande ou pequena). Na Tabela 4.28, pode-se ver facilmente que uma pista de pouso e decolagem que atende principalmente aeronaves de grande porte teria uma capacidade maior do que aquela em que há uma grande porcentagem de aeronaves pesadas seguida de pequenas. Isto porque a distância de separação para este segundo caso é de aproximadamente 6 milhas náuticas (uma milha náutica corresponde a 1,85 quilômetro), que é significativamente maior que a distância de separação exigida para aeronaves de grande porte entre si (ou seja, 2,5 milhas náuticas). Geralmente, uma composição de frota de aeronaves homogênea é preferível a uma composição não homogênea do ponto de vista da capacidade, bem como do ponto de vista do controle de tráfego aéreo.

Composição e sequência de movimentos

Além do tipo de aeronave, outro fator que impacta a capacidade das pistas de pouso e decolagem é a composição dos próprios movimentos das aeronaves (isto é, pousos *versus* decolagens). De um modo geral, a pista de pouso e decolagem pode controlar mais decolagens por hora do que pousos, supondo que em ambas as situações a composição de aeronaves seja a mesma. Os controladores de tráfego aéreo normalmente preferem utilizar pistas separadas para pousos e para decolagens, se esta disponibilidade existir. Isto é comum em aeroportos com duas pistas de pouso e decolagem paralelas. No entanto, não é o ideal do ponto de vista da capacidade, uma vez que elas podem estar subutilizadas quando os números de pousos e de decolagens não estiverem equilibrados.

A sequência de movimentos em uma pista de pouso e decolagem também tem um impacto significativo sobre a capacidade da pista, principalmente quando uma pista é utilizada tanto para pousos como para decolagens. Enquanto as aeronaves são frequentemente atendidas por ordem de chegada, os controladores de tráfego aéreo têm a flexibilidade de mudar essa sequência para otimizar as operações.

Tipo e localização da saída das pistas de pouso e decolagem

O tempo de ocupação da pista de pouso e decolagem (O) é aquele entre o momento em que uma aeronave toca na pista e o momento em que ela a desocupa totalmente. A localização da saída de pista desempenha um papel importante na determinação deste tempo de ocupação e, portanto, também impacta a capacidade da pista, já que, como foi mostrado na Tabela 4.28, para certas combinações de movimentos de aeronaves (por exemplo, P-D), a liberação para a decolagem só é concedida após a aterrissagem da aeronave anterior ter sido concluída e a pista liberada.

Condição e desempenho do sistema de controle de tráfego aéreo

A qualidade do sistema de controle de tráfego aéreo e o nível de habilidade dos seus controladores também desempenham um papel importante na determinação da capacidade das pistas de pouso e decolagem. As separações apertadas entre as aeronaves, por exemplo, só são possíveis se o sistema de controle de tráfego aéreo for altamente preciso na exibição das informações sobre as posições das aeronaves e se seus controladores forem altamente qualificados para espaçar as aeronaves com precisão. Além disso, se os controladores de tráfego aéreo perceberem que um determinado piloto é inexperiente ou está tendo dificuldades para entender as instruções, eles devem reduzir as operações para possibilitar margens adicionais de segurança, que também impactariam a capacidade.

Considerações sobre os níveis de ruído

Por último, as considerações ambientais e, em particular, os níveis de ruído podem afetar a capacidade das pistas de pouso e decolagem. Por exemplo, se mais de uma pista pudesse ser utilizada em um determinado momento do ponto de vista meteorológico e de direção do vento, as considerações sobre os níveis de ruído estariam entre os outros fatores a serem considerados na decisão final sobre qual pista seria utilizada e, portanto, atuariam como uma restrição adicional da capacidade do aeroporto.

Modelos para cálculo da capacidade das pistas de pouso e decolagem de um aeroporto

Uma série de modelos matemáticos e de simulação foi desenvolvida ao longo dos anos para permitir a estimativa da capacidade das pistas de pouso e decolagem segundo um conjunto determinado de condições especificadas. Nesta seção, descrevemos um exemplo desses modelos. Embora este seja um modelo simples, a experiência tem mostrado que ele fornece aproximações razoavelmente precisas das capacidades observadas no mundo real.

O modelo descrito, que foi originalmente proposto por Blumstein em 1959, é baseado em um diagrama de espaço-tempo similar ao descrito no Capítulo 2. Ele pode ser utilizado para estimar a capacidade de uma pista de pouso e decolagem que deve ser utilizada apenas para as operações de pouso. No entanto, os mesmos princípios podem ser aplicados às pistas de pouso e decolagem utilizadas para as decolagens e para aquelas utilizadas em operações mistas. Considere a pista simples mostrada na Figura 4.19.

As aeronaves descem em uma fila única ao longo da aproximação final até atingir a pista de pouso e decolagem, como mostrado na Figura 4.19 (normalmente, o comprimento da duração de aproximação final (r) varia entre 5 e 8 milhas náuticas, medida da cabeceira da pista). Durante a descida, as aeronaves mantêm os requisitos de separação longitudinal especificada pelo sistema de controle de tráfego aéreo. Além disso, cada aeronave deve liberar a pista de pouso e decolagem de forma segura antes de a próxima aterrissagem ser permitida. Essas duas regras determinam a capacidade máxima operacional de a pista de pouso e decolagem, como mostrado abaixo.

Primeiro, vamos definir os seguintes termos para um tipo de aeronave *i*:

r = comprimento da trajetória de aproximação final

v_i = velocidade da aeronave *i* durante a aproximação final, que é assumido como constante em toda a aproximação

o_i = tempo de ocupação da pista de pouso e decolagem, que estabelece o tempo do momento em que uma aeronave toca o solo até aquele em que libera a pista

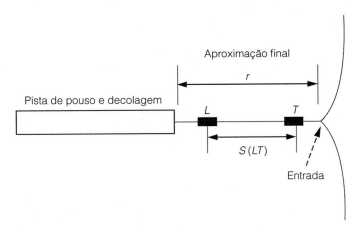

Figura 4.19 – Uma pista simples de pouso e decolagem utilizada apenas para pousos.

Agora, vamos considerar uma aeronave do tipo *i* que está aterrissando, seguida por outra, *j*, e vamos indicar a distância mínima de separação requerida entre elas por s_{ij}. Vamos também indicar o intervalo mínimo de tempo entre as aeronaves, ou o intervalo entre os pousos sucessivos das aeronaves *i* e *j* na pista por T_{ij}. O valor de T_{ij} é determinado pelas seguintes equações:

$$T_{ij} = \text{máx} \left[\frac{r + s_{ij}}{v_j} - \frac{r}{v_i}, O_i \right] \quad \text{quando } v_i > v_j \tag{4.60}$$

ou

$$T_{ij} = \text{máx} \left[\frac{s_{ij}}{v_j}, o_i \right] \quad \text{quando } v_i < v_j \tag{4.61}$$

O raciocínio por trás dessas duas equações é explicado a seguir. Para o caso em que a velocidade da aeronave da frente é maior em relação à da de trás (Equação 4.60), o caso crítico (isto é, aquele em que as duas estejam mais próximas) ocorre quando a aeronave da frente estiver na entrada da aproximação (veja a Figura 4.19) a uma distância *r* da cabeceira da pista de pouso e decolagem. Isto ocorre porque a distância entre as duas aeronaves continuaria a aumentar à medida que avançassem ao longo da aproximação final, uma vez que a da frente está se movendo mais rápido que a aeronave de trás (esta é a razão por trás da referência a este caso como o "caso de abertura"). Se, neste momento, as duas aeronaves estivessem separadas pela distância exigida, s_{ij}, então a *j* estaria neste momento a uma distância ($r + s_{ij}$) da cabeceira da pista. Portanto, a diferença entre os tempos quando a aeronave da frente *i* e a de trás *j* tocassem o solo na pista de pouso e decolagem, neste caso, seria igual a $\frac{r+s_{ij}}{v_j} - \frac{r}{v_i}$. No entanto, o intervalo entre os pousos sucessivos também deve ser, pelo menos, igual ao tempo de ocupação, o_i, o que explica a Equação 4.60.

Para o caso da Equação 4.61 (o "caso de fechamento"), em que a velocidade da aeronave da frente *i* é inferior à da de trás, *j*, o caso crítico em que as duas aeronaves estão mais próximas acontece quando a aeronave *i* tiver acabado de aterrissar. Neste caso, a aeronave *j* estaria a uma distância s_{ij} do limite da pista de pouso e decolagem, o que explica a Equação 4.61.

Se indicarmos a probabilidade da ocorrência de "uma aeronave do tipo *i* seguida por uma do tipo *j*" por p_{ij}, então o valor esperado de T_{ij} pode ser expresso como

$$E[T_{ij}] = \sum_{i=1}^{K} \sum_{j=1}^{K} p_{ij} T_{ij} \quad (4.62)$$

em que
$E[T_{ij}]$ = valor esperado de T_{ij}
K = número de classes de aeronaves distintas

Com o valor esperado de T_{ij} estabelecido, a capacidade máxima operacional é determinada, uma vez que é igual à recíproca do intervalo de tempo mínimo de separação entre as aeronaves, T_{ij}.

Exemplo 4.25

Determinação da capacidade de uma pista de pouso e decolagem

Para fins de definição dos requisitos mínimos de separação longitudinal, as aeronaves foram classificadas em quatro grupos: (1) Pesadas (P); (2) Grandes (G); (3) Pequenas 1 (M1); e (4) Pequenas 2 (M2). Uma pista de pouso e decolagem em um determinado aeroporto é utilizada por longos períodos de tempo somente para pousos. A pista atende a uma população de aeronaves com as características apresentadas na Tabela 4.29. Os requisitos de separação longitudinal estão apresentados na Tabela 4.30. Se o comprimento da trajetória da aproximação final, *r*, pode ser assumido como 5 milhas náuticas, determine a capacidade operacional máxima para a pista de pouso e decolagem.

Solução

Passo 1: Calcule o tempo mínimo de separação, T_{ij}, entre cada par de tipos de aeronaves utilizando as Equações 4.60 e 4.61. Os resultados podem ser mais bem apresentados na forma de uma matriz 4 × 4, em que cada célula daria o tempo de separação entre os tipos de aeronave especificada pela linha e pela coluna da matriz que se cruzam nesta célula específica. Assim, por exemplo, começamos por calcular o tempo mínimo de separação entre uma aeronave do tipo P, seguida por outra do mesmo tipo. Neste caso, tanto a aeronave da frente como a de trás têm a mesma velocidade e, portanto, as Equações 4.60 e 4.61 dariam a mesma resposta. Já que é mais simples, utilizamos a Equação 4.61. A distância de separação para uma combinação P-P, como mostra a Tabela 4.30, é de 4 milhas náuticas. Portanto, os cálculos são como segue:

$$T_{11} = \text{máx}\left[\frac{s_{11}}{v_1}, o_1\right] = \text{máx}\left[\left(\frac{4}{160}\right) \times 3.600, 80\right]$$

$$= \text{máx}\,[90, 80] = 90 \text{ s}$$

Tabela 4.29 – Características da população de aeronaves.

Tipo de aeronave (i)	% da população total	Velocidade (v₁) (milhas náuticas/h ou nós)	Tempo de ocupação (o₁) (segundos)
1 (P)	20%	160	80
2 (G)	30%	140	60
3 (M1)	30%	120	50
4 (M2)	20%	100	40

Tabela 4.30 – Requisitos de separação longitudinal.

Aeronave da frente	Aeronave de trás		
	P	G	M1 e M2
P	4	5	6*
G	3	3	4*
M1 ou M2	3	3	3

*Indica que a separação se aplica quando a aeronave da frente está na cabeceira da pista de pouso e decolagem

Tabela 4.31 – Matriz do tempo mínimo de separação, T_{ij}.

Aeronave da frente	Aeronave de trás			
	P	G	M1	M2
P	90	147	180	216
G	68	77	120	144
M1	68	77	90	138
M2	68	77	90	108

Observe que a razão de $\frac{s_{11}}{v_1}$ foi multiplicada por 3.600 para convertê-la de horas em segundos. Esse valor, T_{11}, é, em seguida, gravado na primeira célula na matriz 4 × 4 mostrada na Tabela 4.31.

Em seguida, passamos para o caso em que uma aeronave pesada é seguida por uma de grande porte (P - G). Para esse caso, a distância de separação exigida é de 5 milhas náuticas, e a Equação 4.60 deve ser usada, uma vez que a velocidade da aeronave da frente (v_1) é maior que a da de trás (v_2). Os cálculos continuam da seguinte forma:

$$T_{12} = \text{máx}\left[\frac{r + s_{12}}{v_2} - \frac{r}{v_1}, o_1\right] = \text{máx}\left[\left(\frac{5,0 + 5,0}{140} - \frac{5,0}{160}\right) \times 3.600, 80\right]$$

$$= \text{máx}\,[147, 80] = 147 \text{ s}$$

Os cálculos, em seguida, continuam da mesma forma para preencher as outras células da matriz mostrada na Tabela 4.31. Ao fazer os cálculos, utilizamos a Equação 4.60 somente para calcular T_{12} e T_{34}. Para os elementos da diagonal, a Equação 4.61 foi utilizada, uma vez que era mais simples. A Equação 4.61 também foi utilizada para o cálculo de T_{13}, T_{14}, T_{23} e T_{24}, uma vez que, conforme a Tabela 4.31, os requisitos de separação para esses casos se aplicam quando a aeronave da frente está na cabeceira da pista de pouso e decolagem (ou seja, o caso da Equação 4.61).

Passo 2: Calcule as probabilidades de diferentes combinações de tipo de aeronave i-j. Como a maioria dos controladores de tráfego aéreo atende às aeronaves por ordem de chegada, pode-se supor que a probabilidade de haver uma aeronave do tipo i como a da frente é simplesmente igual à porcentagem da aeronave do tipo i na composição do tráfego, e haver a probabilidade de uma aeronave de trás do tipo j é, da mesma forma, igual à porcentagem de aeronaves do tipo j na composição da frota de aeronaves. Portanto, a probabilidade de uma aeronave do tipo *i* seguida por uma aeronave do tipo *j* é dada por $p_{ij} = p_i \times p_j$. Essa equação simples pode ser utilizada para desenvolver outra matriz 4 × 4 que fornece a probabilidade de haver cada combinação de par de aeronaves. A matriz desenvolvida é mostrada na Tabela 4.32.

Tabela 4.32 – Matriz das probabilidades dos pares de aeronaves.

Aeronave da frente	Aeronave de trás			
	P	G	M1	M2
P	0,04	0,06	0,06	0,04
G	0,06	0,09	0,09	0,06
M1	0,06	0,09	0,09	0,06
M2	0,04	0,06	0,06	0,04

Finalmente, o valor esperado, $E[T_{ij}]$, pode ser calculado encontrando-se o produto da soma dos elementos correspondentes das duas matrizes mostradas nas Tabelas 4.31 e 4.32. Isto resulta em um valor de $E[T_{ij}]$ = 106,67 s. A capacidade máxima operacional pode, em seguida, ser calculada da seguinte forma: 3.600/106,67 = 33,72 ou, aproximadamente 34 aeronaves/h.

Resumo

Neste capítulo, os conceitos básicos das análises de capacidade e de nível de serviço foram apresentados. Os procedimentos para a realização de tais análises para várias infraestruturas de transporte foram revisados. Isto incluiu os procedimentos de análise de capacidade de (1) rodovias; (2) transporte público; (3) ciclovias; (4) infraestruturas para pedestres; e (5) pistas de pouso e decolagem de aeroportos. Vários exemplos foram fornecidos para auxiliar na compreensão de como esses procedimentos podem ser aplicados. A análise da capacidade representa um passo crucial em quase todos os exercícios de análise, planejamento e projeto de transporte. Os próximos capítulos abordarão com mais detalhes o planejamento e o projeto de infraestrutura de transporte.

Problemas

4.1 Explique as implicações do uso da palavra *razoavelmente* na definição de capacidade no *Highway Capacity Manual* (HCM).

4.2 Liste os indicadores de desempenho utilizados para definir o nível de serviço para os seguintes tipos de infraestruturas e modalidades de transporte: (1) trecho de uma via expressa; (2) interseções semaforizadas; (3) transporte público; (4) ciclovias; (5) calçadas; e (6) pistas de pouso e decolagem de aeroportos.

4.3 Explique a diferença entre a capacidade de uma infraestrutura e sua taxa de fluxo de serviço. Quando a capacidade é igual à taxa de fluxo de serviço?

4.4 Dê exemplos de infraestruturas de fluxo *ininterrupto* e *interrompido*.

4.5 Distinga entre os parâmetros *macro* e *microscópico* de correntes de tráfego. Liste os três parâmetros *macroscópicos* mais importantes e os dois *microscópicos* mais importantes. Como os parâmetros *macroscópicos* de fluxo de tráfego se relacionam aos *microscópicos*?

4.6 Os dados obtidos de uma fotografia aérea mostram 12 veículos em um trecho da estrada de 275 m de comprimento. Para esse mesmo trecho, um observador conta um total de sete veículos durante um intervalo de 15 segundos. Determine (a) a densidade na estrada; (b) o fluxo; e (c) a velocidade média no espaço.

4.7 Uma determinada corrente de tráfego tem um intervalo de tempo médio entre veículos de 2,7 segundos e um espaçamento médio de 52 m. Determine a velocidade média no espaço para a corrente de tráfego.

4.8 A relação entre a velocidade média no espaço, u, e a densidade, k, em uma determinada infraestrutura de transporte pode ser descrita como $u = 100 - 0{,}85k$. Determine a velocidade de fluxo livre e a densidade de congestionamento da infraestrutura.

4.9 Para o Problema 4.8, desenvolva uma relação entre o fluxo, q, e a densidade, k. Determine também o fluxo ou a capacidade máxima da infraestrutura.

4.10 Um trecho da via expressa tem uma relação de velocidade-fluxo da forma $q = au^2 + bu$. O trecho tem um valor de fluxo máximo ou capacidade igual a 2.000 veículos/h, o que ocorre quando a velocidade média no espaço do tráfego é de 52 km/h. Determine (1) a velocidade de fluxo livre; (2) a densidade de congestionamento; e (3) a velocidade quando o fluxo é igual a 900 veículos/h.

4.11 Uma rodovia comporta um volume médio de 1.600 veículos/h. O fechamento de algumas faixas da estrada resulta na redução de sua capacidade normal para somente 1.200 veículos/h dentro da zona de obras. As observações indicam que o fluxo de tráfego ao longo da rodovia pode ser descrito por um modelo de Greenshields que tem uma velocidade de fluxo livre de 80 km/h e uma densidade de congestionamento de 100 veículos/km. Determine o percentual de redução da velocidade média no espaço na vizinhança da zona de obras.

4.12 A tabela a seguir apresenta uma contagem de veículos durante 5 minutos que foi registrada para uma determinada infraestrutura de transporte durante os horários de pico da manhã:

Período	Contagem
8h00 – 8h05	212
8h05 – 8h10	208
8h10 – 8h15	223
8h15 – 8h20	232
8h20 – 8h25	241
8h25 – 8h30	220
8h30 – 8h35	205
8h35 – 8h40	201
8h40 – 8h45	185
8h45 – 8h50	230
8h50 – 8h55	197
8h55 – 9h00	185

Determine
(a) A taxa de fluxo máxima que considera o intervalo de pico de 5 minutos dentro da hora;
(b) A taxa de fluxo máxima que considera o intervalo de pico de 15 minutos; e
(c) O fator de pico horário (FPH) com base na contagem de pico de 15 minutos.

4.13 Com relação às interseções semaforizadas, defina resumidamente os seguintes termos: (1) duração do ciclo do semafóro; (2) fase do semafóro; (3) intervalo do semafóro; e (4) defasagem do semafóro.

4.14 Determine a capacidade de uma aproximação de duas faixas até uma interseção semaforizada que indica 45 segundos de verde de um ciclo total de 100 segundos. Estudos mostram que o intervalo de saturação na interseção é igual a 2,1 segundos. Assuma que o tempo perdido no início do verde seja igual a 2 segundos, o tempo perdido no seu final seja igual a 1,2 segundo e a duração do intervalo do amarelo seja igual a 3,5 segundos.

4.15 Determine a soma máxima de volumes críticos que uma interseção semaforizada com quatro fases e um ciclo de 120 segundos pode acomodar. Assuma que o tempo perdido por fase seja igual a 3,5 segundos e o intervalo de saturação seja igual a 1,9 segundo.

4.16 Determine a duração mínima do ciclo para a interseção mostrada abaixo. Ela foi projetada para ter as três fases a seguir:
  • Fase A, para movimentos de conversão à esquerda das aproximações de leste e oeste;
  • Fase B, para movimentos em passagem reta e conversões à direita das aproximações de leste e oeste; e
  • Fase C, que atende a todos os movimentos das aproximações de norte e sul.

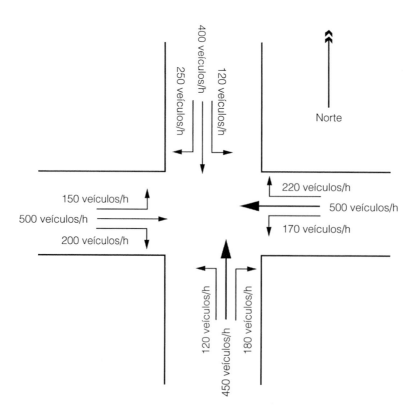

Assuma que cada aproximação da interseção tenha três faixas, uma para os veículos que farão conversão à esquerda, uma para os veículos que seguirão em passagem direta e outra para os que farão conversão à direita. O intervalo de saturação é igual a 2,10 segundos.

4.17 Para o Problema 4.16, calcule a duração desejável do ciclo se for esperado que a razão entre o volume e a capacidade não ultrapasse 0,85. Assuma um FPH de 0,92.

4.18 Determine o nível de serviço para a aproximação de uma interseção que recebe 55 segundos de verde de um ciclo total de 120 segundos. A aproximação comporta um volume contínuo de 720 veículos/h e tem uma taxa de fluxo de saturação de 1.850 veículos/h.

4.19 A interseção mostrada abaixo tem duas fases e um ciclo de 70 segundos. Dados os volumes críticos apresentados, determine o número de faixas necessário para cada movimento crítico. Suponha que o intervalo de saturação seja de 2,1 segundos e o tempo perdido por fase seja igual a 4 segundos.

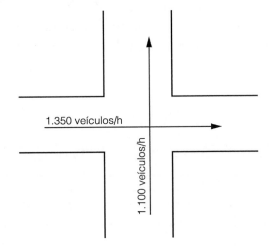

4.20 A interseção mostrada abaixo tem três fases, como segue:
- A Fase A atende leste-oeste somente para conversões à esquerda (E);
- A Fase B atende ao tráfego em passagem direta leste-oeste e às conversões à direita (D); e
- A Fase C atende norte-sul aos movimentos à esquerda, em passagem direta e à direita (EPD).

Os fluxos horários na interseção são mostrados abaixo:

Leste			Oeste			Norte			Sul		
E	EPD	D	E	EPD	D	E	EPD	D	E	EPD	D
300	900	200	250	1.000	150	90	340	50	70	310	60

Suponha que
(1) O tempo perdido por fase seja igual a 3,5 s/fase
(2) As taxas de fluxo de saturação sejam como segue:

$s(PD + CD) = 1.800$ veículos/h/faixa

$s(PD) = 1.900$ veículos/h/faixa

$s(CE) = 1.700$ veículos/h/faixa

Determine a duração do ciclo ótimo, C_o, utilizando o modelo de Webster, bem como o tempo em verde efetivo para a fase A.

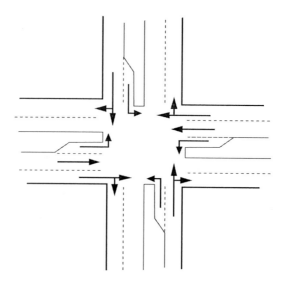

4.21 A interseção mostrada a seguir tem o seguinte esquema de fases:
- Fase A, para os movimentos de conversão à esquerda nos sentidos leste e oeste;
- Fase B, para os movimentos em passagem direta e de conversão à direita nos sentidos leste e oeste;
- Fase C, para os movimentos de conversão à esquerda, em passagem direta e conversão à direita nos sentidos norte e sul.

Os fluxos horários equivalentes na interseção são mostrados abaixo:

Leste			Oeste			Norte			Sul		
E	EPD	D	E	EPD	D	E	EPD	D	E	EPD	D
280	850	80	320	700	120	50	280	40	35	360	10

Utilizando o modelo de Webster, determine a duração do ciclo ótimo para a interseção. Suponha que os tempos perdidos sejam iguais a 3,5 s/fase, um intervalo de amarelo igual a 3 segundos e uma taxa de fluxo de saturação de 1.800 cp/h/faixa para todos os tipos de faixa.

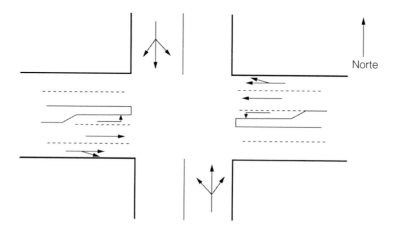

4.22 Discuta a diferença entre capacidade em termos de passageiros e capacidade veicular.

4.23 Identifique os locais para os quais é definida a capacidade do transporte público.

4.24 Discuta resumidamente os três fatores que afetam a capacidade das áreas de embarque/desembarque.

4.25 Quais são alguns dos fatores que afetam o tempo de parada de veículos de transporte público nos pontos de parada?

4.26 No contexto das áreas de embarque/desembarque de ônibus, qual é o tempo de liberação para as localizadas na via e fora da via?

4.27 Considera-se que um sistema de transporte público pode consistir de três elementos básicos: (1) pontos de parada; (2) trechos de linha; e (3) sistemas. Resumidamente, explique como a qualidade dos indicadores de serviço varia dependendo de qual elemento está sendo avaliado.

4.28 Uma linha de ônibus que utiliza um veículo com 42 lugares tem um total de oito pontos de parada. Os tempos de abertura e fechamento das portas podem ser assumidos como 5 segundos. Todos os passageiros devem obrigatoriamente embarcar no ônibus pela porta da frente e desembarcar pela de trás. O número de passageiros que utilizam a linha é fornecido abaixo:

Número do ponto de parada	1	2	3	4	5	6	7	8
Desembarque de passageiros	0	10	14	25	10	15	5	40
Embarque de passageiros	35	12	18	20	14	20	15	30

Estudos têm mostrado que o tempo de embarque é de 3 segundos por passageiro quando não há pessoas em pé e que a presença destes aumenta o tempo de embarque para 3,5 segundos por passageiro. O tempo de desembarque é estimado em 2 segundos por passageiro. Determine o tempo de parada crítico no ponto de ônibus.

4.29 Uma linha de ônibus que utiliza veículos com 35 lugares tem um total de sete pontos de parada. Os tempos de abertura e fechamento das portas podem ser assumidos como 4 segundos. O ônibus só tem uma porta, que é utilizada tanto para embarque como para desembarque. O tempo de embarque pode ser assumido como 3 segundos por passageiro, enquanto o tempo de desembarque é igual a 2 segundos. A presença de passageiros em pé aumenta tanto o tempo de embarque como o de desembarque em 0,5 segundos. Determine o tempo de parada crítico no ponto se o número de passageiros que utilizam transporte público for como apresentado a seguir:

Número do ponto de parada	1	2	3	4	5	6	7
Desembarque de passageiros	0	20	5	12	20	8	23
Embarque de passageiros	28	14	21	24	17	14	9

4.30 Para o ponto de parada crítico do Problema 4.28, determine a capacidade da área de embarque/desembarque, sendo que:
- O ponto de ônibus é fora da via;
- O semáforo onde o ponto de ônibus está localizado tem um ciclo de 100 segundos e a aproximação do ônibus obtém 55 segundos de verde; e
- A probabilidade de se formar uma fila atrás do ônibus é limitada a não mais de 5%.

4.31 Uma linha de transporte público com que veículos operam em tráfego misto tem um total de dez pontos de parada de ônibus. Com base em observações do número de passageiros que utilizam transporte público, foi determinado que o ponto de ônibus 7 é o ponto de parada crítico. Este é um ponto na via, localizado no final da quadra após uma interseção semaforizada. As seguintes informações são fornecidas:

- Tempo de parada no ponto de ônibus 7 = 35 segundos;
- Volume da faixa adjacente à calçada = 600 cp/h;
- Capacidade da faixa à direita da faixa adjacente = 800 cp/h;
- O semáforo tem um ciclo de 80 segundos e a aproximação do ônibus obtém 50 segundos de verde;
- O ponto de ônibus 7 tem duas áreas de embarque/desembarque.

Determine a capacidade da faixa de ônibus, considerando que é desejável limitar a probabilidade de formação de uma fila atrás do ônibus para menos de 10%.

4.32 Refaça o Problema 4.31 para um ponto de parada no início da quadra após a interseção.

4.33 Para o Problema 4.31, em uma tentativa de aumentar a capacidade da faixa de ônibus, a agência gestora de transporte público está considerando a implementação de operações com paradas alternadas. As observações mostram que a faixa adjacente possui um volume igual a 750 cp/h e tem uma capacidade de 1.200 cp/h. Considerando que os veículos de transporte público chegam de forma aleatória no ponto de ônibus, determine o aumento de capacidade da faixa de ônibus.

4.34 Para o Problema 4.33, determine a capacidade em termos de pessoas na linha de transporte público, considerando que todos os ônibus têm uma capacidade de 43 passageiros. A política da agência gestora de transporte público permite até 50% de passageiros em pé em todos os ônibus, com exceção de cinco expressos nessa rota, nos quais não são permitidos passageiros em pé. Considere um FPH igual a 0,75.

4.35 Um veículo leve sobre trilhos tem dois tipos de faixa de domínio. O primeiro é uma linha férrea singela, que tem 0,65 km de comprimento, com dois pontos de parada intermediários. O segundo encontra-se no meio de uma via arterial com uma velocidade de 65 km/h. A razão de tempo de verde pela duração do ciclo na interseção crítica ao longo da via arterial é de 0,45, e a duração máxima do ciclo dos semáforos é de 100 segundos. O tempo de parada pode ser assumido como 30 segundos para todas as estações. O trem tem 27 m de comprimento e uma aceleração de serviço inicial de 1 m/s². As quadras da cidade têm 135 m de comprimento. Determine as capacidades veicular e em termos de pessoas do sistema de veículo leve sobre trilhos.

4.36 Determine a capacidade em termos de *pessoas* de um sistema de veículo leve sobre trilhos que opera no meio de uma via arterial com uma velocidade de 55 km/h. O sistema utiliza trens de 35 m de comprimento com uma aceleração de serviço inicial de 1 m/s². A razão de tempo de verde pela duração do ciclo do semáforo no ponto crítico é de 0,55 de um ciclo máximo de 110 segundos. As quadras da cidade são de apenas 60 m de comprimento. Assuma que o tempo de parada nas estações seja igual a 35 segundos.

4.37 Uma linha de transporte público sobre trilhos com um sistema de sinalização de cabine utiliza trens que têm uma velocidade máxima de 105 km/h. O maior trem que utiliza a linha tem aproximadamente 180 m, e a distância da parte dianteira de um trem parado até o bloco de saída da estação é de 11 m. Assumindo que não haja restrições que limitem as velocidades de aproximação a níveis inferiores aos ideais, determine as capacidades veicular e em termos de pessoas da linha.

4.38 Refaça o Problema 4.37 para um sistema de sinalização por blocos móveis.

4.39 Um trecho de calçada de 3 m de largura com vitrines de loja em um lado tem um fluxo de pico de 15 minutos de 1.100 p/15 minutos. A largura efetiva da calçada, após a dedução da ocupada pelas vitrines, é de 8 pés. Determine o NS durante o pico de 15 minutos para as condições médias, bem como para as condições em pelotões.

4.40 Uma calçada de 2,7 m de largura tem um fluxo de pico de 15 minutos de 1.400 p/15 minutos. Determine o NS durante o pico de 15 minutos para as condições médias.

4.41 Uma infraestrutura compartilhada, de dois sentidos, entre pedestres e bicicletas tem largura de 3 m e fluxo de pico de pedestres de 200 p/15 minutos. A taxa de fluxo de bicicletas é de 120/h na mesma direção que os pedestres e de 170 bicicletas/h na direção contrária. A velocidade média dos pedestres é de 1,2 m/s e a de bicicleta é de 1,8 m/s. Determine o NS para os pedestres.

4.42 Para o Problema 4.41, como mudaria o NS para os pedestres se a infraestrutura fosse convertida em uma infraestrutura voltada exclusivamente para pedestres com uma largura efetiva de 1,8 m?

4.43 Uma infraestrutura compartilhada, de dois sentidos, entre pedestres e bicicletas tem largura de 2,4 m e fluxo de pico de pedestres de 140 p/15 minutos. A taxa de fluxo de bicicletas é de 160 bicicletas/h na mesma direção que os pedestres e de 130 bicicletas/h na direção contrária. Considerando uma velocidade média do pedestre de 1,2 m/s e uma velocidade da bicicleta de 4,5 m/s, determine o NS para os pedestres.

4.44 Determine o NS para os pedestres em uma interseção com duas fases e um ciclo de 120 segundos. A fase que atende ao movimento de veículos da via principal fica 70 segundos no verde e a fase que atende ao movimento da via secundária fica 40 segundos.

4.45 Determine o NS de uma calçada para pedestres em uma via urbana com quatro interseções semaforizadas. A calçada é dividida em quatro trechos com os seguintes comprimentos: 730, 850, 425 e 495 m. Todos os semáforos têm um ciclo de 80 segundos, e a duração da fase verde para pedestres é igual a 35 segundos. Assuma que a velocidade dos pedestres seja de 1,2 m/s.

4.46 Determine o NS de uma faixa exclusiva para pedestres no sentido leste-oeste que possui um volume de 2.000 bicicletas/h durante o período de pico. Observações da ciclovia indicam que 70% das bicicletas circulam na direção leste durante o período de pico. A via tem 3 m de largura e pode-se, portanto, assumir que tenha três faixas efetivas.

4.47 Determine o NS de uma faixa exclusiva para bicicletas no sentido norte-sul que possui um volume de 250 bicicletas/h, com aproximadamente 65% delas circulando na direção sul. A via é de 2,4 m de largura e pode-se, portanto, assumir que tenha duas faixas efetivas.

4.48 Uma infraestrutura compartilhada entre bicicletas e pedestres com 2,4 m de largura opera no sentido leste-oeste. A taxa de fluxo de pico para bicicletas é de 150 bicicletas/h, com uma distribuição direcional na direção leste/oeste de 65/35. A infraestrutura também comporta uma taxa de fluxo de pico de pedestres de 80 p/h, com uma distribuição direcional de 55/45 nas direções leste/oeste. Determine o NS para as bicicletas na infraestrutura tanto para as direções leste como oeste.

4.49 Uma infraestrutura compartilhada entre bicicletas e pedestres opera no sentido norte-sul. A infraestrutura tem 3 m de largura e possui uma taxa de fluxo de pico de bicicletas de 200 bicicletas/h, com uma distribuição direcional de 60/40 na direção norte-sul. Para pedestres, a taxa de fluxo de pico é de 100 p/h com uma distribuição de 45/55 na direção norte-sul. Determine o NS para as bicicletas na infraestrutura tanto para as direções norte como sul.

4.50 Determine o NS para uma ciclofaixa de 1,2 m de largura, em uma interseção semaforizada com um ciclo de 100 segundos. A ciclofaixa fica 45 segundos no verde e comporta uma taxa de fluxo de pico de 180 bicicletas/h.

4.51 Determine o NS para uma ciclofaixa de 4,2 km de comprimento, com quatro interseções semaforizadas e cinco trechos, com uma taxa de fluxo de pico de 350 bicicletas/h. Todas as interseções têm um ciclo de 80 segundos. As razões entre o tempo de verde e a duração do ciclo para a direção da ciclofaixa nas quatro interseções são de 0,47, 0,38, 0,50 e 0,35, e os comprimentos dos cinco trechos são de 0,65, 0,70, 0,95, 1,1 e 0,80 km.

4.52 Determine o NS para uma ciclofaixa de 3 km de comprimento com três interseções semaforizadas e quatro trechos, com uma taxa de fluxo de pico de 400 bicicletas/h. Os quatro trechos têm um comprimento de 1, 0,7, 0,5 e 0,8 km. As três interseções têm um ciclo comum de 90 segundos, e a direção da ciclofaixa nas três interseções recebe os seguintes tempos no verde: 40, 35 e 50 segundos.

4.53 Discuta as diferenças entre os seguintes indicadores de capacidade das pistas de pouso e decolagem de um aeroporto: (1) capacidade máxima operacional; (2) capacidade horária prática; (3) capacidade sustentada; e (4) capacidade declarada.

4.54 Discuta resumidamente os diferentes fatores que afetam a capacidade de uma pista de pouso e decolagem de aeroporto.

4.55 Uma pista de pouso e decolagem de aeroporto utilizada somente para pousos atende a uma população de aeronaves com as seguintes características. Se o comprimento da trajetória final de aproximação, r, for de 4,5 milhas náuticas, determine a capacidade máxima operacional da pista de pouso e decolagem.

Características da população de aeronaves

Tipo de aeronave (i)	% da população total	Velocidade (v_i) (milhas náuticas/h)	Tempo de ocupação (o_i) (s)
1 (P – Pesada)	25%	170	90
2 (G – Grande)	40%	150	65
3 (M – Pequena)	35%	110	45

Requisitos de separação longitudinal

Aeronave da frente	Aeronave de trás		
	P	G	M
P	4	6	7
G	3,5	4,5	5
M	3	3	3

4.56 Uma pista de pouso e decolagem de aeroporto utilizada apenas para pousos atende a uma população de aeronaves com as seguintes características. Se o comprimento da trajetória final de aproximação, r, for de 6 milhas náuticas, determine a capacidade máxima operacional da pista.

Características da população de aeronaves

Tipo de aeronave (i)	% da população total	Velocidade (v_i) (milhas náuticas/h)	Tempo de ocupação (o_i) (s)
1 (P – Pesada)	15%	170	90
2 (G – Grande)	30%	150	65
3 (M1 – Pequena 1)	35%	110	55
4 (M2 – Pequena 2)	20%	90	45

Requisitos de separação longitudinal

Aeronave da frente	Aeronave de trás			
	P	G	M1	M2
P	4	6	6,5	7
G	3,5	4,5	5	5,5
M1	3,5	3,5	3,5	3,5
M2	3	3	3	3

Referências

AMERICAN ASSOCIATION OF STATE HIGHWAY AND TRANSPORTATION OFFICIALS. *Guide for development of bicycle facilities*. Washington, D.C., 1999.

BLUMSTEIN, A. The landing capacity of a runway. *Operations Research*, 7, p. 752-763, 1959.

BOTMA, H. Method to determine levels of service for bicycle paths and pedestrian-bicycle paths. *Transportation Research Record 1502*, TRB, Washington, D.C.: National Research Council, p. 38-44, 1995.

DE NEUFVILLE, R.; ODONI, A. R. *Airport systems*: planning, design and management. Nova York: McGraw-Hill, 2003.

GARBER, N. J.; HOEL, L. A. *Traffic and highway engineering*. 3. ed. Pacific Grove, CA: Brooks/Cole, 2002.

GREENSHIELDS, B. D. A study in highway capacity. *Highway Research Board Proceedings*, vol. 14, 1935.

LEVINSON, H. S.; ST. JACQUES, K. R. Bus capacity revisited. *Transportation Research Record 1618*, TRB, Washington, D.C.: National Research Council, p. 189-199, 1998.

ROESS, R. P.; PRASSAS, E. S.; MCSHANE, W. R. *Traffic engineering*. 3. ed. Upper Saddle River, NJ: Pearson Education, 2004.

TRANSPORTATION RESEARCH BOARD. *Transit capacity and level of service manual*, TCRP Report 100. 2. ed. Washington, D.C.: National Research Council, 2003.

_____. *Highway capacity manual*, Special Report 209. 4. ed. Washington, D.C.: National Research Council, 2000.

WEBSTER, F. Traffic signal settings. *Road Research Paper 39*. Londres: Road Research Laboratory, Her Majesty's Stationery Office, 1958.

Planejamento e avaliação do transporte

CAPÍTULO 5

Este capítulo discute o processo que os planejadores de transporte utilizam para melhorar a infraestrutura de transporte de um Estado, região ou cidade. O planejamento e a programação de transporte envolvem a previsão, o orçamento e o cronograma das aquisições e instalações dos componentes da infraestrutura, como veículos, redes, terminais e sistemas de controle. O papel do processo de planejamento de transportes é prever a demanda de transporte e avaliar os sistemas, as tecnologias e os serviços alternativos. Cada modalidade de transporte tem características próprias e únicas a respeito de como esses componentes interagem, e, assim, o processo de planejamento refletirá a modalidade considerada e suas capacidades únicas para atender necessidades futuras.

Uma vez que planejar é uma questão de visão de futuro, um elemento fundamental do processo de planejamento é a previsão da demanda de viagens. O conhecimento do número de passageiros ou de veículos que devem utilizar um aeroporto, terminal ferroviário, estacionamento, hidrovia ou rodovia ajuda a determinar o tipo e o tamanho da infraestrutura que serão necessários.

Na maioria dos casos, existem várias opções para atender à demanda de viagens, algumas mais caras que outras. Assim, a escolha de uma opção entre a lista das alternativas potenciais é outra tarefa necessária do planejamento. Quando o plano de infraestrutura de transporte tiver sido concluído, as questões principais devem ser respondidas: quanto custará o plano, de onde virá o dinheiro e em que prioridade os projetos individuais devem ser orçados?

As legislações municipal, estadual e federal também regem o planejamento da infraestrutura de transporte. Em âmbito municipal, as portarias sobre zoneamento especificam o tipo de desenvolvimento permitido e os padrões para as vias residenciais. Em âmbito estadual, há leis que estabelecem como os fundos de transporte são alocados e sugerem critérios de projeto para pontes, ciclovias e vias para pedestres, cruzamentos ferroviários e aeroportos. Em âmbito federal, o financiamento para o transporte é principalmente por modalidade.

Existem leis que exigem a participação dos cidadãos no processo de planejamento, especificam os requisitos ambientais em relação à poluição atmosférica e da água, regulam a oferta de transporte público para pessoas com deficiência e influenciam o desenvolvimento do uso do solo por meio de controles de acesso.

Há tanto elementos comuns como diferenças únicas para cada tecnologia de transporte, incluindo históricos físico, operacional, de propriedade e legislação. As características únicas de cada modalidade devem ser conhecidas e compreendidas caso devam ser incorporadas no processo de planejamento. As principais características que são importantes para o processo de planejamento da infraestrutura de transporte rodoviário, ferroviário e aéreo estão descritas na próxima seção.

Contexto para o planejamento de transporte multimodal

As malhas de **transporte rodoviário** são compostas por vias urbanas e rodovias arteriais estabelecidas pelo poder público. Os veículos são automotores e estão sob a posse e controle de um motorista, que toma decisões voluntárias com base na experiência anterior, nas informações atuais e nas sinalizações visuais localizadas ao longo das margens das rodovias e nas interseções. Os terminais oferecem espaços para estacionamento que podem estar localizados em uma garagem de vários andares, em uma via, em uma residência ou em um local de trabalho.

O sistema rodoviário interestadual foi um empreendimento arrojado e de longo alcance, e um exemplo único de plano de infraestrutura de transporte de nível nacional. Esse sistema, nos Estados Unidos, de aproximadamente 75.000 km de rodovias de acesso restrito, foi pago principalmente por um imposto sobre combustível, e 90% foram financiados pelo governo federal e 10% pelo governo estadual (ou menos, se houvesse quantidades significativas de terrenos de propriedade do governo federal).

Foram adotados padrões uniformes para as características geométricas, tais como largura das faixas, acostamentos e canteiros, bem como os semáforos e sinais. A pesquisa, o planejamento e a construção se tornaram um esforço conjunto entre os governos estadual e federal. Posteriormente, foi estabelecida a legislação que exigia um processo de planejamento contínuo, abrangente e cooperativo. No entanto, na opinião de alguns críticos, o planejamento do sistema interestadual não reconheceu ou considerou o impacto que esta ampla malha rodoviária teria sobre outras modalidades, como o transporte público. Além disso, foi dada pouca atenção aos efeitos sobre o uso do solo e ao meio ambiente.

As **ferrovias** são malhas ferroviárias que operam em uma via fixa com espaçamento que corresponde à distância entre as rodas do trem. O controle é na direção da via fixa, podendo ser por comando visual ou eletrônico. Os terminais fornecem serviços de carga/descarga de mercadorias, embarque/desembarque de passageiros e outros serviços aos clientes. Um terminal pode ser tão simples como uma plataforma aberta, ou tão complexo como um pátio de manobras ou uma estação multiuso. Nos Estados Unidos, o transporte ferroviário de propriedade privada presta serviço de frete, enquanto o de passageiros é operado e subsidiado pelo governo por meio da empresa Amtrak. O transporte em veículos leves sobre trilhos (ou bondes) e sobre trilhos rápidos são os sistemas de transporte ferroviário de passageiros nas cidades.

Nos últimos anos, o Congresso tem tentado influenciar o planejamento do transporte regional, controlando as estruturas de linhas e tarifária para, assim, assegurar a concorrência entre as modalidades. A regulação dos transportes teve início no século XIX, quando as ferrovias tinham um monopólio virtual sobre o transporte interestadual de cargas e de passageiros. Os proprietários das ferrovias exploravam a situação e frequentemente alteravam as tarifas de frete e os serviços a seu favor. Por exemplo, os agricultores que dependiam das ferrovias para transportar suas colheitas para o mercado em tempo hábil eram fiéis a elas e foram vítimas dessa injustiça. Eles protestaram junto aos deputados estaduais e ao governo federal em busca de alívio para esse peso monopolístico. A Interstate Commerce Commission (ICC) foi criada em 1887 para regular as ferrovias.

Como surgiram novas modalidades, a autoridade da ICC foi expandida para regular os transportes rodoviário e hidroviário, e o Civil Aviation Board (CAB) foi criado para regular o aéreo. O objetivo da regulação era preservar as vantagens inerentes de cada modalidade e promover um serviço seguro, econômico e eficiente. A intenção do Congresso, no uso dos poderes reguladores para controlar o mercado de transportes, era desenvolver, coordenar e preservar o sistema de transporte nacional. O resultado não foi como desejado, porque as agências reguladoras não foram capazes de implementar as diretrizes políticas, tidas como vagas e muitas vezes contraditórias que, em muitos casos, exigiram a interpretação e o julgamento dos tribunais.

Nas últimas décadas do século XX, ocorreu uma reforma regulatória, e as transportadoras tiveram a oportunidade de desenvolver formas novas e inovadoras de prestação de serviços que utilizariam os melhores atributos de cada modalidade. O resultado levou a esforços positivos na direção de um sistema multimodal de transporte integrado. As alterações no ambiente regulatório criaram uma situação dinâmica que tem impactado o planejamento do transporte tanto no setor privado como no público.

O **transporte aéreo** não está confinado a uma malha fixa, e quando os aviões estão se movendo no céu, podem viajar em qualquer direção desejada. Os sistemas de controle disponibilizados pelo governo são essenciais para garantir a segurança. Os pilotos normalmente são obrigados a apresentar um plano de voo antes da decolagem. A infraestrutura e as pistas de pouso e decolagem de um terminal aéreo podem ser de propriedade e operadas pelo setor público ou privado. Os aeroportos são planejados e projetados para o atendimento a aeronaves específicas, visando uma infraestrutura adequada para pousos, decolagens e estacionamento, além de prestar serviços de emissão de bilhetes, segurança, concessões e movimentação de áreas de manipulação de bagagens para os passageiros.

O planejamento de aeroportos em nível nacional é de responsabilidade da Federal Aviation Administration (FAA), que preparou um plano denominado National Plan of Integrated Airport Systems – NPIAS (Plano Nacional de Sistemas Aeroportuários Integrados). Esse plano é, na verdade, uma compilação de dados fornecidos por cada Estado com relação às suas propostas de melhorias dos aeroportos que deverão ocorrer dentro de um período de dez anos. O plano fornece os dados de quatro categorias de aeroportos: serviço comercial, primário, aviação geral e de apoio. As categorias baseiam-se no tipo de serviço prestado e nos volumes anuais de chegadas e partidas de aeronaves. Os elementos do NPIAS incluem o nível de atividade aeroportuária esperada para os períodos de planejamento para os próximos cinco e dez anos e o custo estimado das necessidades dos aeroportos, tais como terminais, pistas de pouso e decolagem, iluminação e área para desenvolvimento. O NPIAS é mais uma "lista de desejos" do que um plano, pois as informações fornecidas não se baseiam em um processo de planejamento que possui metas, objetivos, alternativas e planos de ação. A lista contém apenas os itens em que há interesse federal potencial e para os quais haja disponibilidade de financiamento.

A criação do Department of Transportation – DOT (Departamento de Transportes) dos Estados Unidos, em 1967, concentrou as atividades das políticas de transporte em nível nacional em uma agência com perfil ministerial. A maioria dos Estados seguiu o exemplo do governo federal, criando um Departamento de Transportes. Embora sejam semelhantes ao federal, as rodovias representam o principal foco de atividade dos departamentos estaduais. A organização do departamento federal é ao longo das linhas modais (aérea, marítima, ferroviária, rodoviária e de transporte de massa), o que aguça a distinção modal em detrimento de suas interações. Após o 11 de setembro, algumas funções do DOT federal, como a guarda costeira e a Transportation Security Administration (Administração de Segurança nos Transportes), foram transferidas para o recém-criado Department of Homeland Security (Departamento de Segurança Interna).

Uma tentativa de estabelecer um objetivo nacional para o transporte ocorreu durante a administração Bush, de 1988-1992, com a publicação do relatório intitulado *A statement of national transportation policy: strategies for action* (Uma declaração da política nacional de transportes: estratégias de ação). Seu texto identificou seis áreas para políticas de ação voltadas para o sistema de transporte do país: (1) manter e ampliar o sistema; (2) promover uma sólida base financeira; (3) manter a indústria forte e competitiva; (4) garantir a segurança pública e a nacional; (5) proteger o meio ambiente e a qualidade de vida; e (6) desenvolver a tecnologia de transporte e a competência. Objetivos semelhantes já foram adotados pelas administrações seguintes.

Fatores na escolha de uma modalidade de transporte de cargas ou de passageiros

As viagens de cargas ou de passageiros normalmente contam com mais de uma modalidade de transporte para chegar até o destino final. As modalidades se completam em termos de seus atributos funcionais. Uma viagem pode consistir em três elementos: *coleta, entrega e distribuição*. A *coleta* refere-se ao início da viagem, que começa do ponto de origem até o terminal de outra modalidade mais próximo no itinerário. *Entrega* é a parte da viagem realizada entre dois terminais desta modalidade. *Distribuição* envolve a viagem entre o último terminal e o destino final.

As modalidades de coleta e distribuição operam em baixa velocidade e capacidade e podem fazer muitas paradas ou viajar em tráfego misto. Os veículos incluem táxis, vans e linhas de ônibus executivos; esteiras rolantes; e veículos de coleta ou de entrega. As modalidades de entrega são normalmente superiores em velocidade e capacidade (exceto em vias expressas congestionadas), porque os veículos circulam em vias exclusivas e são projetados para transportar um grande número de pessoas ou grandes quantidades de carga. Os veículos incluem aviões a jato, cavalos mecânicos e semirreboques (carretas) e composições ferroviárias.

Uma transferência é necessária entre os elementos de viagem de coleta, entrega e distribuição, normalmente em um terminal. Por exemplo, uma viagem de negócios em todo o país pode envolver vários elementos: táxi de casa para o aeroporto, voo de longa distância em um avião a jato e carro alugado para um endereço comercial. O transporte de uma carga pode exigir um caminhão para pegar as caixas em uma cidade, a transferência dos volumes para uma ferrovia a fim de serem transportados a um terminal de outra cidade e a entrega desses volumes por caminhão ao destino final.

Cada modalidade tem *atributos inerentes* que são refletidos em variáveis de serviço, como custo, tempo de viagem, comodidade e flexibilidade. Para planejar a modalidade mais adequada a um determinado conjunto de circunstâncias, é necessário que cada modalidade seja comparada em relação às outras. A modalidade com a melhor combinação de atributos para as necessidades específicas da viagem é a mais provável de ser escolhida. Embora as modalidades sejam normalmente comparadas com base em indicadores como tempo de viagem, custo e frequência dos serviços, estes não são os únicos indicadores que explicam por que uma determinada modalidade é preferida.

Certas características são difíceis de medir de forma consistente em todas as modalidades, tais como as convenções sindicais e a possibilidade de usar o telefone ou saborear uma bebida durante a viagem, que também podem influenciar na escolha da modalidade. O custo marginal de uma modalidade também pode ser uma vantagem inerente. Isto é, as modalidades em que o custo da adição de uma tonelada de carga ou de outro passageiro diminui com cada unidade adicionada têm uma vantagem sobre aquelas em que o preço unitário permanece constante. O custo marginal do frete ferroviário é inferior ao do caminhão. O custo marginal da adição de outro passageiro é menor para um carro ou táxi (até certo ponto) do que para uma aeronave ou um trem. A aparência do custo também é um fator de influência. Por exemplo, os custos diretos da viagem por automóvel são sempre evidentes na hora de colocar combustível ou pagar o pedágio, mas a maioria dos motoristas não considera o valor do seguro e outros custos indiretos como relevantes quando escolhem uma modalidade. A relevância do custo também pode ser um fator decisivo na escolha de uma modalidade, e depender de quem toma a decisão. Para uma viagem de automóvel, normalmente é o proprietário do veículo. Para o transporte de estudantes, são os administradores da escola, e para o transporte de cargas, o tomador de decisão pode ser um gerente de logística. A fidelidade por uma modalidade ou marca específica é mais forte entre indivíduos (clientes fiéis), e mais fraca quando um administrador ou gerente de logística toma a decisão.

As opções disponíveis para o *transporte de passageiros* são automóvel, avião, trem, ônibus ou balsa. O automóvel é considerado uma forma confiável, confortável, flexível e onipresente de transporte. Assim, ele continua sendo a modalidade de escolha de muitas pessoas. Como pode atender a todos os elementos de uma viagem, incluindo a coleta, entrega e distribuição, trata-se de uma modalidade que não precisa de transferências. Quando as distâncias são grandes e o tempo escasso, o transporte aéreo é preferível, completado por automóvel, ônibus ou trem para o trecho local. Se o custo for importante e o tempo não estiver escasso ou um automóvel disponível, então, neste caso, ônibus ou trens intermunicipais são a escolha preferível. As balsas são usadas em trechos de uma cidade separados por água, e quando existem rotas diretas de balsas para os pontos de destino e pouca ou nenhuma opção alternativa por rodovia ou transporte ferroviário.

As opções para o *transporte de carga* são caminhão, trem, barco/navio, avião e dutovias. A seleção de uma combinação de modalidades para transportar a carga será baseada principalmente em fatores de tempo e custo. Os caminhões têm flexibilidade e podem fornecer serviços de porta a porta. Eles têm a capacidade de transportar vários tamanhos de pacotes e, geralmente, podem coletar e entregar de acordo com as necessidades do cliente.

As hidrovias podem transportar *commodities* de alta densidade a baixo custo, mas em velocidades baixas, e somente entre dois pontos localizados no mar, em um lago, rio ou canal. As dutovias são utilizadas principalmente para transportar produtos petrolíferos. Para viagens internacionais com rotas oceânicas fixas, o transporte marítimo é a modalidade comum para carga, complementada por trem ou caminhão de coleta ou de distribuição.

As ferrovias podem transportar uma grande variedade de *commodities* entre dois pontos onde existem linhas férreas, mas geralmente precisam de caminhões para coletar e distribuir as mercadorias até um terminal de carga ou ao destino final. Assim, o transportador nacional deve examinar o tempo e o custo de cada modalidade e decidir se as mercadorias devem ser transportadas apenas por caminhão ou por uma combinação de caminhão e trem.

Um fator importante na escolha das modalidades caminhão ou trem é o desejo da indústria de limitar seus estoques, organizando as entregas para a fábrica quando necessário, em vez de ficar com mercadorias estocadas em um armazém. Esta prática, chamada de entrega *just-in-time*, tem favorecido a utilização de caminhões, uma vez que eles são capazes de fazer entregas em lotes menores do que os de cargas completas e diárias, dependendo da demanda. Neste caso, as tarifas de frete mais baratas cobradas pelas modalidades ferroviária e hidroviária não são suficientes para competir com a flexibilidade dos caminhões.

Uma transportadora ou um passageiro pode optar entre várias modalidades ao planejar uma viagem. Para o transporte de carga, as modalidades disponíveis são normalmente trem, barco/navio ou caminhão. Para o transporte de passageiros, automóvel, avião, ônibus ou trem. Quando as opções estão disponíveis, a transportadora ou o passageiro tem uma *escolha modal*. Quando não, o viajante é considerado um *cativo* da modalidade. Como já observado, na década de 1880 os agricultores da região Centro-Oeste eram cativos do transporte ferroviário, e fretes exorbitantes eram cobrados deles. Nas cidades, as pessoas que não têm acesso a um automóvel são cativas do transporte público.

A escolha de uma modalidade é um processo complexo em que as transportadoras e os passageiros consideram as suas necessidades, avaliando os fatores que influenciam essa escolha. Ao comparar a capacidade de cada modalidade para atender a uma determinada necessidade de viagem, a transportadora ou o passageiro escolhe a modalidade que é percebida como tendo a maior ou a mais alta *utilidade*. Os passageiros valorizam fatores como custo, tempo de viagem, comodidade, flexibilidade de horários e segurança. As transportadoras também consideram fatores semelhantes, mas são mais sensíveis ao tempo e ao custo de viagem.

Nem todas as transportadoras ou passageiros valorizarão cada fator da mesma forma. Uma transportadora de carvão procura uma modalidade de baixo custo e está menos preocupada com o tempo de viagem do que uma transportadora de equipamentos eletrônicos. Outra, de peças de automóveis, deve garantir a entrega *just-in-time* para cumprir os cronogramas de produção. Outra ainda, de documentos confidenciais e de suprimentos médicos, muitas vezes exigirá a entrega em domicílio. Da mesma forma, um viajante a negócios pode exigir o uso de um jato particular para participar de uma reunião de um dia, enquanto um casal de aposentados, que procura uma viagem de lazer, segura, de baixo custo e confortável, escolherá o trem para cruzar o país em uma viagem de cinco dias que levaria oito horas por via aérea.

Para expressar as variações em um sistema de valores do usuário, o conceito de função de utilidade pode ser aplicado à escolha modal. Essa função fornece um valor relativo de preferência para cada modalidade e estima a porcentagem da população total de usuários que escolherá cada uma das modalidades.

Para ilustrar, a Equação 5.1 é uma função de utilidade na qual as variáveis relevantes são o tempo e o custo expressos como uma relação linear:

$$U_i = K - \beta C_i - \delta T_i \tag{5.1}$$

em que
U_i = utilidade da modalidade i
C_i = custo da viagem da modalidade i
T_i = tempo da viagem da modalidade i
K = constante
β e δ = pesos relativos de cada variável de serviço

A probabilidade de que um passageiro ou transportadora escolha uma modalidade em detrimento de outra pode ser baseada em uma das regras de decisão a seguir:

1. Escolher a modalidade com a maior utilidade;
2. Escolher as modalidades proporcionalmente à utilidade de cada uma;
3. Escolher as modalidades proporcionalmente a uma função exponencial de valores de utilidade.

Nem todos os passageiros ou transportadoras escolherão a mesma modalidade, mesmo que elas tenham o mesmo valor de utilidade em termos de tempo e custo. Isso acontece porque outros fatores, tais como segurança, frequência, confiabilidade do serviço e conforto (que não estão incluídos na Equação 5.1 dessa função de utilidade), geralmente são relevantes para a decisão da escolha da modalidade. Uma função exponencial comumente utilizada é o *modelo logit*, cuja expressão matemática é apresentada na Equação 5.2.

$$P_i = \frac{e^{U_i}}{\sum_{j=1}^{n} e^{U_j}} \tag{5.2}$$

em que
P_i = probabilidade de que os usuários com valores de utilidade U_i escolherão a modalidade i
U_i = utilidade da modalidade i
n = número de modalidades sendo consideradas

Exemplo 5.1

Escolha de uma modalidade de carga com base na utilização do modelo logit

A função de utilidade para a escolha modal de carga para o transporte entre uma fábrica e um porto é $U = -(0,05C + 0,10T)$, em que C é o custo ($/tonelada) e T é o tempo total de viagem porta a porta (horas).

O volume semanal de mercadorias transportadas entre a fábrica e o porto principal é de mil contêineres. Existem três modalidades possíveis disponíveis para a transportadora: caminhão, trem e navio.

O custo e o tempo de viagem para cada modalidade é o seguinte:

Caminhão $ 30/tonelada   16 horas
Trem $ 17/tonelada   25 horas
Navio $ 12/tonelada   30 horas

Quantos contêineres serão enviados por cada modalidade se
(a) Todo o tráfego utilizar a modalidade de maior utilidade;
(b) O tráfego for proporcional ao valor de utilidade; e
(c) O tráfego for proporcional com base no modelo logit?

Solução
Calcule o valor de utilidade para cada modalidade.

$U_C = -\{(0,05 \times 30) + (0,10 \times 16)\} = -3,10$
$U_T = -\{(0,05 \times 17) + (0,10 \times 25)\} = -3,35$
$U_N = -\{(0,05 \times 12) + (0,10 \times 30)\} = -3,60$

(a) Todo o tráfego utiliza a modalidade de maior utilidade.
Partindo desse pressuposto, uma vez que a utilidade do caminhão é maior, todos os mil contêineres serão enviados por caminhão.

(b) O tráfego é proporcional ao valor de utilidade. (Use a recíproca do valor de utilidade na razão).

$$P_{Caminhão} = \frac{1/3,10}{1/3,10 + 1/3,35 + 1/3,60} = 0,359$$

Da mesma forma,
Trem = 0,332
Navio = 0,309

Assim, 359 contêineres são enviados por caminhão; 332 por trem; 309 por navio.

(c) O tráfego é proporcional com base no modelo logit.

$$P_i = \frac{e^{U_i}}{\sum_{j=1}^{n} e^{U_j}}$$

$$P_{Caminhão} = \frac{e^{-3,10}}{e^{-3,10} + e^{-3,35} + e^{-3,60}} = 0,419$$

Cálculos semelhantes resultam nos seguintes valores:
Trem = 0,326
Navio = 0,255

Assim, 419 contêineres são enviados por caminhão; 326 por trem; 255 por navio.

A quantidade de infraestrutura de transporte disponível em uma região, denominada *oferta* de transporte, deve estar em equilíbrio com o volume de tráfego, chamado *demanda*. A economia produz a demanda para o transporte. Quando os tempos estão prósperos, o volume de transporte aumenta, e quando há uma desaceleração na economia, diminui. A situação do sistema de transporte (oferta) a qualquer instante no tempo refere-se às infraestruturas existentes e à qualidade dos serviços prestados. Ocorrerão mais viagens quando os custos para o usuário em termos de tempo de viagem e despesas desembolsadas forem reduzidos.

Conforme os custos de transporte diminuem, a demanda por viagens aumenta. Por exemplo, os volumes de veículos geralmente aumentam quando uma rodovia é ampliada. Os volumes de passageiros de uma aeronave aumentam na sequência de uma redução de tarifas. Se uma nova modalidade de transporte for apresentada com custos significativamente menores em termos de tempo e dinheiro, quando comparada a uma já existente, essa nova modalidade obterá uma participação de mercado e, provavelmente, substituirá a antiga. No século passado, esse fenômeno ocorreu nas viagens internacionais de passageiros, quando o transporte aéreo substituiu os navios, e nas viagens nacionais de passageiros, quando as viagens de automóveis e avião substituíram o transporte ferroviário.

A *demanda* reflete uma relação que descreve a vontade de um grupo de passageiros ou de transportadoras de pagar por um serviço específico de transporte. Por exemplo, as companhias aéreas cobram tarifas mais elevadas para viagens de negócios ou em férias do que para viagens nos fins de semana. O número de passageiros em trânsito tende a diminuir se as tarifas sofrem aumentos. No entanto, quando o preço da gasolina aumenta, há pouco efeito sobre os volumes de tráfego, pelo menos no curto prazo.

Oferta é o termo utilizado para descrever as infraestruturas de transporte e os serviços disponíveis a um usuário. Por exemplo, no planejamento de uma viagem por avião de Atlanta a Chicago durante a semana, a oferta é o número de voos disponíveis, o preço do bilhete, os tempos de viagem e se os voos são diretos ou requerem uma conexão. Outro exemplo de oferta é um túnel entre Nova York e Nova Jersey. O pedágio e o tempo de viagem estão incluídos no custo de utilização do túnel. Durante as horas de congestionamento, o tráfego pode ficar intenso, e o pedágio pode ser maior durante a semana do que nos fins de semana para evitar que as pessoas viajem de automóvel.

Exemplo 5.2

Cálculo do custo de viagem em decorrência de congestionamento

Um caminhão faz entrega a um armazém localizado no centro de uma grande cidade. O caminhão custa $ 30/h para operar e os custos da tripulação são de $ 35/h, incluindo mão de obra e os benefícios extras. Durante os períodos do meio do dia, quando o tráfego é leve, a viagem demora 25 minutos. Durante os períodos de *rush*, esse tempo aumenta para 55 minutos, incluindo aquele gasto nas vias congestionadas da cidade. Calcule o custo adicional para a transportadora entregar as mercadorias nos períodos de pico.

Solução

O custo por hora para entregar as mercadorias é

(30 + 35) = $ 65/h

O tempo adicional gasto na realização da entrega durante os períodos congestionados é

(55 − 25)/60 = 0,50 h/viagem

O custo adicional de transporte durante os períodos de pico é, consequentemente,

(65 $/h) (0,50 h/viagem) = 32,5 $/viagem

Em algum ponto no tempo, o sistema de transporte do país está em estado de equilíbrio. Os volumes de tráfego transportados em cada modalidade, de passageiros ou de carga, baseiam-se na disposição de pagar (demanda) e no preço da viagem (oferta), expressos como atributos de tempo, custo, frequência, confiabilidade e conforto da viagem. O equilíbrio é o resultado de:

- **Forças de mercado**, como a situação da economia, a concorrência e o custo do serviço;
- **Ações do governo**, como regulamentação, subsídios e ações de fomento;
- **Tecnologia**, como maiores aumentos na velocidade, alcance, confiabilidade e segurança.

Como estas forças mudam ao longo do tempo, o sistema de transporte mudará, alterando assim a demanda (volume de tráfego) e a oferta (infraestrutura de transporte). Assim, o sistema de transporte do país nunca fica estático. As mudanças de curto prazo ocorrerão em decorrência das revisões dos níveis de serviço, como o aumento do pedágio em uma ponte, ou dos preços dos combustíveis ou das tarifas aéreas. As mudanças de longo prazo ocorrerão nos estilos de vida e padrões de uso do solo, como o deslocamento das pessoas do centro da cidade para os subúrbios quando as rodovias forem construídas, ou a conversão da produção de automóveis de carros grandes em pequenos. Essas forças externas são ilustradas como segue:

Forças de mercado. Se os preços da gasolina aumentassem substancialmente, provavelmente algumas cargas trocariam o caminhão pelo trem. No entanto, se os preços do petróleo se mantivessem elevados, uma mudança para outras fontes de energia poderia ocorrer, ou carros e caminhões econômicos poderiam ser desenvolvidos e fabricados.

Ações do governo. A decisão do governo federal e dos Estados de construir infraestruturas de transportes afeta o equilíbrio do transporte. Por exemplo, o sistema de rodovias interestaduais afetou o equilíbrio do transporte rodoferroviário a favor do rodoviário. Ele também encorajou as viagens de longa distância por automóvel e, portanto, influenciou na queda do setor de ônibus intermunicipais e do transporte ferroviário de passageiros. As autoridades do transporte público podem influenciar o desenvolvimento do uso do solo proporcionando linhas de ônibus e pontos de paradas em locais estratégicos. Políticas de acessibilidade podem alterar o equilíbrio entre a acessibilidade e a mobilidade por meio da colocação ou retirada de semáforos, entradas e saídas de veículos e faixas de conversão.

Tecnologia. Novas ideias também têm contribuído para mudanças significativas no equilíbrio do transporte. A mudança mais drástica ocorreu com a introdução dos aviões a jato, que essencialmente eliminaram o transporte de passageiros por trem nos Estados Unidos, bem como o transporte internacional de passageiros em navios a vapor. A tecnologia de comunicações também mudou drasticamente o transporte, proporcionando ao usuário acesso fácil ao sistema para o planejamento e a montagem dos itinerários das viagens.

Exemplo 5.3

Cálculo do volume de tráfego com base nos princípios da oferta e da demanda

Uma ponte que liga duas cidades separadas por um rio foi construída. O custo para utilizá-la, excluindo o pedágio, é expresso como $C = 50 + 0{,}50V$, em que V é o número de veículos/h e C é o custo desembolsado por viagem do veículo. As unidades estão em centavos. A demanda de tráfego para um determinado período de tempo pode ser expressa como $V_t = 2.500 - 10C$.

Determine:

(a) O volume de tráfego que cruza a ponte sem cobrar pedágio;
(b) O volume de tráfego que cruza a ponte cobrando um pedágio de 25 centavos;
(c) A tarifa de pedágio que produziria a maior receita e a demanda de viagem resultante.

Solução

(a) Para determinar o volume de tráfego sem cobrar pedágio, substitua a função de custo, C, na função de demanda, V:

$V = 2.500 - 10C = 2.500 - 10(50 + 0,5V)$

$V = 2.500 - 500 - 5V = 2.000 - 5V$

$6V = 2.000$

$V = 333$ veículos/h

(b) Para o volume de tráfego se um pedágio de 25 centavos for cobrado, a função da oferta é $C = 50 + 0,5V + 25$. Novamente, substitua a função de custo, C, na função de demanda, V.

$V = 2.500 - 10(75 + 0,5V)$

$6V = 1.750$

$V = 292$ veículos/h

(c) Para determinar o valor do pedágio de modo que produza a maior receita, fazemos T = tarifa de pedágio em centavos. A função da oferta é: $C = 50 + 0,5V + T$. A função de demanda é

$V = 2.500 - 10(50 + 0,5V + T)$

$V = (2.000 - 10T)/6$

Seja R = receita gerada pela instalação do pedágio

$R = VT$

Substitua V na equação por R.

$R = \{(2.000 - 10T)/6\}T = (2.000T - 10T^2)/6$

Maximize R, fazendo $dR/dT = 0$

$dR/dT = 2.000 - 20T = 0$

$T = 100$ centavos. Assim, a cobrança do pedágio para maximizar as receitas é de \$ 1,00. Se esse valor de pedágio for utilizado na função de oferta, a demanda de equilíbrio é

$V = (2.000 - 10T)/6 = \{2.000 - 10(100)\}/6 = 167$ veículos/h

Elasticidade da demanda. A demanda de transporte também pode ser determinada se a relação entre ela e uma variável de serviço, como o custo, for conhecida, em que V_t é o volume de tráfego em um determinado nível de serviço C_s. Assim, a elasticidade da demanda, $E(V_t)$, com relação ao C_s é a variação percentual que ocorrerá no volume V_t dividida pela variação percentual no nível de serviço C_s. Em outras palavras, essa elasticidade é a variação na demanda/variação unitária de custo. A relação é expressa na Equação 5.3:

$$ED = \frac{(V_2 - V_1)/V_1}{(C_2 - C_1)/C_1} = \left[\left(\frac{C_1}{V_1}\right)\left(\frac{\Delta V}{\Delta C}\right)\right] \tag{5.3}$$

em que
ED = elasticidade da demanda
V_1 = volume inicial de tráfego
V_2 = volume de tráfego após a variação de custo
C_1 = custo inicial
C_2 = novo custo
$\Delta V = V_2 - V_1$
$\Delta C = C_2 - C_1$

Exemplo 5.4

Cálculo da queda da demanda do transporte ferroviário de passageiros em decorrência de um aumento de tarifa

Estudos têm demonstrado que, para certos motivos de viagem, um aumento das tarifas ferroviárias na ordem de 1% resultará em uma redução de 0,3% no volume de passageiros. O volume atual de passageiros em uma viagem programada entre duas cidades é de 1.000 passageiros quando a tarifa custa $ 10.

(a) Qual é o novo volume se as tarifas aumentarem para $ 15?
(b) Qual é a variação líquida das receitas?

Solução
(a) Utilize a Equação 5.3 para a elasticidade da demanda e resolva ΔV como segue:

$$ED = \left(\frac{C_1}{V_1}\right)\left(\frac{\Delta V}{\Delta C}\right) \qquad \Delta V = \left(\frac{ED^* V_1^* \Delta C}{C_1}\right) = \frac{0{,}3 * 1.000 * 5}{10} = 150$$

Assim, o novo volume será 1.000 - 150 = 850 passageiros.

(b) Receita obtida com a tarifa aumentada = 850 × 15 = $ 12.750.
   Receita obtida com a tarifa atual = 1.000 × 10 = $ 10.000.
   Aumento de receita = (12.750) - (10.000) = $ 2.750.

Processo de planejamento do transporte

O planejamento do transporte é um processo que prevê a demanda futura por viagens e avalia os sistemas, as tecnologias e os serviços alternativos. Esse processo também é aplicado a cada modalidade individualmente, incluindo ferrovias, rodovias, portos e aeroportos. Em cada caso, o processo de planejamento destina-se a atender às necessidades relacionadas com operação, manutenção e equipamentos e ampliação das infraestruturas existentes.

O planejamento de aeroportos ilustra a aplicação dos processos que são utilizados no planejamento das infraestruturas de transporte. Os aeroportos são ampliados continuamente e, em alguns casos, substituídos para atender ao crescimento das viagens aéreas. Além disso, eles contêm variedade de elementos, incluindo pistas de pouso e decolagem, próprios para esse tipo de infraestrutura, e outros, como terminais, rodovias e itens de acesso que devem estar incluídos no plano. O processo difere de outras modalidades principalmente na tecnologia veicular e no tipo das infraestruturas para acomodar suas características.

O processo de planejamento de aeroportos inclui a avaliação das condições atuais e a previsão de demandas futuras de viagens, a identificação de melhorias específicas para o transporte aéreo, terminais que atenderão à demanda futura e serão garantia de fontes de receita para financiar a construção das melhorias propostas.

Os resultados do processo de planejamento são utilizados para desenvolver planos locais detalhados. Esses planos incluem (1) a localização das pistas de pouso e decolagem, das pistas de taxiamento e das posições de estacionamento; (2) as infraestruturas dos terminais de passageiros e de cargas; (3) o uso do solo no entorno do aeroporto, abrangendo as áreas comerciais, as de transição e os hotéis; e (4) as infraestruturas de acesso ao aeroporto, como o estacionamento e a área de circulação do terminal. Geralmente, o planejamento de aeroportos é necessário por causa do crescimento esperado da demanda de viagens. Assim, as metas, os objetivos e as definições dos problemas refletem a necessidade de reduzir o congestionamento das viagens e atender ao crescimento.

A *avaliação das condições atuais* é a primeira atividade desse processo. Os resultados fornecerão informações sobre a situação das infraestruturas e dos equipamentos existentes no aeroporto, o tráfego aéreo atual na área de atendimento e uma revisão dos acontecimentos do passado que levaram ao atual desenvolvimento das infraestruturas de transporte aéreo na região.

As *previsões de demanda de viagens* para o planejamento aeroportuário têm o intuito de fornecer as seguintes informações: (1) a quantidade e o tipo de aeronave que atenderá à futura demanda de passageiros e de carga no aeroporto; (2) a quantidade de passageiros que chegarão, partirão e que farão transferências no aeroporto; (3) a quantidade de visitantes e funcionários que chegarão diariamente; e (4) a quantidade e os tipos de veículos que chegam e saem do aeroporto. Estes resultados são utilizados no planejamento das infraestruturas aeroportuárias, terminais, vias de acesso e dos estacionamentos.

Os *modelos de previsão* que são utilizados para o planejamento de aeroportos são, em muitos aspectos, semelhantes aos utilizados para outras modalidades. Os escolhidos dependerão da situação e da disponibilidade de dados históricos. As previsões de demanda podem ser tão simples como uma extrapolação dos dados de tendência de séries temporais e, para um horizonte de planejamento de cinco a dez anos, essa abordagem geralmente é suficiente. Outros modelos, como uma análise de regressão múltipla, são mais complexos e dependem de um amplo banco de dados do qual é feita a calibração das constantes. Os tipos de variáveis dependentes que podem ser considerados em um modelo de regressão múltipla são o Produto Interno Bruto, os gastos com consumo, a renda, a população e o nível de emprego. Variáveis como a população dos Estados Unidos são relativamente simples de prever, enquanto uma variável comportamental, como a demanda futura de viagens aéreas, é mais complexa. Tal como acontece com todas as previsões, a precisão dos resultados refletirá em que extensão o passado é um guia para o futuro.

No setor de transportes aéreos, uma vez que a mudança tecnológica e econômica é muito rápida, a *demanda por transporte aéreo é difícil de prever*. Embora se possa esperar que as tendências de longo prazo da demanda de tráfego aéreo sigam uma taxa constante de crescimento, as flutuações de curto prazo podem ser significativas em decorrência de fatores como aumentos do preço do combustível, crises econômicas, viagens de férias, clima, acidentes, concorrência com outras companhias aéreas, questões de segurança e conflitos trabalhistas. Como a previsão de demanda de viagens aéreas é especulativa, na melhor das hipóteses, o julgamento e a experiência de especialistas que têm um conhecimento considerável na observação das tendências do mercado de transporte aéreo podem ser um procedimento igualmente válido. Os indivíduos com muitos anos de experiência no setor aéreo podem fornecer uma previsão mais válida e realista do que uma produzida por um modelo matemático. Assim, as duas abordagens devem ser utilizadas por fornecerem uma visão da realidade independente do resultado.

Quando o processo for concluído, os resultados podem ser utilizados para *comparar a capacidade com a previsão de demanda*. Quando a atual capacidade for inadequada para atender às necessidades futuras, será determinada a expansão da infraestrutura do aeroporto. Quatro elementos de análise da capacidade–demanda são necessários no desenvolvimento de um plano aeroportuário: aeroporto, terminal, espaço aéreo e vias de acesso. Por exemplo, se a capacidade da pista de pouso e decolagem for excedida pela demanda de aeronaves, pistas adicionais podem ser necessárias. Se o espaço destinado ao terminal for inadequado, áreas de espera, corredores e escadas rolantes adicionais serão necessárias. Da mesma forma, se as vias de acesso que atendem ao aeroporto estiverem congestionadas, melhorias podem ser proporcionadas, como o aumento do número de faixas da rodovia, transporte público por ônibus ou sobre trilhos e meios-fios de embarque e desembarque adicionais no terminal.

Todos os sistemas de transportes, incluindo aeroportos, criam vários problemas ambientais. Assim, como parte do processo de planejamento e em conformidade com a legislação federal, um *relatório de impacto ambiental* é necessário para todos os principais aeroportos. O principal impacto ambiental criado pelos aeroportos é o ruído causado pelas aeronaves que pousam ou decolam nas proximidades de áreas residenciais. Existem vários métodos utilizados para reduzir o ruído a um nível aceitável; por exemplo, a melhoria da tecnologia das aeronaves para produzir motores mais silenciosos, a criação de zonas tampão, como parques e campos de golfe, a utilização de materiais de construção destinados a absorver o ruído e a restrição do horário de funcionamento da pista de pouso e decolagem do aeroporto ou da extensão máxima de um voo sem escalas.

Outro problema ambiental é a poluição do ar causada pelas emissões das aeronaves ou a contaminação dos mananciais por derramamento de combustível ou instalações inadequadas de tratamento de esgoto. Em geral, esses últimos impactos são mais fáceis de mitigar ou controlar do que o ruído. Assim, quando novos aeroportos ou a expansão dos atuais estão sendo planejados, a participação dos moradores das comunidades próximas é essencial.

Há diversos *tipos de estudos de planejamento de transportes*. Entre os mais comuns estão os estudos abrangentes de transporte de longo prazo; os dos investimentos principais; os de corredores; os estudos sobre o principal centro de atividade; os de acesso e impacto do tráfego; e sobre gerenciamento do sistema de transportes. Eles diferem entre si em finalidade e objetivo, mas o processo de planejamento é semelhante.

Estudos abrangentes de transporte de longo prazo foram necessários para que as cidades se qualificassem a receber os recursos financeiros para as rodovias federais, transportes e aeroportos, destinados a produzir planos de longo prazo às necessidades de infraestrutura de transporte regional para um horizonte de 20 anos.

Estudos sobre os investimentos principais têm sido obrigatórios desde o Intermodal Surface Transportation Efficiency Act (Istea) de 1991, as alterações do Clean Air Act Amendments de 1990 e o National Environmental Policy Act de 1969. Esses estudos são realizados considerando corredores ou subáreas utilizando um horizonte de planejamento de 5 a 20 anos. Os elementos do estudo incluem o objetivo e a necessidade, as alternativas consideradas, os critérios de avaliação, a participação do público, a análise técnica, a previsão de demanda e o impacto ambiental. Apesar de esses estudos permanecerem úteis, não são mais uma exigência federal.

Estudos de corredores concentram-se em um trecho linear de uma área onde ocorrem altos volumes de tráfego, por exemplo, entre uma área suburbana e o centro da cidade, um corredor ferroviário que liga um porto marítimo a um destino no interior ou uma rodovia ou ferrovia de acesso a um grande aeroporto.

Esses estudos têm um horizonte de planejamento de 5 a 20 anos e se destinam a determinar a combinação mais adequada de infraestrutura de transporte, incluindo faixas de veículos com grande ocupação, praças de pedágio para veículos com grande ocupação, transporte público rápido por ônibus (BRT[1]) e ligações ferroviárias de alta velocidade. Os itens de estudo podem incluir a participação do comitê consultivo, a análise de viabilidade, a consideração de uma ampla gama de alternativas e a incorporação de preocupações econômicas e ambientais. As operações e a gestão de tráfego também podem ser incluídas em um estudo de corredor. As melhorias de curto prazo, como a coordenação dos semáforos, a ampliação das faixas, o gerenciamento dos acessos e o controle do uso do solo, podem ser consideradas.

Estudos do centro de atividade principal abrangem uma concentração de usos do solo comercial ou industrial. Exemplos de principais centros de atividade podem ser aeroportos, distritos centrais de negócios, complexos de shopping centers e escritórios, terminais ferroviários e marítimos de contêineres. Esses estudos têm um horizonte de planejamento de três a dez anos. Seu objetivo é investigar o fluxo de tráfego, incluindo o acesso de pedestres ao centro, e avaliar as opções de acesso e circulação, estacionamento, transporte público, ruas, rodovias, padrões de entrega e as infraestruturas de carga.

Estudos de acesso e impacto do tráfego avaliam o potencial de impacto das novas melhorias propostas no sistema viário de transporte. Um horizonte de tempo normal é de três a cinco anos. Por exemplo, se um incorporador construir um novo shopping center ou se um aeroporto deve ser ampliado, o estudo de impacto deverá prever o tráfego gerado pelo projeto proposto, avaliar o impacto que esse tráfego terá sobre as vias atuais e as infraestruturas de transporte, além de sugerir formas de atender novos padrões de tráfego. O estudo também pode ser utilizado para determinar se há necessidade de infraestrutura adicional e para fornecer uma estimativa de custo. A aprovação para construir o projeto proposto pode ser passível de uma avaliação financeira dos proprietários ou incorporadores e de exigências que o projeto inclua melhorias específicas de transporte.

Estudos de gestão do sistema de transporte são de curto prazo (três a cinco anos) e destinam-se a complementar os de longo prazo. Geralmente, as melhorias são menos intensivas em termos de capital do que aquelas consideradas em estudos abrangentes de longo prazo ou de corredores. A ênfase é na melhoria da eficiência do sistema existente pela *gestão da oferta e da demanda*. As opções de oferta incluem os sistemas inteligentes de transporte, a gestão das vias expressas, as faixas prioritárias e as melhorias de engenharia de tráfego. As opções de demanda incluem política tarifária, carona solidária, implementação de programas de incentivo aos empregados, horário de trabalho escalonado e a substituição dos transportes por comunicações.

As etapas no processo de planejamento de transporte preveem os seguintes elementos: definição do problema, identificação das alternativas, análise de desempenho, comparação entre as alternativas e a escolha da alternativa que será implementada.

Definição do problema envolve dois aspectos. O primeiro é a compreensão do ambiente em que a infraestrutura de transporte funcionará com base no conhecimento do sistema de transporte atual, as características de viagem atual e os estudos anteriores de planejamento. O segundo, a compreensão da natureza dos problemas traduzida em objetivos e critérios. Os objetivos são afirmações que identificam o que deve ser alcançado pelo projeto, como melhorar a segurança ou diminuir os atrasos das viagens. Os critérios são os indicadores de eficácia que quantificam os objetivos, tais como número de acidentes por milhão de quilômetros ou tempo de atraso.

Entre os objetivos dos estudos de planejamento de transportes estão a preservação do meio ambiente, o estímulo ao desenvolvimento econômico, a melhoria do acesso ao emprego, a redução dos congestionamentos e da poluição atmosférica e sonora. No estágio de definição do problema, é necessário concluir vários estudos de coleta de dados que ajudam a definir o estágio para os passos que se seguirão.

---

[1] BRT, do inglês *Bus Rapid Transit*. (NRT)

A *identificação das alternativas* implica a especificação das opções que poderiam melhorar as condições atuais a um custo aceitável para a agência gestora de transporte, sem danos ao meio ambiente. Ideias para resolver um problema de transporte podem vir de várias fontes, como cidadãos, funcionários públicos e quadro técnico. Existem, em geral, muitas alternativas em qualquer situação, que serão identificadas nesta fase de geração de ideias. Dependendo da situação, as opções podem incluir várias tecnologias, malhas, procedimentos operacionais e estratégias de tarifação.

A *análise do desempenho de cada alternativa* destina-se a determinar como cada uma das opções atenderá às condições atuais e futuras. Para realizar esta etapa, cada opção é incluída na malha de transporte existente e as mudanças no fluxo de tráfego são estabelecidas. Dependendo do horizonte do projeto, pode ser necessário prever a demanda futura de viagem antes de estabelecer as mudanças no sistema. Para projetos que possam ser concluídos dentro de um curto período de tempo – de um a três anos (como modificações operacionais) –, uma previsão de longo prazo da demanda de viagem não é necessária. Para projetos de longo prazo – de 5 a 15 anos –, a previsão futura de uso do solo e de viagens é necessária. O resultado desta etapa são três conjuntos de informações para cada alternativa: (1) custo – incluindo o de capital – operacional e de manutenção; (2) fluxo de tráfego, prevendo volumes de pico horários; e (3) os impactos, abrangendo os ambientais atmosféricos e sonoros e o deslocamento de residências e empresas existentes.

A *comparação entre alternativas* destina-se a fornecer indicadores de desempenho das várias alternativas para estabelecer como elas atingem os objetivos definidos pelos critérios. Os dados de desempenho que são produzidos na etapa anterior são utilizados para calcular os benefícios e os custos que resultariam se uma determinada opção fosse escolhida. Geralmente, eles são calculados em termos monetários. Assim, se os benefícios gerados por uma determinada alternativa forem maiores do que os custos para construir e mantê-la, a alternativa é considerada uma candidata para a seleção.

Uma comparação econômica pode implicar o cálculo do valor presente líquido de todos os custos para indicar o grau em que uma alternativa é um bom investimento. Em alguns casos, os resultados utilizados para a comparação não podem ser reduzidos a um único valor monetário, e um método de classificação é utilizado para fornecer um valor numérico a cada resultado com base no valor relativo estabelecido para cada critério. Em situações em que existem vários critérios, os resultados podem ser exibidos em uma matriz de custo-benefício que descreve a alteração de cada critério quando comparado ao custo do projeto.

A *escolha da alternativa que será implementada* implica uma decisão de prosseguir com uma das alternativas. Neste ponto, o tomador de decisão tem uma grande quantidade de informação disponível. A definição do problema articulou as questões de interesse. A identificação das alternativas mostrou os caminhos para a solução do problema, e a análise de desempenho forneceu indicadores para cada alternativa e uma comparação entre os custos e os benefícios. Para alguns tipos de projetos de transporte, a tomada de decisão se dá simplesmente por meio da escolha da alternativa com menor custo total; uma situação que só existe quando todos os outros fatores são iguais. Por exemplo, para escolher uma estrutura de pavimento, considere os projetos que atendem de forma satisfatória e escolha aquele com o menor custo total dentro da vida útil prevista.

Para um projeto mais complexo, podem existir outros fatores intangíveis a considerar, e a escolha ser uma conciliação entre os pontos de vista expressos pela comunidade, a agência gestora de transporte e os usuários. Muitas vezes, audiências públicas podem ser necessárias. Em alguns casos, uma alternativa terá um desempenho melhor em um dado critério, mas se sairá pior em outros, e compensações serão necessárias.

A responsabilidade do engenheiro no processo de escolha é manter-se justo e imparcial e garantir que as alternativas potencialmente promissoras não sejam descartadas. Seu papel no processo de planejamento é auxiliar os tomadores de decisão a fazer uma escolha bem instruída e garantir que cada alternativa viável seja considerada.

Exemplo 5.5

Uma aplicação do processo de planejamento do transporte

As condições de tráfego tornaram-se muito congestionadas ao longo de uma via arterial que leva à área central de uma cidade. Bicicletas, automóveis, caminhões, ônibus e pedestres a utilizam. Existem inúmeras interseções semaforizadas ao longo de um trecho de cinco quilômetros que criam congestionamentos durante o horário de pico da manhã e da tarde. A via tem 12 m de largura. O Departamento de Transportes está estudando as opções que poderiam ajudar a aliviar o problema. Determine como esta situação poderia ser melhorada utilizando os passos descritos no processo de planejamento.

Solução

Etapa 1: Definição do problema: Determine as características da viagem atual, incluindo os volumes de tráfego para automóveis, caminhões e ônibus, conversões nas interseções, velocidade e atraso, linhas de ônibus e tráfego de bicicletas. Prepare um inventário físico da via, incluindo a largura, o número de faixas, a localização dos pontos de parada de ônibus, o tempo dos semáforos, as sinalizações vertical e horizontal, os locais de estacionamento, as faixas de conversão e sua pintura.

Estabeleça os objetivos a serem alcançados por meio de entrevistas com funcionários públicos, usuários, empresários, membros de organizações comunitárias e proprietários de imóveis. Determine suas percepções do problema e estabeleça um conjunto de objetivos de comum acordo, que poderiam incluir: (1) melhorar o tempo de viagem para os passageiros de ônibus; (2) aumentar a capacidade da via; (3) melhorar a segurança para os ciclistas; (4) minimizar os inconvenientes para a vizinhança; e (5) manter os custos o mais baixo possível.

Etapa 2: Identificação das alternativas: Prepare uma lista de possíveis mudanças que poderiam melhorar a situação atual. As sugestões poderiam vir do mesmo grupo que deu sua contribuição sobre os objetivos, bem como da equipe ou dos consultores que estão elaborando o estudo. As experiências bem-sucedidas de outros que já lidaram com um problema semelhante devem ser consideradas por meio da revisão da literatura. É possível que as soluções propostas por um grupo de interesse sejam as que proporcionem alívio à custa dos outros grupos. As possíveis alternativas, algumas das quais podem ser combinadas, são as seguintes:

- **Aumentar o número de faixas na via**. Se existir faixa de domínio, pode ser possível adicionar uma ou mais faixas. Se fosse possível alargar a estrada em 2,5 m, seria possível ter quatro faixas de 3 m e uma intermediária de 2,5 m para conversão.
- **Repintar a via existente para permitir quatro faixas de 3 m**. Esta opção assume que o aumento do número de faixas não é viável. Entretanto, sem faixas para conversões podem ocorrer congestionamentos.
- **Utilizar faixas exclusivas para ônibus nos horários de pico**. Esta opção pode incentivar o uso de ônibus e reduzir o número de carros.
- **Adicionar ciclofaixas em cada lado da via**. Elas melhorariam a segurança e incentivariam o maior uso das bicicletas para viagens em direção ao trabalho.
- **Disponibilizar faixas de conversões nas interseções e fundir as entradas e saídas dos pontos comerciais**. Se o tráfego em conversão à esquerda puder ser mantido em uma faixa separada, aquele em passagem direta não será prejudicado quando o semáforo indicar verde. A fusão das entradas e saídas dos pontos comerciais reduzirá os conflitos entre o tráfego e os veículos que estão entrando ou saindo desses locais.
- **Restringir a via para uso exclusivo de automóveis, ônibus e bicicletas**. Os caminhões são lentos, grandes e barulhentos e têm características de baixa aceleração. Se existir rotas alternativas para caminhões, a capacidade, a segurança e a qualidade ambiental da via serão melhoradas.

Etapa 3: Análise de desempenho de cada alternativa: Determine o tráfego futuro esperado que utilizará esta via. Como este é um estudo de planejamento de curto prazo cujas ações podem ser implementadas de forma relativamente rápida, bastará usar os dados já existentes de tráfego, modificando-os para refletir o crescimento que pode ocorrer nos próximos cinco anos. As previsões de tráfego para a região podem ser disponibilizadas pelo órgão de planejamento metropolitano ou pela Divisão de Planejamento do Departamento de Transportes.

Determine o impacto de cada alternativa sobre custo, tempo de viagem e nível de serviço (NS). Prepare uma matriz que liste todos os efeitos.

Os resultados para as seis alternativas são mostrados na tabela a seguir. O nível de serviço fornece um indicador da comodidade de viagem, em que NS A é o melhor e NS D o pior. Para todos os outros critérios, os valores relativos são utilizados (alto, médio e baixo) para descrever o desempenho:

Alternativa	Custo	Economia no tempo de viagem	Nível de serviço
Aumentar o número de faixas	Alto	Alta	B: Alto
Repintar as faixas	Baixo	Baixa/média	C: Médio
Faixas exclusivas de ônibus	Médio	Baixa/média	D: Baixo
Ciclofaixas	Médio	Média	C: Médio
Faixa de conversão à esquerda – entradas e saídas de pontos comerciais	Baixo	Alta	C: Médio
Restrição aos caminhões	Baixo	Média	C: Médio

Etapa 4: Comparação entre as alternativas

Alternativa 1: **Aumentar o número de faixas da via.** Os resultados indicaram que esta alternativa é a mais cara. No entanto, um dos objetivos do plano é manter os custos os mais baixos possíveis. Assim, se os recursos não estiverem disponíveis ou a faixa de domínio for difícil de obter e exigir a desapropriação das propriedades adjacentes, esta alternativa está rejeitada. No entanto, se recursos estiverem disponíveis, esta solução poderia ser viável.

Alternativa 2: **Repintar as faixas.** O delineamento das faixas de tráfego por meio de repintura não é caro e poderia melhorar o nível de serviço, orientando o tráfego, eliminando, assim, as incertezas e garantindo que o tráfego fluirá mais suavemente. Esta opção deve ser selecionada, independente de outras medidas tomadas.

Alternativa 3: **Faixas de ônibus.** Esta alternativa poderia ajudar a aumentar a velocidade da viagem por ônibus, mas à custa do congestionamento dos automóveis. A menos que possa ser demonstrado que um grande número de motoristas passaria para o transporte público como resultado desta ação, esta alternativa não seria selecionada.

Alternativa 4: **Ciclofaixas.** Uma ciclofaixa mede 1,5 m de largura. Assim, se as ciclofaixas fossem adicionadas, a quantidade de espaço viário disponível para automóveis seria reduzida para 9 m. Se as faixas fossem pintadas de modo que houvesse duas faixas de 3,25 m cada e uma intermediária de 2,5 m para as conversões à esquerda, o nível de serviço poderia ser aceitável enquanto atenderia às bicicletas.

Alternativa 5: **Faixa de conversão à esquerda – entradas e saídas de pontos comerciais.** Esta alternativa proporciona uma melhoria geral no nível de serviço a um custo relativamente baixo. Se as faixas intermediárias de conversão fossem disponibilizadas, conforme proposto para as alternativas 1 e 4, esta opção não seria necessária.

Alternativa 6: **Restrição aos caminhões.** Se o estudo de planejamento puder identificar rotas alternativas para os caminhões, mais capacidade seria fornecida à via. Os níveis de ruído e de poluição do ar também seriam reduzidos.

Etapa 5: Escolha da alternativa que será implementada: Após análise de todos os fatores implicados e considerando os interesses das pessoas afetadas, o Departamento de Transportes escolheu uma alternativa que combina várias das opções analisadas. A via permanecerá com 12 m de largura, por causa do alto custo de construção e da dificuldade de aquisição da faixa de domínio adicional. As faixas serão repintadas para acomodar duas de tráfego direto, com 3,25 m de largura cada, uma intermediária, com 2,5 m para atender aos veículos que farão conversões à esquerda, e ciclofaixas de 1,5 m em cada lado da via. O tráfego de caminhões será proibido e baias serão disponibilizadas nos pontos de parada de ônibus.

Inventários de transporte são o ponto de partida para a maioria dos estudos de planejamento de transporte, pois é essencial reunir dados sobre as características do sistema a ser estudado. Na maioria dos casos, as infraestruturas de transporte e serviços já existem. Antes de decidir como estes podem ser melhorados, é essencial que as condições existentes sejam compreendidas. Somente em casos raros um estudo de planejamento de transporte começaria com um "passado limpo", ou seja, a área de estudo é desprovida de qualquer infraestrutura de transporte. Exemplos desta raridade são as novas comunidades construídas em terras virgens à margem das grandes cidades. As comunidades de Reston, na Virgínia, Colúmbia, em Maryland e Irvine, na Califórnia, são exemplos. O aeroporto de Denver, inaugurado em 1996, estava localizado em uma área rural a 30 quilômetros da cidade. Nestes casos, um inventário consistiria principalmente em informações relacionadas à geografia, topografia, uso do solo, localização de equipamentos de serviços públicos, regime dos ventos e vias de acesso na área.

Para o **planejamento rodoviário**, um inventário consistiria em uma classificação das rodovias para refletir seu uso principal como vias expressas, arteriais, coletoras e locais. Os elementos da malha rodoviária poderiam incluir a largura da faixa, a condição do pavimento, o tipo e localização dos dispositivos de controle de tráfego e os itens de segurança, como defensas metálicas, canteiros centrais e iluminação.

Para o **planejamento ferroviário ou transporte público urbano**, o inventário incluiria um mapa mostrando todas as linhas, pontos de transferência, horários, localização das linhas de ônibus e os estacionamentos. Os ativos físicos, como material rodante e as oficinas de manutenção, também seriam identificados. Além disso, a situação das fontes administrativas, organizacionais e de receita seria estabelecida.

Os inventários para o **planejamento aeroportuário** incluiriam mapas da região mostrando todos os aeroportos existentes, as instalações de auxílio à navegação e de comunicação aérea, a topografia e aeroportos já existentes dentro do novo espaço aéreo potencial e o espaço aéreo restrito por causa das regras de voo instrumental. Além disso, incluiriam também o uso do solo atual e planejado e leis de zoneamento, pesquisas das viagens por automóvel, caminhão e transporte público de e para o aeroporto, as tendências para o transporte aéreo de passageiros e de carga e as históricas do crescimento da população, do emprego e da renda.

Um método conveniente para caracterizar os elementos de um sistema de transporte existente é a montagem de uma rede informatizada que consiste em uma série de conexões e nós. Conexão é um elemento da rede de transporte para a qual características como velocidade, capacidade e dimensões da via são constantes. As informações de inventário para uma conexão rodoviária podem incluir seu comprimento e largura, a condição superficial, número de faixas de tráfego, capacidade, tempo de viagem e o histórico de acidentes. Um nó representa o ponto final de uma conexão e é o local na rede em que as características de uma conexão são alteradas.

Exemplo 5.6

Seleção de dados de inventário para um estudo de planejamento de transporte

Uma ferrovia cruza em nível uma rodovia de duas faixas em uma cidade de 150 mil habitantes. O tráfego aumentou na ferrovia, bem como na rodovia. Vários acidentes têm ocorrido no último ano, e um estudo de planejamento é necessário para decidir como melhorar a situação.

Forneça uma lista de informações de inventário necessárias para a realização do estudo.

Solução

Este é um projeto específico e localizado. A área de estudo incluiria as aproximações ao cruzamento pela rodovia e pela ferrovia, bem como o cruzamento em si. Os itens de inventário que poderiam ser requeridos são indicativos e dependeriam das condições específicas do local. Eles abrangem:

- Mapa mostrando os *traçados* da rodovia e da ferrovia;
- Tipo e localização dos sinais de advertência e portões;
- Perfil da rodovia e da ferrovia;
- Localização dos serviços públicos (energia elétrica, telefonia etc.);
- Localização dos cruzamentos com outras rodovias;
- Distâncias de visibilidade nas aproximações;
- Iluminação do cruzamento;
- Número de trens por dia;
- Volumes horários de tráfego;
- Histórico de acidentes: mortos e feridos;
- Tipo de uso do solo nas proximidades.

Pesquisas de origem-destino são utilizadas para desenvolver um entendimento completo dos padrões atuais de viagem que serão afetados pelo plano de transporte. Esta pesquisa colhe dados sobre a *finalidade da viagem, sua origem e destino e a modalidade de transporte* utilizada.

Para ilustrar, considere uma viagem de caminhão para transportar computadores entre San Jose, na Califórnia, e Chicago, em Illinois, ou uma viagem aérea para transportar um executivo que mora em São Francisco, na Califórnia, para participar de uma reunião em Atlanta, na Geórgia. Uma pesquisa registraria a origem e o destino da viagem, sua modalidade de transporte e finalidade. A fim de organizar os dados da viagem, é conveniente subdividir a área de estudo de planejamento em zonas. O número e o tamanho de cada zona dependem da extensão da área de estudo em si. Por exemplo, se o estudo de planejamento for regional ou de âmbito nacional, as zonas poderiam representar uma cidade inteira. Se fosse para uma área geográfica menor, como um aeroporto, as zonas representariam as áreas onde os segmentos de viagem começariam ou terminariam – por exemplo, na área de restituição de bagagens ou o estacionamento.

A pesquisa de origem-destino pode deduzir a lógica para a preferência de duas maneiras. Uma delas é perguntar: "Por que você escolheu esta modalidade?" e, assim, confiar que os entrevistados citarão os fatores explicativos. Outra maneira é analisar as decisões específicas e relacioná-las às características do entrevistado. Por exemplo, os dados brutos da pesquisa podem mostrar que os entrevistados que ganham $ 60 mil ou mais anualmente fazem o dobro de viagens aéreas de férias do que aqueles que ganham entre $ 30 mil e $ 45 mil.

Essas pesquisas podem ser realizadas de diversas formas. O método para obter informações mais precisas é a entrevista na residência ou no local de trabalho. Outra técnica é entrevistar os viajantes quando estão em trânsito por meio de pesquisa dentro do veículo ou na beira de estrada. As perguntas são feitas diretamente e registradas imediatamente, ou o viajante pode ser convidado a preencher um questionário de pesquisa e devolvê-lo antes do término da viagem.

Um método menos caro, mas menos confiável, é enviar o questionário por correio. Os entrevistados são convidados a responder em tempo hábil, mas muitos optam por não fazê-lo, enviesando, assim, os resultados. As pesquisas por telefone podem não ser uma fonte confiável de informações, pois é difícil obter uma amostra aleatória e convencer as pessoas a responder às perguntas em função da proliferação das solicitações por telefone, principalmente durante a noite, agora ainda mais bloqueadas pelo *Do Not Call Registry* (como o Cadastro para Bloqueio do Recebimento de Ligações de Telemarketing, aqui no Brasil).

A pesquisa de origem-destino produz uma amostra de todas as viagens realizadas entre as regiões. Os resultados são, então, expandidos para representar toda a população por meio da aplicação de fatores que refletem o tamanho da amostra. Outras adaptações podem ser feitas quando os resultados são comparados com a contagem exata das viagens existentes. O resultado final é tabulado em uma matriz de origem-destino (matriz OD) que mostra o número de viagens entre cada zona.

Também é possível produzir matrizes para várias finalidades de viagem, modalidades e períodos de tempo. Além disso, quando as conexões e as modalidades do sistema de transporte são incorporadas nas células da matriz, é possível registrar o uso do solo e as características econômicas de cada célula e desenvolver uma matriz de tempo de viagem de uma célula para outra.

As informações solicitadas em uma pesquisa de origem-destino dependerão da finalidade da pesquisa. Se a descrição do estudo de planejamento incluir uma estimativa do número de pessoas que escolherão entre uma série de modalidades, como trem, ônibus, avião e automóvel, a pesquisa então tentará descobrir as variáveis que se relacionam com a escolha modal. Assim, uma pesquisa de origem-destino pode fornecer dados que são utilizados para explicar por que as pessoas viajam dessa forma. As informações recolhidas podem incluir a finalidade da viagem, o local de início e término, hora do dia, modalidade utilizada, transferências, idade, sexo, renda e propriedade de veículo. Para garantir que as informações prestadas sejam coerentes, é feita uma contagem de passageiros ou de veículos que passam por um trecho restrito do sistema, como uma ponte, túnel ou uma rodovia entre duas cidades. O número obtido pela pesquisa por amostragem pode ser verificado com os volumes reais observados e, se necessário, ajustes podem ser feitos.

Exemplo 5.7

Tabulando e interpretando dados de viagem

Dados foram coletados para viagens intermunicipais de ônibus entre quatro cidades. Os resultados estão apresentados na tabela a seguir em milhares de viagens pessoas/dia da semana.

(a) Qual cidade produz a maior demanda de viagens de ou para outras cidades?
(b) Qual par de cidades tem a maior demanda de viagens?

De/Para	A	B	C	D
A	0	10	20	15
B	40	0	10	50
C	20	10	0	15
D	25	15	30	0

Demanda de viagem (milhares de viagens /dia)

Solução

(a) Calcule a demanda de viagens de ou para outras cidades.

O total de viagens gerado por cada cidade é a soma do número de viagens que começam e terminam naquela cidade, calculado utilizando os dados fornecidos:

A: (10 + 20 + 15) + (40 + 20 + 25) = 45 + 85 = 130
B: (40 + 10 + 50) + (10 + 10 + 15) = 100 + 35 = 135
C: (20 + 10 + 15) + (20 + 10 + 30) = 45 + 60 = 105
D: (25 + 15 + 30) + (15 + 50 + 15) = 70 + 80 = 150

A Comunidade D produz a maior demanda entre as cidades, com 150 mil viagens/dia.

(b) Calcule os pares de cidade com maior demanda de viagem.

Se existem quatro cidades, haverá seis pares possíveis de cidades, como segue:

Par de cidades	Viagens entre cada par de cidade
A-B	10 + 40 = 50
A-C	20 + 20 = 40
A-D	15 + 25 = 40
B-C	10 + 10 = 20
B-D	50 + 15 = 65
C-D	15 + 30 = 45

A maior demanda de viagem é de 65 mil viagens/dia entre as comunidades B e D.

Estimativa de demanda futura de viagens

A fim de determinar a infraestrutura de transporte necessária no futuro, é preciso conhecer a demanda de viagens que ela atenderá durante sua vida de projeto. Assim, o processo de planejamento de transporte inclui uma estimativa de demanda futura de viagens.

Há muitos métodos utilizados para a previsão da demanda de viagens. Um simples, porém útil, especialmente para os estudos de planejamento de curto prazo (três a cinco anos), é *assumir uma taxa de crescimento constante do tráfego existente*. Neste caso, assume-se uma taxa de crescimento que permanecerá durante toda a vida do projeto. Usando uma fórmula simples de juros compostos, a taxa de crescimento é expressa como

$$F = P(1+i)^n \tag{5.4}$$

em que
  P = volume de tráfego atual
  F = volume de tráfego futuro
  i = taxa de crescimento, expressa em decimais
  n = número de anos

Um método mais complexo, mais caro e demorado é *desenvolver um conjunto de modelos matemáticos* que incorporam variáveis, tais como uso do solo, motivo da viagem, hora do dia, tempo e custo de viagem e as características socioeconômicas dos viajantes.

A escolha de um método de previsão dependerá de fatores como o horizonte do projeto, a disponibilidade de dados e os recursos financeiros. Por exemplo, se estiver sendo considerada uma interseção em nível ou um projeto de ampliação, o método da taxa de crescimento geralmente será suficiente. Se uma malha de tráfego rodoviário, aéreo ou ferroviário regional estiver sendo planejada com um cronograma de construção de 20 ou mais anos, será necessário um esforço de previsão em larga escala. Seja qual for o método escolhido, deve-se assegurar que a previsão seja confiável e reflita com precisão as mudanças demográficas, as expectativas econômicas e o desempenho do sistema de transporte atual. As previsões não confiáveis podem levar a resultados como a subutilização das novas infraestruturas ou saturação precoce.

As mudanças de tráfego podem ocorrer de diversas formas. O crescimento (ou declínio) normal do tráfego ocorre como resultado de mudanças na economia. O tráfego pode ser desviado de uma infraestrutura de transporte quando as melhorias são realizadas em uma estrutura, enquanto as outras se deterioram. As melhorias de infraestrutura podem afetar os destinos. Por exemplo, alterações podem ocorrer do centro da cidade até os shoppings suburbanos em razão de uma maior disponibilidade de estacionamento. As mudanças de tráfego também ocorrem quando os usuários trocam de uma modalidade para outra. Por exemplo, cargas desviadas dos trens para os caminhões adicionarão tráfego às rodovias interestaduais. Finalmente, quando a infraestrutura de transporte é melhorada, é criado novo tráfego, que até então não existia.

Exemplo 5.8

Uso de fatores de crescimento de tráfego para a previsão de futuros volumes de viagens

O tráfego em uma rodovia de duas faixas tem aumentado a uma taxa de 4% ao ano. O critério utilizado para aumentar uma rodovia para quatro faixas é que o tráfego médio diário na rodovia de duas faixas não ultrapasse 13 mil carros por dia. O tráfego atual na rodovia de duas faixas é de 9.500 carros por dia. O período de tempo necessário para projetar as rodovias, adquirir as faixas de domínio e construir a rodovia é estimado em dois anos.

(a) Quantos anos levará para o tráfego aumentar do seu valor atual para o volume que justifique uma rodovia de quatro faixas?
(b) Em que ano o processo de projeto e construção da estrada deve começar?
(c) Após a nova rodovia ser aberta ao tráfego, quantos anos levará antes de ela atingir um volume diário médio (VDM) de 1.500/veículos/faixa/h? Por causa dos limites de velocidade mais elevados, melhor projeto geométrico e um novo sistema semafórico, o crescimento do tráfego na rodovia ampliada é de 5% ao ano e o tráfego no horário de pico é de 15% do VDM.

Solução

(a) O crescimento do tráfego na rodovia aumentará à taxa de 4% ao ano até que seja ampliada para quatro faixas. O número de anos para atingir um volume de 13.000/dia com base na quantidade atual de 9.500 é

$F = P(1 + i)^n$

$13.000 = 9.500(1 + 0,04)^n$

$13.000/9.500 = (1 + 0,04)^n$

$n = 8$ anos

(b) Uma vez que o tráfego atingirá sua capacidade para uma estrada de duas faixas em cerca de oito anos, e dois anos são necessários para a concepção e construção, este projeto deverá começar em (8 - 2) = 6 anos.

(c) Quando a nova estrada estiver concluída, o volume por faixa pode ser determinado conhecendo-se a porcentagem de tráfego que ocorre no horário de pico. Depois de conduzir uma contagem do tráfego, fica determinado que, para esta área, o horário de pico representa 15% do tráfego diário anual. Assim, quando a rodovia estiver aberta para o tráfego, o volume do horário de pico é

$V = (VDM)(K)/N$

em que

V = volume da faixa no horário de pico
VDM = tráfego diário médio
K = porcentagem do VDM no horário de pico
N = número de faixas

Assim

V = (13.000)(0,15)/2 = 975 veículos/faixa

Uma vez que o crescimento de tráfego é de 5% ao ano, o número de anos para atingir 1.500 veículos/faixa/h é

1.500 = 975 (1 + 0,05)^n

n = 19

Um método de previsão de viagem utilizado em estudos de transporte regional de longo prazo é chamado *processo de quatro etapas*. O termo reflete o fato de que a demanda de viagens é segmentada em quatro aspectos distintos, cada um com seu próprio conjunto de modelos e procedimentos matemáticos. Neste processo, primeiro uma viagem é *gerada* por um determinado uso de solo; por exemplo, uma residência ou um local de trabalho. Em seguida, a viagem gerada é *distribuída* para outro uso de solo; por exemplo, uma viagem entre uma residência e um shopping center. A viagem distribuída é, então, atribuída a uma *modalidade de viagem*; por exemplo, o viajante pode escolher entre caminhão, trem, barco/navio, automóvel, transporte de massa, caminhada ou avião. (Os fatores na escolha de uma modalidade de carga ou de passageiro foram descritos na seção anterior deste capítulo). Finalmente, para algumas modalidades, os viajantes podem *escolher uma rota*. Por exemplo, uma viagem de carro pode usar uma via expressa ou uma estrada paralela; um viajante da costa leste à costa oeste pode voar diretamente entre duas cidades ou fazer escala em Denver ou Chicago; e para uma viagem de carro pelo país, as opções podem ser a I-10, rota pelo sul, ou a I-80, rota pelo norte.

Assim, o processo de previsão de quatro etapas consiste nos seguintes elementos: (1) **geração de viagens**, (2) **distribuição de viagens**, (3) **divisão modal** e (4) **alocação**.

Geração de viagens refere-se ao número de viagens que são produzidas por uma unidade de atividade, como um shopping center, aeroporto, desenvolvimento habitacional ou parque industrial. Os valores de geração de viagens são determinados por estudos especiais de usos individuais de solo por meio da contagem do número de pessoas ou de veículos que entram ou deixam a infraestrutura, ou pelo uso de valores publicados. Os dados são correlacionados com as variáveis de uso do solo, tais como as propriedades ou as unidades habitacionais para uso residencial, ou os empregados para as unidades comerciais e industriais.

Exemplo 5.9

Cálculo das viagens geradas para vários tipos de uso do solo

Um shopping center planejado espera contar com os seguintes estabelecimentos:

- Dois supermercados: área bruta de 2.000 m² e 2.500 m²;
- Uma loja de departamentos: 30 funcionários;
- Dois restaurantes *fast-food*: 300 m² cada;
- Um banco: 20 funcionários;
- Um consultório médico: 15 funcionários.

Quantas viagens de veículos de ida e volta ao shopping center serão geradas em um dia típico?

Solução

Consulte o guia *Trip generation* (Geração de viagens), do Institute of Transportation Engineers (ITE), para obter o valor adequado de viagens/dia/empregado ou por unidade de área. Os cálculos para determinar o número de viagens por dia são:

Dois supermercados (135,3) viagens/100 m² (45) = 6.089 viagens/dia
Loja de departamento (32,8) viagens/empregado (30) = 984 viagens/dia
Restaurantes *fast-food* (533) viagens/100 m² (6) = 3.198 viagens/dia
Banco (75) viagens/empregado (20) = 1.500 viagens/dia
Consultório médico (25) viagens/empregado (15) = 375 viagens/dia
Total de geração de viagens = 6.089 + 984 + 3.198 + 1.500 + 375 = 12.146 viagens/dia

Outros métodos de geração de viagens, incluindo a análise de regressão e classificação cruzada, são descritos em detalhes nas referências apresentadas no final deste capítulo. A análise de regressão é semelhante ao conceito de taxas de viagens utilizado no Exemplo 5.9, em que a variável viagens/dia está relacionada a uma ou mais variáveis dependentes, tais como propriedades, emprego, população, unidades habitacionais e propriedade de automóveis. Uma equação de regressão é a melhor abordagem se uma relação estatística puder ser identificada e demonstra uma forte correlação entre as variáveis dependentes e independentes.

A classificação cruzada é um método no qual as taxas de viagens são obtidas dos dados de pesquisa e do cruzamento classificado com variáveis como renda, propriedade de automóvel e motivo da viagem. A aplicação dos valores observados a áreas residenciais específicas produzirá uma estimativa de geração de viagens.

Distribuição de viagens é o processo de alocação de viagens que foram geradas por um uso do solo ou zona (origem da viagem), como um shopping center, um aeroporto ou um bairro residencial, para outro uso de solo ou zona (destino da viagem). O processo visa determinar, para as viagens geradas em cada zona, onde elas terminam.

O modelo de distribuição mais utilizado é chamado *modelo de gravidade*. O nome vem da fórmula que usa uma analogia da gravitação física em que a força da atração de um único corpo agindo sobre outra é diretamente proporcional à massa do corpo atrator e inversamente proporcional ao quadrado da distância entre eles. Assim, se houver mais de um corpo agindo sobre o outro, a força relativa de cada corpo atrator seria sua massa dividida pelo quadrado da distância entre ela e o corpo que está sendo atraído dividido pela soma de todas as forças que atuam sobre o corpo.

O número de viagens gerado pelo uso do solo representa a "força atrativa" daquele uso e o tempo de viagem entre este uso ou zona de "geração", e o uso do solo ou zona de "atração" representa a "distância" entre eles. Assim, o modelo gravitacional pode ser utilizado para calcular o número de viagens entre todas as zonas de atração na área de estudo. Para calcular o número de viagens entre as zonas i e j, o modelo gravitacional pode ser expresso como segue:

$$T_{ij} = T_i \left[\frac{\frac{A_j}{t^2_{ij}}}{\sum_{j=1}^{n} \frac{A_j}{t^2_{ij}}} \right] \tag{5.5}$$

em que

T_{ij} = número de viagens geradas na zona de origem i que terminam na zona de atração j
T_i = número de viagens geradas na zona i
A_j = número de viagens geradas na zona j
t_{ij} = tempo de viagem entre as zonas i e j
n = número de zonas

Há muitas variações para essa fórmula. Por exemplo, o valor do tempo de viagem t_{ij} pode ser substituído por um fator de atrito, que é uma recíproca de alguma função do tempo de viagem. Além disso, um fator de correção, K, pode ser utilizado para modificar o efeito do fator de atração, A_j, com base em efeitos sociais ou econômicos. Estes e outros refinamentos no modelo tentam replicar as condições reais o mais fiéis possível.

Exemplo 5.10

Utilizando o modelo gravitacional para prever a distribuição de viagens de caminhão

Um porto marítimo que atende quatro cidades em um raio de 550 km gera 25 mil viagens de caminhão por dia. A população e o tempo de viagem para cada cidade saindo do porto são mostrados na tabela a seguir. Utilize o modelo gravitacional para estimar o número de caminhões esperados que deve chegar a cada cidade por dia.

Cidade	População (milhares)	Tempo de viagem (horas)
A	40	6
B	75	4
C	120	3
D	150	7

Solução

Utilize a Equação 5.5 para calcular T_{pa}, o número de viagens de caminhão entre o porto marítimo e a cidade A

T_p = número de viagens geradas no porto = 35.000
A_a = população na cidade A = 40
t_{pa} = tempo de viagem do porto até a cidade A = 6

$$T_{pa} = 25.000 \left[\frac{1,111}{1,111 + 4,688 + 13,33 + 3,06} \right] = 25.000 \left[\frac{1,111}{22,189} \right] = 1.252 \text{ viagens/dia}$$

Da mesma forma:

$$T_{pb} = 25.000 \left[\frac{4,688}{22,189} \right] = 5.282 \text{ viagens/dia}$$

$$T_{pc} = 25.000 \left[\frac{13,33}{22,189} \right] = 15.018 \text{ viagens/dia}$$

$$T_{pd} = 25.000 \left[\frac{3,06}{22,189} \right] = 3.448 \text{ viagens/dia}$$

Assim, o número de viagens de caminhão por dia saindo do porto marítimo para cada cidade é estimado como:

Cidade A   1.252
Cidade B   5.282
Cidade C   15.018
Cidade D   3.448
Total   25.000

A *alocação* implica que, para algumas modalidades, pode haver mais de um itinerário a ser utilizado para viajar entre dois locais. Em alguns casos, no entanto, a escolha do caminho é limitado. Por exemplo, as hidrovias, em geral, são restringidas pelas limitações da rede (ou seja, um único rio ou canal) ou por condições operacionais, tais como a profundidade máxima da água. As rotas aéreas geralmente são limitadas pelos sistemas do tipo *hub-and-spoke* utilizados por grandes transportadoras, como a United Airlines, com *hubs* em São

Francisco, Denver, Chicago e Washington-Dulles. A escolha do caminho para a viagem rodoviária, aérea ou ferroviária é feita pelo usuário e, na ausência de outras considerações, é baseada no menor tempo de viagem entre os dois pontos. Quando os volumes de tráfego aumentam e as vias ficam congestionadas, quando ocorrem acidentes ou as condições climáticas se deterioram, os viajantes procuram caminhos alternativos que levarão menos tempo do que as vias congestionadas ou intransitáveis. A tecnologia da informação agora está disponível para informar os viajantes sobre atrasos e alternativas disponíveis.

Exemplo 5.11

Cálculo dos tempos de viagem do itinerário e da demanda de viagens para condições não congestionadas

O tempo de viagem por ferrovia em horas, entre 16 pares de cidades, A-P, está descrito no diagrama abaixo. O número de viagens diárias entre a cidade A e todas as outras cidades (em milhares) é a seguinte:

A-B = 10, A-C = 15, A-D = 16, A-E = 20, A-F = 25, A-G = 12,
A-H = 6, A-I = 18, A-J = 8, A-K = 16, A-L = 5, A-M = 14, A-N = 12,
A-O = 4, A-P = 17

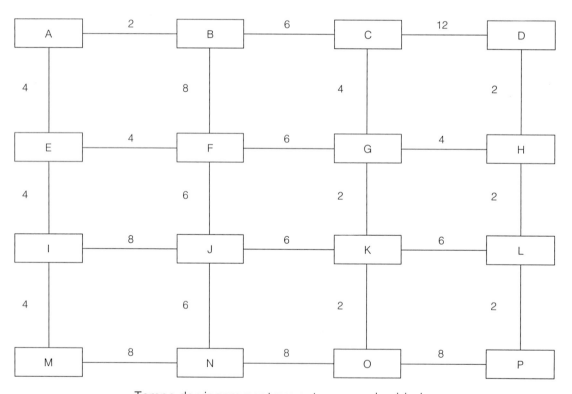

Tempo de viagem por trem entre pares de cidade.

Determine o seguinte:

(a) O caminho mais curto da cidade A para todas as outras cidades;
(b) O caminho mais curto da cidade A para todas as outras cidades em um diagrama de linha reta;
(c) O número de viagens da cidade A para todas as outras cidades (B-P);
(d) A demanda de viagens em cada linha ferroviária que liga as cidades.

Solução

(a) O caminho mínimo da cidade A para todas as outras. Determine o tempo de viagem da cidade A para todas as outras, de B a P. Os valores estão representados na figura a seguir. Observe que, em alguns casos, pode haver dois ou mais tempos de viagem listados pela cidade, pois dois ou mais caminhos da cidade A para aquela cidade podem ser possíveis.

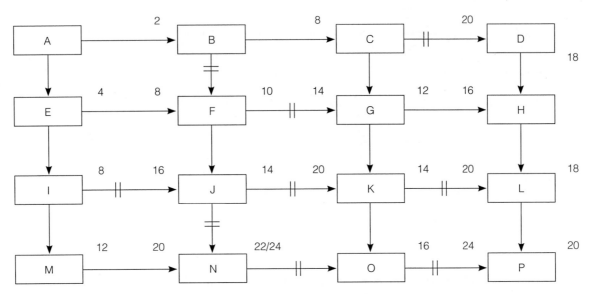

Tempo de viagem a partir da cidade A para todas as outras cidades.

Por exemplo, existem dois caminhos possíveis da cidade A para a F. O primeiro passa pela cidade E e leva 8 horas; o segundo, pela B e leva 10 horas. Uma vez que o itinerário dos pares de cidades A-E-F é menor, o par de cidades B-F é eliminado, como observado pelas linhas duplas de um lado a outro da seta que liga B-F.

Selecione a cidade E para determinar os tempos de viagem dela para as cidades mais próximas, F e I. Os tempos de viagem da cidade A para a F e da A para a J são ambos de 8 horas. O tempo de viagem da cidade A para a C também é de 8 horas.

Selecione a cidade C para determinar os tempos de viagem para as próximas duas, D e G. Os tempos de viagem são de 20 horas de A para D (via C), 18 horas de A para D (via C-G-H) e 12 horas para G. Assim, C-D é eliminado.

A cidade F é, em seguida, a mais próxima de A. O tempo de viagem para a cidade G, usando a F, é de 14 horas, em comparação com as 12 horas via cidade C. Assim, o par F-G é eliminado, como observado pelas linhas duplas.

A seguir, considere a cidade I. O tempo de viagem para a J, passando pela I, é de 16 horas, e para a M, 12 horas. Uma vez que o tempo de viagem de A para a J, via F, é de 14 horas, o par I-J é eliminado.

Continue da cidade G para H e K, e da cidade M para a N.

Em seguida, vá da cidade J para a K e N. Elimine o par J-K, pois existe um caminho mais curto da A para a K via G.

Continue da cidade K para a L e O, e da H para a L. Elimine o par K-L. Prossiga da cidade O para a P e elimine o par O-P. Continue da cidade L para a P e elimine o par O-P.

(b) O caminho com menor tempo da cidade A para todas as outras em um diagrama de linha reta é representado a seguir:

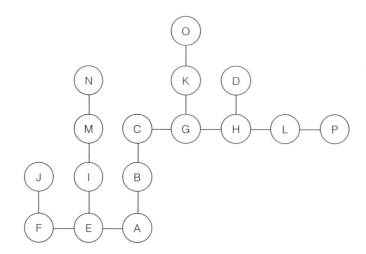

Itinerários mínimos de viagem entre a cidade A e todas as outras cidades.

(c) O número de viagens entre a cidade A e todas as outras (B-P). Trata-se da soma das viagens AB, AC,...AP. Com base nos dados fornecidos no enunciado do problema, o resultado é de 198.000 viagens/dia.

(d) A demanda de viagens em cada linha ferroviária que liga as cidades. Primeiro, identifique as ligações envolvidas em cada combinação de viagem da cidade A para as cidades B-P. Elas estão apresentadas na tabela a seguir:

De	Para	Viagens	Pares de cidades no caminho de tempo mínimo
A	B	10	A-B
A	C	15	A-B, B-C
A	D	16	A-B, B-C, C-G, G-H, H-D
A	E	20	A-E
A	F	25	A-E, E-F
A	G	12	A-B, B-C, C-G
A	H	6	A-B, B-C, C-G, G-H
A	I	18	A-E, E-I
A	J	8	A-E, E-F, F-J
A	K	16	A-B, B-C, C-G, G-K
A	L	5	A-B, B-C, C-G, G-H, H-L
A	M	14	A-E, E-I, I-M
A	N	12	A-E, E-I, I-M, M-N
A	O	4	A-B, B-C, C-G, G-K, K-O
A	P	17	A-B, B-C, C-G, G-H, H-L, L-P

Em seguida, liste o número de viagens da cidade A para todas as outras (A-B = 10, A-C = 15, A-D = 16, A-E = 20, A-F = 25, A-G = 12, A-H = 6, A-I = 18, A-J = 8, A-K = 16, A-L = 5, A-M = 14, A-N = 12, A-O = 4, A-P = 17).

A tabela a seguir lista os valores para todas as combinações de cidades:

Par de cidades	Número de viagens entre cada par de cidades	
A-B	10, 15, 16, 12, 6, 16, 5, 4, 17	101
A-E	20, 25, 18, 8, 14, 12	97
B-C	15, 16, 12, 6, 16, 5, 4, 17	91
C-G	16, 12, 6, 16, 5, 4, 17	76
E-F	25, 8	33
E-I	18, 14, 12	44
F-J	8	8
G-H	16, 6, 5, 17	44
G-K	16, 4	20
H-D	16	16
H-L	5, 17	22
I-M	14, 12	26
K-O	4	4
L-P	17	17
M-N	12	12

O número de viagens entre cada par de cidades é a soma do número de viagens da A para todas as outras que passam entre o par de cidades. Por exemplo, todas as viagens entre a cidade A e as cidades B, C, D, G, H, K, L, O e P passam pelas cidades A e B. Assim, o número de viagens entre a cidade A e B é Σ(10, 15, 16, 12, 6, 16, 5, 4, 17) = 101.000 viagens.

Existem dois métodos para estimar o caminho provável de uma viagem: (1) alocação de todas as viagens para o caminho mínimo, supondo que todas as vias da infraestrutura não são tão congestionadas a ponto de alterar as opções de caminho; e (2) alocação das viagens para o caminho mínimo, mas considerando o congestionamento que ocorrerá à medida que os volumes de tráfego aumentam. Não é possível prever quando um acidente ou atraso ocorrerá, o que justifica a importância dos sistemas de informações aos motoristas em tempo real.

Para calcular o aumento do tempo de viagem causado pelo aumento do tráfego, a Equação 5.6 pode ser utilizada:

$$t_1 = t_0 \left[1 + 0{,}15 \left(\frac{V}{C} \right)^4 \right] \tag{5.6}$$

em que

t_1 = tempo de viagem no trecho onde existe congestionamento
t_0 = tempo de viagem no trecho da rodovia em condições de fluxo livre
V = volume no trecho onde existe congestionamento
C = capacidade da faixa

Pacotes de programas computacionais de planejamento de transporte estão disponíveis para realizar os vários cálculos necessários para utilizar o processo de quatro etapas. Um processo iterativo dentro do pacote pode ser utilizado para permitir que os caminhos de viagens entre cidades sejam alterados à medida que o tempo de espera aumenta. O processo continua até que o equilíbrio seja alcançado, de tal forma que um tempo mínimo de viagem total seja atingido. Quando o processo de quatro etapas for concluído, uma estimativa de demanda de tráfego e de tempos de viagem é produzida para cada conexão da rede.

Avaliação das alternativas de transporte

As seções anteriores descreveram o processo de planejamento, incluindo os requisitos de informações e os métodos de previsão de demanda de viagens. O resultado dessas atividades é um conjunto de opções possíveis que resolve o problema de selecionar as infraestruturas de transporte e serviços que atendam às necessidades atuais e futuras de viagens. Esta seção descreve como as várias opções ou alternativas que foram propostas podem ser avaliadas e, portanto, proporcionar aos tomadores de decisão uma base racional para escolher um curso de ação. O processo de avaliação envolve vários conceitos que podem influenciar a escolha final dos projetos.

Você tem o que paga. Por exemplo, em função do aumento de tráfego ferroviário de carga, o volume de trens que passam por uma pequena cidade do meio-oeste aumentou consideravelmente. Os cidadãos reclamam sobre a segurança e os atrasos neste cruzamento não sinalizado. Um estudo de planejamento considera três alternativas para melhorar a situação: (1) sinais de advertência e sinalização horizontal no pavimento; (2) luzes piscantes e cancela móvel; e (3) uma passarela em desnível. As soluções propostas produzirão resultados diferentes em termos de segurança e tempos de espera. A alternativa 3, uma passarela em desnível, eliminará o problema de segurança e de espera, mas a um custo muito mais elevado do que as alternativas 1 e 2. Assim, os dirigentes da cidade devem decidir qual alternativa fornece o melhor resultado a um custo acessível.

As informações utilizadas no processo de avaliação devem ser relevantes para a decisão. Antes de preparar uma avaliação, é essencial saber quais informações serão importantes para fazer uma opção de projeto. Em alguns casos, o único critério relevante é o custo do projeto e os custos para os usuários. Em outros, a decisão pode ser baseada em vários critérios, principalmente quando aqueles que não são usuários são afetados. Esses critérios podem incluir itens como a quantidade de área necessária, a poluição do ar e os efeitos do ruído.

As avaliações podem descrever o "ponto de partida" ou oferecer "total transparência". Uma avaliação por valor simples é aquela em que o resultado final é relatado como um valor em dólar ou em termos alfanuméricos. Esta é uma abordagem de "ponto de partida", em que é disponibilizado o custo total do projeto para o tomador de decisão ou, se houver outros critérios a considerar, a "classificação final" de cada alternativa. Uma avaliação mais útil é aquela que fornece todas as informações relevantes sobre cada uma das alternativas e para as quais todos os resultados são apresentados separadamente para cada critério considerado.

A avaliação deve considerar o ponto de vista das principais partes interessadas. Uma alternativa pode afetar uma vasta gama de grupos de interesse. Quando os grupos são afetados, eles se tornam as "partes interessadas" no resultado e muitas vezes vão procurar influenciar o tomador de decisão para escolher uma alternativa a seu favor. Há muitos exemplos de grupos de interesse especiais, incluindo transportadoras e passageiros, sindicalistas, ambientalistas, proprietários de imóveis, a comunidade empresarial e o governo. Normalmente, o número de interessados aumenta conforme a expansão do escopo do projeto. Além disso, o projeto pode influenciar o desenvolvimento de negócios, o emprego, a atividade de construção e o uso do solo. Por essas razões, é importante conhecer de quem são as opiniões que estão sendo consideradas na avaliação.

Os critérios escolhidos para uma avaliação devem ser relevantes e fáceis de medir. Os indicadores de eficácia são expressos em termos de um valor numérico ou relativo para cada critério. No exemplo do cruzamento ferroviário em desnível citado anteriormente, se o objetivo for reduzir os acidentes, um dos critérios poderia ser o número de mortes por ano. Se o objetivo for a redução dos tempos de espera, um dos critérios poderia ser o número de veículos parados por hora ou o tempo médio que cada veículo tem de esperar.

Os critérios devem estar intimamente ligados ao objetivo declarado. Por exemplo, se o objetivo de uma empresa de transporte for prestar um melhor serviço de entrega, sem atraso, um dos critérios relevantes seria a porcentagem de chegadas após 15 minutos da hora estabelecida.

Os indicadores de eficácia podem ser representados de várias formas. Uma delas é converter todas os indicadores de eficácia em uma unidade comum e, em seguida, juntá-los para produzir um único resultado. Uma unidade comum é a monetária. Se cada indicador pudesse ter um custo monetário equivalente, como o por danos pessoais ou de propriedade de um acidente de automóvel, e o custo do tempo de viagem para um motorista de caminhão, então o número de acidentes e o tempo de espera total sentido pelos caminhoneiros poderiam ser convertidos em valores em dólares e somados.

Outra unidade comum é uma nota. Se cada indicador puder receber uma nota dentro de um intervalo numérico, digamos 1-10, em que 1 é ruim e 10 excelente, então os indicadores podem ser somados para fornecer uma classificação final. Este último sistema é usado para estabelecer notas acadêmicas. Indicadores como frequência, tarefa de casa, exames semestrais e exames finais são avaliados com notas utilizando um fator de ponderação. O resultado é a nota final, dada na forma de um número, alcançada no curso.

Finalmente, cada indicador de eficácia pode ser informado para cada alternativa em forma matricial, disponibilizando para o tomador de decisão as informações completas e uma melhor compreensão das compensações que serão necessárias na escolha de uma alternativa em detrimento de outra.

Uma *avaliação econômica* é realizada para determinar o custo real que incorrerá se uma determinada alternativa de transporte for escolhida. Com informações de custos semelhantes em relação a cada uma das alternativas, é possível compará-las para determinar qual fornece o maior retorno para o dinheiro investido.

As avaliações econômicas são baseadas no conceito de *valor do dinheiro no tempo*. Para ilustrar, se $ 1.000 forem depositados em uma conta de poupança a uma taxa de juros de 6% ao ano, então o saldo na conta no final do primeiro ano será (1 + 0,06) (1.000) = $ 1.060. Se o valor dos juros não for sacado, o saldo no final do segundo ano será (1,06)(1.060) = $ 1.123,60. Este montante é denominado valor futuro F de $ 1.000 em dois anos a uma taxa de juros de 6%. O montante de $ 1.000 é denominado valor presente P de $ 1.123,60 em dois anos a uma taxa de juros de 6%. A expressão geral para este cálculo é $F = P(1 + i)^n$. Assim, $ 1.000 no ano zero é equivalente a $ 1.123,60 em dois anos com juros de 6%.

O conceito de *valor presente* fornece um mecanismo para a conversão de custos futuros em valores presentes e, portanto, serve como uma base comum para comparação de custos que ocorrem em diferentes momentos da vida de um projeto de transporte. A expressão geral para o cálculo do valor presente de um valor futuro é

$$VP = \sum_{n=1}^{N} \frac{C_n}{(1+i)^n} \tag{5.7}$$

em que

C_n = custos incorridos pelo projeto no ano n. Estes podem estar relacionados com a infraestrutura, como a construção, a manutenção e os custos operacionais, ou a usuários, tais como o tempo de viagem ou os custos de acidentes

N = vida útil da infraestrutura (anos)

i = taxa de juros expressa em decimais

Exemplo 5.12

Avaliação das alternativas de corredores de caminhões

Uma autoridade portuária em uma grande região urbana está considerando métodos para melhorar o acesso à suas instalações portuária e de terminais. Um elemento do projeto inclui a separação do tráfego de caminhões do de pedestres e o tráfego local no corredor para garantir a redução no tempo de viagem e nos acidentes. Três alternativas foram propostas:

I: Ampliação da rodovia. Uma vez que a rodovia atual é de duas faixas, aumentando a largura para quatro faixas aumentará a capacidade e reduzirá o tempo de viagem.

II: Instalação de um novo sistema de controle semafórico. Se o direito de passagem não estiver disponível, pode ser possível melhorar o fluxo de tráfego adicionando semáforos e um sistema informatizado de controle de tráfego.

III. Inclusão de faixas de conversão e passarelas para pedestres. As opções incluem faixas separadas para conversão à esquerda e à direita, canteiros para travessia de pedestres e passarelas para pedestres em vários locais de alta demanda.

O custo total de construção de cada alternativa e os custos anuais do tempo de viagem e de manutenção são mostrados na tabela a seguir. Determine qual alternativa tem o custo total mais baixo. Use uma taxa de juros de 6% e uma vida útil de projeto de cinco anos.

Alternativa	Custo de construção	Viagem anual	Manutenção anual
I	1.430.000	42.000	54.000
II	928.000	59.000	74.000
III	765.000	57.000	43.000

Solução

Calcule o valor presente de cada alternativa e escolha aquela com o menor custo. A Equação 5.7 é utilizada para calcular o valor presente:

$$VP = \sum_{n=1}^{N} \frac{C_n}{(1+i)^n}$$

$$VP_1 = 1.430.000 + \sum_{n=1}^{5} \frac{42.000 + 54.000}{(1+0,06)^n}$$

Alternativa I

$VP_I = 1.430.000 + 404.390 = \$ 1.834.390$

Alternativa II

$$VP_{II} = 928.000 + \sum_{n=1}^{5} \frac{59.000 + 74.000}{(1+0,06)^n}$$

$VP_{II} = 928.000 + 560.245 = \$ 1.488.245$

Alternativa III

$$VP_{III} = 765.000 + \sum_{n=1}^{5} \frac{57.000 + 43.000}{(1+0,06)^n}$$

$VP_{III} = 765.000 + 421.240 = \$ 1.186.240$

Resumo do valor presente líquido
Alternativa I $ 1.834.390
Alternativa II $ 1.488.245
Alternativa III $ 1.186.240

A Alternativa III tem o menor valor presente e, assim, é preferível em função do custo.

Os métodos de *avaliação multicritério* são utilizados em muitos estudos de planejamento de transporte porque nem todos os indicadores de eficácia, que são relevantes no processo de decisão, podem ser reduzidos a valores monetários. Quando isso ocorre, há duas abordagens para a avaliação: pontuação e classificação e custo-benefício.

Pontuação e classificação. A cada alternativa é atribuída uma pontuação numérica para cada indicador de eficácia. Os resultados são somados. A alternativa selecionada é aquela com a maior pontuação.

Custo-benefício. Em vez de atribuir um valor numérico para cada indicador de eficácia, os resultados reais podem ser medidos em unidades diferentes. Em vez de convertê-las em um valor numérico equivalente, cada indicador é mostrado em uma matriz de custo-benefício, ou gráfico, para ilustrar como o valor de cada indicador de eficácia se altera em função do custo do projeto.

Exemplo 5.13

Avaliação das alternativas de acesso a um aeroporto utilizando o sistema de pontuação e classificação

A qualidade de acesso a um aeroporto regional tornou-se uma grande preocupação. O Departamento de Transportes, em cooperação com a Autarquia Regional Aeroportuária, está estudando as alternativas para melhorar o serviço. Utilize o sistema de pontuação e classificação e de custo-benefício para avaliar as seguintes alternativas:

I: Uma linha ferroviária de alta velocidade do centro da cidade para o aeroporto;
II: Serviço de ônibus expresso saindo do centro da cidade e de vários complexos de escritórios suburbanos suplementado com um serviço de transporte rápido por vans;
III: Expansão das infraestruturas de estacionamento e aumento da capacidade da rodovia.

O Departamento e a Autoridade Aeroportuária estabeleceram quatro critérios principais de avaliação:

C-1: Tempo médio de viagem entre o perímetro do aeroporto e o terminal (minutos);
C-2: Qualidade do ar (toneladas de monóxido de carbono produzidas);
C-3: Custo da viagem somente de ida ($);
C-4: Custo total do projeto ($ milhões).

Um estudo de planejamento foi realizado e os resultados de cada alternativa são:

Alternativa/critério	C-1	C-2	C-3	C-4
	Tempo	CO_2	Viagem $	Projeto ($ milhões)
I	12	230	10	26
II	17	360	11	11
III	22	420	22	14

Os seguintes valores foram atribuídos a cada critério:

Critério	Valor
1	30
2	10
3	20
4	40

A pontuação por critérios é calculada para cada alternativa, atribuindo o valor de pontuação máximo àquele com melhor desempenho e um valor proporcional àqueles com desempenho mais baixo. Assim, para o critério 1, à alternativa I são atribuídos 30 pontos; à alternativa II: 12/17(30) = 21,1 pontos; e à alternativa III: 12/22(30) = 16,4 pontos. Os resultados para cada critério são mostrados na tabela a seguir.

Alternativa/critério	C-1	C-2	C-3	C-4	Pontuação total
I	30,0	10,0	20,0	16,9	76,9
II	21,1	6,4	18,2	40,0	85,7
III	16,4	5,5	9,1	31,4	62,4

Com base nesta avaliação, os serviços melhorados de ônibus expresso e de transporte rápido por vans (alternativa II) são preferíveis.

Quando uma matriz de custo-benefício é utilizada, os valores reais para cada combinação de alternativa/critério são fornecidos para o tomador de decisão. Neste exemplo, os dados são fornecidos no enunciado do problema.

A alternativa de baixo custo (II) seria comparada com as de maior custo (I, III) para determinar o benefício resultante da escolha de um plano de custo mais alto. Claramente, a alternativa III é inaceitável, pois é mais cara do que a II e resulta em maior tempo e custos de viagem, bem como em poluição. A alternativa I é mais cara do que a II, mas reduz o tempo e os custos de viagem, bem como as emissões de CO_2.

Resumo

Este capítulo descreveu como o processo de planejamento de transporte é utilizado para desenvolver uma estratégia a fim de atender às necessidades de viagens futuras. O processo é aplicável a todas as modalidades, pois segue uma abordagem sistemática e racional que inclui a definição do problema, a identificação de alternativas, a análise de desempenho, a comparação das alternativas e a escolha.

Para realizar o processo, é necessário obter informações apropriadas que forneçam uma base para o estudo, auxiliem na definição do problema e sugiram métodos adequados para a previsão de demanda futura. Os requisitos das informações incluem os inventários de infraestrutura, os padrões de viagens e os estudos de tráfego, como os volumes de tráfego e estacionamento.

A previsão de demanda futura de viagem pode ser tão simples como seguir uma linha de tendência, ou tão complexa como o processo de quatro etapas de geração de viagens, distribuição de viagens, divisão modal e a alocação. Vários modelos matemáticos estão incorporados em cada etapa, cuja precisão depende da qualidade das informações coletadas.

Muitas alternativas serão consideradas no processo de planejamento. A conveniência de cada uma delas será determinada na fase de avaliação, cujo objetivo é fornecer informações para os tomadores de decisão escolherem um projeto. A avaliação pode ser baseada em um critério econômico, uma classificação numérica de fatores econômicos e não econômicos, ou um conjunto de relações de custo-benefício para cada critério. Assim, o processo de planejamento é uma abordagem racional para a tomada de decisão sobre transporte e uma ferramenta útil para auxiliar na escolha entre as alternativas disponíveis. Seu sucesso está diretamente relacionado com o volume de informações úteis e relevantes geradas que resulte em uma decisão bem fundamentada.

Problemas

5.1 Quais são os elementos de planejamento de transporte e de programação, e como o processo varia entre as modalidades?

5.2 Qual elemento fundamental do processo de planejamento de transporte é necessário para validar uma visão do futuro?

5.3 Explique como as leis e os decretos influenciam o processo de planejamento de transporte.

5.4 O Sistema Interestadual de Rodovias dos Estados Unidos, sancionado pelo Congresso em 1956, foi talvez um dos sistemas mais abrangentes planejados na história dos Estados Unidos. Forneça três exemplos de resultados de planejamento bem-sucedidos e malsucedidos desse projeto.

5.5 Como o planejamento de rodovias difere do de ferrovias?

5.6 Quais são as agências responsáveis pelo planejamento de aeroportos? Como o transporte aéreo difere de outras modalidades, como, por exemplo, ferroviária ou veículos automotores?

5.7 Quais foram as seis áreas de políticas públicas prioritárias para o sistema de transporte do país no início da década de 1990? Consulte o site do Departamento de Transportes dos EUA (www.dot.gov) para determinar como as prioridades mudaram no século XXI.

5.8 Defina os seguintes termos: *coleta, entrega, distribuição*. Explique como eles são utilizados, descrevendo as modalidades escolhidas em uma viagem entre o centro de Washington, D.C., e o subúrbio de Los Angeles.

5.9 Relacione cinco variáveis de serviço que podem ser medidas quando se avalia a competitividade de uma modalidade de transporte. Cite três exemplos de características difíceis de medir, mas que podem afetar uma decisão sobre qual modalidade utilizar.

5.10 Sob quais circunstâncias um passageiro escolheria a seguinte modalidade: automóvel, avião, trem, ônibus ou balsa?

5.11 Sob quais circunstâncias uma transportadora escolheria a seguinte modalidade: caminhão, trem, navio, avião ou oleoduto?

5.12 Qual é o significado de uma viagem "cativa"? Ilustre sua resposta com referência ao transporte de passageiros e de carga.

5.13 Qual é o significado da utilidade de uma modalidade de transporte? Quais fatores afetarão a percepção do usuário da utilidade de uma determinada modalidade?

5.14 A função de utilidade para escolher uma modalidade de carga para o transporte de computadores é

$$U = -(0,03C + 0,15T)$$

em que C é o custo ($/unidade de computador) e T é o tempo total de viagem porta a porta (horas). O volume semanal de mercadorias transportadas entre a fábrica e um grande centro de distribuição é de 25 mil unidades. Existem três modalidades possíveis disponíveis para a transportadora: caminhão, trem e avião. O custo e o tempo de viagem para o transporte por cada modalidade são:

Caminhão	$ 10/unidade	8 horas
Trem	$ 6/unidade	17 horas
Avião	$ 18/unidade	5 horas

Quantos computadores serão transportados por cada modalidade com base nas seguintes hipóteses?

(a) Todo o tráfego utiliza a modalidade com maior utilidade;
(b) O tráfego é proporcional ao valor da utilidade;
(c) O tráfego é repartido com base no modelo logit.

5.15 O que significa oferta e demanda quando aplicadas ao transporte?

5.16 Um táxi trabalha tanto nos horários de pico como fora deles em uma grande cidade. Os custos operacionais do veículo são de $ 20/h e os custos do operador são de $ 40/h, incluindo a mão de obra e os benefícios indiretos. Durante os períodos do meio do dia, quando o tráfego está leve, uma viagem típica leva 10 minutos, ao passo que durante os períodos de *rush*, o tempo de viagem aumenta 30 minutos. Que tarifa deve ser cobrada durante o pico e no horário fora do pico se a empresa obtém um lucro de 10% sobre cada viagem?

5.17 Qual é o significado de *equilíbrio* e quais fatores o influenciam no contexto de transporte?

5.18 Uma ponte com pedágio atende a um volume de 5 mil veículos por dia quando o pedágio é de $ 1,50/veículo. Estima-se que, quando o valor é aumentado em 25 centavos, o tráfego na ponte diminui 10% em relação ao volume atual. Qual valor de pedágio deve ser cobrado se o objetivo for maximizar a receita arrecadada dos motoristas? Qual receita será gerada e qual é o volume de tráfego? Quanto de receita adicional seria gerado com essa política de pedágio?

5.19 A elasticidade da demanda para viagens de ônibus em faixa expressa de uma grande cidade é de 0,33. Qual será o efeito sobre a demanda de viagens e a receita se as tarifas fossem aumentadas de $ 1,25 para $ 1,50, considerando a demanda atual de 6 mil passageiros por dia?

5.20 Descreva a finalidade e a função dos seguintes estudos de planejamento de transporte: abrangentes de longo prazo, dos investimentos principais, de corredores, do centro principal de atividade, de acesso e impacto do tráfego e de gestão de transporte.

5.21 Quais são os problemas ambientais mais importantes enfrentados pelos planejadores de aeroportos? Descreva as abordagens para esses problemas.

5.22 Quais são as etapas do processo de planejamento de transporte?

5.23 Relacione cinco itens de inventário que seriam incluídos em um estudo de planejamento aeroportuário.

5.24 Os dados de origem-destino coletados do tráfego de caminhões entre quatro terminais regionais são apresentados na tabela a seguir, em milhares de caminhões/semana. Determine (a) o número de viagens de caminhão gerado em cada terminal e (b) o volume de tráfego entre os terminais.

De/Para	A	B	C	D
A	0	52	75	41
B	25	0	64	26
C	126	79	0	95
D	65	31	47	0

5.25 Se o volume de tráfego em uma rodovia de duas faixas for de 6.500 veículos/dia e aumentar à taxa de 4%/ano, utilizando o método da taxa de crescimento constante, em quantos anos o volume de tráfego chegaria a 10 mil veículos por dia?

5.26 Descreva o processo de previsão de quatro etapas utilizado no planejamento de transporte.

5.27 Um aeroporto regional gera 8 mil chegadas e partidas de passageiros por dia e atende a quatro centros de emprego em um raio de 300 km. O nível de emprego e o tempo de viagem para cada local são mostrados na tabela a seguir. Utilize o modelo gravitacional (Equação 5.5) para determinar quantos passageiros viajam para cada centro de emprego por dia.

Centro	Emprego	Tempo de viagem (minutos)
A	2.500	150
B	1.500	75
C	1.000	45
D	1.750	90

5.28 Quais são os seis conceitos que se relacionam com o resultado de uma avaliação do transporte?

5.29 Três alternativas de transporte foram propostas para um programa de melhoria de segurança ferroviária:

I   Passagem em desnível;
II Controle de sinal;
III Sistemas de advertência avançados.

O custo de cada alternativa é apresentado na tabela abaixo. Determine qual alternativa é a de menor custo total. Utilize uma taxa de juros de 8% e uma vida útil de projeto de 5 anos.

Alternativa	Custo inicial	Custo operacional anual
I	$ 550.500	$ 39.000
II	$ 454.000	$ 43.000
III	$ 440.850	$ 57.000

5.30 Outro grupo de acionistas está avaliando o problema de acesso ao aeroporto descrito no Exemplo 5.12. Os acionistas examinaram os critérios para a escolha do projeto e concordaram com os seguintes fatores de ponderação. Utilizando esta informação revisada, determine a pontuação ponderada para cada alternativa.

Critério	Valor	Critério	Valor
1	20	3	30
2	20	4	30

Alternativa/critério	C-1 Tempo	C-2 CO_2	C-3 Viagens $	C-4 Projeto $
I	12	230	10	26
II	17	360	11	11
III	22	420	22	14

Referências

DE NEUFVILLE, Richard; ODONI, Amedeo. *Airport systems*: planning, design and management. [s.l.]: McGraw-Hill Professional, 2002.

INSTITUTE OF TRANSPORTATION ENGINEERS. *Transportation planning handbook*, 2. ed., Washington, D.C., 1999.

_____. *Trip generation*, 7. ed., Washington, D.C., 2003.

MEYER, Michael B.; MILLER, Eric J. *Urban transportation planning*. [s.l.]: McGraw-Hill, 2000.

ORTUZAR, Juan de Dios; WILLUNSEN, Louis G. *Modelling transport*. [s.l.]: John Wiley and Sons, 2001.

WELLS, Alexander T.; YOUNG, Seth. *Airport planning and management*. [s.l.]: McGraw-Hill Professional, 2003.

Projeto geométrico das vias de transporte

CAPÍTULO 6

Este capítulo aborda o projeto geométrico das vias de transporte das modalidades rodoviária, aeroviária e ferroviária. O material inclui o projeto geométrico de rodovias para a modalidade rodoviária, da via férrea para a ferroviária, e das pistas de pouso e decolagem e de rolamento para a modalidade aeroviária. Em cada caso, as características dos usuários, dos veículos e das vias discutidas no Capítulo 3 são utilizadas para harmonizar os diversos elementos da via. Por exemplo, a distância mínima de visibilidade exigida para uma rodovia é utilizada para definir o comprimento mínimo de uma curva vertical. Da mesma forma, para a modalidade aeroviária, o grupo de aeronaves de projeto para o qual o aeroporto está sendo projetado é utilizado para definir os padrões de dimensionamento das pistas de pouso e decolagem e de rolamento do aeroporto. E, para a modalidade ferroviária, os comprimentos das curvas verticais dependem do tipo de serviço esperado que a via transportará.

Classificação das vias de transporte

O projeto de qualquer infraestrutura viária de transporte é baseado em como ela é classificada, cujas bases diferem de uma modalidade para outra, mas o princípio básico utilizado é que as infraestruturas viárias de transporte devem ser agrupadas de acordo com suas respectivas funções em termos das características do serviço que estão oferecendo. Por exemplo, o sistema de classificação utilizado para a modalidade rodoviária facilita o desenvolvimento sistemático do sistema rodoviário e a atribuição lógica de responsabilidades entre diferentes jurisdições.

Sistema de classificação de rodovias e de vias urbanas

A Associação Americana dos Órgãos Rodoviários e de Transporte (American Association of State Highway and Transportation Officials – AASHTO) desenvolveu o sistema de classificação utilizado para rodovias. Estas classificações são fornecidas no manual *A policy on geometric design of highways and streets* publicado pela AASHTO e referenciadas como *classificação funcional de rodovias*. Primeiro, as vias são classificadas como urbanas ou rurais, dependendo das áreas onde estão localizadas. As urbanas são aquelas localizadas em áreas designadas como tal pelas autoridades locais, com população de 5 mil habitantes ou mais, embora alguns Estados utilizem outras faixas de valores. Rurais são aquelas localizadas fora das áreas urbanas. Em seguida, as vias são, então, classificadas separadamente para áreas urbanas e rurais nas seguintes categorias:

- arterial principal;
- arterial secundária;
- coletora principal;
- coletora secundária;
- estradas locais e ruas.

As vias expressas, como as rodovias interestaduais, não são classificadas separadamente, pois, em geral, são consideradas arteriais principais. Deve-se notar, contudo, que as vias expressas e as rodovias interestaduais têm critérios geométricos únicos que devem ser considerados durante seu projeto. As Figuras 6.1 e 6.2 apresentam os desenhos esquemáticos das classes funcionais de rodovias suburbanas e rurais.

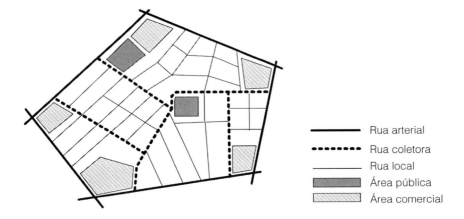

Figura 6.1 – Desenho esquemático das classes funcionais das estradas suburbanas.

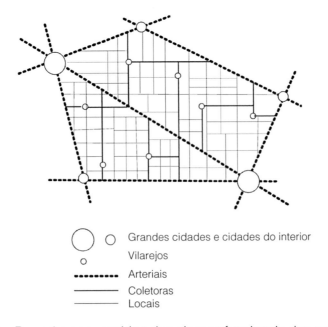

Figura 6.2 – Desenho esquemático das classes funcionais das estradas rurais.

Vias arteriais principais urbanas
Estas atendem aos principais centros de atividades da área urbana e os maiores volumes de tráfego, incluindo a maioria das viagens que começa e termina dentro da área urbana e todas as que se desviam da área central da cidade. Como resultado, transportam a maior proporção de quilômetros percorridos por veículo na área urbana. Esta categoria de via inclui todas as infraestruturas de acesso controlado, embora este não seja necessariamente um requisito para uma rodovia ser incluída nessa categoria. As rodovias dentro desta categoria são divididas nas seguintes subcategorias, com base no tipo de acesso: (i) rodovias interestaduais com controle total de acesso e trevos em desnível; (ii) outras vias expressas; e (iii) outras vias arteriais principais que podem ter controle de acesso parcial ou ser sem controle.

Vias arteriais secundárias urbanas
As vias nesta categoria interligam-se com as arteriais urbanas e as ampliam. Esta categoria inclui todas as vias arteriais que não são classificadas como vias arteriais principais. Elas atendem também às viagens de média distância e fornecem mais acesso ao uso do solo do que as vias arteriais principais. Geralmente não passam por bairros, mas podem ser utilizadas como rotas de ônibus e ligar comunidades dentro de áreas urbanas. As vias arteriais secundárias urbanas geralmente são espaçadas em distâncias não inferiores a 1,5 km em áreas urbanas totalmente desenvolvidas, mas também em distâncias que variam de 3 a 5 km nos limites das áreas suburbanas e 0,15 km nas centrais.

Ruas coletoras urbanas
Estas coletam o tráfego das ruas locais e o transportam para o sistema arterial. Portanto, essas ruas normalmente passam por áreas residenciais e dão apoio à circulação do tráfego dentro das áreas residenciais, comerciais e industriais.

Ruas locais urbanas
As ruas dentro da área urbana que não estão incluídas em nenhum dos sistemas descritos anteriormente são consideradas nesta categoria. Elas fornecem acesso a áreas lindeiras e às ruas coletoras, mas o tráfego de passagem nelas é deliberadamente desencorajado.

Vias arteriais principais rurais
Estas atendem à maioria das viagens interestaduais e uma porção significativa das intraestaduais, e, ainda, a viagens entre a maioria das áreas urbanas com população superior a 50 mil habitantes e um grande número de viagens entre as áreas urbanas com população de mais de 25 mil habitantes. Além disso, também são classificadas como (i) vias expressas ou rodovias interestaduais (que são rodovias de pistas duplas com controle total de acesso e sem interseções em nível); e (ii) outras vias arteriais principais, consistindo de todas as vias arteriais principais não classificadas como vias expressas.

Vias arteriais secundárias rurais
Esta categoria dá apoio às vias arteriais principais rurais para formar um sistema que liga as cidades, grandes cidades e outros geradores de tráfego, como *resorts*. O espaçamento entre elas normalmente depende da densidade populacional, de forma que um acesso razoável ao sistema arterial seja fornecido de todas as áreas desenvolvidas. As velocidades nessas vias são normalmente semelhantes às das arteriais principais e devem ser definidas de forma que evitem interferências significativas com o tráfego de passagem.

Estradas coletoras principais rurais

Estas geralmente atendem a viagens que possuem distâncias mais curtas do que as arteriais, pois transportam principalmente o tráfego que se origina ou termina na sede do condado[1] ou em grandes cidades que não estão nas rotas arteriais. Também atendem outros geradores de tráfego, como escolas, pontos de embarque de cargas, parques municipais e importantes áreas agrícolas e de mineração. Em geral, as estradas coletoras principais tendem a ligar os locais que atendem às pequenas e grandes cidades e às vias de classificação superior próximas.

Estradas coletoras secundárias rurais

Este sistema é composto de vias que coletam o tráfego das estradas locais e o transferem para outras infraestruturas que disponibilizam acesso razoável às estradas coletoras a partir de todas as áreas desenvolvidas. Uma função importante dessas estradas é que elas fornecem uma ligação entre o meio rural e importantes geradores locais de tráfego, como pequenas comunidades.

Estradas locais rurais

Todas as estradas rurais que não estão classificadas dentro de alguma das classificações anteriores formam este sistema rodoviário. As estradas desta categoria geralmente conectam áreas próximas com as ruas coletoras e atendem a viagens com distâncias relativamente menores do que aquelas atendidas pelas estradas coletoras rurais.

Classificação das pistas de pouso e decolagem de aeroportos

Em geral, pistas de pouso e decolagem de aeroportos podem ser classificadas em três grupos principais:

(i) principais;
(ii) para vento cruzado;
(iii) paralelas.

As Figuras 6.3a e 6.3b mostram um desenho esquemático de orientação relativa das diferentes pistas.

Pistas de pouso e decolagem principais

Estas servem como infraestruturas principais de decolagem e pouso dos aeroportos. Seus comprimentos são baseados na família de aeronaves com características de desempenho semelhantes que devem utilizar o aeroporto ou em uma aeronave específica que necessita de pista mais longa. O comprimento é baseado em uma família de aeronaves quando o peso bruto máximo de cada aeronave que se espera venha a utilizar o aeroporto seja igual ou inferior a 272.000 N, e em uma aeronave específica quando seu peso bruto máximo seja superior a 272.000 N. A orientação mais desejável para essas pistas é aquela com a maior cobertura de vento e componente de vento cruzado mínimo – este é o componente de velocidade do vento perpendicular à direção da pista. Os valores máximos para os componentes de vento cruzado são 10,5 nós para os Airport Reference Codes (ARCs) – Códigos de referência de aeroporto – de A-1 e B-1; 13 nós para os ARCs de A-II e B-II; 16 nós para os ARCs A-III, B-III e de C-I a D-III; e 20 nós para os ARCs de A-IV a D-VI (consulte o Capítulo 3 para a definição de

---

[1] Condado é o termo utilizado nos Estados Unidos para comarca ou município.(NRT)

ARC). A cobertura de vento é a porcentagem de tempo em que as componentes de vento cruzado estão abaixo do nível aceitável. A cobertura desejável para um aeroporto é de 95%.

Pistas de pouso e decolagem para vento cruzado

Estas são orientadas em um ângulo em relação à pista de pouso e decolagem principal e disponibilizadas como um acréscimo à esta última para obter a cobertura de vento desejável no aeroporto.

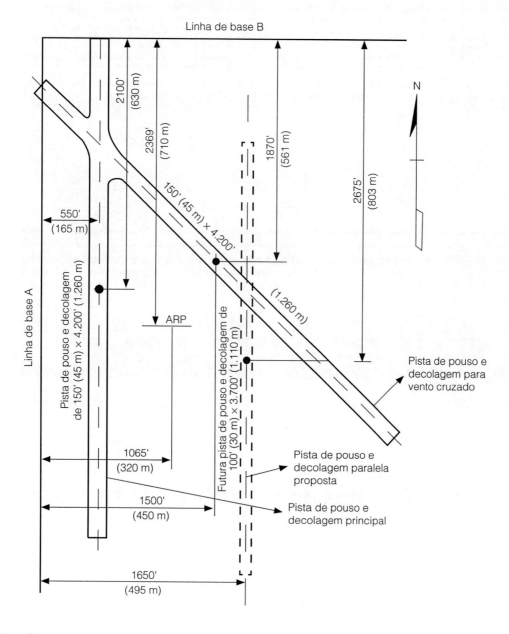

Figura 6.3a – Desenho esquemático das diferentes classes de pistas de pouso e decolagem de aeroporto.

Fonte: *Advisory Circular AC 150/5300-13*. Federal Aviation Administration, Department of Transportation, Washington, D.C. (Incorporação das alterações de 1 a 8), setembro de 2004.

Pistas de pouso e decolagem paralelas

Estas são construídas em paralelo à pista principal para ampliar a capacidade caso o volume ultrapasse sua capacidade operacional. Quando regras de voo visual (*visual flight rules* – VFRs) são utilizadas para pousos e decolagens simultâneos em pistas paralelas, a distância entre seus eixos não deve ser inferior a 210 m. No entanto, para os grupos de aeronaves V e VI, os eixos devem estar a, pelo menos, 750 m de distância (consulte o Capítulo 3 para a definição dos grupos de aeronaves). Deve-se também considerar o aumento dessas distâncias para acomodar práticas de controle de tráfego aéreo, como retenção de aviões entre as pistas de pouso e decolagem. As distâncias mínimas de separação entre os eixos das pistas principais e de rolamento e as áreas de estacionamento de aeronaves também são especificadas como mostrado nas Tabelas 6.1 e 6.2.

Figura 6.3b – Layout do Aeroporto Internacional de Washington-Dulles (foto de satélite).

Fonte: Terra Server-USA e U.S. Geological Survey.

Classificação das pistas de rolamento de aeroportos

Estas fornecem acesso aos páteos, áreas terminais e hangares de serviço a partir das pistas de pouso e decolagem. Estão localizadas de forma que se previnam conflitos entre uma aeronave que acaba de pousar e outra que está taxiando para decolar. O sistema de pista de rolamento em um aeroporto pode se tornar o fator operacional limitante conforme o tráfego da pista de pouso e decolagem aumenta. As pistas de rolamento de um aeroporto podem ser classificadas geralmente nos seguintes grupos:

(i) pistas de rolamento paralelas;
(ii) entradas de pista;

(iii) pistas de rolamento de desvio;
(iv) saídas de pista;
(v) pistas de rolamento de páteos e faixas de rolamento.

Tabela 6.1 – Padrões de separação de pistas de pouso e decolagem para aproximação de aeronaves das categorias A e B.

Item	Grupo de aeronaves				
	I[a]	I	II	III	IV
Pistas de pouso e decolagem visuais e pistas com visibilidade mínima de aproximação não inferior a 3/4 de milha terrestre (1.200 m).					
Eixo da pista/faixa de rolamento[b]	150 pés 45 m	225 pés 67,5 m	240 pés 72 m	300 pés 90 m	400 pés 120 m
Área de estacionamento de aeronaves	125 pés 37,5 m	200 pés 60 m	250 pés 75 m	400 pés 120 m	500 pés 150 m
Eixo da pista/faixa de rolamento[b]	200 pés 60 m	250 pés 75 m	300 pés 90 m	350 pés 105 m	400 pés 120 m
Área de estacionamento de aeronaves	400 pés 120 m	400 pés 120 m	400 pés 120 m	400 pés 120 m	500 pés 150 m

[a] Estes padrões referem-se exclusivamente às infraestruturas para aviões pequenos.

[b] Os padrões de separação do eixo da pista/faixa de rolamento são ao nível do mar. Em altitudes mais elevadas, um aumento dessas distâncias de separação pode ser necessário para manter as aeronaves que estão taxiando e aquelas em espera longe da área livre de objetos (*object-free zone* – OFZ).

Fonte: Adaptado de *Airport Design: Advisory Circular AC 150/5300-13*. Federal Aviation Administration, Department of Transportation, Washington, D.C. (Incorporação das alterações 1 a 8), setembro de 2004.

Tabela 6.2 – Padrões de separação de pistas de pouso e decolagem para aproximação de aeronaves das categorias C e D.

Item		Grupo de aeronaves					
		I	II	III	IV	V	VI
Pistas de pouso e decolagem visuais e pistas com visibilidade mínima de aproximação não inferior a 3/4 de milha terrestre (1.200 m).							
Eixo da pista de pouso e decolagem para:							
Eixo da pista/faixa de rolamento[a]	G	300 pés 90 m	300 pés 90 m	400 pés 120 m	400 pés 120 m	3[b] 3[b]	600 pés 180 m
Área de estacionamento de aeronaves		400 pés 120 m	400 pés 120 m	500 pés 150 m	500 pés 150 m	500 pés 150 m	500 pés 150 m
Eixo da pista/faixa de rolamento[a]	D	400 pés 120 m	400 pés 120 m	400 pés 120 m	400 pés 120 m	3[b] 3[b]	600 pés 180 m
Área de estacionamento de aeronaves	G	500 pés 150 m	500 pés 150 m	500 pés 150 m	500 pés 150 m	500 pés 150 m	500 pés 150 m

[a] Os padrões de separação do eixo da pista/faixa de rolamento são ao nível do mar. Em altitudes mais elevadas, um aumento dessas distâncias de separação pode ser necessário para manter as aeronaves que estão taxiando e aquelas em espera longe da área livre de objetos.

[b] Para o grupo V, o padrão de distância de separação entre o eixo da pista de pouso e decolagem e o da pista de rolamento paralela é de 400 pés (120 m) para aeroportos com altitudes de até 1.345 pés (410 m); 450 pés (135 m) para aeroportos com altitudes entre 1.345 pés (410 m) e 6.560 pés (2.000 m); e 500 pés (150 m) para aeroportos com altitudes superiores a 6.560 pés (2.000 m).

Fonte: Adaptado de *Airport Design: Advisory Circular AC 150/5300-13*. Federal Aviation Administration, Department of Transportation, Washington, D.C. (Incorporação das alterações 1 a 8), setembro de 2004.

Pistas de rolamento paralelas

Estendem-se em paralelo às pistas de pouso e decolagem principais e proporcionam acesso às áreas terminais. Devem ser respeitadas as distâncias mínimas indicadas na Tabela 6.3 para este tipo de pista.

Tabela 6.3 – Padrões de separação da pista e da faixa de rolamento.

Item	Grupo de aeronaves					
	I	II	III	IV	V	VI
Eixo da pista de rolamento para:						
Eixo da pista/faixa de rolamento paralela	69 pés 21 m	105 pés 32 m	152 pés 46,5 m	215 pés 65,5 m	267 pés 81 m	324 pés 99 m
Objeto fixo ou móvel[a,b]	44,5 pés 13,5 m	65,5 pés 20 m	93 pés 28,5 m	129,5 pés 39,5 m	160 pés 48,5 m	193 pés 59 m
Eixo da faixa de rolamento para:						
Eixo da faixa de rolamento paralela	64 pés 195 m	97 pés 29,5 m	140 pés 42,5 m	198 pés 60 m	245 pés 74,5 m	298 pés 91 m
Objeto fixo ou móvel[a,b]	39,5 pés 12 m	57,5 pés 17,5 m	81 pés 24,5 m	112,5 pés 34 m	138 pés 42 m	167 pés 51 m

[a] Este valor também se aplica à margem de vias de serviço e de manutenção.
[b] Deve-se considerar o impacto do jato do motor da aeronave nos objetos localizados perto das interseções da pista de pouso e decolagem/pista de rolamento/faixa de rolamento.

Observação:
Os valores obtidos a partir das seguintes equações podem ser utilizados para mostrar que uma modificação dos padrões proporcionará um nível aceitável de segurança.

O eixo da pista de rolamento até o eixo da pista/faixa de rolamento paralela é igual a 1,2 vez a envergadura da aeronave mais 10 pés (3 m).
O eixo da pista de rolamento ao objeto fixo ou móvel é igual a 0,7 vez a envergadura da aeronave mais 10 pés (3 m).
O eixo da faixa de rolamento até o eixo da faixa de rolamento paralela é igual a 1,1 vez a envergadura da aeronave mais 10 pés (3 m).
O eixo da faixa de rolamento ao objeto fixo ou móvel é igual a 0,6 vez a envergadura da aeronave mais 10 pés (3 m).

Fonte: Adaptado de *Airport Design: Advisory Circular AC 150/5300-13*. Federal Aviation Administration, Department of Transportation, Washington, D.C. (Incorporação das alterações 1 a 8), setembro de 2004.

Entradas de pista

Proporcionam acesso direto à pista de pouso e decolagem. São geralmente em forma de L e têm uma conexão em ângulo reto com as pistas de pouso e decolagem. As entradas de pista que atendem às pistas de pouso e decolagem bidirecionais também servem como saídas para estas últimas.

Pistas de rolamento de desvio

Estas fornecem a flexibilidade que muitas vezes é necessária em aeroportos muito movimentados para deslocar as aeronaves que estão prontas para partir para as pistas de decolagem desejadas. Isso geralmente ocorre em aeroportos muito movimentados quando uma aeronave à frente, que não está pronta para decolar, bloqueia a pista de rolamento de acesso. A pista de rolamento de desvio pode, então, ser utilizada para se desviar do bloqueio. Essas pistas, portanto, facilitam a evolução do fluxo de tráfego das aeronaves que irão decolar.

Saídas de pista

São utilizadas pelas aeronaves para sair das pistas de pouso e decolagem. Elas podem ser em ângulo reto ou agudo. As saídas em ângulo agudo, comumente denominadas saídas rápidas de pista, permitem que as aeronaves que aterrissam saiam da pista em velocidades superiores às de saídas em ângulo reto. A Federal Aviation Administration sugere que, quando o total de pousos e decolagens durante a hora de pico for inferior a 30, as saídas de pista em ângulo reto atingirão um fluxo eficiente de tráfego.

Pistas de rolamento de pátio e faixas de rolamento

Fornecem rotas de rolamento no pátio para uma posição de estacionamento junto aos portões do terminal de passageiros ou para outras áreas terminais. Faixas de rolamento geralmente fornecem acesso às posições de estacionamento de aeronaves e para outros terminais a partir das pistas de rolamento da pátio. As pistas de rolamento de pátio podem estar localizadas dentro ou fora da área de movimento deste, mas as faixas de rolamento só podem estar localizadas fora dessa área. O eixo de uma faixa ou pista de rolamento de pátio que está localizada na borda do páteo deve estar do lado de dentro da sua borda em uma vez e meia a largura do pavimento estrutural da pista de rolamento.

Classificação das vias férreas

As vias férreas são agrupadas nas seguintes categorias gerais principais:

(i) vias de transporte público de veículos leves sobre trilhos;
(ii) vias de transporte público ferroviário urbano;
(iii) vias de carga e intermunicipais de passageiros;
(iv) vias de alta velocidade.

Além dos quatro grupos principais, estas vias também são agrupadas nas seguintes categorias secundárias:

(i) vias principais;
(ii) vias secundárias;
(iii) vias de pátio e sem receita.

As vias férreas podem ser, primeiramente, classificadas de acordo com as categorias principais e, em seguida, com as categorias secundárias.

Vias de transporte público de veículos leves sobre trilhos

Estas comportam um conjunto de veículos de passageiros movido por energia elétrica obtida a partir de um sistema de distribuição aérea de fios. A potência de propulsão é transmitida por meio de um pantógrafo e retornada para as subestações pelos trilhos. As velocidades de operação deste sistema de transporte público estão geralmente entre 65 e 90 km/h. Embora os materiais utilizados para construir essas vias sejam os mesmos para outros sistemas ferroviários, como, por exemplo, o transporte público ferroviário urbano e as vias de carga e intermunicipais de passageiros, as características geométricas das vias de veículos leves sobre trilhos possuem diferenças sutis em comparação às de outros sistemas ferroviários.

Por exemplo, estas vias muitas vezes possuem curvas horizontais tão acentuadas que chegam a um raio de 82 pés. Isso acontece em função principalmente do tipo de veículo utilizado e da necessidade de que as vias sejam capazes de acomodar a interação com o tráfego de veículos e de pedestres e de transitar sobre as ruas da cidade.

Vias de transporte público ferroviário urbano

Estas transportam veículos que são normalmente tracionados por motores elétricos de corrente contínua sob tensões moderadas. A velocidade dos trens pode alcançar 130 km/h. Exemplos incluem os sistemas Washington Metropolitan Area Transit Authority Rail, Bay Area Rapid Transit e Port Authority Transit Corporation, que liga Filadélfia a Nova Jersey. Geralmente estão localizadas em grandes corredores que transportam grandes volumes de passageiros.

Vias de carga e intermunicipais de passageiros
Ligam cidades e, geralmente, implicam o tráfego ferroviário de longas distâncias composto pela movimentação de passageiros e de carga. As operações nestas linhas geram a maior parte da receita do setor ferroviário com possibilidades de velocidades de operação dos trens superiores a 160 km/h. Elas realizam o serviço ferroviário nacional de passageiros conhecido como Amtrak, além dos serviços de carga. Southern Pacific, Conrail e CSX Corporation são exemplos de serviços de carga que usam estas vias.

Vias de alta velocidade
Estas comportam trens que viajam a velocidades que variam de 145 km/h a 480 km/h, como, por exemplo, a via TGV entre Paris e Lyon, na França. Vários governos estaduais estão planejando sistemas ferroviários de alta velocidade e atualizando as malhas existentes para acomodar esse tipo de trem. Por exemplo, a autarquia portuária do condado de Allegheny, o Departamento de Transportes de Maryland, a Comissão de Trens de Alta Velocidade da Califórnia-Nevada, a Comissão da Via Expressa da Grande Nova Orleans e a Comissão Regional de Geórgia/Atlanta receberam concessões da Federal Railroad Administration (Administração Federal de Ferrovias) para o desenvolvimento de estudos sobre a utilização do transporte terrestre de alta velocidade por levitação magnética (Maglev). Duas abordagens podem ser utilizadas para o projeto destas vias de alta velocidade. A primeira presume que somente trens de passageiros nelas operem e a segunda permite que tanto trens de passageiros como de carga operem. Quando são projetadas apenas para trens de passageiros, rampas relativamente mais altas podem ser permitidas por causa da baixa carga por eixo. A via de alta velocidade entre Paris e Lyon é um exemplo deste tipo de projeto. No entanto, agora é comum essas vias serem projetadas para trens de passageiros e de carga. Os padrões de projeto para essas vias não são fornecidos, pois estão fora do escopo deste livro.

Vias principais
Formam a rede principal de ferrovias e ligam as principais origens e destinos do sistema.

Vias secundárias
São muitas vezes denominadas ramais e incluem vias que ligam a linha principal a uma estação que está fora desta e as que ligam a linha principal com os pátios ferroviários.

Vias de pátio e sem receita
São aquelas que entram nos pátios ferroviários onde os carros são classificados e onde a manutenção e os reparos dos vagões e dos motores das locomotivas são realizados.

Padrões de projeto para as vias de transporte

No projeto da via de qualquer sistema de transporte, o primeiro passo é determinar os padrões adequados que devem ser utilizados especificamente para a infraestrutura que está sendo projetada. Por exemplo, na modalidade rodoviária, primeiro deve-se verificar a classificação da rodovia que está sendo projetada e, em seguida, são determinados os padrões geométricos específicos conforme esta classificação. Da mesma forma, no projeto de uma pista de pouso e decolagem de um aeroporto, o projetista deve saber a classificação da pista (ou seja, principal, paralela ou para vento cruzado) e as aeronaves que vão utilizá-la regularmente. Estes padrões são então utilizados como base para o projeto. Os padrões considerados neste capítulo são aqueles relacionados ao projeto geométrico, e não aqueles relacionados às características de suporte do solo. Os padrões com as características do solo serão abordados no Capítulo 7.

Padrões de projeto para rodovias

Além do volume do projeto especificado, os padrões normalmente são fornecidos para a velocidade de projeto e os elementos das seções transversais, como a largura das faixas, do acostamento, canteiros e rampas. Os padrões também são fornecidos para os acessórios localizados na margem da rodovia, incluindo canteiro central e barreiras, guias e sarjetas e defensas metálicas.

Volume de projeto especificado

É o volume especificado para o projeto, fornecido como volume diário (24 horas) ou horário de projeto (*design hourly volume* – VHP). Quando se trata de volume diário, este é fornecido como *volume diário médio anual* (*average annual daily traffic* – VDMA) ou *volume diário médio* (*average daily traffic* – VDM). O VDMA é a média da contagem de 24 horas coletada todos os dias do ano, enquanto VDM, a média da contagem de 24 horas coletada ao longo de vários dias, não chegando a um ano. Quando o volume de projeto especificado é fornecido como volume horário, geralmente é considerado como uma porcentagem do VDMA ou do VDM esperados. A relação entre os volumes horários de tráfego, como uma porcentagem do VDM nas rodovias rurais, e o número de horas em um ano com volumes mais elevados é mostrada na Figura 6.4. Os dados coletados de acordo com as contagens de tráfego nas rodovias com ampla gama de volumes e localizações geográficas foram utilizados para desenvolver esta relação. Observe que essas curvas têm uma característica única: entre 0 e 25 horas com maiores volumes, um aumento significativo no percentual do VDM é observado para um pequeno aumento no número de horas. No entanto, apenas uma leve redução no percentual do VDM é observada para as alterações no número

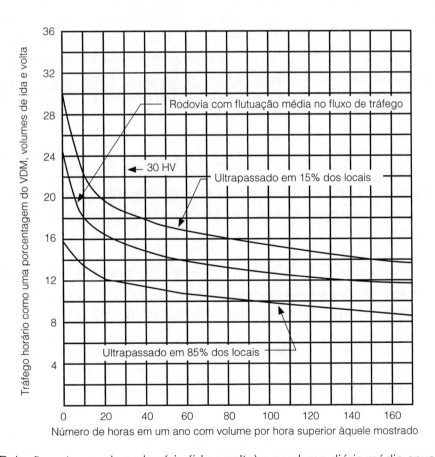

Figura 6.4 – Relação entre o volume horário (ida e volta) e o volume diário médio anual em rodovias rurais.

Fonte: *A policy on geometric design of highways and streets*. Washington, D.C.: American Association of State Highway and Transportation Officials, 2004. Usado com permissão.

de horas à direita da 30ª hora com maior volume. Assim, concluiu-se que não é econômico escolher um volume horário de projeto que será ultrapassado durante menos de 30 horas no ano. O volume da trigésima hora é, portanto, normalmente escolhido como o volume horário de projeto. A experiência também tem demonstrado que existe uma variação muito pequena de ano para ano na porcentagem do VDM, representado pelo volume da trigésima hora, mesmo quando são observadas alterações significativas no VDM.

O volume da trigésima hora das rodovias rurais é geralmente entre 12% e 18% do VDM, sendo 15% o valor médio. Deve-se, no entanto, tomar o devido cuidado ao utilizar o volume da trigésima hora nas rodovias com flutuação sazonal incomum ou alta no fluxo de tráfego. É provável que nessas rodovias uma porcentagem elevada de horas com alto volume e uma baixa porcentagem de horas com baixo volume possam ocorrer como resultado da flutuação sazonal, sendo possível mesmo que a porcentagem do volume médio diário anual, representado pela trigésima hora, possa não ser significativamente diferente daquelas na maioria das rodovias rurais. Em tais condições, o volume da trigésima hora pode ser tão elevado que impossibilite, economicamente, seu uso como volume horário de projeto. Ao mesmo tempo, porém, o volume horário de projeto escolhido não deve ser tão baixo que resulte em forte congestionamento durante o horário de pico. Um compromisso geralmente é assumido nestes casos, escolhendo-se um volume horário de projeto que não resultará num grave congestionamento durante o horário de pico, mas na operação de tráfego a um nível de serviço inferior em comparação com o que existe normalmente nas rodovias rurais com flutuações normais. Uma alternativa sugerida seria utilizar 50% da média de alguns volumes horários mais altos esperados no ano do projeto.

O volume da trigésima hora também pode ser utilizado como volume horário de projeto para vias urbanas. No entanto, há apenas uma pequena variação entre o 30º e o 200º maior volume, pois os fluxos da manhã e após o horário de pico são semelhantes nas áreas urbanas durante o ano. Nessas estradas, o volume da trigésima hora está geralmente entre 8% e 12% do VDM. Um método alternativo utilizado para determinar um volume horário de projeto apropriado para as vias urbanas é calcular a média dos maiores volumes da tarde para cada uma das 52 semanas do ano. Quando há altas variações sazonais em uma via urbana, pode ser necessário avaliar volumes específicos de tráfego adequados para a rodovia a fim de determinar o volume horário de projeto.

Velocidade de projeto

Velocidade de projeto de uma rodovia é aquela em que se baseiam as diferentes características da rodovia. Os fatores comumente utilizados para orientar a escolha de uma velocidade de projeto adequada para uma rodovia são a classificação funcional, a topografia da área em que a rodovia está localizada e o uso do solo da área adjacente. Para esta finalidade, a topografia de uma rodovia em geral é classificada como um de três grupos: em nível, ondulado ou montanhoso.

> ***Terreno em nível*** é utilizado para descrever uma topografia que tem rampas com 2 graus ou menos. Distâncias de visibilidade seguras podem ser facilmente obtidas sem muita terraplanagem. Os caminhões e os carros de passageiros podem atingir velocidades semelhantes nos trechos em rampa.

> ***Terreno ondulado*** representa uma topografia em que as inclinações naturais geralmente variam para baixo e para cima do nível da rodovia. Em áreas com esta topografia, rampas íngremes às vezes são encontradas. A velocidade dos caminhões é reduzida se comparada à dos carros de passageiros em alguns trechos em rampas, apesar de não chegar a uma velocidade de arrasto.

> ***Terreno montanhoso*** representa uma topografia com grandes rampas e mudanças bruscas nas elevações longitudinais e transversais em relação à estrada. A terraplanagem extensiva é normalmente necessária para obter as distâncias mínimas de visibilidade, e as velocidades de caminhões em trechos com rampas são

reduzidas significativamente em comparação às de carros de passageiros. Os caminhões também podem operar a velocidades de rastejo em algumas rampas.

É importante que uma velocidade de projeto adequada seja escolhida para cada rodovia. As rodovias não devem ser construídas com padrões definidos para alta velocidade quando as máximas de operação, como as indicadas pelos limites legais de velocidade, deverão ser muito inferiores. Os motoristas, em geral, ignorarão os limites legais de velocidade e dirigirão em velocidades próximas à de projeto, que também deve ser escolhida para atingir o nível desejado de operação, assegurando simultaneamente um elevado padrão de segurança na rodovia. Muitos dos fatores do projeto de uma estrada dependem de sua velocidade de projeto, o que a torna um dos primeiros parâmetros escolhidos no processo de desenvolvimento.

As velocidades de projeto variam de 30 km/h a 130 km/h, com valores intermediários em intervalos de 5 km/h. As vias expressas são geralmente projetadas para velocidades de 80 km/h a 130 km/h. Recomenda-se que, quando as velocidades de projeto praticadas forem baixas (por exemplo, 80 km/h) nas vias expressas, o limite de velocidade legal deverá ser devidamente indicado e fiscalizado, principalmente durante os horários fora de pico, para garantir a máxima submissão dos motoristas ao limite legal indicado. A experiência também tem mostrado que uma velocidade de projeto de 95 km/h ou superior pode ser utilizada em muitas vias expressas no desenvolvimento de áreas urbanas, sem aumento significativo no custo da via. Uma velocidade de projeto de 110 km/h deve ser utilizada para vias expressas urbanas quando houver alinhamento retilíneo e as localizações dos trevos permitirem. Uma velocidade de projeto de 80-95 km/h, desde que seja consistente com as expectativas dos motoristas, pode ser utilizada para as vias expressas urbanas localizadas em terrenos montanhosos. Uma velocidade de projeto de 110 km/h é recomendada para as vias expressas rurais. As velocidades de projeto para outras vias arteriais, coletoras e locais poderiam ser tão baixas quanto 30 km/h. As tabelas 6.4, 6.5 e 6.6 mostram as velocidades de projeto recomendadas para as diferentes classes de rodovias.

Tabela 6.4 – Velocidades de projeto recomendadas para rodovias arteriais.

Classificação arterial	Tipo de terreno		
	Em nível	Ondulado	Montanhoso
Rural	60-75 milhas por hora	50-60 milhas por hora	40-50 milhas por hora
Urbana	20-45 milhas por hora dependendo da localização (ex.: CBDs)		
Observação: 1 mph – 1 milha/hora – 1,61 km/h			

Fonte: *A policy on geometric design of highways and streets*. Washington, D.C.: American Association of State Highway and Transportation Officials, 2004. Usado com permissão.

Tabela 6.5 – Velocidades de projeto mínimas para rodovias coletoras.

Classificação da rodovia coletora	Tipo de terreno	Velocidade de projeto (mph) para o volume de projeto especificado (veículos/dia)		
		Abaixo de 50	400-2.000	Acima de 2.000
Rural	Em nível	40	50	60
	Ondulado	30	40	50
	Montanhoso	20	30	40
Urbana	Todos	30 mph*		
* Pode ser superior, dependendo da disponibilidade de faixa de domínio, do terreno, da presença de pedestres e assim por diante. Observação: 1 mph – 1 milha/h – 1,61 km/h				

Fonte: *A policy on geometric design of highways and streets*. Washington, D.C.: American Association of State Highway and Transportation Officials, 2004. Usado com permissão.

Tabela 6.6 – Velocidades de projeto mínimas para rodovias locais.

Classificação da rodovia local	Tipo de terreno	Velocidade de projeto (mph) para o volume de projeto especificado (veículos/dia)					
		Abaixo de 50	50-250	250-400	400-1.500	1.500-2.000	2.000 e acima
Rural	Em nível	30	30	40	50	50	50
	Ondulado	20	30	30	40	40	40
	Montanhoso	20	20	20	30	30	30
Urbana	Todos	20-30 milha/h mph*					

* Dependendo da disponibilidade de desenvolvimento adjacente à faixa de domínio e provável presença de pedestres.
Observação: 1 mph – 1 milha/h – 1,61 km/h

Fonte: *A policy on geometric design of highways and streets.* Washington, D.C.: American Association of State Highway and Transportation Officials, 2004. Usado com permissão.

Elementos da seção transversal

Os principais elementos da seção transversal de uma rodovia sem canteiro central são faixas de tráfego e acostamentos. Nas rodovias com canteiro central, são faixas de tráfego, acostamentos e o próprio canteiro. A importância de outros elementos, como, por exemplo, barreiras de concreto, guias, sarjetas, defensas metálicas e calçadas depende do tipo de rodovia que está sendo projetada. Por exemplo, no projeto das rodovias arteriais principais rurais não é importante disponibilizar calçadas, enquanto pode sê-lo no projeto de uma via arterial secundária urbana. As Figuras 6.5 e 6.6 apresentam os elementos da seção transversal de rodovias de pista simples e de rodovias de pista dupla arteriais com canteiro central, respectivamente.

Largura das faixas de tráfego

Esta largura tem um impacto significativo sobre a operação e a segurança da rodovia. Já foi demonstrado que larguras de faixa inferiores a 3,6 m podem reduzir a capacidade da rodovia. Pesquisas também mostraram que os índices de acidentes envolvendo grandes caminhões são mais altos em rodovias de pista simples com larguras de faixa inferiores a 3,3 m do que naquelas com larguras de faixa maiores. As larguras das faixas geralmente variam entre 3 e 3,9 m, sendo 3,6 m a predominante. As faixas de 3 e 3,3 m são, algumas vezes, utilizadas em rodovias de pista simples rurais. Em situações extremas em termos disponibilidade de faixa de domínio em áreas urbanas, faixas de 2,7 m de largura são, por vezes, utilizadas quando o volume de tráfego esperado é baixo.

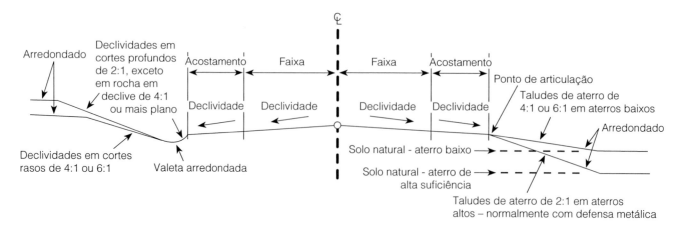

Figura 6.5 – Seção transversal típica de rodovias de duas faixas.

Fonte: Adaptado de *A policy on geometric design of highways and streets.* Washington, D.C.: American Association of State Highway and Transportation Officials, 2004. Usado com permissão.

Largura dos acostamentos

As Figuras 6.5 e 6.6 mostram os elementos de uma rodovia que são designados como acostamentos. Este é um trecho contíguo à faixa de tráfego e tem duas funções principais. Primeiro, o acostamento fornece um local para a parada dos veículos, principalmente durante uma emergência. Segundo, oferece suporte lateral para a estrutura do pavimento. O acostamento é, às vezes, utilizado como uma faixa de tráfego temporária para evitar congestionamento, principalmente quando uma das outras está fechada. Quando os acostamentos são utilizados como faixas de tráfego, deve-se sinalizar de forma apropriada para evitar que sejam usados como local de parada. A largura do acostamento pode ser nivelada ou utilizável, dependendo da parte do acostamento que está sendo considerada. A largura total do acostamento, medida da borda do pavimento até a interseção da declividade do acostamento e a declividade lateral do terreno, é a largura do acostamento nivelada. A largura do acostamento utilizável é a parte do acostamento nivelado que pode ser utilizada pelos veículos parados ao

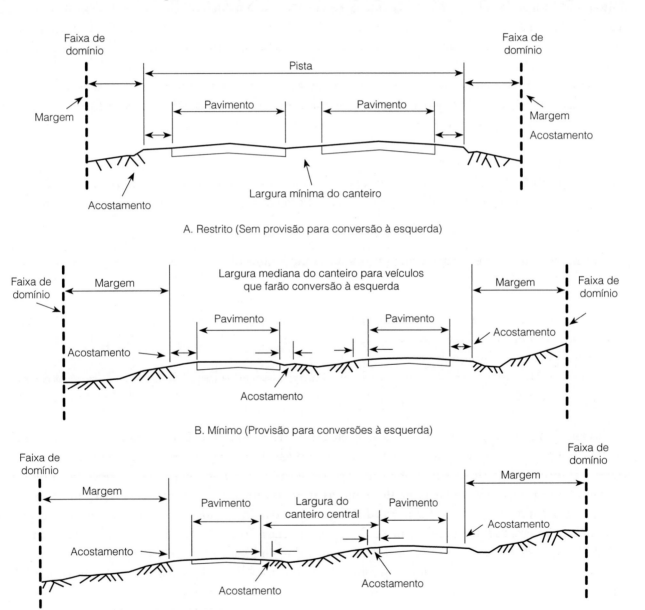

Figura 6.6 – Seção transversal típica e faixa de domínio em rodovias arteriais com canteiro central.

Fonte: *A policy on geometric design of highways and streets*. Washington, D.C.: American Association of State Highway and Transportation Officials, 2004. Usado com permissão.

longo da estrada. Quando a declividade lateral é igual ou mais plana do que 4:1 (horizontal:vertical), a largura do acostamento utilizável é a mesma do acostamento nivelado, porque o intervalo entre o acostamento e a declividade lateral do terreno é geralmente arredondado para uma largura entre 1,2 m e 1,8 m. Este, por sua vez, aumenta a largura utilizável.

A AASHTO recomenda que as larguras utilizáveis dos acostamentos sejam de, pelo menos, 3 m, ou, de preferência, 3,6 m em rodovias com tráfego significativo de caminhões, alto volume de tráfego e velocidades elevadas. Isto é baseado no desejo de fornecer pelo menos uma distância de 0,3 m, sendo 0,6 m o valor mais indicado entre a borda da rodovia e um veículo parado no acostamento. Quando não é viável fornecer esta largura mínima, 1,8-2,4 m podem ser utilizados. Em estradas de baixo volume, um mínimo de 0,6 m (ou o equivalente em pés) pode ser utilizado. A largura utilizável do acostamento interno (junto ao canteiro) pode ser reduzida para 0,9 m em rodovias de pista dupla com canteiro central, uma vez que esse acostamento é muito pouco utilizado pelos motoristas como opção de parada. No entanto, em rodovias de pista dupla com três ou quatro faixas por sentido, o acostamento utilizável junto ao canteiro central deveria ser de, pelo menos, 2,4 m, a fim de proporcionar espaço suficiente de parada para um motorista em dificuldades na faixa próxima ao canteiro.

Os acostamentos devem facilitar a drenagem das águas superficiais na faixa de tráfego. E devem, portanto, estar nivelados com a borda da rodovia e em declive afastando-se da faixa de tráfego. As declividades recomendadas são de 2% a 6% para acostamentos asfaltados, e de 4% a 6% para acostamentos com pedra britada.

Canteiros centrais

A área de separação do tráfego que flui em direções opostas em uma rodovia é o canteiro central. Sua largura é medida da borda da faixa interna de uma direção até a borda da faixa interna da direção oposta. As principais funções dos canteiros centrais incluem:

- fornecer uma área de recuperação para veículos fora de controle;
- separar o tráfego oposto;
- fornecer áreas de parada em situações de emergência;
- fornecer áreas de acumulação para as conversões à esquerda e retorno;
- fornecer refúgio aos pedestres;
- reduzir o efeito do brilho dos faróis;
- fornecer faixas temporárias e trechos que permitam a passagem entre as duas pistas durante as operações de manutenção.

Os canteiros centrais podem ser elevados, nivelados ou rebaixados. Em áreas urbanas, onde o controle das conversões à esquerda é necessário nos cruzamentos de ruas arteriais, canteiros elevados são muitas vezes utilizados, de forma que parte da largura do canteiro possa ser usada como uma faixa de conversão à esquerda. Os nivelados são mais comumente utilizados em ruas arteriais urbanas, mas também em vias expressas se uma barreira de concreto no canteiro for instalada. Os rebaixados são usados principalmente em vias expressas como um meio para facilitar a drenagem das águas superficiais das faixas de tráfego. A AASHTO recomenda uma declividade de 6:1 para os canteiros centrais rebaixados, embora a de 4:1 seja adequada.

Para facilitar a segurança, os canteiros devem ser o mais amplos possível. A largura do canteiro central deve, contudo, estar contrabalanceada com outros elementos da seção transversal e com os custos envolvidos. As larguras dos canteiros geralmente variam de 0,6 m a 24 m ou mais. A AASHTO, no entanto, recomenda que a largura mínima de canteiro de uma via arterial deve ter 1,2 m. Recomenda-se uma largura mínima de 3 m para vias expressas urbanas de quatro faixas. Isso inclui dois acostamentos de 1,2 m e uma barreira de concreto no canteiro de 0,6 m. Para as vias expressas de seis ou mais faixas, recomenda-se um mínimo de 6,6 m, sendo 7,8 m a medida desejável. As larguras dos canteiros centrais em ruas coletoras urbanas variam de 0,6 m a 12 m, dependendo da finalidade. Larguras mais estreitas (0,6 m a 12 m) em geral aplicam-se a canteiros separados por listras pintadas na pista, e as mais largas (4,8 m a 12 m) àqueles em áreas com guias. As larguras intermediárias (0,6 m a 1,8 m) são normalmente para áreas estreitas com guias elevadas. A Figura 6.6 também mostra as diferentes larguras de canteiros centrais nas rodovias.

Barreiras de concreto nos canteiros e nas margens

As barreiras de concreto nos canteiros centrais oferecem proteção contra a invasão de veículos desgovernados que trafegam no sentido oposto, e as barreiras de concreto nas margens da rodovia protegem os veículos desgovernados de situações perigosas ao longo da margem da rodovia. Deve-se considerar seu fornecimento quando a rodovia é projetada para atender altos volumes de tráfego e o acesso a rodovias de múltiplas faixas e outras rodovias é apenas parcialmente controlado. Deve-se considerar também seu uso quando o canteiro central de uma rodovia de pista dupla arterial cria condições inseguras, como um declínio lateral repentino ou obstáculos, apesar de o volume de tráfego esperado não ser alto. As condições que justificam as barreiras de concreto na margem da rodovia incluem alta declividade do aterro e a existência de um objeto na margem da rodovia.

Guias e sarjetas

Guias são utilizadas principalmente para delinear as bordas do pavimento e as calçadas de pedestres em áreas urbanas, mas também podem ser utilizadas para controlar a drenagem. São feitas de concreto de cimento Portland ou concreto betuminoso (guias de asfalto compactado) e classificadas como barreiras ou guias rebaixadas. As guias de barreira são projetadas para impedir a saída de veículos da rodovia e, portanto, mais altas (15-20 cm), enquanto as guias rebaixadas são projetadas para permitir a passagem de veículos sobre elas quando necessário, e sua altura varia de 10 m a 15 cm. As guias de barreira não devem ser utilizadas no mesmo local que as barreiras de tráfego, pois podem contribuir para que os veículos capotem sobre as barreiras de tráfego.

Sarjetas e valetas oferecem a principal estrutura de drenagem para o sistema viário. Estão normalmente localizadas no lado pavimentado da guia e, com os sistemas de galerias de águas pluviais, são utilizadas principalmente em áreas urbanas para controlar o escoamento de águas pluviais na rua. Têm geralmente de 0,3 m a 1,8 m de largura. A fim de evitar qualquer perigo ao tráfego, as sarjetas são geralmente construídas com inclinações transversais de 5% a 8% em uma largura de 0,6 m a 0,9 m adjacente à guia.

Defensas metálicas

São utilizadas para impedir veículos desgovernados de deixar o leito da estrada em curvas horizontais acentuadas e em trechos de aterros altos. Normalmente são colocadas em aterros com alturas superiores a 2,4 m e quando as declividades laterais são superiores a 4:1. As defensas metálicas devem ser devidamente projetadas para evitar a criação de situações que conduzam ao perigo quando instaladas em determinado local. O correto dimensionamento das defensas metálicas tem se tornado um tema de extensa pesquisa, o que resultou em melhora significativa do tratamento do trecho final das defensas metálicas e das barreiras de concreto.

Calçadas

Presentes principalmente em ruas urbanas para facilitar a segura circulação dos pedestres. Por exemplo, nas ruas coletoras urbanas, as calçadas estão normalmente localizadas em ambos os lados da rua para o acesso de pedestres, especialmente em áreas próximas a escolas, pontos de parada de ônibus, parques e shopping centers. Apesar de normalmente não serem disponibilizadas em áreas rurais, devem ser considerados locais com altas concentrações de pedestres, como em áreas próximas a escolas, indústrias e empresas locais. As calçadas também devem ser disponibilizadas ao longo de vias arteriais sem acostamentos, mesmo se o tráfego de pedestre for baixo. E devem ter largura livre mínima de 1,2 m em áreas residenciais, podendo variar de 1,2 m a 2,4 m em áreas residenciais e comerciais.

Declividades transversais

Para facilitar a drenagem das águas superficiais, os pavimentos de trechos retilíneos das rodovias de pista simples ou duplas, sem canteiros, são inclinadas na direção transversal a partir do eixo em direção às bordas dos seus dois lados, e suas seções transversais podem ser planas, curvas ou uma combinação das duas. Quando as declividades transversais são planas, as inclinações transversais uniformes são fornecidas em ambos os lados do eixo da pista. A seção transversal curvada geralmente toma a forma de uma parábola, com o ponto mais alto (o vértice) do pavimento ligeiramente arredondado e a declividade transversal crescente em direção à borda. A declividade transversal crescente da seção transversal curvada aumenta o fluxo de água a partir da superfície do pavimento, que dá uma vantagem à superfície curvada. No entanto, as seções curvadas são mais difíceis de construir.

As declinações transversais em rodovias com canteiro são alcançadas pela inclinação do pavimento de seção da via em duas direções, proporcionando um vértice ou inclinando todo o pavimento de cada seção em uma direção. Quando as declinações transversais são fornecidas nos dois sentidos das rodovias com canteiro, a drenagem superficial é melhorada para que a água seja rapidamente removida da via. A desvantagem, entretanto, é que esse tipo de construção requer sistemas adicionais de drenagem, como condutos e drenos subterrâneos.

Apesar de um valor alto de declividade transversal ser melhor para fins de drenagem, esta exigência deve ser contrabalanceada com a necessidade de fornecer uma valor que não provoque a derrapagem dos veículos até a borda da pavimento, principalmente durante as condições de gelo. A AASHTO recomenda que os valores de declividades transversais para pavimentos de alto padrão devam ser de 1,5% a 2%, e para os pavimentos de padrão intermediário de 1,5% a 3%. Os pavimentos de alto padrão são definidos como aqueles que possuem capas de rolamento que possam suportar, de forma adequada, o volume de tráfego esperado, sem perigo visível em decorrência de fadiga, e não são sensíveis às condições meteorológicas. Os de padrão intermediário têm capas de rolamento que variam em termos de qualidade, logo abaixo daquelas dos pavimentos de alto padrão até os pavimentos feitos com tratamentos superficiais.

Rampas

É sabido que a velocidade de operação de um veículo pesado pode ser significativamente reduzida em rampas íngremes e/ou longas e que o desempenho dos carros de passageiros também pode ser afetado nestas condições. Por conseguinte, é necessário escolher criteriosamente as rampas máximas que se baseiam na velocidade de projeto e no veículo de projeto-padrão.

Quando o veículo de projeto é um carro de passageiro, as rampas de até 4% ou 5% podem ser utilizadas sem nenhum impacto significativo sobre o desempenho do veículo, exceto aqueles com relações peso/potência elevadas, como carros compactos e subcompactos. Quando as rampas são superiores a 5%, as velocidades dos carros de passageiros aumentam em declives e diminuem em aclives. Quando o veículo de projeto é um caminhão, deve-se dar atenção especial à rampa máxima da rodovia, pois ela tem um impacto maior sobre este tipo do que carros de passageiros. Por exemplo, a velocidade de um caminhão com relação peso/potência de 120 kg/kW ou 90 kg/HP reduzirá de 88 km/h para aproximadamente 61 km/h após viajar uma distância de cerca de 60 m em uma rampa de 4%.

Embora o impacto das rampas sobre os veículos recreacionais não seja tão intenso como sobre os caminhões, ele é mais significativo do que aquele sobre os carros de passageiros. O problema, porém, é que não é fácil estabelecer as rampas máximas para as rotas recreacionais. Quando a porcentagem de veículos recreacionais é elevada em uma rodovia, pode ser necessário fornecer terceiras faixas em rampas íngremes.

A Tabela 6.7 fornece os valores recomendados para as rampas máximas para as diferentes classificações de rodovia. Todo esforço deve ser feito para utilizar esses valores máximos somente quando necessário, principalmente quando as rampas forem longas e a porcentagem de caminhões no fluxo de tráfego elevada. No entanto, quando as rampas forem inferiores a 150 m de comprimento e em declive, as máximas podem ser aumentadas em 1% ou 2%, principalmente em rodovias rurais de baixo volume.

Tabela 6.7 – Rampas máximas recomendadas.

	Coletoras rurais[a] Velocidade de projeto (milha/h)					
Tipo de terreno	20	30	40	50	60	70
	Graus (%)					
Em nível	7	7	7	6	5	4
Ondulado	10	9	8	7	6	5
Montanhoso	12	10	10	9	8	6
	Coletoras urbanas[a] Velocidade de projeto (milha/h)					
Tipo de terreno	20	30	40	50	60	70
	Graus (%)					
Em nível	9	9	9	7	6	5
Ondulado	12	11	10	8	7	6
Montanhoso	14	12	12	10	9	7
	Arteriais rurais Velocidade de projeto (milha/h)					
Tipo de terreno	40	50	60	70		
	Graus (%)					
Em nível	5	4	3	3		
Ondulado	6	5	4	4		
Montanhoso	8	7	6	5		
	Vias expressas[b] Velocidade de projeto (milha/h)					
Tipo de terreno	50	60	70			
	Graus (%)					
Em nível	4	3	3			
Ondulado	5	4	4			
Montanhoso	6	6	5			

[a] As rampas máximas mostradas para as condições rurais e urbanas de trechos curtos (menos de 500 pés) e em declives de sentido único podem ser 1% mais íngremes.
[b] As rampas que são 1% mais íngremes do que o valor apresentado podem ser utilizadas em casos extremos em áreas urbanas onde o desenvolvimento se opõe à utilização de rampas mais planas e em declives, exceto em terreno montanhoso.
Observação: 1 milha/h – 1,61 km/h

Fonte: Adaptado de *A policy on geometric design of highways and streets*. Washington, D.C.: American Association of State Highways and Transportation Officials (AASHTO), 2004. Usado com permissão.

Também é necessário estabelecer uma rampa mínima, já que isto facilita a drenagem ao longo da rodovia. Este tipo de rampa em um pavimento sem guia pode ser tão baixa como 0% se o pavimento tiver declividades transversais apropriadas para drenar a água superficial para longe da via. Uma rampa longitudinal deve, contudo, ser providenciada em pavimentos com guia para facilitar o fluxo longitudinal da água superficial. Esta é normalmente de 0,5%, embora 0,3% possa ser utilizado em pavimento de alto padrão construído sobre solo firme e no topo do terreno.

Exemplo 6.1

Determinando padrões de projeto adequados para uma rodovia coletora rural

Uma rodovia coletora rural com canteiro central, quatro faixas de tráfego e volume de projeto de 500 veículos/dia, com previsão de atender a um volume muito baixo de caminhões, deve ser projetada para uma área em nível. Determine:

(a) uma velocidade de projeto adequada;
(b) a rampa máxima com base na velocidade de projeto escolhida;
(c) uma largura adequada de acostamento utilizável;
(d) uma largura adequada de canteiro central.

Solução

(a) Utilize a Tabela 6.5 para escolher a velocidade de projeto. A velocidade adequada é de 80 km/h.
(b) Utilize a Tabela 6.7 para estabelecer a rampa máxima, que é de 6%. Observe que as rampas devem ser feitas o mais plano possível.
(c) Para a largura utilizável do acostamento, a AASHTO recomenda no mínimo 3 m, sendo 3,6 m preferível em rodovias de alta velocidade com altos volumes de caminhões. Neste caso, embora o volume de caminhões seja baixo, nenhuma restrição em termos de faixa de domínio é indicada; portanto, utilize 3,6 m. No entanto, se houver restrição, pode-se utilizar de 1,8 m a 2,4 m.
(d) A largura do canteiro central deve ser a maior possível. A desejável mínima é de 3 m.

Padrões de projeto de pistas de pouso/decolagem e de rolamento de aeroportos

Os padrões apresentados nesta seção são os recomendados pela Federal Aviation Administration, tal como consta nas suas circulares. Foram desenvolvidos para garantir segurança, economia e longevidade de um aeroporto. Deve-se notar que, ao utilizar esses padrões, o projetista deve estar ciente da inter-relação significativa entre os vários componentes de um aeroporto. Portanto, é necessário assegurar que os requisitos de outras infraestruturas aeroportuárias relacionadas com as pistas de pouso e decolagem e de rolamento também sejam satisfeitos.

Localização e orientação da pista de pouso e decolagem e de rolamento de aeroportos

A segurança, eficiência, economia e os impactos ambientais de um aeroporto dependem da localização e orientação da pista de pouso e decolagem. A extensão em que qualquer um desses impactos é considerada depende do código de referência do aeroporto, da topografia e do volume de tráfego aéreo previsto. Por exemplo, como observado anteriormente, o componente máximo de vento cruzado para um determinado aeroporto depende de seu código de referência, o que influencia significativamente a orientação da pista de pouso e decolagem. Diretrizes específicas são dadas para o vento, obstruções à navegação aérea, topografia, controle de tráfego aeroportuário, visibilidade da torre de controle e os perigos oriundos da vida selvagem no entorno do aeroporto.

Vento

O melhor alinhamento para uma pista de pouso e decolagem está na direção do vento dominante, pois ele oferece a cobertura máxima de vento e o componente de vento cruzado mínimo. No entanto, quando isto não é possível, a pista de pouso e decolagem deve ser orientada de modo que alcance uma cobertura de vento mínima de 95%.

Quando uma única pista de pouso e decolagem não puder atingir essa cobertura, uma adicional deve ser considerada. Uma análise do vento é apresentada mais adiante neste capítulo.

Obstrução à navegação aérea

A orientação das pistas de pouso e decolagem deve garantir que as áreas aeroportuárias associadas com o desenvolvimento final do aeroporto estejam livres de riscos à navegação aérea.

Topografia

Considerando que a topografia afeta o grau de extensão do nivelamento de terreno necessário, a pista de pouso e decolagem deve ser orientada no sentido de minimizar a terraplenagem. Além disso, as rampas não devem ultrapassar o máximo recomendado, nem os comprimentos das curvas verticais ser inferiores ao mínimo recomendado.

Os valores máximos para rampas e os comprimentos mínimos de curvas verticais recomendados pela Federal Aviation Administration são os seguintes:

Para aproximação de aeronaves das categorias A e B:

- Rampa longitudinal máxima: ± 2%.
- Mudança de declividade longitudinal máxima admissível: ± 2%.
- Comprimento mínimo das curvas verticais: 90 m para cada 1% de mudança de declividade. Esta curva não é necessária se a mudança de declividade for inferior a 0,4%.
- A distância mínima entre os pontos de interseções de curvas verticais consecutivas é 75 m multiplicado pela soma das mudanças de declividade, em porcentagem, associada às duas curvas verticais.

Para aproximação de aeronaves das categorias C e D:

- Rampa longitudinal máxima: ± 1,5%, mas não exceder ± 0,8% no primeiro e último quartos da pista de pouso e decolagem.
- Mudança de declividade máxima admissível: ± 1,5%.
- Comprimento máximo das curvas verticais: 300 m para cada 1% de mudança de declividade (diferença algébrica) nas rampas (A).
- A distância mínima entre os pontos de interseções de curvas verticais consecutivas é de 300 m multiplicado pela soma das mudanças de declividade, em porcentagem, associada às duas curvas verticais.

A Figura 6.7 ilustra esses requisitos para aproximação de aeronaves das categorias C e D. Observe que essas rampas são muito mais baixas do que as máximas de rodovias. Embora as rampas longitudinais máximas que acabamos de fornecer sejam admissíveis, recomenda-se que sejam mantidas a um mínimo. Além disso, as mudanças de declividades longitudinais devem ser utilizadas somente quando absolutamente necessário.

As rampas longitudinais máximas nas pistas de rolamento são semelhantes àquelas para as pistas de pouso e decolagem:

Aproximação de aeronaves da categorias A e B: ± 2%
Aproximação de aeronaves da categorias C e D: ± 1,5%

Recomenda-se também que as variações nas rampas longitudinais das pistas de rolamento sejam evitadas, a menos que absolutamente necessárias. Quando a mudança de declividade longitudinal for necessária, não deve

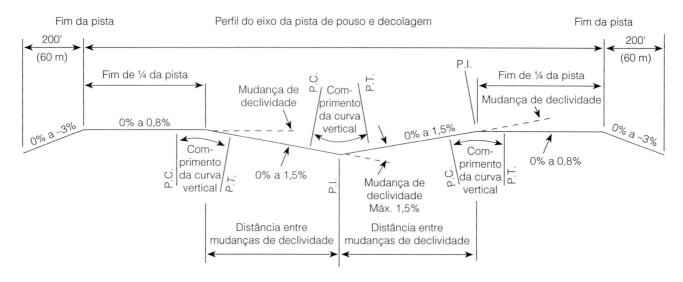

Figura 6.7 – Requisitos de rampa longitudinal para aproximação de aeronaves das categorias C e D.

Fonte: *Advisory Circular AC 150/5300-13*. Federal Aviation Administration, Department of Transportation, Washington, D.C. (Incorporação das alterações 1 a 8), setembro de 2004.

ser superior a 3%. As curvas verticais que conectam as diferentes rampas nas pistas de rolamento também são parabólicas, e seus comprimentos não devem ser inferiores a 30 m para cada 1% de mudança de declividade. Além disso, a distância entre curvas verticais consecutivas não deve ser inferior a 30 m multiplicado pela soma das mudanças de declividade, em porcentagem, associada às duas curvas verticais.

Visibilidade da torre de controle de tráfego aeroportuário

É essencial que todas as pistas de pouso e decolagem e de rolamento sejam orientadas de forma que disponibilizem uma linha de visão clara de todos os padrões de tráfego e todas as superfícies operacionais sob o controle do tráfego aeroportuário, que incluem as aproximações finais de todas as pistas de pouso e decolagem e todos os pavimentos estruturais da pista. Também é desejável ter uma linha clara de visão dos eixos das pistas de rolamento.

Área de segurança da pista de pouso e decolagem

Uma área localizada simetricamente ao longo do eixo da pista de pouso e decolagem deve ser disponibilizada para melhorar a segurança das aeronaves que pousam depois do local indicado, ultrapassam ou saem da pista. Esta área deve ser estruturalmente capaz de suportar as cargas aplicadas pelas aeronaves sem lhes causar danos estruturais ou ferimentos aos seus ocupantes. Objetos não devem estar localizados dentro desta área, exceto aqueles que são necessários em decorrência de suas funções. Quando estes tiverem mais de 0,9 m de altura, devem estar em suportes de resistência de baixo impacto, de modo que possam ser quebrados com o impacto, com a altura do ponto frangível não superior a 7,5 cm. Os padrões dimensionais da área de segurança da pista de pouso e decolagem são apresentados nas Tabelas 6.8, 6.9 e 6.10.

Área de segurança da pista de rolamento

Esta é uma área localizada ao longo da pista de rolamento semelhante à área de segurança da pista de pouso e decolagem. Suas funções são semelhantes e seus padrões dimensionais são apresentados na Tabela 6.11.

Área livre de objetos da pista de pouso e decolagem

Todos os objetos mais altos do que a elevação da borda da área de segurança de final de pista de pouso e decolagem devem ser excluídos desta área, exceto aqueles necessários para a navegação aérea e as manobras de solo das aeronaves. No entanto, esses objetos não devem ser colocados nela se estiverem impedidos por outros regulamentos. Esta área também está localizada simetricamente ao longo do eixo da pista de pouso e decolagem com as dimensões Q e R apresentadas na Figura 6.8 para as quais os valores padrões estão apresentados nas Tabelas 6.8, 6.9 e 6.10.

Área livre de objetos da pista e da faixa de rolamento

Esta área é semelhante à acima descrita, em que vias de veículos utilitários, aeronaves estacionadas e objetos acima do solo são proibidos. As exceções a esta exigência incluem os objetos para a navegação aérea e aqueles necessários às manobras de solo da aeronave. A operação de veículos motorizados dentro desta área pode ser permitida, mas esses veículos devem dar direito de passagem para as aeronaves que se aproximam, mantendo uma distância segura. Alternativamente, pistas de saída poderiam ser disponibilizadas ao longo da parte externa desta área para facilitar a saída dos veículos e permitir que a aeronave passe.

Tabela 6.8 – Padrões de projeto para pista de pouso e decolagem, pistas visuais e pistas com visibilidade mínima de ¾ de milha terrestre (1.200 m) para aproximação de aeronaves das categorias A e B*.

Item	DIM[a]	Grupo de aeronaves				
		I[b]	I	II	III	IV
Comprimento		Consulte a seção sobre comprimento da pista de pouso e decolagem na página 332				
Largura		60 pés 18 m	60 pés 18 m	75 pés 23 m	100 pés 30 m	150 pés 45 m
Largura do acostamento		10 pés 3 m	10 pés 3 m	10 pés 3 m	20 pés 6 m	25 pés 7,5 m
Largura da proteção contra exaustão dos motores		80 pés 24 m	80 pés 24 m	95 pés 29 m	140 pés 42 m	200 pés 60 m
Comprimento da proteção contra exaustão dos motores		60 pés 18 m	100 pés 30 m	150 pés 45 m	200 pés 60 m	200 pés 60 m
Largura da área de segurança		120 pés 36 m	120 pés 36 m	150 pés 45 m	300 pés 180 m	500 pés 150 m
Comprimento da área de segurança antes da cabeceira de pouso		240 pés 72 m	240 pés 72 m	300 pés 90 m	600 pés 180 m	600 pés 180 m
Comprimento da área de segurança além do final da faixa de domínio[c]		240 pés 72 m	240 pés 72 m	300 pés 90 m	600 pés 180 m	1.000 pés 300 m
Largura da área livre de objetos	Q	250 pés 75 m	400 pés 120 m	500 pés 150 m	800 pés 240 m	800 pés 240 m
Comprimento da área livre de objetos além do final da faixa de domínio[c]	R	240 pés 72 m	240 pés 72 m	300 pés 90 m	600 pés 180 m	1.000 pés 300 m

* Pistas de pouso e decolagem visuais e pistas com visibilidade de aproximação mínima de 3/4 de milha terrestre (1.200 m).
[a] As letras correspondem às dimensões na Figura 6.8.
[b] Estes padrões dimensionais dizem respeito exclusivamente às infraestruturas para pequenos aviões.
[c] Os comprimentos da área de segurança de pista e da área livre de objetos começam na borda de cada pista quando não é disponibilizada zona de parada. Quando for, estes comprimentos começam na borda dessa área. O comprimento da área de segurança e o da área livre de objetos são os mesmos para a final da pista de pouso e decolagem. Utilize as Tabelas 6.8 ou 6.9 para determinar a dimensão mais longa. O comprimento da área de segurança da pista para além dos padrões do final da pista de pouso e decolagem pode ser satisfeito por meio da disponibilização de *Engineered Materials Arresting System* (EMAS) ou outro sistema de retenção aprovado pela FAA que oferece a capacidade de parada crítica de aeronave, usando a pista de pouso e decolagem saindo no final da pista a 70 nós. Consulte AC 150/5220-22.

Fonte: Adaptado de *Airport Design: Advisory Circular AC 150/5300-13*. Federal Aviation Administration, Department of Transportation, Washington, D.C. (Incorporação das alterações 1 a 8), setembro de 2004.

Tabela 6.9 – Padrões de projeto para pista de pouso e decolagem, pistas visuais e pistas com visibilidade mínima inferior a ¾ de milha terrestre (1.200 m) para aproximação de aeronaves das categorias A e B*.

Item	DIM[a]	Grupo de aeronaves				
		I[b]	I	II	III	IV
Comprimento		Consulte a seção sobre comprimento da pista de pouso e decolagem na página 332				
Largura		75 pés 23 m	100 pés 30 m	100 pés 30 m	100 pés 30 m	150 pés 45 m
Largura do acostamento		10 pés 3 m	10 pés 3 m	10 pés 3 m	20 pés 6 m	25 pés 7,5 m
Largura da proteção contra exaustão dos motores		95 pés 29 m	120 pés 36 m	120 pés 36 m	140 pés 42 m	200 pés 60 m
Comprimento da proteção contra exaustão dos motores		60 pés 18 m	100 pés 30 m	150 pés 45 m	200 pés 60 m	200 pés 60 m
Comprimento da área de segurança		300 pés 90 m	300 pés 90 m	300 pés 90 m	400 pés 120 m	500 pés 150 m
Comprimento da área de segurança antes da cabeceira de pouso		600 pés 180 m	600 pés 180 m	600 pés 180 m	600 pés 180 m	600 pés 180 m
Comprimento da área de segurança além do final da pista[c]		600 pés 180 m	600 pés 180 m	600 pés 180 m	800 pés 240 m	1.000 pés 300 m
Largura da área livre de objetos	Q	800 pés 240 m	800 pés 240 m	800 pés 240 m	800 pés 240 m	800 pés 240 m
Comprimento da área livre de objetos além do final da pista[c]	R	600 pés 180 m	600 pés 180 m	600 pés 180 m	800 pés 240 m	1.000 pés 300 m

* Pistas de pouso e decolagem com visibilidade de aproximação mínima de 3/4 de milha terrestre (1.200 m).
[a] As letras correspondem às dimensões na Figura 6.8.
[b] Estes padrões dimensionais dizem respeito exclusivamente às infraestruturas para pequenos aviões.
[c] Os comprimentos da área de segurança e da área livre de objetos começam em cada final da pista quando não é disponibilizada uma zona de parada. Quando for, esses comprimentos começam no final da zona de parada. O comprimento da área de segurança e o da área livre de objetos são os mesmos para cada final da pista de pouso e decolagem. Utilize as Tabelas 6.8 ou 6.9 para determinar a dimensão mais longa. O comprimento da área de segurança para além dos padrões do final da pista de pouso e decolagem pode ser satisfeito por meio da disponibilização de *Engineered Materials Arresting System* (EMAS) ou outro sistema de retenção aprovado pela FAA que ofereça a capacidade de parada crítica de aeronave, utilizando a pista de pouso e decolagem saindo no final da pista a 70 nós. Consulte AC 150/5220-22.

Fonte: Adaptado de *Airport Design: Advisory Circular AC 150/5300-13*. Federal Aviation Administration, Department of Transportation, Washington, D.C. (Incorporação das alterações 1 a 8), setembro de 2004.

Tabela 6.10 – Padrões de projeto para pista de pouso e decolagem para aproximação de aeronaves das categorias C e D.

Item	DIM[a]	Grupo de aeronaves					
		I	II	III	IV	V	VI
Comprimento		Consulte o texto					
Largura		100 pés 30 m	100 pés 30 m	100 pés[b] 30 m[b]	150 pés 45 m	150 pés 45 m	200 pés 60 m
Largura do acostamento		10 pés 3 m	10 pés 3 m	20 pés[b] 6 m[b]	25 pés 7,5 m	35 pés 10,5 m	40 pés 12 m
Largura da proteção contra exaustão dos motores		120 pés 36 m	120 pés 36 m	140 pés[b] 42 m[b]	200 pés 60 m	220 pés 66 m	280 pés 84 m
Comprimento da proteção contra exaustão dos motores		100 pés 30 m	150 pés 45 m	200 pés 60 m	200 pés 60 m	400 pés 120 m	400 pés 120 m
Largura da área de segurança[d]		500 pés 150 m	500 pés 150 m	500 pés 150 m	500 pés 150 m	500 pés 150 m	500 pés 150 m
Comprimento da área de segurança antes da cabeceira de pouso		600 pés 180 m	600 pés 180 m	600 pés 180 m	600 pés 180 m	600 pés 180 m	600 pés 180 m
Comprimento da área de segurança além do final da pista[e]		1.000 pés 300 m	1.000 pés 300 m	1.000 pés 300 m	1.000 pés 300 m	1.000 pés 300 m	1.000 pés 300 m

Item	DIMª	Grupo de aeronaves					
		I	II	III	IV	V	VI
Largura da área livre de objetos	Q	800 pés 240 m	800 pés 240 m	800 pés 240 m	800 pés 240 m	800 pés 240 m	800 pés 240 m
Comprimento da área livre de objetos além do final da pistaᵉ	R	1.000 pés 300 m	1.000 pés 300 m	1.000 pés 300 m	1.000 pés 300 m	1.000 pés 300 m	1.000 pés 300 m

ª As letras correspondem às dimensões na Figura 6.8.
ᵇ Para o Grupo III que atende aos aviões com peso máximo certificado de decolagem superior a 150.000 libras (68.100 kg), a largura-padrão da pista de pouso e decolagem é de 150 pés (45 m), a largura do acostamento é de 25 pés (7,5 m) e a largura da área de parada é de 200 pés (60 m).
ᶜ Grupos V e VI normalmente exigem superfícies estabilizadas ou pavimentadas de acostamento.
ᵈ Para Código de Referência de Aeroporto C-I e C-II, uma largura de área de segurança da pista de pouso e decolagem de 400 pés (120 m) é admissível. Para as pistas de pouso e decolagem projetadas após 28.02.83 para atender à aproximação de aeronaves da categoria D, a largura da área de segurança aumenta 20 pés (6 m) para cada 1.000 pés (300 m) de elevação do aeroporto acima do nível médio do mar.
ᵉ Os comprimentos da área de segurança e da área livre de objetos começam em cada final da pista quando não é disponibilizada a zona de parada. Quando for, esses comprimentos começam no final da zona de parada. (Utilize as Tabelas 6.8 ou 6.9 para determinar a dimensão mais longa). Utilize as Tabelas 6.8 ou 6.9 que resultam na dimensão. O comprimento da área de segurança da pista além dos padrões do final da pista de pouso e decolagem pode ser satisfeito por meio da disponibilização de *Engineered Materials Arresting System* (EMAS) ou outro sistema de retenção aprovado pela FAA que ofereça a capacidade de parada crítica de aeronave, utilizando a pista de pouso e decolagem e saindo no final da pista a 70 nós. Consulte AC 150/5220-22.

Fonte: Adaptado de *Airport Design: Advisory Circular AC 150/5300-13*. Federal Aviation Administration, Department of Transportation, Washington, D.C. (Incorporação das alterações 1 a 8), setembro de 2004.

Tabela 6.11 – Padrões de dimensão para pista de rolamento de aeroporto.

Item	Grupo de aeronaves					
	I	II	III	IV	V	VI
Comprimento	25 pés 7,5 m	35 pés 10,5 m	50 pésª 15 mª	75 pés 23 m	75 pés 23 m	100 pés 30 m
Margem de segurança da borda da pista	5 pés 1,5 m	7,5 pés 2,25 m	10 pésᶜ 3 mᶜ	15 pés 4,5 m	15 pés 4,5 m	20 pés 6m
Largura do acostamento	10 pés 3 m	10 pés 3 m	20 pés 6 m	25 pés 7,5 m	35 pésᵈ 10,5 mᵈ	40 pésᵈ 12 mᵈ
Largura da área de segurança	49 pés 15 m	79 pés 24 m	118 pés 36 m	171 pés 52 m	214 pés 65 m	262 pés 80 m
Largura da área livre de objetos	89 pés 27 m	131 pés 40 m	186 pés 57 m	259 pés 79 m	320 pés 97 m	386 pés 118 m
Largura da área livre de objetos	79 pés 24 m	115 pés 35 m	162 pés 49 m	225 pés 68 m	276 pés 84 m	334 pés 102 m

ª Para aeronaves do Grupo III com uma distância entre trens de pouso igual ou superior a 60 pés (18 m), a largura-padrão da pista de taxiamento é de 60 pés (18 m).
ᵇ A margem de segurança da borda da pista é a distância mínima aceitável entre a parte externa das rodas do trem principal da aeronave e a borda do pavimento.
ᶜ Para aeronaves do Grupo III com uma distância entre trens de pouso igual ou superior a 60 pés (18 m), a largura de segurança da borda da pista é de 15 pés (4,5 m).
ᵈ As aeronaves do Grupo V e VI normalmente exigem que o acostamento da pista tenha superfície estabilizada ou pavimentada.
Deve-se considerar objetos próximos das interseções da pista de pouso e decolagem com a pista ou faixa de rolamento que podem ser impactados pela exaustão do motor de uma aeronave em manobra.
Os valores obtidos por meio das equações a seguir podem ser utilizados para mostrar que uma alteração dos padrões proporcionará um nível aceitável de segurança.
  Largura da área de segurança da pista de rolamento = envergadura das asas;
  Largura da área livre de objetos = 1,4 × envergadura das asas + 20 pés (6 m); e
  Largura da área livre de objetos = 1,2 × envergadura das asas + 20 pés (6 m).

Fonte: Adaptado de *Airport Design: Advisory Circular AC 150/5300-13*. Federal Aviation Administration, Department of Transportation, Washington, D.C. (Incorporação das alterações 1 a 8), setembro de 2004.

Perigos oriundos da vida selvagem no entorno do aeroporto

A presença de um grande número de aves ou outros animais selvagens pode criar uma situação perigosa. As posições relativas dos santuários de aves, aterros sanitários ou outros usos do solo que podem atrair um grande número de animais selvagens devem ser consideradas no projeto de localização e orientação da pista.

Comprimentos das pistas de pouso e decolagem e de rolamento

Como indicado, o comprimento da pista depende de muitos fatores, incluindo as características de desempenho de um determinado tipo de aeronave, o aeroporto que o estará servindo, a altitude e a temperatura do aeroporto, bem como a duração da viagem. Em geral, os comprimentos de pista variam de 600 m a 3.000 m, e o processo de dimensionamento dos comprimentos de pista é dado mais tarde neste capítulo.

Larguras das pistas de pouso e decolagem e dos acostamentos das pistas

Os padrões das larguras das pistas de pouso e decolagem e de seus acostamentos são fornecidos para diferentes grupos e categorias de aeronaves e informados nas Tabelas 6.8, 6.9 e 6.10. Os acostamentos são disponibilizados ao longo das bordas da pista de pouso e decolagem de forma semelhante às previstas para as rodovias. Suas funções incluem fornecer uma área ao longo da pista de pouso e decolagem para aeronaves que eventualmente saiam da pista e para o movimento dos equipamentos de emergência e de manutenção.

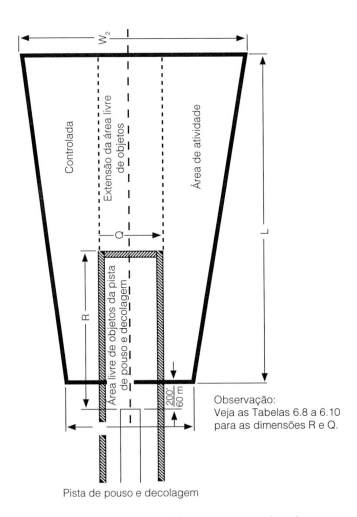

Figura 6.8 – Zona de proteção da pista de pouso e decolagem.

Fonte: *Advisory Circular AC 150/5300-13*. Federal Aviation Administration, Department of Transportation, Washington, D.C. (Incorporação das alterações 1 a 8), setembro de 2004.

Larguras das pistas de rolamento e dos seus acostamentos

Os padrões das larguras das pistas de rolamento e dos acostamentos são fornecidos na Tabela 6.11.

Declividades transversais das pistas de pouso e decolagem e de rolamento

As Figuras 6.9 e 6.10 fornecem os limites de declividade transversal para as categorias de aeronaves A e B, C e D, respectivamente. As figuras também mostram os trechos principais das pistas de pouso e decolagem e de rolamento. Estes incluem as declividades laterais, os acostamentos, a área de segurança da pista de pouso e decolagem, uma vala ou sarjeta e a área de segurança da pista de rolamento. Observe que as seções transversais são semelhantes às de uma rodovia. A área de segurança é um espaço em torno da pista de pouso e decolagem ou da de rolamento que reduz os riscos de danos às aeronaves que involuntariamente saiam das pistas.

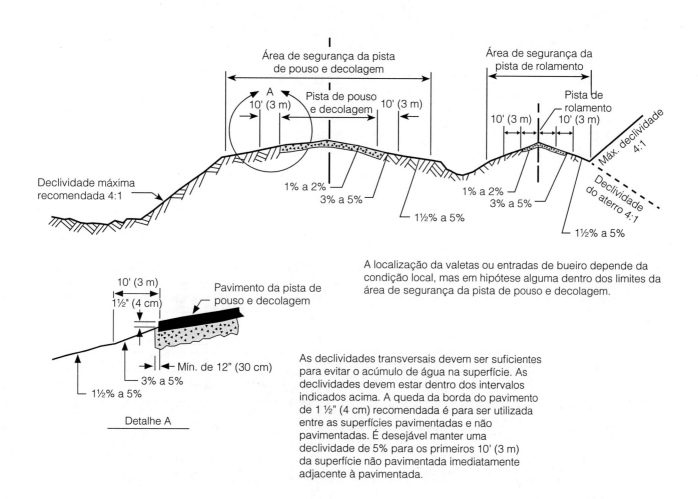

Figura 6.9 – Limitações de declividade transversal para as categorias de aeronaves A e B.

Fonte: *Advisory Circular AC 150/5300-13*. Federal Aviation Administration, Department of Transportation, Washington, D.C. (Incorporação das alterações 1 a 8), setembro de 2004.

A Figura 6.9 mostra que as declividades laterais para as categorias de aeronaves A e B não podem ser superiores a 4:1 para aterros e cortes. A superfície não pavimentada, imediatamente adjacente à pavimentada, deve ter uma declividade de 3% a 5% (preferencialmente 5%) para uma distância de 3 m (ou o equivalente em pés) da área pavimentada. Isto facilita a drenagem das águas da superfície pavimentada, e, para tanto, as superfícies pavimentadas tanto da pista de pouso e decolagem como da de rolamento são de forma semelhante à de uma rodovia de pista simples.

Engenharia de infraestrutura de transportes

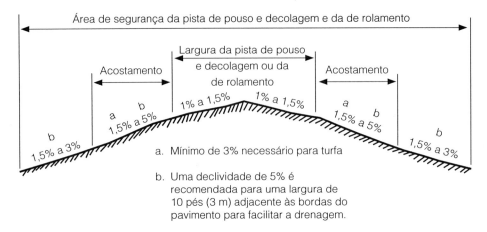

Figura 6.10 – Limites de declividade transversal para categorias de aeronaves C e D.

Fonte: *Advisory Circular AC 150/5300-13*. Federal Aviation Administration, Department of Transportation, Washington, D.C. (Incorporação das alterações 1 a 8), setembro de 2004.

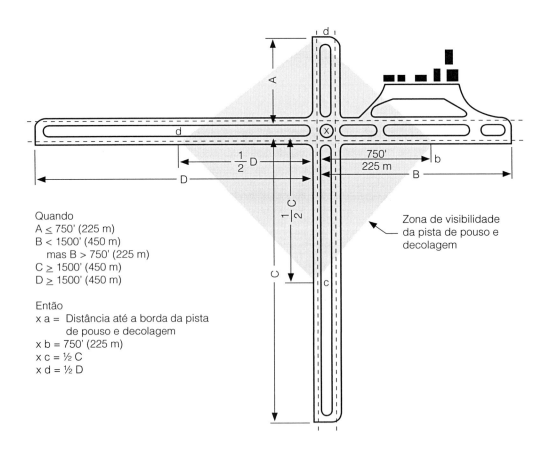

Figura 6.11 – Zona de visibilidade da pista de pouso e decolagem.

Fonte: *Advisory Circular AC 150/5300-13*. Federal Aviation Administration, Department of Transportation, Washington, D.C. (Incorporação das alterações 1 a 8), setembro de 2004.

Linha de visão ao longo da pista de pouso e decolagem
É necessário que uma linha de visão clara esteja disponível ao longo da pista de pouso e decolagem que possibilite que dois pontos de 1,5 m acima da pista sejam mutuamente visíveis por toda a extensão.

Linha de visão entre as pistas de pouso e decolagem em interseção
Também é recomendado que uma linha de visão clara entre as pistas de pouso e decolagem em interseção esteja disponível, fornecendo uma linha de visão desobstruída de qualquer ponto a uma altura de 1,5 m acima do eixo de uma pista de pouso e decolagem para qualquer ponto semelhante acima do eixo de uma pista que a intercepta. Uma zona de visibilidade da pista mostrada na Figura 6.11 também deve ser disponibilizada.

Exemplo 6.2

Determinando os padrões de projeto adequados a um aeroporto
Um aeroporto está sendo projetado para aproximação de aviões da categoria C. Determine:
- (a) a rampa longitudinal máxima da pista de pouso e decolagem principal;
- (b) o comprimento mínimo de uma curva vertical ligando trechos com rampas de +0,5% e -1%;
- (c) a distância mínima entre pontos de interseção de curvas verticais consecutivas para a mudança de declividade máxima admissível.

Solução
- (a) A rampa longitudinal máxima para aproximação de aviões das categorias C e D é de 1,5%.
- (b) O comprimento mínimo da curva vertical de uma pista de pouso e decolagem principal é de 300 m para cada 1% de variação de rampa (ou seja, 300A, em que A é uma diferença algébrica entre rampas).

  Mudança de declividade = 0,5 - (-1%) = 1,5%
  Comprimento mínimo = (300)(1,5) = 450 m

- (c) A distância mínima entre os pontos de interseção de duas curvas = $300(A_1 + A_2)$, em que A_1 e A_2 são as mudanças de declividade nas duas curvas. A distância mínima é, portanto, 300(1,5 + 1,5) = 900 m.

Padrões de projeto de vias férreas

Os padrões geométricos para vias de veículos leves sobre trilhos, trens urbanos e trens de carga e intermunicipais de passageiros são fornecidos, incluindo os de gradiente longitudinal, curvas circulares e verticais e superelevação. As Figuras 6.12 e 6.13 mostram as seções transversais de uma via singela e de uma dupla, respectivamente. Os padrões para vias férreas de alta velocidade estão fora do escopo deste livro e não são abordados nesta seção.

Gradiente longitudinal
Os gradientes longitudinais máximos recomendados para o transporte de veículos leves sobre trilhos e outros sistemas ferroviários que transportam apenas passageiros são semelhantes aos de rodovias. Aqueles de vias férreas que também transportam carga são muito inferiores aos de rodovias, mas semelhantes aos de pistas de pouso e decolagem de aeroportos. Rampas máximas são especificadas para as diferentes categorias de vias.

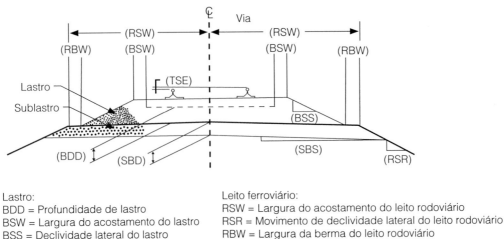

Figura 6.12 – Seção transversal de uma via singela superelevada.

Fonte: American Railway Engineering and Maintenance-of-Way Association (Arema). *Manual for railway engineering*, vol. 1, 2005.

Vias principais de veículos leves sobre trilhos

As rampas máximas para estas vias, como consta no relatório *Track design handbook for light rail transit,* do Transportation Research Board, são:

- Rampa máxima sustentável (comprimento ilimitado), 4%.
- Rampa máxima sustentável (até 750 m entre os pontos de interseções verticais (PIV) das curvas verticais), 6%.
- Rampa máxima sustentável curta (até 150 m entre os pontos de interseções verticais – PIV – das curvas verticais), 7%.
- Rampa mínima de drenagem, 0,2 %.
- Nenhuma rampa mínima especificada para as estações de passageiros nas vias principais de veículos leves sobre trilhos. Porém, é necessária a drenagem adequada da via.

Vias principais de transporte público ferroviário urbano

As rampas máximas de até 4% têm sido utilizadas, apesar de rampas inferiores serem preferidas.

Vias férreas principais intermunicipal e de carga

As rampas nestas vias são normalmente superiores a 1,5%, embora rampas de até 3% estar sendo utilizadas. Um padrão importante é a exigência da taxa de variação em rampas. É recomendado pela *American Railway Engineering and Maintenance-of-Way Association* (AREMA) que esta taxa nas vias principais de alta velocidade não seja superior a 3 cm/estaca de 30 m nas curvas verticais convexas, nem superior a 1,5 cm/estaca de 30 m nas curvas verticais côncavas (consulte a Figura 6.14 para curvas verticais convexas e côncavas).

Vias férreas secundárias

As vias férreas secundárias de veículos leves sobre trilhos que ligam a linha principal e o pátio ferroviário devem ser projetadas de forma que impeçam os veículos ferroviários de rolarem do pátio para a linha principal. Isto é conseguido por meio da inclinação da linha secundária para baixo e para longe da linha principal ou do

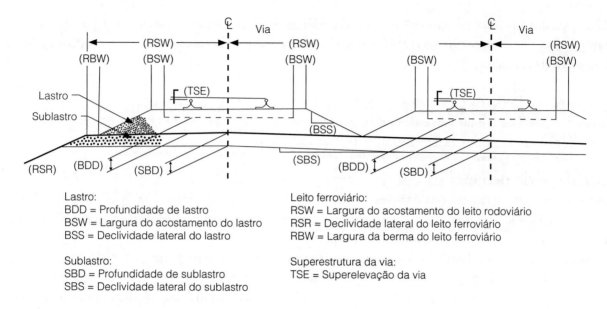

Figura 6.13 – Seção transversal de uma via dupla superelevada.

Fonte: American Railway Engineering and Maintenance-of-Way Association (Arema). *Manual for railway engineering*, vol. 1, 2005.

fornecimento de um *prato* na via entre a linha principal e o pátio ferroviário. Recomenda-se também que, para alcançar uma drenagem adequada, as rampas nessas vias estejam entre 0,35% e 1%.

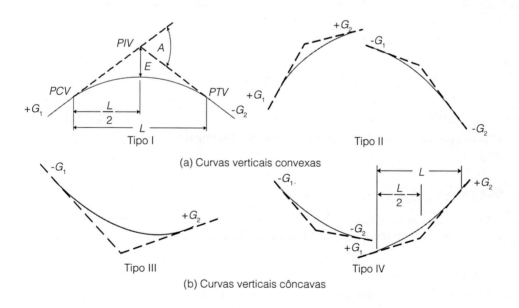

Figura 6.14 – Tipos de curvas verticais.

Um requisito adicional para as vias férreas secundárias de carga e intermunicipais é que a taxa de variação da rampa não deve ser superior a 6 cm/estaca de 30 m nas curvas verticais convexas e 3 cm/estaca de 30 m nas curvas verticais côncavas.

Pátio ferroviário de veículos leves sobre trilhos e vias férreas sem receitas
A rampa desejável para estas vias é de 0,00%. No entanto, rampas máximas de 1% nas vias do pátio e de 0,2% nas vias de armazenagem e nas de bolso do pátio são aceitáveis.

Velocidade de projeto
Os fatores mais importantes considerados na definição da velocidade operacional máxima de qualquer via férrea são o conforto e a segurança do passageiro. A fim de obter conforto, a velocidade máxima é definida de forma que não ultrapasse a taxa máxima de aceleração lateral que pode ser confortavelmente tolerada pelos passageiros, que é normalmente 0,1 g. Além disso, as vias em trechos curvos são projetadas para velocidades que não resultem em forças excessivas no funcionamento da via e nos veículos. Em geral, as velocidades de projeto das vias de transporte público de veículos leves sobre trilhos estão entre 65 e 90 km/h, enquanto as das vias intermunicipais de passageiros podem ser superiores a 210 km/h.

Comprimento mínimo da tangente entre as curvas horizontais
Um padrão importante de projeto para as ferrovias é o comprimento mínimo da tangente entre as curvas horizontais. A exigência básica estabelecida pela AREMA é que o comprimento de uma tangente (L_T) entre as curvas deve ser pelo menos igual ao comprimento do carro mais longo que a via espera transportar. Essa exigência é geralmente satisfeita se a distância for de, pelo menos, 30 m. Além disso, o transporte público de veículos leves sobre trilhos e outras vias férreas também deve considerar o conforto dos passageiros, o que resultou nas seguintes exigências adicionais:

Linha principal preferível: o maior entre
(i) $L_T = 60$ m
(ii) $L_T = 0,57u$ (u = velocidade operacional máxima em km/h)

Linha principal preferível: o maior entre
(i) L_T = comprimento do veículo leve sobre trilhos além dos engates
(ii) $L_T = 0,57u$

Mínimo absoluto da linha principal: o maior entre
(i) $L_T = 9,5$ m
(ii) L_T = (distância central do truque) + (espaçamento do eixo)

Vias embutidas na linha principal:
(i) $L_T = 0$; se a velocidade for inferior a 30 km/h, nenhuma superelevação de via será usada e os ângulos de engate do veículo não serão ultrapassados, ou
(ii) L_T = mínimo absoluto da linha principal

Observe que o comprimento mínimo da tangente entre as curvas horizontais nas vias principais, que são utilizadas pelo transporte público de veículo leve sobre trilhos e trens cargueiros, deve ser de 30 m, embora o comprimento desejável seja de 90 m.

Não é prático atingir o mínimo previsto para o pátio da linha principal e para as vias sem receita, já que as velocidades nesses locais são muito mais baixas do que nas linhas principais. Além disso, as superelevações não são comumente utilizadas nessas vias. A AREMA sugeriu comprimentos mínimos, baseados nos menores raios das curvas que estão sendo conectadas:

L_T = 9,1 m para R > 175 m
L_T = 7,6 m para R > 195 m
L_T = 6,1 m para R > 220 m
L_T = 3,0 m para R > 250 m
L_T = 0,0 m para R > 290 m

Exemplo 6.3

Projeto de uma via principal de carga e intermunicipal de passageiros
Determine, em uma via principal intermunicipal:

(a) a rampa máxima;
(b) a taxa máxima de variação na rampa de uma curva vertical convexa, 180 m de comprimento;
(c) a taxa máxima de variação na rampa de uma curva vertical côncava, 180 m de comprimento.

Solução

(a) A rampa máxima de 1,5% é preferível.
(b) A taxa de variação máxima na rampa de uma curva vertical convexa é de 3 cm/estaca de 30 m em que L = comprimento da curva (m).
Variação máxima na rampa para uma convexa:
= 3 × 180/30
= 18 cm/estaca de 30 m

(c) A taxa de variação máxima na rampa de uma curva vertical côncava é de 1,5 cm/estaca de 30 m
em que
L = comprimento da curva em m
= 1,5 × 180/30
= 9 cm/estaca de 100 pés

Projeto de alinhamento vertical

O alinhamento vertical de uma rodovia, pista de pouso e decolagem de aeroporto ou ferrovia consiste em seções retas conhecidas como rampas ou tangentes ligadas por curvas verticais. As tarefas básicas envolvidas no projeto de alinhamento vertical, portanto, consistem na escolha das rampas adequadas às tangentes e no projeto de curvas verticais apropriadas para ligá-las. A escolha da rampa adequada depende da topografia na qual a via estará localizada e dos padrões fornecidos para a modalidade específica. A forma da curva vertical para cada uma dessas modalidades é a parábola. Existem dois tipos de curvas verticais: convexas e côncavas. Os diferentes tipos de curvas verticais são apresentados na Figura 6.14.

Deve-se observar que os pontos sobre o eixo de qualquer via são identificados por suas distâncias a partir de um ponto de referência fixo, que normalmente é o começo do projeto. Essas distâncias são geralmente fornecidas em estacas de 30 m. Por exemplo, se a estaca de um ponto for (350 + 8,20), isto significa que este ponto é de 350 estacas inteiras mais 8,20 m, ou 10.508,2 m a partir do ponto de referência fixado.

Escolha das rampas adequadas para curvas verticais de rodovias

As rampas máximas recomendadas para os diferentes tipos de rodovias constantes da Tabela 6.7 são utilizadas para escolher uma rampa adequada para a rodovia. Deve-se ressaltar que, sempre que possível, todos os esforços devem ser concentrados para escolher rampas inferiores às apresentadas na tabela. O Exemplo 6.1 ilustra o uso da tabela para estabelecer a rampa máxima admissível para uma determinada rodovia.

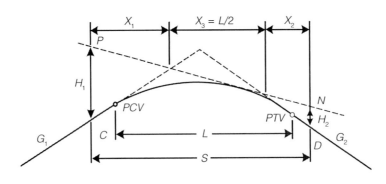

L = Comprimento da curva vertical (pés)
S = Distância de visibilidade (pés)
H_1 = Altura do olho acima da superfície da rodovia (pés)
H_2 = Altura do objeto acima da superfície da rodovia (pés)
G_1 = Rampa da primeira tangente
G_2 = Rampa da segunda tangente
PCV = Ponto de começo de curva vertical
PTV = Ponto de término da curva vertical

Figura 6.15 – Distância de visibilidade nas curvas verticais convexas ($S > L$).

Projeto de curvas verticais de rodovias

Após escolher as rampas, a próxima etapa é projetar uma curva vertical adequada para ligar as duas tangentes ou rampas que se interceptam. O principal critério utilizado para projetar as curvas verticais de rodovias é o fornecimento da distância simples de visibilidade mínima (consulte o Capítulo 3). Existem duas condições para o comprimento mínimo das curvas verticais das rodovias: (1) quando a distância de visibilidade é maior do que o comprimento da curva, e (2) quando é menor que o comprimento da curva. Vamos primeiro considerar a curva vertical convexa com a distância de visibilidade maior do que o comprimento da curva, como mostrado na Figura 6.15, que apresenta esquematicamente um veículo na tangente em C, com os olhos do motorista na altura H_1. Um objeto de altura H_2 também está localizado em D. A linha de visão que permite o motorista ver o objeto é PN. A distância de visibilidade é S. Observe que o comprimento da curva vertical (L) e a distância de visibilidade (S) são as projeções horizontais e não as distâncias ao longo da curva. A razão é que, no projeto dessas curvas verticais, a distância horizontal é utilizada. Considerando as propriedades da parábola

$$X_3 = \frac{L}{2} \tag{6.1}$$

A distância de visibilidade S é então dada como

$$S = X_1 + \frac{L}{2} + X_2 \tag{6.2}$$

Uma vez que a diferença algébrica entre as rampas G_1 e G_2 é dada como $(G_1 - G_2) = A$, o comprimento mínimo ($L_{mín.}$) da curva vertical convexa para a distância de visibilidade necessária é obtido como

$$L_{mín.} = 2S - \frac{200(\sqrt{H_1} + (\sqrt{H_2})^2}{A} \quad \text{(para S > L)} \tag{6.3}$$

A AASHTO recomenda que a altura do motorista H_1 acima da superfície da rodovia seja considerada como 1,1 m e a altura do objeto H_2 seja de 0,61 m. Substituindo esses valores de H_1 e H_2 na Equação 6.3, obtemos

$$L_{mín.} = 2S - \frac{670}{A} \quad \text{(para S > L)} \tag{6.4}$$

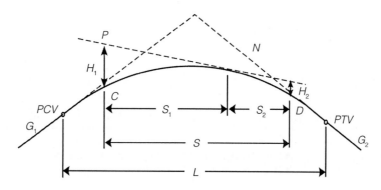

L = Comprimento da curva vertical (pés)
S = Distância de visibilidade (pés)
H_1 = Altura do olho acima da superfície da rodovia (pés)
H_2 = Altura do objeto acima da superfície da rodovia (pés)
G_1 = Rampa da primeira tangente
G_2 = Rampa da segunda tangente
PCV = Ponto de começo da curva vertical
PTV = Ponto de término da curva vertical

Figura 6.16 – Distância de visibilidade na curva vertical crescente (S < L).

Agora vamos considerar o comprimento de uma curva vertical convexa da rodovia onde a distância de visibilidade é inferior ao comprimento da curva, conforme mostrado na Figura 6.16. Para este caso, o comprimento mínimo ($L_{mín.}$) da curva vertical é dado como

$$L_{mín.} = \frac{AS^2}{200(\sqrt{H_1} + (\sqrt{H_2})^2} \quad \text{(para S < L)} \tag{6.5}$$

Substituindo 1,1 m em H_1 e 0,61 m em H_2, obtemos

$$L_{mín.} = \frac{AS^2}{670} \quad \text{(para S < L)} \tag{6.6}$$

Exemplo 6.4

Determinando o comprimento mínimo de uma curva vertical convexa da rodovia

Determine o comprimento mínimo de uma curva vertical convexa da rodovia que liga uma rampa de +3,5% a outra de -3,5% em uma rodovia interestadual rural cuja velocidade de projeto é 110 km/h. Suponha que $S < L$.

Solução

Determine a distância simples de visibilidade mínima (DSV). Primeiro, esta distância para uma velocidade de projeto de 110 km/h é determinada. Utilize a Equação 3.21 do Capítulo 3:

$$DSV = 0{,}28ut + \frac{u^2}{254{,}3(\frac{a}{g} - G)}$$

Utilize $a = 3{,}41$ m/s^2 e $g = 9{,}81$ m/s^2 (consulte o Capítulo 3):

$$DSV = 0{,}28 \times 110 \times 2{,}5 + \frac{110^2}{254{,}3(0{,}35 - 0{,}035)}$$

$$= 77 + 151{,}05 \text{ m} = 228{,}05 \text{ m}$$

Utilize a Equação 6.6 para determinar o comprimento mínimo da curva vertical:

$$L_{mín.} = \frac{AS^2}{670}, \qquad A = (+3{,}5) - (-3{,}5) = 7$$

$$L_{mín.} = \frac{7 \times 228{,}05^2}{670}$$

$$= 543{,}35 \text{ m}$$

Exemplo 6.5

Determinando a velocidade máxima de segurança em uma curva vertical convexa da rodovia

Ao projetar uma curva vertical juntando uma rampa de +2% e outra de -2% em uma rodovia arterial rural, o comprimento da curva deve ser limitado a 210 m por causa das restrições topográficas e da faixa de domínio. Determine a velocidade máxima segura nesse trecho da rodovia.

Solução

Determine a distância simples de visibilidade (DSV) utilizando o comprimento da curva. Neste caso não se sabe se $S < L$ ou $S > L$. Vamos supor que $S < L$. Utilize a Equação 6.6:

$$L_{mín.} = \frac{AS^2}{670}, \qquad A = (+2{,}0) - (-2{,}0) = 4$$

$L_{mín.} = 4 \times S^2/670$

$210 = 4 \times S^2/670$

$S = 187,55$ m

$S < L$; a suposição está correta

Utilize a Equação 3.21 para determinar a velocidade máxima para a distância simples de visibilidade (DSV) de 187,55 m.

$$DSV = 0,28ut + \frac{u^2}{254,3(0,35 - G)}$$

$187,55 = 0,28 \times 2,5 \times u + u^2/254,3(0,35 - 0,02)$

que resulta em:

$u^2 + 58,74u - 14.785,13 = 0$

Resolva a equação de segundo grau para determinar a velocidade máxima u:

$u = 95,72$ km/h

A velocidade máxima segura é, portanto, 95 km/h.

Vamos agora considerar a curva vertical côncava da rodovia. O comprimento mínimo de uma curva vertical côncava é normalmente baseado nos seguintes critérios:

(i) distância de visibilidade noturna;
(ii) conforto do viajante;
(iii) controle de drenagem; e
(iv) aparência geral.

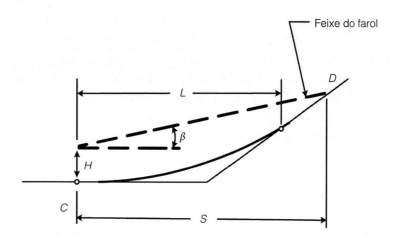

Figura 6.17 – Distância de visibilidade do farol nas curvas verticais côncavas (S > L).

O requisito para a distância de visibilidade noturna leva em consideração a distância que é iluminada pelo feixe do farol que pode ser vista à noite quando o veículo é conduzido em uma curva vertical côncava. Essa distância depende da posição do farol e da inclinação do seu feixe. A Figura 6.17 mostra uma representação esquemática da situação quando a distância de visibilidade noturna é maior que o comprimento da curva (S > L). Deixe o farol ficar localizado em uma altura H acima do solo, e a inclinação do seu feixe para cima com a horizontal é β. O feixe do farol cruzará a estrada em D a uma distância S. A distância de visibilidade noturna disponível será então limitada a S. Os valores recomendados pela AASHTO para H e β são 0,6 m e 1°, respectivamente. Utilizando as propriedades de uma parábola, pode ser mostrado que

$$L = 2S - \frac{200(H + S \tan \beta)}{A} \quad \text{(para S > L)} \tag{6.7}$$

Substituindo 0,6 m em H e 1° em β, a Equação 6.7 transforma-se em

$$L = 2S - \frac{(120 + 3,5S)}{A} \quad \text{(para S > L)} \tag{6.8}$$

Da mesma forma, pode-se mostrar que, para a condição quando S < L,

$$L = \frac{AS^2}{200(H + S \tan \beta)} \quad \text{(para S < L)} \tag{6.9}$$

e substituindo 0,6 m em H e 1° em β, resulta em

$$L = \frac{AS^2}{120 + 3,5S} \quad \text{(para S < L)} \tag{6.10}$$

Ao utilizar as Equações 6.8 e 6.10 para calcular o comprimento mínimo de uma curva vertical côncava, S é considerado como a distância simples de visibilidade da velocidade de projeto no local da curva vertical côncava. Isto proporcionará uma condição segura, pois o motorista poderá ver a uma distância que seja pelo menos igual à distância da visibilidade de parada.

O critério de conforto considera o fato de que ambas as forças gravitacionais e centrífugas atuam em conjunto nas curvas verticais côncavas. Isto resulta em um maior efeito dessas forças sobre os ocupantes do veículo do que nas curvas verticais convexas em que essas forças atuam de modo contrário. A curva vertical côncava é, portanto, projetada de modo que a aceleração radial observada pelos ocupantes de um veículo não exceda um nível aceitável. Um valor aceitável para a aceleração radial (isto é, aquele que proporcionará uma viagem confortável) é geralmente considerado como 0,3 m/s². Uma expressão que tem sido utilizada para o comprimento mínimo de uma curva vertical côncava para satisfazer ao critério de conforto é

$$L = \frac{Au^2}{395} \tag{6.11}$$

em que u é a velocidade de projeto em km/h e L e A os mesmos utilizados anteriormente. Esse comprimento é geralmente inferior ao necessário para satisfazer à exigência da distância de visibilidade noturna.

O critério de drenagem para as curvas verticais côncavas da rodovia é importante nas estradas com guias. Neste caso, a exigência é para um comprimento máximo, e não mínimo, como é exigido pelos outros critérios.

A fim de satisfazer a este critério, normalmente é estipulado que uma rampa mínima de 0,35% seja fornecida dentro de 15 m do ponto em nível da curva. A experiência tem mostrado que o comprimento máximo que satisfaça a este critério é geralmente maior do que o mínimo exigido para os outros critérios.

O critério de aparência geral é normalmente atendido pelo uso de uma regra prática expressa como

$$L = 30A \tag{6.12}$$

em que L é o comprimento mínimo da curva vertical côncava, e A a diferença algébrica entre as rampas que se interceptam.

Exemplo 6.6

Determinando o comprimento de uma curva vertical côncava em um trecho da rodovia

Determine o comprimento de uma curva vertical côncava da rodovia, juntando uma rampa de -3% com outra de +3% em uma rodovia arterial rural, cuja velocidade de projeto é de 95 km/h. Suponha que S < L.

Solução

Determine a distância simples de visibilidade. Use a Equação 3.21 para determinar esta distância mínima para 95 km/h.

$$DSV = 0,28ut + \frac{u^2}{254,3(\frac{a}{g} - G)}$$

$DSV = 0,28 \times 2,5 \times 95 + 95^2/254,3(0,35 - 0,03)$
$\quad = 177,4$ m

Determine o comprimento da curva vertical côncava para fornecer uma distância de visibilidade mínima de 177,4 m (ou seja, para satisfazer ao critério de distância de visibilidade). Use a Equação 6.10 para determinar o comprimento da curva vertical decrescente:

$$L = \frac{AS^2}{400 + 3,5S}$$

$\quad = 6 \times (177,4^2/(120 + 3,5 \times 177,4)$
$\quad = 254,86$ m

Determine o comprimento mínimo necessário para satisfazer ao critério de conforto. Use a Equação 6.11:

$$L = \frac{Au^2}{395}$$

$\quad = 6 \times 95^2/395$
$\quad = 137,1$ m

Determine o comprimento mínimo para satisfazer ao critério de conforto. Use a Equação 6.12:

$L = 30A$
$\quad = 30 \times 6 = 180$ m

O comprimento mínimo que satisfaz a todos os critérios é o exigido para o critério de distância de visibilidade, 254,86 m.

Escolha de uma rampa adequada para pista de pouso e decolagem de aeroporto

Este processo é semelhante ao utilizado para curvas de rodovias no que tange aos critérios de rampa já mencionados neste capítulo, também utilizados para escolher rampas adequadas para pista de pouso e decolagem. A principal diferença é que as rampas máximas admissíveis para pistas de pouso e decolagem são muito mais baixas dos que aquelas para rodovias. O Exemplo 6.3 ilustra o uso desses critérios para escolha das rampas adequadas a pistas de pouso e decolagem de aeroporto.

Projeto de curvas verticais para pista de pouso e decolagem de aeroporto

O procedimento utilizado para este projeto é semelhante ao usado para as rodovias no que tange ao objetivo principal, que é determinar o comprimento da curva vertical. A diferença é que, em vez da distância simples de visibilidade utilizada em rodovias, o principal critério é a exigência do comprimento mínimo ($L_{mín.}$) já abordada neste capítulo, ou seja, é uma constante multiplicada pela diferença algébrica das rampas. Essas exigências são repetidas aqui para aprofundar a compreensão do procedimento:

Para as aeronaves das categorias A e B:

$$L_{mín.} = 90A \tag{6.13}$$

Para as aeronaves das categorias C e D:

$$L_{mín.} = 300A \tag{6.14}$$

em que
  A = mudança de declividade em porcentagem (diferença algébrica das rampas em porcentagem)

Exemplo 6.7

Determinando o comprimento de uma curva vertical para pista de pouso e decolagem de aeroporto
Determine o comprimento de uma curva vertical convexa que liga uma rampa de +0,75% a outra de -0,75% na pista de pouso e decolagem principal de um aeroporto para aeronaves das categorias B e D.

Solução
Utilize a Equação 6.13 para determinar o comprimento mínimo para um aeroporto para aeronaves da categoria B:

$$L_{mín.} = 90A$$
$$= 90 \times 1{,}5 = 135 \text{ m}$$

Utilize a Equação 6.14 para determinar o comprimento mínimo para um aeroporto para aeronaves da categoria D:

$$L_{mín.} = 300A$$
$$= 300 \times 1{,}5 = 450 \text{ m}$$

Escolha de uma rampa adequada para via férrea

Procedimento semelhante ao utilizado para curvas verticais de rodovias e de pistas de aeroportos também é utilizado no que diz respeito a vias férreas em relação a rampas adequadas à topografia da área na qual a via está localizada. O Exemplo 6.3 ilustra o uso desses critérios para escolha de rampas adequadas às vias férreas. No entanto, deve-se observar que as rampas máximas para as vias férreas são geralmente inferiores àquelas para rodovias, embora sejam um tanto quanto semelhantes às das pistas de pouso e decolagem de aeroporto.

Projeto de curvas verticais para ferrovias

Após ter escolhido as rampas adequadas, a próxima tarefa do projeto de alinhamento vertical é projetar as curvas verticais da conexão das rampas consecutivas. O procedimento utilizado é semelhante ao das rodovias e vias férreas no que se refere ao objetivo principal, que é determinar o comprimento da curva vertical. Os comprimentos mínimos recomendados foram previstos para as vias principais de transporte público de veículo leve sobre trilhos e as de carga e intermunicipais de passageiros.

Para as *vias da linha principal de transporte público de veículo leve sobre trilhos*, o comprimento mínimo absoluto da curva vertical depende da velocidade de projeto da via e da diferença algébrica das rampas conectadas pela curva. Os critérios recomendados são fornecidos no manual *Track design handbook for light rail transit* para os comprimentos desejados, mínimo preferível e mínimo absoluto como segue:

$$\text{Comprimento desejável } (L_{\text{míndes}}) = 60A \text{ (m)} \tag{6.15}$$

$$\text{Comprimento mínimo preferível } (L_{\text{mínpref}}) = 30A \text{ (m)} \tag{6.16}$$

Comprimento mínimo absoluto ($L_{\text{mínabs}}$)

$$L_{\text{mínabs}} = \frac{Au^2}{212} \quad \text{(para as curvas verticais convexas) (m)} \tag{6.17}$$

$$L_{\text{mínabs}} = \frac{Au^2}{382} \quad \text{(para as curvas verticais côncavas) (m)} \tag{6.18}$$

em que
  $A = (G_2 - G_1)$ diferença algébrica das rampas conectadas pela curva vertical
  G_1 = rampa em porcentagem da tangente de aproximação
  G_2 = rampa em porcentagem da tangente de saída
  u = velocidade de projeto em km/h

Para *vias de carga e intermunicipais de passageiros*, o comprimento da curva vertical depende da diferença algébrica entre rampas (A), a aceleração vertical e a velocidade do trem. O comprimento mínimo $L_{\text{mín}}$ é dado como:

$$L_{\text{mín}} = \frac{Au^2 K}{100a} \tag{6.19}$$

em que
  A = diferença algébrica entre rampas em porcentagem
  u = velocidade do trem em km/h
  $K = 0,077$, fator para converter $L_{\text{mín}}$ em m

a = aceleração vertical em m/s²
  = 0,03 m/s² para trens cargueiros
  = 0,18 m/s² para trens de passageiros

No entanto, o comprimento de qualquer curva vertical não pode ser inferior a 30 m.

Exemplo 6.8

Determinando o comprimento mínimo de uma curva vertical convexa em uma via principal de transporte público de veículo leve sobre trilhos

A distância entre os PIVs de duas curvas verticais consecutivas (uma vertical convexa seguida por outra côncava) em uma via principal de transporte público de veículo sobre trilhos é de 1.605 m. A rampa da tangente de aproximação da curva vertical convexa é de 6% e a da tangente de saída da côncava é de 5%. Determine o comprimento desejável, o mínimo preferível e o mínimo absoluto de cada uma dessas curvas se a velocidade de projeto da via for de 90 km/h.

Solução

Determine a rampa máxima admissível da tangente em comum. Uma vez que a distância entre os PIVs é maior que 750 m, o comprimento da tangente em comum deve ser considerado ilimitado. A rampa máxima sustentável é, portanto, -4% (consulte a página 282).

Determine os comprimentos necessários para a curva vertical convexa. As rampas de aproximação e as de saída das curvas verticais convexas são +6% e -4%, respectivamente.

Comprimento desejável – use a Equação 6.15:

$$LVC = 60A$$
$$= 60(6 - (-4))$$
$$= 600 \text{ m}$$

Mínimo preferível – use a Equação 6.16:

$$LVC = 30A$$
$$= 30(6 - (-4))$$
$$= 300 \text{ m}$$

Mínimo absoluto – use a Equação 6.17:

$$LVC = \frac{Au^2}{212} = (6 - (-4))(90^2)/212$$

$$= 382 \text{ m}$$

(Observe que, neste caso, o mínimo absoluto é mais comprido que o mínimo preferível. Portanto, se não for viável utilizar o comprimento desejável de 600 m, o comprimento mínimo absoluto de 382 m deve ser utilizado.)

Determine os comprimentos necessários para a curva vertical côncava. As rampas de aproximação e as de saída da curva vertical côncava são -4% e 5%, respectivamente.

Comprimento desejável – use a Equação 6.15:

$$L_{mindes} = 60A$$
$$= 60(-4 - (+5))$$
$$= 540 \text{ m}$$

Comprimento preferível – utilize a Equação 6.16:

$$L_{minpref} = 30A$$
$$= 30(-4 - (5))$$
$$= 270 \text{ m}$$

Comprimento mínimo absoluto – utilize a Equação 6.18:

$$L_{minabs} = \frac{Au^2}{382} = (-4 - (+5))(90^2)/382$$
$$= 191 \text{ m}$$

Exemplo 6.9

Determinando o comprimento mínimo de uma curva vertical convexa em via principal de carga e intermunicipal de passageiros

Ao projetar uma curva vertical em uma via principal para carros de passageiros e vagões de carga, o engenheiro utilizou um comprimento de 1.500 m para uma curva, unindo uma rampa de +2% com outra de -2%. Determine se essa curva satisfaz à exigência de comprimento mínimo caso os trens estejam previstos para circular a 80 km/h.

Solução
Utilize a Equação 6.19 para determinar o comprimento mínimo da curva:

$$L_{mín} = \frac{Au^2K}{100a}$$

$$A = 2 - (-2) = 4$$

$$L_{mín.} = \frac{4 \times 80^2 \times 0,077}{100 \times 0,03} \quad \text{(para trens cargueiros)}$$

$$= 657 \text{ m (para trens cargueiros)}$$

$$L_{mín.} = \frac{4 \times 80^2 \times 0,077}{100 \times 0,18} \quad \text{(para trens de passageiros)}$$

$$= 110 \text{ m (para trens de passageiros)}$$

A exigência de comprimento mínimo é atendida.

Esquema das curvas verticais

Tendo definido o comprimento de uma curva vertical, é necessário determinar a elevação na curva em intervalos regulares para facilitar sua construção no campo. As propriedades de uma parábola são utilizadas novamente para realizar esta tarefa. Considere uma curva vertical convexa em forma de parábola mostrada na Figura 6.18.

Das propriedades de uma parábola, $Y = ax^2$, em que a é uma constante. A taxa de variação da inclinação é

$$\frac{d^2Y}{dx^2} = 2a$$

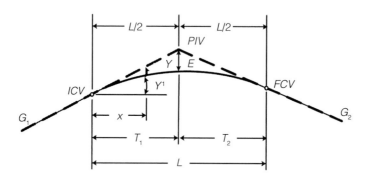

PIV = Ponto de interseção vertical
ICV = Início da curva vertical (mesmo ponto do PCV)
FCV = Final da curva vertical (mesmo ponto do PTV)
E = Distância externa
G_1, G_2 = Rampas das tangentes (%)
L = Comprimento da curva
A = Diferença algébrica entre rampas, G1 - G2

Figura 6.18 – Esquema de uma curva vertical convexa para projeto.

mas $T_1 = T_2 = T$, que resulta em

$$L = 2T$$

Se a variação total da inclinação for A, então

$$2a = \frac{A}{100L}$$

A equação da curva, portanto, pode ser escrita como

$$Y = \left[\frac{A}{200L}\right] x^2 \qquad (6.20)$$

Quando $x = L/2$, a distância externa E do ponto de interseção vertical (PIV) até a curva é determinada pela substituição de $L/2$ por x na Equação 6.20, que resulta em

$$E = \frac{A}{200L}\left(\frac{L}{2}\right)^2 = \frac{AL}{800} \qquad (6.21)$$

Uma vez que as estacas são fornecidas em intervalos de 30 m, E pode ser dado como

$$E = \frac{AN}{26,67} \qquad (6.22)$$

em que N é o comprimento da curva em estacas de 30 m e E dado em metros. A flecha Y de qualquer ponto da curva até a tangente também pode ser determinado em termos de E, substituindo $800E/L$ por A na Equação 6.20, o que resulta em

$$Y = \left(\frac{x}{L/2}\right)^2 E \qquad (6.23)$$

Por causa das exigências de espaço livre e de drenagem, às vezes é necessário determinar a localização e a elevação dos pontos mais altos e mais baixos das curvas verticais convexas e côncavas, respectivamente. A expressão para a distância entre o início da curva vertical (ICV) e o ponto mais alto de uma curva vertical convexa pode ser determinada em termos de rampas. Observe que esta distância é T somente quando a curva é simétrica. Para curvas assimétricas (isto é, G_1 diferente de G_2), ela pode ser menor ou maior do que T, dependendo dos valores de G_1 e G_2.

Considere a expressão para Y^1 (consulte a Figura 6.18):

$$Y^1 = \frac{G_1 x}{100} - Y$$

$$= \frac{G_1 x}{100} - \frac{A}{200L} x^2$$

$$= \frac{G_1 x}{100} - \left(\frac{G_1 - G_2}{200L}\right) x^2 \qquad (6.24)$$

Diferenciando a Equação 6.24 e igualando-a a zero temos o valor de x_{alto} para o valor máximo de Y (ou seja, a distância do ponto mais alto é locada a partir do ICV):

$$\frac{dY^1}{dx} = \frac{G_1}{100} - \left(\frac{G_1 - G_2}{100L}\right) x = 0 \qquad (6.25)$$

que resulta em

$$x_{alto} = \frac{100L}{G_1 - G_2} \frac{G_1}{100}$$

$$= \frac{LG_1}{G_1 - G_2} \qquad (6.26)$$

Da mesma forma, pode ser mostrado que a diferença de elevação entre o ICV e o ponto mais alto Y^1_{alto} pode ser obtida substituindo o valor de x_{alto} em x na Equação 6.24. Isto resulta em

$$Y^1_{alto} = \frac{LG_1^2}{200(G_1 - G_2)} \qquad (6.27)$$

Engenharia de infraestrutura de transportes

O projeto completo de uma curva vertical para ferrovia, rodovia ou pista de pouso e decolagem de aeroporto geralmente passará pelas seguintes etapas:

Etapa 1: determinar o comprimento mínimo da curva para atender às exigências da modalidade específica e tipo de curva vertical (convexa ou côncava).
Etapa 2: utilizar o desenho do perfil (desenho do alinhamento vertical da via) e determinar o ponto da curva vertical (PIV) (ponto de interseção vertical).
Etapa 3: calcular as estacas e elevações do início (ICV) e do final da curva vertical (FCV).
Etapa 4: calcular a flecha Y da tangente até a curva em distâncias iguais de, geralmente, 30 m (ou seja, múltiplos de 30 m), começando com a primeira estaca completa. É comum os comprimentos das curvas verticais em vias férreas serem apresentados em múltiplos de 30 m. Neste caso, as flechas podem ser determinadas em distâncias iguais de 30 metros e não são necessárias em estacas completas.
Etapa 5: calcular as elevações na curva. Observe que, para as curvas convexas, a flecha é subtraída da elevação da tangente correspondente para obter a elevação da curva, enquanto, para as curvas côncavas, a defasagem é adicionada à elevação da tangente correspondente. O procedimento é ilustrado no Exemplo 6.10.

Exemplo 6.10

Projeto de uma curva vertical convexa em uma via férrea
Uma curva vertical convexa unindo uma rampa de +0,75% e outra de -0,75% deve ser projetada para uma via férrea de carga com trens que viajam a 108 km/h. Se as tangentes se cruzam na estaca (350 + 22,5) em uma elevação de 138 m, determine as estacas e as elevações do ICV e FCV. Além disso, calcule as elevações na curva a intervalos de 30 m. Um esboço da curva é mostrado na Figura 6.19.

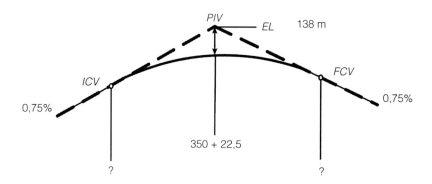

Figura 6.19 – Esquema de uma curva vertical do Exemplo 6.10.

Solução
Determine o comprimento da curva (L) em pés. Utilize a Equação 6.19 para determinar o comprimento mínimo da curva:

$$L_{mín.} = \frac{Au^2K}{100a}$$

$G_1 = +0,75$

$G_2 = -0.75$

$A = 0{,}75 - (-0{,}75) - 1{,}5$

$$L_{mín.} = \frac{1{,}5 \times 108^2 \times 0{,}077}{100 \times 0{,}03} = 449{,}06 \text{ m } (450 \text{ m})$$

Calcule a estaca e a elevação do início da curva vertical (ICV):

Estaca do ICV é $(350 + 22{,}5) - \dfrac{15{,}0 + 00{,}00}{2} = 343 + 7{,}5$

Elevação do ICV é $138 - 0{,}0075 \times \dfrac{450}{2} = 136{,}31$ m

Calcule a estaca e a elevação do final da curva vertical (FCV):

Estaca do FCV é $(350 + 22{,}5) - \dfrac{15 + 00{,}00}{2} = (358 + 7{,}5)$

Elevação do FCV é $138 - 0{,}0075 \times \dfrac{1.500}{2} = 136{,}31$ m

O restante da solução é mostrado na Tabela 6.12.

Tabela 6.12 – Cálculos de elevação do Exemplo 6.10.

Estaca	Distância do ICV(x) m	Elev. da tangente	Flecha $y = Ax^2/200L$	Elevação da curva (El. tangente - flecha) m
343 + 07,50	0	136,31	0	136,31
344 + 00,00	22,5	136,479	0,0084	136,4703
345 + 00,00	52,5	136,704	0,0459	136,6578
346 + 00,00	82,5	136,929	0,1134	136,8153
347 + 00,00	112,5	137,154	0,2109	136,9428
348 + 00,00	142,5	137,379	0,3384	137,0403
349 + 00,00	172,5	137,604	0,4959	137,1078
350 + 00,00	202,5	137,829	0,6834	137,1453
351 + 00,00	232,5	138,054	0,9009	137,1528
352 + 00,00	262,5	138,279	1,1484	137,1303
353 + 00,00	292,5	138,504	1,4259	137,0778
354 + 00,00	322,5	138,729	1,7334	136,9953
355 + 00,00	352,5	138,954	2,0709	136,8828
356 + 00,00	382,5	139,179	2,4384	136,7403
357 + 00,00	412,5	139,404	2,8359	136,5678
358 + 00,00	442,5	139,629	3,2634	136,3653
358 + 07,50	450	139,685	3,3750	136,3100

Projeto de alinhamento horizontal

Este projeto é semelhante ao de alinhamento vertical, em que os trechos horizontais retos de uma estrada, conhecidos como tangentes, estão ligados por curvas horizontais. A principal diferença é que as curvas verticais são parabólicas, enquanto as horizontais são circulares. Uma curva horizontal circular é projetada por meio da determinação de um raio adequado, que oferecerá um fluxo suave ao longo da curva. Esse raio depende principalmente da velocidade máxima em que o veículo percorre a curva e da superelevação máxima admissível.

Tipos de curvas horizontais

As curvas horizontais podem ser divididas em quatro tipos gerais: simples, compostas, reversa e espiral. Vamos considerar agora como o cálculo de cada uma delas é realizado.

Curvas simples

Este é um segmento simples de uma curva circular de raio R. A Figura 6.20 apresenta o esquema de uma curva horizontal simples. Vários pontos importantes da curva devem ser observados, pois exercem um importante papel no cálculo e na configuração da curva. O ponto em que a curva começa, isto é, onde a curva encontra a tangente, é o ponto de curva (PC). O ponto em que a curva termina é o ponto de tangente (PT). O ponto de interseção de duas tangentes é (PI), ou vértice (V). A curva simples é definida pelo seu raio (por exemplo, curva com raio de 255 m) ou pelo seu grau.

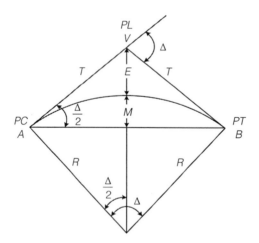

R = Raio de curva circular
T = Comprimento da tangente
Δ = Ângulo de deflexão
M = Ordenada do meio
PC = Ponto de curva
PT = Ponto de tangente
PI = Ponto de interseção das tangentes
E = Afastamento

Figura 6.20 – Esquema de uma curva horizontal simples.

As definições de arco ou de corda são utilizadas para obter o grau da curva. Utilizando a definição de arco, a curva é estabelecida pelo ângulo, que é subtendido no centro por um arco circular de 30 m de comprimento. Por exemplo, uma curva de 3° é aquela em que um arco de 30 m subtende um ângulo de 3° no centro. A Figura 6.21a ilustra a definição de arco. Com a definição de corda, a curva é estabelecida pelo ângulo que é subtendido no centro por uma corda de 30 m de comprimento. Neste caso, uma curva de 3° é aquela em que uma corda de 30 m subtende um ângulo de 3° no centro. A Figura 6.21b ilustra a definição de corda. A definição de arco é utilizada para projetos de rodovias e de pistas de pouso e decolagem de aeroportos, enquanto a de corda o é comumente para projetos ferroviários. É útil determinar a relação entre o raio de curva e seu grau.

Vamos primeiro considerar a definição de arco. O comprimento de um arco de uma curva circular é obtido por

$$L_{arco} = R\theta$$

em que
L_{arco} = comprimento do arco
R = raio da curva
θ = ângulo em radianos subtendido no centro pelo arco do comprimento L

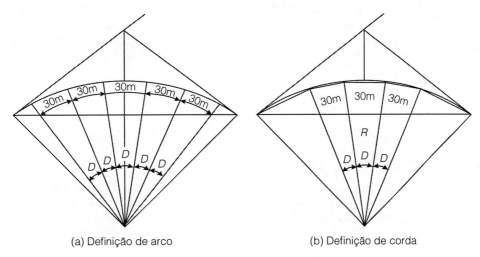

(a) Definição de arco   (b) Definição de corda

Figura 6.21 – Definições de arco e corda de uma curva circular.

Se o ângulo subtendido no centro de um arco de 30 m for D_a^o graus, então

$$\theta = \frac{\pi D_a^o}{180} \text{ radianos e}$$

$$30 = \frac{R\pi D_a^o}{180}$$

que resulta em

$$R = \frac{1718{,}18}{D_a^o} \qquad (6.28)$$

O raio da curva pode, em seguida, ser determinado se seu grau for conhecido ou puder ser determinado caso o raio seja conhecido.

No caso de definição de corda, uma vez que a curva é definida pelo ângulo subtendido no centro por uma corda de 30 m

$$R = \frac{15}{\operatorname{sen}\frac{D_c^\circ}{2}} \qquad (6.29)$$

em que

R = raio da curva

D_c° = ângulo subtendido no centro em graus por uma corda de 30 m

Para uma curva de 1°, $R = 1.718,89$ m, resulta em

$$R = \frac{1718,89}{D_c^\circ} \qquad (6.30)$$

para a faixa de ângulos normalmente utilizados no projeto ferroviário.

Várias relações básicas podem ser desenvolvidas para a curva horizontal simples. Usando as propriedades do círculo e referindo-se à Figura 6.20, as duas tangentes AV e BV têm comprimentos iguais, que são designados como T. O ângulo formado por tangentes é conhecido como o ângulo de deflexão, Δ. O comprimento tangente é dado por

$$T = R \tan \frac{\Delta}{2} \qquad (6.31)$$

A corda AB é a corda longa e seu comprimento C é dado por

$$C = 2R \operatorname{sen} \frac{\Delta}{2} \qquad (6.32)$$

A distância entre o ponto de interseção de duas tangentes e a curva é o afastamento E, obtida por

$$E = R \sec \frac{\Delta}{2} - R$$

$$E = R\left[\frac{1}{\cos \frac{\Delta}{2}} - 1\right] \qquad (6.33)$$

A distância M entre o ponto médio da corda longa e o da curva é a ordenada do meio, dada por

$$M = R - R \cos \frac{\Delta}{2}$$

$$M = R\left(1 - \cos \frac{\Delta}{2}\right) \qquad (6.34)$$

O comprimento da curva L_c é dada por

$$L_c = \frac{R \Delta \pi}{180} \qquad (6.35)$$

Curvas compostas

As curvas compostas são formadas quando duas sucessivas de uma série de duas ou mais curvas simples em sequência, que viram na mesma direção, possuem um ponto de tangente comum. A Figura 6.22 mostra o esquema de uma curva composta formada por duas curvas simples. As curvas compostas são utilizadas principalmente para obter uma forma desejável de alinhamento em um determinado local. A Figura 6.22 mostra sete variáveis diferentes, R_1, R_2, Δ_1, Δ_2, Δ, T_1, T_2, que estão associadas a uma curva composta. Muitas equações podem ser desenvolvidas relacionando duas ou mais dessas variáveis. As equações apresentadas a seguir são mais comumente utilizadas na definição das curvas compostas:

$$\Delta = \Delta_1 + \Delta_2 \tag{6.36}$$

$$t_1 = R \tan \frac{\Delta_1}{2} \tag{6.37}$$

$$t_2 = R \tan \frac{\Delta_2}{2} \tag{6.38}$$

$$\frac{\overline{VG}}{\operatorname{sen} \Delta_2} = \frac{\overline{VH}}{\operatorname{sen} \Delta_1} = \frac{t_1 + t_2}{\operatorname{sen}(180 - \Delta)} = \frac{t_1 + t_2}{\operatorname{sen} \Delta} \tag{6.39}$$

$$T_1 = \overline{VG} + t_1 \tag{6.40}$$

$$T_2 = \overline{VH} + t_2 \tag{6.41}$$

em que
  R_1 e R_2 = raios de curvas simples que formam curvas compostas
  Δ_1 e Δ_2 = ângulos de deflexão das curvas simples
  t_1 e t_2 = comprimentos tangentes das curvas simples
  T_1 e T_2 = comprimentos tangentes das curvas compostas
  Δ = ângulo de deflexão da curva composta

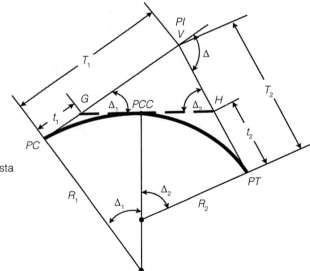

R_1, R_2 = Raios das curvas simples que formam a curva composta
Δ_1, Δ_2 = Ângulos de deflexão das curvas simples
Δ = Ângulo de deflexão da curva composta
t_1, t_2 = Comprimentos tangentes das curvas simples
T_1, T_2 = Comprimentos tangentes da curva composta
PCC = Ponto de curva composta
PI = Ponto de interseção das tangentes
PC = Ponto de curva
PT = Ponto de tangente

Figura 6.22 – Esquema de uma curva composta.

Curvas reversas

Estas são formadas quando duas curvas simples consecutivas que giram em direções opostas têm uma tangente em comum, conforme apresentado na Figura 6.23. São utilizadas principalmente quando o alinhamento horizontal precisa ser alterado. Pode-se ver na Figura 6.23 que

$\Delta = \Delta_1 = \Delta_2$

ângulo $OWX = \dfrac{\Delta_1}{2} = \dfrac{\Delta}{2}$

ângulo $OYZ = \dfrac{\Delta_1}{2} = \dfrac{\Delta_2}{2}$

Assim, WOY é uma linha reta:

$\tan \dfrac{\Delta}{2} = \dfrac{d}{D}$

$d = R - R \cos \Delta_1 + R - R \cos \Delta_2$

$d = 2R(1 - \cos \Delta)$

$R = \dfrac{d}{2(1 - \cos \Delta)}$

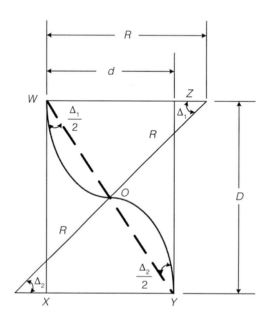

R = Raio da curva simples
Δ_1, Δ_2 = Ângulos de deflexão das curvas simples
d = Distância entre as tangentes paralelas
D = Distância entre os pontos de tangência

Figura 6.23 – Esquema de uma curva reversa.

Curvas de transição, ou espirais

São aquelas com curvatura variável geralmente colocadas entre uma tangente e uma curva horizontal ou entre duas curvas horizontais com raios significativamente diferentes. As curvas de transição proporcionam uma variação progressiva do grau e um deslocamento mais fácil da tangente até o trecho com curvatura integral, ou de uma curva circular a outra com um raio substancialmente diferente. Quando colocado entre uma tangente e uma curva horizontal, o grau de uma curva de transição varia de zero até o grau da curva e, quando colocado entre duas curvas, seu grau varia daquele da primeira curva circular ao da segunda. A Figura 6.24 mostra um desenho esquemático de uma curva espiral entre uma tangente e uma curva circular.

Vamos considerar uma curva espiral entre uma tangente e uma curva circular. Como o grau de curva espiral varia de zero em tangente (ou seja, em TS) ao grau da curva circular D_a no início da curva circular (ou seja, em SC) (consulte a Figura 6.24), a taxa de variação em graus (K) da espiral é dada como

$$K = \frac{30 D_a}{L_s} \tag{6.43}$$

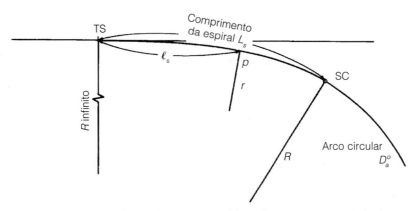

Figura 6.24 – Desenho esquemático de uma curva espiral.
Fonte: Davis; Foote; Anderson; Mikhail. Surveying theory and practice. McGraw-Hill Book Company, 1997.

em que
K = taxa de variação/estaca de 30 m
D_a = grau da curva simples
L_s = comprimento da espiral em m

Uma vez que K é uma constante, ocorre que o raio r ou o grau de curva D_p da espiral em qualquer ponto p, a uma distância ℓ_s de TS pode ser determinado como

$$D_p = \frac{\ell_s K}{30} \text{ e}$$

$$r = \frac{1718,2}{D_p} = \frac{1718,2(30)}{\ell_s K} \tag{6.44}$$

Da mesma forma, o raio em SC é

$$R = \frac{1718,2(30)}{L_s K} \tag{6.45}$$

do qual obtemos

$$\frac{r}{R} = \frac{L_s}{\ell_s} \tag{6.46}$$

Discutiremos agora como as relações básicas dadas nas Equações 6.28 a 6.46 são utilizadas no projeto de alinhamento horizontal de uma via para modalidades diferentes.

Projeto de alinhamento horizontal de rodovias

Curvas simples de rodovias

A primeira tarefa no projeto de uma curva horizontal simples para uma rodovia é determinar seu raio mínimo necessário, que é baseado na velocidade de projeto escolhida para a rodovia para as duas condições a seguir:

(i) taxa máxima de superelevação;
(ii) distância simples de visibilidade mínima na curva.

Taxa máxima de superelevação
A relação que determina o raio de uma curva horizontal de uma rodovia para esta condição foi desenvolvida no Capítulo 3, dada como

$$R = \frac{u^2}{127(e + f_s)} \tag{6.47}$$

em que
  R = raio de curva circular, m
  u = velocidade do veículo, km/h
  e = superelevação
  f_s = coeficiente de atrito lateral

Observou-se que vários fatores controlam o valor máximo que pode ser utilizado para a superelevação (e). Estes incluem a localização da rodovia (isto é, se está em uma área urbana ou rural), as condições climáticas (como a ocorrência de neve) e a distribuição do tráfego lento na corrente de tráfego. Também observou-se que um valor máximo de 0,1 é utilizado em áreas sem neve e gelo e, para as áreas com neve e gelo, os valores máximos variaram de 0,08 a 0,1. Para as vias expressas em áreas urbanas, um valor máximo de 0,08 é utilizado.

Distância simples de visibilidade mínima na curva
Esta condição aplica-se em locais onde um objeto está localizado perto da borda interna da rodovia, conforme apresentado na Figura 6.25. O objeto pode interferir na visão do motorista, resultando em uma redução da distância de visibilidade à frente. É, portanto, necessário que a curva horizontal seja projetada de modo que proporcione uma distância de visibilidade pelo menos igual à distância simples de visibilidade.

A Figura 6.25 mostra uma representação esquemática em que o veículo está no ponto A e o objeto no ponto T. A corda AT é a linha de visão que permitirá ao motorista ver o objeto em T. No entanto, convém observar que a distância horizontal real percorrida pelo veículo do ponto A ao ponto T é o arco AT. Esta é, portanto, a distância S realmente disponível para o veículo parar em T. Subentendendo-se o ângulo no centro pelo arco AT como sendo $2\theta°$, temos

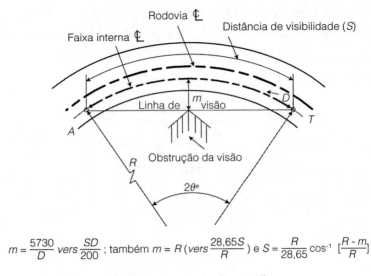

Figura 6.25 – Distância de visibilidade na curva horizontal com um objeto localizado perto da parte interna da curva.

Fonte: *A policy on geometric design of highways and streets*. Washington, D.C.: American Association of State Highway and Transportation Officials, 2004. Usado com permissão.

$$S = \frac{2R\theta\pi}{180}$$

$$\theta = \frac{28{,}65}{R} S \qquad (6.48)$$

em que
 R = raio de curva, m
 S = distância de visibilidade = comprimento do arco AT, m

No entanto,

$$\cos\theta = \frac{R - m}{R}$$

$$\cos\left(\frac{28{,}65}{R} S\right) = \frac{R - m}{R}$$

que resulta em

$$m = R\left(1 - \cos\frac{28{,}65}{R} S\right) \qquad (6.49)$$

A Equação 6.49 pode ser utilizada para determinar m, R ou S, dependendo das informações conhecidas. Observe que a distância simples de visibilidade mínima S é obtida pela Equação 3.24, dada como

$$SSD = 0{,}28ut + \frac{u^2}{254{,}3\left(\frac{a}{g} \pm G\right)} \tag{6.50}$$

em que
   u = velocidade, km/h
   t = tempo de percepção e reação, s
   a = taxa de desaceleração, m/s²
   g = aceleração da gravidade, m/s²
   G = rampa da tangente

Exemplo 6.11

Determinando o raio de uma curva horizontal simples em uma rodovia

Uma curva horizontal está sendo projetada para ligar duas tangentes que se cruzam em uma rodovia coletora rural com um volume de projeto previsto de 4.000 veículos/dia. Espera-se que, por causa da restrição da faixa de domínio, um grande *outdoor* seja colocado a uma distância de 13,5 m do eixo da faixa interna. Se o terreno puder ser descrito como em nível e apenas uma quantidade mínima de neve for prevista na rodovia, determine o raio mínimo da curva.

Solução

Utilize a Tabela 6.5 para determinar a velocidade de projeto. Para o terreno em nível e volume de projeto previsto acima de 2.000 veículos/dia, a velocidade de projeto é de 95 km/h.

Determine o raio mínimo com base na taxa máxima de superelevação. Para uma rodovia coletora rural e quantidade mínima de neve, uma taxa máxima de superelevação (e) de 0,1 pode ser usada. Utilize a Equação 6.47 para determinar o raio mínimo:

$$R = \frac{u^2}{127(e + f)}$$

Observação: Para uma velocidade de projeto de 95 km/h, o coeficiente de atrito lateral é 0,12 (consulte a Tabela 3.9):

$$R = \frac{95^2}{127(0{,}1 + 0{,}12)}$$

$$= 323 \text{ m}$$

Determine o raio mínimo com base no requisito de distância de visibilidade. Utilize a Equação 6.50 para determinar a distância de visibilidade para uma velocidade de projeto de 95 km/h:

$$SSD = 0{,}28ut + \frac{u^2}{254{,}3\left(\frac{a}{g} \pm G\right)}$$

$$= 0{,}28 \times 95 \times 2{,}5 + \frac{95^2}{254{,}3(0{,}35 + 0)} \quad \text{(presumindo que } a = 3{,}5 \text{ m/s}^2\text{)}$$

$$= 66{,}5 + 101{,}40$$

$$= 167{,}9 \text{ m}$$

Utilize a Equação 6.49 para determinar o raio mínimo:

$$m = R\left(1 - \cos\frac{28{,}65}{R}\,S\right)$$

$$13{,}5 = R\left(1 - \cos\frac{28{,}65}{R}\,167{,}9\right)$$

da qual obtemos $R \sim 259$ m, que é menor do que os 323 m obtidos pelo requisito de superelevação máxima. Este, portanto, prevalece, e o raio mínimo da curva é 323 m.

Curvas compostas de rodovias

Conforme observado anteriormente, as curvas compostas são utilizadas principalmente para obter formas desejadas de alinhamento horizontal. Em rodovias, elas são particularmente utilizadas em interseções em nível, rampas de trevos e trechos da rodovia situados em locais com condições topográficas difíceis. Quando as curvas compostas são utilizadas em rodovias, todo esforço deve ser feito para evitar variações bruscas no alinhamento. A AASHTO recomenda, portanto, que a relação entre os raios mais abertos e os mais fechados não deva ser superior a 1,5:1. Nos locais onde os motoristas podem se adaptar às variações bruscas de curvatura e velocidade, como cruzamentos, a AASHTO sugere que a relação entre o raio mais aberto e o mais fechado possa ser aumentada para 2:1. No entanto, a relação máxima desejável recomendada é de 1,75:1. Quando for necessário usar relações superiores a 2:1, uma curva espiral deve ser colocada entre as duas curvas.

Outros fatores que devem ser considerados no projeto de curvas compostas de rodovias são os seguintes: (i) transição suave de uma curva mais aberta para uma acentuada deve ser providenciada; e (ii) uma taxa de desaceleração razoável deve existir, pois o motorista percorre uma série de curvas com raios decrescentes. Essas condições normalmente são satisfeitas se o comprimento de cada curva não for inferior aos valores mínimos especificados pela AASHTO. A Tabela 6.13 apresenta os valores recomendados.

Tabela 6.13 – Comprimentos do arco circular para uma curva de interseção composta quando seguida por uma curva de meio raio ou precedida por uma curva de raio duplo.

Comprimento de arco circular (pés)	\multicolumn{7}{c}{Raio (pés)}
	100	150	200	250	300	400	500 ou mais
Mínimo	40	50	60	80	100	120	140
Desejável	60	70	90	120	140	180	200

Observação: 1 pé - 0,3 m

Fonte: Adaptada de *A policy on geometric design of highways and streets*. Washington D.C.: American Association of State Highway and Transportation Officials, 2004. Usado com permissão.

Curvas reversas de rodovias

Estas não são utilizadas com frequência no projeto de rodovias, pois podem resultar em uma variação repentina de alinhamento que, por sua vez, pode dificultar que os motoristas se mantenham em suas faixas. Sugere-se que duas curvas simples separadas por um comprimento suficiente de tangente ou por um comprimento equivalente de espiral seja o ideal de projeto.

Curvas espirais de rodovias

Ao projetar uma curva espiral de rodovia, a primeira tarefa é determinar o comprimento da curva. O comprimento mínimo é dado como

$$L = \frac{0,0214u^2}{RC} \qquad (6.51)$$

em que
 L = comprimento mínimo da curva (m)
 u = velocidade (km/h)
 R = raio da curva (m)
 C = taxa de aumento da aceleração radial (m/s^2/s)

C é um fator empírico que indica o nível de conforto e segurança. No projeto de rodovias, os valores utilizados em C têm variado de 0,3 a 0,9. Uma alternativa prática para determinar o comprimento mínimo da curva espiral é utilizar o comprimento necessário na distribuição da superelevação. Este é o comprimento da rodovia necessário para realizar a transição entre a inclinação transversal existente na tangente e o trecho completamente superelevado da curva.

A Tabela 6.14 fornece os valores recomendados dos comprimentos necessários para a distribuição da superelevação para diversas velocidades de projeto e taxas de superelevação. Os valores nela apresentados são para a rotação de uma e duas faixas. Um exame cuidadoso mostrará que os valores para a rotação de duas faixas não são o dobro daqueles necessários para uma faixa, como seria de esperar. A AASHTO tem recomendado fatores de ajuste obtidos empiricamente, e considera que nem sempre é viável prover distribuições de superelevação que se baseiem no valor de uma faixa multiplicado pelo número de faixas, já que isto tende a ser excessivo em alguns casos. Quando duas ou mais faixas são giradas, a AASHTO recomenda que o fator de multiplicação obtido pela Equação 6.52 seja utilizado:

$$b_w = [1 + 0,5(n_1 - 1)]/n_1 \qquad (6.52)$$

em que
 b_w = fator de multiplicação que deve ser aplicado ao valor de rotação de uma faixa
 n_1 = número de faixas a serem giradas

Exemplo 6.12

Determinando o comprimento de uma curva espiral em uma rodovia

Determine o comprimento mínimo de uma curva espiral ligando uma tangente e uma curva circular de raio de 240 m em uma rodovia rural sem canteiro com quatro faixas, de 3,6 m, e uma velocidade de projeto de 105 km/h. Suponha que C = 3. Se a agência de transportes do Estado em que a estrada está localizada exigir que o comprimento de qualquer curva espiral deva ser, pelo menos, igual ao de distribuição da superelevação quando duas faixas forem giradas, determine o comprimento que deve ser utilizado para o projeto.

Projeto geométrico das vias de transporte • Capítulo 6 — 311

Tabela 6.14 – Distribuição da superelevação L_r (pés) para curvas horizontais.

e (%)	V_d=15 milhas/h L₁	V_d=15 L₂	V_d=20 L₁	V_d=20 L₂	V_d=25 L₁	V_d=25 L₂	V_d=30 L₁	V_d=30 L₂	V_d=35 L₁	V_d=35 L₂	V_d=40 L₁	V_d=40 L₂	V_d=45 L₁	V_d=45 L₂	V_d=50 L₁	V_d=50 L₂	V_d=55 L₁	V_d=55 L₂	V_d=60 L₁	V_d=60 L₂	V_d=65 L₁	V_d=65 L₂	V_d=70 L₁	V_d=70 L₂	V_d=75 L₁	V_d=75 L₂	V_d=80 L₁	V_d=80 L₂
1,5	0	0	0	0	0	0	0	0	0	0	0	0	0	0	0	0	0	0	0	0	0	0	0	0	0	0	0	0
2,0	31	48	32	49	34	51	36	55	39	58	41	62	44	67	48	72	51	77	53	80	56	84	60	90	63	95	69	103
2,2	34	51	36	54	38	57	40	60	43	64	46	68	49	73	53	79	56	84	59	88	61	92	66	99	69	104	75	113
2,4	37	55	39	58	41	62	44	65	46	70	50	74	53	80	58	86	61	92	64	96	67	100	72	108	76	114	82	123
2,6	40	60	42	63	45	67	47	71	50	75	54	81	58	87	62	94	66	100	69	104	73	109	78	117	82	123	89	134
2,8	43	65	45	68	48	72	51	76	54	81	58	87	62	93	67	101	71	107	75	112	78	117	84	126	88	133	96	144
3,0	46	69	49	73	51	77	55	82	58	87	62	93	67	100	72	108	77	115	80	120	84	126	90	135	95	142	103	154
3,2	49	74	52	78	55	82	58	87	62	93	66	99	71	107	77	115	82	123	85	128	89	134	96	144	101	152	110	165
3,4	52	78	55	83	58	87	62	93	66	99	70	106	76	113	82	122	87	130	91	136	95	142	102	153	107	161	117	175
3,6	55	83	58	88	62	93	65	98	70	105	74	112	80	120	86	130	92	138	96	144	100	151	108	162	114	171	123	185
3,8	58	88	62	92	65	98	69	104	74	110	79	118	84	127	91	137	97	146	101	152	106	159	114	171	120	180	130	195
4,0	62	92	65	97	69	103	73	109	77	116	83	124	89	133	96	144	102	153	107	160	112	167	120	180	126	189	137	206
4,2	65	97	68	102	72	108	76	115	81	122	87	130	93	140	101	151	107	161	112	168	117	176	126	189	133	199	144	216
4,4	68	102	71	107	75	113	80	120	85	128	91	137	96	147	106	158	112	169	117	176	123	184	132	198	139	208	151	226
4,6	71	106	75	112	79	118	84	125	89	134	95	143	102	153	110	166	117	176	123	184	128	193	138	207	145	218	158	237
4,8	74	111	78	117	82	123	87	131	93	139	99	149	107	160	115	173	123	184	128	192	134	201	144	216	152	227	165	247
5,0	77	115	81	122	86	129	91	136	97	145	103	155	111	167	120	180	128	191	133	200	140	209	150	225	158	237	171	257
5,2	80	120	84	126	89	134	95	142	101	151	108	161	116	173	125	187	133	199	139	208	145	218	156	234	164	246	178	267
5,4	83	125	88	131	93	139	98	147	105	157	112	168	120	180	130	194	138	207	144	216	151	226	162	243	171	256	185	278
5,6	86	129	91	136	96	144	102	153	108	163	116	174	124	187	134	202	143	214	149	224	156	234	168	252	177	265	192	288
5,8	89	134	94	141	99	149	105	158	112	168	120	180	129	193	139	209	148	222	155	232	162	243	174	261	183	275	199	298
6,0	92	138	97	146	103	154	109	164	116	174	124	186	133	200	144	216	153	230	160	240	167	251	180	270	189	284	206	309
6,2	95	143	101	151	106	159	113	169	120	180	128	192	138	207	149	223	158	237	165	248	173	260	186	279	196	294	213	319
6,4	98	148	104	156	110	165	116	175	124	186	132	199	142	213	154	230	163	245	171	256	179	268	192	288	202	303	219	329
6,6	102	152	107	161	113	170	120	180	128	192	137	205	147	220	158	238	169	253	176	264	184	276	198	297	208	313	226	339
6,8	105	157	110	165	117	175	124	185	132	197	141	211	151	227	163	245	174	260	181	272	190	285	204	306	215	322	233	350
7,0	108	162	114	170	120	180	127	191	135	203	145	217	156	233	168	252	179	268	187	280	195	293	210	315	221	332	240	360
7,2	111	166	117	175	123	185	131	196	139	209	149	223	160	240	173	259	184	276	192	288	201	301	216	324	227	341	247	370
7,4	114	171	120	180	127	190	135	202	143	215	153	230	164	247	178	266	189	283	197	296	207	310	222	333	234	351	254	381
7,6	117	175	123	185	130	195	138	207	147	221	157	236	169	253	182	274	194	291	203	304	212	318	228	342	240	360	261	391
7,8	120	180	126	190	134	201	142	213	151	226	161	242	173	260	187	281	199	299	208	312	218	327	234	351	246	369	267	401
8,0	123	185	130	195	137	206	145	218	155	232	166	248	178	267	192	288	204	306	213	320	223	335	240	360	253	379	274	411
8,2	126	189	133	199	141	211	149	224	159	238	170	254	182	273	197	295	209	314	219	328	229	343	246	369	259	388	281	422
8,4	129	194	136	204	144	216	153	229	163	244	174	260	187	280	202	302	214	322	224	336	234	352	252	378	265	398	288	432
8,6	132	198	139	209	147	221	156	235	166	250	178	267	191	287	206	310	220	329	229	344	240	360	258	387	272	407	295	442
8,8	135	203	143	214	151	226	160	240	170	255	182	273	196	293	211	317	225	337	235	352	246	368	264	396	278	417	302	453
9,0	138	208	146	219	154	231	164	245	174	261	186	279	200	300	216	324	230	345	240	360	251	377	270	405	284	426	309	463
9,2	142	212	149	224	158	237	167	251	178	267	190	286	204	307	221	331	235	352	245	368	257	385	276	414	291	436	315	473
9,4	145	217	152	229	161	242	171	256	182	273	194	292	209	313	226	338	240	360	250	376	262	393	282	423	297	445	322	483
9,6	148	222	156	234	165	247	175	262	186	279	199	298	213	320	230	346	245	368	256	384	268	402	288	432	303	455	329	494
9,8	151	226	159	238	168	252	178	267	190	285	203	304	218	327	235	353	250	375	261	392	273	410	294	441	309	464	336	504
10,0	154	231	162	243	171	257	182	273	194	290	207	310	222	333	240	360	255	383	267	400	279	419	300	450	316	474	343	514
10,2	157	235	165	248	175	262	185	278	197	296	211	317	227	340	245	367	260	391	272	408	285	427	306	459	322	483	350	525
10,4	160	240	169	253	178	267	189	284	201	302	215	323	231	347	250	374	266	398	277	416	290	435	312	468	328	493	357	535
10,6	163	245	172	258	182	273	193	289	205	308	219	329	236	353	254	382	271	406	283	424	296	444	318	477	335	502	363	545
10,8	166	249	175	263	185	278	196	295	209	314	223	335	240	360	259	389	276	414	288	432	301	452	324	486	341	512	370	555
11,0	169	254	178	268	189	283	200	300	213	319	228	341	244	367	264	396	281	421	293	440	307	460	330	495	347	521	377	566
11,2	172	258	182	272	192	288	204	305	217	325	232	348	249	373	269	403	286	429	299	448	313	469	336	504	354	531	384	576
11,4	175	263	185	277	195	293	207	311	221	331	236	354	253	380	274	410	291	437	304	456	318	477	342	513	360	540	391	586
11,6	178	268	188	282	199	298	211	316	225	337	240	360	258	387	278	418	296	444	309	464	324	486	348	522	366	549	398	597
11,8	182	272	191	287	202	303	215	322	228	343	244	366	262	393	283	425	301	452	315	472	329	494	354	531	373	559	405	607
12,0	185	277	195	292	206	309	218	327	232	348	248	372	267	400	288	432	306	460	320	480	335	502	360	540	379	568	411	617

Número de faixas giradas. Observe que uma faixa girada é típica de uma rodovia de duas faixas; duas faixas giradas, de uma rodovia de quatro faixas etc.

Fonte: *A policy on geometric design of highways and streets*. Washington D.C.: American Association of State Highway and Transportation Officials, 2004. Usado com permissão.
Observação: 1 milha/h = 1,61 km/h; 1 pé = 0,3 m

Solução

Utilize a Equação 6.51 para determinar o comprimento de uma curva espiral com base na velocidade de projeto e raio da curva:

$$L = \frac{0,0214u^3}{RC}$$

$$= \frac{0,0214 \times 105^3}{240 \times 0,9}$$

$$= 114,7 \text{ m}$$

Utilize a Tabela 6.14 para determinar o comprimento necessário para a distribuição da superelevação. Use superelevação de 0,1 (10%), já que a rodovia está em uma área rural. Para um pavimento com duas faixas, e = 0,1 e largura da faixa = 3,6 m. O comprimento da distribuição da superelevação para uma faixa = 83,7 m (consulte a Tabela 6.14).

Utilize a Equação 6.52 para determinar o fator de ajuste para duas faixas giradas:

$$b_w = [1 + 0,5(n_1 - 1)]/n_1$$

$$b_w = [1 + 0,5(2 - 1)]/2$$

$$= 0,75$$

Para a rotação de duas faixas, o comprimento do escoamento da superelevação é igual a 0,75 × 2 × 83,7 m = 125,55 m = 126 m, que é o mesmo fornecido na Tabela 6.14.

Assumindo um valor de 0,9 para C encontramos um comprimento de espiral menor que o necessário para a distribuição da superelevação. Portanto, o comprimento de 126 m deve ser utilizado.

Projeto de curvas horizontais de ferrovias

Curvas simples de ferrovias

Embora as superelevações efetivas e não balanceadas tenham sido abordadas brevemente no Capítulo 3, um enfoque detalhado é dado aqui para facilitar o uso das equações relevantes para seu cálculo.

Quando um trem está se movendo ao longo de uma curva horizontal, está sujeito a uma força centrífuga que age radialmente para fora, semelhante à que foi abordada para as rodovias. Por isso, é necessário elevar o trilho externo da via em um valor E_q, que é a superelevação que fornece uma força de equilíbrio semelhante à das rodovias. Para qualquer elevação de equilíbrio, há uma velocidade de equilíbrio. Esta é a velocidade na qual o peso resultante e a força centrífuga são perpendiculares ao plano da via. Quando isso ocorre, as componentes da força centrífuga e do peso no plano da via estão em equilíbrio.

Se todos os trens viajassem ao longo de uma curva à velocidade de equilíbrio, as viagens seriam tranquilas e o desgaste das vias mínimo. Este nem sempre é o caso, pois alguns trens podem viajar a velocidades superiores à de equilíbrio enquanto outros a velocidades mais baixas. Os trens que viajam a uma velocidade superior causarão desgaste acima do normal nos trilhos externos, enquanto os que viajam em velocidades mais baixas causarão um desgaste maior nos trilhos internos. Além disso, quando o trem está viajando mais rápido do que a velocidade de equilíbrio, a força centrífuga não fica totalmente equilibrada pela elevação, o que resulta na inclinação da carroceria do vagão para fora da curva. Por conseguinte, em condições normais, a inclinação da carroceria do vagão em relação à vertical é inferior à inclinação da via em relação à vertical. A diferença entre a inclinação do carro (ângulo do vagão) e a da via (ângulo da via) em relação à vertical é conhecida como ângulo de rolagem. Quanto maior for, menos conforto é obtido quando o trem percorre a curva. A superelevação total de equilíbrio (e_q) é, no entanto, raramente utilizada na prática por duas razões principais. Primeiro, seu uso pode exigir curvas de transição longas. Segundo, pode resultar em desconforto para passageiros em um trem que viaja a uma velocidade muito inferior à de equilíbrio ou se o trem estiver parado ao longo de uma curva altamente superelevada. A parte da superelevação de equilíbrio utilizada no projeto da curva é conhecida como superelevação efetiva (e_a), e a diferença entre esta e a de equilíbrio é conhecida como superelevação não balanceada (e_u).

As equações relacionadas às diferentes superelevações da curva, velocidade de projeto e o raio da curva foram desenvolvidas para diferentes classificações de via.

O *Track design handbook for light rail transit* aborda a relação mostrada na Equação 6.53 para cálculo dos valores desejáveis de superelevação efetiva das curvas horizontais nessas vias:

$$e_a = 0{,}79\left(\frac{u^2}{R}\right) - 1{,}68 \tag{6.53}$$

e a relação desejável entre a superelevação efetiva e a não balanceada é dada como

$$e_u = \left[1 - \left(\frac{e_a}{2}\right)\right] \tag{6.54}$$

em que
 e_a = superelevação efetiva, cm
 e_u = superelevação não balanceada, cm
 u = velocidade de projeto da curva, km/h
 R = raio, m

Recomenda-se que os valores obtidos para e_a, por meio da Equação 6.53, sejam arredondados até o mais próximo de 0,5 cm. Além disso, quando a soma das elevações não balanceadas e efetivas ($e_a + e_u$) for de 2,5 cm ou menos, não é necessário fornecer qualquer superelevação efetiva. Para vias que são utilizadas conjuntamente por veículos cargueiros e de transporte leve sobre trilhos, a Equação 6.53 deve ser utilizada até o valor calculado chegar a 7,5 cm. Valores superiores de até 10 cm podem ser utilizados para alcançar a velocidade operacional se forem aprovados tanto por órgãos de transporte público como ferroviários.

A equação para a superelevação de equilíbrio da *via de transporte público de veículo leve sobre trilhos* é dada como

$$e_q = e_a + e_u = 1{.}184\left(\frac{u^2}{R}\right) \tag{6.55}$$

ou

$$e_q = e_a + e_u = 0{,}00068 u^2 D_c \tag{6.56}$$

em que
 e_q = superelevação de equilíbrio, cm
 e_a = elevação efetiva do trilho a ser construído, cm
 e_u = superelevação não balanceada, cm

u = velocidade de projeto em toda a curva, km/h
R = raio da curva, m
D_c = grau da curva (definição de corda)

A AREMA oferece uma relação semelhante para o cálculo da superelevação de equilíbrio das *vias de carga e intermunicipais de passageiros* como a que foi dada na Equação 6.55 para as de veículos leves sobre trilhos. Esta relação é dada na Equação 6.57:

$$e_q = 0{,}00068 u^2 D_c° \tag{6.57}$$

em que
e_q = superelevação de equilíbrio
u = velocidade de projeto em toda a curva, km/h
D_c = grau da curva (definição de corda)

No entanto, observe que a curvatura horizontal das vias principais não deve ser superior a 3° para vias novas, ou, no máximo, para vias existentes que estão sendo realinhadas, e em nenhum caso deve ser superior a 9° 30". A experiência também demonstrou que vagões de bagagem, de passageiros, de restaurante e *pullman* podem andar confortavelmente com uma superelevação não balanceada de até 7,5 cm. Isto pode ser aumentado para 11,25 cm se o ângulo de rolagem for inferior a 1,5°.

Exemplo 6.13

Determinando a adequação da superelevação efetiva em uma via férrea de carga e intermunicipal de passageiros

Uma via férrea de carga e intermunicipal de passageiros tem superelevação efetiva de 15 cm em uma curva de 840 m de raio. Se a via está sendo reformada para uma velocidade de projeto de 120 km/h, determine se a superelevação existente é adequada.

Determine o grau da curva – use a Equação 6.30:

$$R = \frac{1718{,}89}{D_c°}$$

$$840 = \frac{1718{,}89}{D_c°}$$

$$D_c = 2{,}046°$$

Determine a superelevação de equilíbrio – use a Equação 6.57:

$$e_q = 0{,}00068 u^2 D°$$

$$e_q = 0{,}00068(120)^2(2{,}046)$$

$$= 20{,}03 \text{ cm}$$

Determine a superelevação não balanceada:

$e_u = e_q - e_a$

$= (20{,}03 - 15)$ cm

$= 5{,}03$ cm

Uma vez que o desequilíbrio é inferior a 7,5 cm, a superelevação efetiva existente é aceitável.

Curvas compostas ferroviárias
Estas são raramente utilizadas no projeto de ferrovia. Recomenda-se que uma curva espiral seja utilizada para conectar dois ou mais trechos de curvas simples que formam a curva composta.

Curvas espirais ferroviárias
Recomenda-se que uma curva espiral ou de transição seja utilizada para ligar uma tangente e uma curva em ferrovias, a menos que isto não seja viável. O projeto de curva espiral para ferrovias é semelhante ao de rodovias porque se inicia com a determinação do comprimento da curva. O comprimento mínimo da curva espiral depende da classificação da via que será construída.

A AREMA oferece duas condições que determinam o comprimento de uma curva espiral ferroviária em uma via totalmente reconstruída ou nova para *carga e transporte intermunicipal de passageiros*:

(i) A aceleração lateral não balanceada que atua sobre um passageiro em um vagão com tendência de giro médio não deve ultrapassar 0,03 g/s. Para satisfazer a esta condição, a AREMA recomenda que o comprimento não deve ser inferior ao obtido pela Equação 6.58:

$$L_{\_min\_spiral} = 0{,}122(e_u)u \qquad (6.58)$$

em que
  $L_{\_min\_spiral}$ = comprimento da espiral desejado, m
  e_u = elevação não balanceada, cm (geralmente considerada como 7,5 cm para velocidade confortável)
  u = velocidade máxima do trem, km/h

(ii) A fim de limitar as possíveis forças de tração e de torção, a inclinação longitudinal do trilho externo com relação ao trilho interno não deve ser superior a 1/744. Esta condição é atendida se o comprimento da curva espiral não for inferior a L_{min}, fornecido na Equação 6.59, que é baseado em um vagão com 25,5 m de comprimento:

$$L_{\_min\_spiral} = 7{,}44 e_a \qquad (6.59)$$

em que
  $L_{\_min\_spiral}$ = comprimento de curva espiral desejável (m)
  e_a = elevação efetiva, cm

Quando as vias existentes estão sendo realinhadas, o uso da Equação 6.59 pode resultar em um comprimento da espiral para o qual o custo de construção é excessivo. Nesses casos, a aceleração lateral não balanceada que age sobre um passageiro em um vagão com tendência de giro médio pode ser aumentada para 0,04 g/s. Esta condição é atendida se o comprimento da curva espiral não for inferior ao obtido na Equação 6.60, que pode ser utilizada em vez da 6.58:

$$L_{\_min\_spiral} = 0{,}091 e_u u \qquad (6.60)$$

em que

$L_{\_min\_spiral}$ = comprimento da espiral desejável, m
e_u = elevação não balanceada, cm
u = velocidade máxima do trem, km/h

Quando a Equação 6.59 é utilizada para determinar o comprimento da curva espiral, a condição de inclinação máxima também deve ser atendida, o que significa que o maior comprimento obtido nas Equações 6.58 e 6.59 deve ser utilizado.

Exemplo 6.14

Determinando o comprimento de uma curva espiral em uma via férrea de carga e intermunicipal de passageiros

Uma nova via férrea intermunicipal de carga e de passageiros está sendo projetada com uma velocidade de 120 km/h. Determine o comprimento mínimo de uma curva espiral que liga uma tangente a uma curva horizontal de 2° nessa via se a superelevação efetiva for 15 cm.

Solução

Determine a superelevação de equilíbrio – use a Equação 6.57:

$e_q = 0,00068u^2D$

$= 0,00068(120)^2(2,00)$

$= 19,584$ cm

Determine a superelevação não balanceada:

$e_u = e_q - e_a$

$= 19,584 - 15$

$= 4,58$ cm

Determine o comprimento mínimo da curva espiral que satisfaz às exigências de aceleração lateral não balanceada – utilize a Equação 6.58:

$L_{\_min\_spiral} = 0,122(e_u)u$

$= (0,122)(4,58)(120)$

$= 67,05$ m

Determine o comprimento mínimo da curva espiral para satisfazer à limitação das forças de tração e de torção – utilize a Equação 6.59:

$L_{\_min\_spiral} = 7,44e_a$

$= (7,44)15$

$= 111,6$ m

Para atender às duas exigências, o comprimento da espiral deve ser de 111,6 m.

O conforto do passageiro e a taxa de variação da superelevação também são fatores que influenciam o comprimento da curva em espiral em uma via de transporte público de veículos leves sobre trilhos. A fim de evitar a aceleração lateral excessiva não balanceada atuando sobre os passageiros, o comprimento de uma espiral que conecta uma tangente a uma curva horizontal em uma via deste tipo não deve ser menor do que o obtido pela Equação 6.61:

$$L_{\_min\_spiral} = 0{,}061 e_u u \tag{6.61}$$

onde
e_u = superelevação não balanceada, cm
u = velocidade-padrão, km/h

A fim de limitar a taxa de variação da superelevação da curva espiral em uma via de transporte público de veículo leve sobre trilhos, de modo a evitar a pressão excessiva na estrutura do veículo, o comprimento mínimo da curva espiral é obtido pelas Equações 6.62 e 6.63:

$$L_{\_min\_spiral} = 0{,}082 e_a u \tag{6.62}$$

$$L_{\_min\_spiral} = 3{,}72 e_a \tag{6.63}$$

em que
$L_{\_min\_spiral}$ = comprimento mínimo da curva espiral, m
e_a = superelevação efetiva da via, cm
u = velocidade de projeto, km/h

No entanto, o comprimento da espiral não deve ser inferior a 18 m. Pode ser reduzido para 9,3 m quando as condições geométricas forem extremamente restritas, como, por exemplo, em uma via localizada na área central da cidade.

Também é necessário inserir uma curva espiral de transição entre as duas curvas simples de uma curva composta. São utilizados critérios similares aos das espirais da tangente à curva. Neste caso, o comprimento mínimo desejado da espiral é obtido como o maior calculado pelas Equações 6.64, 6.65 e 6.66:

$$L_{\_min\_spiral} = 3{,}72 (e_{a2} - e_{a1}) \tag{6.64}$$

$$L_{\_min\_spiral} = 0{,}061 (e_{u2} - e_{u1}) u \tag{6.65}$$

$$L_{\_min\_spiral} = 1{,}082 (e_{a2} - e_{a1}) u \tag{6.66}$$

em que
$L_{\_min\_spiral}$ = comprimento mínimo da curva espiral, m
e_{a1} = superelevação efetiva da via para a primeira curva circular, cm
e_{a2} = superelevação efetiva da via para a segunda curva circular, cm
e_{u1}, e_{u2} = superelevação não balanceada para a primeira e segunda curvas, cm
u = velocidade de projeto, km/h

No entanto, o comprimento mínimo absoluto da curva espiral na linha principal das vias de transporte público de veículos leves sobre trilhos, assim como para as vias do pátio e para as que não geram receita é obtido como o maior pelas Equações 6.64 e 6.67:

$$L_{min\_spiral} = 0,081 e_u u \qquad (6.67)$$

em que
L_{min_spiral} = comprimento mínimo da curva espiral, m
e_u = superelevação não balanceada, cm
u = velocidade de projeto, km/h

Exemplo 6.15

Determinando o comprimento de uma curva de transição espiral que liga duas curvas de uma curva composta em uma via de transporte de veículos sobre trilhos

Uma curva espiral está sendo projetada para ligar duas curvas simples de uma composta em uma via de transporte público de veículo leve sobre trilhos com velocidade de projeto de 75 km/h. A primeira curva tem raio de 825 m e superelevação efetiva de 3,8 cm, e a segunda tem raio de 600 m e superelevação efetiva de 4,37 cm. Determine:

(a) o comprimento desejável da curva espiral;
(b) o comprimento mínimo absoluto da curva espiral;
(c) o comprimento que deve ser utilizado na construção da curva.

Solução
Determine as superelevações de equilíbrio – use a Equação 6.55:

$$e_q = 1,184 \left(\frac{75^2}{R} \right)$$

Para a primeira curva

$$e_q = 1,184 \left(\frac{75^2}{825} \right)$$

$$= 8,07 \text{ cm}$$

Para a segunda curva

$$e_q = 1,184 \left(\frac{75^2}{600} \right)$$

$$= 11,1 \text{ cm}$$

Determine as superelevações não balanceadas:

$$e_u = e_q - e_a$$

Para a primeira curva

$e_u = 8,07 - 3,8$

$= 4,27$ cm

Para a segunda curva

$e_q = 11,1 - 4,37$

$= 6,73$ cm

Determine o comprimento desejável da curva espiral – utilize as Equações 6.64, 6.65 e 6.66:

$L_{\_min\_spiral} = 3,72(e_{a2} - e_{a1})$

$= 3,72(4,37 - 3,8)$

$= 2,12$ m

$L_{\_min\_spiral} = 0,061(e_{u2} - e_{u1})u$

$= 0,061(6,73 - 4,27)75$

$= 11,25$ m

$L_{\_min\_spiral} = 0,082(e_{a2} - e_{a1})u$

$= 0,082(4,37 - 3,8)75$

$= 3,50$ m

Assim, o comprimento desejável calculado é de 11,25 m.

Determine o comprimento mínimo absoluto da espiral – utilize a Equação 6.67:

$L_{mínspiral} = 0,081(e_u)u$

$= 1,09(6,73)(75)$

$= 40,88$ m

Os resultados indicam que o comprimento desejável calculado é de 11,25 m, o que neste caso é inferior ao comprimento mínimo absoluto de 40,88 m. Assim, o comprimento da espiral deve ser de 40,88 m.

Esquema das curvas horizontais para rodovias e ferrovias

Tendo determinado o tipo e o comprimento de uma curva horizontal na via de uma modalidade específica, é necessário calcular certas propriedades da curva que são necessárias para locar a curva no campo. Há várias maneiras de locar uma curva horizontal simples, incluindo ângulos de deflexão, deslocamentos tangentes e ordenadas médias. No entanto, o método mais utilizado em todas as modalidades é o das deflexões, que descrevemos a seguir.

Método das deflexões para a locação das curvas horizontais simples

Este método envolve o estaqueamento dos pontos da curva utilizando os ângulos de deflexão medidos da tangente no ponto da curva (PC) e os comprimentos dos arcos unindo as estacas inteiras consecutivas. A Figura 6.26 é um desenho esquemático do procedimento envolvido. O ângulo *VAp* é o primeiro de deflexão formado pela tangente *VA* e a corda que une o ponto da curva (PC) e a primeira estaca inteira. Observe que, em muitos casos de projeto de rodovias, o comprimento do arco *Ap* é inferior a 30 m, visto que o PC pode não estar em uma estaca inteira. Utilizando a geometria de um círculo

$$\text{ângulo } VAp = \frac{\delta_1}{2}$$

notamos que o próximo ângulo de deflexão para a próxima estaca inteira é o ângulo *VAq*, formado pela tangente *VA* e a corda que une o PC a *q* (isto é, a próxima estaca inteira) é

$$\frac{\delta_1}{2} + \frac{D}{2}$$

em que
   D = grau da curva

O próximo ângulo de deflexão *VAv* é

$$\frac{\delta_1}{2} + \frac{D}{2} + \frac{D}{2} = \frac{\delta_1}{2} + D$$

e o próximo ângulo de deflexão *VAs* é

$$\frac{\delta_1}{2} + \frac{D}{2} + \frac{D}{2} + \frac{D}{2} = \frac{\delta_1}{2} + \frac{3D}{2}$$

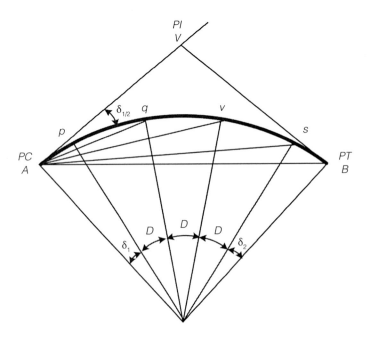

Figura 6.26 – Ângulos de deflexão em uma curva circular simples.

e o último ângulo de deflexão é

$$\frac{\delta_1}{2} + \frac{D}{2} + \frac{D}{2} + \frac{D}{2} + \frac{\delta_2}{2} = \frac{\delta_1}{2} + \frac{3D}{2} + \frac{\delta_2}{2} \tag{6.68}$$

Observe que o número de ângulos de deflexão necessário depende do comprimento da curva. Para locar a curva, é necessário determinarmos δ_1 e δ_2, visto que já sabemos D. Se l_1 for o comprimento do arco Ap, então, pela Equação 6.35, sabemos que

$$R = \frac{180L}{\Delta \pi}$$

Assim

$$\frac{l_1}{\delta_1} = \frac{L}{\Delta} = \frac{l_2}{\delta_2} \tag{6.69}$$

em que
L = comprimento da curva circular
Δ = ângulo de deflexão da curva

Ao localizar a curva horizontal simples, utilizando o método das deflexões, as etapas a seguir são realizadas:

Etapa 1: localize os pontos PC e PT.
Etapa 2: determine o comprimento (l_1) do arco da curva entre PC e a primeira estaca inteira. Observe que, se o comprimento da curva for um número de estacas inteiro (isto é, múltiplos de 30 m), l_1 será automaticamente de 30 m.
Etapa 3: determine o primeiro ângulo de deflexão δ_1 utilizando a Equação 6.69. Observe que, se o comprimento da curva for um número de estacas inteiros, δ_1 também será D.
Etapa 4: monte um teodolito sobre o PC e vise ao PI.
Etapa 5: localize a primeira estaca inteira utilizando l_1 e δ_1.
Etapa 6: repita a etapa 5 para as outras estacas.

Exemplo 6.16

Projeto de uma curva horizontal simples para uma rodovia

Uma curva horizontal em uma rodovia coletora rural, em terreno em nível, deve ser projetada para um volume horário previsto de 2.500 para ligar duas tangentes que se defletem de um ângulo de 48°. Se a interseção das tangentes estiver localizada na estaca (586 + 20,52), determine:

(a) a velocidade de projeto mínima recomendada para a rodovia;
(b) o raio da curva para a velocidade de projeto mínima recomendada;
(c) a estaca de PC;
(d) a estaca de PT;
(e) os ângulos de deflexão para estacas inteiras para a locação da curva.

Utilize uma taxa de superelevação igual a 0,08.

Solução

Determine a velocidade de projeto mínima – use a Tabela 6.5:

Volume horário de projeto previsto = 2.500
Velocidade de projeto recomendada = 95 km/h

Determine o raio mínimo da curva – utilize a Equação 6.47:

$$R = \frac{u^2}{127(e + f_s)}$$

Com base na Tabela 3.9, $f_s = 0{,}12$.

$$R = \frac{95^2}{127(0{,}08 + 0{,}12)}$$

$R = 355$ m

Determine o comprimento da tangente (T) – utilize a Equação 6.31:

$$T = R \tan \frac{\Delta}{2}$$

$$T = 355 \tan \frac{48}{2}$$

$T = 158{,}06$ m

Determine o comprimento da curva – utilize a Equação 6.35:

$$L = \frac{R\Delta\pi}{180}$$

$$L = \frac{355 \times 48 \times \pi}{180}$$

$L = 297{,}5$ m

Determine as estacas de PC e PT:

Estaca de PC = (586 + 20,52) - (5 + 8,06) = (581 + 12,46)
Estaca de PT = (581 + 12,46) + (9 + 27,5) = (591 + 9,96)

Determine o primeiro ângulo e os ângulos intermediários e finais de deflexão (δ_1), D e δ_2 – utilize a Equação 6.69:

$$\frac{l_1}{\delta_1} = \frac{L}{\Delta} = \frac{l_2}{\delta_2}$$

$$l_1 = -(581 + 12,46) + (582 + 00,00) = 17,54 \text{ m}$$

$$l_2 = (591 + 9,96) - (591 + 00,00) = 9,96 \text{ m}$$

$$\delta_1 = \frac{48 \times 17,54}{297,5} = 2,83°$$

$$\delta_2 = \frac{48 \times 9,96}{297,5} = 1,607°$$

$$D = \frac{48 \times 30}{297,5} = 4,84°$$

A Tabela 6.15 fornece o cálculo para as estacas inteiras intermediárias.

Tabela 6.15 – Ângulos de deflexão e comprimentos de corda do Exemplo 6.16.

Estaca	Ângulo de deflexão	Comp. de corda (m)
PC 581 + 12,46	0	0
582 + 00,00	1,415	17,524
583 + 00,00	3,835	29,964
584 + 00,00	6,255	29,964
585 + 00,00	8,675	29,964
586 + 00,00	11,095	29,964
587 + 00,00	13,515	29,964
588 + 00,00	15,935	29,964
589 + 00,00	18,355	29,964
590 + 00,00	20,755	29,964
591 + 00,00	23,195	29,964
PT 591 + 09,96	23,999	9,951

Esquema das curvas compostas e reversas

Já que as curvas compostas e reversas se baseiam em curvas simples, o mesmo procedimento utilizado para localizar curva simples é também utilizado para localizar curva composta ou reversa. Em cada caso, a primeira curva é definida. O PT da primeira curva é então considerado como o PC da segunda para traçá-la, e assim por diante.

Método das deflexões para locar curva espiral

Ao localizar a curva espiral, a curva circular original é deslocada de seu centro, afastando-se da tangente principal, conforme mostrado na Figura 6.27. Essa mudança dá espaço para a inserção da curva espiral. O trecho CC' de curva circular é, então, mantido e as espirais são colocadas de A para C e de C' para B. Observe que o ponto em que começa a espiral é geralmente designado como TS, e o em que termina é normalmente ST, conforme mostrado na Figura 6.27.

Considere Δ = ângulo central da espiral

I = ângulo central da curva circular

O ângulo central de uma espiral é dado como

$$\Delta = \frac{L_s D_a}{60} \tag{6.70}$$

em que
  L_s = comprimento da curva espiral, m
  D_a = grau da curva circular

Presumindo que as espirais em ambas as bordas da curva circular têm o mesmo comprimento e ângulo central I, o ângulo central da curva simples restante CC' é $I - 2\Delta$. Para localizar a curva espiral, os ângulos de deflexão a partir da tangente devem ser calculados. Considere um ponto p na espiral localizada à distância l_s de TS (ou seja, o ponto em que a espiral se junta com a tangente), como mostrado na Figura 6.28. Pode ser mostrado que

$$\partial = \frac{\ell_s^2}{L_s} \Delta \tag{6.71}$$

$$y \approx \frac{\ell_s^3}{6RL_s} \tag{6.72}$$

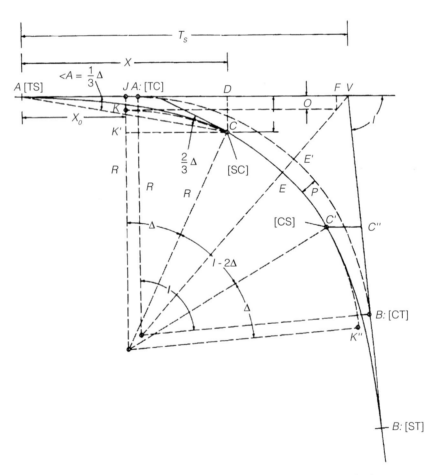

Figura 6.27 – Esquema no campo de uma curva espiral.

Fonte: Davis; Foote; Anderson; Mikhail. *Surveying theory and practice.* McGraw-Hill Book Company, 1981.

$$a \approx \frac{\ell_s^2}{L_s^2} A \tag{6.73}$$

$$a \approx \frac{\delta}{3} \tag{6.74}$$

em que
δ = ângulo subtendido no centro pelo comprimento l_s da curva espiral
a = ângulo de deflexão da tangente em TS para qualquer ponto p da curva espiral
A = ângulo de deflexão total da tangente em TS para SC

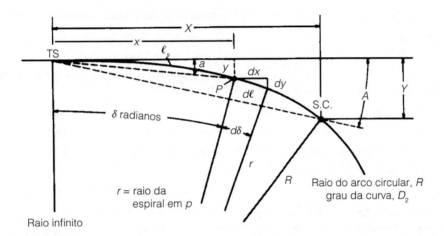

Figura 6.28 – Desenvolvimento matemático de uma curva espiral.
Fonte: Davis; Foote; Anderson; Mikhail. *Surveying theory and practice*. McGraw-Hill Book Company, 1981.

Observe que, no desenvolvimento das Equações 6.73 e 6.74, supõe-se que tanto δ como a sejam ângulos pequenos e

$$\text{sen } \delta = \frac{dy}{dl_s} \delta \tag{6.75}$$

$$\text{sen } a = \frac{y}{l_s} a \tag{6.76}$$

As equações são, portanto, aproximadas, mas suficientemente precisas para o trabalho de campo na maioria das situações práticas. Os valores de X, Y, o, VA e o afastamento EV (consulte a Figura 6.27) também se referem à espiral a ser localizada. Pode ser mostrado que

$$X = \ell_s \left[1 - \frac{\delta_r^2}{(5)(2!)} + \frac{\delta_r^4}{(9)(4!)} - \frac{\delta_r^6}{(13)(6!)} + \ldots \right] \tag{6.77}$$

$$Y = \ell_s \left[\frac{\delta_r}{3} - \frac{\delta_r^3}{(7)(3!)} + \frac{\delta_r^5}{(11)(5!)} - \frac{\delta_r^7}{(15)(7!)} \ldots \right] \tag{6.78}$$

$$o = Y - KK' = Y - R(1 - \cos\Delta_s^\circ) \qquad (6.79)$$

$$T_s = X - R \sin \Delta_s + (R + o) \tan \frac{I}{2} \qquad (6.80)$$

$$EV = EG + GV + R \left[\frac{1}{\cos \frac{I}{2}} - 1 \right] + \frac{o}{\cos \frac{I}{2}} \qquad (6.81)$$

Observe que, nas Equações 6.76 e 6.77, δ_r é o valor de δ em radianos.

Ao localizar a curva espiral utilizando o método das deflexões, as seguintes etapas são realizadas:

Etapa 1: determine o comprimento da curva espiral com base no requisito para a modalidade específica do sistema de transporte em análise.

Etapa 2: estacione o teodolito no vértice V (a interseção das tangentes), vise à ré ao longo da tangente e localize o ponto A (TS), medindo a distância T_s a partir de V ao longo da tangente (consulte a Figura 6.27).

Etapa 3: localize o ponto D a uma distância de $(T_s - X)$ a partir de V.

Etapa 4: gire o teodolito a um ângulo de $(180 + I)^\circ$ para visar ao longo da tangente seguinte. Localizar os pontos ST e C'' a distâncias T_s e $(T_s - X)$ a partir de V, respectivamente. Observe que se comprimentos diferentes de espiral forem utilizados para as espirais de aproximação e de saída, o valor apropriado de T_s deverá ser calculado para cada espiral.

Etapa 5: estacione o teodolito no ponto D. Vise ao longo da tangente até o ponto A. Localize o ponto C perpendicularmente à tangente a uma distância Y a partir do ponto D.

Etapa 6: estacione o teodolito no ponto C'' e localize o ponto C'', repetindo a etapa 5.

Etapa 7: estacione o teodolito no ponto A (TS) e localize as estacas na espiral de aproximação utilizando ângulos de deflexão e as cordas. Os pontos da espiral geralmente estão localizados a distâncias iguais.

Etapa 8: estacione o teodolito no ponto C (SC), vise à ré o TS com $180 \pm 2A$ ($180 \pm 2/3\Delta_s$) definido no trecho circular horizontal. Gire o círculo superior do teodolito a $180°$ e localize as estacas inteiras no trecho circular, conforme discutido anteriormente.

Etapa 9: Estacione o teodolito em ST e repita a etapa 7.

Exemplo 6.17

Determinando as propriedades de localização de uma curva espiral ferroviária

Se a curva espiral no Exemplo 6.14 deve ligar uma tangente com uma curva de $4°$ e o ângulo de interseção I for $35°$, determine:

(a) a estaca do ponto de espiral (TS), se a do ponto de interseção das tangentes for $885 + 9$;
(b) as estacas de SC, CS e ST.

Solução
Determine o ângulo central da espiral – utilize a Equação 6.70:

$$\Delta = \frac{L_s D_a}{60}$$

O comprimento da espiral L_s do Exemplo 6.14 = 111,6 m (observe que o comprimento mínimo ainda é 111,6 m, pois a exigência de forças de tração e de torção ainda dominam).

$$\Delta = \frac{111,6(4)}{60} = 7,44°$$

Determine o ângulo central da curva circular com espiral $(I - 2\Delta) = (35 - 2 \times 7,44) = 20,12°$.
Determine o raio da curva circular – utilize a Equação 6.30:

$$R = \frac{1718,89}{D_c^o}$$

$R = 1718,89/4$

$\quad = 429,72$ m

Determine o comprimento da curva circular – utilize a Equação 6.35:

$$L = \frac{R(I - 2\Delta_s)\pi}{180}$$

$$L = \frac{R(20.12)\pi}{180}$$

$\quad = 150,96$ m

Determine a distância ao longo da tangente de TS até SC (isto é, X) – utilize a Equação 6.77:

$\delta = \Delta$ e

$\ell_s = L_s$

$\Delta = 7,44\pi/180$ rad

$\quad = 0,1299$ rad

$$X = L_s\left(1 - \frac{\delta^2}{10} + \frac{\delta^4}{216}\right) \quad \text{(utilizando apenas os três primeiros termos entre parênteses)}$$

$\quad = 111,41$ m

Determine a distância perpendicular da tangente ao SC (isto é, Y) – utilize a Equação 6.78:

$$Y = L_s\left(\frac{\delta}{3} + \frac{\delta^3}{42} + \frac{\delta^5}{132}\right)$$

$\quad = 4,95$ m

Determine o deslocamento (o) – utilize a Equação 6.79:

$o = Y - R(1 - \cos\Delta)$

$\quad = 4,95 - 429,72(1 - 0,99158)$

$\quad = 4,95 - 3,62 = 1,33$ m

Determine a distância ao longo da tangente de TS, até o vértice V (PI) (isto é, T_s) – utilize a Equação 6.80:

$$T_s = X - R \operatorname{sen} \Delta + (R + o) \tan \frac{I}{2}$$

$$T_s = 111{,}41 - 429{,}72 \operatorname{sen} 7{,}44 + (429{,}72 + 1{,}33) \tan \frac{35}{2}$$

$$= 111{,}41 - 55{,}64 + 135{,}91$$

$$= 191{,}68$$

Determine a estaca em TS

Estaca de $PI - T_s$

$(885 + 9{,}00) - (6 + 11{,}68) = 878 + 27{,}32$

Determine a estaca em SC

Estaca em SC = estaca em TS + comprimento da curva espiral

$$= (878 + 27{,}32) + (3 + 21{,}6) = 882 + 18{,}92$$

Determine a estaca em CS

Estaca em CS = estaca em SC + comprimento da curva horizontal

$$= (882 + 18{,}92) + (5 + 0{,}96)$$

$$= 887 + 19{,}88$$

Determine a estaca em ST
Estaca em ST = estaca em CS + comprimento da curva espiral
$$= (887 + 19{,}88) + (3 + 21{,}6)$$
$$= 891 + 11{,}48$$

Determinação da orientação e do comprimento de uma pista de pouso e decolagem de aeroportos

O projeto do alinhamento geométrico da pista de pouso e decolagem de um aeroporto é muito diferente do de vias de outras modalidades, pois, além do projeto das curvas verticais, a orientação e o comprimento mínimo da pista devem ser determinados. A orientação é necessária porque a pista deve estar na direção do vento dominante ou ser orientada de forma que alcance uma cobertura de vento de, pelo menos, 95%. Lembre-se de que a cobertura do vento é a porcentagem do tempo em que os componentes de vento cruzado estão abaixo de uma velocidade aceitável.

O comprimento da pista deve ser suficiente para permitir pousos e decolagens seguros pelas aeronaves atuais e futuras que deverão utilizar o aeroporto. As pistas consideradas aqui são plenamente utilizáveis em ambos os sentidos e têm aproximações e decolagens sem obstáculos para cada final da pista. O projeto de pistas que não são totalmente utilizáveis para pouso e decolagem em ambos os sentidos está fora do escopo deste livro. Os leitores interessados devem consultar *Advisory Circular AC 150/5300-13*, da Federal Aviation

Administration, que discute o conceito de "distância declarada" para determinar os comprimentos mínimos para essas pistas.

Orientação da pista de pouso e decolagem de aeroportos

A melhor orientação pode ser determinada por um dos programas de computador existentes, ou utilizando graficamente uma rosa dos ventos, conforme descrito na *Advisory Circular 150/5300-13* da FAA, que é composta de círculos concêntricos, cada um representando uma velocidade diferente em km/h ou nós e linhas radiais que indicam a direção do vento. O círculo mais externo indica uma escala em graus em torno de sua circunferência. A divisão entre os agrupamentos de velocidade é indicada pelo perímetro de cada círculo, e a área entre duas linhas radiais sucessivas é centrada na direção do vento a ser considerada. A Figura 6.29 mostra uma rosa dos ventos construída com base nos dados de vento apresentados na Tabela 6.16. Como é essencial que sejam utilizados dados mais confiáveis e atualizados, é recomendável construir a rosa dos ventos com base em dados dos últimos dez anos. A National Oceanic and Atmospheric Administration (NOAA) – National Climatic Data Center (NCDC) – é a melhor fonte de dados relativos aos ventos.

O primeiro passo na construção da rosa dos ventos é utilizar os dados gravados para determinar a porcentagem de tempo em que as velocidades do vento, dentro de um determinado intervalo, estão em uma determinada direção. Os dados obtidos são arredondados para o valor decimal 1% mais próximo. Por exemplo, utilizando os dados mostrados na Tabela 6.16, a porcentagem de tempo que se espera de um vento com uma velocidade de 11 a 16 nós é de 212/87.864 (isto é, 0,2%). Os valores obtidos são inseridos nos segmentos apropriados da rosa dos ventos, conforme mostrado na Figura 6.29. Quando o valor obtido para todo o segmento for inferior a 0,1%, o símbolo mais (+) será nele usado. O objetivo da análise é determinar a orientação da pista que fornecerá a maior cobertura de vento dentro dos limites admissíveis de vento cruzado.

O procedimento da rosa dos ventos para estabelecer a orientação mais adequada envolve o uso de um gabarito transparente com três linhas paralelas traçadas na mesma escala que a dos círculos da rosa dos ventos. A linha do meio representa o eixo da pista. A distância entre a linha do meio e as externas é o valor (permissível) do vento cruzado de projeto. Por exemplo, na Figura 6.29 a componente de vento cruzado de projeto é de 13 nós. Para determinar a orientação mais adequada e a porcentagem de tempo em que a orientação em análise atende aos padrões de ventos cruzados, realizamos as seguintes etapas:

1. Localize o meio do gabarito transparente na rosa dos ventos, com a linha do meio passando pelo centro, como indicado na Figura 6.29.
2. Gire o gabarito em torno do centro da rosa dos ventos até que a soma das porcentagens dentro das linhas externas do gabarito fique no máximo.
3. A direção do eixo da pista é, em seguida, obtida na escala localizada no círculo mais externo da rosa dos ventos.
4. A soma das porcentagens entre as linhas externas fornece a porcentagem de tempo em que uma pista de pouso e decolagem orientada segundo a direção acima determinada atenderá os requisitos de vento cruzado. Por exemplo, conforme indicado na Figura 6.29, a orientação da pista é de 105-285°, e a componente de vento cruzado de projeto de 13 nós é superada apenas em 2,72% do tempo.

Pode ser necessário tentar várias orientações, girando a linha central do gabarito em torno da rosa dos ventos para obter a cobertura máxima. Quando não for possível obter pelo menos 95% de cobertura utilizando uma única orientação, deve-se considerar a disponibilização de outra pista (para vento cruzado). A orientação da pista para vento cruzado deve proporcionar uma cobertura adequada de tal forma que a cobertura combinada das duas pistas seja de, pelo menos, 95%.

Engenharia de infraestrutura de transportes

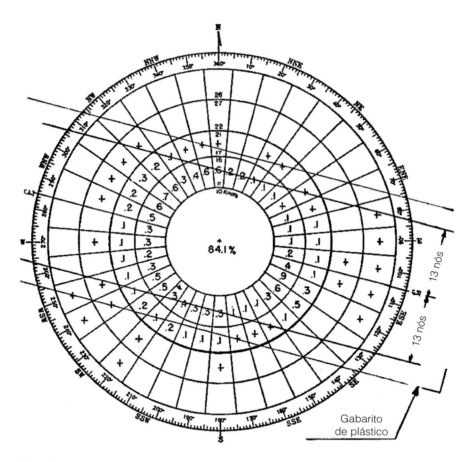

Uma pista de pouso e decolagem com orientação em relação ao norte verdadeiro de 105° – 285° teria 2,72% dos ventos excedendo a componente de vento cruzado de projeto de 13 nós.

Observação: 1 nó = 1,85 km/h

Divisões da velocidade do vento		Raio do círculo (nós)
Nós	mph	
0 – 3,5	0 – 3,5	* 3,5 unidades
3,5 – 6,5	3,5 – 7,5	* 6,5 unidades
6,5 – 10,5	7,5 – 12,5	10,5 unidades
10,5 – 16,5	12,5 – 18,5	16,5 unidades
16,5 – 21,5	18,5 – 24,5	21,5 unidades
21,5 – 27,5	24,5 – 31,5	27,5 unidades
27,5 – 33,5	31,5 – 38,5	33,5 unidades
33,5 – 40,5	38,5 – 46,5	40,5 unidades
acima de 40,5	acima de 46,5	

*Pode não ser necessário para a maioria das análises feitas com rosas dos ventos.
Observação: 1 mph = 1,61 km/h

Figura 6.29 – Rosa dos ventos completa.

Fonte: *Advisory Circular AC 150/5300-13*. Federal Aviation Administration, Department of Transportation, Washington, D.C. (Incorporação das alterações 1 a 8), setembro de 2004.

Projeto geométrico das vias de transporte • Capítulo 6

Tabela 6.16 – Direção *versus* velocidade do vento.

DIREÇÃO *VERSUS* VELOCIDADE DO VENTO

Estação: qualquer lugar, EUA Horas: 24 observações/dia Período de gravação: 1964-1973

Direção	\multicolumn{8}{c	}{Observações horárias da velocidade do vento}		Velocidade média	
	0–3	4–6	7–10	11–16	Nós 17–21	22–27 milha/h	28–33	34–40	acima de 41	Total	Nós	mi/h
	0–3	4–7	8–12	13–18	19–24	25–31	32–38	39–46	acima de 47			
01	469	842	568	212						2091	6,2	7,1
02	568	1263	820	169						2820	6,0	6,9
03	294	775	519	73	9					1670	5,7	6,6
04	317	872	509	62	11					1771	5,7	6,6
05	268	861	437	106						1672	5,6	6,4
06	357	534	151	42	8					1092	4,9	5,6
07	369	403	273	84	36	10				1175	6,6	7,6
08	158	261	138	69	73	52	41	22		814	7,6	8,8
09	167	352	176	128	68	59	21			971	7,5	8,6
10	119	303	127	180	98	41	9			877	9,3	10,7
11	323	586	268	312	111	23	28			1651	7,9	9,1
12	618	1397	624	779	271	69	21			3779	8,3	9,6
13	472	1375	674	531	452	67				3571	8,4	9,7
14	647	1377	574	281	129					3008	6,2	7,1
15	338	1093	348	135	27					1941	5,6	6,4
16	560	1399	523	121	19					2622	5,5	6,3
17	587	883	469	128	12					2079	5,4	6,2
18	1046	1984	1068	297	83	18				4496	5,8	6,7
19	499	793	586	241	92					2211	6,2	7,1
20	371	946	615	243	64					2239	6,6	7,6
21	340	732	528	323	147	8				2078	7,6	8,8
22	479	768	603	231	115	38	19			2253	7,7	8,9
23	187	1008	915	413	192					2715	7,9	9,1
24	458	943	800	453	96	11	18			2779	7,2	8,2
25	351	899	752	297	102	21	9			2431	7,2	8,2
26	368	731	379	208	53					1739	6,3	7,2
27	411	748	469	232	118	19				1997	6,7	7,7
28	191	554	276	287	118					1426	7,3	8,4
29	271	642	548	479	143	17				2100	8,0	9,3
30	379	873	526	543	208	34				2563	8,0	9,3
31	299	643	597	618	222	19				2398	8,5	9,8
32	397	852	521	559	158	23				2510	7,9	9,1
33	236	721	324	238	48					1567	6,7	7,7
34	280	916	845	307	24					2372	6,9	7,9
35	252	931	918	487	23					2611	6,9	7,9
36	501	1568	1381	569	27					4046	7,0	8,0
00	7729									7720	0,0	0,0
Total	21676	31828	19849	10437	3357	529	166	22		87864	6,9	7,9

Observação: * 1 nó = 1,85 km/h
           * 1 mph = 1,61 km/h

Fonte: Adaptado de *Airport Design: Advisory Circular AC 150/5300-13*. Federal Aviation Administration, Department of Transportation, Washington, D.C. (Incorporação das alterações 1 a 8), setembro de 2004.

Tabela 6.17 – Componentes de vento cruzado máximas permissíveis pela FAA.

Códigos de referência de aeroporto	Componente de vento cruzado permissível
A-I e B-I	10,5 nós
A-II e B-II	13,0 nós
A-III, B-III e C-I até D-III	16,0 nós
A-IV até D-VI	20,0 nós

Observação: 1 nó = 1,85 km/h

Fonte: Adaptado de *Airport Design: Advisory Circular AC 150/5300-13*. Federal Aviation Administration, Department of Transportation, Washington, D.C. (Incorporação das alterações 1 a 8), setembro de 2004.

A componente de vento cruzado de projeto para diferentes Códigos de Referência de Aeroporto foi abordada anteriormente, mas repetiremos aqui para facilitar. A Tabela 6.17 fornece as componentes de vento cruzado máximas permissíveis com base nos Códigos de Referência de Aeroporto. Observe que, no procedimento da rosa de ventos, presume-se que os ventos estão distribuídos uniformemente sobre a área de cada segmento na rosa dos ventos. A precisão desta suposição diminui com o tamanho crescente do segmento. Além disso, observe que agora programas de computador estão disponíveis para determinar a orientação da pista de pouso e decolagem. Os leitores interessados devem visitar o site da Federal Aviation Administration em http://www.fhwa.dot.gov.

Comprimento da pista de pouso e decolagem

Uma tarefa importante no projeto de um aeroporto é a escolha do comprimento da pista de pouso e decolagem. O comprimento escolhido tem impacto significativo sobre o custo total do aeroporto e determina o tipo de aeronave que pode utilizá-lo com segurança. Em geral, os fatores que influenciam a escolha do comprimento incluem:

- tipo de pista de pouso e decolagem (ex.: principal, para vento cruzado ou paralela);
- pesos brutos de pouso e decolagem;
- altitude do aeroporto;
- temperatura máxima diária média no aeroporto (°F);
- gradiente da pista de pouso e decolagem.

Comprimento de uma pista de pouso e decolagem principal

O procedimento para determinar este comprimento é baseado no que é fornecido pela FAA em sua *Advisory Circular 150/5325-4A*. O comprimento de uma pista de pouso e decolagem principal é determinado considerando uma de duas condições:

- comprimento para uma família de aeronaves que possuem características de desempenho semelhantes; e
- comprimento de uma aeronave específica que necessita da pista mais longa.

Independente das condições utilizadas, a escolha do comprimento deve ser baseada nas aeronaves que deverão utilizar o aeroporto regularmente, o que é definido como, pelo menos, 250 operações por ano. Quando o peso bruto das aeronaves previstas para usar o aeroporto não exceder 272.000 N, a condição de família de aeronaves é utilizada. Quando o peso bruto ultrapassa 272.000 N, a condição de aeronave específica é utilizada.

Comprimento da pista de pouso e decolagem com base no agrupamento de aeronaves

As diretrizes de projeto são dadas para diversos agrupamentos de aeronaves com base na velocidade de aproximação e nos pesos máximos de decolagem certificados.

Velocidades de aproximação inferiores a 30 nós: as aeronaves com velocidades de aproximação inferiores a 30 nós são classificadas como ultraleves ou de decolagem e pouso curtos. O comprimento mínimo recomendado para a pista no nível do mar para este tipo de aeronave é de 90 m. Para altitudes maiores, esse comprimento mínimo deve ser aumentado em 9 m para cada 30 m de aumento na altitude.

Velocidades de aproximação de 30 nós ou mais, mas menos que 59: o comprimento mínimo recomendado para pista de pouso e decolagem no nível do mar para este tipo de aeronave é de 240 m. Para altitudes maiores, esse comprimento deve ser aumentado em 24 m para cada 300 m de aumento na altitude.

Todas as aeronaves com carga de decolagem máxima certificada de até 56.700 N

O comprimento mínimo recomendado para a pista de pouso e decolagem deste grupo de aeronaves pode ser obtido nas Figuras 6.30 e 6.31 para aviões com menos dez e dez ou mais assentos, respectivamente. Observe que a Figura 6.30 fornece três conjuntos de gráficos, com comprimentos que serão adequados para 75%, 95% e 100% da frota, respectivamente (porcentagem do tipo de aeronaves coberto nesta categoria).

Em alguns casos, quando as pistas desta classe de aeroanaves estão localizadas em altitudes superiores a 1.500 m acima do nível do mar, os comprimentos obtidos podem ser maiores que os necessários para aeronaves a jato nesta classe. Em tais casos, o maior comprimento deve ser utilizado.

Tabela 6.18 – Exemplos de aeronaves que constituem 75% da frota.

Fabricante	Modelo
Gates Lear Jet Corporation	Lear Jet (séries 20, 30, 50)
Rockwell International	Sabreliner (séries 40, 60, 75, 80)
Cessna Aircraft	Citation (II, III)
Dassault-Breguet	Fan Jet Falcon (séries 10, 20, 50)
British Aerospace Aircraft Corporation	HS-125 (séries 400, 600, 700)
Israel Aircraft Industries	1124 Westwind

Fonte: *Advisory Circular ACI 150/5325-4A*, Federal Aviation Administration, Department of Transportation, Washington D.C., janeiro de 1990.

Aeronaves com peso de decolagem máximo certificado maior que 56.700 N e menor ou igual a 272.000 N

Os comprimentos necessários para pistas de pouso e decolagem podem ser obtidos nos gráficos das Figuras 6.32 e 6.33, que fornecem os comprimentos de pistas para 75% e 100% da frota e para 60% ou 90% de carga útil. Apresentamos, na Tabela 6.18, exemplos dos tipos de aviões que compõem 75% da frota. A carga útil é a diferença entre a carga máxima certificada do avião e seu peso operacional vazio, que considera o peso do avião vazio, a tripulação e sua bagagem, suprimentos, equipamento removível de serviço de passageiros, equipamento de emergência, óleo do motor e o combustível não utilizável. A carga útil é, portanto, considerada como sendo os pesos dos passageiros e da bagagem, a carga e o combustível utilizável.

É necessário aumentar os comprimentos das pistas de pouso e decolagem obtidos nas Figuras 6.32 e 6.33 para levar em consideração a diferença máxima entre as cotas da pista ao logo de seu eixo ou as condições de pista molhada e escorregadia. A correção anterior é para decolagens, enquanto a última é para pousos. Elas são, portanto, mutuamente excludentes, e quando as correções são necessárias para ambas as condições, apenas a maior das duas é utilizada.

Engenharia de infraestrutura de transportes

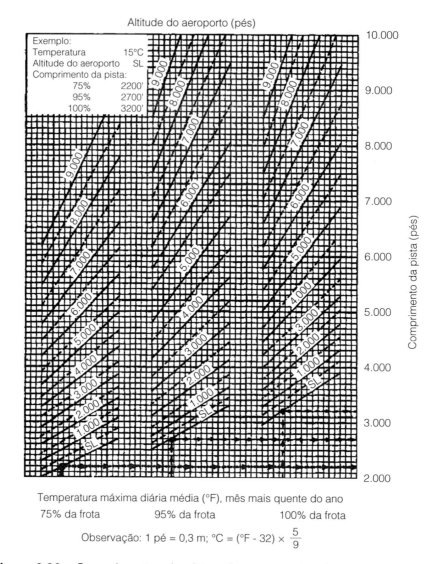

Figura 6.30 – Comprimentos de pistas de pouso e decolagem para atender a pequenas aeronaves com menos de dez assentos.

Fonte: *Advisory Circular AC 150/5325-4A*, Federal Aviation Administration, Department of Transportation, Washington, D.C. (Incorporação das alterações 1 a 8), setembro de 2004.

Para garantir o comprimento adicional que pode ser necessário para a decolagem em aclives, os comprimentos de pista obtidos no gráfico são aumentados em 10 pés para cada pé de diferença de cota entre os pontos mais baixo e mais alto do eixo da pista. Considerando as condições molhadas e escorregadias, os comprimentos de pista obtidos de 60% das curvas de carga útil devem ser aumentados em 15% até um máximo de 1.680 m, e os obtidos de 90% das curvas de carga útil devem ser aumentados em 15% até um máximo de 2.130 m.

Aeronaves com carga de decolagem máxima certificada superior a 270.000 N
A Federal Aviation Administration sugere que o comprimento mínimo da pista de pouso e decolagem deste grupo de aeronaves pode ser estimado pela Equação 6.82, que fornece uma relação geral entre o comprimento mínimo da pista e a etapa do voo:

$$Pista = 1.200 + 0,3915(Etapa) - 0,000017(Etapa)^2 \tag{6.82}$$

em que
Pista = comprimento mínimo da pista de pouso e decolagem em m
Etapa = distância máxima percorrida para o grupo de aeronaves (km)

Deve-se observar que não é necessário ajustar os comprimentos mínimos obtidos na Equação 6.82 para as condições superficiais, pois esta equação é baseada nas condições molhada e escorregadia. Recomenda-se, no entanto, que os comprimentos obtidos sejam aumentados em 7% para cada 300 m de altitude acima do nível do mar. Sugere-se também que os comprimentos de pista de até 4.900 m podem ser considerados como um comprimento recomendado para esse grupo de aeronaves. No entanto, como será visto mais adiante, as pistas previstas para atender a aeronaves desta categoria são normalmente projetadas para aeronaves específicas.

Comprimento da pista de pouso e decolagem com base em aeronaves específicas

As pistas de pouso e decolagem projetadas para atender a aeronaves com peso bruto de 272.000 N ou mais são normalmente projetadas para aeronaves específicas. Os comprimentos recomendados para pouso e decolagem de um tipo específico de aeronave podem ser obtidos com base em curvas de desempenho que foram preparadas pela Federal Aviation Administration. Estas curvas são baseadas em testes reais de voo e dados operacionais.

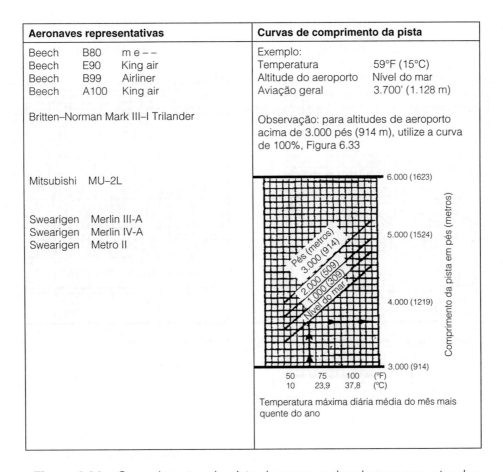

Figura 6.31 – Comprimentos de pista de pouso e decolagem para atender a pequenas aeronaves com dez ou mais assentos para passageiros.

Fonte: *Advisory Circular AC 150/5325-4A*, Federal Aviation Administration, Department of Transportation, Washington, D.C. (Incorporação das alterações 1 a 8), setembro de 2004.

O uso desses gráficos para determinar o comprimento mínimo da pista exige as seguintes informações:

- aeronave específica que será atendida;
- temperatura máxima diária média (°C) para o mês mais quente do ano no aeroporto;
- comprimento da etapa de voo mais longa percorrida regularmente;
- diferença máxima entre cotas ao longo do eixo da pista.

Observe que os comprimentos de pouso obtidos nesses gráficos devem ser ajustados para condições de pista molhada e escorregadia, aumentando-os em 15% para aeronaves a pistão e turbo-hélice, ou em 7% para aeronaves a jato. É necessário aumentar os comprimentos obtidos para aviões turbo-hélice apenas em 7% caso esses gráficos considerem um vento de cauda de 5 nós. Deve-se observar que essas correções para condições de pista molhada e escorregadia são realizadas apenas para os comprimentos de pouso; não são necessárias para os de decolagem. Observe também que os comprimentos de decolagem obtidos nestes gráficos devem ser aumentados em 10 metros para cada metro de diferença de altitude entre os pontos mais alto e mais baixo do eixo da pista, para justificar o comprimento adicional que é necessário durante a decolagem em aclives. Além dos gráficos, tabelas também foram preparadas e podem ser utilizadas para determinar os comprimentos recomendados para aeronaves a jato. Apenas os procedimentos que utilizam as curvas são apresentados. Tanto

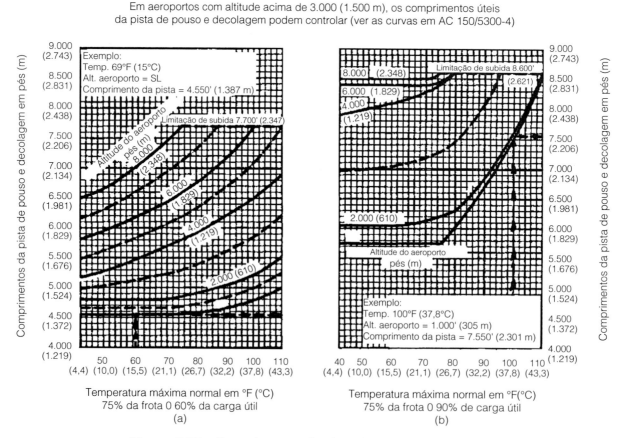

Figura 6.32 – Comprimentos de pista de pouso e decolagem para atender a 75% das aeronaves grandes de 272.000 N ou menos.

Fonte: *Advisory Circular AC 150/5325-4A*, Federal Aviation Administration, Department of Transportation, Washington, D.C. (Incorporação das alterações 1 a 8), setembro de 2004.

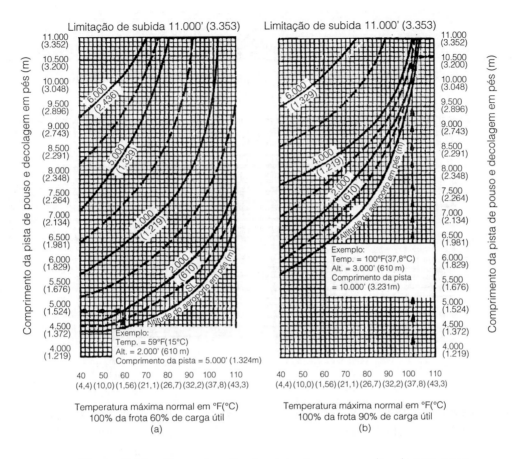

Figura 6.33 – Comprimento da pista de pouso e decolagem para atender a 100% das aeronaves de 60.000 libras (27.200 kg ou menos).

Fonte: *Advisory Circular AC150/5325-4A*, Federal Aviation Administration, U.S. Department of Transportation, Washington, D.C. janeiro de 1990.

os comprimentos de pouso como os de decolagem devem ser determinados, e o comprimento mais longo selecionado como o de projeto. Exemplos desses gráficos são apresentados nas Figuras 6.34 a 6.39 para as aeronaves Convair 340/440, Boeing série 720-000 e Douglas série DC-9-10. O procedimento para uso desses gráficos está descrito a seguir e ilustrado nas Figuras 6.36 e 6.37 para uma aeronave da série 720-000 da Boeing, com peso máximo de pouso de 697.500 N, peso máximo de decolagem de 810.000 N, utilizando pista em nível do aeroporto a uma altitude de 900 m, uma etapa de voo percorrida de 644 km e temperatura máxima diária média de 27°C.

Determinação do comprimento da pista de pouso

- Entre no gráfico de comprimento de pista para pouso para a aeronave específica (Figura 6.36) nas abscissas relativas ao peso máximo de pouso de 697.500 N.
- Projete esse ponto verticalmente até a linha que representa a altitude do aeroporto (900 m) em *A*. Interpole entre linhas, se necessário.
- Trace uma linha horizontal de *A* para interceptar com o comprimento de pista em *B*, a fim de fornecer o comprimento de aproximadamente 1.950 m.
- Para aeronaves a pistão e turbo-hélice, aumente esse comprimento de pouso em 7% para justificar as condições de pista molhada e escorregadia (esse comprimento deve ser aumentado em 15% para aeronaves

338 Engenharia de infraestrutura de transportes

Convair 340/440
Motor Allison 501-D13H

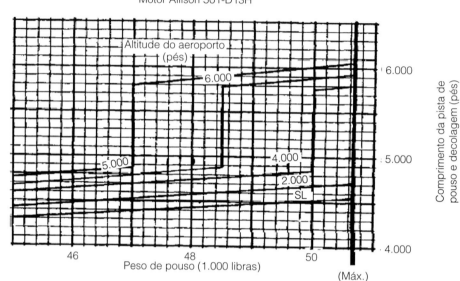

Observação: 1 libra = 4,5 N; 1 pé = 0,3 m

Figura 6.34 – Curva de desempenho de aeronave, pouso, Convair 340/440.

Fonte: *Advisory Circular ACI #150/5325-4A*. Federal Aviation Administration, U.S. Department of Transportation, Washington, D.C., janeiro de 1990.

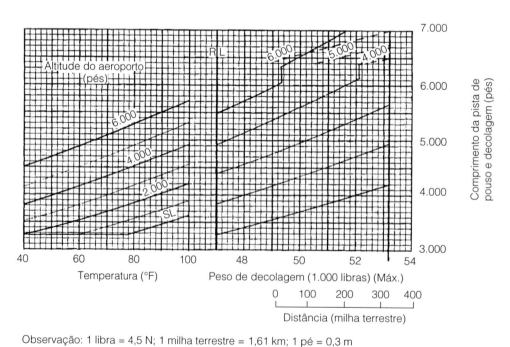

Observação: 1 libra = 4,5 N; 1 milha terrestre = 1,61 km; 1 pé = 0,3 m

Figura 6.35 – Curva de desempenho de aeronave, decolagem, Convair 340/44.

Fonte: *Advisory Circular ACI #150/5325-4A*. Federal Aviation Administration, U.S. Department of Transportation, Washington, D.C., janeiro de 1990.

Projeto geométrico das vias de transporte • **Capítulo 6**

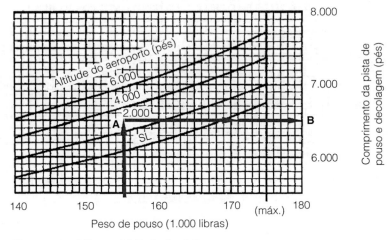

Observação: 1 libra = 4,5 N; 1 pé = 0,3 m

Figura 6.36 – Curva de desempenho de aeronave, pouso, Boeing série 720-000.

Fonte: *Advisory Circular ACI #150/5325-4A*. Federal Aviation Administration, U.S. Department of Transportation, Washington, D.C., janeiro de 1990.

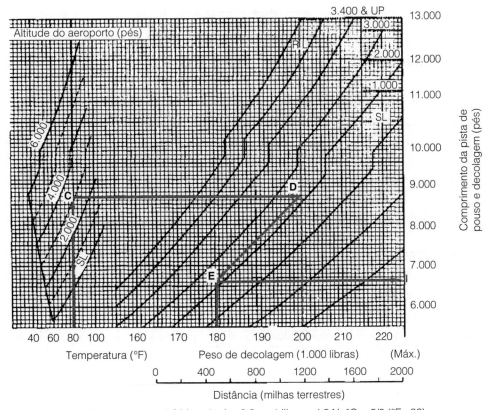

Observação: 1 milha terrestre = 1,61 km; 1 pé = 0,3 m; 1 libra = 4,5 N; °C = 5/9 (°F - 32)

Figura 6.37 – Curva de desempenho de aeronave, decolagem, Boeing série 720-000.

Fonte: *Advisory Circular ACI #150/5325-4A*. Federal Aviation Administration, U.S. Department of Transportation, Washington, D.C., janeiro de 1990.

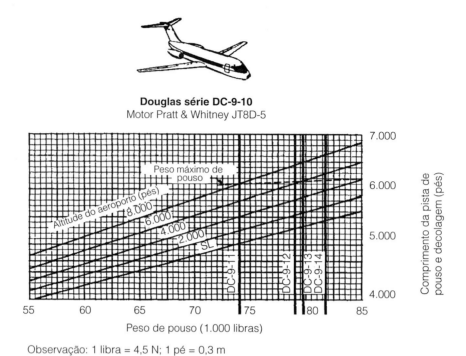

Figura 6.38 – Curva de desempenho de aeronave, pouso, Douglas série DC-9-10.

Fonte: *Advisory Circular ACI #150/5325-4A*. Federal Aviation Administration, U.S. Department of Transportation, Washington, D.C., janeiro de 1990.

de pista são geralmente arredondados para o valor mais próximo de 30 m).

Determinação do comprimento da pista de decolagem

- Entre no gráfico de comprimento da pista de decolagem para a aeronave específica (Figura 6.37) nas abscissas para a temperatura máxima diária média (27°C) na parte esquerda do gráfico.
- Projete esse ponto verticalmente até a linha que representa a altitude do aeroporto (900 m) em C.
- Trace uma linha horizontal de C para interceptar com o ponto de referência em D.
- Projete para cima à direita ou para baixo à esquerda entre as linhas inclinadas, conforme necessário para interceptar o limite de altitude em D, uma linha traçada verticalmente do peso máximo de decolagem (810.000 N) em E, ou uma linha traçada verticalmente para cima a partir da etapa de voo. O menor comprimento de pista obtido é o mínimo de decolagem.
- Trace uma linha horizontal do ponto que produz a menor distância para obter o comprimento de decolagem. Neste caso, o menor comprimento de decolagem é obtido para o peso máximo de decolagem (E), para obter 1980 m em F.

Uma vez que o comprimento mínimo necessário para pouso é maior que o para decolagem, o comprimento mínimo do aeroporto é de 2.100 m.

Além dos fatores listados anteriormente, os comprimentos de pista para aeronaves específicas também dependem dos ajustes do flape. Os gráficos são baseados nos ajustes do flape que produzem os comprimentos mais curtos de pista. Esses ajustes são incorporados nas tabelas e devem ser conhecidos se as tabelas forem utilizadas. As aeronaves a jato previstas para utilizar os aeroportos em altitudes superiores a 1.500 m são normalmente modificadas para altitudes mais elevadas para reduzir seus requisitos de comprimento de pista, cujo

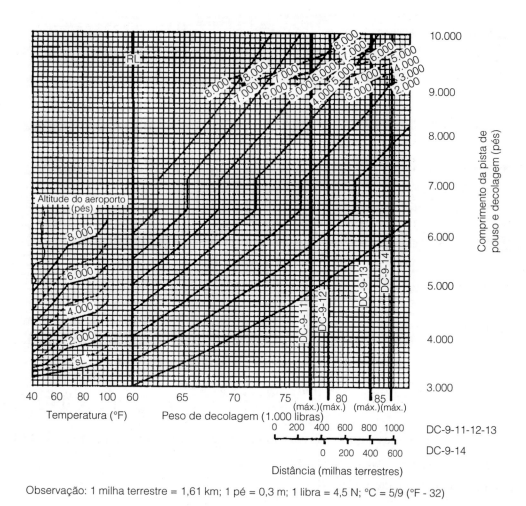

Figura 6.39 – Curva de desempenho de aeronave, decolagem, Douglas série DC-9-10.

Fonte: *Advisory Circular ACI #150/5325-4A*. Federal Aviation Administration, U.S. Department of Transportation, Washington, D.C., janeiro de 1990.

utilizadas. As aeronaves a jato previstas para utilizar os aeroportos em altitudes superiores a 1.500 m são normalmente modificadas para altitudes mais elevadas para reduzir seus requisitos de comprimento de pista, cujo mínimo para essas aeronaves pode ser inferior ao mínimo exigido para um aeroporto que atende a uma família de aeronaves de peso de decolagem máximo certificado de 56.250 N ou menos. Nesses casos, o comprimento mais longo deve ser utilizado.

Exemplo 6.18

Determinando o comprimento mínimo de pista de pouso e decolagem com base no agrupamento de aeronaves

Determine o comprimento mínimo da pista de pouso e decolagem de um aeroporto localizado a uma altitude de 600 m acima do nível do mar com previsão para atender a aeronaves ultraleves com velocidades de aproximação de 25 nós.

Solução

Determine o comprimento mínimo da pista de pouso e decolagem no nível do mar:

Velocidade de aproximação inferior a 30 nós, comprimento mínimo da pista de pouso e decolagem de 90 m.

Ajuste da altitude:

(600/300) × 9 = 18 m

Determine o comprimento mínimo da pista de pouso e decolagem para a altitude de 600 m:

Comprimento mínimo a 600 m = comprimento mínimo no nível do mar + ajuste de altitude
= (90 + 18) = 108 m

Exemplo 6.19

Determinando o comprimento mínimo de pista de pouso e decolagem de um aeroporto que atende a aeronaves de 272.000 N ou menos

Um aeroporto está sendo projetado para atender a 100% da frota e 90% de carga útil de uma família de aeronaves com carga máxima certificada de 272.000 N. Ele ficará localizado a uma altitude de 1.200 m, sendo a temperatura máxima normal de 32°C. Determine o comprimento mínimo da pista de pouso e decolagem se a diferença de cotas ao longo do eixo da pista entre os pontos mais alto e mais baixo for de 7,5 m.

Solução

Determine o comprimento mínimo não ajustado da pista de pouso e decolagem – utilize a Figura 6.33b. Nela, o comprimento mínimo não ajustado é de 2.880 m. Ajuste para as condições de pista molhada e escorregadia:

Aumente o comprimento mínimo em 15%

Comprimento ajustado = 2.880 m (1,15) = 3.312 m

Ajuste a diferença de cotas ao longo do eixo da pista:

Aumente o comprimento mínimo em 10 m por m de diferença de cotas ao longo do eixo

Comprimento mínimo ajustado = 2.880 + (10)(7,5)

= 2.955 m

Uma vez que estes ajustes são mutuamente excludentes, o comprimento mínimo da pista de pouso e decolagem é de 3.330 m (arredondamento de 3.312 m).

Comprimento mínimo de pistas de pouso e decolagem para vento cruzado

A Federal Aviation Administration recomenda que o comprimento mínimo deste tipo de pista deve ser de, pelo menos, 80% do comprimento da pista principal.

Comprimento mínimo de pistas de pouso e decolagem paralelas

A Federal Aviation Administration recomenda que o comprimento mínimo deste tipo de pista deve ser baseado nas aeronaves que a utilizarão. Além disso, todas as pistas de pouso e decolagem paralelas em um aeroporto devem ter comprimentos aproximadamente iguais.

Resumo

Este capítulo apresentou os princípios fundamentais utilizados no projeto dos alinhamentos geométricos das vias das modalidades rodoviária, ferroviária e aeroviária. É importante observar que, no projeto dos diferentes componentes da via, um sistema de classificação é utilizado em cada uma das modalidades. Por exemplo, assim como uma rodovia pode ser classificada como arterial principal, arterial secundária, rodovia coletora e assim por diante, uma pista de pouso e decolagem pode sê-lo como pista primária, para vento cruzado ou paralela. Este princípio de classificação serve como base fundamental na qual o projeto de alinhamento geométrico é desenvolvido para todas as modalidades.

O capítulo também mostrou que os princípios matemáticos básicos utilizados no projeto de alinhamento geométrico da via são os mesmos em todas as modalidades consideradas, mas padrões diferentes são necessários para modalidades diferentes. Esses padrões variam principalmente por causa das diferenças nas características dos veículos utilizados em cada modalidade. Por exemplo, por causa da característica única da aeronave, é necessário determinar o comprimento mínimo de uma pista de pouso e decolagem de modo que atenda às exigências de pouso e decolagem das aeronaves previstas para utilizar o aeroporto, o que não é necessário nem para a modalidade rodoviária, nem para ferroviária. Da mesma forma, as rampas máximas admissíveis das pistas de pouso e decolagem são muito inferiores às permitidas nas rodovias e ferrovias. No entanto, o mesmo princípio matemático é utilizado no projeto de uma curva vertical, independente da modalidade específica que está sendo considerada.

Vários programas de computador estão disponíveis e podem ser utilizados na realização dos procedimentos de projeto apresentados neste capítulo. No entanto, enfatizamos que a compreensão dos princípios básicos é uma exigência necessária para a utilização de qualquer um desses programas disponíveis.

Problemas

6.1 Compare e faça um contraste entre sistemas de classificação utilizados como base para o projeto de alinhamento geométrico das vias das modalidades rodoviária, ferroviária e aeroviária.

6.2 Uma rodovia coletora rural localizada em terreno ondulado deve ser projetada para transportar um volume de projeto previsto de 1.500 veículos/dia. Determine:

   (i)   a velocidade de projeto adequada;
   (ii) as larguras adequadas da faixa e do acostamento;
   (iii) a rampa máxima desejável;
   (iv) o raio mínimo das curvas horizontais.

6.3 Para uma rodovia arterial principal rural em terreno montanhoso com velocidade de projeto de 105 km/h, determine:

   (i)   as larguras adequadas da faixa e do acostamento;
   (ii) a rampa máxima desejável;
   (iii) o raio mínimo das curvas horizontais.

6.4 A via principal de veículos leves sobre trilhos deve ser projetada para uma grande área metropolitana. Determine:

(i) a rampa longitudinal máxima sustentável;
(ii) a rampa máxima sustentável para uma distância de 465 m entre os PIVs das curvas verticais consecutivas;
(iii) a rampa máxima sustentável para uma distância de 1.050 m entre os PIVs das curvas verticais consecutivas;
(iv) a rampa mínima.

6.5 Uma curva vertical convexa deve ser projetada em uma via principal de carga e intermunicipal de passageiros. Determine:

(i) a rampa máxima;
(ii) a variação máxima em rampa para duas tangentes ligadas por uma curva vertical convexa de 225 m
(iii) a variação máxima em rampa para duas tangentes ligadas por uma curva vertical côncava de 225 m.

6.6 Determine o comprimento mínimo de uma curva vertical convexa em uma via principal de carga e intermunicipal de passageiros, ligando duas tangentes de +0,75% e -1,5%, viajando a 112,5 km/h.

6.7 Repita o Problema 6.6 para uma curva vertical convexa em uma linha principal de transporte público de veículos leves sobre trilhos com uma velocidade de projeto de 90 km/h.

6.8 Repita o Problema 6.6 para uma curva vertical côncava em uma via principal de transporte público de veículos leves sobre trilhos com uma velocidade de projeto de 75 km/h.

6.9 Um aeroporto está sendo projetado para a categoria de aproximação de aeronaves B. Determine:

(i) a rampa longitudinal máxima da pista de pouso e decolagem principal;
(ii) a rampa longitudinal máxima de uma pista de rolamento;
(iii) o comprimento mínimo de uma curva vertical que une duas tangentes com rampas máximas;
(iv) a distância mínima entre os pontos de interseção de duas curvas verticais consecutivas que ligam as tangentes com rampas máximas.

6.10 Repita o Problema 6.9 para a categoria de aproximação de aeronaves D.

6.11 Uma rampa de 3% de uma rodovia arterial principal cruza com uma rampa de -2% na estaca (355 + 16,35) a uma elevação de 97 m. Se a velocidade de projeto da estrada for de 95 km/h, determine as estacas e as elevações de IVC e FCV e as elevações da curva nas estacas a cada 30 metros.

6.12 Uma curva vertical conecta uma rampa de +2% e uma de -2% de uma pista de pouso e decolagem principal de um aeroporto. As rampas se cruzam na estaca (650 + 10,05) e a uma elevação de 60 m. Determine as estacas e as elevações de IVC e FCV e as elevações da curva nas estacas a cada 30 m.

6.13 Uma curva vertical côncava liga uma rampa de -1,5% e outra de +1,5% de uma via férrea principal intermunicipal de passageiros. Se as rampas se cruzam na estaca (300 + 7,61) e em uma elevação de 105,15 m, determine as estacas e as elevações de IVC e FCV e as elevações da curva em intervalos de 30 m.

6.14 Uma pista de pouso e decolagem principal está sendo projetada para um novo aeroporto que atenderá à categoria B. Como parte deste trabalho, é necessário projetar duas curvas verticais consecutivas (uma convexa seguida de outra côncava) que devem estar localizadas no meio da pista. O projeto deve atender a todos os requisitos de rampa e de comprimento mínimo. Se as condições forem tais que a curva vertical convexa ligue as rampas de +0,5% e +1,5%, determine todas as propriedades de ambas as curvas que serão necessárias para fazer sua localização. A elevação e a estaca do ponto de interseção das duas tangentes da curva vertical convexa são de 166,95 pés e 595 + 13,5, respectivamente, e a distância entre os pontos de interseção (PIVs) das curvas verticais é de 292,5 m.

6.15 Repita o Problema 6.14 para um aeroporto de categoria C, mas, neste caso, a distância entre os pontos de interseção (PIVs) das curvas verticais não é dada, e a tangente comum entre as duas curvas possui rampa de 1,0%.

6.16 Uma curva horizontal deve ser projetada para ligar duas tangentes de uma rua arterial principal com velocidade de projeto de 110 km/h. A estaca de PC é 545 + 13,65. Espera-se que uma construção existente esteja localizada a uma distância de 15 m do eixo da faixa interna. Determine o raio mínimo que atenderá aos requisitos de distância de visibilidade e de superelevação.

6.17 Uma curva horizontal liga duas tangentes que defletem a um ângulo de 45° em uma rodovia arterial urbana. O ponto de interseção das tangentes está localizado na estaca (658 + 16,13). Se a velocidade de projeto da rodovia for de 105 km/h, determine o ponto da tangente e os ângulos de deflexão das estacas completas para a definição da curva a partir do PC.

6.18 Um trecho em curva de uma via de transporte público de veículo leve sobre trilhos com uma superelevação real de 14 cm deve ser aprimorado para permitir sua utilização por trens cargueiros e intermunicipais de passageiros. Se o raio existente não puder ser melhorado em decorrência de restrições de uso do solo, determine se é viável aprimorar a via de tal forma que os trens cargueiros e intermunicipais de passageiros que viajam a 80 km/h possam utilizá-la. A velocidade máxima dos veículos leves sobre trilhos é de 72,5 km/h.

6.19 Uma curva espiral liga duas curvas circulares consecutivas numa via de transporte público de veículos leves sobre trilhos com velocidade de projeto de 80 km/h. A primeira curva tem raio de 900 m e a segunda, de 675 m. Determine o comprimento mínimo da curva espiral para o valor limite da superelevação não balanceada.

6.20 Uma curva espiral liga uma tangente e uma curva circular de 3° com ângulo de interseção de 40° de uma via de transporte público de veículo leve sobre trilhos. A velocidade de projeto é de 95 km/h e a superelevação efetiva é de 12,5 cm. As tangentes da curva circular cruzam na estaca (586 + 16,91) com um ângulo de interseção de 40°.
Determine:

(i) a estaca do ponto da espiral (TS);
(ii) a estaca do começo da curva circular (SC);
(iii) a estaca do final da curva circular (CS);
(iv) a estaca do final da espiral (ST).

6.21 Um aeroporto está sendo projetado a uma altitude de 750 m acima do nível do mar. Determine o comprimento mínimo da pista de pouso e decolagem principal para cada uma das seguintes famílias de aviões:

(i) com velocidades de aproximação inferiores a 30 nós;
(ii) com velocidades de aproximação de 30 nós ou mais, mas menos de 59.

6.22 Um aeroporto está sendo considerado para um local com altitude de 1.350 m. Se a topografia e outras condições restringirem o comprimento máximo da pista de pouso e decolagem principal a 330 m, determine a família de aviões com a maior velocidade de aproximação à qual o aeroporto será adequado.

6.23 Um aeroporto, localizado a uma altitude de 1.200 m e temperatura máxima diária média no mês mais quente do ano de 32°C, deve ser projetado para atender a aeronaves com uma carga de decolagem máxima certificada de 47.250 N e capacidade para transportar nove passageiros. Determine o comprimento mínimo da pista de pouso e decolagem principal necessário para:

(i) 75% da frota;
(ii) 95% da frota;
(iii) 100% da frota.

6.24 Um aeroporto, localizado em uma área com altitude de 1.200 m e temperatura máxima diária média no mês mais quente do ano de 27°C, foi projetado para atender a todas as aeronaves com carga de decolagem máxima certificada de até 56.250 N, carregando menos de dez passageiros. Se o aeroporto deve ser melhorado para atender a todas as aeronaves com peso de decolagem máximo certificado de 272.000 N e uma carga útil de 90%, determine em quanto o comprimento da pista existente do aeroporto deve ser aumentado.

6.25 Um aeroporto localizado a uma altitude de 1.200 m é planejado para atender às aeronaves Douglas série DC-9-10. A temperatura média máxima diária é de 27°C. Determine o comprimento mínimo da pista de pouso e decolagem principal se o peso máximo de decolagem for de 360.000 N, a etapa de voo percorrida de 644 km e o peso máximo de pouso de 270.000 N.

Referências

AMERICAN ASSOCIATION OF STATE HIGHWAY AND TRANSPORTATION OFFICIALS. *A policy on geometric design of highways and streets.* Washington, D.C., 2004.

AMERICAN RAILWAY ENGINEERING AND MAINTENANCE-OF-WAY ASSOCIATION. *Manual for railway engineering,* vol. 1. Landover, MD, 2005.

DAVIS; FOOTE; ANDERSON; MIKHAIL. *Surveying theory and practice.* McGraw-Hill Book Company, 1997.

FEDERAL AVIATION ADMINISTRATION. Department of Transportation. *Airport design:* Advisory Circular AC 150/5300-13. (Incorporação de alterações 1 a 8). Washington, D.C., out. 2002.

_____. *Runway length requirements for airport design:* Advisory Circular 150/5325-4A. Washington, D.C., 1990.

GARBER, Nicholas J.; BLACK, Kirsten. *Advanced technologies for improving large truck safety on two-lane highways.* Relatório n. FHWA/VA-95-R4, set. 1994.

Roadside Design Guide. Washington, D.C., 1989.

TRANSPORTATION RESEARCH BOARD. NATIONAL RESEARCH COUNCIL. *Highway capacity manual.* Relatório especial 209, 4. ed. Washington, D.C., 2000.

_____. *Track design handbook for light rail transit.* Transit Cooperative Research Program, Relatório TCRP 57. Washington, D.C.: National Academy Press, 2000.

CAPÍTULO 7

Projeto estrutural das vias de transporte

O projeto estrutural da via de qualquer modalidade de transporte é executado para garantir que ela seja estruturalmente sólida e possa suportar as cargas que lhe são impostas pelos veículos daquela modalidade durante a sua vida útil. Neste capítulo, apresentaremos as metodologias de projeto para as modalidades rodoviária, aeroviária e ferroviária. Os métodos apresentados são os da American Association of State Highway and Transportation Officials (AASHTO), para pavimentos rodoviários; da Federal Aviation Administration (FAA), para pavimentos de aeroportos; e da American Railway Engineering and Maintenance-of-Way Association (AREMA), para vias férreas. Apenas uma breve descrição é apresentada sobre as características do solo necessárias para dar suporte à via de transporte, já que uma abordagem detalhada dessas características está além do escopo deste livro.

Os procedimentos de projeto utilizados para pavimentos rodoviários e aeroportuários são semelhantes, mas as cargas impostas por aeronaves sobre um pavimento aeroportuário são muito maiores do que aquelas pelos automóveis sobre os pavimentos rodoviários. Além disso, embora a estrutura da via férrea seja de certa forma semelhante à de um pavimento rodoviário, o projeto de ferrovia é significativamente diferente daquele para pavimentos rodoviários ou aeroportuários, principalmente por causa da forma como a carga é transferida dos veículos ferroviários para o terreno natural. Enquanto as cargas oriundas de uma aeronave ou de um automóvel o são diretamente para o solo por meio do pavimento (que pode consistir de camadas de materiais diferentes), as dos veículos ferroviários são primeiro transferidas para os trilhos, que as transferem para os dormentes, que, por sua vez, as transferem para o terreno natural por meio de camadas compostas de diversos materiais. Este capítulo aborda as semelhanças e diferenças entre os procedimentos de projeto das diferentes modalidades, utilizando os métodos de projeto apresentados.

Componentes estruturais das vias de transporte

A via de transporte das modalidades rodoviária, aeroviária ou ferroviária consiste em dois ou mais componentes estruturais, por meio dos quais a carga aplicada pelo veículo que transita pela via é transferida para o terreno natural. O desempenho da via de transporte depende do bom desempenho de cada componente. Isso exige que cada um deles seja projetado corretamente para assegurar que a carga aplicada não provoque tensões excessivas em qualquer um desses componentes estruturais. A Figura 7.1 mostra as seções transversais das vias de transporte para as modalidades rodoviária, aeroviária e ferroviária. As vias de transporte para as modalidades rodoviária e aeroviária são geralmente denominadas pavimento, enquanto para a ferroviária é via permanente.

Como pode ser visto na Figura 7.1, os componentes estruturais para pavimentos rodoviários e aéreos são muito similares, enquanto para a via férrea são um pouco diferentes. Os componentes estruturais dos pavimentos rodoviários e aeroviários consistem de subleito ou plataforma, sub-base, base e revestimento; e os da via férrea são subleito, sublastro, lastro, dormentes e trilhos. O conjunto formado por trilhos e dormentes é normalmente denominado *superestrutura ferroviária,* e lastro e sublastro são a *subestrutura ferroviária*. A seguir, cada um desses componentes é abordado brevemente.

Subleito (plataforma)

O subleito ou plataforma é um componente comum às três modalidades. Geralmente é o material natural localizado ao longo do alinhamento horizontal do pavimento ou da via férrea e serve como fundação da sua estrutura. O subleito pode ser também constituído por uma camada de material selecionado, obtido de outro lugar e devidamente compactado para atender a determinadas especificações. Em alguns casos, o material do subleito é tratado para atingir determinadas propriedades de resistência exigidas para o tipo de pavimento ou via férrea a ser construída. Esse tratamento é geralmente denominado estabilização. O livro *Traffic and highway engineering,* de Garber e Hoel, fornece uma descrição detalhada dos diversos processos de estabilização. A carga imposta pelo veículo que utiliza a via é transmitida ao subleito por meio dos diversos componentes estruturais da via de tal forma que a carga é espalhada por uma área maior do que a de contato do veículo. Assim, quanto menor a resistência do subleito, maior será a área necessária de distribuição de carga e, portanto, maior a profundidade necessária.

Camada de sub-base

Está localizada logo acima do subleito do pavimento rodoviário e aeroportuário, conforme mostrado nas Figuras 7.1a e 7.1b, e consiste em material de solo de qualidade superior ao do subleito. Os materiais utilizados para a construção da sub-base atendem a determinadas exigências de distribuições de tamanho de partículas (granulometria), resistência e plasticidade. Quando o material constituinte do subleito atende a esses requisitos, a camada de sub-base geralmente não é construída. Os materiais que não atendem a esses requisitos podem ser tratados com outros (estabilização) para alcançar as propriedades necessárias.

Camada de sublastro

Está localizada logo acima do plataforma (subleito) da via férrea, conforme mostrado na Figura 7.1c. Ocupa uma posição semelhante na estrutura da via férrea como a sub-base dos pavimentos rodoviários e de aeroportos. O sublastro é constituído de pedra britada graduada que também deve atender aos requisitos especificados de granulometria, plasticidade e resistência. Sua finalidade é aumentar a capacidade da camada de lastro de prover drenagem adequada, estabilidade, flexibilidade e suporte uniforme para o trilho e os dormentes.

Camada de base

Encontra-se logo acima da sub-base do pavimento rodoviário ou de aeroportos, conforme mostrado nas Figuras 7.1a e 7.1b, e normalmente é construída com materiais que tenham maior qualidade do que os da camada de sub-base. Esses materiais também devem atender aos requisitos de granulometria, características de plasticidade e resistência. Eles são geralmente de natureza mais granular do que aqueles para a camada de sub-base de modo que facilitem a drenagem da água superficial.

Camada de lastro

Encontra-se logo acima da camada de sublastro, conforme mostrado na Figura 7.1c. Ocupa uma posição semelhante na estrutura da via férrea, como a camada de base dos pavimentos rodoviários e de aeroportos. Fornece drenagem, estabilidade, flexibilidade, suporte uniforme para os dormentes e a distribuição das cargas da via

Projeto estrutural das vias de transporte • **Capítulo 7**   351

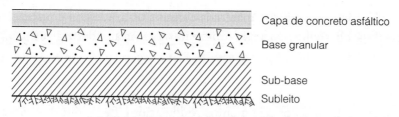

(a) Seção transversal de pavimento rodoviário

Fonte: Garber; Hoel. *Traffic and Highway Engineering*, 2002.

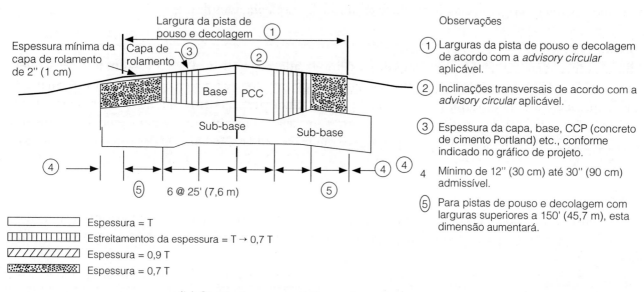

(b) Seção transversal de pavimento de aeroportos

Fonte: *Airport Pavement Design and Evaluation*, Advisory Circular AC 150/5320-6D (Incorporação das alterações de 1 a 5), Federal Aviation Administration, Department of Transportation, Washington, D.C., abril, 2004.

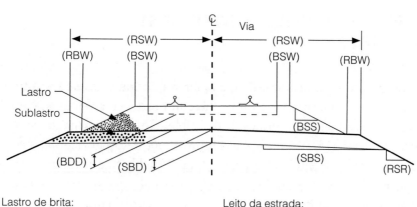

Lastro de brita:
BDD = Profundidade de lastro
BSW = Largura do acostamento do lastro
BSS = Declividade lateral do lastro

Sublastro:
SBD = Profundidade do sublastro
SBS = Declividade lateral do sublastro

Leito da estrada:
RSW = Largura da banqueta do subleito
RSR = Declive lateral do subleito
RBW = Largura da banqueta do subleito

(c) Seção transversal da via férrea

Fonte: American Railway Engineering and Maintenance-of-Way Association. *Manual for highway engineering*. Landover, MD, 2005.

Figura 7.1 Desenho esquemático de um pavimento rodoviário, de aeroportos e da via férrea.

férrea para o subleito por meio do sublastro. Os materiais comuns utilizados na construção das camadas de lastro incluem granitos, basaltos, quartzitos, calcários, dolomitas e escórias siderúrgicas.

Revestimento
É a camada superior dos pavimentos rodoviários e de aeroportos construída logo acima da camada de base. Enquanto as camadas de base e sub-base dos pavimentos rodoviários e de aeroportos são comparáveis às de sublastro e de lastro da via férrea, o revestimento não tem camada comparável na via férrea. Pode ser tanto de concreto de cimento Portland como de concreto asfáltico. Os revestimentos de cimento Portland são conhecidos como pavimentos rígidos, e os de concreto asfáltico, como pavimentos flexíveis.

Dormentes
Utilizados apenas em vias férreas, são feitos de madeira tratada, concreto ou aço e colocados transversalmente a intervalos regulares ao longo do comprimento da via férrea, logo acima da camada de lastro. Sua principal finalidade é distribuir uniformemente a carga dos trilhos para o lastro. Não há nenhum componente estrutural do pavimento rodoviário ou de aeroportos que seja comparável diretamente com os dormentes, pois as cargas de um automóvel ou de uma aeronave são transmitidas diretamente das rodas do veículo para o pavimento.

Trilhos
Geralmente feitos de aço de alta qualidade são muitas vezes denominados trilhos guias. Sua principal finalidade é guiar o trem e garantir que ele transite ao longo da trajetória desejada; também transferem as cargas das rodas do trem para os dormentes.

Da mesma forma que os dormentes, não existe nenhum componente estrutural do pavimento rodoviário ou de aeroportos que esteja diretamente relacionado aos trilhos, pois as trajetórias dos automóveis e das aeronaves não são tão restritas quanto as dos trilhos.

Princípios gerais do projeto estrutural das vias de transporte

O princípio geral incorporado no projeto estrutural de qualquer via de transporte é garantir a integridade de cada componente estrutural para suportar a tensão que lhe é imposta pelos veículos que utilizam a via. Por exemplo, o projeto assegura que a tensão imposta sobre o subleito ou plataforma da via seja inferior ao máximo permitido sobre ela, apesar de assumir que ela seja infinita na direção horizontal. Isto é conseguido por meio da construção de vários componentes estruturais acima do subleito que distribuem as cargas impostas pelos veículos que utilizam a via. Por exemplo, as rodas dos veículos ferroviários impõem suas cargas sobre os trilhos, que, por sua vez, as transmitem para os dormentes. Os dormentes, em seguida, transmitem a carga para o lastro, que a transfere para o sublastro, que, finalmente, a leva para o subleito ou plataforma. Como a carga é transmitida de um componente estrutural para outro, uma distribuição de tensão é causada dentro de cada componente estrutural. Um exemplo da distribuição de tensão a um pavimento flexível de rodovia ou de aeroporto é mostrado na Figura 7.2. As tensões verticais máximas são de compressão e ocorrem diretamente sob a carga da roda. Elas diminuem com o aumento da profundidade a partir da superfície. As tensões horizontais máximas também ocorrem diretamente sob a carga da roda, mas podem ser de tração ou de compressão. O projeto estrutural da via, em geral, é baseado nas características de tensão/deformação de cada componente estrutural que limitam as tensões/deformações horizontais e verticais abaixo daqueles que causarão deformação permanente.

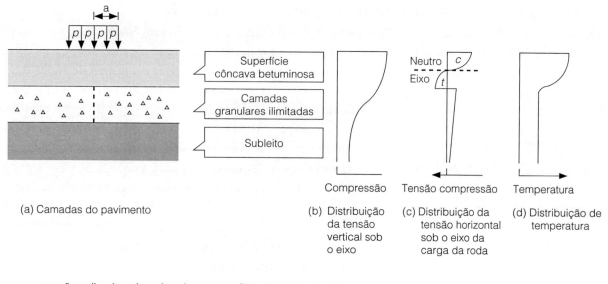

Figura 7.2 Distribuição de tensões e de temperaturas típicas a pavimento flexível sob carga de roda.

Vários pacotes de programas computacionais estão disponíveis para o projeto de diferentes vias de transporte. Os métodos comumente utilizados são os da AASHTO para pavimentos rodoviários; o *Airport pavement design and evaluation* da Federal Aviation Administration, tal como consta em sua *advisory circular*, para pavimentos de aeroportos; e o procedimento da AREMA para as vias férreas. O procedimento, geralmente seguido do projeto estrutural da via de transporte, consiste nos seguintes passos:

Passo 1. Determinar a carga solicitante.
Passo 2. Selecionar o material para cada componente estrutural.
Passo 3. Determinar o tamanho e/ou espessura mínimos para cada componente estrutural.
Passo 4. Realizar uma análise econômica de soluções alternativas e selecionar o melhor projeto.

Apenas os passos de 1 a 3 são apresentados a seguir.

Passo 1 – Determinar o carregamento

Carregamento é normalmente a carga máxima ou acumulada de roda aplicada pelos veículos durante a vida útil da via. O carregamento para o pavimento da rodovia depende das características do tráfego (ou seja, a distribuição dos diferentes tipos de veículos) previstas para a rodovia que está sendo projetada. O de aeroporto depende do peso bruto da aeronave para a qual a pista de pouso e decolagem está sendo projetada, normalmente denominada aeronave de projeto; deve-se notar que a aeronave de projeto não é necessariamente a mais pesada prevista para utilizar a pista de pouso e decolagem. O carregamento solicitante para a via férrea depende das cargas de rodas aplicadas pela locomotiva ou pelo vagão carregado nos trilhos.

Características de tráfego para o projeto de pavimento rodoviário

Nos métodos da AASHTO, as características de tráfego são determinadas em função da carga por eixo simples equivalente (ESAL – *equivalent single-axle load*), que é o número de repetições de uma carga de eixo simples de 18.000 libras (80 kilonewtons (kN)) aplicada ao pavimento em dois conjuntos de rodas duplas. As rodas duplas são representadas como duas placas circulares, cada uma com 0,114 m de raio, e espaçamento de 0,344 m, o que equivale a uma pressão de contato de 0,495 MPa. A utilização de uma carga de 80 kN por eixo é baseada nos resultados dos experimentos que mostraram que o efeito de qualquer carga sobre o desempenho do pavimento de uma rodovia pode ser representado em termos do número de aplicações de um único eixo de 80 kN. A Tabela 7.1 mostra os fatores de equivalência para a conversão das cargas por eixo em ESAL, ao se utilizar o procedimento de projeto da AASHTO para os pavimentos flexíveis. Deve-se observar que os valores apresentados nessa tabela são para um índice de serventia final de 2,5 e vários níveis do *Número Estrutural do Pavimento* (SN). Esses termos serão definidos e discutidos neste capítulo na seção "Método da AASHTO para projeto de pavimentos flexíveis rodoviários". Quando as cargas por eixos não estão prontamente disponíveis, alguns Estados têm recomendado fatores para diferentes tipos de veículos. Por exemplo, a *Commonwealth* da Virgínia recomenda um fator de 0,0002 para veículos de passageiros, 0,37 para caminhões leves e 1,28 para caminhões semirreboques.

A vida útil de projeto de pavimento e a taxa de crescimento do tráfego são necessárias para o cálculo da ESAL total. A vida útil de projeto é o número de anos previsto para que o pavimento da rodovia suporte o carregamento do tráfego sem a necessidade de um recapeamento. A taxa de crescimento do tráfego é necessária, pois é provável que ele não permaneça constante durante a vida útil do pavimento. As agências de planejamento de transportes fornecem taxas de crescimento de tráfego para suas jurisdições. Os fatores de crescimento (G_{jt}) para diferentes taxas de crescimento j e vidas de projeto n podem ser calculados utilizando a Equação 7.1:

$$G_{jt} = \frac{[(1 + r)^N - 1]}{r} \tag{7.1}$$

em que
  N = vida útil de projeto da pavimento (anos)
  r = taxa de crescimento anual (%/100)

Observe que quando $r = 0$ (sem crescimento), o fator de crescimento é o período de projeto (vida útil do pavimento). Além disso, somente uma porcentagem da ESAL total será imposta na faixa de projeto, pois todo o tráfego não se deslocará sobre a mesma faixa. A faixa de projeto para rodovias de pista simples pode ser qualquer uma das duas faixas, enquanto a faixa externa é geralmente considerada como a de projeto para rodovias de pistas duplas. É essencial que a faixa de projeto seja escolhida corretamente, pois, em alguns casos, um número maior de caminhões pode trafegar em um sentido ou os caminhões podem viajar vazios em um sentido e carregados no outro. Os Estados têm estabelecido valores que devem ser utilizados para o projeto. Por exemplo, a *Commonwealth* da Virgínia prevê que 100% do carregamento acumulado do tráfego em uma direção deva ser utilizado para rodovias com uma faixa em cada sentido, 90% para duas faixas por sentido, 70% para três faixas por sentido e 60% para rodovias com quatro ou mais faixas por sentido.

Deve-se observar que somente o tráfego de caminhões é considerado, pois os carros de passageiros impõem cargas insignificantes ao pavimento.

A ESAL acumulada para cada categoria de carga por eixo é dada como

$$ESAL = (f_d)(G_{jt})(VDM_i)(365)(N_i)(F_{Ei}) \tag{7.2}$$

Tabela 7.1a Fatores de equivalência de carga por eixo para pavimentos flexíveis, eixos simples e P_t de 2,5.

Carga por eixo (kips)	Número estrutural do pavimento (SN)					
	1	2	3	4	5	6
2	0,0004	0,0004	0,0003	0,0002	0,0002	0,0002
4	0,003	0,004	0,004	0,003	0,002	0,002
6	0,011	0,017	0,017	0,013	0,010	0,009
8	0,032	0,047	0,051	0,041	0,034	0,031
10	0,078	0,102	0,118	0,102	0,088	0,080
12	0,168	0,198	0,229	0,213	0,189	0,176
14	0,328	0,358	0,399	0,388	0,360	0,342
16	0,591	0,613	0,646	0,645	0,623	0,606
18	1,00	1,00	1,00	1,00	1,00	1,00
20	1,61	1,57	1,49	1,47	1,51	1,55
22	2,48	2,38	2,17	2,09	2,18	2,30
24	3,69	3,49	3,09	2,89	3,03	3,27
26	5,33	4,99	4,31	3,91	4,09	4,48
28	7,49	6,98	5,90	5,21	5,39	5,98
30	10,3	9,5	7,9	6,8	7,0	7,8
32	13,9	12,8	10,5	8,8	8,9	10,0
34	18,4	16,9	13,7	11,3	11,2	12,5
36	24,0	22,0	17,7	14,4	13,9	15,5
38	30,9	28,3	22,6	18,1	17,2	19,0
40	39,3	35,9	28,5	22,5	21,1	23,0
42	49,3	45,0	35,6	27,8	25,6	27,7
44	61,3	55,9	44 0	34,0	31,0	33,1
46	75,5	68,8	54,0	41,4	37,2	39,3
48	92,2	83,9	65,7	50,1	44,5	46,5
50	112,0	102,0	79,0	60,0	53,0	55,0

Observação: 1 kips = 4,5 kN

Fonte: Adaptado de *Guide for design of pavement structures*, American Association of State Highway and Transportation Officials, Washington, D.C., 1993. Utilizado com permissão.

em que

$ESAL_i$ = carga por eixo simples equivalente acumulada de 80 kN para categoria de eixo i

f_d = fator da faixa do projeto

G_{jt} = fator de crescimento para uma determinada taxa de crescimento j e vida útil de projeto t

VDM_i = volume diário médio anual do primeiro ano para categoria de eixo i

N_i = número de eixos em cada veículo na categoria i

F_{Ei} = fator de equivalência de carga para categoria de eixo i

Tabela 7.1b Fatores de equivalência de carga por eixo para pavimentos flexíveis, eixos tandem e P_t de 2,5.

Carga por eixo (kips)	\multicolumn{6}{c}{Número estrutural de pavimento (SN)}					
	1	2	3	4	5	6
2	0,0001	0,0001	0,0001	0,0000	0,0000	0,0000
4	0,0005	0,0005	0,0004	0,0003	0,0003	0,0002
6	0,002	0,002	0,002	0,001	0,001	0,001
8	0,004	0,006	0,005	0,004	0,003	0,003
10	0,008	0,013	0,011	0,009	0,007	0,006
12	0,015	0,024	0,023	0,018	0,014	0,013
14	0,026	0,041	0,042	0,033	0,027	0,024
16	0,044	0,065	0,070	0,057	0,047	0,043
18	0,070	0,097	0,109	0,092	0,077	0,070
20	0,107	0,141	0,162	0,141	0,121	0,110
22	0,160	0,198	0,229	0,207	0,180	0,166
24	0,231	0,237	0,315	0,292	0,260	0,242
26	0,327	0,370	0,420	0,401	0,364	0,342
28	0,451	0,493	0,548	0,534	0,495	0,470
30	0,611	0,648	0,703	0,695	0,658	0,633
32	0,813	0,843	0,889	0,887	0,857	0,834
34	1,06	1,08	1,11	1,11	1,09	1,08
36	1,38	1,38	1,38	1,38	1,38	1,38
38	1,75	1,73	1,69	1,68	1,70	1,73
40	2,21	2,16	2,06	2,03	2,08	2,14
42	2,76	2,67	2,49	2,43	2,51	2,61
44	3,41	3,27	2,99	2,88	3,00	3,16
46	4,18	3,98	3,58	3,40	3,55	3,79
48	5,08	4,80	4,25	3,98	4,17	4,49
50	6,12	5,76	5,03	4,64	4,86	5,28
52	7,33	6,87	5,93	5,38	5,63	6,17
54	8,72	8,14	6,95	6,22	6,47	7,15
56	10,3	9,6	8,1	7,2	7,4	8,2
58	12,1	11,3	9,4	8,2	8,4	9,4
60	14,2	13,1	10,9	9,4	9,6	10,7
62	16,5	15,3	12,6	10,7	10,8	12,1
64	19,1	17,6	14,5	12,2	12,2	13,7
66	22,1	20,3	16,6	13,8	13,7	15,4
68	25,3	23,3	18,9	15,6	15,4	17,2
70	29,0	26,6	21,5	17,6	17,2	19,2
72	33,0	30,3	24,4	19,8	19,2	21,3
74	37,5	34,4	27,6	22,2	21,3	23,6
76	42,5	38,9	31,1	24,8	23,7	26,1
78	48,0	43,9	35,0	27,8	26,2	28,8
80	54,0	49,4	39,2	30,9	29,0	31,7
82	60,6	55,4	43,9	34,4	32,0	34,8
84	67,8	61,9	49,0	38,2	35,3	38,1
86	75,7	69,1	54,5	42,3	38,8	41,7
88	84,3	76,9	60,6	46,8	42,6	45,6
90	93,7	85,4	67,1	51,7	46,8	49,7

Observação: 1 kips = 4,5 kN

Fonte: Adaptado de *Guide for design of pavement structures*, American Association of State Highway and Transportation Officials, Washington, D.C., 1993. Usado com permissão.

Projeto estrutural das vias de transporte • **Capítulo 7**

Exemplo 7.1

Cálculo da carga por eixo simples equivalente acumulada para uma rodovia proposta de seis faixas, utilizando os fatores de equivalência de carga

Uma rodovia dividida em seis faixas de tráfego deve ser construída em um novo traçado na *Commonwealth* da Virgínia. As previsões de tráfego indicam que o volume diário médio anual (VDM) em um sentido durante o primeiro ano de operação é de 5 mil veículos, com a seguinte composição de tráfego e carga por eixo:

Porcentagem de carros (50 kN/eixo)	= 65%
Caminhões leves de dois eixos (300 kN/eixo)	= 25%
Caminhões leves de três eixos (600 kN/eixo)	= 10%
Porcentagem assumida de caminhões na faixa de projeto	= 70%

Espera-se que a composição do tráfego permaneça a mesma durante toda a vida útil de projeto do pavimento. Se a taxa de crescimento de tráfego anual esperada for de 5% para todos os veículos, determine a ESAL de projeto para uma vida útil de 20 anos. Assume-se um índice de serventia final de 2,5 e um número estrutural (SNC) de 2.

Solução

Os seguintes dados se aplicam:

Porcentagem do volume de caminhões na faixa de projeto	= 70
Fatores de equivalência de carga (da Tabela 7.1a)	
Caminhões leves de dois eixos (300 kN/eixo)	= 0,02621
Caminhões leves de três eixos (600 kN/eixo)	= 0,29616

$f_d = 0,7$ para quatro ou mais faixas em Virgínia

Determine o fator de crescimento – utilize a Equação 7.1:

$$G_{it} = \frac{[(1+r)^N - 1]}{r} = G_{it} = \frac{[(1+0,5)^{20} - 1]}{0,05} = 33,07$$

Determine a ESAL para cada classe de veículos com a Equação 7.1:

$$ESAL_i = (f_d)(G_{jt})(VDM_i)(365)(N_i)(F_{Ei})$$

Caminhões leves de dois eixos = $0,7 \times 33,07 \times 5.000 \times 365 \times 0,25 \times 2 \times 0,02621 = 0,55 \times 10^6$

Caminhões leves de três eixos = $0,7 \times 33,07 \times 5.000 \times 0,1 \times 365 \times 3 \times 0,29616 = 3,75 \times 10^6$

Determine a ESAL acumulada = $(0,55 + 3,75) \times 10^6 = 4,3 \times 10^6$

Observe que a ESAL referente aos carros de passageiros é insignificante. Portanto, os veículos de passageiros são geralmente omitidos no cálculo dos valores da ESAL.

Exemplo 7.2

Cálculo da carga por eixo simples equivalente acumulada para uma rodovia proposta com quatro faixas, com taxas de crescimento que variam para os diferentes tipos de veículos, utilizando os fatores de equivalência de carga

Determine a carga por eixo simples equivalente acumulada para uma rodovia dividida em quatro faixas (duas em cada sentido) na Virgínia, com vida útil de projeto de 20 anos, se a previsão de tráfego indicar o seguinte:

VDM no primeiro ano de operação em um sentido = 9.500 veículos
Porcentagem de carros de passageiros no primeiro ano de operação = 70%
Porcentagem de caminhões leves de dois eixos (300 kN/eixo) no primeiro ano de operação = 15%
Porcentagem de caminhões leves de três eixos (500 kN/eixo) no primeiro ano de operação = 15%
Taxa de crescimento de carros de passageiros = 5%
Taxa de crescimento de caminhões leves de dois eixos = 4%
Taxa de crescimento de caminhões leves de três eixos = 0% (sem crescimento)

Presume-se um índice de serventia final de 2,5 e um número estrutural do pavimento (SNC) de 2.

Solução

Ignore a carga dos veículos de passageiros, pois ela é insignificante.
Determine o fator de crescimento – utilize a Equação 7.1:

$$G_{it} = \frac{[(1+r)^N - 1]}{r}$$

Caminhões leves de dois eixos

$$G_{it} = \frac{[(1+r)^N - 1]}{r} = G_{it} = \frac{[(1+0,05)^{20} - 1]}{0,05} = 29,78$$

Caminhões leves de três eixos
Taxa de crescimento = 0; portanto, fator de crescimento = 20

Determine os fatores de equivalência de carga com base na Tabela 7.1a.

Caminhões leves de dois eixos = 0,02621
Caminhões leves de três eixos = 0,1511

Determine a ESAL para cada tipo de caminhão (carros de passageiros são omitidos) utilizando a Equação 7.2:

$$ESAL_i = (f_d)(G_{jt})(VDM_i)(365)(N_i)(F_{Ei})$$

Caminhões leves de dois eixos = 0,90 × 29,78 × 9.500 × 0,15 × 365 × 2 × 0,02621 = 0,731 × 10⁶
Caminhões leves de três eixos = 0,90 × 20,0 × 9.500 × 0,15 × 365 × 3 × 0,1511 = 4,243 × 10⁶

Determine a carga por eixo equivalente acumulada

$$= (0{,}731 + 4{,}243) \times 10^6 = 4{,}97 \times 10^6$$

Observação: a taxa de 90% é utilizada para o fator da faixa de projeto conforme estipulado pelo Departamento de Transportes da Virgínia.

Peso bruto de projeto para os pavimentos de aeroportos

O peso bruto de projeto para um pavimento de aeroporto depende da aeronave de projeto, que é aquela que exige a maior espessura de pavimento. Isto é determinado de acordo com o peso bruto de decolagem e o número de partidas anuais da aeronave. A espessura correspondente do pavimento para cada tipo de aeronave (trem de pouso) é determinada pelo método de projeto apresentado mais adiante neste capítulo. No entanto, uma vez que a distribuição da carga imposta sobre o pavimento depende do tipo e configuração do trem de pouso da aeronave, primeiro é necessário converter todas as aeronaves na de projeto, utilizando os fatores de multiplicação que foram estabelecidos. Esses fatores, disponibilizados na Tabela 7.2, consideram o efeito de fadiga relativo de diferentes tipos de trem de pouso e são os mesmos para os pavimentos rígidos e flexíveis, e são comparáveis aos de equivalência para a conversão da carga por eixo em cargas por eixo equivalentes (ESAL). Deve-se observar, no entanto, que enquanto esses fatores de conversão de aeronaves (trem de pouso) são os mesmos para os pavimentos rígidos e flexíveis, os de equivalência por eixo para os pavimentos flexíveis rodoviários serão diferentes daqueles para os pavimentos rígidos. Em seguida, o número de partidas anuais para cada tipo previsto de aeronave (trem de pouso) que deve utilizar a pista de pouso e decolagem é convertido em um número anual de partidas equivalente da aeronave de projeto utilizando a Equação 7.3:

Tabela 7.2. Fatores para converter um tipo de aeronave (trem de pouso) em outro.

Para converter de	Em	Multiplicar as partidas por
roda simples	rodas duplas	0,8
roda simples	duplo tandem	0,5
rodas duplas	roda simples	1,3
rodas duplas	duplo tandem	0,6
duplo tandem	roda simples	2,0
duplo tandem	rodas duplas	1,7
duplo-duplo tandem	duplo tandem	1,0
duplo-duplo tandem	rodas duplas	1,7

Fonte: Federal Aviation Administration, U.S. Department of Transportation, *Airport pavement design and evaluation*, advisory circular AC 150/5320 – 6D, Incorporando as alterações 1 a 5), Washington D.C., Abril 2004.

$$\log R_1 = \log R_2 \left(\frac{W_2}{W_1}\right)^{1/2} \tag{7.3}$$

em que

R_1 = partidas equivalentes anuais da aeronave de projeto
R_2 = partidas anuais expressas na configuração de trem de pouso da aeronave de projeto
W_1 = carga de roda da aeronave de projeto
W_2 = carga de roda da aeronave em questão

Este cálculo assume que os trens de pouso principais suportam 95% do peso bruto, e os 5% restantes são suportados pelo trem de pouso do nariz. Deve-se observar, contudo, que em decorrência de os espaçamentos do conjunto de trem de pouso das aeronaves de fuselagem larga (*wide-bodies*) serem significativamente diferentes das outras, considerações especiais devem ser dadas a este tipo de aeronave a fim de manter os efeitos relativos. Isso é feito considerando cada aeronave de fuselagem larga como uma com trem de pouso do tipo duplo tandem com peso bruto igual a 1.360 kN (300.000 libras) ao se calcular as equivalências das partidas anuais, e em todos os casos, mesmo quando a aeronave de projeto é uma de fuselagem larga. O número total de partidas equivalentes anuais é então utilizado para determinar a espessura necessária do pavimento, utilizando uma curva de dimensionamento adequada. Observe que as informações sobre o número previsto de partidas para cada tipo de aeronave pode ser obtido em publicações como *Airport Master Plans* e *FAA Aerospace Forecasts*.

Exemplo 7.3

Cálculo da carga de projeto para um pavimento de aeroporto
A tabela a seguir apresenta as partidas anuais médias e o peso máximo de decolagem de cada tipo de aeronave previsto para utilizar o pavimento do aeroporto. Determine as equivalências de partidas anuais e a carga de projeto para o pavimento.

Tabela 7.3 Dados do Exemplo 7.3.

Aeronave	Tipo de trem de pouso	Partidas anuais médias	Peso máx. de decolagem (N)
727-100	Rodas duplas	3.500	680.380 N
727-200	Rodas duplas	9.100	864.090 N
707-320B	Duplo tandem	3.000	1.483.240 N
DC-10-30	Rodas duplas	5.800	489.880 N
737-200	Rodas duplas	2.650	523.900 N
747-100	Duplo-duplo tandem	80	3.175.130 N

Solução
Determine a aeronave de projeto; a espessura do pavimento necessária para cada um dos tipos de aeronaves é determinada e o tipo de aeronave que exige a maior espessura é a de projeto. Este procedimento será abordado mais adiante. Suponha que o 727-200 seja a aeronave de projeto. Converta cada partida anual em uma partida anual expressa em termos do trem de pouso da aeronave de projeto, multiplicando as partidas anuais médias pelo fator indicado na Tabela 7.2.

Para o 727-100, fator de conversão = 1, pois ele tem o mesmo tipo de trem de pouso da aeronave de projeto:
Partidas equivalentes em termos do trem de pouso de rodas duplas = 3.500 × 1 = 3.500

Para o 707-320B, fator de conversão = 1,7 (da Tabela 7.2) (ou seja, a conversão de duplo tandem para rodas duplas):
Partidas equivalentes em termos do trem de pouso de rodas duplas = 3.000 × 1,7 = 5.100

Para o DC-10-30, fator de conversão = 1:
Partidas equivalentes em termos do trem de pouso de rodas duplas = 5.800 × 1 = 5.800

Para o 737-200, fator de conversão = 1:
Partidas equivalentes em termos do trem de pouso de rodas duplas = 2.650 × 1 = 2.650

Para o 747-100, fator de conversão = 1,7:
Partidas equivalentes em termos do trem de pouso de rodas duplas = 80 × 1,7 = 136

Determine a carga de roda para cada tipo de aeroporto:

Isto é dado como 0,95 (peso máximo de decolagem)/número de rodas nos trens de pouso.

Para o 727-100:

0,95 × 680.380/4 = 161.590 N

Para o 727-200:

0,95 × 864.090/4 = 205.220 N

Para o 707-320B:

0,95 × 1.483.240/8 = 176.135 N

Para o DC-10:

0,95 × 489.880/4 = 116.346 N

Para o 737-200:

0,95 × 523.900/4 = 124.426 N

Para o 747-100:

0,95 × 1.360.000/8 = 161.500 N (1.360.000 N é utilizado como o peso máximo de decolagem para este propósito, pois o 747 é uma aeronave de fuselagem larga)

Converta cada partida anual média da aeronave em partidas anuais equivalentes para a aeronave de projeto utilizando a Equação 7.3:

$$\log R_1 = \left(\frac{W_2}{W_1}\right)^{1/2} \log R_2$$

em que

R_1 = partidas anuais equivalentes com base na aeronave de projeto (neste caso, o 727-200)
R_2 = partidas anuais expressas em termos da configuração do trem de pouso da aeronave de projeto
W_1 = carga de roda da aeronave de projeto
W_2 = carga da roda da aeronave em questão

Para o 727-100:

$$\log R_1 = \left(\frac{16.159}{20.522}\right)^{1/2} \log 3.500 = 3,1448$$

R = 1.396

Os demais resultados obtidos são apresentados na Tabela 7.4.

Tabela 7.4 Resultados dos cálculos do Exemplo 7.3.

Aeronaves	Partidas equivalentes em termos do trem de pouso de rodas duplas (R_2)	Carga da roda (N)(W_2)	Carga da roda da aeronave de projeto (N)(W_1)	Partidas anuais equivalentes em termos da aeronave de projeto (R_1)
727-100	3.500	161.590	205.220	1.396
727-200	9.100	205.220	205.220	9.100
707-320B	5.100	176.135	205.220	2.721
DC-10-30	5.800	116.346	205.220	682
737-200	2.650	124.426	205.220	462
747-100	136	161.500	205.220	78

Calcule as partidas anuais equivalentes totais com base na aeronave de projeto:
Total de partidas anuais com base na aeronave de projeto = (1.396 + 9.100 + 2.721 + 682 + 462 + 78)
= 14.439

Para este exemplo, o pavimento será projetado para 14.500 partidas anuais de uma aeronave com trem de pouso de rodas duplas e peso máximo de decolagem de 864.090 N. Deve-se observar, no entanto, que as exigências da aeronave mais pesada na composição do tráfego devem ser consideradas na determinação da profundidade de compactação, na espessura do revestimento e nas estruturas de drenagem.

Cargas de roda impostas pelas locomotivas

O carregamento dinâmico é considerado na determinação das tensões máximas em cada componente estrutural. Ele depende da velocidade do trem, da transferência da carga em decorrência da rolagem do trem, do aumento da tração (reação de torque) e das irregularidades da via, e é obtido da carga estática da roda, conforme recomendado pela AREMA na Equação 7.4:

$$P^d = (1 + \theta)P \qquad (7.4)$$

em que
  P^d = carga de roda dinâmica
  P = carga de roda estática
  θ = coeficiente de impacto = $33u/(100D) \times 0{,}057$
  u = velocidade do trem dominante, m/s
  D = diâmetro das rodas do veículo, m

Deve-se observar que, em alguns casos, quando a deflexão máxima e o momento máximo no trilho estão sendo determinados, pode ser necessário utilizar mais de uma carga de roda se os eixos de um truque ferroviário estiverem muito próximos. Esta questão é discutida mais adiante.

Exemplo 7.4

Determinando a carga de roda dinâmica para o projeto de uma via férrea

Considerando a carga estática da roda de uma locomotiva como sendo igual a 113.400 N, determine a carga de roda dinâmica associada para fins de projeto se a velocidade dominante na via for de 36 m/s e o diâmetro da roda da locomotiva for de 0,914 m.

Solução

Determine o coeficiente de impacto θ:

$\theta = 33u/(100D) \times 88$
u = velocidade do trem dominante, m/s
D = diâmetro das rodas do veículo, m
$\theta = 33 \times 36/(100 \times 0{,}914) \times 0{,}057 = 0{,}7408$

Determine a carga dinâmica P^d pela Equação 7.4:

$P^d = (1 + \theta)P$

em que

P^d = carga dinâmica da roda
P = carga estática da roda
$P^d = 113.400(1 + 0,7408)$
     $= 197.406$ N

Passo 2 – Selecionar os materiais para cada componente estrutural

O material adequado a cada componente estrutural depende das propriedades de engenharia necessárias.

Propriedades de engenharia do subleito

Os solos naturais ou estabilizados são normalmente utilizados como materiais de subleito. As propriedades de engenharia de qualquer jazida de solo estão intimamente relacionadas com a classe específica do solo dentro de um sistema de classificação, que é um processo por meio do qual ele é sistematicamente classificado de acordo com suas características de engenharia prováveis. Essa classificação serve, portanto, como um meio de identificação de materiais para subleito e de base adequados. Os dois sistemas de classificação mais comuns utilizados no projeto das vias de transporte são o da AASHTO e o Sistema Unificado de Classificação dos Solos (SUCS).

No sistema da AASHTO, os solos são classificados em sete grupos, A-1 a A-7, com vários subgrupos, como mostrado na Tabela 7.5. A classificação de um solo específico é baseada na distribuição granulométrica, limite de liquidez, limite e índice de plasticidade (Limites de Atterberg).

Tabela 7.5 Sistema de classificação da AASHTO.

Classificação geral	Materiais granulares (passagem de 35% ou menos na peneira nº 200)							Materiais argilosos e siltosos (porcentagem que passa superior a 35% na peneira nº 200)			
Classificação por grupo	A-1		A-3	A-2				A-4	A-5	A-6	A-7
	A-1-a	A-1-b		A-2-4	A-2-5	A-2-6	A-2-7				A-7-5, A-7-6
Análise granulométrica											
Porcentagem que passa											
Nº 10	Máx. 50	–	–	–	–	–	–	–	–	–	–
Nº 40	Máx. 30	Máx. 50	Mín. 51	–	–	–	–	–	–	–	–
Nº 200	Máx. 15	Máx. 25	Máx. 10	Máx. 35	Máx. 35	Máx. 35	Máx. 35	Mín. 36	Mín. 36	Mín. 36	Mín. 36
Características da fração que passa na peneira nº 40:											
Limite de liquidez			–	Máx. 40	Mín. 41	Máx. 40	Mín. 41	Máx. 40	Mín. 41	Máx. 40	Mín. 41
Índice de plasticidade	Máx. 6		N.P.	Máx. 10	Máx. 10	Mín. 11	Mín. 11	Máx. 10	Máx. 10	Mín. 11	Mín. 11*
Tipos comuns de materiais constituintes importantes	Fragmentos de pedra, pedregulho e areia		Areia miúda	Pedregulhos siltosos ou argilosos e areia				Solos siltosos		Solos argilosos	
Classificação geral como subleito	Excelente para bom								Regular para ruim			

* O índice de plasticidade do subgrupo A-7-5 é igual ou inferior a LL menos 30. O índice de plasticidade do subgrupo A-7-6 é superior a LL menos 30.

Fonte: Adaptado de *Standard specifications for transportation materials and methods of sampling and testing*. American Association of State Highway and Transportation Officials, 20. ed., Washington, D.C.: copyright 2000. Utilizado com permissão.

A distribuição granulométrica é determinada por meio da realização de uma análise granulométrica (também conhecida como análise mecânica) em uma amostra do solo se as partículas forem suficientemente grandes.

Isto é feito por agitação de uma amostra de solo seco ao ar por meio de um conjunto de peneiras com malhas progressivamente menores. A menor malha prática dessas peneiras é de 0,075 mm, designada como nº 200. Outras peneiras incluem nº 140 (0,106 mm), nº 60 (0,25mm), nº 40 (0,425 mm), nº 20 (0,85 mm), nº 10 (2,0 mm), nº 4 (4,75 mm), e várias outras com malhas de até 125 mm (ou 5").

O ensaio de sedimentação contínua em meio líquido é utilizado para determinar o tamanho das partículas que são menores que a menor malha de peneira. Isso envolve a suspensão de uma parte do material que passa pela peneira de 2 mm (nº 10) em água, geralmente na presença de um agente de defloculação. Essa suspensão, em seguida, fica em repouso até as partículas se depositarem no fundo. O peso específico da suspensão é então determinado em tempos diferentes (t, s) utilizando-se um densímetro. O diâmetro máximo das partículas em suspensão na profundidade y é calculada pela Equação 7.5:

$$D = \sqrt{\frac{18\eta}{\gamma_s - \gamma_w}} \left(\frac{y}{t}\right) \tag{7.5}$$

em que
$\quad D$ = diâmetro máximo das partículas em suspensão na profundidade y, ou seja, todas as partículas em suspensão na profundidade y têm diâmetros inferiores a D
$\quad \eta$ = coeficiente de viscosidade do meio dispersor (neste caso, a água) em poises
$\quad \gamma_s$ = massa específica das partículas do solo
$\quad \gamma_w$ = massa específica da água

A combinação dos resultados da análise granulométrica e do teste de sedimentação contínua é, em seguida, utilizada para obter a distribuição granulométrica do solo. A Figura 7.3 mostra exemplos das distribuições granulométricas de duas amostras de solo. O limite de liquidez (LL) é o teor de umidade (razão entre o peso da água na massa do solo e o peso do solo seco em um forno) em que o solo fluirá e fechará uma ranhura de 12,7 mm feita dentro da amostra, depois que uma manivela do aparelho de LL padrão tiver sido rotacionada 25 vezes. Para mais detalhes sobre esse ensaio, recomenda-se consultar qualquer manual de laboratório de mecânica dos solos. O limite de plasticidade (LP) é o teor de umidade na amostra do solo, após formar um "rolinho" com um diâmetro de 3,2 mm com o aparecimento de fissuras. O índice de plasticidade (IP) é a diferença entre o LL e LP e indica a variação do teor de umidade sobre o qual o solo se encontra no estado de plasticidade.

Outro fator utilizado para avaliar os solos em cada grupo do sistema de classificação da AASHTO é o índice de grupo (IG) do solo, dado como

$$IG = (F - 35)[0,2 + 0,005(LL - 40)] + 0,01(F - 15)(IP - 10) \tag{7.6}$$

em que
$\quad IG$ = índice do grupo
$\quad F$ = porcentagem de partículas do solo que passam na peneira de 0,075 (nº 200) em número inteiro com base no material que passa na peneira de 75 mm (3")
$\quad LL$ = limite de liquidez expresso em número inteiro
$\quad IP$ = índice de plasticidade expresso em número inteiro

O valor do IG é determinado como sendo o número inteiro mais próximo. Um valor de 0 deve ser registrado quando um valor negativo for obtido para o IG. Na determinação do IG para os subgrupos A-2-6 e A-2-7, a parte do LL da equação para determinar o IG não é utilizada, isto é, somente o segundo termo é utilizado. Quando os solos são drenados e compactados de forma adequada, seu valor como material de subleito diminui à medida

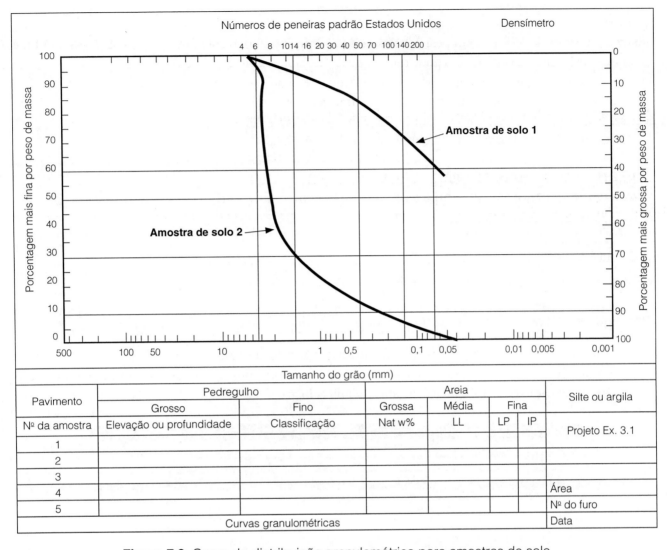

Figura 7.3. Curva de distribuição granulométrica para amostras de solo.

que o IG aumenta. Por exemplo, um solo com um IG de 0 (indicação de um bom material de subleito) será melhor como um material de subleito do que um com IG de 20 (indicação de um material de subleito ruim).

Exemplo 7.5

Classificação de uma amostra de solo utilizando o método da AASHTO

Utilizando o método da AASHTO, determine a classificação do solo com a granulometria mostrada na tabela abaixo, se o limite de liquidez (LL) for 45% e o de plasticidade (LP) 25%:

Nº da peneira	Malha (mm)	Porcentagem mais fina
4	4,750	95
10	2,000	93
40	0,425	85
100	0,150	75
200	0,075	70

Solução

Uma vez que mais de 35% passam pela peneira de 0,075 mm (nº 200), o solo é A-4, A-5, A-6 ou A-7. O LL é maior que 40%; portanto, o solo não pode ser A-4 ou A-6. Assim, o solo é A-5 ou A-7.

O IP é (45% – 25%) = 20%, superior a 10%, consequentemente A-5 é eliminado. O solo é A-7-5 ou A-7-6: (LL - 30) = (45 - 30) = 15; portanto, o solo é A-7-6, uma vez que o índice de plasticidade de um solo A-7-5 não deve ser maior que (LL - 30), mas o de um A-7-6 é maior que (LL - 30).

Determine o índice de grupo do solo utilizando a Equação 7.5:

$$IG = (F - 35)[0,2 + 0,005(LL - 40)] + 0,01(F - 15)(PI - 10)$$
$$IG = (70 - 35)[0,2 + 0,005(45 - 40)] + 0,01(70 - 15)(20 - 10)$$
$$35(0,225) + 5,5 = 7,88 + 5,50 = 13,38$$

O solo é A-7-6(13).

Exemplo 7.6

Classificação de uma amostra de solo utilizando o método da AASHTO

Os seguintes resultados foram obtidos por um ensaio de peneiramento. Classifique o solo de acordo com o sistema de classificação da AASHTO e determine o índice do grupo:

Tamanho da peneira	Malha (mm)	Porcentagem mais fina
4	4,750	55
10	2,000	45
40	0,425	40
100	0,150	35
200	0,075	18
Limite de liquidez	–	16
Limite de plasticidade	–	9

Solução

Uma vez que somente 18% do material passam pela peneira de 0,075 mm (nº 200) e 45% pela de 2 mm (nº 10), o solo é A-1-b, A-2-4, A-2-5, A-2-6 ou A-2-7.

Como o limite de liquidez (LL) é somente 16, o solo é, portanto, A-1-b, A-2-4 ou A-2-6. IP = (16 - 9) = 7%; 6 < IP < 10; o solo é, portanto, A-2-4.

Determine o IG:

$$IG = (F - 35)[0,2 + 0,005(LL - 40)] + 0,01(F - 15)(IP - 10)$$
$$IG = (18 - 35)[0,2 + 0,005(16 - 40)] + 0,01(18 - 15)(7 - 10)$$
$$= -1,36 - 0,09$$
$$= -1,45; \text{ portanto, o IG é registrado como 0}$$

O solo é, portanto, A-2-4(0).

A premissa fundamental utilizada no SUCS é que as propriedades de engenharia de todo solo de granulometria grossa (solos com mais de 50% retidos na peneira de 0,075 mm) dependem da sua distribuição granulométrica, ao passo que as de um solo de granulometria fina (solos com 50% ou mais passando na peneira de 0,075 milímetros) dependem da sua plasticidade. Assim, o sistema classifica os solos de granulometria grossa com base nas características de tamanho dos grãos, e os de granulometria fina de acordo com suas características de plasticidade. Outros fatores utilizados para os solos de granulometria grossa são o coeficiente de uniformidade (C_u), obtido por meio da Equação 7.7, e o coeficiente de curvatura (C_c), obtido pela Equação 7.8:

$$C_u = \frac{D_{60}}{D_{10}} \tag{7.7}$$

$$C_c = \frac{(D_{30})^2}{D_{10} \times D_{60}} \tag{7.8}$$

em que
D_{60} = diâmetro correspondente a 60% do material que passa
D_{30} = diâmetro correspondente a 30% do material que passa
D_{10} = diâmetro correspondente a 10% do material que passa

Os solos de granulometria fina são classificados como silte pouco plástico (ML), silte elástico (MH), argilas muito plásticas (CH), argilas pouco plásticas (CL) ou silte orgânico muito plástico (OH). A Tabela 7.6 lista as definições do SUCS para os quatro grupos principais de materiais constituídos por solos de granulometria grossa, de granulometria fina, orgânicos e turfa. A Tabela 7.7 fornece o *layout* completo do SUCS.

Exemplo 7.7

Classificação de uma amostra de solo utilizando o Sistema Unificado de Classificação de Solos (SUCS)
Os resultados obtidos por ensaio de peneiramento e teste de plasticidade em uma amostra de solo são apresentados na tabela a seguir. Classifique o solo utilizando o SUCS.

Tabela 7.6 Definição do SUCS dos tamanhos de partícula.

Fração ou componente do solo	Símbolo	Variação de tamanho
1. Solos de granulação graúda		
Pedregulho	G	75 mm para peneira nº 4 (4,75 mm)
Grosso		75 mm para 19 mm
Fino		19 mm para peneira nº 4 (4,75 mm)
Areia	S	Nº 4 (4,75 mm) para nº 200 (0,075 mm)
Grossa		Nº 4 (4,75 mm) para nº 10 (2,0 mm)
Média		Nº 10 (2,0 mm) para nº 40 (0,425 mm)
Fina		Nº 40 (0,425 mm) para nº 200 (0,075 mm)
2. Solos de granulometria fina		
Fina		Inferior à peneira nº 200 (0,075 mm)
Silte	M	(Sem tamanho específico de granulação – use os limites de Atterberg)
		(Sem tamanho específico de granulação – use os limites de Atterberg)
Argila	C	(Sem tamanho específico de granulação)
		(Sem tamanho específico de granulação)
3. Solos orgânicos	O	
4. Turfa	Pt	
Símbolos de granulometria		**Símbolos do limite de liquidez**
Bem graduado, W		LL alto, H
Mal graduado, P		LL baixo, L

Testes de plasticidade: LL = não plástico   LP = não plástico
Fonte: Adaptado de *The unified soil classification system*, Annual Book of ASTM Standards, vol. 04.08, American Society for Testing and Materials, West Conshohocken, PA, 1996.

Tabela 7.7 Sistema unificado de classificação.

Principais divisões			Símbolos dos grupos	Nomes típicos	Critério de classificação de laboratório		
Solos de granulação grossa (mais da metade do material é maior do que a peneira nº 200)	Pedregulhos (mais da metade da fração grosseira é maior do que a peneira nº 4)	Pedregulhos puros (Pouco ou nenhum fino)	GW	Pedregulhos bem graduados, misturas de areia e pedregulho com pouco ou nenhum fino	Determine a porcentagem de areia e argila da curva granulométrica. Dependendo da porcentagem de finos (fração menor do que a peneira nº 200), os solos de granulometria grossa são classificados como segue: Inferior a 5%: GW, GP, SW, SP Maior que 12%: GM, GC, SM, SC 5% a 12%: Casos limítrofes que exigem símbolos duplos[b]	$C_u = \dfrac{D_{60}}{D_{10}}$ maior do que 4; $C_c = \dfrac{(D_{30})^2}{D_{10} \times D_{60}}$ entre 1 e 3	
			GP	Pedregulhos mal graduados, misturas de pedregulhos		Não preenchem todos os requisitos de granulometria de GW	
		Pedregulhos com finos (apreciável quantidade de finos)	GM[a] d / u	Pedregulhos siltosos, misturas de pedregulho-areia siltosos		Limites de Atterberg abaixo da linha "A" com IP superior a 4	Acima da linha "A" com IP entre 7 e 7 são casos limítrofes que exigem o uso de símbolos duplos
			GC	Pedregulhos argilosos, misturas de pedregulho-areia argilosos		Limites de Atterberg abaixo da linha "A" com IP superior a 7	
	Areias (mais da metade da fração grosseira é menor que a peneira nº 4)	Areias puras (Pouco ou nenhum fino)	SW	Areias bem graduadas, areias arenosas, pouco ou nenhum fino		$C_u = \dfrac{D_{60}}{D_{10}}$ maior do que 6; $C_c = \dfrac{(D_{30})^2}{D_{10} \times D_{60}}$ entre 1 e 3	
			SP	Areias mal graduadas, areias arenosas, pouco ou nenhum fino		Não preenchem todos os requisitos de granulometria de SW	
		Areias com finos (apreciável quantidade de finos)	SM[a] d / u	Areias siltosas, misturas de areia-silte		Limites de Atterberg acima da linha "A" ou IP inferior a 4	Os limites de plotagem na zona hachurada com IP entre 4 e 7 são casos limítrofes que exigem o uso de símbolos duplos
			SC	Areias argilosas, misturas de areia-argila		Limites de Atterberg acima da linha "A" com IP superior a 7	
Solos de granulação fina (mais da metade do material é menor do que a peneira nº 200)	Siltes e argilas (Limite de liquidez inferior a 50)		ML	Siltes inorgânicos e areias muito finas, pó de rocha, areias finas siltosas ou argilosas ou siltes argilosos com pouca plasticidade	Gráfico de plasticidade		
			CL	Argilas inorgânicas de baixa ou média plasticidade, argilas com pedregulho, argilas arenosas, argilas siltosas, argilas magras			
			OL	Siltes orgânicos e argilas siltosas orgânicas de baixa plasticidade			
	Siltes e argilas (Limite de liquidez superior a 50)		MH	Siltes inorgânicos, areia fina micácea ou diatomácea ou solos siltosos, siltes elásticos			
			CH	Argilas inorgânicas de alta plasticidade, argilas gordas			
			OH	Argilas inorgânicas de média a alta plasticidade, siltes orgânicos			
	Solos altamente orgânicos		Pt	Turfa e outros solos altamente orgânicos			

[a] A divisão dos grupos GM e SM em subdivisões de d e u são somente para rodovias e aeroportos. A subdivisão é baseada nos limites de Atterberg; o sufixo d é utilizado quando o LL for menor ou igual a 28 e o IP menor ou igual a 6; o sufixo u é utilizado quando o LL for maior que 28.
[b] Os casos limítrofes, utilizados para solos com características de dois grupos, são designados pelas combinações de símbolos de grupo. Por exemplo GW.GC, mistura de pedregulho-areia bem graduada com argila.
Fonte: Joseph E. Bowles, *Foundation Analysis and Design*, Nova York: McGraw-Hill, 1988.

Nº da peneira	Malha (mm)	Porcentagem que passa (por peso)
4	4,750	97
10	2,000	33
40	0,425	12
100	0,150	7
200	0,075	4

Solução
Uma vez que somente 4% do solo estão passando pela peneira de 0,075 mm, o solo é de granulometria grossa. Como mais de 50% do solo passam pela peneira de 4,75 mm, ele é classificado como areia.

Determine o coeficiente de uniformidade (C_u) e o de curvatura (C_v). Trace o gráfico da curva de distribuição granulométrica conforme mostrado para a amostra 2 do solo na Figura 7.3.

A partir da curva de distribuição granulométrica, determine

D_{60} = 3,9 mm

D_{30} = 1,7 mm

D_{10} = 0,28 mm

$C_u = D_{60}/D_{10} = 3,9/0,28 = 13,93 > 6$

$C_v = (D_{30})^2/(D_{10} \times D_{60}) = (1,7)^2/(0,28 \times 3,9) = 2,65.\ 1 < C_v < 3$

Esta areia é bem graduada com pouco ou nenhum fino, e classificada como SW.

Materiais de subleito para pavimentos flexíveis rodoviários

Os solos classificados como A-1-a, A-1-b, A-2-4, A-2-5 e A-3 pelo sistema da AASHTO (consulte a Tabela 7.5) podem ser utilizados de forma satisfatória como material do subleito, desde que drenados adequadamente (ou seja, valores de baixo IG). Os materiais classificados como A-2-6, A-2-7, A-4, A-6, A-7-5 e A-7-6 exigirão uma camada de material de sub-base se utilizados como subleitos. Além da classificação do solo, a resistência do subleito, em termos da sua capacidade de suportar a pressão imposta sobre ele, deve ser conhecida. Uma medida da resistência do subleito é o seu módulo de resiliência (M_r), que fornece as características resilientes dos solos quando carregados repetidamente com uma carga por eixo, determinado em laboratório por meio de carregamento de amostras de solo especialmente preparadas com uma tensão desviadora de magnitude, frequência e duração de carregamento fixas, enquanto a amostra é carregada triaxialmente em uma câmara triaxial. As informações sobre o procedimento utilizado para obter o módulo de resiliência estão disponíveis nas *Standard specifications for transportation materials and methods of testing* (Especificações padronizadas para materiais para transporte de materiais e métodos de ensaio) da AASHTO. Uma propriedade de engenharia alternativa é o Índice de Suporte Califórnia (*California Bearing Ratio* – CBR), que fornece a resistência relativa do subleito em relação à pedra britada, determinado em laboratório utilizando-se o equipamento de ensaio padrão CBR. As informações sobre esse ensaio também estão disponíveis nas *Standard specifications for transportation materials and methods of testing*, da AASHTO.

Deve-se observar que tanto M_r como CBR dependem do teor de umidade do solo. No entanto, o teor de umidade do subleito varia de uma estação para outra. Por exemplo, o teor de umidade tende a ser maior durante o período de degelo da primavera, resultando em subleito com o mínimo de resistência durante essa estação. Um valor equivalente de M_r ou CBR é, portanto, determinado primeiro para explicar essa variação e, em seguida, utilizado no procedimento de projeto. O método utilizado para determinar este equivalente de M_r é abordado mais adiante neste capítulo, na seção sobre o método da AASHTO para o projeto de pavimentos flexíveis rodoviários. Para facilitar o uso de qualquer uma dessas propriedades quando a outra é conhecida, a AASHTO recomenda o uso do fator de conversão mostrado na Equação 7.9:

Tabela 7.8 Características do solo pertinentes à fundação do pavimento da FAA.

Principais divisões		Letra	Nome	Valor como fundação quando não sujeito à ação do gelo	Valor como base diretamente sob a superfície de rolamento	Potencial de ação do gelo	Compressibilidade e expansão	Características de drenagem	Equipamento de compactação	Peso específico seco (pcf)	CBR de campo	Módulo do subleito k (pci)
(1)	(2)	(3)	(4)	(5)	(6)	(7)	(8)	(9)	(10)	(11)	(12)	(13)
Solos de granulação grossa	Solos de pedregulho e cascalhentos	GW	Pedregulho ou pedregulho arenoso bem graduado	Excelente	Bom	Nenhuma a muito leve	Quase nenhuma	Excelente	Trator de esteira, rolo de pneus, rolo liso	125-140	60-80	300 ou mais
		GP	Pedregulho ou pedregulho arenoso mal graduado	Bom a excelente	Fraco a regular	Nenhuma a muito leve	Quase nenhuma	Excelente	Trator de esteira, rolo de pneus, rolo liso	120-130	35-60	300 ou mais
		GU	Pedregulho ou pedregulho arenoso uniformemente graduado	Bom	Fraco	Nenhuma a muito leve	Quase nenhuma	Excelente	Trator de esteira, rolo de pneus	115-125	25-50	300 ou mais
		GM	Pedregulho siltoso ou pedregulho arenoso siltoso	Bom a excelente	Fraco a bom	Leve a média	Muito leve	Regular a fraca	Rolo de pneus, rolo pé de carneiro, controle rigoroso de umidade	130-145	40-80	300 ou mais
		GC	Pedregulho argiloso ou pedregulho arenoso argiloso	Bom	Fraco	Leve a média	Leve	Fraca a praticamente impermeável	rolo de pneus, rolo pé de carneiro	120-140	20-40	200-300
	Solos de areia e arenosos	SW	Areia ou areia pedregosa bem graduada	Bom	Fraco	Nenhuma a muito leve	Quase nenhuma	Excelente	Trator de esteira, rolo de pneus	110-130	20-40	200-300
		SP	Areia ou areia pedregosa mal graduada	Regular a bom	Fraco a não apropriado	Nenhuma a muito leve	Quase nenhuma	Excelente	Trator de esteira, rolo de pneus	105-120	15-25	200-300
		SU	Areia ou areia pedregosa uniformemente graduada	Regular a bom	Não apropriado	Nenhuma a muito leve	Quase nenhuma	Excelente	Trator do tipo esteira, rolo de pneus	100-115	10-20	200-300
		SM	Areia siltosa ou areia argilosa siltosa	Bom	Fraco	Leve a alta	Muito leve	Regular a fraca	Rolo de pneus, rolo pé de carneiro, controle rigoroso de umidade	120-135	20-40	200-300
		SC	Areia argilosa ou areia pedregosa argilosa	Regular a bom	Não apropriado	Leve a alta	Leve a média	Fraca a praticamente impermeável	Rolo de pneus, rolo pé de carneiro	105-130	10-20	200-300
Solos de granulação fina	Baixa compressibilidade LL < 50	ML	Siltes, siltes arenosos, siltes pedregosos ou solos diatomáceos	Regular a bom	Não apropriado	Média a muito alta	Leve a média	Regular a fraca	Rolo de pneus, rolo pé de carneiro, controle rigoroso de umidade	100-125	5-15	100-200
		CL	Argilas magras, argilas arenosas ou argilas cascalhentas	Regular a bom	Não apropriado	Média a alta	Média	Praticamente impermeável	Rolo de pneus, rolo pé de carneiro	110-125	5-15	100-200
		OL	Siltes orgânicos ou argilas orgânicas magras	Fraco	Não apropriado	Média a alta	Média a alta	Fraca	Rolo de pneus, rolo pé de carneiro	90-105	4-8	100-200
	Alta compressibilidade LL > 50	MH	Argilas micáceas ou solos diatomáceos	Fraco	Não apropriado	Média a muito alta	Alta	Regular a fraca	Rolo de pneus, rolo pé de carneiro	80-100	4-8	100-200
		CH	Argilas gordas	Fraco a muito fraco	Não apropriado	Média	Alta	Praticamente impermeável	Rolo de pneus, rolo pé de carneiro	90-110	3-5	50-100
		OH	Argilas orgânicas gordas	Fraco a muito fraco	Não apropriado	Média	Alta	Praticamente impermeável	Rolo de pneus, rolo pé de carneiro	90-105	3-5	50-100
Turfa e outros solos orgânicos fibrosos		Pt	Turfa, húmus e outras	Não apropriado	Não apropriado	Leve	Muito alta	Regular a fraca	Compactação não praticável			

Fonte: Federal Aviation Administration, U.S. Department of Transportation, *Airport pavement design and evaluation*, Advisory Circular AC 150/5320-6D (Incorporação das alterações 1 a 5), Washington D.C., abril de 2004.

Observação: 1 pcf = 16 kg/m³, 1 pci = 2,72 × 10⁻⁴ N/mm³

$M_r(\text{N/mm}^2) = 10{,}5 \text{ CBR}$ (para solos com CBR de até 10) (7.9)

Materiais do subleito para pavimentos rígidos rodoviários

Os solos com a mesma classificação daqueles adequados a subleito de pavimentos flexíveis de rodovias também são adequados a pavimentos rígidos rodoviários. No entanto, a propriedade principal de resistência do subleito para pavimentos rígidos é o módulo de reação do subleito (k), que é a tensão (N/mm²) que causará uma deflexão de 25,4 mm do solo subjacente. Isto é obtido pela realização de um ensaio de suporte em placa que mede a capacidade de carga da fundação do pavimento. No entanto, o valor efetivo de k utilizado para o projeto é influenciado por diversos fatores, tais como densidade, teor de umidade (efeito sazonal), o tipo e a espessura do material de sub-base utilizado no pavimento, efeito da erosão potencial da sub-base e se a rocha está 3 m abaixo da superfície do subleito. O módulo de reação do subleito efetivo (k) utilizado no projeto é determinado por meio de um processo que ajusta o k medido a cada um desses fatores. Uma breve descrição para a determinação do módulo de reação do subleito efetivo (k) é oferecida mais adiante neste capítulo, na seção sobre os métodos da AASHTO para o projeto de pavimentos rodoviários.

Materiais do subleito para pavimentos flexíveis de aeroportos

Recomenda-se o uso do SUCS na determinação da adequação de uma jazida de solo como subleito para um pavimento flexível de aeroporto. A Tabela 7.8 mostra as características dos solos que podem ser utilizados como materiais de subleito com base no SUCS. Além disso, a FAA recomenda que seja dada a devida atenção à proteção dos pavimentos em áreas onde podem ocorrer efeitos adversos causados pelo gelo sazonal ou solo congelado. Uma de duas abordagens é utilizada para compensar esses efeitos. A primeira controla a deformação causada pela ação do gelo, e a segunda fornece uma capacidade adequada de suporte do pavimento durante o período crítico do degelo. Na primeira abordagem, uma espessura combinada de pavimento e materiais não suscetíveis ao gelo é fornecida para eliminar ou limitar a penetração do gelo no subleito a um valor aceitável. Na segunda, a resistência reduzida do subleito é utilizada. A suscetibilidade dos solos à penetração do gelo depende do tamanho e da distribuição dos vazios na massa do solo, o refletido na sua classificação. A Tabela 7.9 mostra a suscetibilidade relativa dos diversos solos com base em sua categoria no SUCS. Os solos são divididos em quatro grupos diferentes (FG-1 a FG-4) de acordo com a suscetibilidade às geadas. Por exemplo, o grupo de gelo 4 (FG-4) é mais suscetível do que o grupo de gelo 1 (FG-1). Três métodos de projeto foram desenvolvidos para incorporar estas considerações: penetração completa contra o gelo, penetração limitada do gelo no subleito e resistência reduzida do subleito.

O método de *penetração completa contra gelo* fornece uma espessura suficiente de pavimento e materiais não suscetíveis para conter totalmente a penetração do gelo. A profundidade de penetração depende do índice de congelamento e do peso específico do solo seco do subleito. O índice de congelamento é definido pela FAA como uma medida da duração e magnitude combinada das temperaturas abaixo de zero que ocorrem durante toda a estação de congelamento, definido como o produto da temperatura média diária abaixo de zero pelo número de dias durante os quais a temperatura média diária está abaixo de zero. A FAA recomenda que o índice de congelamento utilizado para o projeto deve ser baseado na média dos três invernos mais frios em um período de 30 anos, se disponível, ou o inverno mais frio observado em um período de 10 anos. As Figuras 7.4 e 7.5 fornecem as distribuições dos índices de congelamento no território continental dos Estados Unidos e Alasca, respectivamente. A Figura 7.6 fornece a profundidade de penetração do gelo para diferentes índices de congelamento e pesos específicos. A profundidade de penetração do gelo é, então, comparada com a espessura do projeto estrutural, e a diferença entre as duas profundidades é feita com material não suscetível ao gelo. Esse procedimento é ilustrado mais adiante ao abordarmos o método de projeto da Federal Aviation Administration na seção de pavimentos flexíveis de aeroportos.

Tabela 7.9 Grupos de gelo do solo.

Grupo de gelo	Tipo de solo	Porcentagem menor que 0,02 mm pelo peso	Classificação do solo
FG-1	Solos pedregosos	3 a 10	GW, GP, GW-GM, GP-GM
FG-2	Solos pedregosos Areias	10 a 20 3 a 15	GM, GW-GM, GP-GM, SW, SP, SM, SW-SM SP-SM
FG-3	Solos pedregosos Areias, exceto areias siltosas muito finas Argilas, IP acima de 12	Acima de 20 Acima de 15	GM, GC SM, SC CL, CH
FG-4	Areias siltosas muito miúdas Todos siltes Argilas, IP = 12 ou menos Argilas variadas e outros sedimentos de granulação fina	Acima de 15	SM ML, MH CL, CL-ML CL, CH, ML, SM

Fonte: *Airport Pavement Design and Evaluation*, Advisory Circular AC 150/5320-6D, Federal Aviation Administration, U.S. Department of Transportation, (Incorporação das alterações 1 a 5), Washington D.C., Abril de 2004.

A diferença entre o método de penetração limitada de gelo no subleito e o de penetração completa contra gelo é que, neste, uma quantidade limitada de penetração de gelo no subleito adjacente sensível ao gelo é permitida. Quando a espessura do trecho estrutural for inferior a 65% da penetração de gelo, mais proteção contra o gelo deve ser providenciada.

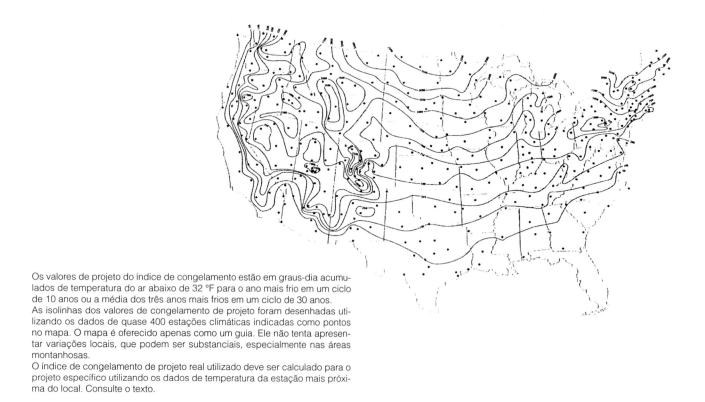

Os valores de projeto do índice de congelamento estão em graus-dia acumulados de temperatura do ar abaixo de 32 °F para o ano mais frio em um ciclo de 10 anos ou a média dos três anos mais frios em um ciclo de 30 anos.
As isolinhas dos valores de congelamento de projeto foram desenhadas utilizando os dados de quase 400 estações climáticas indicadas como pontos no mapa. O mapa é oferecido apenas como um guia. Ele não tenta apresentar variações locais, que podem ser substanciais, especialmente nas áreas montanhosas.
O índice de congelamento de projeto real utilizado deve ser calculado para o projeto específico utilizando os dados de temperatura da estação mais próxima do local. Consulte o texto.

Figura 7.4 Distribuição dos índices-padrão de congelamento de ar no território continental dos EUA.

Fonte: Federal Aviation Administration, Department of Transportation, *Airport pavement design and evaluation*, Advisory Circular AC 150/5320-6D (Incorporação das alterações de 1 a 5), Washington, D.C., abril de 2004.

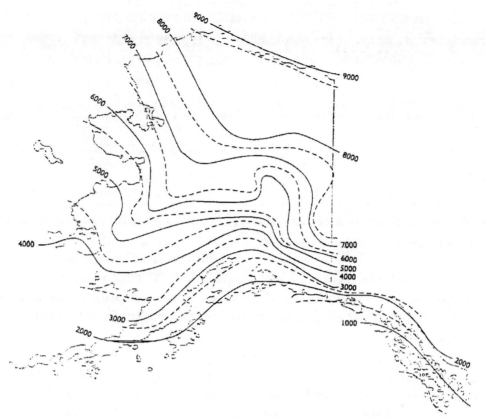

Figura 7.5 Distribuição dos valores do índice de congelamento do ar do projeto no Alasca.

Fonte: Federal Aviation Administration, Department of Transportation, *Airport pavement design and evaluation*, Advisory Circular AC 150/5320-6D (Incorporação das alterações de 1 a 5), Washington, D.C., abril de 2004.

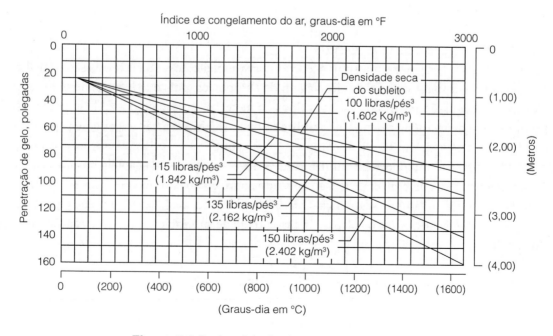

Figura 7.6 Profundidade de penetração de gelo.

Fonte: Federal Aviation Administration, Department of Transportation, *Airport pavement design and evaluation*, Advisory Circular AC 150/5320-6D (Incorporação das alterações de 1 a 5), Washington, D.C., abril de 2004.

Tabela 7.10 Classificações da resistência reduzida do subleito.

Grupo de gelo	Valor de CBR do pavimento flexível	Valor k do pavimento rígido (pci)
FG-1	9	50
FG-2	7	40
FG-3	4	25
FG-4	Método de resistência reduzida do subleito não se aplica	

Observação: 1 pci = 2,72 × 10^{-4} N/mm^3
Fonte: Federal Aviation Administration, U.S. Department of Transportation, *Airport pavement design and evaluation*, Advisory Circular AC 150/5320-6D, (Incorporação das alterações 1 a 5), Washington D.C., abril de 2004.

No método de resistência reduzida do subleito, uma classificação em termos de resistência do subleito é atribuída ao pavimento para o período de degelo. Isto é baseado no grupo de gelo do solo do subleito. A Tabela 7.10 apresenta as classificações de resistência reduzida do subleito para diferentes grupos de gelo.

Além das características de classificação do solo, o método da FAA utiliza o CBR como propriedade de engenharia principal para subleito de um pavimento flexível de pista de pouso e decolagem de aeroporto. O CBR fornece a resistência relativa do solo em relação à pedra britada, considerada um excelente material de base granular. As informações do CBR sobre os procedimentos para determiná-lo também podem ser encontradas nas especificações para Materiais de Transporte e Métodos de Ensaios.

A FAA recomenda que o CBR utilizado para o projeto não seja superior a 85% de todos os valores de CBR do subleito obtidos nos resultados do teste. Esse valor deve ser ajustado para efeitos de sub-base, conforme será discutido posteriormente na seção que trata dos materiais de sub-base para pavimentos flexíveis de aeroportos.

Materiais do subleito para pavimentos rígidos de pista de pouso e decolagem de aeroporto

Os requisitos em termos de classificação de solos para os materiais adequados ao subleito para pavimentos rígidos de aeroporto são semelhantes àqueles para os pavimentos flexíveis. Além disso, a propriedade principal de resistência do subleito de pavimentos rígidos de aeroportos é a mesma para os pavimentos rígidos rodoviários, isto é, o módulo de reação do subleito (k).

Materiais de subleito para as vias férreas

As características de classificação dos materiais aceitáveis para subleito de uma via férrea são semelhantes àquelas para os pavimentos da pista de pouso e decolagem de aeroportos, pois o SUCS também é utilizado. A Tabela 7.11 fornece a adequação relativa de diversos tipos de materiais ao uso como subleito para vias férreas. A principal propriedade de resistência do subleito utilizado pela AREMA é a capacidade de suporte do subleito, geralmente obtida por meio de um ensaio de compressão não confinado. A AREMA sugere que uma pressão de carga admissível de 0,175 N/mm^2 possa ser utilizada, mas deve-se ter a devida cautela na aplicação desse valor. A AREMA também sugere que o nível de tensão aplicado sobre o subleito não deve ser superior a uma pressão admissível que inclui um fator de segurança. O fator de segurança deve ser pelo menos igual a 2, podendo chegar até 5, com o objetivo de evitar o colapso da capacidade de suporte ou uma deformação de longo prazo excessiva do subleito.

Propriedades de engenharia dos materiais de base e sub-base

Os materiais utilizados para sub-base e base em pavimentos rodoviários e de aeroportos devem satisfazer determinadas exigências de granulometria e plasticidade. Eles podem ser material granular não tratado ou material estabilizado.

Tabela 7.11 Grupos de solo, suas características e usos.

(1) Símbolo	(2) Grupo de solo	(3) Identificação de campo	(4) Elevação do solo por congelamento	(5) Drenagem	(6) Valor como camada filtrante	(7) Erosão em taludes expostos	(8) Valor como subleito	(9) Ação de bombeamento	(10) Estabilidade em aterros compactados	(11) Características de compactação	(12) Uso de geotêxtil por tipo de tecido
GW	PEDREGULHOS bem graduados e PEDREGULHOS bem graduados com misturas de AREIA, sem traços de silte ou argila	Ampla gama de tamanhos de grãos, quantidades substanciais de todos os tamanhos intermediários, sem resistência a seco	Nenhuma a muito leve	Excelente	Regular	Nenhuma*	Excelente	Nenhuma	Muito boa	Excelente; trator de esteira, rolo de pneus, rolo liso	Nenhum necessário
GP	PEDREGULHOS mal graduados e PEDREGULHOS mal graduados com misturas de AREIA, sem traços de silte ou argila	Predominantemente de tamanho único ou uma variedade de tamanhos com alguns faltando, sem resistência a seco	Nenhuma a muito leve	Excelente	Regular a fraco	Nenhuma*	Excelente	Nenhuma	Razoavelmente boa	Boa; trator de esteira, rolo de pneus, rolo liso	Nenhum necessário
GM	PEDREGULHO SILTOSO e PEDREGULHO SILTOSO com mistura de areia	Finos com baixo ou sem plasticidade, leve a nenhuma resistência a seco	Leve a média	Regular a muito fraca	Muito pouco	Nenhuma a leve	Bom	Nenhuma	Razoavelmente boa	Boa com controle rigoroso de umidade; rolo de pneus, rolo pé de carneiro	Nenhum necessário
GC	PEDREGULHO ARGILOSO e PEDREGULHO ARGILOSO com mistura de areia	Finos plásticos, média a alta resistência a seco	Leve a média	Fraca a muito fraca	Não deve ser utilizado	Nenhuma a leve	Bom	Leve	Regular	Excelente; rolo de pneus, rolo pé de carneiro	Nenhum necessário
SW	AREIA bem graduada e AREIA bem graduada com misturas de PEDREGULHO, sem silte ou traços de argila	Ampla gama de tamanhos de grãos, quantidades substanciais de todos os tamanhos intermediários, sem resistência a seco	Nenhuma a muito leve	Excelente	Excelente	Leve a alta com redução do teor de pedregulho	Excelente	Nenhuma	Muito boa	Excelente; trator de esteira, rolo de pneus	Nenhum necessário
SP	AREIA mal graduada e AREIA mal graduada com misturas de PEDREGULHO, sem traços de silte ou argila	Predominantemente de tamanho único ou uma variedade de tamanhos com alguns faltando, sem resistência a seco	Nenhuma a muito leve	Excelente	Regular a fraco	Alta	Bom	Nenhuma	Razoavelmente boa com inclinações planas	Boa; trator de esteira, rolo de pneus	Nenhum necessário
SM	AREIA SILTOSA e AREIA SILTOSA com misturas de PEDREGULHO	Finos com baixa ou sem plasticidade, leve a nenhuma resistência a seco	Leve a alta	Regular a muito fraca	Muito fraco	Alta	Fraco	Nenhuma a leve	Regular	Boa com controle rigoroso de umidade; rolo de pneus, rolo pé de carneiro	Regular leve
SC	AREIA ARGILOSA e AREIA ARGILOSA com mistura de PEDREGULHO	Finos plásticos, média a alta resistência a seco	Leve a alta	Muito fraca	Não deve ser utilizado	Leve	Fraco	Leve	Regular	Excelente; rolo de pneus, rolo pé de carneiro	Regular leve

Pedregulhos / Areias

Continua

Tabela 7.11 Grupos de solo, suas características e usos (continuação).

(1) Símbolo	(2) Grupo de solo	(3) Identificação de campo	(4) Elevação do solo por congelamento	(5) Drenagem	(6) Valor como camada filtrante	(7) Erosão em taludes expostos	(8) Valor como subleito	(9) Ação de bombeamento	(10) Estabilidade em aterros compactados	(11) Características de compactação	(12) Uso de geotêxtil por tipo de tecido
ML *(Siltes e argilas — De baixa plasticidade)*	SILTE ou SILTE com AREIA ou PEDREGULHO; SILTE ARENOSO ou SILTE ARENOSO com PEDREGULHO; SILTE PEDREGULHOSO ou SILTE CASCALHENTO com mistura de AREIA	Granulação miúda, leve a nenhuma resistência a seco	Média a muito alta	Regular a muito fraca	Não deve ser utilizada	Muito alta	Fraco	Leve a ruim	Fraca	Fraca a boa com controle rigoroso de umidade; rolo de pneus; rolo pé de carneiro	Sim regular
CL *(De baixa plasticidade)*	ARGILA magra ou ARGILA magra com AREIA ou PEDREGULHO; ARGILA MAGRA ARENOSA ou ARGILA magra ARENOSA com PEDREGULHO; ARGILA magra PEDREGULHOSA ou ARGILA magra PEDREGULHOSA com mistura de AREIA	Média a alta resistência a seco	Média a alta	Muito fraca	Não deve ser utilizada	Nenhuma a leve	Ruim	Ruim	Razoável	Regular a boa; rolo de pneus; rolo pé de carneiro	Sim pesado
MH *(De alta plasticidade)*	SILTE elástico ou SILTE elástico com AREIA ou PEDREGULHO; SILTE elástico ARENOSO ou SILTE elástico ARENOSO com PEDREGULHO; SILTE elástico PEDREGULHOSO ou SILTE elástico PEDREGULHOSO com mistura de AREIA	Leve a média resistência a seco	Média a muito alta	Fraca a muito fraca	Não deve ser utilizada	Nenhuma a leve	Ruim	Muito ruim	Fraca	Fraca a muito fraca; rolo pé de carneiro	Sim pesado
CH *(De alta plasticidade)*	ARGILA gorda ou ARGILA gorda com AREIA ou PEDREGULHO; ARGILA gorda ARENOSA ou ARGILA gorda ARENOSA com PEDREGULHO; ARGILA gorda PEDREGULHOSA ou ARGILA gorda PEDREGULHOSA com mistura de AREIA	Pegajoso quando molhado, alta resistência a seco	Média	Muito fraca	Não deve ser utilizada	Nenhuma	Ruim	Muito ruim	Regular com inclinações planas	Regular a fraca; rolo pé de carneiro	Sim extrapesado
OH	SILTE ou ARGILA orgânica e com AREIA ou PEDREGULHO; SILTE ou ARGILA orgânica ARENOSA ou PEDREGULHOSA com PEDREGULHO ou AREIA, respectivamente	Cheiro forte, cor escura, aspecto manchado, leve a alta resistência a seco	Média a alta	Fraca a muito fraca	Não deve ser utilizada	Variável	Ruim	Muito ruim	Não deve ser utilizada	Fraca a muito fraca	Sim extrapesado
PT *(Orgânico)*	TURFA	Cor escura, tato esponjoso e textura fibrosa	Leve a alta	Fraca	Não deve ser utilizada	Não se aplica	Remover completamente	Muito ruim	Não deve ser utilizada	Compactação não praticável	Sim extrapesado

Adaptado do método ASTM D 2487T

Observações:
Coluna 2: Os tipos de solo, em maiúsculo e sublinhado, compõem mais de 50% da amostra. Outros tipos de solo em maiúsculo representam mais de 5%.
Coluna 4: Tendência do solo para deslocar camadas congeladas.
Coluna 5: Capacidade do solo para drenar a água por gravidade. A capacidade de drenagem diminui com a redução do tamanho médio da granulação.
Coluna 6: Valor do solo como filtro em torno de tubulações de subdrenagem para evitar a migração dos finos de baixo.
Coluna 7: Capacidade do solo natural para resistir à erosão em uma encosta exposta. Os solos marcados com * podem ser utilizados para a proteção contra erosão de encostas de outros materiais.
Coluna 8: Valor como subleito estável para o leito da estrada quando protegido por material de lastro e sublastro adequado. Os solos bons podem ser utilizados para a proteção dos solos mais fracos no subleito.

Fonte: American Railway Engineering and Maintenance-of-Way Association, *Manual for highway engineering*, 2005.

Materiais de base e sub-base para pavimentos rodoviários

O guia da AASHTO para projeto de pavimento rodoviário fornece distribuições granulométricas recomendáveis para os tipos aceitáveis de materiais de sub-base, apresentados na Tabela 7.12. A AASHTO sugere usar os primeiros cinco tipos, de A a E, sendo que os quatro superiores podem sê-los em camadas, enquanto o tipo F pode ser usado abaixo dos quatro superiores em camadas. A AASHTO também sugere que, nos casos em que o pavimento esteja sujeito à ação do gelo, o percentual de materiais finos em A, B e F deve ser reduzido ao mínimo. A espessura da sub-base normalmente não é inferior a 150 mm e deve ser estendida 300 a 900 mm para fora da borda da estrutura do pavimento. O material de sub-base é definido em termos de seu módulo de elasticidade E_{SB}. O tipo de material utilizado é um fator importante na determinação do módulo de reação efetiva do subleito. Deve-se observar que os pavimentos rígidos rodoviários podem ter ou não uma camada de base entre o subleito e a superfície de concreto. Quando uma camada de base é utilizada, ela é usualmente referenciada como sub-base.

Tabela 7.12 Distribuição granulométrica recomendada para os diversos tipos de materiais de sub-base para pavimentos rígidos rodoviários.

Designação da peneira	Tipo A	Tipo B	Tipo C (Tratado com cimento)	Tipo D (Tratado com cal)	Tipo E (Tratado com material betuminoso)	Tipo F (Granular)
Análise da porcentagem que passa						
2 pol	100	100	–	–	–	–
1 pol	–	75-95	100	100	100	100
3/8 pol	30-65	40-75	50-85	60-100	–	–
Nº 4	25-55	30-60	35-65	50-85	55-100	70-100
Nº 10	15-40	20-45	25-50	40-70	40-100	55-100
Nº 40	8-20	15-30	15-30	25-45	20-50	30-70
Nº 200	2-8	5-20	5-15	5-20	6-20	8-25
(O material subtraído da peneira nº 200 deve ser mantido a um mínimo prático).						
Resistência à compressão libras/pol² em 28 dias			400-750	100		
Estabilidade						
Estabilidade Hveem					Mín. 20	
Ensaio Hubbard-Field					Mín. 1.000	
Estabilidade Marshall					Mín. 500	
Fluência Marshall					Máx. 20	
Constantes do solo						
Limite de liquidez	Máx. 25	Máx. 25				Máx. 25
Índice de plasticidade[a]	N.P.	Máx. 6	Máx. 10[b]		Máx. 6[b]	Máx. 6

[a] Como realizadas em amostras preparadas de acordo com a designação T87 da AASHTO.
[b] Estes valores aplicam-se aos agregados minerais antes da mistura com o agente de estabilização.
Observação: 1" = 25,4 mm

Fonte: Adaptado, com permissão, de *Standard specifications for transportation materials and methods of sampling and testing*, 20. ed., American Association of State Highway and Transportation Officials, Washington, D.C., 2000.

Materiais de base e sub-base para pavimentos de pista de pouso e decolagem de aeroportos

A Federal Aviation Administration recomenda que uma camada de sub-base deve ser incluída como parte da estrutura de todos os pavimentos flexíveis de aeroportos, a menos que o valor de CBR do subleito seja 20 ou superior. Os requisitos de granulometria para materiais de sub-base adequados a pavimentos flexíveis rodoviários são fornecidos na Tabela 7.13. A Federal Aviation Administration também estipula que o limite de liquidez e o índice de plasticidade da parte do material que passa na peneira de 0,450 mm não devem ser superiores a 25% e 6%, respectivamente. Além disso, em locais onde a penetração de gelo possa ser um problema, a quantidade máxima de material menor que 0,02 mm de diâmetro deve ser inferior a 3%.

Tabela 7.13 Especificações para materiais de sub-base para pavimento flexível de pista de pouso e decolagem de aeroporto.

Designação da peneira (aberturas quadradas) conforme ASTM C 136	Porcentagem em peso que passa nas peneiras
3 polegadas (75,0 mm)	100
Nº 10 (2,0 mm)	20-100
Nº 40 (0,450 mm)	5-60
Nº 200 (0,075 mm)	0-15

Fonte: Federal Aviation Administration, U.S. Department of Transportation, *Airport pavement design and evaluation*, Advisory Circular AC 150/5370 – 10B, Washington D.C., abril de 2004.

Os materiais da camada de base para pavimentos flexíveis de pista de pouso e decolagem de aeroportos são geralmente compostos por agregados duráveis selecionados, agregados britados, rocha calcária, solo tratado com cimento ou mistura betuminosa usinada. Um valor mínimo de CBR de 80 é assumido para esses materiais. A Tabela 7.14 apresenta as especificações para os agregados britados que poderiam ser utilizados como camada de base. O material utilizado deve ser bem graduado de grosso para fino, e não deve variar do limite superior de uma peneira para o inferior da próxima peneira ou vice-versa.

Tabela 7.14 Especificação para materiais de base para pavimentos flexíveis de pista de pouso e decolagem de aeroportos.

(a) Requisitos para granulometria do agregado

Designação da peneira (mm)	Porcentagem que passa nas peneiras		
	Máximo de 51 mm	Máximo de 38 mm	Máximo de 25 mm
50	100	–	–
37	70-100	100	–
25	55-85	70-100	100
19	50-80	55-85	70-100
4,75	30-60	30-60	35-65
0,45	10-30	10-30	10-25
0,075	5-15	5-15	5-15

(b) Requisitos para granulometria do agregado[a]

Tamanho da peneira (mm)	Variação de projeto Porcentagem em peso	Tolerâncias de misturas de trabalho
50	100	0
37	95-100	+/– 5
25	70-85	+/– 8
19	55-85	+/– 8
4,75	30-60	+/– 8
0,60	12-30	+/– 5
0,075	0-5	+/– 3

Observação: a. Quando as condições ambientais (temperatura e disponibilidade de umidade livre) indicarem dano potencial em decorrência da ação do gelo, o percentual máximo de materiais, por peso, de partículas menores do que 0,02 mm deve ser de 3%. Também pode ser necessário ter uma menor porcentagem de material que passa na peneira nº 200 para ajudar a controlar a porcentagem de partículas menores do que 0,02 mm.

Fonte: Federal Aviation Administration, U.S. Department of Transportation, *Airport pavement design and evaluation*, Advisory Circular AC 150/5370–10B, Washington D.C., abril de 2004.

Os materiais geralmente aceitos como adequados à utilização em camadas de sub-base e de base de pavimentos rígidos de aeroportos são semelhantes aos utilizados nos pavimentos flexíveis de aeroportos. Os requisitos de granulometria apresentados nas Tabelas 7.13 e 7.14 são, portanto, aplicáveis. Outros materiais que podem ser utilizados incluem agregados britados, rocha calcária, solo tratado com cimento e concreto betuminoso usinado. Uma profundidade mínima de 100 mm de sub-base é recomendada para pavimentos rígidos de aeroportos. Uma camada de sub-base pode, no entanto, não ser necessária se o subleito for classificado como GW, GP, GM, GC e SW com boa drenagem e não for suscetível à ação do gelo.

Materiais de lastro para vias férreas

É recomendado pela AREMA que todo material utilizado como lastro para uma via férrea não tenha mais de 1% que passe pela peneira de 0,075 mm. A granulometria recomendada para esses materiais é mostrada na Tabela 7.15. A AREMA também recomenda que, para fornecer suporte adequado aos dormentes de uma via principal, a profundidade do lastro deve ser de, pelo menos, 305 mm, e a do sublastro de, pelo menos, 150 mm. Um sublastro compactado de profundidade 305 mm é comumente utilizado para a construção de bitola padrão no serviço de vias principais. Deve-se ressaltar que profundidades maiores do que o mínimo especificado podem ser necessárias, dependendo da capacidade de suporte do subleito.

Propriedades de engenharia dos materiais de revestimento

Os materiais utilizados na construção das camadas de revestimento de rodovias e de aeroportos e a superestrutura da via férrea também devem satisfazer determinadas propriedades de engenharia. Por exemplo, a camada de revestimento dos pavimentos rodoviários deve ser capaz de suportar a alta pressão dos pneus, resistindo às forças abrasivas em decorrência do tráfego, oferecendo resistência à derrapagem e impedindo a água da superfície de penetração nas camadas subjacentes. Uma descrição dos materiais de superfície comumente utilizados para pavimentos flexíveis e rígidos e seus requisitos em termos de propriedades de engenharia são apresentados a seguir.

Tabela 7.15 Granulometrias recomendadas do lastro.

Nº do tamanho (Ver obs. 1)	Tamanho da abertura quadrada nominal	3"	2½"	2"	1½"	1"	¾"	½"	³⁄₈"	Nº 4	Nº 8
24	2½" - ¾"	100	90-100	–	25-60	–	0-10	0-5	–	–	–
25	2½" - ³⁄₈"	100	80-100	60-85	50-70	25-50	–	5-20	0-10	0-3	–
3	2" - 1"	–	100	95-100	35-70	0-15	–	0-5	–	–	–
4A	2" - ¾"	–	100	90-100	60-90	10-35	0-10	–	0-3	–	–
4	1½" - ¾"	–	–	100	90-100	20-55	0-15	–	0-5	–	–
5	1" - ³⁄₈"	–	–	–	100	90-100	40-75	15-35	0-15	0-5	–
57	1" - Nº 4	–	–	–	100	95-100	–	25-60	–	0-10	0-5

Observação 1: Os números de granulometria 24, 25, 3, 4A e 4 são materiais de lastro para linha principal. Os números de granulometria 5 e 57 são materiais de lastro para pátios.
Observação 2: 1" = 25,4 mm

Fonte: American Railway Engineering and Maintenance-of-Way Association, *Manual for highway engineering*, 2005.

Materiais de revestimento para pavimentos flexíveis rodoviários e pistas de pouso e decolagem de aeroporto

O material utilizado como camada de revestimento de pavimentos flexíveis é o concreto asfáltico. Este é uma combinação de cimento asfáltico, agregado graúdo, agregado miúdo misturados uniformemente e outros materiais, dependendo do tipo de concreto asfáltico.

Os cimentos asfálticos são obtidos da destilação fracionada dos depósitos naturais de materiais asfálticos. Este é um processo por meio do qual os diversos materiais voláteis no petróleo cru são removidos a temperaturas sucessivamente mais elevadas, até que o asfalto do petróleo seja obtido como resíduo. Eles são hidrocarbonetos semissólidos com determinadas características físico-químicas que os tornam bons agentes cimentantes. São também muito viscosos e, quando utilizados como ligação dos agregados na construção de pavimentos, é necessário aquecer os agregados e o cimento asfáltico antes de misturá-los. Vários tipos de cimento asfáltico podem ser produzidos dependendo do tratamento adotado. O asfalto residual, obtido diretamente do processo de destilação, é o cimento asfáltico. Quando o resíduo é misturado (recortado) com um destilado pesado como o óleo diesel, é conhecido como asfalto diluído tipo cura lenta. Quando é recortado com óleo combustível leve ou querosene, é conhecido como asfalto diluído tipo cura média, e quando recortado com um destilado de petróleo que evaporará facilmente, facilitando assim uma mudança rápida do estado líquido para o cimento asfáltico original, é conhecido como asfalto diluído tipo cura rápida. O grau específico do cimento asfáltico é designado pela sua penetração e viscosidade, que dão uma indicação da consistência do material a uma determinada temperatura. A penetração é a distância de 0,1 mm em que uma agulha-padrão penetrará uma determinada amostra sob condições específicas de carga, tempo e temperatura. A viscosidade pode ser determinada por meio da realização de ensaio de viscosidade de Saybolt Furol, ou teste de viscosidade cinemática. Esta viscosidade é dada como o tempo em que exatamente 60 mL de material asfáltico leva, em segundos, para fluir através do orifício do viscosímetro de Saybolt Furol a uma temperatura específica. As temperaturas em que os materiais asfálticos para a construção de rodovias são testados são 25 °C, 50 °C e 60 °C. A viscosidade cinemática é definida como a viscosidade absoluta dividida pela densidade, dada em unidades de centistokes. É obtida como o produto do tempo em segundos que o material leva para fluir entre duas marcas de sincronização em um tubo de viscosímetro cinemático e um fator de calibração para o viscosímetro utilizado. Este fator é fornecido pelo fabricante do viscosímetro. Os óleos de calibração padrão com características de viscosidade conhecidas são utilizados para calibrar. Cada material asfáltico é designado em termos do tratamento utilizado na sua produção e viscosidade. Por exemplo, um RC-70 é um asfalto diluído tipo cura rápida, com viscosidade cinemática mínima de 70 centistokes a 60 °C. É importante que a temperatura na qual a consistência é determinada seja especificada, uma vez que ela afeta significativamente a consistência do material asfáltico. Deve-se observar também que as especificações fornecidas para os materiais asfálticos geralmente indicam valores mínimos e máximos para a viscosidade. Por exemplo, enquanto o valor mínimo para RC-70 é de 70 centistokes a 60 °C, o máximo aceitável é de 140 centistokes. Embora a viscosidade seja um parâmetro importante, vários outros também estão incluídos na especificação de materiais asfálticos adequados à construção de rodovias. Por exemplo, a Tabela 7.16 mostra os diversos parâmetros utilizados para a especificação de asfaltos diluídos tipo cura rápida.

Outro tipo de material asfáltico utilizado na construção de rodovias é a emulsão asfáltica, produzida pela quebra do cimento asfáltico, geralmente com intervalo de penetração de 100 a 250, em minúsculas partículas e pela dispersão delas em água com um emulsificante. Elas permanecem em suspensão na fase líquida, enquanto a água não evapora ou o emulsificante não quebra. Essas minúsculas partículas possuem um tipo de carga elétrica e, portanto, não se misturam. As emulsões asfálticas são classificadas como aniônicas, catiônicas ou não iônicas. As partículas dos tipos aniônicas e catiônicas são cercadas por cargas elétricas, enquanto as do tipo não iônica são neutras. Quando a carga elétrica ao redor é negativa, a emulsão é aniônica, e quando é positiva, é catiônica. As emulsões aniônicas e catiônicas são geralmente utilizadas na construção asfáltica, principalmente como camadas de base e sub-base. As emulsões são ainda classificadas de forma semelhante àquelas do cimento asfáltico: ruptura rápida (RR), ruptura média (RM) ou ruptura lenta (RL), dependendo da rapidez com que o material voltará ao estado do cimento asfáltico original. Essas classificações são utilizadas para designar o tipo específico de emulsão. Por exemplo, RR-2C denota uma emulsão catiônica de ruptura rápida. As especificações para o uso de asfaltos emulsionados são fornecidas na especificação M140 da AASHTO conforme descritas nas *Standard Specifications for Transportation Materials and Methods of Sampling and Testing* (Especificações padrões para materiais de transporte e métodos de amostragem e ensaio).

Os agregados utilizados em concreto asfáltico são geralmente brita, areia e material de enchimento (*filler*). Os agregados graúdos retidos na peneira de 2,36 mm são materiais rochosos predominantes, enquanto a areia é o material que principalmente passa na peneira de 2,36 mm. O material de enchimento é predominantemente a poeira mineral, que passa na peneira de 0,075 mm. As especificações foram desenvolvidas para os agregados combinados. A Tabela 7.17 fornece os requisitos sugeridos de granulometria dos agregados com base na designação 3515 da ASTM.

A mistura de cimento asfáltico, agregados graúdos e materiais de enchimento para formar o concreto asfáltico deve ser capaz de resistir às cargas impostas pelo tráfego, às derrapadas, mesmo quando em condições de molhado, e não ser facilmente afetada pelas forças do intemperismo. O projeto da mistura utilizada na produção do concreto asfáltico determina o grau em que ela atinge essas características. Existem basicamente três tipos diferentes de concreto asfáltico utilizados na construção de pavimentos rodoviários: pré-misturados a quente e aplicados a quente; pré-misturados a quente; aplicados a frio; e pré-misturados a frio, aplicados a frio.

Tabela 7.16 Especificação para cura rápida de asfaltos recortados.

	RC-70 Mín.	RC-70 Máx.	RC-250 Mín.	RC-250 Máx.	RC-800 Mín.	RC-800 Máx.	RC-3000 Mín.	RC-3000 Máx.
Viscosidade cinemática a 60 °C (140 °F) (Veja obs. 1) centistokes	70.	140.	250.	500.	800.	1.600.	3.000.	6.000.
Ponto de centelha (método tag, a céu aberto) graus C (F)	...	...	27. (80).	...	27. (80).	...	27. (80).	...
Porcentagem de água	...	0,2	...	0,2	...	0,2	...	0,2
Teste de destilação:								
Destilado, porcentagem por volume do total destilado a 360°C (680 °F)								
a 190 °C (374 °F)	10.	...	...	...	...	...	...	...
a 225 °C (437 °F)	50.	...	35.	...	15.	...	...	...
a 260 °C (500 °F)	70.	...	60.	...	45.	...	25.	...
a 315 °C (600 °F)	85.	...	80.	...	75.	...	70.	...
Resíduo da destilação a 360 °C (680 °F) da porcentagem do volume da amostra pela diferença	55.		65.		75.		80.	
Testes no resíduo da destilação:								
Viscosidade absoluta a poises de 60 °C (140 °F) (Ver obs. 3)	600.	2.400.	600.	2.400.	600.	2.400.	600.	2.400.
Ductibilidade, 5 cm/mín a 25 °C (77 °F) cm	100.	...	100.	...	100.	...	100.	...
Solubilidade em tricloroetileno, porcentagem	99.0	...	99.0	...	99.0	...	99.0	...
Teste de mancha (Ver obs. 2) com:								
Nafta padrão	Negativo para todos os greides								
Solvente nafta-xileno, -porcentagem xileno	Negativo para todos os greides								
Solvente heptano-xileno, -porcentagem xileno	Negativo para todos os greides								

Observação 1: Como uma alternativa, as viscosidades de Saybolt Furol podem ser especificadas como segue:
Greide RC-70 – Viscosidade de Furol a 50 °C (122 °F) – 60 a 120 s
Greide RC-250 – Viscosidade de Furol a 60 °C (140 °F) – 125 a 250 s
Greide RC-800 – Viscosidade de Furol a 82,2 °C (180 °F) – 100 a 200 s
Greide RC-3000 – Viscosidade de Furol a 82,2 °C (180 °F) – 300 a 600 s

Observação 2: O uso do teste de mancha é opcional. Quando especificado, o engenheiro deverá indicar se o solvente de nafta padrão, o de nafta xileno ou o de heptano xileno será utilizado para determinar o cumprimento do requisito e, também, no caso dos solventes xilenos, o percentual de xileno que deve ser utilizado.

Observação 3: Em vez de viscosidade do resíduo, a agência de especificação, a seu critério, pode determinar a penetração em 100 g; 5s a 25 °C (77 °F) de 80-120 para greides RC-70, RC-250, RC-800 e RC-3000. No entanto, em nenhum caso, ambos serão exigidos.

Fonte: Utilizado, com permissão, da *Standard specifications for transportation materials and methods of sampling and testing*, 20. ed., American Association of State Highway and Transportation Officials, Washington, D.C., copyright 2000.

Tabela 7.17 Requisitos sugeridos de granulometria de agregados para concreto asfáltico.

Tamanho da peneira	2 pol (50 mm)	1 ½ pol (37,5 mm)	1 pol (25,0 mm)	3/4 pol (19,0 mm)	½ pol (12,5 mm)	3/8 pol (9,5 mm)	Nº 4 (4,75 mm) (Areia-asfalto)	Nº 8 (2,36 mm)	Nº 16 (1,18 mm) (Lençol asfáltico)
	Misturas densas — Designação da mistura e tamanho nominal dos agregados								
	Granulometria do total agregado (Graúdo mais fino, mais material de enchimento se necessário)								
	Quantidades mais finas do que cada peneira de laboratório (abertura quadrada), peso %								
2 ½ pol (63 mm)	100	...	...	...	...	...	...	...	...
2 pol (50 mm)	90 a 100	100	...	...	...	...	...	...	...
1 ½ pol (37,5 mm)	...	90 a 100	100	...	...	...	...	...	...
1 pol (25,0 mm)	60 a 80	...	90 a 100	...	...	...	...	...	...
¾ pol (19,0 mm)	...	56 a 80	...	90 a 100	100	...	...	...	...
½ pol (12,5 mm)	35 a 65	...	56 a 80	...	90 a 100	100	...	...	...
3/8 pol (9,5 mm)	...	...	...	56 a 80	...	90 a 100	100	...	...
Nº 4 (4,75 mm)	17 a 47	23 a 53	29 a 59	35 a 65	44 a 74	55 a 85	80 a 100	...	100
Nº 8 (2,36 mm)[A]	10 a 36	15 a 41	19 a 45	23 a 49	28 a 58	32 a 67	65 a 100	...	95 a 100
Nº 16 (1,18 mm)	...	...	...	...	...	...	40 a 80	...	85 a 100
Nº 30 (600 μm)	...	...	...	...	...	...	25 a 65	...	70 a 95
Nº 50 (300 μm)	3 a 15	4 a 16	5 a 17	5 a 19	5 a 21	7 a 23	7 a 40	...	45 a 75
Nº 100 (150 μm)	...	...	...	...	...	...	3 a 20	...	20 a 40
Nº 200 (75 μm)[B]	0 a 5	0 a 6	1 a 7	2 a 8	2 a 10	2 a 10	2 a 10	...	9 a 20
1 pol (25,0 mm)	40 a 70	...	90 a 100	100	...	...	...	...	...
¾ pol (19,0 mm)	...	40 a 70	...	90 a 100	100	...	...	...	...
½ pol (12,5 mm)	18 a 48	...	40 a 70	...	85 a 100	100	...	...	...
3/8 pol (9,5 mm)	...	18 a 48	...	40 a 70	60 a 90	85 a 100	...	...	...
Nº 4 (4,75 mm)	5 a 25	6 a 29	10 a 34	15 a 39	20 a 50	40 a 70	100	...	...
Nº 8 (2,36 mm)[A]	0 a 12	0 a 14	1 a 17	2 a 18	5 a 25	10 a 35	...	75 a 100	...
Nº 16 (1,18 mm)	...	...	...	...	3 a 19	5 a 25	...	50 a 75	...
Nº 30 (600 m)	0 a 8	0 a 8	0 a 10	0 a 10	...	...	...	28 a 53	...
Nº 50 (300 m)	...	...	...	...	0 a 10	0 a 12	...	8 a 30	...
Nº 100 (150 m)	...	...	...	...	...	...	...	0 a 12	...
Nº 200 (75 m)[B]	...	...	...	...	...	...	...	0 a 5	...
	Betume, % em peso da mistura total[C]								
	2 a 7	3 a 8	3 a 9	4 a 10	4 a 11	5 a 12	6 a 12	7 a 12	8 a 12
	Tamanhos sugeridos dos agregados graúdos								
	3 e 57	4 e 67 ou 4 e 68	5 e 7 ou 57	67 ou 68 ou 6 e 8	7 ou 78	8			

[A] Ao considerar as características de granulometria total de uma mistura betuminosa de pavimento, a quantidade que passa na peneira nº 8 (2,36 mm) é um ponto de controle de campo significativo e prático entre os agregados miúdos e graúdos. As gradações que se aproximam da quantidade máxima permitida para passar na peneira nº 8 resultarão em superfícies de pavimento com textura relativamente fina, enquanto as gradações graúdas que se aproximam da quantidade mínima que passa na peneira nº 8 resultarão em superfícies com textura relativamente grossa.

[B] O material que passa na peneira nº 200 (75 μm) pode ser constituído por partículas finas dos agregados ou por enchimento mineral, ou ambos, mas deve estar livre de matéria orgânica e de partículas de argila. A mistura de agregados e de enchimento, quando testada em conformidade com o Método de Ensaio D 4318, deve ter um índice de plasticidade inferior ou igual a 4, exceto que esta exigência de plasticidade não deve se aplicar quando o material de enchimento for de cal hidratado ou cimento hidráulico.

[C] A quantidade de betume é dada em termos de porcentagem em peso da mistura total. A grande diferença na gravidade específica dos diversos agregados, bem como uma diferença considerável de absorção, resulta em uma gama relativamente ampla na quantidade limite de betume especificado. A quantidade de betume exigida para uma determinada mistura deve ser determinada por testes laboratoriais apropriados ou com base na experiência passada com misturas semelhantes ou por uma combinação de ambos.

Fonte: American Society for Testing and Materials, *Annual book of ASTM standards*, Section 4, Construction, Vol. 04.03, Road and paving materials; Pavement management technologies, Philadelphia, PA, 1996.

O concreto asfáltico do tipo pré-misturado a quente aplicado a quente é uma mistura produzida de forma adequada de cimento asfáltico, agregado graúdo, agregado miúdo e material de enchimento (*filler*) a temperaturas que variam de 80 °C a 163 °C, dependendo do tipo de cimento asfáltico utilizado. Os tipos adequados de materiais asfálticos incluem AC-20, AC-10 e AR-8000. Este tipo de concreto também pode ser classificado como graduação aberta, graduação graúda, graduação densa ou graduação descontínua, dependendo do tamanho máximo de agregados utilizados e do uso da mistura. Por exemplo, quando ela for para revestimento do tipo alto, o tamanho máximo do agregado está entre 12,7 mm e 19 mm para graduação aberta; entre 12,7 mm e 19 mm para graduação graúda; entre 12,7 mm e 25,4 mm para graduação densa. É importante que o concreto asfáltico fique uma mistura perfeita dos diversos componentes que atenderão aos requisitos especificados de estabilidade e durabilidade. Os dois procedimentos de mistura para atingir esse objetivo são o método Marshall, descrito em detalhes na norma D1559 da ASTM e o *Superperforming asphalt pavement* (Superpave) (Pavimento asfáltico de desempenho superior), que foi desenvolvido como parte de Strategic Highway Research Program – SHRP (Programa de pesquisa estratégico de rodovias), descrito em *Superpave Mix Design* (SP-2).

O concreto asfáltico do tipo pré-misturado a quente aplicado a frio é fabricado a quente e, em seguida, enviado e imediatamente aplicado ou armazenado para uso em uma data futura. Os cimentos asfálticos com alta penetração e limites inferiores de grau de penetração de 200 a 300 foram considerados adequados a este tipo de concreto asfáltico.

O concreto asfáltico do tipo pré-misturado a frio aplicado a frio é geralmente fabricado com asfalto emulsionado ou um asfalto recortado de baixa viscosidade como a camada de ligação. Ele também pode ser aplicado imediatamente após a produção ou armazenado para uso futuro. O tipo e o grau do material asfáltico utilizado dependem se o material deve ser armazenado por um longo tempo, do uso do material e da granulometria dos agregados.

O material mais comumente utilizado em pavimentos flexíveis é uma mistura de cimento asfáltico com agregados de granulometria densa de tamanho máximo de 1" usinada a quente. Os detalhes dos diferentes métodos do projeto da mistura desse material são fornecidos em *Traffic and highway engineering*, de Garber e Hoel.

A Federal Aviation Administration recomenda o uso de um concreto asfáltico pré-misturado a quente de graduação densa para uso como material de revestimento para os pavimentos flexíveis de pistas de pouso e decolagem de aeroportos. As especificações detalhadas de composição do concreto asfáltico são fornecidas na Parte V do *Advisory Circular 150/5370-10A* da FAA.

Materiais de superfície para pavimentos rígidos rodoviários e pistas de pouso e decolagem de aeroportos

O concreto de cimento Portland é comumente utilizado como o material de revestimento para pavimentos rígidos rodoviários. Trata-se de uma mistura de cimento Portland, agregados graúdos, agregados miúdos e água. Dependendo do tipo de pavimento a ser construído, às vezes deve-se utilizar armaduras de aço.

O cimento Portland é fabricado com uma mistura cuidadosamente preparada de calcário, marga e argila ou xisto, que é triturada e reduzida a pó e, em seguida, queimada em alta temperatura (aproximadamente 1.540 °C) para formar um clínquer. Depois de esfriada e uma pequena quantidade de gesso adicionada, a mistura é triturada até que mais de 90% do material passe na peneira de 0,075 mm. A AASHTO especificou cinco tipos principais de cimento Portland:

- Tipo I: apropriado para a construção em concreto em geral, em que nenhuma propriedade especial é necessária.
- Tipo II: apropriado para uso na construção em geral, em que o concreto ficará exposto à ação moderada de sulfato ou calor moderado de hidratação seja necessário.

- Tipo III: apropriado para a construção em concreto que exige uma grande resistência em um tempo relativamente curto. É, às vezes, denominado concreto de alta resistência inicial.
- Tipos IA, IIA e IIIA: semelhantes aos tipos I, II e III, respectivamente, mas contêm uma pequena quantidade (4%-8% da mistura total) de ar aprisionado. Além das propriedades listadas para os tipos I, II e III, estes também são mais resilientes ao cloreto de cálcio e sais de degelo e, portanto, são mais duráveis.
- Tipo IV: apropriado para projetos em que o baixo calor de hidratação é necessário.
- Tipo V: apropriado para projetos de construção em concreto, em que o concreto ficará exposto à ação intensa de sulfato.

As proporções recomendadas dos diversos componentes químicos para os diversos tipos são apresentadas na Tabela 7.18. Os materiais inertes que não reagem com o cimento são utilizados como agregados graúdos no cimento Portland; geralmente consistem em um ou uma combinação de dois ou três dos seguintes elementos: pedra britada, pedra ou escória de alto-forno.

O agregado miúdo no cimento Portland é principalmente a areia. As Tabelas 7.19 e 7.20 mostram a granulometria recomendada pela AASHTO para esses agregados miúdos e graúdos. Além dos requisitos de granulometria, a AASHTO também recomenda padrões mínimos de solidez e limpeza. A exigência de solidez é normalmente dada em termos de perda máxima permitida de material após cinco ciclos alternados de molhagem e secagem no ensaio de solidez. Uma perda de peso de, no máximo, 10% é normalmente especificada. A quantidade máxima dos diversos tipos de materiais deletérios contidos no agregado miúdo é frequentemente utilizada para especificar as exigências de limpeza. Por exemplo, a quantidade máxima de silte (material que passa na peneira de 0,075 mm) não deve ser superior a 5% do total dos agregados miúdos.

A exigência principal, geralmente especificada para água, é que esta deve ser apropriada para beber, isto é, a quantidade de matéria orgânica, óleo, ácido e alcalino não deve ser superior à quantidade permitida para a água potável.

Para controlar a fissuração do pavimento de concreto, armaduras de aço podem ser utilizadas na forma de uma esteira de barras ou malha de aço, colocadas aproximadamente a 75 mm abaixo da superfície da placa. Quando utilizadas para este fim, o aço é denominado aço de temperatura. A armadura de aço também é utilizada nos pavimentos de concreto como barras de transferência ou de ligação. São utilizadas principalmente como mecanismos de transferência de carga por meio das juntas para fornecer resistência à flexão, à cortante e à compressão, e têm diâmetros que variam entre 25,4 mm e 38,1 mm, que são muito maiores do que os das esteiras de barras e malhas de aço. Os comprimentos das barras de transferência variam de 600 mm a 900 mm, e são geralmente colocadas a espaços regulares de 600 mm ao longo de toda a largura da placa. As barras de ligação são utilizadas principalmente para ligar duas seções do pavimento e são, portanto, barras deformadas ou em formas de gancho para facilitar a ligação das duas seções do pavimento de concreto. Em geral são muito menores do que as barras de transferência e espaçadas em intervalos maiores, tipicamente de 19 mm de diâmetro e espaçadas a 900 mm.

A AASHTO designa as características de resistência do concreto em termos da sua resistência à flexão (módulo de ruptura k) em 28 dias e do seu módulo de elasticidade. O módulo de ruptura em 28 dias é obtido realizando-se um ensaio de carregamento de três pontos, conforme especificado na designação T97 da AASHTO. O material comumente utilizado para a construção de superfícies de pavimentos rígidos de aeroportos é o concreto de cimento Portland, que proporciona uma superfície antiderrapante e impede a infiltração das águas superficiais, proporcionando o suporte estrutural necessário. As especificações desse concreto são semelhantes às dos utilizados em pavimentos rígidos rodoviários. A característica de resistência utilizada no projeto é a resistência à flexão, determinada pelo método de teste C78 de ASTM. A Federal Aviation Administration recomenda que a resistência à flexão utilizada no projeto deve ser baseada na idade exigida e na resistência do concreto no momento em que o pavimento será aberto ao tráfego. As armaduras para controle da fissuração, as barras de transferência ou as de ligação também são utilizadas em pavimentos rígidos de aeroportos.

Tabela 7.18 Proporções de constituintes químicos e características de resistência para os diversos tipos de cimento Portland.

Tipo de cimento[A]	I e IA	II e IIA	III e IIIA	IV	V
Dióxido de silício (SiO_2), mín., percentual	–	20,0[B,C]	–	–	–
Óxido de alumínio (Al_2O_3), máx., percentual	–	6,0[B,C]	–	–	–
Óxido férrico (Fe_2O_3), máx., percentual	–	6,0[B,C]	–	6,5	–
Óxido de magnésio (MgO), máx., percentual	6,0	6,0[B,C]	6,0	6,0[B]	6,0
Trióxido de enxofre (SO_3),[D] máx., percentual					
Quando (C_3A)[E] é 8% ou menos	3,0	3,0	3,5	2,3	2,3
Quando (C_3A)[E] é mais do que 8%	3,5	[F]	4,5	[F]	[F]
Perda na ignição, máx., percentual	3,0	3,0	3,0	2,5	3,0
Resíduo insolúvel, máx., percentual	0,75	0,75	0,75	0,75	0,75
Silicato tricálcico (C_3S)[E] máx., percentual	–	55	–	35[B]	–
Silicato dicálcico (C_2S)[E] mín., percentual	–	–	–	40[B]	–
Aluminato tricálcico (C_3A)[E] máx., percentual	–	8	15	7[B]	5[C]
Aluminoferrite tetracálcico mais duas vezes o aluminato tricálcico[E] ($C_4AF + 2(C_3A)$) ou solução sólida ($C_4AF + C_2F$), conforme o caso, máx., percentual	–	–	–	–	25[C]

Observação:

[A] Consulte a fonte.

[B] Não se aplica quando o limite do calor de hidratação é especificado (consulte a fonte).

[C] Não se aplica quando o limite de resistência ao sulfato é especificado (consulte a fonte).

[D] Há casos em que o SO_3 ótimo (utilizando ASTM C 563) de um cimento específico está próximo ou acima do limite nesta especificação. Nesses casos, em que as propriedades de um cimento podem ser melhoradas, excedendo os limites de SO_3 declarados nesta tabela, é permitido exceder esses valores citados, desde que tenha sido demonstrado pela ASTM C 1038 que o cimento com o aumento de SO_3 não desenvolverá expansão em água superior a 0,020% em 14 dias. Quando o fabricante fornece o cimento segundo essa prescrição, deve disponibilizar as informações de suporte para o comprador, mediante solicitação.

[E] A expressão das limitações químicas por meio de compostos assumidos como calculados não significa necessariamente que os óxidos estão real ou totalmente presentes como esses compostos.

Ao expressar compostos, C = CaO, S = SiO_2, A = Al_2O_3, F = Fe_2O_3. Por exemplo, C_3A = 3CaO. Al_2O_3. E Dióxido de titânio e pentóxido de fósforo (TiO_2 e P_2O_5) não devem ser incluídos com o teor de Al_2O_3.

Quando a razão entre as porcentagens de óxido de alumínio e de óxido de ferro é de 0,64 ou mais, os percentuais de silicato tricálcico, silicato dicálcico, aluminato tricálcico e ferrito aluminato tetracálcico serão calculados com base na análise química da seguinte forma:

Silicato tricálcico = (4,071 × percentual CaO) - (7,600 × percentual SiO_2) - (6,718 × percentual Al_2O_3) - (1,430 × percentual Fe_2O_3) - (2,852 × percentual SO_3).

Silicato dicálcico = (2,867 × percentual SiO_2) - (0,7544 × percentual C_3S)

Aluminato tricálcico = (2,650 × percentual Al_2O_3) - (1,692 × percentual Fe_2O_3)

Ferrito aluminato tetracálcico = 3,043 × percentual Fe_2O_3

Quando a razão entre os óxidos de alumínio e de ferro for inferior a 0,64, uma solução sólida de ferrito aluminato de cálcio (expressa como ss($C_4AF + C_2F$)) será formada. O teor dessa solução sólida e de silicato tricálcico deve ser calculado por meio das seguintes fórmulas: E ss($C_4AF + C_2F$) - (2,100 × percentual Al_2O_3) + (1,702 × percentual Fe_2O_3).

Silicato tricálcico = (4,071 × percentual CaO) - (7,600 × percentual SiO_2) - (4,479 × percentual Al_2O_3) - (2,859 × percentual Fe_2O_3) - (2,852 × percentual SO_3). Nenhum aluminato tricálcico estará presente nos cimentos desta composição. O silicato dicálcico deve ser calculado conforme mostrado anteriormente.

[F] Não aplicável.

Fonte: Adaptado, com permissão, de *Standard specifications for transportation materials and methods of sampling and testing*, 20ª ed., American Association of State Highway and Transportation Officials, Washington, D.C., 2000.

Tabela 7.19 Distribuição de tamanho de partículas recomendada pela AASHTO para agregados miúdos utilizados no concreto de cimento Portland.

Peneira (M 92)	Porcentagem em peso que passa
3/8 pol (9,5 mm)	100
Nº 4 (4,75 mm)	95 a 100
Nº 8 (2,36 mm)	80 a 100
Nº 16 (1,18 mm)	50 a 85
Nº 30 (600 µm)	25 a 60
Nº 50 (300 µm)	10 a 30
Nº 100 (µm)	2 a 10

Fonte: Adaptado, com permissão, de *Standard specifications for transportation materials and methods of sampling and testing*, 20ª ed., American Association of State Highway and Transportation Officials, Washington, D.C., 2000.

Tabela 7.20 Requisitos de granulometria para agregados graúdos de cimento concreto Portland.

Designação de peneira	Porcentagem em peso que passa — Designação de agregado		
	2 pol para nº 4 (357)	1 ½ pol para nº 4 (467)	1 pol para nº 4 (57)
2 ½ pol (63 mm)	100	–	–
2 pol (50 mm)	95-100	100	–
1 ½ pol (37,5 mm)	–	95-100	100
1 pol (25,0 mm)	35-70	–	95-100
¾ pol (19,0 mm)	–	35-70	–
½ pol (12,5 mm)	10-30	–	25-60
³/₈ pol (9,5 mm)	–	10-30	–
Nº 4 (4,75 mm)	0-5	0-5	0-10
Nº 8 (2,36 mm)	–	–	0-5

Fonte: Adaptado de *ASTM Standards, Concrete and Aggregates*, Vol. 04.02, American Society for Testing and Materials, Philadelphia, PA, Outubro de 2000.

Materiais da superestrutura das vias férreas

A superestrutura da via férrea consiste em uma montagem de trilhos e dormentes e pode ser considerada como o equivalente à camada de revestimento de uma rodovia ou de uma pista de pouso e decolagem de aeroporto, pois transmite a carga dos veículos ferroviários para o lastro.

Os *dormentes* são geralmente construídos em madeira, concreto ou aço. Os de madeira têm geralmente 2,45 m, 2,6 m ou 2,75 m de comprimento e podem ser feitos de uma variedade de tipos de madeira, incluindo aroeira, ipê, angico, pinho e eucalipto. As áreas da seção transversal dos dormentes de madeira devem ser de 178 mm × 228 mm para aqueles classificados na categoria 178 mm (7"), e 152 mm × 203 mm para os classificados na categoria 150 mm (6"). Um decréscimo máximo de 1" é permitido na área de apoio no topo do trilho e na face inferior. A Figura 7.7 mostra as dimensões dos dormentes de 178 mm e de 150 mm. É essencial que esses dormentes não tenham defeitos que possam impactar negativamente na sua resistência ou durabilidade. Esses defeitos incluem apodrecimento, grandes rachaduras, grandes folgas, textura oblíqua, buracos grandes ou numerosos e nodos. O apodrecimento é definido como a desintegração da substância de madeira em decorrência da ação de

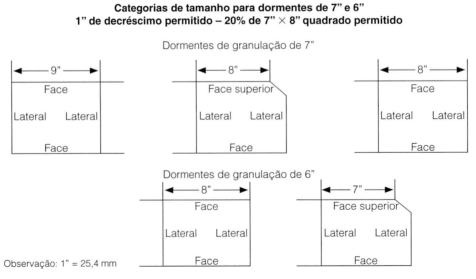

Figura 7.7 Dimensões de dormentes de 7" e 6".

Fonte: American Railway Engineering and Maintenance-of-Way Association, *Manual for highway engineering*, Landover, MD, 2005.

fungos xilófagos. Os grandes buracos são aqueles que têm 12,7 mm ou mais de diâmetro e 76,2 mm de profundidade ou mais de um quarto da largura da superfície em que aparecem e 76,2 mm de profundidade externa. Quando os efeitos prejudiciais de uma série de buracos for semelhante ao de um grande buraco, são considerados numerosos. Quando o diâmetro médio de um nodo for maior do que um terço da largura da superfície sobre a qual ele está localizado e dentro da área de apoio do trilho, é considerado um nodo grande. Uma série de nodos que têm o mesmo efeito prejudicial de um nodo grande é considerada numerosa. Uma separação ao longo da textura que geralmente ocorre entre os anéis de crescimento anual é uma folga. Uma separação que se estende de uma superfície para outra oposta ou adjacente é uma rachadura. As rachaduras nos dormentes fora do período de temporada não devem ser maiores do que 6,35 mm de largura ou mais compridas do que 101,6 mm, enquanto aquelas nos dormentes no período de temporada não devem ser mais largas do que 6,35 mm nem mais compridas do que a largura da face sobre a qual ocorrem.

Os *trilhos* são construídos em aço, cuja composição química é mostrada na Tabela 7.21. Outros requisitos para as propriedades de dureza e resistência à tração também são especificados, como mostrado nas Tabelas 7.22 e 7.23. A Figura 7.8 mostra a seção transversal de um trilho sobre uma via férrea típica. Os trilhos são geralmente construídos em comprimentos padronizados de 11,8 m e/ou 24,4 m, embora outros comprimentos padronizados possam ser utilizados mediante acordo entre o comprador e o fabricante.

Tabela 7.21 Composição química do aço para trilhos das vias férreas.

Elemento	Análise química, percentual do peso		Análise do produto, tolerância do peso em porcentagem além dos limites da análise química especificada	
	Mínimo	Máximo	Abaixo do mínimo	Acima do máximo
Carbono	0,74	0,84	0,04	0,04
Manganês	0,80 (Obs. 1)	1,10 (Obs. 1)	0,06	0,06
Fósforo	-	0,035	-	0,008
Enxofre	-	0,037	-	0,008
Silício	0,10	0,60	0,02	0,05
Níquel		(Obs. 1)		
Crômio		(Obs. 1)		
Molibdênio		(Obs. 1)		
Vanádio		(Obs. 1)		
Observação 1: Os limites de manganês e de elementos residuais podem ser variados pelo fabricante para atender aos requisitos de propriedades mecânicas a seguir:				

Manganês		Níquel	Crômio	Molibdênio	Vanádio
Mínimo	Máximo	Máximo	Máximo	Máximo	Máximo
0,60	0,79	0,25	0,50	0,10	0,03
1,11	1,25	0,25	0,25	0,10	0,05

Fonte: American Railway Engineering and Maintenance-of-Way Association, *Manual for highway engineering*, 2005.

Tabela 7.22 Requisitos de dureza para os trilhos de aço das vias férreas.

Tipo de trilho	Dureza Brinell, HB	
	Mínimo	Máximo
Trilho padrão		
Trilho de alta resistência (liga e tratado termicamente)	341	388 (Obs. 1)
Observação 1: Pode ser excedido desde que uma microestrutura totalmente perlítica seja mantida.		

Fonte: American Railway Engineering and Maintenance-of-Way Association, *Manual for highway engineering*, 2005.

Tabela 7.23 Requisitos de propriedades de resistência à tração para os trilhos de aço das vias férreas.

Descrição	Padrão	Alta resistência
Limite de elasticidade, ksi, mínima	70	110
Resistência à tração, ksi, mínima	140	170
Alongamento em 2", percentual, mínimo	9	10

Observação: 1 ksi = 6,9 N/mm²
1" = 25,4 mm

Fonte: American Railway Engineering and Maintenance-of-Way Association, *Manual for highway engineering*, 2005.

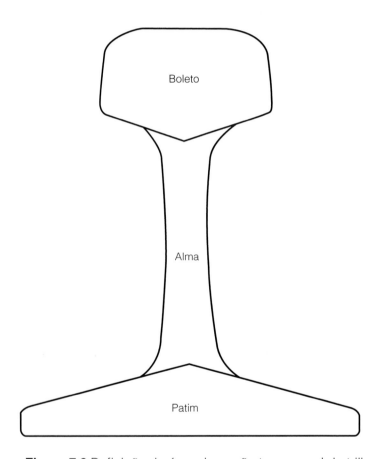

Figura 7.8 Definição da área da seção transversal do trilho.

Fonte: American Railway Engineering and Maintenance-of-Way Association, *Manual for highway engineering*, Landover, MD, 2005.

Passo 3 Determinar o tamanho e/ou a espessura mínimos para cada componente estrutural

Esta etapa envolve a determinação do tamanho e/ou da espessura mínimos de cada componente estrutural, de tal forma que a tensão e/ou deformação dentro de qualquer componente não ultrapasse o máximo permitido. Isto depende da carga transmitida pelas rodas dos veículos que utilizam a via e da resistência do subleito. Por exemplo, a espessura da camada de revestimento, base ou sub-base de um pavimento flexível rodoviário depende da carga por eixo equivalente acumulada para o período de projeto e módulo de resiliência do subleito. Da mesma forma, a espessura total dos lastros e sublastros de uma via férrea depende da carga das rodas do trem para a qual a via está sendo projetada e da pressão atuante admissível no subleito. Os procedimentos de projeto apresentados são os métodos da AASHTO para pavimentos flexíveis e rígidos rodoviários; os da Federal Aviation Administration para pavimentos flexíveis e rígidos de aeroportos; e o da AREMA para as vias férreas.

Método da AASHTO para projeto de pavimentos flexíveis rodoviários

Os pavimentos flexíveis rodoviários são divididos em três subgrupos em função de sua qualidade: alta, intermediária e baixa. Os pavimentos de qualidade alta não devem ser suscetíveis a condições climáticas e ser capazes de suportar adequadamente o volume de tráfego previsto, sem desgaste visível em decorrência de fadiga. Os de qualidade intermediária podem variar de pavimentos de alto até aqueles de rodovias com tratamento superficial. Os de baixa qualidade geralmente possuem revestimentos que variam de materiais naturais soltos sem tratamento até terra superficial tratada. Estes são utilizados principalmente em estradas de baixo custo. O método aqui apresentado é para projeto de pavimentos de alta qualidade, embora também possa ser utilizado para alguns pavimentos de qualidade intermediária.

Este método da AASHTO é baseado nos resultados obtidos com base em testes de estrada da American Association of Highway Officials (AASHO, agora AASHTO), realizados em Ottawa (Illinois), em um esforço cooperativo realizado sob o patrocínio de 49 Estados, distrito de Columbia, Porto Rico e Escritório de Vias Públicas e por vários grupos industriais. Os dados foram coletados pela aplicação de milhares de cargas de eixos individuais e de eixos tandem em pavimentos flexíveis e rígidos com diversas combinações de espessura de sub-base, base e revestimento sobre um subleito de material A-6. As cargas variaram de 900 a 13.600 kg e de 10.890 a 21.780 kg para eixos individuais e tandem, respectivamente. Os dados coletados incluíram o grau de fissuração e a quantidade de correções necessárias para manter a seção em serviço, o efeito das aplicações de carga sobre perfis longitudinais e transversais, a extensão dos trilhos e a deflexão superficial, a curvatura do pavimento em velocidades veiculares diferentes, pressões impostas na superfície do subleito e a distribuição de temperatura nas camadas do pavimento. Uma análise aprofundada desses dados serviram de base para o método da AASHTO para pavimentos flexíveis.

O primeiro guia provisório para projeto de estruturas de pavimentos foi publicado pela AASHTO em 1961. As revisões foram feitas em 1972, 1986 e 1993. Esta última edição inclui um procedimento para projeto de recapeamento. No entanto, deve-se observar que a AASHTO claramente indicou em cada uma dessas edições que os procedimentos de projeto apresentados não abrangiam necessariamente todas as condições que poderiam existir em um local específico. A ASHTO, portanto, recomenda que, ao utilizar o guia, a experiência local deve ser usada para ampliar os procedimentos nele fornecidos.

O método discute, inicialmente, os fatos específicos utilizados no procedimento e, em seguida, apresenta as equações para determinar as espessuras das camadas do pavimento.

Fatores utilizados no método da AASHTO para projeto de pavimento flexível rodoviário

Os fatores utilizados incluem a carga por eixo equivalente acumulada (ESAL) para o período de projeto, o módulo de resiliência (M_r) do subleito, a qualidade dos materiais utilizados para construir as camadas de base e revestimento, o impacto da variação das condições ambientais durante o ano, características de drenagem e a confiabilidade da previsão de tráfego.

A ESAL de projeto é calculada como já discutido neste capítulo. A AASHTO forneceu tabelas para cargas por eixo equivalentes para os diferentes índices de serventia final (P_t) (veja a definição a seguir).

Os valores apresentados nas Tabelas 7.1a e 7.1b são para eixos simples e tandem, respectivamente, e para um índice de serventia final (P_t) de 2,5, como é comumente utilizado no método de projeto de pavimento flexível da AASHTO.

Embora o guia utilize o módulo de resiliência para indicar a qualidade do subleito no procedimento do projeto, ele permite a conversão do valor de CBR do solo em um valor M_r equivalente, utilizando o seguinte fator de conversão:

M_r (N/mm²) = 10,5 CBR (para solos de granulometria fina com valores de CBR de 10 ou menos)

Por causa da resistência do subleito que varia de uma estação para outra durante o ano, um M_r efetivo para todo o ano é determinado, utilizando o procedimento discutido mais à frente nesta seção sobre o efeito do meio ambiente.

O *desempenho do pavimento* é baseado na sua performance estrutural e funcional. A performance estrutural reflete a condição física do pavimento em relação a craqueamento, emaranhamento e assim por diante. Esses fatores impactam negativamente na capacidade de o pavimento tranportar a ESAL acumulada utilizada no projeto. A performance funcional reflete a capacidade da rodovia de proporcionar um percurso confortável. Um conceito conhecido como *índice de serventia* é utilizado para quantificar o desempenho do pavimento. A imperfeição e a dificuldade, quantificadas em termos da extensão do craqueamento e reparo do pavimento, são utilizadas para determinar o índice de serventia presente (PSI), dado em função da extensão e do tipo de craqueamento e da variância da inclinação dos dois caminhos da roda, que é uma medida das variações no perfil longitudinal. As classificações individuais foram atribuídas por engenheiros experientes em diversos pavimentos com condições variadas, sendo a média destas utilizada para relacionar o PSI com os fatores considerados. O menor PSI é 0 e o maior 5.

O índice de serventia imediatamente após a construção de um novo pavimento é o inicial (P_i), e o valor mínimo aceitável é o índice final (P_t). Os valores recomendados para o índice de serventia final para pavimentos flexíveis são 2,5 ou 3,0 para grandes rodovias, e 2,0 para rodovias com uma classificação inferior. Um valor de P_t de 1,5 foi utilizado em casos em que as restrições econômicas limitam os gastos de capital para a construção. Esse valor baixo deve, no entanto, ser utilizado somente em casos especiais em classes selecionadas de rodovias.

Os materiais utilizados na construção podem ser classificados em três grupos gerais: os de construção da sub-base, os da base e os do revestimento.

A qualidade dos *materiais de construção da sub-base* é dada em termos do coeficiente de equivalência estrutural, a_3, utilizado para converter a espessura real da sub-base em um SN equivalente. Por exemplo, um valor de 0,11 é assumido para o material da camada de sub-base de pedregulho de areia utilizado no teste de estrada da AASHTO. A Figura 7.9 disponibiliza os valores para diversos materiais de sub-base granular. Como podem existir diversas condições ambientais, de tráfego e de construção, a AASHTO sugere que cada agência de projeto desenvolva coeficientes de camada apropriados que reflitam as condições que existem no local.

Os *materiais de construção da camada de base* devem satisfazer aos requisitos gerais para materiais da camada de base informados no início deste capítulo. A Figura 7.10 fornece o coeficiente de equivalência estrutural, a_2, para diversos materiais que podem ser utilizados para a construção da base.

O material comumente utilizado na *construção da camada de revestimento* é um concreto asfáltico pré-misturado usinado a quente e de agregados de granulometria densa com um tamanho máximo de 25,4 mm. O coeficiente de equivalência estrutural (a_1) para esse material depende do seu módulo de resiliência, que pode ser obtido na Figura 7.11.

O procedimento de projeto da AASHTO para pavimentos flexíveis considera a temperatura e as chuvas como os dois principais *fatores ambientais*. Os fatores que estão relacionados com o efeito da temperatura incluem as tensões induzidas pela ação térmica, mudanças nas propriedades de deformação e o efeito do congelamento e descongelamento do solo do subleito. O efeito das chuvas leva em consideração a possibilidade de as águas superficiais penetrarem no material subjacente. Quando isso ocorre, as propriedades dos materiais subjacentes podem ser alteradas significativamente. Embora existam várias formas de prevenir isso (consulte

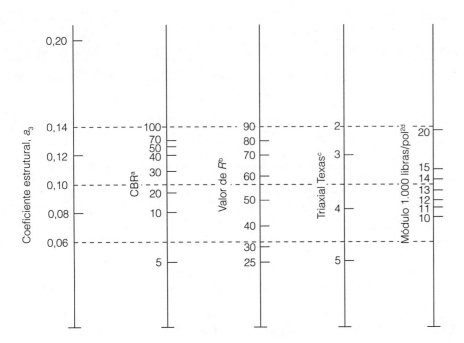

Figura 7.9 Variação no coeficiente de equivalência estrutural de camada de sub-base granular, a_3, com vários parâmetros de resistência da sub-base.

Fonte: American Association of State Highway and Transportation Officials, *Guide for design of pavement structures*, Washington, D.C., 1993. Utilizado com permissão.

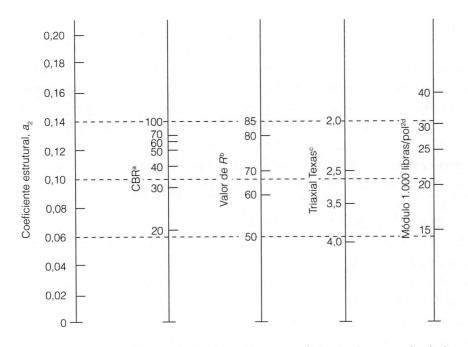

Figura 7.10 Variação no coeficiente de camada de base granular, a_2, com vários parâmetros de resistência da sub-base.

Fonte: American Association of State Highway and Transportation Officials, *Guide for design of pavement structures*, Washington, D.C., 1993. Utilizado com permissão.

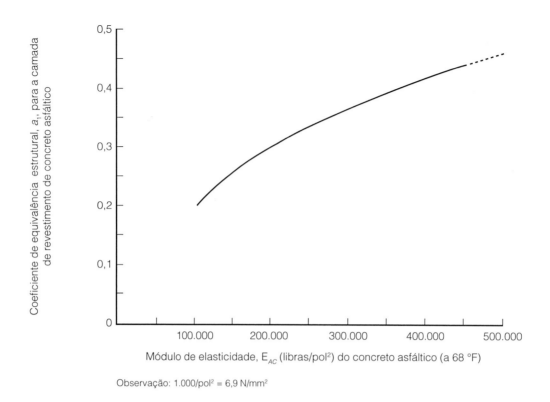

Figura 7.11 Gráfico para estimativa do coeficiente de equivalência estrutural do concreto asfáltico/granulometria densa com base no módulo de elasticidade (resiliente).

Fonte: American Association of State Highway and Transportation Officials, *Guide for design of pavement structures*, Washington, D.C., 1993. Utilizado com permissão.

Traffic and highway engineering, de Garber e Hoel), o procedimento de projeto da AASHTO corrige este efeito, conforme será mencionado mais adiante em nossa discussão sobre drenagem.

O *efeito da temperatura* considera o enfraquecimento do material subjacente durante o período de descongelamento. Os resultados dos testes têm mostrado que, quando os materiais são suscetíveis à ação do gelo, o módulo durante o período de degelo pode ser tão baixo quanto 50%-80% daquele durante as estações de verão e outono. Além disso, em áreas com potencial de chuvas fortes durante períodos específicos do ano, a resistência do material pode reduzir durante essas épocas, resultando na variação de sua resistência durante o ano, mesmo quando não há um período de degelo específico. A fim de compensar essa variação, um módulo de resiliência *efetivo*, que é equivalente ao efeito combinado dos diferentes módulos sazonais durante o ano, é determinado. Este módulo resultará em um PSI do pavimento durante um período completo de 12 meses, que é equivalente ao obtido utilizando o módulo de resiliência apropriado para cada estação.

O primeiro dos dois métodos sugeridos pela AASHTO para determinar o módulo de resiliência efetivo é apresentado aqui. Ele utiliza resultados de testes de laboratório para desenvolver uma relação matemática entre o módulo de resiliência do material do solo e seu teor de umidade. O módulo de resiliência é determinado pelo teor estimado de umidade durante cada estação. É necessário dividir o ano inteiro em intervalos de tempo diferentes que correspondem aos módulos de resiliência de estações diferentes. O intervalo de tempo mínimo sugerido pela AASHTO é de meio mês. A Equação 7.10, sugerida pela AASHTO, pode ser utilizada para determinar o dano relativo, u_f, de cada período de tempo. Este é então calculado, e o módulo de resiliência efetivo do subleito é determinado por meio da Equação 7.10 ou do gráfico mostrado na Figura 7.12.

$$u_f = 1{,}18 \times 10^8 \times M_r^{-2{,}32} \tag{7.10}$$

Exemplo 7.8

Cálculo do módulo de resiliência efetivo

A Figura 7.12 mostra o módulo de resiliência, M_r, do solo do leito da rodovia para cada mês estimado de acordo com resultados laboratoriais, correlacionando M_r ao teor de umidade. Determine o módulo de resiliência efetivo do subleito.

Solução

Observe que, neste caso, o teor de umidade não varia dentro de um mês específico. A solução do problema é dada na Figura 7.12.

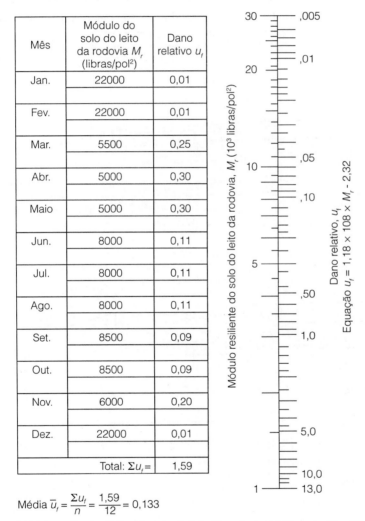

Média $\overline{u}_f = \dfrac{\Sigma u_f}{n} = \dfrac{1,59}{12} = 0,133$

Módulo resiliente efetivo do solo do leito da rodovia, M_r (libras/pol²) = 7.250 (corresponde a $\overline{u}_f$)

Observação: 1 libra/pol² = 7 kPa

Figura 7.12 Gráfico para estimativa do módulo de resiliência efetivo da camada do solo do leito da rodovia para pavimento flexível projetado utilizando o critério de serventia.

Fonte: American Association of State Highway and Transportation Officials, *Guide for design of pavement structures*, Washington, D.C., 1993. Utilizado com permissão.

Determine o valor de u_f para cada M_r – utilize a Equação 7.10:

$$u_f = 1,18 \times 10^8 \times M_r^{-2,32}$$

Por exemplo, para o mês de maio, $u_f = 1,18 \times 10^8 \times 5.000^{-2,32} \cong 0,30$

Determine o dano relativo médio:

$$u_f = 0,133$$

Determine o módulo de resiliência efetivo – utilize a Equação 7.10 ou o gráfico mostrado na Figura 7.12, que, por sua vez, fornece um módulo de resiliência efetivo de 50,6 N/mm².

O *efeito de drenagem* no desempenho dos pavimentos flexíveis rodoviários é considerado no procedimento de projeto da AASHTO, proporcionando primeiro uma camada de drenagem adequada, conforme mostrado na Figura 7.13, e modificando o coeficiente de equivalência estrutural da camada pela incorporação de um fator

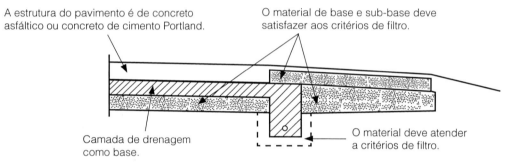

(a) Base utilizada como camada de drenagem.

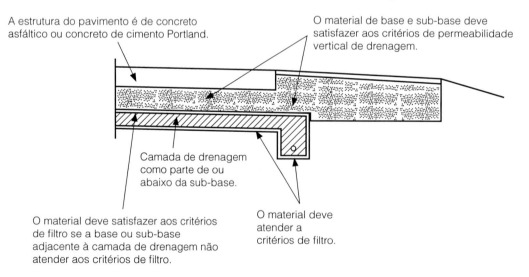

(b) Camada de drenagem como parte de ou abaixo da sub-base.

Observação: podem ser utilizados geotêxteis em substituição ao material de filtro, solo ou agregado, dependendo de considerações econômicas.

Figura 7.13. Exemplo de camada de drenagem na estrutura do pavimento.

Fonte: American Association of State Highway and Transportation Officials, *Guide for design of pavement structures*, Washington, D.C., 1993. Utilizado com permissão.

m_i nos coeficientes de equivalência estrutural das camadas de base e sub-base a_2 e a_3. O valor de m_i é baseado na porcentagem de tempo durante a qual a estrutura do pavimento estará praticamente saturada e na qualidade da drenagem, que é dependente do tempo que leva para drenar a camada de base para uma saturação igual a 50%. As definições gerais sugeridas pela AASHTO dos diferentes níveis de qualidade de drenagem estão apresentadas na Tabela 7.24, e os valores m_i recomendados na Tabela 7.25.

A AASHTO propôs o uso de um fator de confiabilidade no projeto de pavimento rodoviário para considerar a incerteza associada à determinação da ESAL de projeto, particularmente com relação ao uso de fatores de crescimento que podem não ser precisos. Uma discussão detalhada sobre o desenvolvimento da abordagem utilizada está fora do escopo deste livro. No entanto, uma descrição geral é apresentada para facilitar a compreensão da equação de projeto e dos gráficos associados. Primeiro, é escolhido um nível de projeto de confiabilidade ($R\%$), que representa a garantia de que a seção projetada de pavimento sobreviverá pela sua vida útil de projeto. Por exemplo, um nível de projeto de confiabilidade de 60% implica que a probabilidade de sucesso do desempenho do projeto é de 60%. A Tabela 7.26 fornece os níveis de confiabilidade sugeridos pela AASHTO, baseados em um levantamento da força-tarefa de projeto da AASHTO. Um fator de confiabilidade é determinado com base no nível de confiabilidade e na variação global S_0^2 utilizando a Equação 7.11. A variação global explica a variação aleatória da previsão de tráfego e do desempenho real do pavimento para um determinado tráfego para o período de projeto, W_{18}.

Tabela 7.24 Definição da qualidade de drenagem.

Qualidade de drenagem	Tempo de remoção da água*
Excelente	2 horas
Bom	1 dia
Regular	1 semana
Fraco	1 mês
Muito fraco	(água não drenada)

*Tempo necessário para drenar a camada de base para 50% de saturação.

Fonte: Adaptado, com permissão, do Guide for design of pavement structures, American Association of State Highway and Transportation Officials, Washington, D.C., 1993. Utilizado com permissão.

Tabela 7.25 Valores m_i recomendados.

| Qualidade da drenagem | Percentual de tempo em que a estrutura de pavimento está exposta a níveis de umidade próximas da saturação ||||
	Inferior a 1%	1% a 5%	5% a 25%	Superior a 25%
Excelente	1,40-1,35	1,35-1,30	1,30-1,20	1,20
Bom	1,35-1,25	1,25-1,15	1,15-1,00	1,00
Regular	1,25-1,15	1,15-1,05	1,00-0,80	0,80
Fraco	1,15-1,05	1,05-0,80	0,80-0,60	0,60
Muito fraco	1,05-0,95	0,95-0,75	0,75-0,40	0,40

Fonte: Adaptado, com permissão, do Guide for design of pavement structures, American Association of State Highway and Transportation Officials, Washington, D.C., 1993. Utilizado com permissão.

$$\log_{10} FR = -Z_R S_0 \tag{7.11}$$

em que

F_r = fator de confiabilidade para um nível de confiabilidade de projeto $R\%$
Z_R = variante normal padrão para uma determinada confiabilidade ($R\%$)
S_0 = desvio-padrão global estimado

Tabela 7.26 Níveis de confiabilidade sugeridos para várias classificações funcionais.

Classificação funcional	Nível recomendado de confiabilidade Urbano	Nível recomendado de confiabilidade Rural
Interestadual e outras vias expressas	85-99,9	80-99,9
Outras vias arteriais principais	80-99	75-95
Coletoras	80-95	75-95
Local	50-80	50-80

Observação: Resultados baseados em uma pesquisa da força-tarefa de projeto de pavimentos da AASHTO.

Fonte: Adaptado, com permissão, do *Guide for design of pavement structures*, American Association of State Highway and Transportation Officials, Washington, D.C., 1993. Utilizado com permissão.

A Tabela 7.27 indica os valores de Z_R para diversas confiabilidades (R%).

A AASHTO também recomenda um intervalo de desvio-padrão global de 0,30 a 0,40 para pavimentos rígidos, e de 0,4 a 0,5 para flexíveis. Embora esses valores sejam baseados em uma análise detalhada de dados existentes, muito poucos dados existem atualmente para certos componentes de projeto, como a drenagem, por exemplo. Uma metodologia para a melhoria dessas estimativas é apresentada no guia da AASHTO que pode ser utilizado quando dados adicionais estiverem disponíveis.

Tabela 7.27 Valores do desvio normal padrão (Z_R) correspondentes aos níveis de confiabilidade escolhidos.

Confiabilidade (R%)	Desvio normal padrão, Z_R
50	-0,000
60	-0,253
70	-0,524
75	-0,674
80	-0,841
85	-1,037
90	-1,282
91	-1,340
92	-1,405
93	-1,476
94	-1,555
95	-1,645
96	-1,751
97	-1,881
98	-2,054
99	-2,327
99,9	-3,090
99,99	-3,750

Fonte: Adaptado, com permissão, do *Guide for design of pavement structures*, American Association of State Highway and Transportation Officials, Washington, D.C., 1993. Utilizado com permissão.

Equações do projeto da AASHTO para pavimentos flexíveis rodoviários

Há duas equações utilizadas neste procedimento. A 7.12 fornece a relação entre o SN global necessário como variável dependente e muitas variáveis de entrada, que incluem a ESAL de projeto, a diferença entre os índices de serventia inicial e final e o módulo de resiliência do subleito. O SN determinado é capaz de atender à ESAL de projeto. A Equação 7.13 fornece o número estrutural necessário com base no coeficiente de drenagem, m_i, para cada coeficiente de equivalência estrutural para as camadas de revestimento, base e sub-base e a profundidade real de cada camada. Este procedimento de projeto não é utilizado para valores de ESAL inferiores a 50 mil para o período de desempenho, pois estas rodovias são geralmente consideradas como tendo baixos volumes de tráfego. A equação de projeto para o número estrutural equivalente é dada como:

$$\log_{10} W_{18} = Z_R S_0 + 9{,}36 \log_{10}(SN + 1) - 0{,}20 + \frac{\log_{10}[\Delta PSI/(4{,}2 - 1{,}5)]}{0{,}40 + [1.094/(SN + 1)^{5{,}19}]} + 2{,}32 \log_{10} M_r - 8{,}07 \qquad (7.12)$$

em que
W_{18} = número previsto de aplicações de carga por eixo simples de 18.000 libras (80 kN)
Z_R = desvio normal padrão para uma determinada confiabilidade
S_0 = desvio-padrão global SN = número estrutural indicativo de espessura total do pavimento
$\Delta PSI = P_i - P_t$
P_i = índice de serventia inicial
P_t = índice de serventia final
M_r = módulo de resiliência em libras/pol²

$$SN = a_1 D_1 + a_2 D_2 m_2 + a_3 D_3 m_3 \qquad (7.13)$$

em que
m_i = coeficiente de drenagem para a camada i
a_1, a_2, a_3 = coeficientes de equivalência estrutural representativos das camadas de revestimento, base e sub-base, respectivamente
D_1, D_2, D_3 = espessura real em polegadas das camadas de revestimento, base e sub-base, respectivamente

A Equação 7.12 pode ser resolvida para SN utilizando um programa computacional ou o gráfico da Figura 7.14. A utilização do gráfico é demonstrada pelo exemplo resolvido e na solução do Exemplo 7.9. O projetista seleciona o tipo de revestimento a ser utilizado, que pode ser de concreto asfáltico, um tratamento superficial simples ou duplo. A Tabela 7.28 fornece as espessuras mínimas da AASHTO para os materiais de revestimento e de base.

Tabela 7.28 Espessuras mínimas recomendadas pela AASHTO para camadas de rodovias.

Tráfego, ESALs	Espessura mínima (pol)	
	Concreto asfáltico	Base de agregado
Inferior a 50.000	1,0 (ou tratamento de superfície)	4
50.001-150.000	2,0	4
150.001-500.000	2,5	4
500.001-2.000.000	3,0	6
2.000.001-7.000.000	3,5	6
Superior a 7.000.000	4,0	6

Observação: 1 polegada = 25,4 mm

Fonte: Adaptado, com permissão, do *Guide for design of pavement structures*, American Association of State Highway and Transportation Officials, Washington, D.C., 1993. Utilizado com permissão.

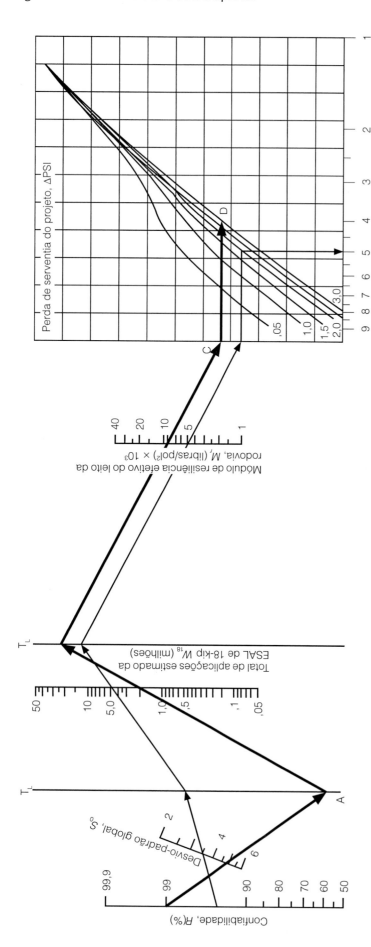

Observação: 1.000 libras/pol.² = 6,9 N/mm²

Figura 7.14 Gráfico de projeto de pavimentos flexíveis com base nos valores médios de cada entrada.

Fonte: Adaptado, com permissão, do *Guide for design of pavement structures*, American Association of State Highway and Transportation Officials, Washington, D.C., 1993. Utilizado com permissão.

Exemplo 7.9

Projeto de um pavimento flexível utilizando o método da AASHTO

O pavimento flexível para uma rodovia interestadual urbana deve ser projetado utilizando-se o procedimento da AASHTO de 1993 para atender uma ESAL de $3,5 \times 10^6$. Estima-se que leve cerca de uma semana para a água ser drenada de dentro do pavimento, e sua estrutura estará exposta a níveis de umidade que se aproximam do ponto de saturação durante 26% do tempo. As seguintes informações adicionais estão disponíveis:

Módulo de resiliência do concreto asfáltico a 68 °F = 450.000 libras/pol² (3105 N/mm²)

Valor de CBR do material da camada de base = 100, M_r = 35.000 libras/pol² (242 N/mm²)

Valor de CBR do material da camada de sub-base = 25, M_r = 14.500 libras/pol² (100 N/mm²)

Valor de CBR do material do subleito = 6

Solução

Determine uma estrutura de pavimento adequada, M_r, do subleito = 6 × 1.500 libras/pol² = 9.000 libras/pol². Uma vez que o pavimento deve ser projetado para uma rodovia interestadual, as seguintes hipóteses são levantadas:

Nível de confiabilidade (R) = 99% (intervalo de 80 a 99,9 da Tabela 7.26)

Desvio-padrão (S_0) = 0,49 (intervalo é de 0,4 a 0,5)

Índice de serventia inicial P_i = 4,5

Índice de serventia final P_t = 2,5

O nomograma na Figura 7.14 é utilizado para determinar o SN de projeto por meio dos seguintes passos:

Passo i. Desenhar uma linha unindo o nível de confiabilidade de 99% e o desvio-padrão global S_0 de 0,49 e estendê-la para cruzar a primeira linha T_L no ponto A.

Passo ii. Desenhar uma linha unindo o ponto A a ESAL de $3,5 \times 10^6$ e estendê-la para cruzar a segunda linha T_L no ponto B.

Passo iii. Desenhar uma linha unindo o ponto B e o módulo de resiliência (M_r) do solo do leito da estrada e estendê-la para cruzar o gráfico da perda de serventia de projeto no ponto C.

Passo iv. Desenhar uma linha horizontal a partir do ponto C para cruzar a curva da perda de serventia de projeto (ΔPSI) no ponto D. Neste problema ΔPSI = 4,5 - 2,5 = 2.

Passo v. Desenhar uma linha vertical para cruzar o SN de projeto e ler esse valor. SN = 4,4

Passo vi. Determinar o coeficiente de equivalência estrutural adequado da estrutura a cada material de construção.

(a) Valor resiliente do concreto asfáltico = 450.000 libras/pol² (3105 N/mm²). Da Figura 7.11, a_1 = 0,44.

(b) CBR do material da camada de base = 100. Da Figura 7.10, a_2 = 0,14.

(c) CBR do material da camada de sub-base = 22. Da Figura 7.9, a_3 = 0,10.

Passo vii. Determinar o coeficiente de drenagem adequado m_i. Como apenas um conjunto de condições é fornecido tanto para as camadas de base como de sub-base, o mesmo valor será utilizado para m_1 e m_2. O tempo necessário para a água drenar de dentro do pavimento é de um dia e, com base na Tabela 7.23, a qualidade da drenagem é boa. A porcentagem de tempo da estrutura do pavimento que será exposta a níveis de umidade próximas do ponto de saturação = 26 e da Tabela 7.24, m_i = 0,80.

Passo viii. Determinar as espessuras adequadas da camada com a Equação 7.13:

$$SN = a_1 D_1 + a_2 D_2 m_2 + a_3 D_3 m_3$$

Pode-se observar que vários valores de D_1, D_2 e D_3 podem ser obtidos para satisfazer o valor de SN de 4,4. As espessuras da camada, no entanto, são geralmente arredondadas para 0,5" (12,7 mm). A escolha de diferentes espessuras também deve ser baseada nas restrições associadas com as práticas de manutenção e construção, de modo que um projeto prático seja obtido. Por exemplo, normalmente é impraticável e antieconômico construir qualquer camada com espessura inferior a um valor mínimo, conforme indicado na Tabela 7.28.

Levando em consideração que uma estrutura de pavimento flexível é um sistema de camadas, a determinação de diferentes espessuras deve ser realizada como indicado na Figura 7.15. Primeiro, determina-se o SN necessário acima do subleito e, em seguida, os acima das camadas da base e sub-base, utilizando a resistência adequada de cada camada. A espessura mínima admissível de cada camada pode ser determinada usando as diferenças dos SNs calculados.

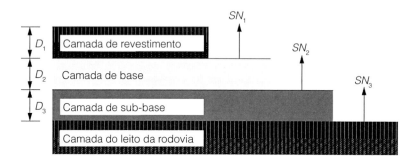

Figura 7.15 Procedimento para determinar as espessuras das camadas utilizando uma abordagem de análise em camadas.

Utilizando os valores adequados para M_r na Figura 7.14, obtemos $SN_3 = 4,4$ e $SN_2 = 3,8$. Observe que, quando SN é assumido para calcular a ESAL, os valores de SN assumidos e calculados devem ser aproximadamente iguais. Se forem significativamente diferentes, o cálculo deve ser repetido com um novo SN assumido.

Sabemos

M_r para a camada de base – 31.000 (214 N/mm²)

Utilizando esse valor na Figura 7.14, obtemos:

$SN_1 = 2,6$

considerando

$$D_1 = \frac{2,6}{0,44} = 5,9" \ (149,8 \text{ mm})$$

Utilizando 6" de espessura da camada de superfície D^*.

$D_1^* = 6"$ (152,4 mm).

$SN_1^* = a_1 D_1^* = 0,44 \times 6 = 2,64$

$$D_2^* \geq \frac{SN_2 - SN_1}{a_2 m_2} \geq \frac{3,8 - 2,64}{0,14 \times 0,8} \geq 10,36" \ (\text{use } 12" \ (304,8 \text{ mm}))$$

$SN_2^* = 0,14 \times 0,8 \times 12 + 2,64 = 1,34 + 2,64$

$$D_3^* = \frac{SN_3 - SN_2}{a_3 m_2} = \frac{4,4 - (2,64 + 1,34)}{0,1 \times 0,8} = 5,25" \ (\text{use } 6" \ (152,4 \text{ mm}))$$

$SN_3^* = 2,64 + 1,34 + 6 \times 0,8 \times 0,1 = 4,46$

* denota os valores reais utilizados.

Método de projeto da Federal Aviation Administration para pavimentos flexíveis de pista de pouso e decolagem de aeroportos

Os dados de entrada de projeto neste procedimento são o valor de CBR para material do subleito, da sub-base, o peso bruto e o número de partidas da aeronave de projeto. Embora este método de projeto seja basicamente empírico, é baseado em extensa pesquisa, e correlações confiáveis foram desenvolvidas. A FAA desenvolveu curvas de projeto generalizadas que se aplicam às famílias de aeronaves para determinar a espessura total de pavimento necessária e a do revestimento em concreto asfáltico pré-misturado a quente para os conjuntos de trens de pouso principal tipo roda simples, rodas duplas e duplo tandem, conforme mostrado nas Figuras 7.16, 7.17 e 7.18. Foram desenvolvidas ainda curvas de projeto para os exemplos específicos de aeronaves dos gráficos fornecidos nas Figuras 7.19, 7.20 e 7.21. Uma espessura mínima de camada de base também é especificada para cada família de aeronaves e para cada aeronave específica, como mostra a Tabela 7.29. As espessuras fornecidas nesses gráficos são adequadas a partidas anuais iguais a 25 mil ou menos, e devem ser ajustadas pelas porcentagens apresentadas na Tabela 7.30 para os números de partidas superiores a 25 mil. Um aumento de uma polegada (25,4 mm) de espessura deve ser de concreto asfáltico pré-misturado a quente e o restante proporcional entre as camadas de base e sub-base. Embora as espessuras fornecidas por esses gráficos sejam de acordo com a utilização de materiais de sub-base com a qualidade apresentada na Tabela 7.8, o procedimento de projeto também prevê a utilização de materiais de alta qualidade. Quando estes são utilizados, as espessuras equivalentes são obtidas dividindo-se as espessuras obtidas dos gráficos pelos fatores de equivalência mostrados na Tabela 7.31. Além disso, observe que, apesar de os pavimentos de aeroportos serem geralmente construídos em seções uniformes com profundidade total, podem, às vezes, ser construídos com uma seção transversal variável que

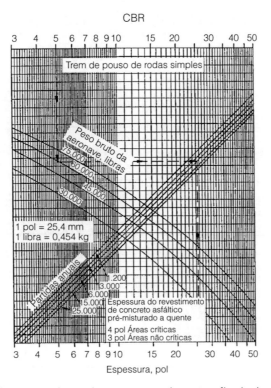

Figura 7.16 Diagrama de projeto para pavimentos flexíveis de aeroportos que atendem aeronaves com trem de pouso de rodas simples.

Fonte: Federal Aviation Administration, Department of Transportation, *Airport pavement design and evaluation*, Advisory Circular AC 150/5320-6D (Incorporação das alterações 1 a 5), Washington, D.C., abril de 2004.

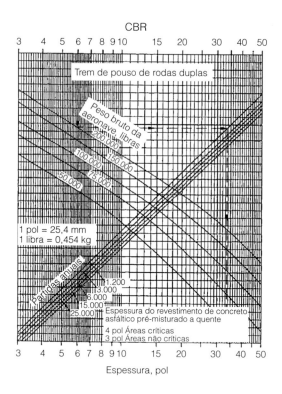

Figura 7.17 Diagrama de projeto para pavimentos flexíveis de aeroportos que atendem aeronaves com trem de pouso de rodas duplas

Fonte: Federal Aviation Administration, Department of Transportation, *Airport pavement design and evaluation*, Advisory Circular AC 150/5320-6D (Incorporação das alterações 1 a 5), Washington, D.C., abril de 2004.

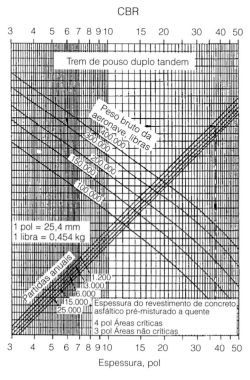

Figura 7.18 Diagrama de projeto para pavimentos flexíveis de aeroportos que atendem aeronaves com trem de pouso tipo duplo tandem.

Fonte: Federal Aviation Administration, Department of Transportation, *Airport pavement design and evaluation*, Advisory Circular AC 150/5320-6D (Incorporação das alterações 1 a 5), Washington, D.C., abril de 2004.

Projeto estrutural das vias de transporte • Capítulo 7

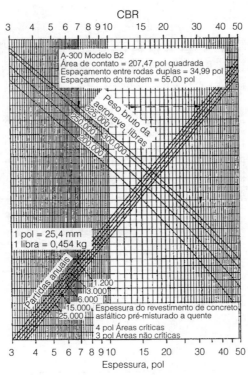

Figura 7.19 Diagrama de projeto para pavimentos flexíveis de aeroportos que atendem aeronaves A-300 modelo B2.

Fonte: Federal Aviation Administration, Department of Transportation, *Airport pavement design and evaluation*, Advisory Circular AC 150/5320-6D (Incorporação das alterações 1 a 5), Washington, D.C., abril de 2004.

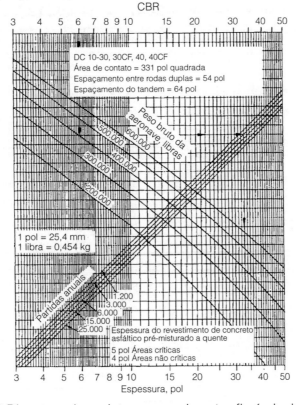

Figura 7.20 Diagrama de projeto para pavimentos flexíveis de aeroportos que atendem aeronaves DC 10-30, 30 CF, 40 e 40 CF.

Fonte: Federal Aviation Administration, Department of Transportation, *Airport pavement design and evaluation*, Advisory Circular AC 150/5320-6D (Incorporação das alterações 1 a 5), Washington, D.C., abril de 2004.

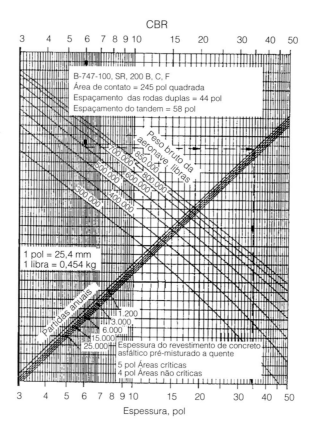

Figura 7.21 Diagrama de projeto para pavimentos flexíveis de aeroportos que atendem aeronaves B-747-100, SR e 200 B, C e F.

Fonte: Federal Aviation Administration, Department of Transportation, *Airport pavement design and evaluation*, Advisory Circular AC 150/5320-6D (Incorporação das alterações 1 a 5), Washington, D.C., abril de 2004.

Tabela 7.29 Espessura mínima da camada de base para pavimentos flexíveis de pista de pouso e decolagem de aeroportos.

Aeronave de projeto	Intervalo da carga de projeto		Espessura mínima da camada de base	
	libras	kg	pol	(mm)
Roda simples	30.000 – 50.000	(13.600 – 22.700)	4	(100)
	50.000 – 75.000	(22.700 – 34.000)	6	(150)
Rodas duplas	50.000 – 100.000	(22.700 – 45.000)	6	(150)
	100.000 – 200.000	(45.000 – 90.700)	8	(200)
Duplo tandem	100.000 – 250.000	(45.000 – 113.400)	6	(150)
	250.000 – 400.000	(113.400 – 181.000)	8	(200)
757 767	200.000 – 400.000	(90.700 – 181.000)	6	(150)
DC-10 L1011	400.000 – 600.000	(181.000 – 272.000)	8	(200)
B-747	400.000 – 600.000	(181.000 – 272.000)	6	(150)
	600.000 – 850.000	(272.000 – 385.700)	8	(200)
C-130	75.000 – 125.000	(34.000 – 56.700)	4	(100)
	125.000 – 175.000	(56.700 – 79.400)	6	(150)

Observação: A espessura calculada da camada de base deve ser comparada com a espessura mínima da camada de base listada acima. A espessura maior, calculada ou mínima, deve ser especificada na seção do projeto.

Fonte: Federal Aviation Administration, Department of Transportation, *Airport pavement design and evaluation*, Advisory Circular AC 150/5320-6D (Incorporação das alterações 1 a 5), Washington, D.C., abril de 2004.

permite uma redução da espessura total (T) em áreas não críticas. A seção crítica é a área utilizada pelo tráfego de aeronaves que decolam; a não crítica é aquela onde o tráfego é de aeronaves que pousam, como as saídas rápidas de pista e as bordas do pavimento onde o tráfego é pouco provável, como, por exemplo, ao longo das bordas externas da pista de pouso e decolagem. Como regra geral, a espessura total (T) obtida do gráfico é especificada para a área crítica, uma espessura de $0,9T$ é definida para a área não crítica (área utilizada no pouso) e uma espessura de $0,7T$ é utilizada para a borda externa do pavimento. Observe, entretanto, que a espessura da camada de revestimento obtida do projeto deve ser utilizada em toda a largura do pavimento. O fator de $0,9T$ para a área não crítica deve ser aplicado somente nas camadas de base e sub-base, e o de $0,7T$ apenas na borda da camada de base.

Tabela 7.30 Porcentagens de ajuste da espessura do pavimento para altos níveis de número de partidas.

Nível anual de partida	Porcentagem em termos da espessura para 25.000 partidas
50.00	104
100.000	108
150.000	110
200.000	112

Fonte: Federal Aviation Administration, Department of Transportation, *Airport pavement design and evaluation*, Advisory Circular AC 150/5320-6D (Incorporação das alterações 1 a 5), Washington, D.C., abril de 2004..

Tabela 7.31 Intervalos do fator de equivalência recomendados de base e sub-base de alta qualidade

Material	Intervalo do fator de equivalência
P-208, Camada de base de material granular	1,0 – 1,5
P-209, Camada de base de agregado britado	1,2 – 1,8
P-211, Camada de base de pedra calcária	1,0 – 1,5

(a) Sub-base granular

Material	Intervalo do fator de equivalência
P-301, Camada de base de solo cimento	1,0 – 1,5
P-304, Camada de base tratada com cimento	1,6 – 2,3
P-306, Camada de sub-base de mistura em concreto pobre ou rolado (econocrete).	1,6 – 2,3
P-401, Pavimentos betuminosos pré-misturados usinados	1,7 – 2,3

(b) Sub-base estabilizada

Material	Intervalo do fator de equivalência
P-208, Camada de base de material granular	1,0*
P-211, Camada de base de pedra calcária	1,0

*A substituição de P-208 por P-209 só é admissível se o peso bruto da aeronave de projeto for 60.000 libras (27.000 kg) ou menos. Além disso, se P-208 for substituído por P-209, a espessura necessária do revestimento de concreto asfáltico de pré-misturado a quente, mostrada nos diagramas de projeto, deve ser aumentada em 1 polegada (25 mm).

(c) Base granular

Material	Intervalo do fator de equivalência
P-304, Camada de base tratada com cimento	1,2 – 1,6
P-306, Camada de sub-base de concreto pobre ou rolado (econocrete)	1,2 – 1,6
P-401, Pavimentos betuminosos pré-misturados usinados	1,2 – 1,6

Observação: As rachaduras de reflexão podem ser encontradas quando P-304 ou P-306 é utilizado como base para um pavimento flexível. A espessura da camada de superfície asfáltica de pré-misturado a quente deve ser de, pelo menos, 4 polegadas (100 mm) para minimizar a rachadura de reflexão nesses casos.

(d) Base estabilizada

Fonte: Federal Aviation Administration, Department of Transportation, *Airport pavement design and evaluation*, Advisory Circular AC 150/5320-6D (Incorporação das alterações 1 a 5), Washington, D.C., abril de 2004.

406   Engenharia de infraestrutura de transportes

O procedimento para utilizar os diagramas de projeto consiste nos seguintes passos:

(i) Determinar a aeronave de projeto.
(ii) Determinar as equivalências de partidas anuais com base na aeronave de projeto.
(iii) Determinar a espessura total necessária do pavimento com base nas equivalências de partidas anuais da aeronave de projeto e no CBR do subleito.
(iv) Determinar a espessura total exigida com base nas equivalências de partidas anuais da aeronave de projeto e no CBR da sub-base. Isto fornece a espessura combinada de revestimento de concreto asfáltico pré-misturado a quente e camada de base necessária acima da sub-base. Subtrair esse valor de espessura do valor resultante de (i) para obter a espessura da sub-base.
(v) Selecionar a espessura mínima do revestimento de concreto asfáltico pré-misturado a quente. Observe que essa espessura para áreas críticas é de 4" (100 mm), e para não críticas 3" (76 mm). Determinar a espessura mínima da camada de base, subtraindo a espessura da camada de revestimento da espessura combinada de revestimento de concreto asfáltico pré-misturado a quente e a sub-base. Comparar a espessura obtida para a camada de base com o mínimo necessário, conforme a Tabela 7.28. Utilizar o valor maior como a espessura necessária da camada de base.
(vi) Ajustar cada espessura obtida para altos níveis de número de partidas (ou seja, para os níveis anuais de partida superiores a 25.000), utilizando as porcentagens fornecidas na Tabela 7.29.

Observe que a espessura (T) obtida dos diagramas deve ser arredondada para cima para o maior número inteiro de frações de 0,5" ou mais, e para baixo para o menor número inteiro mais próximo para frações inferiores a 0,5".

Exemplo 7.10

Projeto de um pavimento flexível de pista de pouso e decolagem de aeroporto

Se a média de partidas anuais e o peso máximo de decolagem de cada tipo de aeronave que deverá utilizar a pista de pouso e decolagem de um aeroporto forem os fornecidos no Exemplo 7.3, e conforme mostrado na tabela a seguir, determine a espessura mínima para cada uma das camadas de revestimento de concreto asfáltico pré-misturado a quente, para a camada de base e de sub-base. Os valores de CBR da sub-base e do subleito são 20 e 6, respectivamente.

Aeronave	Tipo de trem de pouso	Média de partidas anuais	Peso máx. de decolagem
727-100	Rodas duplas	3.500	68.038 kg (150.000 lb)
727-200	Rodas duplas	9.100	86.409 kg (190.500 lb)
707-320B	Duplo tandem	3.000	148.324 kg (327.000 lb)
DC-10-30	Rodas duplas	5.800	48.988 kg (108.000 lb)
737-200	Rodas duplas	2.650	52.390 kg (115.500 lb)
747-100	Rodas duplas/duplo tandem	80	317.513 kg (700.000 lb)

Solução
Determine a espessura total necessária do pavimento para cada tipo de aeronave e número médio de partidas anuais associado utilizando a figura adequada.

Rodas duplas do 727-100 = 34" (863,6 mm) da Figura 7.17
Rodas dupla do 727-200 = 40" (1016 mm) da Figura 7.17
Duplo tandem do 707-320B = 38" (965,2 mm) da Figura 7.18
Rodas duplas do DC-10-30 = 19" (482,6 mm) da Figura 7.20
Duplo duplo tandem do 747-100 = 30" (762 mm) da Figura 7.21

Determine a aeronave de projeto. A espessura maior é para o 727-200, que é, portanto, a aeronave de projeto para esse pavimento de pista de pouso e decolagem. A suposição feita no Problema 7.3 está, portanto, correta.

Determine as equivalências de partidas anuais com base na aeronave de projeto. Isso foi feito no Problema 7.3 e os resultados são repetidos aqui:

Aeronaves	Equivalência de partidas de trem de rodas duplas (R_2)	Carga de roda (W_2)	Carga da roda da aeronave de projeto (libras)(W_1)	Equivalência de partidas anuais para a aeronave de projeto (R_1)
727-100	3.500	(35.625 lb) 16.159 kg	45.244	1.396
727-200	9.100	(45.244 lb) 20.522 kg	45.244	9.100
707-320B	5.100	(38.831 lb) 17.613 kg	45.244	2.721
DC-10-30	5.800	(25.650 lb) 11.635 kg	45.244	682
737-200	2.650	(27.431 lb) 12.442 kg	45.244	462
747-100	136	(35.625 lb) 16.159 kg	45.244	78

Total de partidas anuais com base na aeronave de projeto = (1.396 + 9.100 + 2.721 + 682 + 462 + 78)
= 14.439

Determine a espessura total do pavimento necessária para um 727-200 (trem de pouso com rodas duplas) com partidas anuais iguais a 14.500 e peso bruto de 190.500 libras utilizando a Figura 7.17:

Espessura total do pavimento = 40" (1.016 mm)

Determine a espessura total com base no valor de CBR 20 para a sub-base, utilizando a Figura 7.17:
Espessura total necessária sobre a sub-base = 18" (457,2 mm)

Determine a espessura da sub-base:
Espessura da sub-base = (40 - 18) = 22" (558,8 mm)

Determine a espessura da camada de base:

Espessura da camada de base = (espessura acima da camada de base - mínimo necessário de concreto asfáltico pré-misturado a quente)

Mínimo necessário de concreto asfáltico pré-misturado a quente = 4" (101,6 mm) (da Figura 7.17)
Espessura da camada de base = (18 - 4)" = 14" (355,6 mm)

Compare a espessura da camada de base com o mínimo necessário:
Mínimo necessário de espessura da camada de base = 8" (203,2 mm) (da Tabela 7.29)

O valor calculado é maior que o mínimo necessário.

Ajuste para altos níveis de número de partidas. Nenhum ajuste é necessário, pois o nível equivalente de partida anual é inferior a 25.000.

As exigências de espessura para este projeto são

Espessura do revestimento de concreto asfáltico pré-misturado a quente	= 4" (101,6 mm)
Espessura da camada de base	= 14" (355,6 mm)
Espessura da sub-base	= 22" (558,8 mm)

Projeto de pavimentos rígidos rodoviários e de pista de pouso e decolagem de aeroporto

Os pavimentos rígidos podem ser divididos em quatro tipos gerais: de concreto simples com juntas, pavimentos de concreto com armadura, de concreto continuamente armado e de concreto protendido. Os pavimentos de concreto protendido não são abordados, pois estão fora do escopo deste livro, mas os leitores interessados podem consultar o livro *Guide for the design of pavement structures*, da AASHTO. A quantidade de armadura utilizada no pavimento determina seu tipo. Ela não impede as rachaduras, mas mantém as que se formam bem fechadas, de forma que a integridade estrutural da placa é mantida pelo intertravamento das faces irregulares dos agregados graúdos. A determinação da espessura da placa é a mesma para todos os tipos de pavimento ao utilizar os procedimentos de projeto descritos abaixo.

Os *pavimentos de concreto simples com juntas* não possuem aço ou barras de transferência de carga. São utilizados principalmente em rodovias de baixo volume de tráfego ou quando solos estabilizados com cimento são usados como sub-base. A fim de reduzir a quantidade de rachaduras, juntas transversais são feitas a distâncias relativamente menores que as de outros tipos, geralmente entre 10 e 20 pés (254 mm e 508 mm). As juntas transversais de concreto simples são, às vezes, construídas em ângulo, de forma que uma roda de um veículo passa pela junta de uma vez, o que melhora a suavidade da condução.

Os *pavimentos de concreto com armadura* possuem barras de transferência de carga do tráfego por meio de juntas, espaçadas em distâncias maiores, variando de 30 a 100 pés (9,1 m a 30,5 m). As barras de ligação são frequentemente utilizadas em juntas longitudinais e o aço de temperatura (malhas de aço) é colocado em toda a placa. A quantidade de aço de temperatura utilizada depende do comprimento da placa.

Os *pavimentos de concreto continuamente armado* não possuem juntas, exceto as de construção ou de expansão, quando necessárias em locais específicos, como, por exemplo, em pontes. Uma porcentagem relativamente grande de aço é utilizada nesses pavimentos com, pelo menos, uma área de seção transversal longitudinal de aço igual a 0,6% das seções transversais da placa, no caso de rodovias, e entre 0,5% e 1% das seções transversais da placa de pista de pouso e decolagem de aeroportos.

Método AASHTO para projeto de pavimentos rígidos rodoviários

Este método também é baseado nos resultados obtidos do teste da AASHTO que foi realizado em Ottawa (Illinois). Primeiro, é apresentada a abordagem dos fatores específicos utilizados no procedimento e, depois, a equação para determinar a espessura do pavimento.

Fatores utilizados no projeto de pavimento rígido Os *fatores de projeto da AASHTO para pavimentos rígidos rodoviários* incluem o desempenho do pavimento, a carga por eixo equivalente de projeto, o módulo de resiliência (k) do subleito, a qualidade dos materiais de base e de revestimento, o ambiente, a drenagem e a confiabilidade.

O *desempenho do pavimento* também é baseado na sua performance estrutural e funcional. Neste caso, porém, a AASHTO recomenda o uso do índice de serventia inicial (P_i) de 4,5 para um novo pavimento rígido e o índice de serventia final (P_t) de 2,5, embora o projetista esteja livre para escolher um valor diferente.

A ESAL de projeto é calculada de forma semelhante à dos pavimentos flexíveis, em que a aplicação de carregamento do tráfego é dada em termos dos números de cargas por eixo equivalentes (ESAL) de $8,16 \times 10^3$ kg (18.000 libras). No entanto, neste método, os fatores da ESAL dependem da espessura da placa e do índice de serventia final do pavimento. As Tabelas 7.32 e 7.33 fornecem os fatores de Esal para pavimentos rígidos com um índice de serventia final de 2,5. Uma vez que os fatores da ESAL dependem da espessura da placa, é necessário assumi-la no início do cálculo. Esse valor assumido é utilizado para calcular o número de ESALs acumuladas, que, por sua vez, é utilizado para calcular a espessura necessária. Se isso for significativamente diferente da espessura assumida, as ESALs acumuladas devem ser recalculadas. Este procedimento é repetido até que as espessuras assumidas e calculadas sejam aproximadamente as mesmas.

A característica de resistência do subleito utilizado no projeto de pavimento rígido é o módulo Westergaard de reação do subleito (k). É, no entanto, necessário determinar o valor efetivo de k, pois ele depende de vários fatores diferentes, tais como (1) o efeito sazonal do módulo de resiliência do subleito; (2) o módulo de elasticidade e espessura da sub-base; (3) a presença de leito rochoso dentro dos 3 m abaixo da superfície do subleito; e (4) o efeito de erosão potencial da sub-base. A abordagem detalhada sobre a metodologia para determinar o valor efetivo de k está fora do escopo deste livro, uma vez que os engenheiros geotécnicos exercem normalmente essa função. Os leitores interessados podem consultar o *Guide for the design of pavement structures*, da AASHTO. No entanto, uma breve descrição da metodologia é apresentada para facilitar a compreensão do método global de design AASHTO.

Tabela 7.32 Fatores de ESAL para pavimentos rígidos, eixo simples, P_t de 2,5.

Carga por eixo (kip)	Espessura da placa, D (pol.)								
	6	7	8	9	10	11	12	13	14
2	,0002	,0002	,0002	,0002	,0002	,0002	,0002	,0002	,0002
4	,003	,002	,002	,002	,002	,002	,002	,002	,002
6	,012	,011	,010	,010	,010	,010	,010	,010	,010
8	,039	,035	,033	,032	,032	,032	,032	,032	,032
10	,097	,089	,084	,082	,081	,080	,080	,080	,080
12	,203	,189	,181	,176	,175	,174	,174	,173	,173
14	,376	,360	,347	,341	,338	,337	,336	,336	,336
16	,634	,623	,610	,604	,601	,599	,599	,599	,598
18	1,00	1,00	1,00	1,00	1,00	1,00	1,00	1,00	1,00
20	1,51	1,52	1,55	1,57	1,58	1,58	1,59	1,59	1,59
22	2,21	2,20	2,28	2,34	2,38	2,40	2,41	2,41	2,41
24	3,16	3,10	3,22	3,36	3,45	3,50	3,53	3,54	3,55
26	4,41	4,26	4,42	4,67	4,85	4,95	5,01	5,04	5,05
28	6,05	5,76	5,92	6,29	6,61	6,81	6,92	6,98	7,01
30	8,16	7,67	7,79	8,28	8,79	9,14	9,35	9,46	9,52
32	10,8	10,1	10,1	10,7	11,4	12,0	12,3	12,6	12,7
34	14,1	13,0	12,9	13,6	14,6	15,4	16,0	16,4	16,5
36	18,2	16,7	16,4	17,1	18,3	19,5	20,4	21,0	21,3
38	23,1	21,1	20,6	21,3	22,7	24,3	25,6	26,4	27,0
40	29,1	26,5	25,7	26,3	27,9	29,9	31,6	32,9	33,7
42	36,2	32,9	31,7	32,2	34,0	36,3	38,7	40,4	41,6
44	44,6	40,4	38,8	39,2	41,0	43,8	46,7	49,1	50,8
46	54,5	49,3	47,1	47,3	49,2	52,3	55,9	59,0	61,4
48	66,1	59,7	56,9	56,8	58,7	62,1	66,3	70,3	73,4
50	79,4	71,7	68,2	67,8	69,6	73,3	78,1	83,0	87,1

Observação: 1 pol = 25,4 mm
1 kip = 4,5 kN

Fonte: Adaptado, com permissão, do *Guide for design of pavement structures*, American Association of State Highway and Transportation Officials, Washington, D.C., 1993. Utilizado com permissão.

Tabela 7.33 Fatores da ESAL para pavimentos rígidos, eixo tandem, P_t de 2,5.

Carga por eixo (kip)	\multicolumn{9}{c}{Espessura da placa, D (pol)}
	6	7	8	9	10	11	12	13	14
2	,0001	,0001	,0001	,0001	,0001	,0001	,0001	,0001	,0001
4	,0006	,0006	,0005	,0005	,0005	,0005	,0005	,0005	,0005
6	,002	,002	,002	,002	,002	,002	,002	,002	,002
8	,007	,006	,006	,005	,005	,005	,005	,005	,005
10	,015	,014	,013	,013	,012	,012	,012	,012	,012
12	,031	,028	,026	,026	,025	,025	,025	,025	,025
14	,057	,052	,049	,048	,047	,047	,047	,047	,047
16	,097	,089	,084	,082	,081	,081	,080	,080	,080
18	,155	,143	,136	,133	,132	,131	,131	,131	,131
20	,234	,220	,211	,206	,204	,203	,203	,203	,203
22	,340	,325	,313	,308	,305	,304	,303	,303	,303
24	,475	,462	,450	,444	,441	,440	,439	,439	,439
26	,644	,637	,627	,622	,620	,619	,618	,618	,618
28	,855	,854	,852	,850	,850	,850	,849	,849	,849
30	1,11	1,12	1,13	1,14	1,14	1,14	1,14	1,14	1,14
32	1,43	1,44	1,47	1,49	1,50	1,51	1,51	1,51	1,51
34	1,82	1,82	1,87	1,92	1,95	1,96	1,97	1,97	1,97
36	2,29	2,27	2,35	2,43	2,48	2,51	2,52	2,52	2,53
38	2,85	2,80	2,91	3,03	3,12	3,16	3,18	3,20	3,20
40	3,52	3,42	3,55	3,74	3,87	3,94	3,98	4,00	4,01
42	4,32	4,16	4,30	4,55	4,74	4,86	4,91	4,95	4,96
44	5,26	5,01	5,16	5,48	5,75	5,92	6,01	6,06	6,09
46	6,36	6,01	6,14	6,53	6,90	7,14	7,28	7,36	7,40
48	7,64	7,16	7,27	7,73	8,21	8,55	8,75	8,86	8,92
50	9,11	8,50	8,55	9,07	9,68	10,14	10,42	10,58	10,66
52	10,8	10,0	10,0	10,6	11,3	11,9	12,3	12,5	12,7
54	12,8	11,8	11,7	12,3	13,2	13,9	14,5	14,8	14,9
56	15,0	13,8	13,6	14,2	15,2	16,2	16,8	17,3	17,5
58	17,5	16,0	15,7	16,3	17,5	18,6	19,5	20,1	20,4
60	20,3	18,5	18,1	18,7	20,0	21,4	22,5	23,2	23,6
62	23,5	21,4	20,8	21,4	22,8	24,4	25,7	26,7	27,3
64	27,0	24,6	23,8	24,4	25,8	27,7	29,3	30,5	31,3
66	31,0	28,1	27,1	27,6	29,2	31,3	33,2	34,7	35,7
68	35,4	32,1	30,9	31,3	32,9	35,2	37,5	39,3	40,5
70	40,3	36,5	35,0	35,3	37,0	39,5	42,1	44,3	45,9
72	45,7	41,4	39,6	39,8	41,5	44,2	47,2	49,8	51,7
74	51,7	46,7	44,6	44,7	46,4	49,3	52,7	55,7	58,0
76	58,3	52,6	50,2	50,1	51,8	54,9	58,6	62,1	64,8
78	65,5	59,1	56,3	56,1	57,7	60,9	65,0	69,0	72,3
80	73,4	66,2	62,9	62,5	64,2	67,5	71,9	76,4	80,2
82	82,0	73,9	70,2	69,6	71,2	74,7	79,4	84,4	88,8
84	91,4	82,4	78,1	77,3	78,9	82,4	87,4	93,0	98,1
86	102,0	92,0	87,0	86,0	87,0	91,0	96,0	102,0	108,0
88	113,0	102,0	96,0	95,0	96,0	100,0	105,0	112,0	119,0
90	125,0	112,0	106,0	105,0	106,0	110,0	115,0	123,0	130,0

Observação: 1 pol = 25,4 mm
1 kip = 4,5 kN

Fonte: Adaptado, com permissão, do *Guide for design of pavement structures*, American Association of State Highway and Transportation Officials, Washington, D.C., 1993. Utilizado com permissão.

O procedimento de ajustamento para o efeito sazonal é semelhante ao dos pavimentos flexíveis. O ano é, portanto, dividido em intervalos de tempo e um valor adequado de M_r é utilizado para cada intervalo. A AASHTO sugere que não é necessária uma divisão inferior à metade do mês para uma determinada estação, como mostra a Tabela 7.34. Da mesma forma, é necessário obter módulos de elasticidade sazonais (E_{SB}) para a sub-base correspondente aos intervalos de tempo selecionados.

Tabela 7.34 Tabela para cálculo do módulo efetivo de reação do subleito.

Sub-base de teste:

Tipo _____   Profundidade para fundação rígida (pés) _____
Espessura (polegadas) _____   Espessura projetada da placa (polegadas) _____
Perda do suporte, LS _____

(1) Mês	(2) Módulo do leito da rodovia M_r (psi)	(3) Módulo da sub-base E_{SB} (psi)	(4) Valor k composto (pci) (Fig. 7.26)	(5) Valor k (pci) da fundação rígida (Fig. 7.27)	(6) Dano relativo, u_r (Fig. 7.28)
Jan.					
Fev.					
Mar.					
Abr.					
Maio					
Jun.					
Jul.					
Ago.					
Set.					
Out.					
Nov.					
Dez.					

Soma: $\Sigma u_r =$

Média: $\overline{u}_r = \dfrac{\Sigma u_r}{n} =$ _____

Módulo de reação do subleito efetivo, k(pci) = _____
Corrigido para a perda de suporte: k(pci) = _____
Observação: 1.000 psi = 6,9 N/mm², 1.000 pci = 0,272 N/mm³

Fonte: American Association of State Highway and Transportation Officials, *Guide for design of pavement structures*, 1993. Utilizado com permissão.

Assumindo uma profundidade semi-infinita (superior a 3 m) do subleito, um módulo composto de reação do subleito é determinado para cada estação, com base no módulo de elasticidade da sub-base, na profundidade desta e no módulo de resiliência do subleito utilizando o gráfico mostrado na Figura 7.22.

Engenharia de infraestrutura de transportes

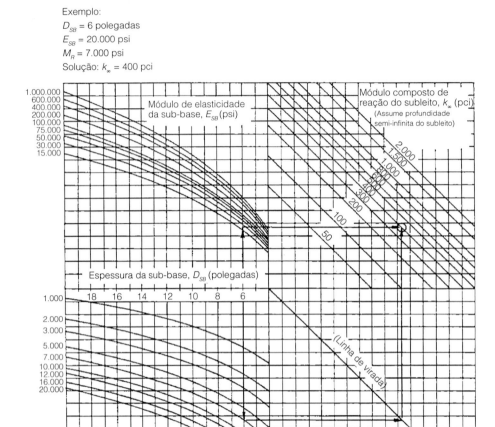

Figura 7.22 Gráfico para cálculo do módulo composto de reação do subleito k_∞, assumindo uma profundidade semi-infinita do subleito.

Fonte: American Association of State Highway and Transportation Officials, *Guide for design of pavement structures*, Washington, D.C., 1993. Utilizado com permissão.

Deve-se observar que a espessura da sub-base é necessária para este gráfico ser utilizado. Nos casos em que não haja sub-base (isto é, a placa de concreto é colocada diretamente sobre ela), o módulo composto de reação do subleito (k_c) é obtido com base no módulo de elasticidade do subleito (M_r), utilizando a expressão teórica:

$$k_c^{(em\ pci)} = M_r^{(em\ psi)}/19,4$$

Além disso, a presença de leito rochoso dentro de 3 m abaixo da superfície do subleito e sua extensão por uma distância significativa ao longo do alinhamento da rodovia podem resultar em aumento do módulo de reação do subleito global. Esse efeito é levado em consideração ajustando-se o módulo efetivo de reação do subleito com o gráfico mostrado na Figura 7.23. Utilizando a espessura assumida da placa, o dano relativo de cada estação é determinado com o uso da Figura 7.24. A média dos danos relativos para todas as estações é determinada e utilizada para obter o módulo efetivo de reação do subleito de acordo com a Figura 7.24.

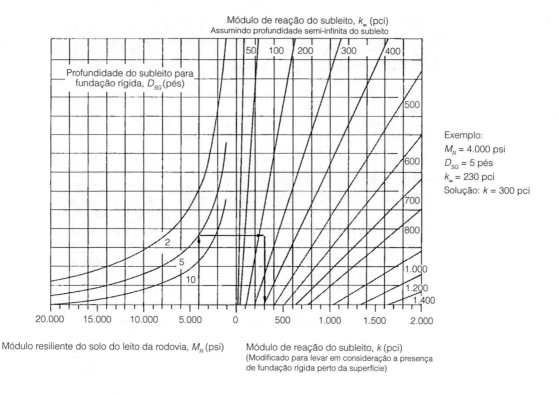

Figura 7.23 Gráfico para modificar o módulo de reação do subleito para examinar os efeitos da fundação rígida perto da superfície (dentro de 10 pés).

Fonte: American Association of State Highway and Transportation Officials, *Guide for design of pavement structures*, Washington, D.C., 1993. Utilizado com permissão.

O efeito da erosão potencial da sub-base é considerado incorporando-se a perda do fator de suporte (LS) para levar em consideração o potencial de perda de suporte em decorrência da erosão da sub-base e/ou dos movimentos diferenciais verticais do solo. Este fator depende do tipo de material utilizado como sub-base e do seu módulo de elasticidade ou de resiliência, como mostra a Tabela 7.35. O valor de LS cresce com o aumento do potencial de a sub-base erodir, resultando em uma maior redução do módulo efetivo de reação do subleito, conforme mostrado na Figura 7.25.

O efeito da drenagem no desempenho dos pavimentos rígidos é considerado incorporando-se um coeficiente de drenagem (C_d) na equação utilizada para o projeto. Este fator baseia-se na qualidade de drenagem do material da sub-base, que depende do tempo que leva para drenar a camada de sub-base até 50% de saturação e o período de tempo durante o qual a estrutura do pavimento estará quase saturada. A Tabela 7.24 fornece a definição geral dos diversos níveis de qualidade de drenagem, e a 7.36 os valores recomendados pela AASHTO para C_d.

O mesmo procedimento utilizado para a confiabilidade do procedimento de projeto de pavimento flexível é usado para o projeto de pavimento rígido. Os fatores de confiabilidade para pavimentos rígidos são os mesmos para pavimentos flexíveis. A AASHTO, no entanto, recomenda um intervalo de desvio-padrão total de 0,30 a 0,40 para pavimentos rígidos.

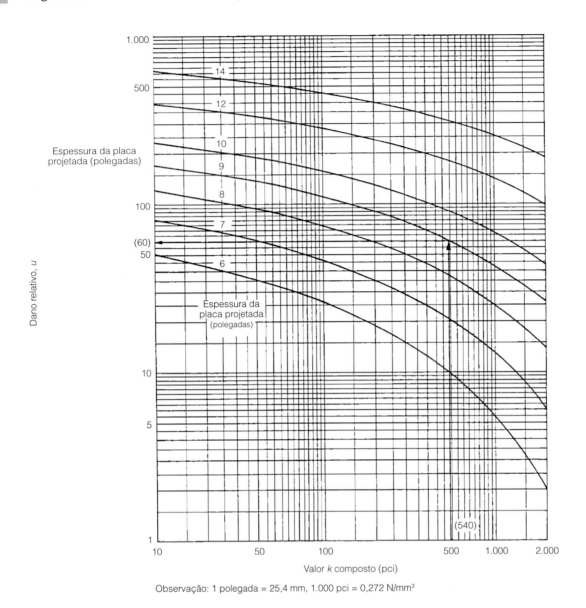

Figura 7.24 Gráfico para estimar os danos relativos aos pavimentos rígidos com base na espessura da placa e no suporte subjacente.

Fonte: American Association of State Highway and Transportation Officials, *Guide for design of pavement structures*, Washington, D.C., 1993. Utilizado com permissão.

Exemplo 7.11

Cálculo do módulo efetivo de reação do subleito para pavimento rígido utilizando o método da AASHTO

Uma camada de 8" (203,2 mm) de material granular tratado com cimento deve ser utilizada como sub-base para um pavimento rígido. Os valores sazonais para o módulo de resiliência do leito da rodovia e para o módulo de elasticidade da sub-base são fornecidos nas colunas 2 e 3 da Tabela 7.37. Se a profundidade da rocha estiver localizada 5 pés (1.524 mm) abaixo da superfície do subleito e a espessura projetada da placa for de 8" (203,2 mm), calcule o módulo efetivo de reação do subleito utilizando o método da AASHTO. O fator LS é 1. Observe que, na prática, os valores dos módulos sazonais do leito da rodovia e dos materiais de sub-base são determinados utilizando-se o teste apropriado.

Tabela 7.35 Variação típica da perda dos fatores de suporte para vários tipos de materiais.

Tipo de material	Perda de suporte (LS)
Base granular tratada com cimento (E = 1.000.000 a 2.000.000 libras/pol^2)	0,0 a 1,0
Misturas de agregados com cimento (E = 500.000 a 1.000.000 libras/pol^2)	0,0 a 1,0
Base tratada com asfalto (E = 350.000 a 1.000.000 libras/pol^2)	0,0 a 1,0
Misturas betuminosas estabilizadas (E = 40.000 a 300.000 libras/pol^2)	0,0 a 1,0
Misturas de cal estabilizadas (E = 20.000 a 70.000 libras/pol^2)	1,0 a 3,0
Materiais granulares livres (E = 15.000 a 45.000 libras/pol^2)	1,0 a 3,0
Materiais de granulação fina ou naturais do sub-leito (E = 3.000 a 40.000 libras/pol^2)	2,0 a 3,0

Observação:
E, nesta tabela, refere-se ao símbolo geral para os módulos de elasticidade e de resiliência do material.
1.000 libras/pol^2 = 6,9 N/mm^2
1.000 libras/pol^3 = 0,272 N/mm^3

Fonte: Adaptado de B.F. McCullough e Gary E. Elkins, *CRC Pavement design manual*, Austin Research Engineers, Inc., Austin, TX, outubro de 1979.

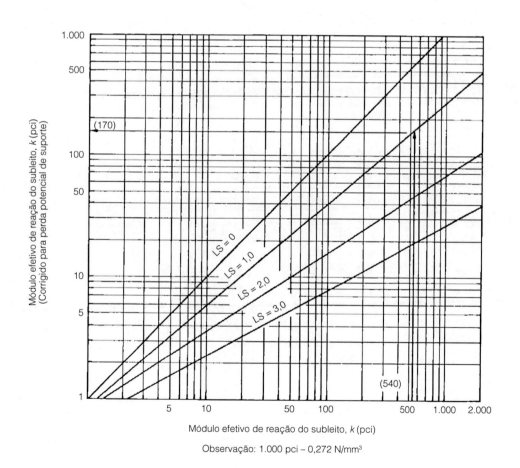

Figura 7.25 Correção dos módulos de efeitos de reação do subleito para perda potencial de suporte.

Fonte: American Association of State Highway and Transportation Officials, *Guide for pavement structures*, Washington, D.C., 1993. Utilizado com permissão.

Tabela 7.36 Valores recomendados de coeficiente de drenagem, C_d, para pavimentos rígidos.

Qualidade da drenagem	Percentual de tempo que a estrutura de pavimento está exposta a níveis de umidade próximos ao ponto de saturação			
	Inferior a 1%	1% a 5%	5% a 25%	Superior a 25%
Excelente	1,25 – 1,20	1,20 – 1,15	1,15 – 1,10	1,10
Boa	1,20 – 1,15	1,15 – 1,10	1,10 – 1,00	1,00
Regular	1,15 – 1,10	1,10 – 1,00	1,00 – 0,90	0,90
Fraca	1,10 – 1,00	1,00 – 0,90	0,90 – 0,80	0,80
Muito fraca	1,00 – 0,90	0,90 – 0,80	0,80 – 0,70	0,70

Fonte: Adaptado do *Guide for design of pavement structures*, American of State Highway and Transportation Officials, Washington, D.C., 1973. Utilizado com permissão.

Tabela 7.37 Exemplo ilustrativo da determinação do módulo efetivo de reação do subleito.

(1) Mês	(2) Módulo do leito da rodovia, M_r (psi)	(3) Módulo da sub-base, E_{SB} (psi)	(4) Valor k_∞ composto (pci) (Figura 7.22)	(5) Valor k da fundação rígida (Figura 7.23)	(6) Dano relativo, u_r (Figura 7.24)
Janeiro	20.000	50.000	1.100	1.350	0,20
	20.000	50.000	1.100	1.350	0,20
Fevereiro	20.000	50.000	1.100	1.350	0,20
	20.000	50.000	1.100	1.350	0,20
Março	3.000	20.000	190	290	0,50
	3.000	20.000	190	290	0,50
Abril	4.000	20.000	260	370	0,45
	4.000	20.000	260	370	0,45
Maio	4.000	20.000	260	370	0,45
	4.000	20.000	260	370	0,45
Junho	8.000	25.000	500	810	0,28
	8.000	25.000	500	810	0,28
Julho	8.000	25.000	500	810	0,28
	8.000	25.000	500	810	0,28
Agosto	8.000	25.000	500	810	0,28
	8.000	25.000	500	810	0,28
Setembro	8.000	25.000	500	810	0,28
	8.000	25.000	500	810	0,28
Outubro	8.000	25.000	500	810	0,28
	8.000	25.000	500	810	0,28
Novembro	8.000	25.000	500	810	0,28
	8.000	25.000	500	810	0,28
Dezembro	20.000	50.000	1.100	1.350	0,20
	20.000	50.000	1.100	1.350	0,20

Observação: 1.000 psi = 6,9 N/mm², 1.000 pci = 0,272 N/mm³

Solução

Determine o valor do módulo de reação do subleito composto k_∞ para cada período sazonal para os valores correspondentes de M_r e E_{SB} utilizando a Figura 7.22 e assumindo uma profundidade semi-infinita do subleito. Esses valores são mostrados na coluna 4.

Modifique k_∞ para levar em consideração a presença de uma fundação rígida dentro de 10 pés (3,05 m) abaixo da superfície do subleito utilizando a Figura 7.23. Esses valores são mostrados na coluna 5.

Determine os danos relativos a cada período sazonal utilizando o valor k modificado da Figura 7.24. Esses valores são mostrados na coluna 6.

Soma: $\Sigma u_r = 7,36$.

Determine a média de $u_r = 7,36/24 = 0,31$.

Determine módulo efetivo de reação do subleito global (k) = 750 pci (0,204 N/mm³) (obtido na Figura 7.24).

Determine k corrigido para a perda de suporte, k = 210 libras/pol³ (0,057 N/mm³) (obtido na Figura 7.25).

Equação de projeto da AASHTO para determinar a espessura de um pavimento rígido rodoviário A espessura mínima do pavimento de concreto adequada para atender a ESAL de projeto é obtida com a Equação 7.14:

$$\log_{10} W_{18} = Z_R S_0 + 7,35 \log_{10}(D+1) - 0,06$$

$$+ \frac{\log_{10}[\Delta PSI/(4,5-1,5)]}{1+[(1,624 \times 10^7)/(D+1)^{8,46}]} + (4,22 - 0,32 P_t)\log_{10}$$

$$\times \left[\frac{S_c C_d}{215,63 J} \left(\frac{D^{0,75} - 1,132}{D^{0,75} - [18,42/(E_c/k)^{0,25}]} \right) \right] \quad (7.14)$$

em que
$\quad Z_R$ = variante normal padrão correspondente ao nível escolhido de confiabilidade
$\quad S_0$ = desvio-padrão global
$\quad W_{18}$ = número previsto de aplicações da ESAL de 18 kip (81,6 kN) que pode ser atendido pela estrutura de pavimento após a construção
$\quad D$ = espessura do pavimento de concreto para o mais próximo de meia polegada
ΔPSI = perda de serventia inicial = $P_i - P_t$
$\quad P_i$ = índice de serventia inicial
$\quad P_t$ = índice de serventia final
$\quad E_c$ = módulo de elasticidade do concreto a ser utilizado na construção (libras/pol²)
$\quad S_c$ = módulo de ruptura do concreto a ser utilizado na construção (libras/pol²)
$\quad J$ = coeficiente de transferência de carga = 3,2 (presumido)
$\quad C_d$ = coeficiente de drenagem
$\quad k$ = módulo de reação do subleito efetivo corrigido
$\quad E_c$ = módulo de elasticidade do concreto

A espessura do pavimento de concreto (D) pode ser determinada por meio de um programa de computador ou de um conjunto de dois diagramas, como mostrado nas Figuras 7.26 e 7.27.

Engenharia de infraestrutura de transportes

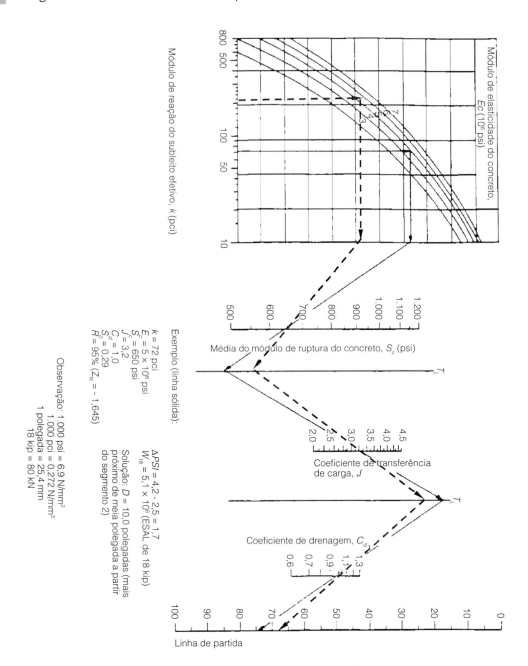

Figura 7.26 Diagrama de projeto da AASHTO para pavimentos rígidos com base na utilização de valores médios para cada uma das variáveis de entrada (segmento 1).

Fonte: American Association of State Highway and Transportation Officials, *Guide for pavement structures*, Washington, D.C., 1993. Utilizado com permissão.

Exemplo 7.12

Determinação da espessura da placa de um pavimento rodoviário de concreto rígido utilizando o método da AASHTO

Um pavimento rodoviário rígido será construído para atender uma carga por eixo simples acumulada de $1,05 \times 10^6$. A sub-base é uma camada de 152,4 mm (6") de material granular tratada com cimento, os valores sazonais do módulo de resiliência do leito da estrada e do módulo de elasticidade da sub-base são conforme indicados

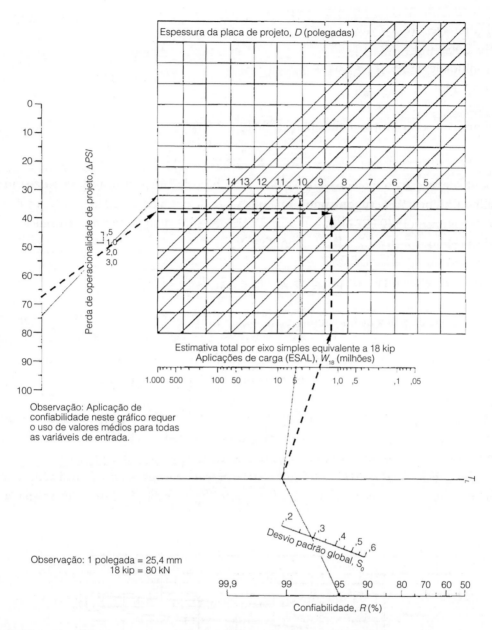

Figura 7.27 Diagrama de projeto da AASHTO para pavimentos rígidos com base na utilização de valores médios para cada uma das variáveis de entrada (segmento 2).

Fonte: American Association of State Highway and Transportation Officials, *Guide for pavement structures*, Washington, D.C., 1993. Utilizado com permissão.

nas colunas 2 e 3 da Tabela 7.37, e a rocha está localizada a 1.524 m (5 pés) abaixo da superfície do subleito. Utilizando o procedimento de projeto da AASHTO, determine a espessura necessária da placa para os valores das variáveis de entrada a seguir:

Perda do fator de suporte (LS) = 1
Módulo de elasticidade do concreto (E_c) = 5 × 10^6 libras/pol² (3,45 × 10^4 N/mm²)
Módulo de ruptura do concreto a ser utilizado na construção (S_c) = 650 libras/pol² (4,485 N/mm²)
Coeficiente de transferência de carga (J) = 3,2

Coeficiente de drenagem (C_d) = 1,0
Desvio-padrão global (S_0) = 2,9
Nível de confiabilidade = 95% (Z_R = 1,645)
Índice de serventia inicial (P_i) = 4,5
Índice de serventia final (P_t) = 2,5
Aplicação de carga por eixo simples equivalente (ESAL) = $2,0 \times 10^6$

Solução
Determine o módulo de reação do subleito efetivo global (k). Como as características do subleito são as mesmas que as apresentadas na Tabela 7.36, suponhamos uma espessura de placa de 8" (203,2 mm), que resulta em um valor k global de 210 libras/pol³ (0,057 N/mm³), como mostrado no Exemplo 7.11. Determine a profundidade exigida utilizando as Figuras 7.26 e 7.27 (linhas pontilhadas):

ΔPSI = perda de operacionalidade de projeto = $P_i - P_t$ = 4,5 - 2,5 = 2,0

A espessura necessária da placa de concreto é de 8" ≈ 200 mm, conforme mostrado na Figura 7.27 (linhas pontilhadas).

Observe que, se a espessura obtida é significativamente diferente da assumida de 8, todo o procedimento deve ser repetido, incluindo o cálculo de k, assumindo outro valor para a espessura.

Método da FAA para o projeto de pavimentos rígidos de pista de pouso e decolagem de aeroportos
Os parâmetros de entrada de projeto utilizados neste método são (1) resistência à flexão do concreto; (2) módulo do subleito (k); (3) peso bruto da aeronave de projeto; e (4) número de partidas anual da aeronave de projeto. A resistência à flexão que deve ser utilizada no projeto deve basear-se na exigência de resistência no momento em que o pavimento é aberto ao tráfego. O módulo k na parte superior da sub-base é determinada a partir do

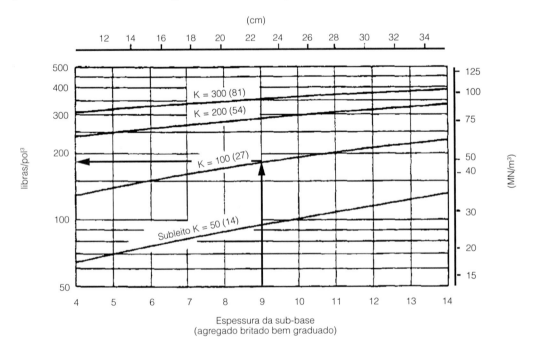

Figura 7.28 Efeito da sub-base no módulo de reação do subleito para agregado britado bem graduado.

Fonte: Federal Aviation Administration, Department of Transportation, *Airport pavement sesign and evaluation*, Advisory Circular AC 150/5320-6D (Incorporação das alterações 1 a 5), Washington, D.C., abril de 2004.

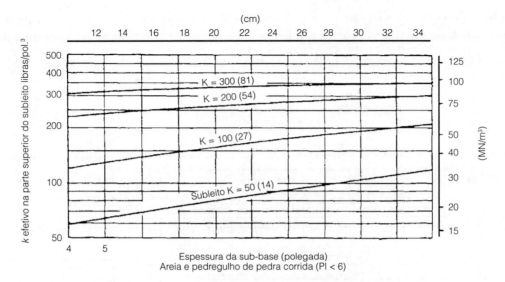

Figura 7.29 Efeito da sub-base no módulo de reação do subleito para areia de beira de rio e pedregulho.

Fonte: Federal Aviation Administration, Department of Transportation, *Airport pavement sesign and evaluation*, Advisory Circular AC 150/5320-6D (Incorporação das alterações 1 a 5), Washington, D.C., abril de 2004.

módulo do subleito, pelo material de sub-base e profundidade da camada de sub-base, utilizando as Figuras 7.28, 7.29 ou 7.30, dependendo do material utilizado para a camada de sub-base. A Figura 7.30 pode ser utilizada para materiais estabilizados com cimento ou betume.

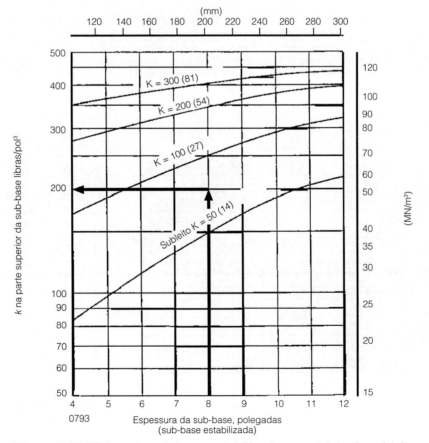

Figura 7.30 Efeitos da sub-base estabilizada no módulo do subleito.

Fonte: Federal Aviation Administration, Department of Transportation, *Airport pavement sesign and evaluation*, Advisory Circular AC 150/5320-6D (Incorporação das alterações 1 a 5), Washington, D.C., abril de 2004.

A FAA também desenvolveu diagramas de projeto para vários tipos de trem de pouso e para aeronaves específicas. Para este desenvolvimento, foi assumido que a carga por roda está localizada em uma junta numa direção que é perpendicular ou tangencial a ela. As Figuras 7.31 a 7.33 apresentam os diagramas de projeto para vários tipos de trem de pouso, e as 7.34 a 7.39 apresentam exemplos de diagramas de projeto de aeronaves específicas. O uso desses gráficos está ilustrado nos exemplos a seguir.

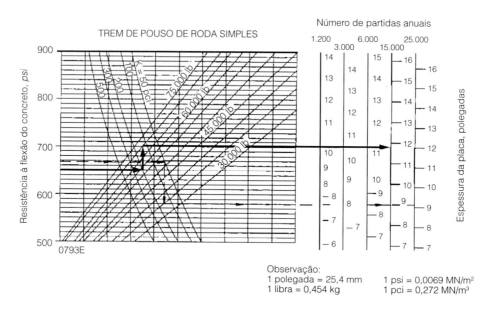

Figura 7.31. Diagrama de projeto para pavimento rígido da FAA (trem de pouso de roda simples).

Fonte: Federal Aviation Administration, Department of Transportation, *Airport pavement design and evaluation*, Advisory Circular AC 150/5320-6D (Incorporação das alterações 1 a 5), Washington, D.C., abril de 2004.

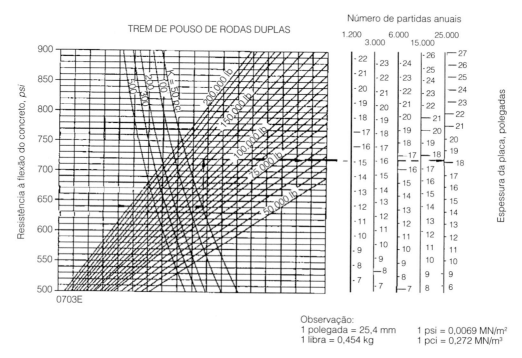

Figura 7.32. Diagrama de projeto de pavimento rígido da FAA (trem de pouso de rodas duplas).

Fonte: Federal Aviation Administration, Department of Transportation, *Airport pavement design and evaluation*, Advisory Circular AC 150/5320-6D (Incorporação das alterações 1 a 5), Washington, D.C., abril de 2004.

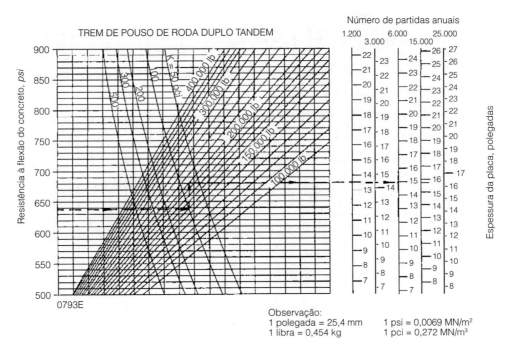

Figura 7.33 Diagrama de projeto de pavimento rígido da FAA (trem de pouso duplo tandem).

Fonte: Federal Aviation Administration, Department of Transportation, *Airport pavement design and evaluation*, Advisory Circular AC 150/5320-6D (Incorporação das alterações 1 a 5), Washington, D.C., abril de 2004.

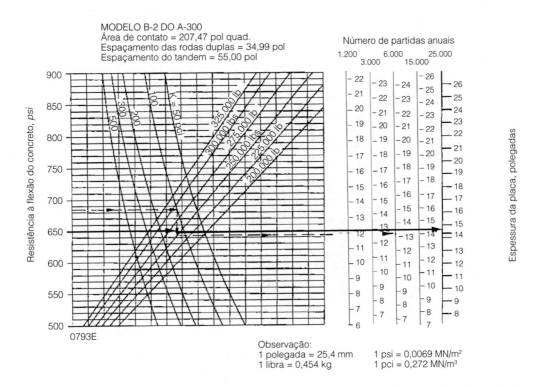

Figura 7.34 Diagrama de projeto de pavimento rígido da FAA (modelo B2 do A-300).

Fonte: Federal Aviation Administration, Department of Transportation, *Airport pavement design and evaluation*, Advisory Circular AC 150/5320-6D (Incorporação das alterações 1 a 5), Washington, D.C., abril de 2004.

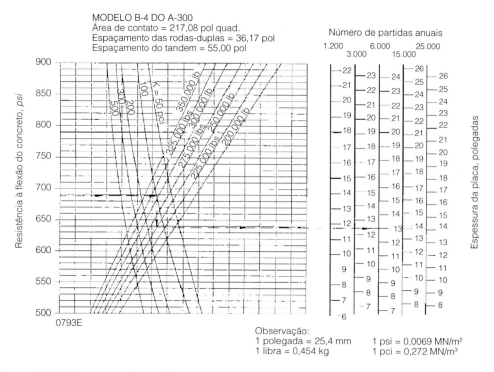

Figura 7.35 Diagrama de projeto de pavimento rígido da FAA (modelo B4 do A-300).

Fonte: Federal Aviation Administration, Department of Transportation, *Airport pavement design and evaluation*, Advisory Circular AC 150/5320-6D (Incorporação das alterações 1 a 5), Washington, D.C., abril de 2004.

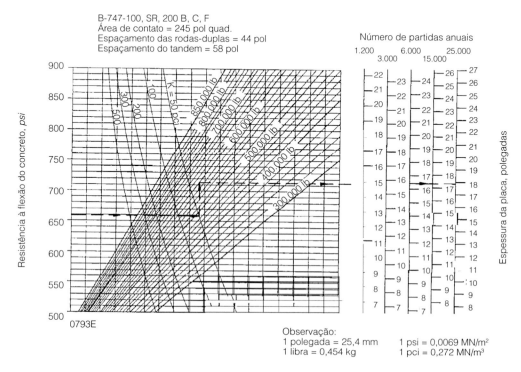

Figura 7.36 Diagrama de projeto de pavimento rígido da FAA para aeronave específica (B-747-100, SR e 200 B, C e F).

Fonte: Federal Aviation Administration, Department of Transportation, *Airport pavement design and evaluation*, Advisory Circular AC 150/5320-6D (Incorporação das alterações 1 a 5), Washington, D.C., abril de 2004.

Projeto estrutural das vias de transporte • Capítulo 7

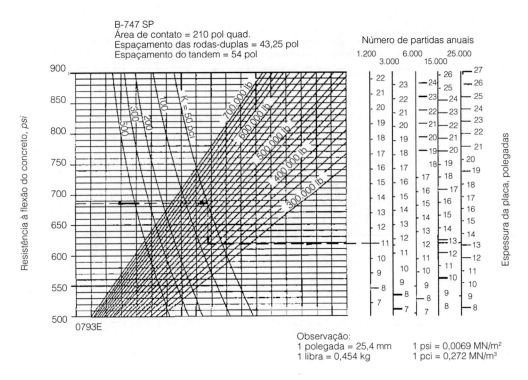

Figura 7.37 Diagrama de projeto de pavimento rígido da FAA para aeronave específica (B-747 SP).

Fonte: Federal Aviation Administration, Department of Transportation, *Airport pavement design and evaluation*, Advisory Circular AC 150/5320-6D (Incorporação das alterações 1 a 5), Washington, D.C., abril de 2004.

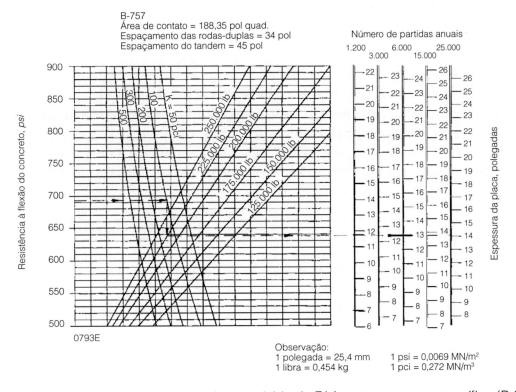

Figura 7.38 Diagrama de projeto de pavimento rígido da FAA para aeronave específica (B-757).

Fonte: Federal Aviation Administration, Department of Transportation, *Airport pavement design and evaluation*, Advisory Circular AC 150/5320-6D (Incorporação das alterações 1 a 5), Washington, D.C., abril de 2004.

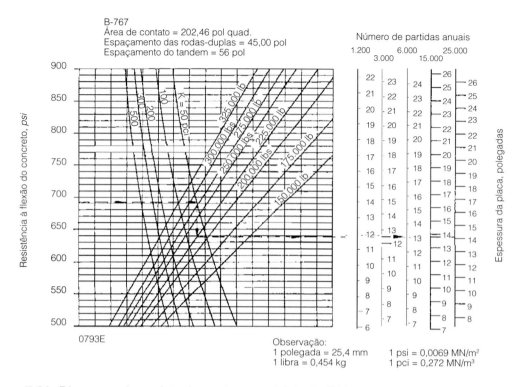

Figura 7.39. Diagrama de projeto de pavimento rígido da FAA para aeronave específica (B-767).

Fonte: Federal Aviation Administration, Department of Transportation, *Airport pavement design and evaluation*, Advisory Circular AC 150/5320-6D (Incorporação das alterações 1 a 5), Washington, D.C., abril de 2004.

Exemplo 7.13

Determinação da espessura de placa necessária para um pavimento rígido de aeroporto que atenda a um determinado tipo de trem de pouso

Determine a espessura necessária para placa de pavimento rígido de concreto de aeroporto que atenderá aeronaves com trem de pouso de roda simples, peso bruto de 317.510 N e 15 mil partidas anuais. A sub-base consistirá em uma camada estabilizada com cimento de 8" (203,2 mm), e o módulo do subleito será de 75 libras/pol^3 (0,02 N/mm^3). Suponha que a resistência à flexão do concreto seja de 650 libras/pol^2 (4,485 N/mm^2).

Solução

Determine o valor k equivalente. Utilize a Figura 7.30 para definir o efeito da sub-base estabilizada no módulo do subleito (linhas sólidas).

Para a sub-base estabilizada de 8" (203,2 mm) e módulo do subleito de 75 libras/pol^3 (0,02 N/mm^3), o valor k equivalente é 200 libras/pol^3 (0,054 N/mm^3).

Determine a espessura da placa com base na Figura 7.31. A espessura da placa é de 11,75" (298,5 mm) e a necessária é de 12" (304,8 mm).

Observe que, como o número de partidas anuais é inferior a 25 mil, não há necessidade de corrigir para altos níveis de número de partidas anuais.

Exemplo 7.14

Determinação da espessura de placa necessária para um pavimento rígido de aeroporto que atende a uma aeronave específica

Determine a espessura necessária de uma placa de pavimento rígido de concreto que atenderá uma frota de aeronaves específicas com partidas anuais e pesos brutos de tal forma que o modelo B2 do A-300 seja a aeronave de projeto, peso bruto de 1.224.700 N e partidas anuais equivalentes de 25 mil. A sub-base do pavimento será de agregado britado bem graduado de 9" (228,6 mm), e o módulo do subleito será de 100 libras/pol^3. Suponha que a resistência à flexão do concreto seja de 650 libras/pol^2 (4,485 N/mm^2). *Observação:* Isto implica que a aeronave de projeto e as partidas anuais equivalentes sejam determinadas por meio de um procedimento semelhante ao do Exemplo 7.10.

Solução

Determine o valor k equivalente. Utilize a Figura 7.28 para definir o efeito do agregado britado bem graduado no módulo de reação do subleito.

Para agregado britado bem graduado de 9" (228,6 mm) e valor de subleito de 100 libras/pol^3 (0,0272 N/mm^3), o k efetivo é de aproximadamente 175 libras/pol^3 (0,0476 N/mm^3).

Determine a espessura da placa. Utilize a Figura 7.34 (veja a linha sólida) com resistência à flexão de concreto de 650 libras/pol^2 (4,485 N/mm^2), um k efetivo de 175 libras/pol^3 (0,0476 N/mm^3), peso bruto de 1.224.700 N e partidas anuais equivalentes de 25 mil. A espessura é de 15" (381 mm).

Observe que, como o número de partidas anuais não é superior a 25 mil, não há necessidade de efetuar correções para um número de partidas superior.

Outros fatores de projeto relacionados a pavimentos rígidos rodoviários e de pista de pouso e decolagem de aeroportos

Além de determinar a espessura da placa de concreto para pavimentos rígidos, deve-se também levar em consideração o projeto das juntas transversais e longitudinais, o cálculo da armadura mínima de reforço e os efeitos de bombeamento.

Tipos de juntas de pavimento rígido Estas são classificadas com relação à sua função, e podem ser divididas em quatro categorias básicas:

- de expansão;
- de contração;
- de articulação;
- de construção.

As *juntas de expansão* são normalmente colocadas transversalmente a intervalos regulares para fornecer espaço adequado para a placa expandir quando submetida a uma temperatura suficientemente elevada, e devem criar uma trava diferenciada ao longo da profundidade da placa. São, portanto, colocadas em toda a largura da placa e medem 19-25,4 mm (3/4 a 1"). Este tipo de junta geralmente contém material compressível não extrusivo e pode ser construída com barras de transferência lubrificadas de um lado para formar um mecanismo de transferência de carga. Em locais onde a transferência de carga pela junta não seja viável, como onde o pavimento encosta em uma estrutura, as barras de transferência não são construídas, mas a espessura da placa ao longo da borda pode ser aumentada. As juntas de expansão são colocadas em pavimentos rígidos rodoviários e de pistas de pouso e decolagem de aeroportos. As Figuras 7.40a e 7.40b mostram seus diversos tipos.

As *juntas de contração* são utilizadas para controlar a quantidade de trincas no pavimento em decorrência da redução do teor de umidade ou da temperatura. São colocadas transversalmente em toda a largura e em intervalos regulares ao longo do comprimento do pavimento. Embora não seja usualmente necessário instalar um mecanismo de transferência de carga na forma de uma barra de transferência nessas juntas, pode ser preciso fazê-lo quando há dúvidas de que os grãos de intertravamento do agregado graúdo irão transferir a carga corretamente. A Figura 7.40 também mostra exemplos deste tipo de junta.

As *juntas de articulação* são utilizadas principalmente para reduzir o trincamento ao longo da linha de eixo dos pavimentos rígidos, embora às vezes sejam usadas como juntas de construção. A Figura 7.40 também mostra uma junta de articulação típica.

As *juntas de construção* são colocadas entre duas lajes adjacentes quando são construídas em momentos diferentes, por exemplo, no final de um dia de trabalho. Essas juntas fornecem a ligação adequada das lajes adjacentes. Exemplos também são mostrados na Figura 7.40.

Espaçamento de juntas de pavimento rígido   As juntas de pavimento rígido devem ser espaçadas a distâncias que lhes permitam desempenhar suas funções de forma adequada. A AASHTO sugere que a experiência local poderia ser utilizada para especificar esses espaçamentos para pavimentos rígidos rodoviários. No entanto,

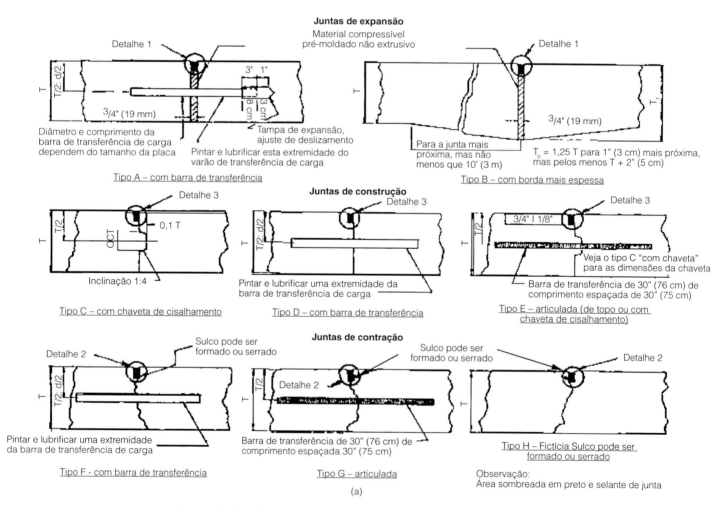

Figura 7.40a. Tipos e detalhes de juntas de pavimento rígido.

Fonte: Federal Aviation Administration, Department of Transportation, *Airport pavement design and evaluation*, Advisory Circular AC 150/5320-6D (Incorporação das alterações 1 a 5), Washington, D.C., abril de 2004.

deve-se considerar se o agregado graúdo utilizado é diferente daquele no qual a experiência foi feita, pois isso pode ter um impacto significativo nos espaçamentos máximos de junta. A razão é que podem existir diferenças entre os coeficientes térmicos dos concretos com agregados graúdos diferentes. A AASHTO também sugere como uma regra geral para determinar o espaçamento da junta da superfície para pavimentos simples de concreto que ele (em pés) não deve exceder em muito o dobro da espessura da placa (em polegadas).

Os valores máximos recomendados pela FAA para espaçamento de junta em pavimentos rígidos de pista de pouso e decolagem de aeroporto sem sub-bases estabilizadas estão relacionados na Tabela 7.38. Esses valores são baseados na mesma regra geral sugerida pela AASHTO, que foi originalmente fornecida pela Portland

Tabela 7.38 Espaçamento máximo de junta recomendado para pavimentos rígidos sem sub-base estabilizada.

| Espessura da placa || Transversal || Longitudinal ||
Polegadas	Milímetros	Pés	Metros	Pés	Metros
6	150	12,5	3,8	12,5	3,8
7-9	175-230	15	4,6	15	4,6
9-12	230-305	20	6,1	20	6,1
> 12	> 305	25	7,6	25	7,6

Observação: Os espaçamentos de junta mostrados nesta tabela são valores máximos que podem ser aceitos em condições ideais. Menores espaçamentos de junta devem ser utilizados se indicados por experiências passadas. Os pavimentos sujeitos a diferenças extremas de temperaturas sazonais ou diferenças extremas de temperatura durante a construção podem precisar de espaçamentos menores.

Fonte: Federal Aviation Administration, Department of Transportation, *Airport pavement design and evaluation*, Advisory Circular AC 150/5320-6D (Incorporação das alterações 1 a 5), Washington, D.C., abril de 2004.

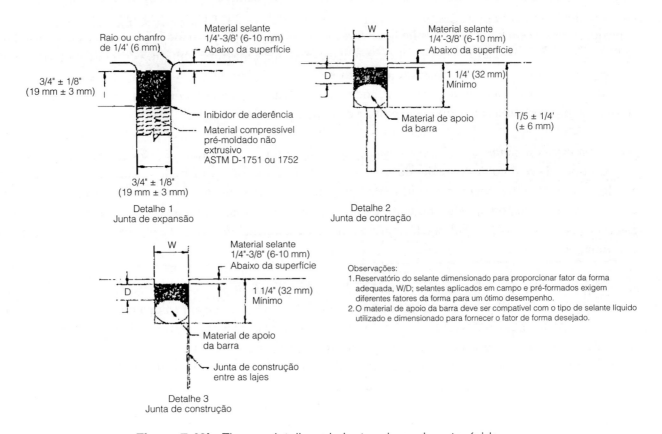

Figura 7.40b. Tipos e detalhes de juntas de pavimento rígido.

Fonte: Federal Aviation Administration, Department of Transportation, *Airport pavement design and evaluation*, Advisory Circular AC 150/5320-6D (Incorporação das alterações 1 a 5), Washington, D.C., abril de 2004.

Cement Association e estabelece que o espaçamento da junta (em pés) não deve exceder em muito o dobro da espessura da placa (em polegadas). Deve-se observar que estes são os valores máximos, e que espaçamentos menores podem ser mais apropriados em alguns casos. A FAA recomenda um procedimento diferente para determinar os espaçamentos de junta em pavimentos rígidos com sub-bases estabilizadas, pois esses pavimentos estão sujeitos a maiores tensões de empenamento do que aqueles com sub-bases não estabilizadas. Para estes pavimentos, a FAA recomenda que a razão entre o espaçamento da junta e o raio de rigidez relativa da placa de concreto deve ser entre 4 e 6. O raio de rigidez relativa da placa é dado por

$$l = \left[\frac{Eh^3}{12(1-\mu^2)k} \right]^{1/4} \tag{7.15}$$

em que
l = raio de rigidez relativa, polegadas
E = módulo de elasticidade do concreto
h = espessura da placa
μ = coeficiente de Poisson para concreto, normalmente 0,15
k = módulo de reação do subleito

Além das recomendações dadas para o espaçamento da junta, a Federal Aviation Administration recomenda vários outros fatores que devem ser considerados no uso de juntas. Primeiro, sugere que juntas com chavetas de cisalhamento não devem ser utilizadas para lajes com menos de 230 mm de espessura, pois isto resulta em rasgos de chaveta com resistências limitadas. Segundo, deve-se dar consideração especial aos tipos de juntas longitudinais utilizados para aeronaves a jato de grande porte, tendo em vista que a experiência tem mostrado que o uso inadequado resulta em fraco desempenho dessas juntas. Por exemplo, quando o módulo de reação do subleito é de 0,055 N/mm² ou menos, não devem ser utilizadas juntas com chaveta, mas uma com barra de transferência ou borda mais espessa. Quando o módulo de reação do subleito está entre 0,055 N/mm² e 0,11 N/mm², juntas articuladas, com barra de transferência ou bordas mais espessas, podem ser utilizadas, e quando o módulo de reação do subleito for de 400 libras/pol³ ou superior, uma junta com chaveta convencional pode ser usada.

Tipo, área e espaçamento da armadura Isto também deve ser considerado no projeto de pavimentos rígidos. Os tipos de reforço são a malha de aço ou as esteiras de barras. A primeira é composta de arames de aço longitudinais e transversais soldados em intervalos regulares, normalmente utilizada em pavimentos de concreto armado com juntas, enquanto a esteira de barras consiste em barras de reforço longitudinais e transversais em intervalos regulares, formando uma esteira, normalmente usada em pavimentos de concreto continuamente armado.

Área e espaçamento de aço de temperatura em pavimentos rodoviários de concreto armado com juntas O procedimento da AASHTO prevê a estimativa do percentual de reforço de aço em pavimento de concreto armado com juntas. Além da extensão da placa do pavimento (espaçamento da junta), outros itens considerados são: fator de atrito e tensão de trabalho do aço. O fator de atrito é o coeficiente de atrito entre a sub-base ou o subleito e a parte inferior da placa. Os primeiro recomendados para os diversos materiais de sub-base e para o subleito natural estão listados na Tabela 7.39. A tensão de trabalho geralmente é de 75% do limite de elasticidade do aço, com valores típicos de 210 e 310 N/mm² para aço de categorias 40 e 60, respectivamente, e 335 N/mm² para tela de arame soldado (WWF) e de arame deformado a frio (DWF). A fim de reduzir o impacto da corrosão potencial na área da seção transversal do pavimento, sugere-se que o tamanho de arame mínimo aceitável seja utilizado. A Equação 7.16 fornece a porcentagem de armadura de aço que é necessária:

$$p_s = 1{,}1314 \times 10^{-3} \times \frac{LF}{f_s} \qquad (7.16)$$

em que

p_s = porcentagem de armadura de aço necessária (porcentagem da área transversal da placa)
f_s = tensão de trabalho do aço utilizado, N/mm²
L = comprimento da placa (espaçamento da junta), mm

Tabela 7.39 Valores recomendados para os fatores de fricção de diversos materiais de sub-base e subleito natural.

Tipo de material sob a placa	Fator de atrito
Tratamento superficial	2,2
Estabilização com cal	1,8
Estabilização asfáltica	1,8
Estabilização do cimento	1,8
Pedregulho de rio	1,5
Pedra britada	1,5
Arenito	1,2
Subleito natural	0,9

Fonte: American Association of State Highway and Transportation Officials, *Guide for design of pavement structures*, 1993. Utilizado com permissão.

A Equação 7.16 é utilizada no procedimento da AASHTO para estimar a armadura necessária nas direções transversais e longitudinais para pavimento de concreto armado com juntas. A Tabela 7.40a apresenta as áreas das seções de malhas de aço soldadas que podem ser utilizadas para escolher as telas adequadas.

Tabela 7.40a Áreas das seções de telas soldadas (mm²).

Tamanho do arame liso	Número deformado	Diâmetro nominal mm	Peso nominal gm/lin mm	102	152	203	254	305
W31	D31	15,95	1,57	600,00	400,00	300,00	240,00	200,00
W30	D30	15,70	1,52	580,64	387,10	290,32	232,26	193,55
W28	D28	15,16	1,42	541,93	361,29	270,97	216,77	180,64
W26	D26	14,61	1,39	503,22	335,48	251,61	201,29	167,74
W24	D24	14,05	1,21	464,52	309,68	232,26	185,81	154,84
W22	D22	13,44	1,11	425,81	283,87	212,90	170,32	141,94
W20	D20	12,80	1,01	387,10	258,06	193,55	154,81	129,03
W18	D18	12,14	0,91	348,39	232,26	174,19	139,35	116,13
W16	D16	11,46	0,81	309,68	206,45	154,84	123,87	103,23
W14	D14	10,72	0,71	270,97	180,64	135,48	108,39	90,32
W12	D12	9,91	0,61	232,26	154,84	116,13	92,90	77,42
W11	D11	9,50	0,56	212,90	141,94	106,45	85,16	70,97
W10,5		9,30	0,53	203,23	135,48	101,29	81,29	67,74
W10	D10	9,04	0,51	193,55	129,03	96,77	77,42	64,52
W9,5		8,84	0,48	183,87	122,58	91,61	73,55	61,29
W9	D9	8,59	0,46	174,19	116,13	87,10	69,68	58,06
W8,5		8,36	0,43	164,52	109,68	81,94	65,81	54,84
W8	D8	8,10	0,40	154,84	103,23	77,42	61,29	51,61

Continua

Tamanho do arame liso	Número deformado	Diâmetro nominal mm	Peso nominal gm/lin mm	Espaçamento centro a centro (mm)				
				102	152	203	254	305
W7	D7	7,57	0,35	135,48	90,32	67,74	54,19	45,16
W6,5		7,32	0,33	125,81	83,87	62,58	50,32	41,94
W6	D6	7,01	0,30	116,13	77,42	58,06	46,45	38,71
W5,5		6,71	0,28	106,45	70,97	52,90	42,58	35,48
W5	D5	6,40	0,25	96,77	64,52	48,39	38,71	32,26
W4,5		6,10	0,23	87,10	58,06	43,23	34,84	29,03
W4	D4	5,72	0,20	77,42	51,61	38,71	30,97	25,81

Tabela 7.40b Dimensões e pesos unitários de barras de aço deformado a frio.

Número	Dimensões nominais						
	Diâmetro		Área		Perímetro		Peso unitário
	pol	(mm)	pol²	(cm²)	pol	(cm)	libras/pés	(kg/m)
3	0,375	(9,5)	0,11	(0,71)	1,178	(3,0)	0,376	(0,56)
4	0,500	(12,7)	0,20	(1,29)	1,571	(4,0)	0,668	(1,00)
5	0,625	(15,9)	0,31	(2,00)	1,963	(5,0)	1,043	(1,57)
6	0,750	(19,1)	0,44	(2,84)	2,356	(6,0)	1,502	(2,26)
7	0,875	(22,2)	0,60	(3,86)	2,749	(7,0)	2,044	(3,07)

Fonte: Federal Aviation Administration, U.S. Department of Transportation, *Airport pavement design and evaluation*, Advisory Circular AC n° 50/5320 – 6D, (Incorporação das alterações 1 a 5), Washington D.C., abril de 2004.

Exemplo 7.15

Estimativa do aço de temperatura necessário para pavimento rodoviário de concreto armado com juntas

A placa rígida da rodovia projetada no Exemplo 7.12 deve ser construída como placa de concreto armado com juntas. Se a placa for construída com 15 m de comprimento e 7,5 m de largura, determine

(a) A área de armadura necessária em cada direção
(b) Uma malha de aço soldada adequada que pode ser utilizada

Solução
Determine a porcentagem de armadura na direção longitudinal. Utilize a Equação 7.16:

$$p_s = \frac{LF}{2f_s} \, 100$$

$L = 15$ m

$F = 1,8$ (da Tabela 7.39 para material estabilizado com cimento sob a placa)

$f_s = 335$ N/mm² (para tela soldada tendo um limite de elasticidade de 414 N/mm²)

$$p_s = 1,1314 \times 10^{-3} \times \frac{15 \times 10^3 \times 1,8}{335}$$

$= 0,091$

Determine a área de armadura/pés de largura na direção longitudinal:

Profundidade do pavimento = 200 m (da Equação 7.12)

Área de armadura/m de largura = 0,091/100 × 200 × 1.000 = 182 mm²

Determine o tamanho do arame e o espaçamento de centro a centro:

Da Tabela 7.40a, os tamanhos de arame e os espaçamentos adequados são

(i) W9 com espaçamento de 305 mm; ou
(ii) W6 com espaçamento de 203 mm.

A fim de reduzir o impacto da corrosão na área de seção transversal do pavimento, utilize W6 com espaçamento de 203 mm.

Determine a taxa de armadura na direção transversal:

$$p_s = 1{,}1314 \times 10^{-3} \times \frac{7{,}5 \times 10^3 \times 1{,}8}{335} = 0{,}0455$$

Determine a área de armadura/m de largura na direção transversal:

Profundidade do pavimento = 200 mm

$$\text{Área de armadura/pés de largura} = \frac{0{,}0455}{100} \times 200 \times 1.000 = 91 \text{ mm}^2$$

Determine o tamanho do arame e o espaçamento de centro a centro:

Da Tabela 7.40a, o tamanho do arame é W4 com espaçamento de 254 mm.

Área e espaçamento de aço de temperatura em pavimentos de pista de pouso e decolagem de aeroportos de concreto armado com junta A equação fornecida pela FAA para determinar a área de armadura de um pavimento de concreto armado com juntas é obtida por meio da fórmula do arrasto do subleito e da fórmula do coeficiente de atrito e é dada por

$$A_s = 2{,}0141 \times 10^{-3} \times \frac{L\sqrt{Lt}}{f_s} \tag{7.17}$$

em que

A_s = área de armadura/m da largura ou comprimento, mm²
L = comprimento ou largura da placa, mm
t = espessura da placa, mm
f_s = resistência à tração admissível na armadura, N/mm² (2/3 do limite de elasticidade)

A FAA recomenda que o tamanho mínimo dos fios longitudinais das telas de arame deve ser W5 ou D5, e os arames transversais, W4 ou D4. Para a armadura com limite de elasticidade de 448,5 N/mm², a área calculada da armadura longitudinal não deve ser inferior a 0,05% da área de seção transversal da placa, e a porcentagem deve ser revista proporcionalmente para cima para armaduras com limites de elasticidade mais baixos. Além disso, o comprimento da placa não deve ser superior a 22,8 m. Recomenda-se também que, para esse cálculo, a tensão de tração admissível na armadura deve ser considerada como sendo igual a dois terços do seu limite de elasticidade.

Exemplo 7.16

Estimativa do aço de temperatura necessário para pavimento de pista de pouso e decolagem de aeroporto de concreto armado com juntas

Um pavimento rígido com 305 mm de espessura deve ser construído com concreto armado com juntas transversais espaçadas em intervalos de 9 m e largura de faixa de pavimento de 7,5 m. Determine:

(a) A área necessária de seção transversal da armadura longitudinal/m de largura da placa.
(b) A área necessária de seção transversal da armadura transversal/m de comprimento da placa. Suponha que o limite de elasticidade da armadura seja de 448,5 N/mm².

Solução

(a) Utilize a Equação 7.17 para determinar o aço de temperatura necessário na direção longitudinal:

$$A_s = 2{,}0141 \times 10^{-3} \times \frac{L\sqrt{Lt}}{f_s}$$

$$= 2{,}0141 \times 10^{-3} \times \frac{9 \times 10^3 \sqrt{9 \times 10^3 \times 305}}{\frac{2}{3} \times 448{,}5}$$

$$= 100{,}4 \text{ mm}^2/\text{m}$$

Armadura longitudinal mínima recomendada = 0,05% da área da seção transversal = $0{,}0005 \times 305 \times 100$ = 152,5 mm²/m que deve ser utilizada.

(b) Utilize a Equação 7.17 para determinar o aço de temperatura necessário na direção transversal:

$$A_s = 2{,}0141 \times 10^{-3} \times \frac{7{,}5 \times 10^3 \sqrt{7{,}5 \times 10^3 \times 305}}{\frac{2}{3} \times 448{,}5}$$

$$= 76{,}4 \text{ mm}^2/\text{m}$$

Área e espaçamento de armadura longitudinal em pavimentos rodoviários de concreto armado contínuo A AASHTO estabelece três condições que devem ser atendidas para determinar a quantidade de armadura longitudinal necessária em um pavimento de concreto armado contínuo:

1. Espaçamento máximo e mínimo entre as trincas.
2. Largura máxima da trinca.
3. Tensão máxima do aço.

A AASHTO recomenda que, para minimizar a fragmentação, as trincas consecutivas devem ser espaçadas em até 8 pés (2,44 m) umas das outras e, para minimizar o potencial de recortes por punção, o espaçamento entre as trincas não deve ser inferior a 3,5 pés (1,06 m). Para reduzir a fragmentação das trincas e o potencial de água que penetra no pavimento, a AASHTO recomenda a largura máxima de trinca de 0,04" (1,01 mm). Também recomenda que, para determinar a porcentagem de armadura longitudinal, deve-se considerar o uso de uma maior porcentagem de armadura longitudinal ou com diâmetros menores, pois isso resultará em uma trinca de menor largura. O critério colocado sobre a tensão máxima do aço deve assegurar que ele não se rompa ou sofra deformações permanentes excessivas. Uma tensão máxima igual a 75% de resistência à tração máxima do aço é utilizada para satisfazer este critério.

A porcentagem de armadura longitudinal necessária é determinada por meio dos seguintes passos:

(i) Determinar a resistência à tração em função da carga de roda utilizando a Figura 7.41.
(ii) Determinar a porcentagem máxima de aço necessária ($p_{máx.}$) para satisfazer ao espaçamento mínimo (3,5 pés = 1,06 m) entre as trincas, utilizando o gráfico ou a expressão dada na Figura 7.42.
(iii) Determinar a porcentagem mínima de aço necessária para satisfazer ao espaçamento máximo entre as trincas (8 pés = 2,44 m), utilizando o gráfico ou a expressão mostrada na Figura 7.42.

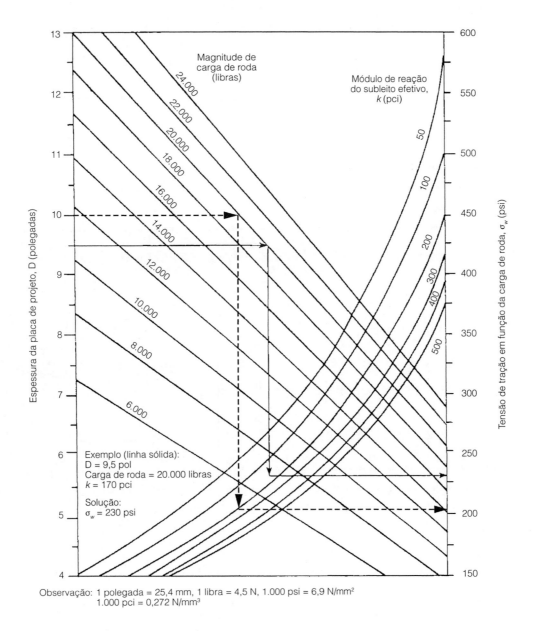

Figura 7.41 Diagrama para estimar a tensão de tração em função da carga de roda.

Fonte: American Association of State Highway and Transportation Officials, *Guide for design of pavement structures*, Washington, D.C., 1993. Utilizado com permissão.

(iv) Determinar o percentual mínimo de armadura longitudinal para satisfazer ao critério de largura máxima de trinca (0,04"= 1,01 m) utilizando o gráfico ou a expressão dada na Figura 7.43.

(v) Determinar o percentual mínimo de armadura longitudinal para satisfazer aos critérios de tensão do aço utilizando o gráfico ou a expressão dada na Figura 7.44.

(vi) Escolher o maior percentual entre os valores obtidos nos passos (iii), (iv) e (v) como sendo a porcentagem mínima ($p_{mín.}$)

(vii) Comparar ($p_{máx.}$) e ($p_{mín.}$)

Se ($p_{máx.}$) ≥ ($p_{mín.}$), prosseguir com o passo (vii)

Se ($p_{máx.}$) < ($p_{mín.}$), revisar os valores de entrada do projeto e fazer as alterações adequadas a estes valores e repetir os passos de (i) ao (vii) até ($p_{máx.}$) ≥ ($p_{mín.}$). Além disso, verificar os cálculos das espessuras da sub-base e da placa para assegurar que as alterações feitas nos valores de entrada do projeto não resultaram em alterações necessárias nestas espessuras.

(viii) Determinar os números máximos e mínimos das barras ou arames utilizando as Equações 7.18 e 7.19:

$$N_{máx.} = 0{,}01273 \times p_{máx.} \times W_s \times D/(\varphi^2) \tag{7.18}$$

$$N_{mín.} = 0{,}01273 \times p_{mín.} \times W_s \times D/(\varphi^2) \tag{7.19}$$

em que

$N_{máx.}$ = número máximo de barras ou arames

$N_{mín.}$ = número mínimo de barras ou arames

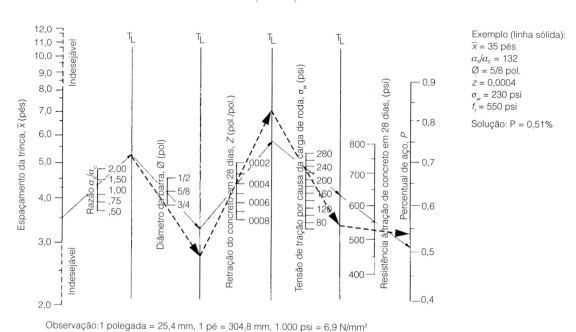

Figura 7.42 Porcentagem de armadura longitudinal para satisfazer aos critérios de espaçamentos das trincas.

Fonte: American Association of State Highway and Transportation Officials, *Guide for design of pavement structures*, Washington, D.C., 1993. Utilizado com permissão.

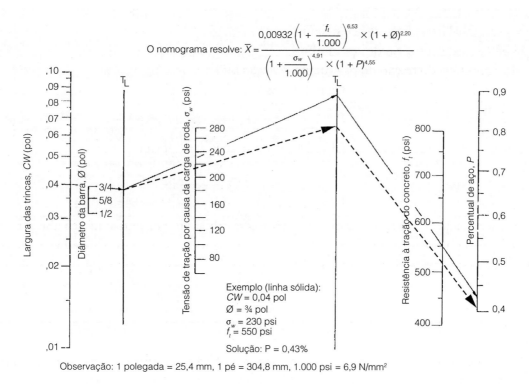

Figura 7.43 Percentual mínimo de armadura longitudinal para satisfazer aos critérios de largura das trincas.

Fonte: American Association of State Highway and Transportation Officials, *Guide for design of pavement structures*, Washington, D.C., 1993. Utilizado com permissão.

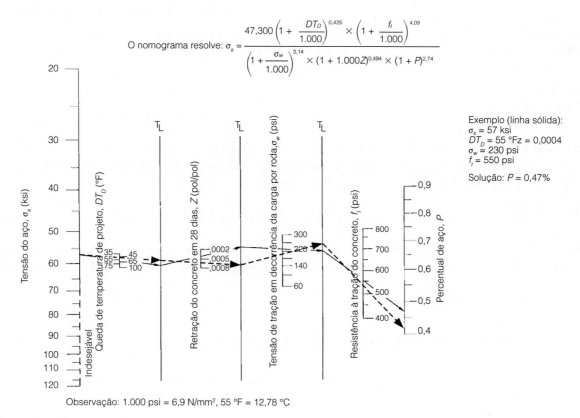

Figura 7.44 Percentual mínimo de armadura longitudinal para satisfazer aos critérios de tensão do aço.

Fonte: American Association of State Highway and Transportation Officials, *Guide for design of pavement structures*, Washington, D.C., 1993. Utilizado com permissão.

$p_{máx.}$ = percentual necessário de aço máximo
$p_{mín.}$ = percentual necessário de aço mínimo
W_s = largura total do trecho do pavimento, polegadas
D = espessura da placa de concreto, polegadas
φ = diâmetro da barra ou do arame, polegadas

(ix) Selecionar o número $N_{projeto}$ (inteiro) das barras ou arames de tal forma que

$$N_{mín.} < N_{projeto} < N_{máx.}$$

Esse número selecionado de barras ou arames pode ser convertido em percentual de aço que, em seguida, pode ser utilizado para estabelecer o espaçamento e a largura da trinca e a tensão do aço, trabalhando em sentido contrário, utilizando os gráficos apropriados.

Exemplo 7.17

Estimativa da área e do espaçamento da armadura longitudinal em pavimentos rodoviários de concreto armado contínuo

Uma placa de concreto de 10" (254 mm) deve ser utilizada para construir um pavimento rodoviário de concreto armado contínuo. Determine o número de barras de 190,5 mm (nº 6) que deve ser adequado na direção longitudinal para os seguintes dados de entrada:

Carga de roda = 20.000 libras (90,7 kN)
Módulo de reação do subleito efetivo (k) = 185 libras/pol³ (0,0503 N/mm³)
Resistência do concreto à tração f_t = 525 libras/pol² (3,622 N/mm²)
Retração do concreto em 22 dias = 0,0004
Coeficiente térmico do aço $\alpha_s = 5 \times 10^{-6}$

Coeficiente térmico do concreto $\alpha_c = 3,8 \times 10^{-6}$
Queda de temperatura de projeto DT_D = 50 °F (temperatura máxima de 80 °F e mínima de 30 °F)
Tensão de tração do aço máxima $\sigma_s = 76 \times 10^3$ libras/pol² (524,4 N/mm²)
Largura da faixa = 12 pés (3,65 m)

Solução

Determine a tensão de tração em função da carga de roda (σ_w) utilizando a Figura 7.41 (passo i) (linhas pontilhadas):

σ_w = 215 libras/pol² (1,483 N/mm²)

Determine o percentual de aço necessário máximo ($p_{máx.}$) para satisfazer ao espaçamento mínimo entre as trincas (3,5 pés) utilizando a Figura 7.42 (passo ii) (linhas pontilhadas):

$\alpha_s/\alpha_c = \dfrac{5 \times 10^6}{3,8 \times 10^6} = 32$

$p_{máx.} = 0,54\%$

Determine o percentual mínimo de aço: o necessário para satisfazer ao espaçamento máximo (8 pés) entre as trincas = 0,40%, da Figura 7.42 (passo iii); o mínimo de armadura longitudinal para satisfazer à largura máxima da trinca de 0,04", critério utilizando a Figura 7.43 (passo iv) = 0,42%; percentual mínimo de armadura longitudinal para satisfazer aos critérios de tensão do aço utilizando a Figura 7.44 (passo v):

$p = 0,420\%$

Percentual necessário de aço mínimo $p_{mín.} = 0,42$ (passo vi).

Observação: A tensão máxima do aço admissível é de 75% da de tração máxima,

$0,75 \times 76 = 57 \times 10^3$ libras/pol² (393 N/mm²).

Compare $p_{máx.}$ e $p_{mín.}$
$p_{máx.} > p_{mín.}$, vá para (passo vii)

Determine os números máximos e mínimos das barras ou dos arames utilizando as Equações 7.18 e 7.19 (passo viii):

Observação: $W_s = 12 \times 12 = 144$

$N_{máx.} = 0,01273 \times p_{máx.} \times W_s \times D/(\varphi^2)$
$= 0,01273 \times 0,54 \times 144 \times 10/(3/4)^2$
$= 17,6$

$N_{mín.} = 0,01273 \times p_{mín.} \times W_s \times D/(\varphi^2)$
$= 0,1273 \times 0,42 \times 144 \times [10 \div (3/4)^2]$
$= 13,69$

Selecione o número $N_{projeto}$ (inteiro) de barras ou arames de tal forma que

$N_{mín.} < N_{projeto} < N_{máx.}$ (passo ix)

Selecione $N_{projeto} = 15$

Área e espaçamento da armadura longitudinal em pavimentos de concreto armado contínuo para pistas de pouso e decolagem de aeroportos (CRCP - Continuously Reinforced Concrete Pavements) A Federal Aviation Administration estabelece que a armadura de aço longitudinal em pavimentos de pista de pouso e decolagem de aeroporto (CRCP) deve satisfazer às três condições de projeto a seguir:

(1) Mínimo de aço para resistir à retenção do subleito.
(2) Mínimo de aço para resistir aos efeitos de temperatura.
(3) Razão entre concreto e a resistência do aço.

O mínimo de aço necessário para resistir à retenção do subleito pode ser obtido por meio do uso do diagrama mostrado na Figura 7.45, que se baseia na resistência à tração do concreto, na resistência do aço admissível e no fator de atrito da sub-base. No entanto, em hipótese alguma o percentual de armadura longitudinal deve ser inferior a 0,5% da área transversal da placa. A FAA recomenda que a tensão admissível do aço deve ser de 75% do limite de elasticidade mínimo especificado; a tensão de tração admissível do concreto de 67% de sua resistência à flexão; e o fator de atrito de uma base estabilizada igual a 1,8. Os fatores de atrito recomendados para solos de granulação fina e grossa são 1,0 e 1,5, respectivamente. No entanto, a FAA não recomenda o uso desses solos como materiais de sub-base nos CRCPs.

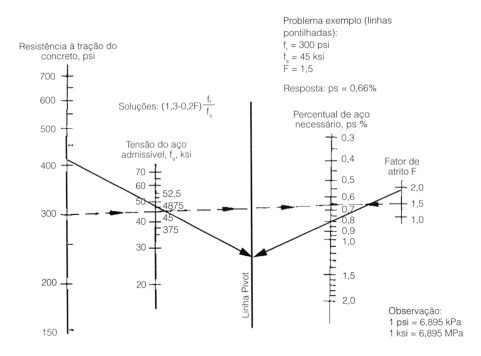

Figura 7.45 Exigência de armadura longitudinal no CRCP para resistir à retenção do subleito.

Fonte: Federal Aviation Administration, Department of Transportation, *Airport pavement design and evaluation*, Advisory Circular AC 150/5320-6D (Incorporação das alterações 1 a 5), Washington, D.C., abril de 2004.

O mínimo de aço para resistir aos efeitos da temperatura deve ser capaz de suportar as forças em decorrência da expansão e contração da placa provocadas pelas mudanças de temperatura. Este mínimo baseia-se na resistência à tração do concreto, na resistência do aço e no diferencial máximo de temperatura sazonal no pavimento. Ele é obtido por meio da Equação 7.20:

$$P_{tc} = \frac{50 \times \frac{1.000}{6,9} f_t}{\frac{1.000}{6,9} f_s - 195\left(\frac{9}{5} T + 32\right)} \tag{7.20}$$

em que

p_{tc} = armadura para resistir às trincas de temperatura em porcentagem da área transversal da placa.
f_t = resistência à tração do concreto, N/mm^2
f_s = tensão de trabalho do aço normalmente considerado como 75% da resistência mínima especificada, N/mm^2
T = diferencial máximo de temperatura sazonal para o pavimento em graus Fahrenheit (°F)

O critério de resistência do concreto ao aço estabelece que a armadura em porcentagem da área transversal do pavimento não deve ser menor que a razão entre a resistência do concreto e o limite de elasticidade do aço multiplicado por 100, dado por

$$P_{c/s} = 100 \frac{f_t}{f_y} \tag{7.21}$$

em que

$p_{c/s}$ = armadura para satisfazer ao critério de resistência do concreto ao aço em porcentagem da área transversal do pavimento
f_t = resistência à tração do concreto
f_y = limite de elasticidade mínima do aço

Uma armadura transversal também deve ser fornecida em pavimentos de concreto armado contínuo de pista de pouso e decolagem de aeroporto para controlar trincas longitudinais que às vezes podem ocorrer. A armadura transversal também ajuda a apoiar a armadura longitudinal durante a construção. A exigência mínima de armadura na direção transversal de pavimentos CRCPs, conforme recomendado pela FAA, pode ser obtida por meio da Equação 7.22 ou do gráfico da Figura 7.46

$$P_{ts} = 1{,}1314 \times 10^{-3} \frac{W_s F}{f_s} \tag{7.22}$$

em que

p_{ts} = armadura transversal
W_s = largura da placa, mm
F = fator de atrito da sub-base
f_s = tensão de trabalho admissível no aço, N/mm²

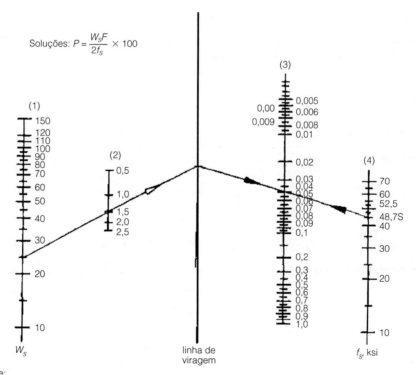

Figura 7.46 Pavimento de concreto armado contínuo – armadura transversal.

Fonte: Federal Aviation Administration, Department of Transportation, *Airport pavement design and evaluation*, Advisory Circular AC 150/5320-6D (Incorporação das alterações 1 a 5), Washington, D.C., abril de 2004.

Exemplo 7.18

Estimativa da área e do espaçamento da armadura longitudinal em pavimento de concreto armado contínuo de aeroporto

Determine a área e o espaçamento da armadura longitudinal para um pavimento de concreto continuamente armado de aeroporto para atender às condições de projeto se a resistência à flexão do concreto for de 4,14 N/mm², o diferencial máximo de temperatura sazonal 35°C e a sub-base estabilizada com cimento.

Solução

Determine a armadura longitudinal mínima para resistir à retenção do subleito. Utilize a Figura 7.45 com os seguintes dados de entrada:

Limite de elasticidade da armadura = 448,5 N/mm²
Tensão de trabalho = 0,75 × 448,5 N/mm² = 336 N/mm²
Fator de atrito = 1,8
Resistência à tração do concreto = 0,67 × 4,14 N/mm² = 2,77 N/mm²

Obtemos a porcentagem de armadura longitudinal = 0,8%.

Determine a armadura longitudinal mínima para resistir às forças geradas pelas mudanças de temperatura sazonais. Use a Equação 7.20:

$$P_{tc} = \frac{50 \times \frac{1.000}{6,9} f_t}{\frac{1.000}{6,9} f_s - 195\left(\frac{9}{5} T + 32\right)}$$

$$P_{tc} = \frac{50 \times \frac{1.000}{6,9} \times 2,77}{\frac{1.000}{6,9} 336 - 195\left(\frac{9}{5} 35 + 32\right)}$$

$$= 0,67\%$$

Determine a armadura longitudinal mínima para satisfazer ao critério de razão entre o concreto e a resistência do aço. Utilize a Equação 7.21:

$$P_{c/s} = 100 \frac{f_t}{f_y}$$

$$P_{c/s} = 100 \times \frac{2,77}{448,5}$$

$$= 0,62\%$$

Como a armadura mínima para resistir à retenção de subleito é a máxima, esta condição prevalece.

Área da seção transversal da placa/m de largura do pavimento = 305 mm (espessura da placa) × 1.000
$$= 304.400 \text{ mm}^2$$

Área da armadura/m de largura = (0,8/100) × 304.400 mm² = 2.435 mm². Isto pode ser fornecido utilizando as barras de nº 7 espaçadas 152 mm (consulte a Tabela 7.40b).

Exemplo 7.19

Estimativa da área e do espaçamento da armadura transversal em pavimentos de concreto armado contínuo de aeroporto

Determine a armadura transversal mínima necessária para a placa do Exemplo 7.16 e para os valores dos dados de entrada do Exemplo 7.18.

Solução

Determine a armadura transversal mínima por meio da Equação 7.22 utilizando os seguintes valores de entrada:

Largura da placa = 7,5 m
Fator de atrito = 1,8
Tensão de trabalho admissível no aço = 336,4 N/mm²

Percentual mínimo de armadura transversal = $P_{ts} = 1{,}1314 \times 10^{-3} \dfrac{W_s F}{f_s}$ (Equação 7.22)

$$= 1{,}1314 \times 10^{-3} \times \frac{7{,}5 \times 10^3 \times 1{,}8}{336{,}4}$$

$$= 0{,}046\%$$

Área da armadura/m de largura da placa = (0,046/100) × 305 (espessura da placa) × 1.000

$$= 140 \text{ mm}^2/\text{m de largura de placa}$$

Com base na Tabela 7.40b, podemos usar barras nº 3 espaçadas 457 mm.

Efeitos de bombeamento Bombeamento é outro fator importante que deve ser considerado no projeto de pavimentos rígidos. Trata-se da descarga de água e de material do subleito (sub-base) por meio das juntas e das trincas do pavimento e ao longo de suas extremidades. É causado principalmente pela deflexão repetida da placa do pavimento na presença de água acumulada sob ela. A água é formada em vazios que são criados pela mistura dos solos moles do subleito e da base ou sub-base agregada como resultado da repetição de carga. Uma importante consideração de projeto para a prevenção de bombeamento é a redução ou eliminação das juntas de expansão, pois normalmente ele está associado a essas juntas. O bombeamento também pode ser eliminado estabilizando-se química ou mecanicamente o solo suscetível ou substituindo-o com uma espessura nominal de solos granulares ou arenosos. Por exemplo, algumas agências rodoviárias recomendam o uso de uma camada de 76 a 152 mm de material de sub-base granular em áreas ao longo do alinhamento do pavimento onde o material do subleito é suscetível ao bombeamento. Alternativamente, o material suscetível pode ser estabilizado com material asfáltico ou cimento Portland. Além disso, os geotêxteis podem ser utilizados para separar o solo do subleito de granulação fina dos agregados do pavimento sobrejacente para evitar a mistura desses materiais.

Método AREMA para o projeto de vias férreas

O princípio básico adotado neste procedimento é semelhante ao de rodovias e pistas de pouso e decolagem de aeroportos, em que a via deve ser capaz de manter sua funcionalidade e ser estruturalmente sólida. A funcionalidade refere-se à capacidade do suporte do trilho para garantir uma interação estável entre a roda e o trilho, a distribuição efetiva das forças aplicadas, o amortecimento das vibrações do trilho e a capacidade de minimizar o movimento de atrito entre a roda e o trilho. Capacidade estrutural da via é sua capacidade de resistir às tensões causadas pela carga dinâmica aplicada pelas rodas do trem. Os parâmetros de projeto são: carga dinâmica aplicada na via pelas rodas, módulo de suporte do trilho, carga admissível máxima da superfície de apoio do dormente-lastro, tensão máxima admissível sobre o subleito, a tensão de contato entre a placa de apoio do trilho e o dormente, e tensões em decorrência da flexão e fadiga sobre o trilho.

O módulo de suporte do trilho (k_r) é definido pela AREMA como a carga (em libras) que provoca uma deflexão vertical do trilho de 25,4 mm/polegada linear de via. Os fatores que influenciam o valor de k_r são: qualidade, espaçamento e as dimensões dos dormentes, qualidade do lastro em termos de limpeza, teor de umidade, temperatura, compactação e profundidade, e capacidade de suporte do subleito.

O módulo de apoio do trilho pode ser determinado no campo utilizando qualquer vagão ou locomotiva disponível. As cargas de roda P de um vagão são primeiramente determinadas pela colocação do vagão ou locomotiva carregada sobre uma escala. Uma vara de medição é anexada verticalmente à grade ferroviária no local escolhido para o teste. O carro ou locomotiva carregada é acionada a uma velocidade de cerca de 8 km/h ao longo da via. A deflexão do trilho, w_m, quando a primeira roda está diretamente acima da vara de medição é determinada utilizando um nível que fica aproximadamente a 18,2 m da via. A razão entre w_m/P é determinada e utilizada na Figura 7.47 para determinar o valor k_r correspondente a truques ferroviários de dois eixos.

A AREMA recomenda as seguintes tensões máximas admissíveis:

Pressão máxima admissível da superfície de apoio do dormente-lastro = 0,4485 N/mm²

Tensão máxima admissível sobre o subleito = 0,1725 N/mm²

(recomenda-se que valores mais baixos sejam utilizados até mesmo para bons subleitos, mas devem ser definitivamente reduzidos para subleitos de baixa qualidade)

Tensão máxima de contato admissível entre a placa de apoio do trilho e o dormente (para madeira) = 1,38 N/mm² (uma vez que os testes têm mostrado que isto varia de 2,76 N/mm² para madeira dura a 1,725 N/mm² para madeira mole)

Tensão máxima de flexão admissível no trilho = 172,5 N/mm²

Tabela 7.41 Fatores de redução recomendados pela AREMA para obter tensão admissível para trilhos longos soldados.

Fator de influência	Fator de redução, suposição de severidade (Observação I)
Flexão lateral	20%
Condição da via	25%
Desgaste e corrosão do trilho	15%
Elevação desequilibrada	15%
Tensão pela temperatura	20.000 psi

Observação 1: As condições reais podem ser substancialmente diferentes, o que exige que os fatores de redução sejam modificados de acordo.
Observação 2: 1.000 psi = 6,9 N/mm²

Fonte: American Railway Engineering and Maintenance-of-Way Association, *Manual for highway engineering*, 2005.

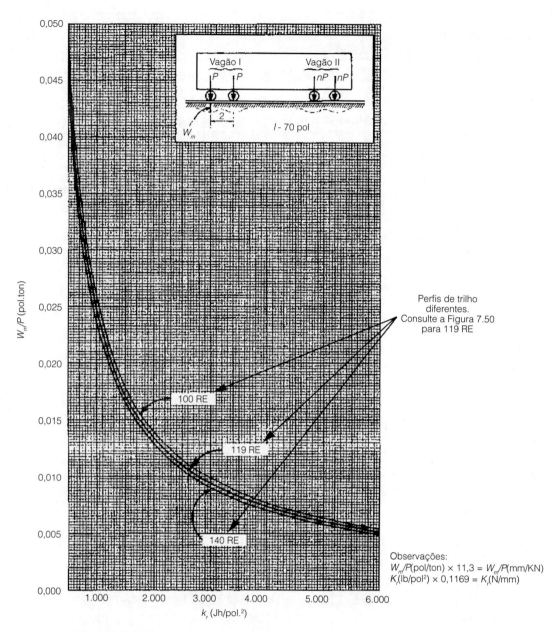

Figura 7.47 Diagrama mestre para determinação de *k*.

Fonte: American Railway Engineering and Maintenance-of-Way Association, *Manual for highway engineering*, Landover, MD, 2005.

As tensões de flexão e de fadiga admissíveis em trilhos contínuos de aço são obtidas com a tensão de escoamento e a resistência à fadiga do trilho de aço após terem sido ajustados os fatores de influência da Tabela 7.41, que também fornece os fatores de redução da AREMA para cada um dos fatores de influência e de resistência térmica. Por exemplo, se o trilho tiver uma tensão de escoamento de 65.000 libras/pol², a tensão do trilho admissível em decorrência de flexão e fadiga é dada por:

$$\frac{448,5 - 138}{1,2 \times 1,25 \times 1,15 \times 1,15} \text{ N/mm}^2 = 156,5 \text{ N/mm}^2$$

Profundidade do lastro da via férrea A profundidade total mínima dos lastros (lastro e sublastro) necessários abaixo dos dormentes pode ser determinada utilizando-se a equação de Talbot, a equação de Boussinesq ou a fórmula de Love.

A equação de Talbot é a seguinte

$$P_c = 958 \frac{P_m}{h^{1,25}} \qquad (7.23)$$

em que
 P_c = intensidade máxima da pressão sobre o subleito N/mm² (valor máximo = 0,1725 N/mm²)
 h = profundidade do lastro abaixo dos dormentes, mm
 P_m = intensidade da pressão sobre o lastro = $(2q)/A_b$ N/mm² (valor máximo = 0,4485 N/mm²)

A equação de Boussinesq é

$$P_c = \frac{6q_b}{2\pi h^2} \qquad (7.24)$$

em que
 P_c = intensidade máxima da pressão sobre o subleito (0,1725 N/mm²)
 h = profundidade do lastro abaixo dos dormentes, polegadas
 q_b = intensidade da pressão sobre o lastro (valor máximo = 0,4485 N/mm²)

A fórmula de Love é dada por

$$P_c = P_m \left[1 - \left(\frac{1}{1 + \frac{r^2}{h^2}} \right)^{3/2} \right] \qquad (7.25)$$

em que
 P_c = intensidade máxima da pressão sobre o subleito (0,1725 N/mm²)
 h = profundidade do lastro abaixo dos dormentes
 P_m = intensidade da pressão sobre o lastro (0,4485 N/mm²)
 r = raio de um círculo carregado uniformemente cuja área é igual à de apoio do dormente efetiva sob um trilho

Exemplo 7.20

Determinação da profundidade total dos lastros utilizando a equação de Talbot
Utilizando a equação de Talbot, determine a profundidade total necessária de lastro abaixo da base dos dormentes de madeira se a pressão máxima admissível sobre o lastro for de 0,3795 N/mm² e a admissível sobre o subleito de 0,138 N/mm².

Solução
Use a Equação 7.23 para encontrar a profundidade de lastro abaixo dos dormentes (h):

$$P_c = 958 \frac{P_m}{h^{1,25}}$$

$$0{,}138 = 958 \times \frac{0{,}3795}{h^{1{,}25}}$$

$h^{1{,}25} = 2.634{,}5$

$h = 545$ mm

Largura da banqueta do lastro nas extremidades dos dormentes A fim de fornecer apoio lateral para a via, a largura dos lastros deve ser estendida para além das extremidades dos dormentes. A AREMA observou que se um dormente for colocado a 102 mm de profundidade no lastro com uma banqueta de lastro de 152 mm e sem carregamento vertical, uma força de aproximadamente 446,4 kg/m será necessária para deslocar o dormente 25,4 mm. No entanto, a largura nas curvas depende da força lateral que é produzida pelo trilho longo soldado sobre a via em curva em decorrência das mudanças de temperatura. Essa força é dada por

$$P_L = 1{,}1812 D(\Delta T) \tag{7.26}$$

em que
P_L = força lateral, libra/linear m
D = grau da curva
ΔT = mudança de temperatura, °C

A força lateral total que age entre os dormentes é, portanto, fornecida como a força lateral/pés lineares, P_L multiplicado pelo espaçamento do dormente (pés). A largura adicional é obtida pela divisão dessa força por aquela que fará que o dormente se desloque 25,4 mm. Deve-se observar que quando as forças longitudinais não térmicas estão presentes, tais como as que ocorrem em greides ou quando as forças de frenagem ou de tração são aplicadas, a força real pode ser maior do que a calculada pela Equação 7.26. Além disso, sabe-se que, por causa do movimento vertical de subpressão do trilho, a flambagem da via ocorre com frequência imediatamente à frente ou sob um trem em movimento. Portanto, a AREMA sugere que banquetas de lastro mais largas podem ser necessárias para facilitar a estabilidade lateral adequada. A experiência e as condições locais devem ser utilizadas para determinar quando isto for necessário.

Exemplo 7.21

Determinação da largura das banquetas de lastro nas extremidades dos dormentes
Determine a largura mínima da banqueta de lastro necessária em uma via férrea em curva para as seguintes condições:

Grau de curvatura = 9°
Mudança de temperatura = 38,9°C
Espaçamento do dormente = 495 mm

Solução
Determine a força lateral usando a Equação 7.26:

$P_L = 1{,}1812 D(\Delta T)$
$= 1{,}1812 \times 9 \times 38{,}9$
$= 4.135$ N/m linear

Determine a força total sobre cada dormente:

= 4.135 × 495/1.000 = 2.040 N

Determine a largura total da banqueta de lastro (ou seja, para ambas as extremidades de um dormente):

= 2.040/446,4 = 0,457 m

Determine a largura do lastro em cada extremidade de um dormente:

= 0,457/2 = 0,228 m

Determinação da seção transversal do trilho da via Uma breve discussão sobre o procedimento para determinar a seção transversal do trilho da via é dada a seguir. No entanto, os detalhes específicos relacionados com o uso das equações associadas estão fora do escopo deste livro, mas os leitores interessados podem consultar qualquer livro de análise estrutural. A seção transversal do trilho é escolhida para garantir que as tensões de flexão do trilho não ultrapassem o máximo permitido. Essas tensões dependem do momento fletor e da deflexão causados pelas cargas aplicadas pelas rodas.

O momento fletor e a deflexão são determinados pela equação diferencial básica

$$EI\frac{d^4w}{dx^4} + k_r w = q(x) \qquad (7.27)$$

em que

E = módulo de Young do trilho

I = momento de inércia de um trilho em relação ao eixo horizontal que passa pelo centroide

w = deflexão vertical da via

q = distribuição de carga vertical (cargas de roda) sobre o trilho

x = ponto no eixo da seção transversal do trilho

k_R = módulo de elasticidade de suporte para trilho

$kw = p$ = pressão de contato distribuída entre trilho e dormente

Resolvendo a Equação 7.27 para a magnitude da deflexão $w(x)$ no ponto x e do momento fletor $M(x)$ para uma carga de roda simples resulta em:

$$w(x) = \frac{\beta P^d}{2k_r} e^{-\beta x}[\cos \beta x + \text{sen } \beta x] = \frac{\beta P^d}{2k} \lambda(\beta x) \qquad (7.28)$$

$$M(x) = \frac{P^d}{4\beta} e^{-\beta x}[\cos \beta x - \text{sen } \beta x] = \frac{P^d}{4\beta} \mu \beta x \qquad (7.29)$$

em que

$\beta = \dfrac{\sqrt[4]{k_R}}{4EI}$ fator de amortecimento

$\mu(\beta x)$ e $\lambda(\beta x)$ podem ser obtidos por meio da Equação 7.48

P^d = carga de roda dinâmica = $(1 + \theta)P$

θ = coeficiente de impacto = 33 × 0,621 velocidade (km/h)/(3,937 × diâmetro da roda (mm))(veja a Equação 7.4)

P = carga estática

Como a deflexão máxima e, portanto, a tensão de flexão máxima ocorrem na parte superior do trilho que está imediatamente debaixo da roda, a deflexão e o momento fletor máximos ocorrem em $x = 0$, o que resulta em

$$w_{máx.} = w(x = 0) = \frac{\beta P^d}{2k} \tag{7.30}$$

$$M_{máx.} = M(x = 0) = \frac{P^d}{4\beta} \tag{7.31}$$

A tensão de flexão dinâmica máxima no trilho é dada por

$$\sigma^d_{máx.} = \frac{cM^d_{máx.}}{I} = \frac{M^d_{máx.}}{Z_b} \tag{7.32}$$

e, para fins de projeto, a resistência à flexão de uma seção transversal adequada ao trilho é obtida por

$$Z_{req} \geq \frac{M^d_{máx.}}{\sigma^d_{total}} \tag{7.33}$$

em que
c = distância da linha neutra até o patim do trilho
Z_b = módulo da seção para o patim do trilho
I = momento de inércia de um trilho com relação ao eixo horizontal que passa pelo centroide

Exemplos de perfis transversais do trilho recomendados pela AREMA são apresentados nas Figuras 7.49 a 7.51. Observe que, quando os eixos de um vagão ferroviário são pouco espaçados, mais de uma carga por roda pode, simultaneamente, causar deflexão e flexão em um trecho do trilho. O efeito combinado de todas as cargas das rodas deve ser considerado na determinação de $w_{máx.}$ e $M_{máx.}$ utilizando a curva de influência apresentada na Figura 7.48. Este procedimento está fora do escopo deste livro.

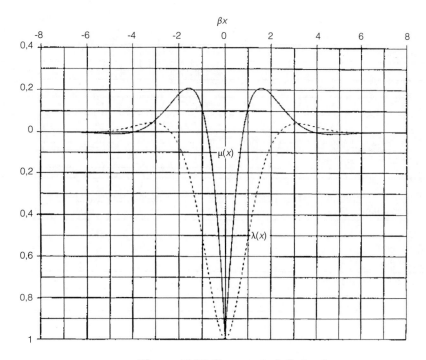

Figura 7.48 Curvas de influência.

Fonte: American Railway Engineering and Maintenance-of-Way Association, *Manual for highway engineering*, Landover, MD, 2005.

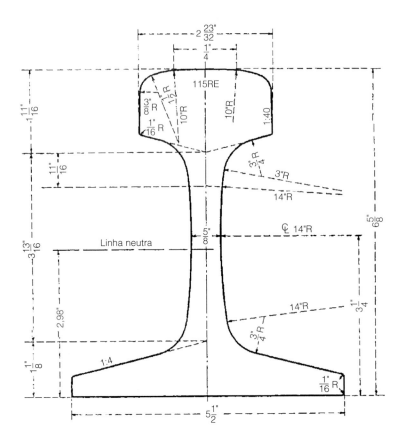

Figura 7.49. Perfil transversal do trilho 115RE.

Fonte: American Railway Engineering and Maintenance-of-Way Association, *Manual for highway engineering*, Landover, MD, 2005.

1. Área do trilho (polegada quadrada)	
Boleto	3,9156
Alma	3,0363
Patim	4,2947
Trilho inteiro	11,2465
2. Peso do trilho (libras/yd) (com base no peso específico do trilho = 7,84)	114,6758
3. Momento de inércia em torno da linha eixo neutra	65,9
4. Módulo da seção do boleto	18,1
Módulo da seção do patim	22,0
5. Altura da linha neutra acima do patim	3,00
6. Momento de inércia lateral	10,7
7. Módulo da seção lateral do boleto	7,90
Módulo da seção lateral do patim	3,90
8. Altura do centro de cisalhamento acima do patim	1,45
9. A rigidez torcional é "KG", em que G é o módulo de rigidez e K = (erro para K maior que 10%)	4,69

Observação: 1" = 25,4 mm

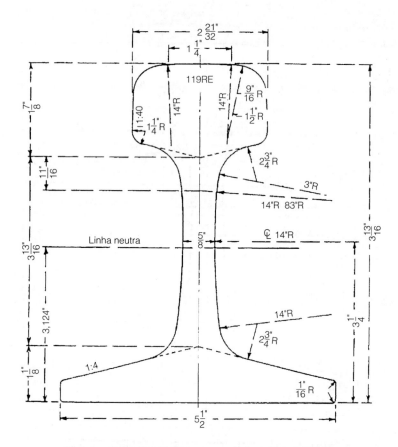

Figura 7.50 Perfil transversal do trilho 119RE.

Fonte: American Railway Engineering and Maintenance-of-Way Association, *Manual for highway engineering*, Landover, MD, 2005.

1. Área do trilho (polegada quadrada)	
Boleto	4,3068
Alma	3,0363
Patim	4,2946
Trilho inteiro	11,6378
2. Peso do trilho (libras/yd) (com base no peso específico do trilho = 7,84)	118,6657
3. Momento de inércia em torno da linha neutra	71,4
4. Módulo da seção do boleto	19,4
Módulo da seção do patim	22,8
5. Altura da linha neutra acima do patim	3,13
6. Momento de inércia lateral	10,8
7. Módulo da seção lateral do boleto	8,16
Módulo da seção lateral do patim	3,94
8. Altura do centro de cisalhamento acima do patim	1,51
9. A rigidez torcional é "KG", em que G é o módulo de rigidez e K = (erro para K maior que 10%)	5,11

Observação: 1" = 25,4 mm

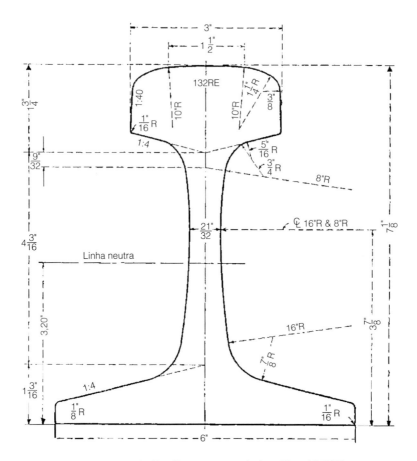

Figura 7.51. Perfil transversal do trilho 132RE.

Fonte: American Railway Engineering and Maintenance-of-Way Association, *Manual for highway engineering*, Landover, MD, 2005.

1. Área do trilho (polegada quadrada)	
Boleto	4,4274
Alma	3,6149
Patim	4,8701
Trilho inteiro	12,9124
2. Peso do trilho (libras/yd) (com base no peso específico do trilho = 7,84)	131,6622
3. Momento de inércia em torno da linha neutra	87,9
4. Módulo da seção do boleto	22,4
Módulo da seção do patim	27,4
5. Altura da linha neutra acima do patim	3,20
6. Momento de inércia lateral	14,4
7. Módulo da seção lateral do boleto	9,57
Módulo da seção lateral do patim	4,79
8. Altura do centro de cisalhamento acima do patim	1,57
9. A rigidez torcional é "KG", em que G é o módulo de rigidez e K = (erro para K maior que 10%)	5,31

Observação: 1" = 25,4 mm

Projeto estrutural das vias de transporte • **Capítulo 7**

Exemplo 7.22

Determinação de seção transversal adequada ao trilho da via

Determine uma seção transversal adequada ao trilho de uma via férrea que suporta trens que viajam a 88 km/h, com uma carga por roda simples estática de 16.330 kg e diâmetro de roda de 915 mm. Suponha que o módulo de Young do trilho seja de 2×10^5 N/mm² e o de elasticidade de suporte para um trilho (k_R) seja 20,7 N/mm².

Solução

Determine a carga dinâmica da roda. Utilize a Equação 7.4:

$$P^d = (1 + \theta)P$$

em que

p^d = carga dinâmica da roda
P = carga estática da roda
θ = coeficiente de impacto = $33 \times 0,621v/(3,937D)$
u = velocidade dominante do trem, milhas/h
D = diâmetro das rodas do veículo, mm

$$\theta = 33 \times \frac{0,621 \times 88}{3,937 \times 915}$$

$\theta = 0,5$
$P^d = (1 + 0,5) \times 16.330$
$P^d = 244.940$ N

Determine o momento fletor dinâmico máximo. Use a Equação 7.31:

$$M_{máx.} = M(x = 0) = \frac{P^d}{4\beta}$$

$$\beta = \sqrt[4]{\frac{k_R}{4EI}}$$

Como o momento de inércia (I) é necessário, vamos considerar um perfil transversal do trilho e determinar se é adequado. Considere um perfil transversal do trilho 119RE, conforme mostrado na Figura 7.50:

$I = 71,4$ pol⁴ $= 2,9718 \times 10^7$ mm⁴

$$\beta = \sqrt[4]{\frac{20,7}{4 \times 2 \times 10^5 \times 2,9718 \times 10^7}} = 9,6597 \times 10^{-4}/\text{mm}$$

$M_{máx.} = 244.940 \times 9,81/(4 \times 9,6597 \times 10^{-4}) = 6,218 \times 10^7$ N mm

Determine a tensão máxima do trilho. Utilize a Equação 7.32:

$$\sigma^d_{máx.} = \frac{cM^d_{máx.}}{I} = \frac{M^d_{máx.}}{Z_b} \quad (Z_B = 22,8 \text{ pol}^3 = 3,736 \times 10^5 \text{ mm}^3 \text{ módulo da seção para o patim do trilho da Figura 7.50})$$

$$= \frac{6,218 \times 10^7}{3,736 \times 10^5} = 166,43 \text{ N/mm}^2$$

Tensão de flexão máxima admissível no trilho = 172,5 N/mm²

Tensão máxima no trilho < máximo admissível

Portanto, o perfil transversal do trilho 119RE pode ser utilizado.

Determinação do tamanho da placa de apoio do trilho É necessário determinar o tamanho necessário da placa de apoio do trilho para garantir que a tensão de contato entre a placa de apoio e o dormente não seja superior ao valor máximo especificado. A área da placa de apoio de trilho é obtida com a Equação 7.34:

$$A_{req} \geq \frac{F^d_{máx.}}{\sigma_{admissível}} \tag{7.34}$$

em que

A_{req} = área da placa de apoio do trilho

$F^d_{máx.}$ = carga da área de apoio do trilho

$\sigma_{admissível}$ = tensão de contato admissível entre a placa de apoio e o dormente; a AREMA recomenda o uso de 1,38 N/mm² para a análise de projeto.

A carga da área de apoio do trilho é uma função da intensidade da carga continuamente distribuída, p, contra a parte inferior do trilho e a deflexão no ponto em que está a deflexão máxima e o módulo de elasticidade do apoio de um trilho. Quando houver mais de uma carga por roda, a curva de influência da Figura 7.48 é utilizada para obter $p_{máx.}$. A carga por roda simples, é dada por

$$F^d_{máx.} = p_{máx.}(a) \tag{7.35}$$

em que

a = espaçamento do dormente

$$p_{máx.} = \text{pressão do patim do trilho} = k_R w_{máx.} = \frac{k_R \beta P^d}{2k_R} = \frac{\beta P^d}{2} \tag{7.36}$$

$$\beta = \sqrt[4]{\frac{k_R}{4EI}}$$

p^d = carga de roda dinâmica

A Tabela 7.42 fornece os tamanhos recomendados de placas de apoio do trilho que devem ser utilizadas para diferentes perfis transversais de trilho da AREMA. Os projetos detalhados dessas placas estão disponíveis no *Manual for railway engineering* da AREMA.

Tabela 7.42 Projeto das placas de apoio do trilho para uso com os perfis transversais da AREMA.

Trilho		Placa	
Perfis transversais da AREMA	Larguras dos patins	Largura em polegadas	Comprimento em polegadas
140RE, 136RE, 133RE, 132RE	6 polegadas	8 7 ¾ 7 ¾ 7 ¾ 7 ¾	18 16 14 ¾ 14 13
119RE, 115RE	5 polegadas	7 ¾ 7 ¾ 7 ¾ 7 ¾	15 14 13 12
100RE	5 3/8 polegadas	7 ¾ 7 ½	12 11
90RA-A	5 1/8 polegadas	7 ½ 7 ½	11 10

Observação 1: Todos os perfis da placa de apoio do trilho com inclinação 1:40.
Todos os perfis da placa de apoio do trilho possuem extremidades inclinadas
1 polegada = 25,4 mm

Fonte: American Railway Engineering and Maintenance-of-Way Association, *Manual for highway engineering*, 2005.

Exemplo 7.23

Determinação do tamanho da placa de apoio do trilho

Determine o tamanho da placa de apoio que será necessário para o trilho obtido no Exemplo 7.22. Os dormentes estão espaçados 610 mm.

Solução

Determine a pressão do patim do trilho utilizando a Equação 7.36:

$$p_{máx.} = \text{pressão do patim do trilho} = k_R w_{máx.} = \frac{k_R \beta P^d}{2k_R} = \frac{\beta P^d}{2}$$

$$= \frac{9,6597 \times 10^{-4} \times 244940 \times 9,81}{2}$$

$$= 116 \text{ N/mm}$$

Observação: $\beta = 9,6597 \times 10^{-4}$/mm (do Exemplo 7.22)
$p^d = 244.940$ N (do Exemplo 7.22)

Determine o tamanho da placa de apoio do trilho. Utilize a Equação 7.34:

$$A_{req} \geq \frac{F^d_{máx.}}{\sigma_{admissível}} \geq \frac{p^d a}{\sigma_{admissível}} \geq \frac{116 \times 610}{1,38} = 5,127 \times 10^4 \text{ mm}^2$$

Escolha a placa de 304,8 mm × 196,8 mm (12" × 7 ¾") da AREMA, que é a adequada para o trilho 119RE. Isto fornece uma área de 93 pol².

Determinação da área de suporte efetiva do dormente Também é necessário determinar a área mínima de suporte efetiva do dormente para garantir que a pressão de contato entre o dormente e o lastro não seja maior que o máximo admissível. A pressão de contato máxima ocorre na área de apoio do trilho, e a mínima está no centro do dormente. Para simplificar os cálculos, a distribuição da pressão ao longo do comprimento do dormente mostrada na Figura 7.52 é assumida. O comprimento efetivo (L_{ef}) do dormente é, portanto, considerado como tendo um terço de seu comprimento (L), e a área de carga efetiva da superfície de apoio (A_b) do dormente é dada por

$$A_b = b \times L_{ef} = (b \times L)/3 \qquad (7.37)$$

em que
  b = largura do dormente em sua base

A pressão de suporte entre dormente-lastro correspondente é dada por

$$\sigma_{tb} = \frac{3F^d_{máx.}}{bL} \leq 65 \text{ lb/pol}^2 \ (0{,}448 \text{ N/mm}^2) \qquad (7.38)$$

em que
  σ_{tb} = pressão de suporte entre dormente-lastro
  $F^d_{máx.} = p_{máx.} \ (a)$ \hfill (7.40)

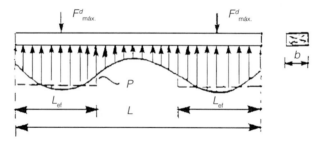

Figura 7.52 Distribuição da carga ao longo do comprimento do dormente.

Fonte: American Railway Engineering and Maintenance-of-Way Association, *Manual for highway engineering*, Landover, MD, 2005.

em que
  a = espaçamento do dormente
  $p_{máx.}$ = pressão do patim do trilho = $k_R w_{máx.} = \dfrac{k_R \beta P^d}{2k_R} = \dfrac{\beta P^d}{2}$
  $\beta = \sqrt[4]{\dfrac{k_R}{4EI}}$
  p^d = carga de roda dinâmica

Exemplo 7.24

Determinação da carga da superfície de apoio do dormente-lastro

Determine a pressão de suporte imposta pelos dormentes escolhidos para a via no Exemplo 7.23 se eles estiverem espaçados 610 mm. Suponha que o comprimento de cada dormente seja 2.590 mm, e a largura 203,2 mm.

Solução

Determine a força dinâmica ($F^d_{máx.}$) imposta por cada dormente sobre o lastro. Utilize a Equação 7.40:

$$F^d_{máx.} = p_{máx.} \quad (a)$$

$p_{máx.} = 116$ N/mm (veja o Exemplo 7.23)

$F^d_{máx.} = 116 \times 610$

$= 7,076 \times 10^4$ N

Determine a pressão de suporte do dormente-lastro. Utilize a Equação 7.38:

$$\sigma_{tb} = \frac{3F^d_{máx.}}{bL} \leq 0,448$$

$= 3 \times 7,076 \times 10^4 / (2.590 \times 203,2) = 0,404$ N/mm² $\leq 0,448$ N/mm².

Resumo

Este capítulo apresentou os princípios básicos utilizados no projeto estrutural de vias de transporte das modalidades rodoviária, aeroviária e ferroviária. É claro que, independente da modalidade considerada, os princípios básicos utilizados no projeto são os mesmos, embora sua aplicação possa ser diferente de uma modalidade para outra. Por exemplo, a identificação de um material do subleito adequado ao pavimento rodoviário, de aeroporto ou via férrea baseia-se principalmente na classificação do solo do subleito quanto à distribuição do tamanho dos grãos e suas características plásticas. Entretanto, o sistema específico de classificação utilizado para uma determinada modalidade pode ser diferente daquele utilizado para outra. Da mesma forma, a via de cada modalidade é projetada de modo que a tensão sobre o subleito em decorrência da carga imposta pelo veículo não lhe cause deformação excessiva ou permanente. Cada modalidade utiliza o princípio básico de transmissão de carga imposta por roda por meio de uma série de componentes estruturais que compõem a via. Os componentes estruturais das modalidades rodoviária e aérea são: revestimento, base e sub-base. Para a modalidade ferroviária: trilhos, dormentes, lastro e sublastro. O princípio fundamental utilizado no projeto desses componentes estruturais é que cada um deles deve ser capaz de suportar a tensão imposta pelos veículos que utilizam a via. Apresentamos as diferentes metodologias que ilustram este princípio fundamental. Deve-se observar, no entanto, que o capítulo não cobre totalmente todos os fatores que podem ser considerados no projeto real desses componentes estruturais, pois alguns deles estão fora do escopo deste livro.

Problemas

7.1 Compare e contraste as características dos materiais dos diferentes componentes estruturais do pavimento rodoviário, da via férrea e de aeroportos.

7.2 Qual é o princípio básico utilizado para identificar os materiais de solo adequados ao subleito de uma via? Descreva como este princípio é utilizado para identificar os materiais do subleito adequados aos pavimentos de aeroportos, rodovia e via férrea.

7.3 Descreva os três métodos de projeto utilizados na metodologia de projeto de pavimentos de aeroportos da FAA para compensar os solos suscetíveis à penetração de gelo.

7.4 As características de uma amostra de solo são fornecidas abaixo. Determine se ele é adequado ao uso como:
i. material do subleito para um pavimento de rodovia
ii. material do subleito para um pavimento de aeroporto
iii. material do subleito para uma via férrea

Análise granulométrica: % mais finas pelo peso:
Nº 4 – 53%
Nº 10 – 42%
Nº 40 – 40%
Nº 200 – 25%
Limite de liquidez = 30%
Limite plástico = 12%
Coeficiente de curvatura $C_c = 7$
Coeficiente de uniformidade $C_u = 2,5$

7.5 Uma rodovia principal de quatro faixas (duas em cada direção) tem pavimento flexível e está conduzindo uma VDM atual de 6.500 veículos em uma direção. Se a estrada fosse reconstruída para atender às normas rodoviárias interestaduais, e a reconstrução estivesse prevista para ser concluída em três anos a partir deste momento, determine a ESAL de projeto para uma vida útil de 20 anos. A composição veicular e as cargas por eixo são apresentados abaixo, e a taxa de crescimento para todos os veículos é de 4% ao ano.

Carros de passageiros (1.000 libras/eixo) = 60%
Caminhões leves de dois eixos (8.000 libras/eixo) = 30%
Caminhões leves de três eixos (12.000 libras/eixo) = 10%
$P_t = 2,5$
Número estrutural assumido, SN = 4

7.6 Determine o número de partidas anuais equivalentes e a carga de projeto para um pavimento de aeroporto se a média de partidas anuais e o peso máximo de decolagem que cada tipo de aeronave deve utilizar a pista de pouso e decolagem forem conforme a tabela a seguir. Suponha que o 737-200 seja a aeronave de projeto:

Aeronave	Tipo de trem de pouso	Média de partidas anuais	Peso máximo de decolagem (N)
727-100	Duplo	2.500	589.670
727-200	Duplo	3.500	612.350
707-320B	Duplo tandem	2.000	1.247.370
DC-10-30	Duplo	4.800	476.270
737-200	Duplo	15.350	568.350

7.7 Um trecho reto em nível existente tem uma via férrea foi projetado para transportar uma carga de roda estática simples de 90.720 N para um trem com um diâmetro de roda igual a 0,762 m e velocidade dominante de 33,5 m/s. A autoridade ferroviária está considerando o uso de um tipo diferente de trem que deve viajar a uma velocidade dominante de 38,20 m/s, com diâmetro de roda de 0,914 m e carga de roda estática também de 90.720 N. Determine se isto pode ser feito sem verificar o tamanho dos trilhos. Suponha que todas as outras condições permaneçam as mesmas.

7.8 Os valores M_r do subleito de uma rodovia proposta de pavimento flexível são 138, 138, 34,5, 34,5, 34,5, 62,1, 62,1, 62,1, 65,55, 65,55, 51,75 e 138 N/mm² para cada mês, de janeiro a dezembro, respectivamente. Determine o módulo do subleito efetivo que é equivalente ao efeito combinado dos diferentes módulos sazonais.

7.9 O VDM do primeiro ano em uma rodovia interestadual de seis faixas localizada em uma área urbana deve ser de 10.500 em uma direção. A taxa de crescimento de caminhões leves de dois eixos de 45.360 N/eixo deve ser de 5% ao ano durante os primeiros cinco anos de duração do pavimento, e aumentará para 6% ao ano pelo resto da vida útil do pavimento, enquanto a taxa de crescimento de todos os outros veículos deverá ser de 4% ao ano ao longo da vida útil do pavimento. Determine a ESAL de projeto para uma vida útil de 20 anos. A composição do tráfego projetada de veículos durante o primeiro ano de operação é:

Carros de passageiros (45.360 N/eixo) = 83%
Caminhões leves de dois eixos (45.360 N/eixo) = 10%
Caminhões leves de dois eixos (5.443 kg/eixo) = 5%
Caminhões leves de três eixos (6.350 kg/eixo) = 2%
$P_i = 3,5$
$P_t = 2,5$
$f_d = 0,7$
SN assumido = 4

7.10 O módulo de resiliência efetivo M_r do subleito do pavimento no problema é de 103,5 N/mm². Utilizando o método da AASHTO, determine se a hipótese de SN = 4 está correta. Se estiver errada, qual ação o projetista deve tomar? Utilize desvio-padrão global de 0,40, nível de confiabilidade R de 90%, índice de serventia inicial de 3,5 e índice de serventia final de 2,5.

7.11 Um pavimento flexível deve ser projetado para atender à ESAL de projeto obtida no Problema 7.9. O módulo de resiliência efetivo M_r do subleito do pavimento é de 103,5 N/mm², a camada de sub-base é um solo arenoso sem tratamento com um M_r efetivo de 120, 75 N/mm², e o material de base é um material granular sem tratamento com M_r de 186,3. A estrutura do pavimento será exposta a níveis de umidade que se aproximam da saturação em 20% do tempo e levará cerca de uma semana para drenar a camada de base para uma saturação de 50%. Utilizando SN de 4 obtido no Problema 7.10, determine as profundidades adequadas às camadas de sub-base, base e revestimento asfáltico. O módulo de elasticidade E_{AC} do concreto asfáltico a 20 °C é de 3.105 N/mm².

7.12 O pavimento flexível de uma rodovia coletora localizada em uma área rural está sendo projetado para atender a uma ESAL de projeto de $0,55 \times 10^6$. O CBR do subleito é igual a 8. Escolha os materiais de sub-base e base e determine a profundidade de cada camada do pavimento. O M_r do material do revestimento asfáltico é de 2.760 N/mm².

7.13 Um pavimento flexível de aeroporto está sendo projetado para atender a um número de partidas anuais equivalentes igual a 15 mil para a aeronave A-300 modelo B2 com peso bruto de 907.180 N. Se o único material de sub-base disponível nas proximidades do local tiver um valor de CBR de 12 e o engenheiro pretender utilizar a espessura mínima especificada para o revestimento asfáltico pré-misturado a quente, determine as profundidades das camadas de base e sub-base. O subleito tem CBR de 6.

7.14 Determine se a hipótese de que a aeronave 737-200 é a de projeto no Problema 7.6 está correta.

7.15 Utilizando os dados do Problema 7.6 e sua resposta para o Problema 7.14, determine a profundidade de cada componente estrutural de um pavimento flexível da pista de pouso e decolagem de aeroporto, considerando que ela consiste em um revestimento de concreto asfáltico pré-misturado a quente, uma camada de base e uma de sub-base. Os valores de CBR do subleito e da sub-base são 8 e 15, respectivamente.

7.16 Repita o Problema 7.15 se o CBR do subleito for 5, o da sub-base 12, e a profundidade da camada da base restrita a 381 mm no máximo por causa da escassez de material.

7.17 Descreva brevemente os quatro tipos gerais de pavimentos rígidos.

7.18 Utilizando o método de projeto de pavimento rígido da AASHTO e as variáveis de entrada relacionadas abaixo, determine a espessura necessária de um pavimento de concreto rodoviário para atender a uma carga por eixo simples equivalente acumulada de $2,0 \times 10^6$. A sub-base é de material granular tratado com cimento com camada de 203,2 mm e os valores sazonais para o módulo de resiliência do leito da rodovia e para o módulo de elasticidade da sub-base são fornecidos na tabela a seguir:

Perda de apoio (LS) = 1
Módulo de elasticidade do concreto (E_c) = 34.500 N/mm²
Módulo de ruptura do concreto que deve ser utilizado na construção (S_c) = 4,485 N/mm²
Coeficiente de transferência de carga (J) = 3,2
Coeficiente de drenagem (C_d) = 1,0
Desvio-padrão global (S_o) = 2,9
Nível de confiabilidade = 95% (Z_R = 1,645)
Índice de serventia inicial (P_i) = 4,5
Índice de serventia final (P_t) = 2,5

(1)	(2)	(3)
Mês	Módulo do leito da rodovia M_r (N/mm²)	Módulo da sub-base E_{SB} (N/mm²)
Janeiro	124,2	310,5
	124,2	310,5
Fevereiro	124,2	310,5
	124,2	310,5
Março	27,6	124,2
	27,6	124,2
Abril	34,5	138
	34,5	138
Maio	27,6	124,2
	27,6	124,2
Junho	55,2	172,5
	55,2	172,5
Julho	55,2	172,5
	55,2	172,5
Agosto	55,2	172,5
	55,2	172,5
Setembro	55,2	172,5
	55,2	172,5
Outubro	55,2	172,5
	55,2	172,5
Novembro	55,2	172,5
	55,2	172,5
Dezembro	124,2	310,5
	124,2	310,5

7.19 Determine a armadura longitudinal e transversal que será necessária para a placa do Problema 7.18 se ela for de pavimento de concreto armado com juntas, com espaçamento entre juntas de 13,7 mm e largura de 7,3 m. O limite de elasticidade da armadura é de 414 N/mm².

7.20 Repita o Problema 7.19 para um pavimento de concreto armado contínuo com barras de 5/8" (n° 5) e os seguintes dados de entrada:

Carga de roda = 81.650 N
Módulo efetivo de reação do subleito (k) = 0,051 N/mm³
Resistência do concreto à flexão, f_t = 3,45 N/mm²
Retração do concreto = 0,0004
Coeficiente térmico da armadura α_s = 5 × 10⁻⁶
Coeficiente térmico do concreto α_c = 3,8 × 10⁻⁶
Queda de temperatura de projeto DT_D = 10 °C (temperatura máxima de 26,67 °C e mínima de -1,11 °C)
Tensão admissível do aço σ_s = 0,414 N/mm²
Largura da faixa = 3,66 m

7.21 O pavimento de um aeroporto está sendo projetado para conduzir o equivalente a 22 mil partidas anuais de aeronave A-300 modelo B2, com carga de roda máxima de 1.020.580 N. Se a sub-base for composta por 152,4 mm de material estabilizado e o módulo k do subleito for de 0,0136 N/mm³, determine a profundidade necessária do pavimento de concreto. A resistência à flexão do concreto é de 4,480 N/mm².

7.22 Determine a armadura longitudinal e transversal que será necessária para a placa do Problema 7.20 se ela for de pavimento de concreto armado com espaçamento entre juntas de 10,67 m e largura da faixa de pavimento de 7,62 m. O limite de elasticidade da armadura é de 414 N/mm².

7.23 Determine a armadura longitudinal que será necessária para a placa do Problema 7.21 para um pavimento de concreto armado contínuo se o diferencial máximo de temperatura sazonal for de 29,44 °C, limite de elasticidade da armadura de 448,5 N/mm² e largura da faixa de 3,66 m.

7.24 Utilizando a equação de Talbot, determine a profundidade necessária total do lastro abaixo da base dos dormentes de madeira se a pressão máxima admissível sobre o lastro for de 0,414 N/mm² e sobre o subleito de 0,1242 N/mm².

7.25 Determine a largura mínima da banqueta do lastro necessária em um trecho em curva com curvatura de 10° se os dormentes estão espaçados a intervalos de 508 mm e a mudança de temperatura for de 44,44 °C.

7.26 Uma via férrea está sendo projetada para trens que viajam a 96 km/h, com uma carga estática simples de 158.750 N e diâmetro de roda de 915 mm. Determine uma seção transversal adequada ao trilho se o módulo de Young do aço do trilho for de 2×10^5 N/mm² e o de elasticidade do suporte do trilho for de 20,7 N/mm².

7.27 Determine o tamanho da placa de apoio que será necessário para o trilho obtido do Problema 7.26 se os dormentes estiverem espaçados 610 mm. Além disso, determine a pressão de suporte imposta pelos dormentes sobre o lastro se os dormentes forem de 2,59 m de comprimento e 203 mm de largura.

Referências

FEDERAL AVIATION ADMINISTRATION. *Airport master plans,* Advisory Circular AC 150/5070-6B. Washington, D.C., 2005.

AMERICAN ASSOCIATION OF STATE HIGHWAY AND TRANSPORTATION OFFICIALS. *Guide for the design of pavement structures.* Washington, D.C., 1993.

FEDERAL AVIATION ADMINISTRATION. U.S. Department of Transportation. *Airport pavement design and evaluation,* Advisory Circular AC 150/5320-6D. Incorporação das alterações 1 a 5. Washington, D.C., abr. 2004.

AMERICAN SOCIETY FOR TESTING AND MATERIALS. *Annual book of ASTM standards.* Section 4, vol. 04.03; *Road and paving materials.* Pavement Management Technologies. Philadelphia, PA, 2003.

U.S. DEPARTMENT OF TRANSPORTATION. FEDERAL AVIATION ADMINISTRATION. Office of Policy and Plans, *Aerospace forecasts, Fiscal Years 2006-2017.* Washington D.C. Disponível em: <http://faa.gov/data_statistics>.

AMERICAN RAILWAY ENGINEERING AND MAINTENANCE-OF-WAY ASSOCIATION. *Manual for railway engineering.* Landover, MD, 2005.

FEDERAL AVIATION ADMINISTRATION, U.S. Department of Transportation. *Standards for specifying construction of airports.* Advisory Circular, AC 150/5370-10A. Incorporação de alterações 1 a 14. Washington, D.C., 2004.

U.S. DEPARTMENT OF TRANSPORTATION, Federal Aviation Administration. *Standards for specifying construction of airports*. Advisory Circular 150/5370-10B. Washington, D.C., 2005.

THE AMERICAN ASSOCIATION OF STATE HIGHWAY AND TRANSPORTATION OFFICIALS. *Standard specifications for transportation materials and methods of testing*, 20. ed. Washington D.C., 2000.

Asphalt Institute. Superpave mix design. Superpave Series n. 2 (SP-2). Lexington, KY, 2000.

GARBER, NICHOLAS J.; HOEL, Lester A. *Traffic and highway engineering*, 3. ed. Brooks/Cole: Thompson Learning, 2002.

CAPÍTULO 8

Segurança no transporte

Os Estados Unidos desenvolveram um vasto sistema de transporte que é insuperável em todo o mundo, e que tem proporcionado uma mobilidade sem precedentes a todos os cidadãos por meio da combinação de uma ampla rede viária com serviços aéreos, ferroviários e de transporte público urbano. As cargas movem-se de um lado do planeta ao outro, por meio de uma rede intermodal de transportadoras, portos, ferrovias e corredores rodoviários de carga. Porém, esse sistema impressionante não está isento de falhas, e talvez o problema mais crítico enfrentado pelo setor de transporte atualmente é garantir um ambiente seguro para os operadores e passageiros. Este capítulo discute as causas dos problemas de segurança, suas soluções e os programas para melhorar o desempenho em termos de segurança do sistema de transporte do país. As estatísticas visam fornecer o contexto a respeito da magnitude do problema de segurança, e podem ser encontradas nas referências e nos sites da internet no final deste capítulo.

Estima-se que aproximadamente 1,2 milhão de pessoas são mortas e 50 milhões feridas nas estradas em todo o mundo. Na medida em que os países em desenvolvimento se tornam motorizados, como o caso da China, Tailândia e Índia, espera-se que esses números aumentem significativamente no futuro. Nos Estados Unidos, mais de 40 mil pessoas morrem em acidentes de veículos automotores a cada ano e muitas dessas mortes, infelizmente, representam um segmento jovem e vigoroso da população.

A aviação, considerada uma modalidade de transporte muito segura, sofreu de 10 a 15 acidentes em 10 milhões de voos em todo o mundo. No entanto, com a expansão do transporte aéreo em condições cada vez mais lotadas e congestionadas, estima-se que ao longo do tempo o setor tenha expectativas de perdas permanentes de até um avião por semana em todo o mundo como resultado de um acidente aéreo. Surpreendentemente, nos últimos anos, houve muito poucas mortes nas companhias aéreas dos Estados Unidos por ano, apesar de as mortes não serem incomuns no setor conhecido como aviação geral. O contraste entre o desempenho da segurança nas rodovias e na aviação tem confundido os especialistas em transportes, uma vez que, a cada ano, o número de mortes nas rodovias é muito maior do que nas vias aéreas. Acredita-se que as companhias aéreas comerciais sejam mais seguras por causa da importância do setor na prevenção de acidentes e da competência dos pilotos das companhias aéreas.

As modalidades de transportes ferroviário e público por ônibus são consideradas relativamente seguras. A viagem, em média, é considerada duas a três vezes mais segura em um ônibus ou trem do que em um avião e, aproximadamente, 40 vezes mais segura do que em um automóvel. No entanto, acidentes acontecem em ônibus e trens, e estes, muitas vezes, envolvem um grande número de passageiros. Colisões frontais entre trens de passageiros são eventos raros e pouco frequentes, mas acidentes trágicos de ônibus e trem nas passagens em nível têm ocorrido e resultado em danos materiais e perdas de vida. Acidentes com cargas têm ocorrido, envolvendo derramamento de materiais perigosos que se espalham por cidades e comunidades. Quando ocorrem acidentes que envolvem colisões entre veículos de passageiros e caminhões ou trens, o resultado ou é fatal ou provoca ferimentos aos ocupantes dos automóveis.

Questões envolvidas na segurança do transporte

Colisões ou acidentes?

O termo *acidente* é comumente aceito como uma ocorrência que envolve um ou mais veículos de transporte em uma colisão que resulta em danos materiais, ferimentos ou morte. O termo *acidente* implica um evento aleatório que ocorre sem razão aparente que não seja "apenas aconteceu". Você já esteve alguma vez em uma situação em que aconteceu algo que não foi intencional? Sua reação imediata pode ter sido, "Desculpe-me, foi só um acidente".

Nos últimos anos, a *National Highway Traffic Safety Administration* (NHTSA) sugeriu a substituição da palavra *acidente* por *colisão*. Por que isso acontece? Simplesmente porque esta palavra é orientada para resultados, o que implica que a colisão de um veículo pode ter sido provocada por uma série de eventos. A colisão poderia ter sido evitada ou seus efeitos minimizados de várias maneiras. Entre as opções estão a modificação do comportamento dos condutores, a melhoria do projeto dos veículos (chamado em inglês de *crashworthiness*), a modificação da geometria viária e a melhoria do ambiente de viagem. *Colisão* não é o termo utilizado por todas as modalidades de transporte, seu uso mais comum é no contexto de incidentes rodoviários e de tráfego. Ambos os termos, *colisão* e *acidente*, são aplicados nas modalidades não rodoviárias e, portanto, a palavra *acidente* é uma descrição normalmente aceita para uma colisão.

Quais são as causas das colisões no transporte?

A ocorrência de uma colisão representa um desafio para os investigadores de segurança. Em todo caso, surge a pergunta: "Qual foi a sequência de eventos ou circunstâncias que contribuiu para o incidente que resultou em lesão, perda de vida ou prejuízos materiais?". Em alguns casos, a resposta pode ser simples. Por exemplo, a causa de uma colisão que envolve um único carro pode ser que o motorista tenha adormecido ao volante, atravessado o acostamento e colidido contra uma árvore. Em outros casos, pode ser complexa, envolvendo vários fatores que, agindo em conjunto, causaram a colisão.

Um dos desastres mais notáveis ocorreu em 1912 quando o *Titanic*, um transatlântico "insubmergível", afundou no mar com aproximadamente 1.200 passageiros e tripulantes longe da costa da Nova Escócia. A crença geral, entre a maioria das pessoas que se interessa por esta história, é que a causa dessa tragédia foi que o navio bateu em um *iceberg* e afundou. Na realidade, a razão é muito mais complexa e envolveu muitos fatores contribuintes. Entre eles estão falta de botes salva-vidas para transportar os passageiros do navio naufragado; falta de informações por rádio sobre os campos de gelo, uma vez que o transmissor tinha sido desligado naquela noite; falta de discernimento do capitão em informar os passageiros e os tripulantes um desastre iminente; um armador ambicioso que queria reivindicar o recorde de menor tempo de travessia do Atlântico; um sistema de alerta de bordo inadequado e as orientações inadequadas aos passageiros antes da partida; um excesso de confiança na tecnologia de um navio que pensavam era invencível; e as falhas nos rebites que prendiam as placas de aço do navio, que se romperam. Como resultado desse horrível desastre, uma investigação do Congresso identificou a maioria das causas e aprovou leis referentes a viagens oceânicas para garantir que o que ocorreu com o *Titanic* não aconteça novamente.

As colisões aéreas, quando ocorrem, atraem a atenção da mídia e o interesse público. Especialistas do *National Transportation Safety Board* (NTSB) são enviados para o local para iniciar suas investigações. Dados são obtidos com base em gravadores de voo e de voz, partes do avião acidentado são montadas e entrevistas com as testemunhas e sobreviventes são realizadas. Os resultados da investigação, que pode levar meses ou mesmo anos para ser concluída, muitas vezes fornecem informações sobre a causa provável do acidente e podem resultar em mudanças nos procedimentos e especificações de projeto que ajudam a evitar futuras ocorrências semelhantes. Os sequestros dramáticos em 11 de setembro de 2001, quando terroristas invadiram a cabine de quatro aviões diferentes, dominando a tripulação e colidindo os aviões, resultaram em muitas mudanças no transporte aéreo. Dois resultados deste evento terrível são que as portas da cabine agora são "reforçadas" para impedir a entrada não autorizada, e os procedimentos de vistoria dos passageiros foram melhorados.

As causas dos acidentes de transporte também podem envolver uma má coordenação entre as instituições e organizações. Por exemplo, uma colisão frontal de dois trens de passageiros no centro de Londres ocorreu durante a hora do *rush* da manhã, e alguns especialistas atribuíram o acidente à recente privatização do sistema ferroviário. Uma vez que nenhuma organização era responsável (os dois trens eram de propriedade de empresas diferentes), alegou-se que a falta de comunicação entre as várias partes do sistema foi um fator determinante. Como resultado, os dois trens prosseguiram em direção um ao outro na mesma via. Outra versão da causa dessa colisão, que vitimou mais de 60 passageiros, é mais simples e direta. Um dos condutores do trem não parou em um sinal vermelho e prosseguiu a viagem em alta velocidade. No entanto, a privatização era vista como uma causa secundária da colisão, uma vez que a empresa não pretendia instalar um dispositivo (em decorrência de fatores de custo) que teria advertido que um trem tinha avançado o sinal vermelho, provocando sua parada.

Os exemplos citados ilustram os tipos de acidentes de transporte e suas causas. Com base nessas ilustrações e em outros casos semelhantes, é possível construir uma lista geral das categorias de circunstâncias que influenciam a ocorrência de colisões no transporte. Quando os fatores que contribuem para eventos de colisão são identificados, é possível modificar e aperfeiçoar o sistema de transporte. Então, com a redução ou eliminação do fator causal da colisão, é provável que isto resulte em um sistema de transporte mais seguro.

Como exemplo, os dados de colisão têm demonstrado conclusivamente que há uma forte correlação entre as mortes em rodovias e o uso de drogas ou álcool pelos motoristas. De posse desses resultados, organizações como *Mothers Against Drunk Driving* (MADD) têm feito *lobby* por leis que controlem o uso de drogas e de álcool ao dirigir. Ao longo do tempo, foram colocados limites em termos de um teor de álcool permitido na corrente sanguínea. Em alguns Estados, o limite é de "tolerância zero", com um aumento nas multas e a imposição de penas de prisão. O resultado dessa ação foi uma redução significativa no número de colisões nas estradas em decorrência do abuso de álcool na direção.

Quais são os principais fatores envolvidos em colisões no transporte?

Embora as causas dos acidentes sejam geralmente complexas e possam envolver diversos fatores, elas podem ser classificadas dentro de quatro categorias distintas: ações do condutor, condição do veículo, características geométricas da via e o ambiente físico ou climático em que o veículo opera. Esses fatores serão discutidos na próxima seção.

É considerado como sendo o principal fator que contribui para a maioria das situações de acidentes o desempenho do condutor de um ou de ambos (em colisões com mais de um veículo) os veículos envolvidos. O erro do condutor pode ocorrer de várias maneiras, incluindo desatenção ao tráfego rodoviário e do entorno, não ceder o direito de passagem e a desobediência às leis de trânsito. Essas "falhas" podem ocorrer em decorrência da falta de familiaridade com as condições da via, viagens em alta velocidade, sonolência, bebidas, uso de telefone celular ou outras distrações no interior do veículo. A Figura 8.1 ilustra uma colisão em decorrência de um erro do motorista.

A condição mecânica do veículo também pode ser uma causa de colisões no transporte. Se uma aeronave fica sem combustível e se acidenta, a razão pode ser que o indicador de combustível não estava funcionando de forma adequada. Freios defeituosos em caminhões pesados, vagões ferroviários e aeronaves têm causado colisões.

Figura 8.1 – Erro do motorista contribui para a maioria das colisões rodoviárias.

Fonte: Alexander Gordeyev/Shutterstock.

Outras razões são sistema elétrico, pneus desgastados e a localização do centro de gravidade do veículo. A Figura 8.2 ilustra o resultado de uma colisão que poderia ter sido em virtude de falha do veículo. As colisões fora da via deste tipo exigem que as equipes de resgate sejam prontamente notificadas, principalmente nas zonas rurais, a fim de garantir atendimento médico imediato.

Figura 8.2 – Colisões fora da via exigem notificação imediata.

Fonte: Vereshchagin Dmitry/Shutterstock.

A condição da via, que inclui rodovias, cruzamentos e o sistema de controle de tráfego, pode ser um fator na ocorrência de uma colisão no transporte. As rodovias devem ser projetadas para fornecer distância de visibilidade adequada na velocidade de projeto, ou os motoristas serão incapazes de tomar medidas corretivas para evitar uma colisão. Os sinais de trânsito devem proporcionar distância de visibilidade e de decisão adequada quando o sinal passa da fase verde para a vermelha. As passagens de nível em ferrovias devem ser projetadas para operar com segurança e, assim, minimizar as colisões entre o tráfego rodoviário e os veículos ferroviários. As ferrovias devem ser cuidadosamente alinhadas para garantir que um trem em alta velocidade não "pule sobre os trilhos". A superelevação das curvas rodoviárias e ferroviárias deve ser cuidadosamente estabelecida com o raio correto e seções de transição adequadas para assegurar que os veículos possam realizar as curvas com segurança. Uma falha de via que provocou o descarrilamento de um trem está ilustrada na Figura 8.3.

O ambiente físico e climático em torno de um veículo de transporte também pode ser um fator na ocorrência de colisões no transporte. A causa mais comum de colisões são as condições do tempo. Os sistemas de

Figura 8.3 – A via férrea deve ser alinhada para evitar descarrilamentos.
Fonte: Jerry Sharp/Shutterstock

transporte funcionam perfeitamente quando o tempo está ensolarado e o céu claro. O transporte aéreo é afetado de forma significativa pelas condições do tempo, e a maioria dos viajantes pode se lembrar de uma viagem aérea que foi atrasada ou cancelada por causa de condições do tempo com tempestades, neblina, ventos fortes ou nevasca no aeroporto de origem ou de destino ou durante o voo. As condições do tempo também afetam os navios no mar, principalmente em períodos de tempestades, muitas vezes causadas por furacões. Grandes sagas do mar têm sido relatadas sobre o heroísmo dos marinheiros tentando sobreviver durante uma tempestade.

Água nas rodovias pode contribuir para colisões rodoviárias. Por exemplo, um pavimento molhado reduz o atrito de frenagem, fazendo que os veículos aquaplanem sobre a água. Muitas colisões graves têm ocorrido em decorrência da neblina. Os veículos que viajam em alta velocidade são incapazes de ver outros veículos à sua frente que podem ter parado ou diminuído a velocidade, criando um engavetamento. A geografia é outra causa ambiental de colisões no transporte. As cadeias de montanhas têm sido palco de colisões aéreas. As planícies fluviais alagadas, os rios caudalosos e os deslizamentos de terra sobre o pavimento têm sido a causa de colisões ferroviárias e rodoviárias.

Quais são as formas de melhorar a segurança do transporte?

As ações de melhoria de segurança podem ser na forma de legislação e normas governamentais, fiscalização, educação e engenharia. Cada uma dessas ações é necessária quando se procura melhorar a segurança do transporte. No entanto, a fim de aplicar efetivamente uma ação de melhoria de segurança específica, primeiro é necessário determinar o resultado pretendido de cada ação, que pode ser para evitar a colisão ou minimizar seus efeitos caso aconteça.

O principal objetivo de qualquer programa de segurança no transporte é evitar colisões. Obviamente, se uma colisão for evitada, ela nunca ocorrerá. Ninguém fica ferido ou morre. A prevenção é vista como o principal objetivo do setor de transporte aéreo e, nos Estados Unidos, muito já foi feito neste sentido. Os passageiros sabem que se uma colisão aérea ocorrer, todos morrerão. Assim, a melhor opção é evitá-las, embora precauções devam ser tomadas para minimizar o efeito caso ocorram. Por exemplo, com o aumento da importância da segurança, os passageiros são submetidos a revistas pessoais com o intuito de assegurar que um terrorista não possa embarcar na aeronave.

Para atender à prevenção de colisão aérea, é necessária uma legislação que autorize os agentes públicos a regulamentar e fazer cumprir as leis relativas à circulação segura de pessoas e mercadorias. Por exemplo, o *Department of Transportation* dos Estados Unidos está autorizado pelo Congresso a regulamentar a circulação de materiais perigosos e a certificar que o transporte comercial atenda aos padrões de manutenção. Segurança também requer fiscalização e educação. Por exemplo, após leis que estabelecem velocidade máxima e limites de peso para caminhões pesados serem aprovadas, os condutores devem ser habilitados por meio de cursos educativos e os infratores detidos e punidos. Finalmente, a engenharia desempenha um papel importante na prevenção de acidentes, assegurando que os veículos e as vias sejam projetados de forma que possibilitem que a condução seja a mais segura possível.

A segunda abordagem é projetar o sistema veículo-via voltado à segurança de modo que, caso ocorra uma colisão, o efeito sobre os ocupantes possa ser minimizado. A minimização dos efeitos das colisões é uma estratégia efetivamente utilizada no transporte rodoviário, com grandes índices anuais de mortes e feridos e danos extensivos às propriedades. Em vez de desenvolver medidas rigorosas para evitar colisões, o setor rodoviário vê o problema como salvar o público de si mesmo. Em outras palavras, fazer uma suposição implícita de que o número de colisões rodoviárias poderá permanecer constante ou até mesmo aumentar. Assim, o engenheiro de projeto visa eliminar os obstáculos próximos às vias de percurso de modo que, se o veículo não puder ser controlado, ele terá uma área livre de obstáculos ou, caso o impacto ocorra, as lesões dos ocupantes sejam minimizadas.

Por exemplo, houve várias situações em que uma aeronave derrapou para fora da pista de pouso e decolagem e foi incapaz de parar antes de colidir com objetos fixos causando perdas de vida. Se a pista tivesse uma área livre de placas e estruturas ou espaço previsto para a redução de velocidade, a aeronave e seus passageiros poderiam ter sido salvos. Da mesma forma, muitas placas rodoviárias são construídas de tal forma que, se atingidas por um veículo automotor, serão quebradas na base. O projeto de veículos também visa minimizar os efeitos da colisão com a instalação de para-choques que absorvem energia, *air bag*s e cintos de segurança. As leis de uso de capacete para condutores de motocicletas foram elaboradas para reduzir as lesões na cabeça em caso de colisão. Somente quatro Estados (Colorado, Illinois, Iowa e New Hampshire) não têm leis que regulam a utilização de capacetes.

Em contraste com o transporte comercial (aéreo, ferroviário e hidroviário), o rodoviário enfrenta enormes obstáculos para desenvolver uma base racional para as melhorias da segurança. As modalidades comerciais podem controlar o desempenho do condutor/operador e evitar colisões e, também, a perda de receitas e limitar o aumento dos custos operacionais.

Além disso, o sistema rodoviário dos Estados Unidos é fragmentado e descentralizado – consistindo em, literalmente, milhões de motoristas e várias jurisdições políticas. Muitas cidades, condados e Estados administram e fiscalizam os programas de segurança no trânsito e, no nível federal, vários órgãos e o Congresso dos EUA promulgam leis, normas e padrões de projeto, assegurando uma ampla variabilidade nos métodos de gestão da segurança. Por exemplo, câmeras montadas em postes destinam-se a capturar, por meio de sensores, os "avanços de sinal vermelho" e, assim, reduzir as mortes e lesões; estes recursos são legais em alguns Estados e municípios, mas não em outros. Anomalias semelhantes existem com relação às legislações de cinto de segurança, limites de velocidade, uso do telefone celular e níveis de álcool no sangue.

Outras barreiras para a proteção efetiva da colisão rodoviária é a sensação do público motorizado de que as rodovias são mais seguras do que as viagens aéreas. Há pouco clamor do público, da imprensa ou do Congresso sobre o número anual de mortes nas rodovias, enquanto uma única colisão aérea cria uma enorme cobertura da imprensa e muita preocupação. Além disso, o público e a imprensa não estão dispostos a aceitar uma abordagem econômica para as melhorias de segurança que requerem a valoração de uma vida humana. Assim, defendem a urgência, por exemplo, de cintos de segurança em ônibus, quando outros meios mais apropriados e eficazes estão disponíveis e a aprovação de grandes investimentos em estruturas para reduzir colisões em cruzamentos ferroviários em nível, quando esta categoria representa apenas cerca de 1% de todas as colisões fatais.

Finalmente, em contraste com as viagens aéreas, em que os passageiros voluntariamente se submetem às leis e regulamentos sobre segurança de passageiros, o público motorizado não é tão complacente e vê as leis de trânsito como opcionais ou obrigatórias somente quando há uma chance de serem pegos. Assim, os viajantes ultrapassam os limites de velocidade, usam telefones celulares enquanto dirigem, bebem ao volante, estacionam de forma ilegal e demonstram comportamento agressivo. Além disso, o público (e seus representantes eleitos) não tem interesse na nova tecnologia que monitora seu comportamento de condução e muitas técnicas de vistoria são consideradas ilegais em decorrência de preocupações com a privacidade e de questões constitucionais a respeito de provas sobre o comportamento de um indivíduo por meios remotos.

Coleta e análise de dados de colisões

Depois de uma colisão, há uma investigação do acidente para procurar entender qual poderia ter sido a causa. Os dados são coletados e serão úteis na reconstrução do evento da colisão e podem levar à determinação de uma possível solução. Além disso, os dados da colisão são reunidos ao longo do tempo para determinar eventuais tendências e avaliar estatisticamente como está o desempenho dos elementos do sistema de transporte em geral. Por exemplo, se o número de colisões em um cruzamento for consideravelmente maior do que em outros locais semelhantes dentro de um Estado, seria benéfico analisar esse local, identificar possíveis causas e sugerir medidas para melhorar sua segurança.

Os dados de colisão são obtidos das autoridades de transporte federal, estadual ou local ou de órgãos policiais. Logo depois de uma colisão, a assistência médica de emergência é encaminhada para o local para ajudar os feridos. Em seguida, os investigadores são nomeados para registrar as informações relevantes sobre o evento. Entre os dados coletados sobre o local estão a localização do acidente, a hora da ocorrência, as condições ambientais, o tipo e o número de veículos envolvidos, a trajetória e a localização final de cada veículo. O local de colisão também pode ser fotografado e filmado. O registro do acidente torna-se a fonte básica de informação para uma análise posterior. Os dados podem ser utilizados para produzir reconstituições do acidente, auxiliar em reinvidicações legais ou de seguro, estabelecer tendências estatísticas e melhorar o conhecimento sobre os fatores que causam colisões. Finalmente, eles podem auxiliar na avaliação da eficácia das melhorias (ou medidas preventivas) para a redução de mortes ou feridos.

O primeiro passo na coleta de dados da colisão é o preenchimento de um formulário de relatório de colisão no local da ocorrência. O relatório é preenchido por um agente da polícia que investiga a colisão. Uma vez que cada Estado mantém seu próprio formulário, o formato pode ser diferente de Estado para Estado, mas as informações gravadas são semelhantes. Isso inclui a data e a hora da colisão, os tipos de veículos envolvidos, a gravidade das lesões que eventualmente ocorreram e uma breve descrição da colisão. As empresas ferroviárias são as principais responsáveis pela coleta e elaboração de relatórios sobre as colisões que envolvem seus trens, enquanto os dados sobre colisões da aviação civil são geralmente coletados pelo NTSB, que é uma agência federal independente com mandato legal para investigar e determinar a causa provável de todas as colisões da aviação civil nos Estados Unidos e colisões significativas em outras modalidades de transporte. Colisões significativas são as seguintes:

- Rodoviárias selecionadas;
- Ferroviárias envolvendo trens de passageiros;
- Ferroviárias que resultam em uma ou mais mortes ou grandes prejuízos materiais, independente se o trem ou trens envolvidos são de passageiro ou não;
- Grandes colisões marítimas;
- Todas as colisões marítimas que envolvem embarcações públicas e não públicas;
- Acidentes em oleodutos que envolvem uma fatalidade ou danos materiais significativos;
- Todas as colisões em todas as modalidades de transporte que resultam no lançamento de substâncias perigosas;
- De transporte selecionadas que envolvem problemas de natureza recorrente.

Como o NTSB investiga colisões rodoviárias selecionadas, apenas algumas ocorrências em um determinado ano são investigadas pelo órgão, resultando em uma proporção muito menor de colisões totais do que as da aviação e da ferrovia. As estatísticas nacionais sobre colisões rodoviárias são, portanto, dependentes principalmente das informações registradas de cada ocorrência pelo agente investigador de polícia.

Os bancos de dados de colisão nacional são regularmente fornecidos por diferentes órgãos federais de transportes. Por exemplo, a NHTSA, em seu relatório anual de *Fatos de segurança no trânsito de 2004: Compilação de dados de colisão de veículos automotores com base no sistema de relatórios de análise de fatalidades e no sistema de estimativa geral*, fornecem informações sobre colisões de trânsito que abrangem todas as severidades. Da mesma forma, a Administração Federal de Ferrovias, em seu *Relatório anual de estatísticas de segurança ferroviária*, oferece dados estatísticos, tabelas e gráficos que descrevem a natureza e as causas de muitas colisões e incidentes ferroviários. O NTSB também publica o *Banco de dados de acidentes aéreos*, que contém informações sobre as operações, o pessoal, as condições ambientais, as consequências, prováveis causas e fatores contribuintes de colisões na aviação civil. Exemplos do tipo de informação que pode ser obtida com base nesses bancos de dados são fornecidos nas Figuras 8.4 e 8.5 sobre colisões rodoviárias e aéreas, respectivamente, e na Tabela 8.1 sobre colisões ferroviárias.

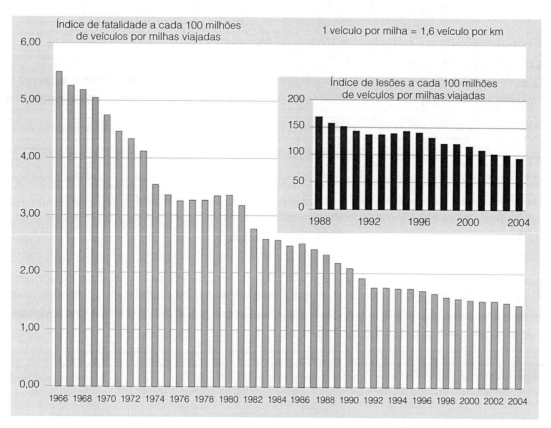

Figura 8.4 – Índices de fatalidades e lesões por veículos automotores a cada 100 milhões de veículos por milha de viagem, 1966-2004.

Fonte: *Traffic Safety Facts 2004: A Compilation of Motor Vehicle Crash Data from the Fatal Analysis. Reporting System and the General Estimates System*, National Center for Statistics and Analysis of the National Highway Traffic Safety Administration, U.S. Department of Transportation, Washington, D.C., 2005.

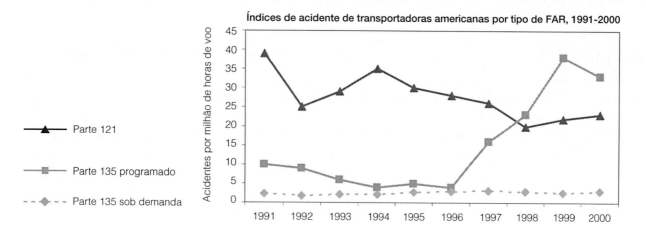

Figura 8.5 – Índices de acidente de transportadoras americanas por tipo de FAR (*Federal Aviation Regulation*), 1991-2000.

Fonte: National Transportation Safety Board, GILS: *Aviation Accident Data Base*, atualizado em fevereiro de 2006, Office of Aviation Safety, Washington, D.C.

O objetivo da análise de colisões é identificar a existência de padrões no desempenho de segurança das infraestruturas de transporte, determinar suas causas mais prováveis e criar medidas que poderiam ser tomadas para evitar colisões semelhantes no futuro.

Os índices de colisão são utilizados para facilitar a comparação dos históricos de ocorrências em um local com os de outro. Os índices para cada tipo de colisão são normalmente apresentados em termos de número delas por veículo ou por passageiro por milha de um determinado tipo de infraestrutura ou de extensão da via. Os índices também podem ser relatados em termos de fatores comunitários, como o número de colisões por veículo registrado ou por pessoa.

Os índices de colisão em cruzamentos ou passagens em nível são normalmente informados em termos de colisões por milhão de veículos que entram no cruzamento ou na passagem por ano expresso da seguinte forma:

$$R/MEV/Y = (C_i \times 1.000.000)/V \tag{8.1}$$

em que:
    $R/MEV/Y$ = índice de colisão por milhão de veículos que entram nos cruzamentos/ano;
        C_i = número de colisões/ano do tipo i;
        V = número anual de veículos que entram = (VDM × 365);
    VDM = volume diário médio de tráfego.

Os índices de colisão por trecho de via são normalmente declarados em termos de colisões para cada 100 milhões de veículos ou passageiros/km por um determinado comprimento de trecho ou por milhão de quilômetros de voo, expressos da seguinte forma:

$$R/HMVM/Y = (C_i \times 100.000.000) / (VMT) \tag{8.2}$$

em que:
    $R/HMVM/Y$ = índice de colisão a cada 100 milhões de veículos/km por ano;
        C_i = número de colisões/ano do tipo i;
    VMT = número de veículos/milha de viagem = (VDM) (365)(comprimento da via).

(*Observação*: Os índices de colisão por passageiro/km podem ser obtidos substituindo *PMT* por *VMT*).

Exemplo 8.1

Cálculo dos índices de acidentes em cruzamentos ou passagens em nível

Há oito colisões por ano em uma passagem em nível de ferrovia rural onde um trem passa a cada hora. O volume no período médio de 24 horas que entra no cruzamento é de 5.500 veículos/hora. Determine o índice de colisão por milhão de veículos que entram.

Solução
    $R/MEV/Y = (C_i \times 1.000.000)/V$
                = (8 × 1.000.000)/(5500 × 365)
                = 3,98 colisões/milhão de veículos que entram na passagem por ano

Tabela 8.1 – Resumo do histórico de acidentes/incidentes ferroviários nos Estados Unidos.

Categoria	1993	1994	1995	1996	1997	1998	1999	2000	2001	2002	2003	2004
GRAND TOTAL												
Acidentes/incidentes	24.740	22.465	19.591	17.690	16.699	16.501	16.776	16.918	16.087	14.404	14.279	14.232
Taxa[1]	21,82	19,14	16,60	15,05	14,14	13,78	13,72	13,94	13,56	12,18	11,95	11,59
Mortes	1.279	1.226	1.146	1.039	1.063	1.008	932	937	971	951	867	898
Condições não fatais	19.121	16.812	14.440	12.558	11.767	11.459	11.700	11.643	10.985	11.103	9.180	8.871
ACIDENTES DE TREM												
Taxa[2]	4,25	3,82	3,67	3,64	3,54	3,77	3,89	4,13	4,25	3,76	4,03	4,28
Números totais	2.611	2.504	2.459	2.443	2.397	2.575	2.768	2.983	3.023	2.738	2.997	3.296
Mortes	67	12	14	25	17	4	9	10	6	15	4	13
Lesões	308	262	294	281	183	129	130	275	310	1.884	227	229
Colisões	205	240	235	205	202	168	205	238	220	192	200	237
Descarrilamentos	1.930	1.825	1.742	1.816	1.741	1.757	1.961	2.112	2.234	1.989	2.114	2.367
Na linha principal	955	914	912	941	867	934	858	976	1.025	886	962	1.009
Em vias de pátio	1.383	1.339	1.279	1.249	1.223	1.306	1.531	1.619	1.569	1.478	1.651	1.860
Taxas de vias de pátio[3]	15,87	14,91	14,23	14,22	14,41	15,60	17,51	18,21	18,30	18,25	20,21	22,14
Taxas de outra via[4]	2,33	2,06	2,03	2,05	1,98	2,12	1,98	2,15	2,32	1,95	2,03	2,10
Causados pela via	963	911	856	905	879	900	995	1.035	1.121	941	969	1.010
Taxa dos causados pela via	1,57	1,39	1,28	1,35	1,30	1,32	1,40	1,43	1,58	1,29	1,30	1,31
Causas por fator humano	865	911	944	783	855	971	1.031	1.147	1.035	1.050	1.217	1.329
Causas por equipamento	360	293	279	318	271	307	321	372	427	367	361	416
Causas por sinalização	54	36	27	49	39	38	49	70	42	50	58	65
Dono de equipamento (milhões $)	121,833	124,850	134,766	160,908	152,092	162,561	164,654	169,172	200,752	173,982	191,411	223,615
Dono da via (milhões $)	48,816	43,899	54,458	51,407	58,637	71,337	80,435	94,040	113,713	92,550	99,118	98,757
Materiais perigosos												
Liberação de composições	28	34	26	34	31	42	41	35	32	31	27	29
Carros liberados	57	40	48	69	38	66	75	75	57	56	38	47
Pessoas evacuadas	3.207	15.336	2.817	8.547	8.812	2.058	996	5.258	52.620	5.438	2.260	5.938
Autoestrada ferroviária												
Taxa[5]	7,97	7,60	6,92	6,34	5,71	5,14	4,90	4,84	4,55	4,22	4,00	3,98
Acidentes	4.892	4.979	4.633	4.257	3.865	3.508	3.489	3.502	3.237	3.077	2.977	3.063
Mortes	626	615	579	488	461	431	402	425	421	357	334	368
Lesões	1.837	1.961	1.894	1.610	1.540	1.303	1.396	1.219	1.157	999	1.031	1.081
OUTROS ACIDENTES												
Acidentes[6]	17.237	14.982	12.499	10.990	10.437	10.418	10.519	10.433	9.827	8.589	8.305	7.873
Mortes	586	599	553	526	585	573	521	502	544	579	529	517
Lesões	16.976	14.589	12.252	10.667	10.044	10.027	10.174	10.149	9.518	8.220	7.922	7.561

Fonte: *Railroad Safety Statistics 2004 Report*, Federal Railroad Administration, U.S. Department of Transportation, Washington, D.C., novembro de 2005.
Observação: 1 milha = 1,6 km

[1] Total da taxa de acidentes nos eventos relatados × 1.000.000 (trem milhas + horas)
[2] Total de acidentes de trem × 1.000.000/total trem milhas
[3] Acidentes na yard track × 1.000.000/yard switching trem milhas
[4] Acidentes on other than yard track × 1.000.000/total trem milhas
[5] Total de acidentes × 1.000.000/total train miles
[6] Outros acidentes que causam morte, lesões em qualquer pessoa; ou doença a um funcionário da ferrovia

Exemplo 8.2

Cálculo dos índices de colisão em segmentos de via

O número de colisões de uma linha aérea regional que presta serviços entre duas cidades localizadas a 300 km uma da outra é igual a três em um período de cinco anos. Há sete voos por dia com uma lotação média de 29 passageiros. Calcule o índice de colisão por milhão de veículos e por passageiro por quilômetro.

Solução

$R/MVM/Y = (C_i \times 1.000.000)/(VMT)$

$= (3/5) \times (1.000.000)/(7)(365)(300)$

$= 0{,}78$ colisão por milhão de km de voo a cada ano

$R/MPM/Y = 3/5(1.000.000)/(7)(29)(300)(365)$

$= 0{,}027$ colisão por milhão de passageiros por km a cada ano

---

Dada a multiplicidade de razões por que as colisões de transporte podem ocorrer ou ocorrem, nota-se que o sistema de transporte dos Estados Unidos é relativamente seguro. As causas de colisões ou de acidentes descritos anteriormente são bem conhecidas pela comunidade profissional de transporte e muito tem sido feito para garantir a segurança durante a viagem.

Muitas melhorias foram realizadas em cada uma das áreas que são conhecidas por causar colisões. Durante os últimos 30 anos, os índices de acidentes de transporte têm diminuído, apesar do crescimento do tráfego e das limitações na capacidade de transporte. As melhorias de segurança foram realizadas em todas as áreas onde ocorreram problemas, incluindo fatores humanos, tecnologia dos veículos e das vias, operações do sistema e o meio ambiente. No entanto, enquanto as taxas de mortalidade têm diminuído, o número de fatalidades de algumas modalidades, principalmente a rodoviária, tem aumentado. A Figura 8.6 mostra a evolução real e extrapolada das fatalidades no transporte entre 1992 e 2002.

O setor de transportes continuará a buscar melhorias no registro de segurança do sistema. É sabido que o século XXI sofrerá aumentos significativos no tráfego, conforme ilustrado na Figura 8.7. Caso os atuais índices de desempenho de segurança sejam mantidos, mas o número de veículos por milha aumentar, o resultado inevitável será um aumento no número absoluto de colisões, lesões e vidas perdidas. Assim, o desafio para os engenheiros de segurança no século XXI será identificar novas tecnologias e políticas operacionais que baixem os índices de acidente de uma forma contínua.

Existem vários métodos estatísticos disponíveis para a análise dos dados de colisão que podem ser utilizados pelo engenheiro de segurança. Duas razões têm restringido o uso de métodos mais sofisticados. A primeira, até recentemente, é que a maioria dos engenheiros de segurança não estava familiarizada com esses métodos, a segunda, há falta de dados disponíveis necessários para essas análises, principalmente para colisões rodoviárias. No entanto, é necessário que os engenheiros de segurança se familiarizem com alguns desses métodos estatísticos. Várias técnicas estatísticas são apresentadas; no entanto, o material pressupõe algum conhecimento básico de estatística. Os testes discutidos são aqueles que podem ser facilmente aplicados sem uma base muito forte de estatística, embora tenham também algumas deficiências inerentes quando aplicados aos dados de colisão. Essas deficiências serão observadas na medida em que cada teste for discutido. Eles são: *teste t*, para a comparação de duas médias; *teste de proporcionalidade*, para a comparação de duas proporções; *teste de qui-quadrado*, para a comparação das distribuições; e *teste não paramétrico de Wilcoxon*. Todos eles são utilizados para fazer inferências sobre populações com base em amostras nelas obtidas. Este procedimento é geralmente denominado *teste de hipóteses*.

O teste de hipóteses envolve a comparação de uma hipótese nula, que assume que as médias de duas amostras independentes são iguais, e uma hipótese alternativa, que anula essa suposição.

Indique as médias de colisões em duas infraestruturas (por exemplo, transporte público de veículo leve sobre trilhos e transporte público ferroviário urbano) como μ_1 e μ_2, respectivamente. Esses testes podem ser utilizados para determinar se existe uma diferença significativa entre as duas médias. A hipótese nula é que não há diferença significativa entre as duas médias e é escrita por

$H_0: \mu_1 = \mu_2$

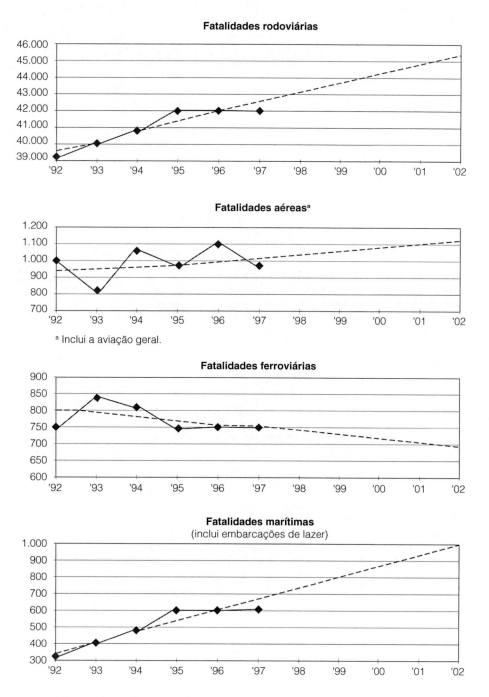

Figura 8.6 – Total de fatalidades no transporte dos Estados Unidos.

Fonte: National Transportation Safety Board.

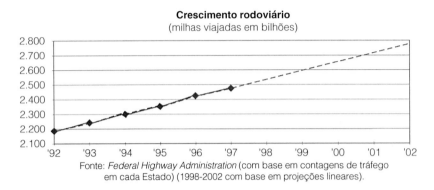

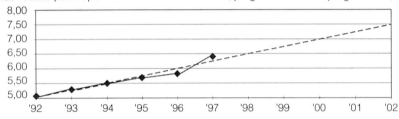

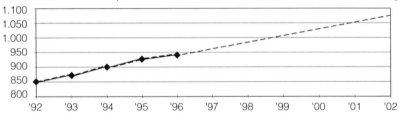

Observação: 1 milha = 1,6 km

Figura 8.7 – Crescimento do número de viagens de transporte nos EUA.

Fonte: *Transportation Research Board*. National Academies, Washington, D.C.

A hipótese alternativa dependerá da colocação do problema; pode ser uma das seguintes:

$H_1: \mu_1 < \mu_2$ (teste unilateral);
$H_0: \mu_1 > \mu_2$ (teste unilateral);
$H_0: \mu_1 \neq \mu_2$ (teste bilateral).

A hipótese nula é avaliada pelo cálculo de um teste estatístico utilizando a média estimada e/ou as variâncias das populações obtidas dos conjuntos de dados. O teste estatístico é então comparado com um valor semelhante obtido da distribuição teórica. O valor teórico depende do grau de liberdade para a distribuição assumida.

Ao utilizar o teste t, o teste estatístico é dado por

$$t = \frac{\overline{X}_1 - \overline{X}_2}{S\sqrt{\frac{1}{n_1} + \frac{1}{n_2}}} \tag{8.3}$$

em que:
$\overline{X}_1$ e $\overline{X}_2$ = médias das amostras;
n_1 e n_2 = tamanho das amostras;
S = raiz quadrada da variância da amostra coletada dada por

$$S^2 = \frac{(n_1 - 1)S_1^2 + (n_2 - 1)S_2^2}{n_1 + n_2 - 2} \tag{8.4}$$

em que:
S_1 e S_2 = variâncias das populações;
t possui um grau de liberdade de $(n_1 + n_2 - 2)$.

Os valores teóricos de t para diferentes níveis de significância podem ser vistos na tabela apresentada no artigo da revista *Biometrika*, da Oxford Academic*, para diversos níveis de confiança α, que é a probabilidade de rejeição da hipótese nula quando ela é verdadeira, normalmente denominada como sendo um erro do Tipo I. Os valores geralmente utilizados na segurança do transporte são 5% e 10%. A principal deficiência na aplicação do *teste t* nos dados de colisão é que ele pressupõe uma distribuição normal para os dados que estão sendo testados, enquanto a pesquisa tem mostrado que as distribuições de Poisson e binomial negativa geralmente descrevem a ocorrência de colisões. No entanto, grandes tamanhos de amostra tendem a dissipar esta deficiência. A região de rejeição da hipótese nula é a seguinte:

Se H_1 for	Então rejeite H_0 se
$\mu_1 < \mu_2$	$t \leq -t_\alpha$
$\mu_1 > \mu_2$	$t > t_\alpha$
$\mu_1 \neq \mu_2$	$t < -t_{\alpha/2}$ ou $t < t_{\alpha/2}$

Exemplo 8.3

Uso do teste t para diferença significante em colisões

Ele é necessário para testar se os caminhões de grande porte estão significativamente mais envolvidos em colisões traseiras em rodovias interestaduais com limites de velocidade diferentes para automóveis de passageiros

---

* M. Merrington, "Table of percentage points of the *t*-distribution", *Biometrika*, 1941, 23, 300. Disponível em: https://academic.oup.com/biomet/article-abstract/32/3-4/300/201074/TABLE-OF-PERCENTAGE-POINTS-OF-THE-t-DISTRIBUTION?redirectedFrom=fulltext. Acesso em: nov. 2011.

e caminhões de grande porte do que naquelas com limite de velocidade uniforme. Utilizando o teste t e os dados para o mesmo período de três anos mostrado na tabela a seguir, determine se você pode concluir que os caminhões estão mais envolvidos em colisões traseiras em rodovias interestaduais com limites de velocidade diferentes para cada tipo de veículo. Utilize um nível de significância de 5%. Liste as deficiências inerentes neste tipo de análise.

Rodovias interestaduais com Limites Diferentes (LD)		Rodovias interestaduais com Limite Uniforme (LU)	
Nº do local	Número de colisões	Nº do local	Número de colisões
1	10	1	8
2	12	2	9
3	9	3	11
4	8	4	12
5	11	5	5
6	6	6	7

Solução

$H_0: M_{LD} = M_{LU}$

As colisões traseiras nas rodovias interestaduais com limites de velocidade diferentes são as mesmas para rodovias interestaduais com limites de velocidade uniformes.

$H_A: M_{LD} > M_{LU}$

Os caminhões estão mais envolvidos em colisões traseiras nas rodovias interestaduais com limites de velocidade diferentes.

$M_{LD} = 9{,}333,\ S^2_{LD} = 4{,}667$

$M_{LU} = 8{,}667,\ S^2_{LU} = 6{,}667$

$$S^2 = \frac{(n_{LD}-1)S^2_{LD} + (n_{LU}-1)S^2_{LU}}{n_{LD} + n_{LU}^{-2}}$$

$$= \frac{(6-1)4{,}667 + (6-1)6{,}667}{6+6-2} = 5{,}667$$

$$t = \frac{M_{LD}-M_{LU}}{S\sqrt{\frac{1}{n_{LD}}+\frac{1}{n_{LU}}}} = \frac{9{,}333-8{,}667}{\sqrt{5{,}667\left(\frac{1}{6}+\frac{1}{6}\right)}} = 0{,}485$$

Com um nível de confiança de 95% e grau de liberdade de $t = 6 + 6 - 2 = 10$, $t_\alpha = 1{,}812$. Uma vez que $t < t_\alpha$, não podemos rejeitar a hipótese nula. Assim, pode-se concluir que os caminhões não estão mais envolvidos em colisões traseiras nas rodovias interestaduais com limites de velocidade diferentes. A principal deficiência desta solução é que o uso do teste t pressupõe, de forma incorreta, que as colisões são normalmente distribuídas.

O *teste de proporcionalidade* é utilizado para comparar duas proporções independentes p_1 e p_2. Por exemplo, o procedimento pode ser utilizado para comparar a proporção de acidentes durante pousos noturnos de linhas aéreas comerciais que ocorrem em aeroportos comerciais de serviço primário com aqueles que ocorrem em aeroportos de apoio. A hipótese nula é também normalmente

$H_0: p_1 = p_2$

A hipótese alternativa dependerá da colocação do problema, e pode ser uma das seguintes:

$H_1: p_1 < p_2$
$H_1: p_1 > p_2$
$H_1: p_1 \neq p_2$

A estatística de teste é dada por

$$Z = \frac{p_1 - p_2}{\sqrt{p(1-p)\left(\frac{1}{n_1} + \frac{1}{n_2}\right)}} \tag{8.5}$$

em que:

$$p = \frac{(x_1 + x_2)}{n_1 + n_2}$$

$p_1 = x_1/n_1$, $p_2 = x_2/n_2$;
n_i = número total de observações no conjunto de dados, i;
x_i = observações bem-sucedidas no conjunto de dados, i.

O valor de Z é, em seguida, comparado com Z_α, a variante normal padrão correspondente ao nível de significância de α.

Exemplo 8.4

Uso do teste de proporcionalidade para a diferença significante nas proporções de colisões graves em trechos em obras e sem obras

A tabela a seguir mostra colisões com mortalidades e lesões e com somente danos materiais em trechos em obras e trechos sem obras em seis locais nas mesmas rodovias interestaduais durante o mesmo período. Utilizando o teste de proporcionalidade, determine se a probabilidade de caminhões de grande porte estarem envolvidos em colisões com mortalidade e lesões é significantemente diferente em trechos em obras do que em trechos sem obras em um nível de significância de 5%.

	Trechos em obras		Trechos sem obras	
	Colisões somente com danos materiais SDM	Colisões com mortalidade e lesões M&L	Colisões somente com danos materiais SDM	Colisões com mortalidade e lesões M&L
	8	6	7	3
	5	2	8	4
	6	4	5	1
	10	7	9	4
	2	0	10	2
	6	1	11	8
Σ	37	20	50	22

$H_0: p_1 = p_2$

A probabilidade de caminhões de grande porte estarem envolvidos em colisões com M&L em trechos em obras não é maior do que em trechos sem obras.

$H_A: p_1 > p_2$

A probabilidade de caminhões de grande porte estarem envolvidos em colisões com M&L em trechos em obras é maior do que em trechos sem obras/canteiros.

$$p_1 = \frac{20}{37 + 20} = 0,351, \qquad p_2 = \frac{22}{50 + 22} = 0,306$$

$$p = \frac{20 + 22}{(37 + 20) + (50 + 22)} = 0,326$$

$$Z = \frac{0,351 - 0,306}{\sqrt{0,326(1 - 0,326)\left(\frac{1}{57} + \frac{1}{72}\right)}} = 0,546$$

Com um nível de confiança de 95%, $Z_\alpha = 1,645$; $Z < Z_\alpha$, por isso não podemos rejeitar a hipótese nula. Pode-se concluir que a probabilidade de caminhões de grande porte estarem envolvidos em acidentes com M&L não é sensivelmente diferente em trechos em obras daquela em trechos sem obras em um nível de significância de 5%.

O *teste do qui-quadrado* pode ser utilizado para realizar uma avaliação "antes e depois" de uma medida preventiva ou tratamento de segurança. Isto geralmente envolve o uso de dados de colisão para um local tratado e um local de controle antes e após a implantação de uma medida preventiva no local tratado, para determinar se a frequência de colisão neste local após a implantação da medida preventiva é significativamente diferente daquela antes da implantação. A hipótese nula é, geralmente, que não há diferença entre o número de colisões no local tratado antes e após a implantação do tratamento. Vamos discutir dois testes: (1) em que a área de controle é tão grande que o índice de controle pode ser assumido como sendo livre de erros; e (2) o caso em que esse índice de controle não existe.

Para o caso em que se entende que o índice de controle esteja livre de erros, assume-se que as colisões no local de estudo para os períodos antes e depois podem ser distribuídas de acordo com aquelas da área de controle.

Considere

a = acidentes após no local de estudo;
b = acidentes antes no local de estudo;
A = acidentes após na área de controle;
B = acidentes antes na área de controle;
C = índice de controle A/B;
$n = a + b$.

Com esta suposição, redistribua as colisões totais em uma área de estudo na proporção daquelas na área de controle (A e B). O número de colisões esperadas antes da implantação de medidas preventivas na área de estudo é dada por

$$\frac{Bn}{A + b} = \frac{n}{1 + C} \qquad (8.6)$$

O número de colisões esperadas após a implantação de medidas preventivas é dada por:

$$\frac{An}{A+B} = \frac{Cn}{1+C} \tag{8.7}$$

O teste de X^2 é realizado com base em uma tabela de *contingência*, que mostra tanto os valores observados como os esperados, conforme a seguir:

Conjunto de dados originais

	Antes	Depois	Total
Local de estudo	B	a	(a + b) = n
Local de estudo observado	b	a	(a + b) = n
Local de estudo esperado	n/(1 + C)	Cn/(1 + C)	N
Área de controle	B	A	B + A

Colisões no local de estudo após a redistribuição

	Antes	Depois	Total
Local de estudo observado	b	a	(a + b) = n
Local de estudo esperado	n/(1 + C)	Cn/(1 + C)	n

Usando X^2, temos

$$X^2 = \sum_{i=1}^{m} \sum_{i=1}^{n} \frac{(O_{ij} - E_{ij})^2}{E_{ij}} \tag{8.8}$$

em que:
 O_{ij} = o valor observado na coluna *i* e linha *j*;
 E_{ij} = o valor esperado na coluna *i* e linha *j*;
 m = o número de linhas;
 n = o número de colunas.

O X^2 calculado é então comparado com o valor teórico de X^2 para um grau de liberdade de $(m-1)(n-1)$. Se o X^2 calculado for menor que o X^2 teórico para um nível de significância selecionado α, então não há razão para concluir que exista uma diferença significativa entre as colisões observadas e esperadas, e a hipótese nula será aceita. No entanto, se o X^2 calculado for maior que o valor teórico, a hipótese nula será rejeitada e, portanto, haverá uma diferença significativa entre o número de colisões real e o esperado. A tabela de valores de qui-quadrados teóricos também pode ser vista no artigo da revista *Biometrika*.*

	Antes	Depois	Total
Local 1	b	a	(a + b)
Local 2	d	c	(c + d)
Total	(b + d)	(a + c)	(a + b + c + d) = T

Para o caso em que não se pode assumir que o índice de controle seja livre de erros, ambos os conjuntos de dados devem ser redistribuídos, fornecendo as seguintes tabelas de contingência:

---

* M. Merrington, "Table of percentage points of the *t-distribution*", Biometrika, 1941, 23, 300. Disponível em: https://academic.oup.com/biomet/article-abstract/32/3-4/300/201074/TABLE-OF-PERCENTAGE-POINTS-OF-THE-t-DISTRIBUTION?redirectedFrom=fulltext. Acesso em: nov. 2011.

	Antes	Depois	Total
Local 1 esperado	$(b+d)(a+b)/T$	$(a+b)(c+d)/T$	$(a+b)$
Local 2 esperado	$(b+d)(c+d)/T$	$(a+c)/T$	$(c+d)$
Total	$(b+d)$	$(a+c)$	T

O X^2 é calculado utilizando o valor real e o esperado para ambos os conjuntos de dados como

$$X^2 = \frac{\left[b - \frac{(b+d)(a+b)}{T}\right]^2}{\frac{(b+d)(a+b)}{T}} + \frac{\left[a - \frac{(a+b)(a+c)}{T}\right]^2}{\frac{(a+b)(a+c)}{T}}$$

$$+ \frac{\left[d - \frac{(b+d)(c+b)}{T}\right]^2}{\frac{(b+d)(c+d)}{T}} + \frac{\left[c - \frac{(a+c)(c+d)}{T}\right]^2}{\frac{(a+c)(c+d)}{T}}$$

$$X^2 = \frac{T(ad-bc)^2}{(a+b)(c+d)(a+c)(b+d)} \tag{8.9}$$

Como no caso anterior, o X^2 calculado será comparado com o valor teórico para o grau de liberdade adequado a um nível de significância de α. A hipótese nula é rejeitada caso o valor calculado seja superior ao teórico. A principal deficiência deste procedimento é que a exposição não é considerada quando se refere ao impacto de fatores que influenciam a ocorrência de colisões em um local específico. Um exemplo da exposição é o volume de tráfego.

Exemplo 8.5

Uso do teste de qui-quadrado para diferença significativa no efeito dos controles de alerta ativos em passagens em nível

Os dados da tabela a seguir mostram as colisões coletadas no mesmo período em locais em que os controles de alerta ativos, em passagens em nível, foram previamente instalados e em vários outros locais semelhantes sem esses controles. Utilizando o teste de qui-quadrado e sem assumir que o índice de controle seja livre de erro, determine se pode ser concluído que as colisões tendem a ser maiores em locais sem os controles ativos. Utilize um nível de significância de 5%.

Locais com controles ativos	Locais sem controles ativos
Antes = 31	Antes = 98
Depois = 35	Depois = 106

H_o: As colisões são as mesmas em locais com controles ativos e nos sem controles ativos.
H_A: O número de colisões tende a ser maior em locais sem controles ativos.

$$X^2 = \frac{T(ad-bc)^2}{(a+b)(c+d)(a+c)(b+d)}$$

$$= \frac{270(98 \times 35 - 31 \times 106)^2}{66 \times 204 \times 129 \times 141} = 0,0229$$

Grau de liberdade = $(2-1)(2-1) = 1$

Com um nível de confiança de 5%, $X_c^2 = 3,841$, $X^2 < X_c^2$, por isso não podemos rejeitar a hipótese nula. Pode-se concluir que as colisões *não* são maiores em locais sem os controles a um nível de significância de 0,05.

Os métodos descritos até agora exigem a suposição de algum tipo de distribuição das populações com base nas quais os dados da amostra foram obtidos. Como essa suposição, muitas vezes, não é atendida, o uso de uma metodologia de análise que não exija a suposição de qualquer distribuição pode ser considerado. As técnicas que sem esta exigência são conhecidas como *não paramétricas*.

Uma técnica não paramétrica geralmente utilizada é o *teste da soma das classes de Wilcoxon para amostras independentes*. Ele pode ser utilizado para testar a hipótese nula de que as distribuições de probabilidade associadas a duas populações não são significativamente diferentes. Considere dois conjuntos de dados de colisões de caminhão de grande porte em estradas secundárias e principais. O procedimento envolve as seguintes etapas:

(i) Classifique os dois conjuntos de dados com base nas observações amostrais, como se ambos proviessem da mesma distribuição. A classificação começa com o menor valor dos dados combinados que está sendo classificado como 1, com os outros valores sendo classificados de forma crescente até o valor mais alto que terá a classe igual ao número total de pontos de dados nos dados combinados. Se as duas populações tiverem a mesma distribuição, essas classes cairão aleatoriamente dentro de cada conjunto de dados, ou seja, tanto as classes altas como as baixas estarão dentro de cada conjunto de dados. No entanto, se as distribuições forem muito diferentes, as classes altas tenderão a estar dentro de um conjunto de dados, enquanto as baixas estarão no outro. Observe que a soma total de todas as classes (T) é dada por

$$T = T_A + T_B = n(n + 1)/2 \tag{8.9}$$

em que:
T_A = a soma das classes para o conjunto de dados A;
T_B = a soma das classes para o conjunto de dados B;
$n = n_A + n_B$;
n_A = número de pontos de dados do conjunto de dados A;
n_B = número de pontos de dados do conjunto de dados B.

Como T é constante nos dois conjuntos de dados, um valor grande de T_A resulta em um valor pequeno de T_B. Isto implica que não há evidências de que os dois conjuntos de dados sejam das mesmas populações. Também é possível que o conjunto de dados combinados tenha um ou mais conjuntos de números que têm o mesmo valor. Se o número desses vínculos for muito menor do que o número dos conjuntos de dados, o teste ainda é válido. Quando isso ocorre, assumimos que esses valores não são vinculados e utilizamos a média das classes que teriam sido atribuídas a cada um. Por exemplo, se o sexto ou sétimo ponto de dados estiver vinculado, atribua a média de 6,5 a ambos.

(ii) Determine os valores críticos para T_L (a região limite inferior) e T_U (a região limite superior) associados com a amostra que tiver o menor número de conjuntos de dados para o nível de significância selecionado α, que são fornecidos na Tabela A.1 do Apêndice. Se n_1 for o mesmo que n_2, qualquer uma das duas somas das classes pode ser utilizada como teste estatístico.

(iii) A hipótese nula é rejeitada se a soma das classes do conjunto de dados que tem menos pontos não estiver situada entre T_L e T_U, ou seja, rejeite a hipótese nula se

$T_L \geq T_i$ ou $T_U \leq T_i$

em que T_i é a soma das classes para o conjunto de dados com o menor número de pontos de dados.

Exemplo 8.6

Uso do teste da soma das classes de Wilcoxon para diferenças significativas em colisões

Utilize o *teste da soma das classes de Wilcoxon* para resolver o exemplo 8.3:

H_0: $M_{LD} = M_{LU}$

Os caminhões não estão mais envolvidos em colisões traseiras em rodovias interestaduais com limites diferentes de velocidade.

H_A: $M_{LD} > M_{LU}$

Os caminhões estão mais envolvidos em colisões traseiras em rodovias interestaduais com limites de velocidade diferentes.

Categoria	Número de colisões	Ordem
LU	5	1
LD	6	2
LU	7	3
LD	8	4,5
LU	8	4,5
LD	9	6,5
LU	9	6,5
LD	10	8
LU	11	9,5
LD	11	9,5
LD	12	11,5
LU	12	11,5

$T_{LD} = 2 + 4,5 + 6,5 + 8 + 9,5 + 11,5 = 42$

$T_{LU} = (6 + 6)(6 + 6 + 1)/2 - 42 = 36$

Com um nível de confidência de 5% e $n_A = n_B = 6$, obtemos $T_U = 50$ e $T_L = 28$. Uma vez que T_{LD} e T_{LU} são inferiores a T_U e superiores a T_L, não podemos rejeitar a hipótese nula. Pode-se concluir que os caminhões não estão mais envolvidos em colisões traseiras em rodovias interestaduais com limites de velocidade diferentes.

Ao conduzir uma análise de colisão, questões importantes devem ser consideradas, como *regressão à média*, *migração da colisão* e *tamanho da amostra*. Regressão à média é o fenômeno da flutuação do número de colisões em torno de um valor médio ao longo do tempo, principalmente em rodovias. Se um local for escolhido para melhorias por ter tido um alto índice de colisões durante um curto período de tempo, é provável que a redução no número de colisões observada logo após a implantação das melhorias possa não ser em decorrência delas, pois um índice menor de colisões poderia ter ocorrido (regressão à média) mesmo que elas não fossem implantadas. Portanto, é importante que este fenômeno do efeito de regressão à média seja considerado na análise de colisões. A *migração da colisão* ocorre como resultado de mudanças nos padrões de viagem em decorrência da implantação de uma medida preventiva de segurança. Por exemplo, se ruas locais anteriormente utilizadas por viajantes pendulares estiverem fechadas ao tráfego de passagem por causa de reclamações de moradores, as colisões nessas ruas locais podem ser reduzidas, mas podem aumentar nas rodovias principais por causa desses viajantes que passam a utilizá-las. O tamanho da amostra selecionada para qualquer análise de colisão também é importante. As colisões ocorrem com pouca frequência e de forma aleatória em qualquer local. Por conseguinte, é necessário ter um tamanho de amostra suficiente para qualquer análise. No entanto, vale a pena observar que existem técnicas estatísticas sofisticadas disponíveis que superam as deficiências associadas com as técnicas apresentadas aqui. O *método de Bayes empírico*, por exemplo, leva em consideração que as frequências de colisão são geralmente descritas pela distribuição de Poisson ou binomial negativa e utiliza equações de regressão com base em colisões que ocorrem em locais semelhantes sem tratamento para estimar as colisões esperadas em locais tratados após o tratamento. O número de colisões esperadas calculado é, em seguida, comparado com as colisões reais que ocorreram nesses locais. Uma discussão detalhada desses procedimentos está fora do escopo deste texto, mas os leitores interessados podem consultar as referências dadas no final deste capítulo.

Melhorias de segurança de alta prioridade

Toda agência de transporte federal tem uma agenda para a melhoria da segurança. Uma análise dos sites na internet (mostrados no final do capítulo) fornecerá as informações mais recentes sobre as prioridades das agências, que são as Administrações Federais de Aviação, Rodovias, Ferrovias, Transporte Público e Segurança do Tráfego em Rodovias. Sob uma perspectiva nacional, a agência responsável pela investigação das maiores colisões de transporte é a NTSB, uma agência federal independente encarregada pelo Congresso para investigar todos os acidentes da aviação civil nos Estados Unidos, bem como acidentes expressivos em outras modalidades de transporte. Esta seção ilustra algumas das principais áreas identificadas pela NTSB para implantação de melhorias de segurança nos níveis nacional e estadual em termos rodoviários, aéreos, ferroviários, marítimos e as questões ligadas ao transporte intermodal.

Os especialistas em segurança de transporte reconhecem que, por causa de muitos fatores não controláveis, é impossível evitar completamente as colisões. Em vez disso, o foco está sendo direcionado para a criação de um veículo mais seguro, no qual o ocupante terá menor probabilidade de sofrer lesões ou vir a falecer no caso de uma colisão. Esta estratégia tem sido bem-sucedida na salvação de vidas. Por exemplo, a instalação de cintos de segurança de três pontos, *air bag*s, aumento da resistência estrutural do veículo e para-choques de absorção de energia têm reduzido as mortes e as lesões nas rodovias.

Em consonância com essa estratégia, a NTSB já identificou como sendo uma área de alto retorno a **proteção dos ocupantes do veículo** por meio do aumento do uso do cinto de segurança e de dispositivos de retenção para crianças. Embora o índice atual de uso seja expressivo, a *National Highway Traffic Safety Administration* calcula que, se 85% de todos os motoristas o utilizassem, o número de pessoas mortas a cada ano nas rodovias do país cairia em mais de 5 mil. Infelizmente, alguns motoristas se recusam a "apertar os cintos", apesar da evidência de que "a vida que eles salvam pode ser a sua própria".

Um método para aumentar o uso do cinto de segurança é a educação por meio de programas de formação de condutor, anúncios de serviço público e palestras com organizações comunitárias e cívicas. Um segundo método é promulgar leis relativas ao uso do cinto de segurança e exigir fiscalização primária. Cada Estado, com exceção de New Hampshire, tem leis que obrigam o uso do cinto de segurança, mas apenas pouquíssimos destes permitem que um veículo seja parado unicamente por causa de uma violação de uso do cinto de segurança (conhecida como fiscalização primária). No restante dos Estados, uma menção à falta de uso do cinto de segurança somente pode ser escrita em conjunto com outra violação, como excesso de velocidade. O porcentual de motoristas que utilizam o cinto de segurança nos Estados com fiscalização primária de uso do cinto de segurança é muito maior do que nos locais onde a fiscalização primária não é obrigatória. Se esta fiscalização fosse obrigatória no âmbito nacional e envolvesse penalidades e multas, a expectativa é de que o total de mortes e lesões causadas por colisões diminuiria de forma significativa.

A proteção de crianças em veículos em movimento requer uma consideração especial. Por serem pequenos e incapazes de ajudar a si mesmos, um pai ou responsável deve garantir que fiquem sentados em uma posição firme e segura. As leis estaduais exigem que crianças pequenas devem ser "travadas" com um assento de segurança infantil localizado na parte traseira do veículo. Permitir que se sentem no banco da frente cria um perigo potencial se o *air bag* do lado do passageiro for acionado. Os assentos traseiros em muitos veículos não oferecem segurança para crianças, uma vez que o assento infantil não pode ser completamente preso. Se os fabricantes de automóveis oferecessem sistemas de retenção integrados, a necessidade de acessórios adicionais seria eliminada e a segurança do banco traseiro seria reforçada.

Uma grande preocupação de segurança rodoviária é reduzir o índice de colisões que envolvem **motoristas jovens**. É bem conhecido que uma das principais causas de morte e lesões em jovens, com idades entre 16 e 21, está relacionada com o trânsito. Há muitas razões para que isto aconteça, incluindo inexperiência, direção perigosa em alta velocidade, bebida e imprudência. Com a idade vem a experiência e o conhecimento, mas, nos estágios iniciais, os jovens não têm conhecimento de como as leis da física se aplicam à condução de um veículo automotor. Consequentemente, muitos motoristas jovens ultrapassam as velocidades seguras nas curvas e dirigem rápido demais para as condições da via, resultando na incapacidade para parar ou controlar o veículo. Entre as ações recomendadas para controlar os motoristas jovens estão a fiscalização mais severa contra bebida e direção, restrições de direção noturna para o motorista novato e a licença provisória. Agora as vendas de bebidas alcoólicas são proibidas em todos os Estados para menores de 21 anos de idade, o que resultou em menos colisões e mortes.

Para ilustrar a influência da velocidade e da agilidade sobre a segurança, considere as relações básicas para a distância de visibilidade de parada (DVP), que é a distância mínima necessária para um motorista parar um veículo após ter visto um objeto na via. Os dois componentes da DVP são a distância percorrida durante o tempo de percepção e reação (antes da frenagem) e a percorrida durante a desaceleração (durante a frenagem). O tempo de percepção e reação é geralmente considerado como 2,5 s para as condições normais de direção.

Entretanto, um motorista pode precisar de tempo adicional para detectar situações inesperadas ou condições ambientais, tais como neblina, escuridão ou a multiplicidade de sinais na via. A distância de visibilidade de decisão também pode ser influenciada pela condição do motorista, como idade, cansaço, intoxicação alcoólica ou distração. Quando essas condições ocorrem, o tempo de percepção e reação aumenta em relação ao valor recomendado pela AASHTO de 2,5 s para valores entre 5 e 10 s.

A equação para a distância de parada é

$$SSD = 0{,}28\, ut + \frac{u^2}{255(f \pm G)} \tag{8.10}$$

em que:

u = velocidade (km/h);

t = tempo de percepção e reação, 2,5 s para direção normal;

f = coeficiente de atrito entre o pneu e a via;

$f = a/g = 0{,}35$;

G = rampa em decimal (para aclives use $+G$, para declives $-G$);

DVP = distância (m).

Exemplo 8.7

Determinação do efeito da velocidade e do cansaço na distância de parada

Um motorista em alerta dirigindo na velocidade limite indicada de 80 km/h em uma estrada rural de duas faixas, com um declive de 3%, requer um tempo de percepção e reação igual a 2,5 s, enquanto um motorista adolescente cansado que está a 110 km/h exige o dobro do tempo de percepção e reação do motorista em alerta. Qual é a distância que o motorista seguro e alerta precisará para parar? Compare essa distância de parada com a do motorista inseguro e cansado.

Solução

DVP do motorista em alerta:

Tempo de PR = 2,5 s, u = 80 km/h

$$DVP = 0,28(80)(2,5) + 80^2/255(0,35 - 0,03) = 56 + 78,4 = 134,4 \text{ m}$$

DVP do motorista em alta velocidade e cansado:

Tempo de PR = 5,0 s, u = 110 km/h

$$DVP = 0,28(110)(5,0) + 110^2/255(0,35 - 0,03) = 154 + 148,3 = 302,3 \text{ m}$$

Assim, a distância que um motorista cansado e em alta velocidade precisa para parar é 168 m superior à de um que está em alerta e dirige no limite de velocidade.

Na maioria das situações no tráfego, uma margem de erro tão grande como 168 m (quase três quarteirões de cidade) geralmente não está disponível e, em caso de necessidade de frenagem para evitar uma colisão, o condutor cansado estará em perigo e uma colisão poderá acontecer. Assim, a estratégia mais segura para o motorista é esperar até descansar, deixar outra pessoa dirigir ou dirigir devagar e com cautela.

A **segurança do transporte aéreo** envolve vários elementos, incluindo a confiabilidade da aeronave, o sistema de controle de tráfego aéreo e de solo, as condições do tempo e a tripulação da aeronave. Em geral, a segurança aérea é excelente, embora ocasionalmente uma colisão ocorrerá com um elevado número de mortes. Investigações detalhadas sobre as causas são realizadas, seguidas de recomendações de modificações no sistema aéreo. As colisões aéreas são tão únicas e raras, que o público se lembra de incidentes específicos, como o da Pan Am 106 em Lockerbie, Escócia, o voo 800 da TWA em Long Island, e a queda da aeronave da Valujet nos Everglades, Flórida.

Menos dramáticas, mas ainda assim importantes, são as colisões que ocorrem em pistas de pouso e decolagem de aeroportos que possam resultar em danos à aeronave ou lesões aos passageiros. Um acidente pouco frequente é a colisão frontal entre aeronaves que, simultaneamente, decolam de lados opostos da pista. As invasões de pista têm aumentado nos últimos anos em decorrência, principalmente, do tráfego pesado de aeronaves que chegam e partem.

Vários programas de ação estão relacionados a três tipos de acidentes com aeronaves. Os que são provocados pela formação de gelo nas asas, as invasões em pista de pouso e decolagem de aeroportos, e misturas explosivas nos tanques de combustível.

A *formação de gelo na asa* é causada pelo acúmulo de gelo nas asas de uma aeronave e, em razão desse fenômeno, diversas colisões têm ocorrido durante a decolagem ou durante o voo. A NTSB acredita que as normas de segurança relacionadas devem ser revistas e uma nova tecnologia é necessária para detectar e proteger as aeronaves do acúmulo de gelo causado pela garoa congelante.

As *invasões em pista de pouso e decolagem de aeroportos* são definidas como uma ocorrência em um aeroporto envolvendo uma aeronave, veículo, pessoa ou objeto no solo que cria um perigo iminente de colisão. Geralmente ocorrem em complexos aeroportuários com grandes volumes de tráfego e durante os períodos em que a visibilidade está prejudicada. Elas podem ser em decorrência do julgamento errado do piloto, de erros operacionais e da falta de atenção dos pedestres e veículos de solo. A invasão mais dramática da história recente ocorreu em 1977 nas Ilhas Canárias, quando um Boeing 747, que não havia sido liberado para decolagem, prosseguiu pela pista sob nevoeiro intenso, colidindo com um avião em sentido contrário e provocando a morte de 583 passageiros e tripulantes. Uma variedade de ações mitigadoras tem sido sugerida para reduzir as invasões, incluindo sinalizações e marcações na pista, treinamento para pilotos e operadores de veículo e tecnologias inteligentes, tais como o uso de laços indutivos e luzes de *status* da pista para entrada e decolagem.

Misturas explosivas nos tanques de combustível eram uma condição identificada durante a investigação do acidente do voo 800 da TWA, em Long Island. Para garantir que o problema tivesse sido corrigido nos outros Boings 747, a NTSB sugeriu modificações de projeto da aeronave, utilizando sistemas de nitrogênio inerte e a instalação de isolamento entre os equipamentos geradores de calor e os tanques de combustível. A Federal Aviation Administration realizou inspeções de segurança das aeronaves, além das práticas de fabricação e dos tipos de materiais utilizados para o isolamento.

Uma das maiores prioridades da **segurança ferroviária** é o desenvolvimento de sistemas que garantam uma separação positiva entre sucessivos trens. A maioria das aproximadamente 31 colisões ferroviárias que ocorrem a cada ano é resultado de uma falha do operador que não obedeceu aos sistemas de sinalização ou por conduzir o trem em velocidade superior ao permitido. As razões para esses erros podem ser incapacitação do operador do trem, desatenção ou a falta de treinamento.

Os sistemas de controle positivo de trem (em inglês PTC – *Positive Train Control*) foram iniciados ou demonstrados por várias ferrovias para avaliar seu valor. O setor investiu mais de $ 200 milhões para desenvolver esse tipo de tecnologia. A *Association of American Railroads*, a *Federal Railroad Administration* e o Estado de Illinois iniciaram um projeto de quatro anos, totalizando $ 60 milhões, para construir e testar um sistema PTC em uma linha ferroviária de 198 quilômetros entre Chicago e St. Louis. O objetivo do projeto é demonstrar os benefícios em termos de melhorias na segurança, a funcionalidade do sistema e a relação custo-benefício desta tecnologia. Se os sistemas PTC fossem mandatórios na esfera federal, o problema de colisões ferroviárias em decorrência de falhas do operador seria reduzido.

Os **barcos de passeio** são os responsáveis pela grande maioria de perdas de vida no transporte marítimo. Uma visita aos vários lagos ou rios dos Estados Unidos atestará o caos que se verifica quando muitos barqueiros estão juntos. O excesso de velocidade, as manobras imprudentes e a bebida são responsáveis por muitos acidentes. Para reduzir as mortes por afogamento em decorrência dos acidentes, um programa de três partes aborda este problema. Os componentes do programa são: uso de coletes salva-vidas por todas as crianças de um barco de passeio, garantia de que o operador do barco esteja certificado para operar a embarcação, exigindo conhecimentos verificáveis das normas, técnicas e práticas de navegação segura, e habilitação obrigatória para operar um barco de passeio a motor.

As **preocupações com segurança, comuns a todos as modalidades**, são o cansaço do condutor e a preservação dos dados sobre a colisão por meio do uso de gravadores de dados automatizados dentro dos veículos. O efeito do cansaço do condutor ocorre porque os seres humanos são constituídos de tal forma que seu melhor desempenho ocorre quando estão descansados e em um horário normal. Para o motorista de um veículo pessoal, não existem leis que obriguem a parada periódica para descanso ou para limitar o período máximo de tempo de direção. Por esta razão, alguns motoristas excedem seus limites físicos. Todos nós podemos lembrar de uma notícia sobre um acidente de trânsito que envolveu um motorista que, momentaneamente, adormeceu ao volante e, como consequência, causou uma colisão do veículo. Pesquisas têm demonstrado conclusivamente que os motoristas têm um desempenho melhor em um cronograma que inclui o descanso de uma noite inteira. Sabe-se também que um longo período de direção sem intervalos induz ao tédio e ao cansaço.

Para veículos comerciais, o cansaço dos motoristas tem sido uma causa que contribui muito para os acidentes envolvendo veículos ferroviários, rodoviários, aéreos e marítimos. Apesar de existir normas quanto ao número permitido de horas de trabalho, muitas vezes há falta de treinamento sobre a importância da inclusão de horários de descanso no plano de viagem. Além disso, quando os operadores são transferidos do horário diurno para o noturno, a segurança e o desempenho podem ser ainda mais afetados. As recomendações sobre o cansaço dos motoristas foram implantadas por meio de normas das agências federais.

Entre as exigências estão: que os motoristas estejam clinicamente aptos para dirigir, que realizem pequenas pausas e tenham períodos de descanso.

Os dispositivos automáticos de gravação de informações são comuns em certos veículos de transporte, principalmente em aeronaves. A utilidade da "caixa-preta" para recriar as condições imediatamente anteriores a uma colisão já foi claramente demonstrada. Os dispositivos de gravação também são necessários em outros veículos comerciais, principalmente em caminhões de grande porte e em ferrovias. A finalidade desses dispositivos é fornecer informações como velocidade, direção do veículo, comentários do operador, velocidade do vento e temperatura. Além de fornecer informações que possam ser úteis na reconstituição do acidente e identificar a provável causa, os dados são utilizados para detectar procedimentos inseguros ou inadequados que podem ajudar a corrigir eventuais deficiências antes que um acidente ocorra.

Como a discussão anterior tem demonstrado, a segurança no transporte é um problema nacional que envolve quatro elementos: condutor, veículo, via e meio ambiente. Esses problemas são normalmente tratados com base no tipo de modalidade de transporte porque a tecnologia, os sistemas, as operações e o meio ambiente de cada modalidade são diferentes. As mudanças necessárias para melhorar a segurança aérea diferem de forma marcante das abordagens utilizadas em ferrovias ou rodovias. Mesmo nas áreas comuns a todos os modos relacionadas à fadiga e às informações, as soluções e os requisitos regulatórios variarão. Independente da modalidade, um processo de melhoria da segurança consiste de etapas que incluem a coleta de informações sobre colisões e a manutenção de um banco de dados de segurança; a análise dos dados e a identificação das causas prováveis dos incidentes; o desenvolvimento de medidas preventivas adequadas para corrigir as deficiências de segurança, a classificação por prioridade dos projetos de medidas preventivas de segurança e o estabelecimento de prioridades; a implantação de projetos de segurança e a monitoração dos resultados.

Uma abordagem abrangente para a segurança da AASHTO

A *American Association of State Highway and Transportation Officials* (AASHTO) preparou um plano estratégico de segurança rodoviária, que foi implantado com o objetivo de reduzir as mortes nas rodovias de 5 mil a 7 mil vidas por ano, além das lesões e os danos materiais. Nos Estados Unidos, mais de 3,5 milhões de colisões de veículos automotores com lesões ocorrem a cada ano, bem como mais de 4,5 milhões com danos materiais. Embora as estatísticas de mortes e lesões em colisões tenham se mantido estáveis nos últimos anos, as mortes em veículos automotores representam a principal causa de mortes não relacionadas à saúde. Outras causas significativas não relacionadas à saúde são quedas, envenenamentos, afogamentos e incêndios.

Os elementos do plano da AASHTO são instrutivos porque colocam em perspectiva as principais áreas de preocupação em matéria de segurança rodoviária e, por extensão, a segurança de outras modalidades. O plano reconhece que as melhorias no projeto das vias, no funcionamento dos sistemas e na manutenção da infraestrutura, embora importantes, não são suficientes para alcançar progressos na segurança. O sistema rodoviário nacional incorporou muitas melhorias de projeto e de engenharia, e o resultado foi que o número de mortes por ano tem se mantido relativamente constante. No entanto, se o índice médio de acidentes, que é uma função da quilometragem percorrida pelo veículo, permanecer inalterado, o efeito seria o aumento no número de mortes. Como ilustração, com uma taxa constante ao longo da vida, para crianças nascidas no ano de 2000, uma em cada 84 poderia morrer em uma colisão de veículo automotor, e 6 de cada 10 sofreriam ferimentos. Assim, uma redução da taxa de fatalidades anual é essencial para conseguir uma redução no total de mortes ou lesões. Atenção especial deve ser dada ao comportamento do motorista, pedestres, bicicletas, motocicletas, caminhões e as interações entre os veículos e a rodovia, bem como o apoio à tomada de decisões aperfeiçoado e os sistemas de gestão de segurança.

Um dos focos da comunidade de segurança rodoviária é maior atenção para o comportamento do motorista. Tendo em vista que as rodovias estão geralmente em bom estado e os veículos vêm equipados com uma variedade de dispositivos de segurança, o operador do veículo tem se tornado o fator causal principal das colisões de automóveis. No mundo estressante de hoje, com o aumento dos congestionamentos, tempos na direção mais longos e vários destinos que podem ser alcançados pelo carro, não é surpresa que o fenômeno da "fúria na estrada" tenha se desenvolvido e o uso do celular seja comparável ao consumo de álcool como uma das principais causas de colisões.

Assim, a AASHTO dedicou 8 de seus 22 elementos de segurança para a melhoria do desempenho dos motoristas, que são: habilitação gradual para motoristas mais jovens; redução do número de motoristas na estrada cujas habilitações tenham sido revogadas ou suspensas; melhoria da segurança dos condutores mais velhos; controle do comportamento agressivo na direção; redução ou eliminação da direção sob influência de drogas e álcool; redução do cansaço do motorista para garantir que esteja alerta; aumento da conscientização do público motorizado sobre a importância da segurança nas rodovias; e aumento do uso de cintos de segurança.

As estratégias propostas pela AASHTO para atingir as melhorias no desempenho dos motoristas são variadas e dependem do elemento selecionado. Entre elas estão: aprovação de leis para garantir a competência do motorista; melhoria da educação do motorista e dos programas de treinamento; desenvolvimento de meios para identificar motoristas problemáticos que são reincidentes; projeto de placas e de sinalização para fornecer uma maior visibilidade aos motoristas mais velhos; ampliação da fiscalização contra pessoas que dirigem em alta velocidade e não usam cinto de segurança; implantação de tecnologias de sistemas de transporte inteligentes relacionados à segurança; aumento de programas de pontos de inspeção de motoristas para identificar os incapazes; melhoria dos acostamentos da rodovia e das ciclovias com sonorizadores para alertar os motoristas; revisão das normas sobre jornadas de trabalho para reduzir o cansaço dos motoristas de caminhão; e desenvolvimento da conscientização pública nacional em relação às questões de segurança.

As ruas e rodovias são frequentemente compartilhadas com tráfego motorizado e não motorizado. Em colisões que envolvem um veículo e um pedestre ou bicicleta, a morte ou lesão é invariavelmente o resultado para o indivíduo que não está no veículo motorizado. Cada ano, aproximadamente 5.600 pedestres morrem nas vias do país e há aproximadamente 800 mortes relacionadas com bicicletas e 61 mil feridos por ano. Um terço das mortes com bicicletas envolveu crianças entre as idades de 5 e 15 anos. A maioria dos acidentes com pedestres e bicicletas ocorreu porque a pessoa não deu a prioridade ou utilizou a via de forma inadequada. Muitos ciclistas desconhecem (ou ignoram) as regras de trânsito da via e arriscam-se viajando na contramão ou desrespeitando os sinais de pare e as placas de sinalização. Alguns pedestres não compreendem as leis da física nem como se relacionam com o tempo necessário para parar um veículo e entram nas faixas de pedestres quando a distância de frenagem é inadequada.

As estratégias recomendadas para reduzir os atropelamentos e colisões com bicicletas incluem: desenvolvimento de normas de consenso para o provimento de infraestruturas para pedestres; aperfeiçoamento dos programas de treinamento de segurança e de extensão para pedestres e ciclistas; aperfeiçoamento das infraestruturas para bicicletas e pedestres nos cruzamentos e nas interseções em desnível; desenvolvimento de medidas para aumentar o uso de capacetes para ciclistas; implantação de um programa coordenado de melhorias de segurança; integração de engenharia (projeto de interseção), educação (crianças, idosos e deficientes) e fiscalização (excesso de velocidade, avanço do sinal vermelho, travessia da rua sem a devida atenção ao tráfego).

A AASHTO reconhece que existem três classes de veículos com problemas de segurança específicos: motocicletas, caminhões e automóveis. As motocicletas têm muitas características desejáveis, tais como economia, rapidez, agilidade e flexibilidade. No entanto, a desvantagem é semelhante à da bicicleta, ou seja, falta-lhes estabilidade quando em curvas ou pavimentos irregulares e em tempo chuvoso. As colisões com motocicletas somam aproximadamente de 2 mil a 3 mil mortes por ano, e homens entre 18 e 27 anos de idade são as vítimas mais comuns.

As colisões envolvendo caminhões de grande porte contabilizam aproximadamente de 4 mil a 5 mil mortes a cada ano, com previsão de aumento nesses índices. Como acontece com a maioria dos eventos de colisão, o ocupante do veículo maior tem menor probabilidade de ser ferido ou morto. Em colisões que envolvem caminhões e veículos leves, o fator é de aproximadamente 6:1 a favor dos caminhões. A maioria dos motoristas de automóveis está ciente dessa diferença e não gosta de dirigir perto de um caminhão. As colisões que envolvem caminhões são, muitas vezes, atribuídas ao cansaço do condutor, à percepção inadequada dos caminhões pelos outros motoristas e aos defeitos do próprio caminhão, como pneus, freios e dirigibilidade.

A percepção de que os caminhões são inseguros frustrou as tentativas por parte dos setores envolvidos de aumentar o tamanho e o peso permitidos. Além disso, diversas colisões de grande repercussão e as previsões de que o número de mortes anuais poderia aumentar nos próximos anos resultaram em uma ação do Congresso no sentido de substituir o *Office of Motor Carriers* da *Federal Highway Administration* pelo *Federal Motor Carrier Safety Administration*, que reflete, assim, a importância da necessidade de fiscalizar, regulamentar e fiscalizar a segurança relacionada aos caminhões no nível mais alto do governo.

Os veículos de passageiros têm sido continuamente aperfeiçoados, em um esforço de criar um ambiente seguro, e, muitas vezes, os motoristas decidem se a nova tecnologia é econômica. Pode-se esperar que um processo de melhoria contínua dos itens de segurança continuará. Por exemplo, a popularidade dos veículos utilitários esportivos tem por base, em parte, a percepção de que eles são mais seguros do que um sedã comum. Na medida em que outros itens de segurança são introduzidos, o governo pode regulamentar sua utilização (por exemplo, os requisitos relacionados aos *air bags* nos veículos de passageiros) ou os motoristas podem adicionar opções como GPS e serviços rodoviários de emergência. As melhorias de segurança em veículos automotores incluem:

Segurança das motocicletas. Reduzir a mortalidade relacionada ao abuso de álcool; aumentar a conscientização e a condução segura de veículos automotores; ampliar a formação de condutores de motocicleta; melhorar o projeto das rodovias, das operações e da manutenção; e aumentar o uso de capacetes.

Segurança dos caminhões. Identificar as empresas transportadoras com fraco desempenho em termos de segurança; educar os condutores de veículos comerciais e outros; implantar medidas de controle de tráfego e de projeto de rodovia para caminhões; e identificar e melhorar as tecnologias de segurança dos veículos.

Segurança dos veículos de passageiros. Educar os motoristas sobre o uso de freios ABS; reduzir a intoxicação por monóxido de carbono, que mata os ocupantes do veículo; expandir a pesquisa de prevenção de colisões dos Sistemas de Transporte Inteligente (ITS); e melhorar a compatibilidade entre o veículo e as características de projeto das margens da rodovia.

As colisões de veículos automotores ocorrem nas rodovias, nas interseções, nos trevos, passagens em nível e nos trechos em obras. Assim, os engenheiros rodoviários e de tráfego devem desenvolver projetos geométricos, de semáforos e de sinalização horizontal que auxiliarão os motoristas a trafegar com sucesso pelos trechos da estrada.

Uma área de preocupação são as **passagens em nível** que a cada ano contabilizam centenas de fatalidades. Algumas colisões são o resultado de motoristas imprudentes que se arriscam, evitando as cancelas ou sinais de alerta na tentativa de "passar o trem". Outras colisões não são por falha do motorista, e poderiam ter sido evitadas se dispositivos de alerta positivo no cruzamento tivessem sido instalados ou se estivessem em bom funcionamento. A Figura 8.8 mostra uma colisão de um trem com um caminhão em uma passagem em nível. As estratégias para melhorar a segurança em passagens em nível incluem a melhoria da eficácia dos sinais de alerta passivo em locais onde os controles ativos, tais como cancelas, pisca-piscas e a fiscalização policial não são economicamente viáveis; a melhoria da formação e da conscientização dos motoristas quanto à necessidade de cautela; a substituição das passagens em nível inseguras por passagens em desnível; o uso de tecnologia avançada (como o radar fotográfico) para intimidar os infratores de cruzamentos ferroviários em nível; e a implementação das recomendações relacionadas aos cruzamentos em nível do Departamento de Transportes dos Estados Unidos.

As **colisões fora da estrada** representam um problema de segurança relacionado à rodovia, quando um veículo sozinho sai da pista e cruza o canteiro central ou o acostamento. Esses eventos nem sempre oferecem risco de vida, mas tornam-se assim quando o veículo capota e/ou se choca com um objeto fixo ou outro veículo. Novamente, esse evento poderia ser intencional (ou seja, tentando desviar de um animal na estrada), mas geralmente é o resultado de desatenção ou cansaço. Esse tipo de colisão é uma das principais causas de mortes no trânsito, respondendo por um terço de todas as mortes em todo o país, e por dois terços de todas as mortes em áreas rurais. As estratégias para melhorar a segurança, em decorrência de colisões fora da estrada, incluem a melhoria da visibilidade da sinalização horizontal do pavimento; instalação de sonorizadores ao longo dos acostamentos e delineadores de faixa de veículo ou de ciclovia; instalação de dispositivos de segurança na margem da estrada, como defensas metálicas e de pontes, sarjetas e bueiros, onde for possível; remoção de postes e árvores da margem da estrada; melhoria do projeto de valas e de inclinação lateral de

Figura 8.8 – Colisão de caminhão com trem.

Fonte: Craig Borrow-Pool/Getty Images.

taludes para minimizar as capotagens e os impactos; instalação de tachões no centro de rodovias de duas faixas; e instalação de barreiras de concreto no canteiro central das vias expressas e arteriais com canteiros centrais estreitos.

Um dos subprodutos infelizes derivados do programa de reconstrução de rodovias massivo nos Estados Unidos é o número de mortes e feridos que ocorrem nos **trechos em obras**, como resultado do fato de que o emprego na construção rodoviária é considerado como sendo uma das categorias de trabalho mais perigosas. O problema existe porque o trabalho deve ser realizado enquanto o tráfego continua nas faixas adjacentes, e as equipes em geral devem estar trabalhando tanto durante o dia como à noite. Os trechos em obras apresentam um perigo para os motoristas, porque eles devem negociar sua passagem por uma área estreita ao longo de caminhos desconhecidos guiados por cones, barreiras e sinalização indicativa temporária. As estratégias de segurança para trechos em obras incluem: desenvolvimento de procedimentos para reduzir o número e a duração desses trechos; melhoria do controle de tráfego; aumento da conscientização pública em relação à segurança por meio da educação; e garantia de uma fiscalização rigorosa e condenação dos infratores de limite de velocidade.

A informação é a base necessária para administrar e implantar programas de segurança de forma efetiva. Assim, os dados devem ser coletados e analisados a fim de estabelecer prioridades para o investimento de recursos escassos e assegurar que trarão resultados. O registro de informações pertinentes, após uma colisão, proporciona ao analista um perfil do evento, incluindo as circunstâncias e o local da colisão, danos, lesões e mortes, como e por que a colisão ocorreu e as características das pessoas que estavam envolvidas quando o evento ocorreu. A informação resultante pode ser utilizada de várias formas, incluindo a reconstrução dos acidentes, o desenvolvimento de tendências e a identificação de locais perigosos. Da mesma forma, os programas de segurança no trânsito são processos que integram os resultados dos sistemas de informação para desenvolver estratégias regionais e estaduais e melhorar a segurança rodoviária em uma base sistêmica.

As recomendações relativas aos sistemas de informações e apoio à tomada de decisão incluem: melhoria da qualidade dos dados de segurança; fornecimento de recursos para um centro nacional de dados de segurança; a gestão e uso de informações de segurança rodoviária; formação de profissionais com especialização em análise de dados e interpretação; e estabelecimento de normas técnicas para os sistemas de informações rodoviárias.

As recomendações para a melhoria dos sistemas de gestão de segurança incluem a identificação e o compartilhamento de experiências bem-sucedidas; a promoção da cooperação, coordenação e comunicação das iniciativas de segurança; a criação de sistemas de medição de desempenho dos investimentos em segurança; e o desenvolvimento de uma agenda nacional de segurança rodoviária.

Implementação das recomendações da AASHTO

O *Transportation Research Board* (TRB), por meio da *National Cooperative Highway Research Program* (*NCHRP*), forneceu orientações para a implementação do plano de segurança rodoviária da AASHTO. Uma série de relatórios (chamados Série 500) foi publicada e possui correspondência direta com áreas chaves do plano da AASHTO. Os títulos de vários volumes são fornecidos nas referências no final deste capítulo, e as versões expandidas estão disponíveis no site da AASHTO. Independente do problema a ser resolvido, o processo de implementação das estratégias recomendadas pelos estudos do TRB será o mesmo. O processo está ilustrado na Figura 8.9.

Engenharia de infraestrutura de transportes

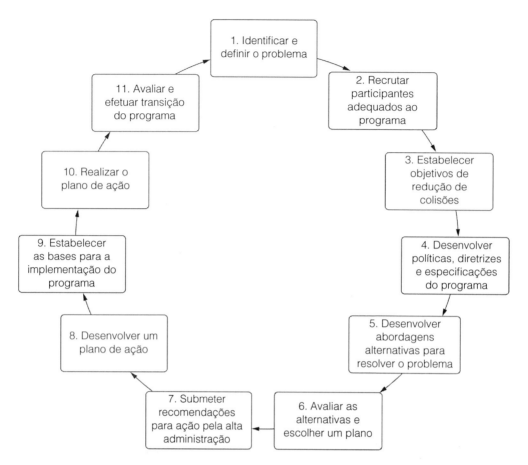

Figura 8.9 – Processo de implementação do modelo de plano estratégico de segurança rodoviária da AASHTO.

Fonte: *NCHRP Report 500, Transportation Research Board*, National Academies, Washington, D.C.

Exemplo 8.8

Redução de colisões em curvas horizontais

Segundo as estatísticas nacionais, aproximadamente 25% das 42.815 pessoas mortas em 2003 nas rodovias dos Estados Unidos estavam envolvidas em colisões ocorridas em curvas horizontais. Além disso, os estudos sugerem que o índice de acidentes em curvas horizontais é aproximadamente três vezes maior do que o dos trechos retos. Aproximadamente 75% das colisões em curvas ocorreram em áreas rurais, predominantemente em estradas secundárias. Mais de 85% das colisões envolvem um único veículo que sai da pista ou colisões frontais.

Um departamento de transportes estadual alocou recursos para a melhoria da segurança em curvas horizontais em seu sistema de rodovias secundárias em áreas rurais. Utilizando as recomendações da Série 500 do NCHRP, desenvolva um programa de segurança para resolver este problema.

Solução

O volume 7 do NCHRP Série 500, *A Guide for Reducing Collisions on Highway Curves* (Um guia para a redução de colisões em curvas rodoviárias), fornece um conjunto extenso de estratégias listadas pelo tempo necessário para implementação e por custo. Entre as estratégias de baixo custo e as de curto prazo (um ano) estão o fornecimento de aviso-prévio de mudanças inesperadas no alinhamento horizontal e instalação de sonorizadores nos acostamentos. As estratégias de custo moderado e de tempo médio (1-2 anos) incluem o fornecimento de superfícies de pavimento antiderrapante e iluminação na curva. As estratégias de alto custo incluem a modificação do alinhamento horizontal e o projeto de taludes e trincheiras mais seguras para evitar capotamentos.

A equipe do projeto de segurança avaliará estas e outras estratégias sugeridas e desenvolverá um programa de melhoria de segurança para as curvas horizontais consideradas como sendo as mais perigosas e dentro das limitações do orçamento. Para ilustrar, a equipe está considerando a estratégia de modificar o alinhamento horizontal. De acordo com o volume 7 do Relatório do NCHRP, o alinhamento pode ser modificado pelo aumento do raio de curvatura, proporcionando curvas de transição em espiral e eliminando curvas compostas.

Segurança rodoviária: quem está em risco e o que pode ser feito?

A seção anterior descreveu um conjunto abrangente de estratégias e ações para melhorar a segurança rodoviária, reduzindo o número de colisões, mortes, lesões e danos à propriedade resultantes. Essas ações são baseadas em dados estatísticos coletados durante vários anos em relação ao número, tipo e características de colisões que têm ocorrido. Assim, parece lógico que se as causas das colisões puderem ser identificadas, então as soluções que resolverão o problema podem ser encontradas. Infelizmente, não há "cura" para o número de mortes e lesões no trânsito, como existe na ciência médica para uma doença, porque as razões pelas quais as colisões ocorrem são complexas e pessoais. Esta seção resume as principais conclusões dos estudos de segurança e sugere como as melhorias, que têm sido alcançadas no setor de saúde pública, podem jogar luzes sobre o potencial para avanços significativos na segurança rodoviária.

As colisões de trânsito são um grande problema de saúde pública por causa de suas consequências. Por exemplo, as mortes no trânsito representam quase 50% de todas as mortes que ocorrem na adolescência. O número total de anos de pré-aposentadoria que é perdido em decorrência das mortes no trânsito é aproximadamente o mesmo que o causado por mortes ocasionadas pelo câncer e doenças cardíacas juntas.

As lesões e as mortes por colisões de trânsito estão relacionadas a idade e sexo. Os motoristas mais jovens correm mais riscos e lideram o índice de colisão de todas as faixas etárias. Os motoristas mais velhos reagem mais lentamente e possuem outras deficiências físicas, mas colidem menos por pessoa, em parte em decorrência da compensação por dirigir menos, ter mais experiência, evitar dirigir à noite, dirigir com cuidado e mais lentamente. Ironicamente, os motoristas jovens são o grupo com as melhores habilidades de direção e, mesmo assim, parecem estar mais vulneráveis na estrada. A razão deste paradoxo é que a capacidade de direção, embora necessária, não é uma condição suficiente para garantir a segurança, ao passo que o desempenho na direção é um requisito *sine qua non*. Normalmente, os motoristas jovens estão mais propensos a assumir riscos, dirigindo muito rápido e ignorando as leis da natureza e da sociedade. O comportamento na direção está correlacionado com o comportamento pessoal. As pessoas que são agressivas, estressadas e emocionalmente instáveis e irresponsáveis, em geral, tendem a apresentar características semelhantes quando ao volante de um veículo automotor.

O uso de álcool e drogas na direção é uma das principais causas de colisões de trânsito. Estima-se que se os motoristas não estivessem dirigindo sob influência de álcool, as mortes, lesões e danos materiais diminuiriam consideravelmente. Como existem leis que especificam o nível de álcool no sangue que o corpo pode tolerar enquanto se dirige, o problema foi atenuado, exceto em caso de reincidência. Nos EUA, o limite *per se* normalmente é entre 0,08% e 1%, enquanto em outros lugares, como nos países escandinavos, é mais baixo e as penalidades são mais severas. Outros fatores que podem reduzir o beber e dirigir são as leis que estabelecem idade mínima para consumo de álcool e outras normas sociais que promovam um menor consumo de álcool pela população em geral.

As características e a tecnologia do veículo podem afetar a segurança no trânsito. O tamanho ou o peso do veículo tem uma relação significativa com o risco de lesão ou morte quando ocorre uma colisão. Assim, não é de estranhar que grandes veículos utilitários esportivos sejam populares como uma alternativa ao sedã tipo familiar. O tipo de pista também afeta os índices de colisão. Por exemplo, as estradas de duas faixas têm um índice de colisão muito maior por 100 milhões de veículos/km do que as arteriais de pista dupla com acesso limitado. Dispositivos como *air bags* e cintos de segurança de três pontos aumentam as chances de sobreviver a uma colisão em comparação com dirigir sem a proteção de dispositivos de retenção. No entanto, a disponibilidade de equipamentos como freios melhores, visão noturna aprimorada e sistemas de alerta não é garantia de que os resultados esperados serão alcançados. Se os motoristas modificarem seu comportamento porque percebem que não há risco adicional em dirigir mais rápido, por mais tempo e com mais imprudência, os benefícios dos avanços da tecnologia poderão ser inválidos, com o resultado perverso de maiores índices de colisão do que o esperado.

Melhorias modestas podem produzir resultados expressivos na segurança. As melhorias na segurança do trânsito serão com base em uma ampla variedade de intervenções, das quais algumas causarão pequenas reduções e outras serão muito significativas. Porém, como a magnitude do problema é muito grande, mesmo pequenas melhorias são importantes. Se uma melhoria na segurança puder reduzir o número de mortes em míseros 2%, cerca de 900 vidas serão salvas a cada ano. A maioria das intervenções está na categoria de baixa porcentagem. Por exemplo, se cada veículo fosse equipado com um *air bag*, o índice de mortalidade poderia ser reduzido em 5%, e se os motociclistas que não usam capacete passassem a utilizá-lo, as mortes poderiam diminuir em 1%. Por outro lado, mais resultados dramáticos são possíveis por meio da redução do uso de álcool enquanto se está dirigindo, uma medida que já testemunhou reduções superiores a 10%.

A responsabilidade do motorista é a chave para a segurança. A analogia para alcançar uma boa saúde e o prolongamento da vida é útil quando se considera onde resultados ainda maiores podem ser atingidos na segurança rodoviária. A ciência médica deduziu que, a não ser que o público faça a sua parte em manter um corpo saudável, os avanços significativos que foram alcançados pela tecnologia e medicação não produzirão os resultados desejados. Assim, somos advertidos a parar de fumar, comer uma dieta saudável, exercitar e limitar o uso de álcool. Os cardiologistas acreditam que o sucesso da cirurgia cardíaca se deve principalmente à forma como os pacientes reveem seu estilo de vida após a intervenção ter sido realizada. Da mesma forma, as melhorias na segurança do trânsito não podem ser alcançadas apenas por meio da construção de rodovias e veículos mais seguros, ou pela promulgação de leis, regulamentação e fiscalização. A segurança exige que o motorista se responsabilize por ações nas vias que reduzirão as colisões, dirigindo dentro dos limites de velocidade ou de forma uniforme, minimizando as diferenças de velocidade, evitando manobras inseguras (como colar no carro da frente e mudar de faixa subitamente) e dirigindo somente quando estiver sóbrio e descansado.

Para chegarmos a uma sociedade condicionada à segurança, cada indivíduo deverá compreender como a direção segura está diretamente relacionada à saúde e ao bem-estar pessoal e à dos passageiros e dos outros motoristas na estrada.

Segurança no transporte comercial: uma abordagem de equipe

O transporte comercial difere de forma significativa da viagem rodoviária no sentido em que o veículo está sob controle de um motorista profissional e o viajante é um participante passivo da viagem. Como o público em geral opera veículos particulares, o comportamento do motorista representa um elemento importante nos programas de segurança rodoviária. Por outro lado, quando os viajantes embarcam em um veículo comercial, esperam que a transportadora, seja uma companhia aérea, ferroviária ou marítima, garanta que a viagem se conclua de forma segura e eficiente e que o motorista seja treinado e experiente.

O setor de transporte está preocupado com a segurança por várias razões. Primeiro e o mais importante é o impacto que ela tem sobre a sua atividade. Se o público perceber que uma modalidade de transporte ou uma transportadora específica não seja segura, a procura por viagens diminuirá. Por exemplo, os barcos a vapor eram uma forma antiga de transporte, mas logo depois foram substituídos pelas ferrovias. Além dos atributos competitivos como velocidade e custo, as ferrovias eram conhecidas como sendo mais seguras do que os barcos a vapor em razão da ocorrência de muitos desastres de barco em decorrência das explosões de caldeiras.

Com o surgimento do transporte aéreo, houve uma relutância inicial por parte do público para adotar essa nova modalidade por causa do medo de voar e das consequências catastróficas de um acidente aéreo. A segurança também é uma preocupação do setor de transporte porque a perda de vidas e de equipamentos pode ser muito cara. As aeronaves, navios e trens comerciais têm custo elevado ao serem substituídos e, quando a lesão ou a perda de vida é resultado de negligência por parte da companhia de transporte, a empresa pode ser responsável pelo pagamento de somas significativas aos passageiros e suas famílias.

Os componentes da segurança no transporte comercial são semelhantes aos descritos anteriormente, e incluem o veículo, a via e o prestador do serviço. Em cada modalidade esses elementos diferem e, como tal, exigem uma coordenação entre as organizações participantes. Os elementos e os programas de segurança para as modalidades de transporte comercial são descritas a seguir.

Em todas as modalidades de transporte, os veículos comerciais são fabricados por empresas que se especializam na produção de uma modalidade de transporte específica, como aviões, navios, locomotivas e veículos de transporte público. Os fabricantes têm a responsabilidade de produzir projetos de veículos que incluam tecnologias para garantir a máxima segurança durante as operações normais e em situações de emergência. Eles também são responsáveis por fornecer apoio a treinamentos, bem como recomendações para a manutenção do veículo.

A provisão da via muda de uma modalidade para outra. As vias de transporte aéreo são o "céu aberto" regulado e controlado pelo governo federal por meio do sistema de controle de tráfego aéreo operado pela *Federal Aviation Administration*. Cada empresa ferroviária possui e opera seu próprio sistema de vias e, como tal, é responsável pela coordenação dos horários dos trens e pela designação da via para os serviços de passageiros e de carga em seu sistema. Os navios viajam sobre o "mar aberto", mas em rotas marítimas e guiados por meio dos portos por pilotos especiais familiarizados com a localização do canal navegável. As autoridades de transporte urbano possuem e operam linhas de veículos leves sobre trilhos e de trens pesados, mas são obrigadas a depender da rede de ruas e rodovias para o provimento de linhas de ônibus e controle de tráfego.

As operadoras das modalidades de transporte são empresas privadas ou públicas, cuja responsabilidade é a prestação de serviços de transporte para o público. Nomes familiares de empresas são United, American ou Delta Airlines; CSX, Norfolk Southern e Burlington Northern Railroad e Sea Land; e Holland America e Evergreen Shipping Lines. As prestadoras de serviços desenvolvem procedimentos e políticas que incluem elementos de segurança, tais como cronogramas de manutenção de veículos, programas de inspeção de segurança e treinamento de operadores.

Nos Estados Unidos, as responsabilidades de segurança da aviação são compartilhadas entre três grandes grupos: fabricantes, empresas aéreas e o governo. Além disso, a mídia e o público estão envolvidos quando as investigações de um acidente estão em andamento e na busca por legislação e reformas de segurança. O resultado tem sido impressionante, pois as chances de ser envolvido em um grande acidente comercial é de apenas 1 em aproximadamente 2 milhões de voos. No entanto, o setor está empenhado em um esforço contínuo para identificar as circunstâncias em que os acidentes ocorreram e desenvolver novos procedimentos, estratégias e tecnologias que resultarão em uma viagem aérea mais segura.

Com a expectativa de que o crescimento do transporte por jatos comerciais deva dobrar nos próximos 20 anos, um acidente com perda total por semana pode ocorrer se os índices atuais forem mantidos. Assim, como no caso da segurança rodoviária, em que se espera um grande aumento no volume de viagens, a diminuição do número total de acidentes exigirá a redução dos índices. Uma complicação adicional no transporte aéreo é seu caráter internacional e a grande variação nos índices de acidente em outras partes do mundo. Por exemplo, o número de acidentes por milhão de decolagens dos Estados Unidos e Canadá é significativamente menor que os valores correspondentes da América Latina e África. Essas diferenças sugerem que são possíveis melhorias importantes no mundo inteiro, transferindo as lições aprendidas em uma região ou por uma companhia aérea para outro lugar.

As principais diferenças entre os tipos de acidente nos Estados Unidos e no mundo estão em três áreas: perda de controle em voo; acidentes relacionados com neve e gelo; e invasões em pista de pouso e decolagem. Nos últimos anos, dos cinco acidentes fatais em todo o mundo causados por gelo ou neve, três envolveram empresas aéreas dos Estados Unidos. Dos quatro acidentes fatais de invasões em pista de pouso e decolagem, todos envolveram empresas e aeroportos dos Estados Unidos. Esse histórico de acidentes proporciona a base para as prioridades de segurança do NTSB descritas anteriormente. Outros tipos de acidentes apresentam um padrão semelhante entre os Estados Unidos e o mundo. A principal causa de mortes no mundo inteiro é chamada de *voo controlado contra o terreno*, e ocorre geralmente durante a noite e em condições precárias de visibilidade quando um piloto perde uma pista de pouso e decolagem ou a orientação e colide com o solo ou com o mar.

O registro geral de segurança aérea excelente nos Estados Unidos deve-se, em grande parte, a uma infraestrutura madura com redundâncias múltiplas que têm contribuído para os números reduzidos de acidentes do tipo voo controlado contra o terreno. Entre as tecnologias instaladas dentro da aeronave e no solo inclui-se a cobertura completa por radar, radar de aproximação com aviso de altitude segura mínima e os sistemas de alerta de proximidade do solo. Melhorias adicionais no desempenho serão feitas por meio da análise das causas dos acidentes e incidentes no mundo inteiro e separando acidentes com perda total por fase do voo. A Figura 8.10 mostra que dos 226 acidentes mundiais com perda total entre 1988 e 1997, o maior número, 54, ocorreu durante o pouso, e o segundo mais alto, 49, durante a aproximação final.

As melhorias da segurança do transporte aéreo tornaram-se uma preocupação nacional. A *Federal Aviation Administration* desenvolveu um Plano de Segurança da Aviação, que tem como objetivo a obtenção de um índice de acidentes igual a zero. Uma Comissão sobre Segurança e Proteção Aérea da Casa Branca foi formada após o acidente do voo 800 da TWA, em Long Island, um acontecimento trágico cuja causa não seria conhecida até completar vários anos de investigação meticulosa. No momento da colisão, existia uma especulação desenfreada quanto à sua causa com teorias que iam desde a sabotagem até um míssil guiado. Como observado anteriormente, a causa foi determinada como sendo a ignição de vapores de combustível em um tanque vazio. A comissão da Casa Branca anunciou uma meta nacional de redução de 80% no índice de acidentes fatais nos EUA até 2007 e recomendou que a cooperação fosse reforçada entre todas as partes envolvidas para alcançar esse resultado. A ação do Congresso resultou na criação da Comissão de Revisão da Aviação Civil Nacional para aconselhar a FAA sobre a melhora da segurança. A comissão recomendou que medidas de desempenho e metas fossem desenvolvidas para avaliar o progresso da segurança. Em 1998, a FAA desenvolveu uma agenda de céu seguro, ilustrada na Figura 8.11.

Segurança no transporte • **Capítulo 8** **501**

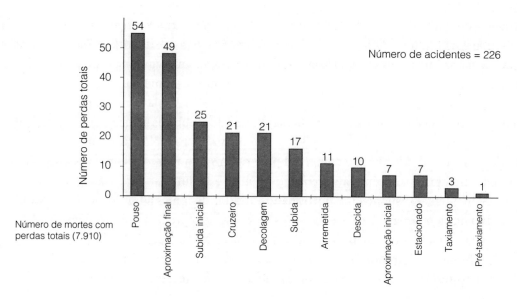

Figura 8.10 – Acidentes aéreos com perda total em escala mundial.
Fonte: *Transportation Research Board.* National Academies, Washington, D.C.

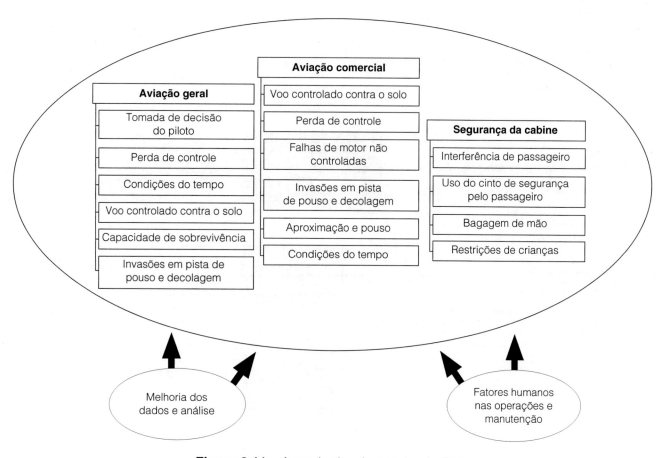

Figura 8.11 – Agenda de céu seguro da FAA.
Fonte: *Federal Aviation Administration.*

Uma equipe de estratégia de segurança da indústria (ISST – *Industry Safety Strategy Team*) foi formada com a participação da *Air Transport Association of America*, da *Boeing Aircraft Company* e da *Airline Pilots Association* em um esforço para coordenar as iniciativas da indústria do transporte aéreo na segurança aérea. A ISST produziu uma agenda de segurança da aviação comercial, e o grupo mudou seu nome para Commercial Safety Strategy Team (CSST). Mais tarde, foi decidido que a organização deveria incluir a parceria paritária entre a indústria e o governo que envolveria os principais participantes ativos de ambos os setores. O novo consórcio foi alterado para *Commercial Aviation Safety Team* (CAST), com uma ampla participação, conforme ilustrado na Figura 8.12. A agenda de segurança da aviação comercial para o CAST contém os elementos a seguir, que representam um diagrama estratégico para céu mais seguro: o programa incluirá uma revisão contínua de todos os acidentes e dados de incidentes disponíveis e novos dados obtidos de fontes a bordo, e o CAST avaliará as ameaças à segurança da aviação comercial e buscará novas tecnologias e procedimentos operacionais que diminuirão as chances de mais acidentes e reduzirão os índices para atender às metas estabelecidas.

É proposto um grande esforço para garantir que o voo seja tão seguro quanto possível. Para atingir este objetivo, as habilidades aperfeiçoadas de pilotagem e tecnologia avançada serão necessárias. Assim, cada elemento da agenda de segurança de voo é direcionado para reduzir um tipo específico de acidente aéreo por meio de mudanças nas operações ou na tecnologia.

Entre os itens incluídos estão a redução dos percalços do voo controlado contra o solo por meio de treinamento; reforço dos sistemas de alerta de proximidade do solo; uso de sistemas de posicionamento global para melhorar a precisão da navegação; redução dos acidentes por perda de controle, melhorando as qualificações da tripulação do voo e aplicando novas ferramentas e processos de formação; foco na redução de erros humanos, melhorando o treinamento e os procedimentos operacionais; aplicação de técnicas de gestão de tripulação; desenvolvimento e cumprimento dos procedimentos operacionais padrões; eliminação das respostas inadequadas da tripulação em

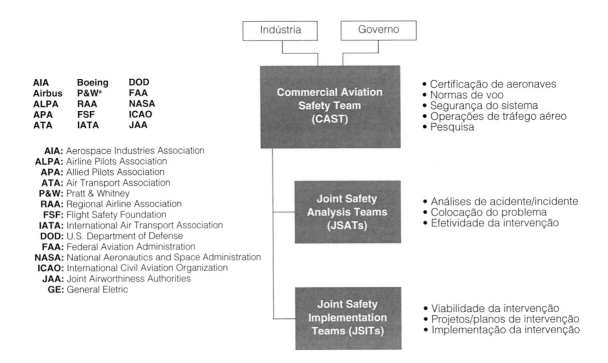

Figura 8.12 – Membros e composição da *Commercial Aviation Safety Team* (equipe de segurança da aviação comercial).

Fonte: *Air Transport Association*.

situações fora do normal; melhoria da interface entre a tripulação e a cabine automatizada; melhoria da consciência situacional; melhoria da fidelidade da simulação; redução dos percalços durante a aproximação e o pouso, aplicando procedimentos de aproximação estabilizada e enfatizando a opção de "arremetida"; redução dos acidentes relacionados com as condições do tempo e turbulência pela detecção no solo e no voo de ventos cisalhantes, gelo e degelo e antigelo, esteiras de turbulência e turbulência em céu limpo; redução dos acidentes causados por invasões em pista de pouso e decolagem e de rolamento, implementando o plano de ação em conjunto da indústria e do governo; instalação de sistemas de detecção de superfície do aeroporto e sistemas de segurança das áreas de movimento.

Em muitos casos, em que uma situação inusitada ocorre durante um voo de rotina, eventuais lesões ou mortes de passageiros poderiam ter sido evitadas.

Muitas dessas situações acontecem quando o avião passa por uma turbulência e os passageiros e objetos são lançados dentro da cabine. Outro exemplo é quando um avião colide, geralmente durante um pouso, e os passageiros que sobrevivem à colisão ficam presos e acabam morrendo ou ficando feridos pela fumaça ou fogo. Assim, uma série de estratégias que visa melhorar a segurança dos passageiros e da tripulação da companhia aérea inclui a instalação de materiais resistentes ao fogo ou à prova de fogo que reduzem as lesões relacionadas às turbulências, e a melhoria das especificações de restrições para assentos de crianças.

Um avião seguro depende da integridade da aeronave e de seus motores, bem como da qualidade e da abrangência da manutenção. A frota de aeronaves em todo o mundo está envelhecendo e, consequentemente, a inspeção e a manutenção são elementos-chave que afetam o desempenho da segurança do setor. A implementação de melhorias, procedimentos de escalonamento e padronização dos procedimentos de manutenção, e a guarda de documentação e o registro diligente e detalhado podem alcançar uma redução nos erros de manutenção.

Conforme observado, a base para qualquer programa de melhoria de segurança, independente da modalidade, é a obtenção dos dados completos e sua análise. Os dados são úteis para identificar as causas dos acidentes, as opções de mitigação e observação das tendências em matéria de segurança. As ações relacionadas aos dados incluem a proteção das informações de segurança fornecidas voluntariamente para permitir o compartilhamento e a análise; o foco na prevenção de acidente e incidente pela coleta dos dados e análise dos acidentes e incidentes; inspeção de aeronaves e sistemas antigos; implementação da garantia de qualidade das operações de voo; e a garantia dos sistemas confidenciais de informações de segurança.

O registro de segurança do setor ferroviário tem mostrado uma melhora considerável nas últimas duas décadas. Em 1980, as ferrovias sofreram 7,1 acidentes por milhão de quilômetros-trem (mtkm) e, em um período de 20 anos, o índice de acidentes foi reduzido para 2,2 acidentes/mtkm, conforme mostrado na Figura 8.13. O setor tem feito investimentos pesados em vias e equipamentos, e as melhorias de segurança, resultantes desse

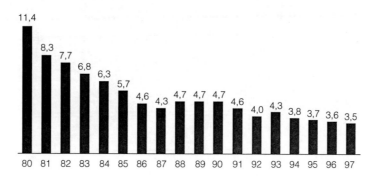

Observação: 1 acidente/milhão de milhas-trem = 0,62 acidentes/milhão de quilômetros-trem.

Figura 8.13 – Total de acidentes ferroviários por milhão de milhas-trem.

Fonte: *Federal Railroad Administration*.

investimento em equipamentos e infraestruturas (bem como o aumento da conscientização dos funcionários e da administração), tiveram resultados dramáticos.

Os programas de segurança do setor ferroviário representam um acordo de cooperação entre a *Federal Railroad Administration*; a *Association of American Railroads* (AAR); ferrovias de subúrbio, regionais e de linha curta; sindicatos; AASHTO; fornecedores de equipamentos de transporte; a *Federal Transit Administration* (FTA); e a *American Public Transit Association* (APTA). Esses grupos se reúnem por meio do comitê *Railroad Safety Advisory Committee* (RSAC) e podem fazer comentários sobre normas de segurança propostas e sugerir áreas que necessitam de pesquisa.

A FRA e AAR, conjuntamente, colaboram na pesquisa de segurança ferroviária por meio do *Transportation Technology Center* (TTC), um centro de pesquisa localizado perto de Pueblo, Colorado. O TTC realiza pesquisas e testes de segurança em áreas como de tecnologias de cargas por eixo pesadas, a detecção de defeitos no trilho e nos rodeiros, geometria e resistência da via, segurança do carro-tanque e o transporte de materiais perigosos. Além de realizar pesquisas e testes de segurança ferroviária, o TTC ajuda as ferrovias e os fornecedores a desenvolver produtos melhores, práticas de manutenção e treinamento de funcionários. Vários dos projetos de pesquisa estão ilustrados na Figura 8.14.

O setor ferroviário é grande, diverso e complexo. Em 2005, havia apenas quatro ferrovias principais de carga: Burlington Northern, Santa Fé, CSX e Norfolk Southern, de tamanho aproximadamente igual. Elas são aumentadas pelas ferrovias regionais de médio porte, como Illinois Central, Kansas City Southern, Wisconsin Central, Florida East Coast e Soo Line/CP, e ferrovias de linha curta formadas como resultado da venda de ramais deficitários. Os serviços de passageiros de alta velocidade estão sendo adicionados aos corredores de tráfego intenso, compartilhando a mesma via com os trens de carga. Este crescimento da demanda, a diversidade dos serviços,

(a) Desempenho da via sob cargas pesadas

(b) Inspeção de defeito do trilho interno

(c) Detecção precoce de problemas de capacidade da via

Figura 8.14 – Exemplos de pesquisa de segurança ferroviária.

Fonte: *Transportation Technology Center.*

compartilhamento de trens de carga e de passageiros e os conflitos nas passagens rodoferroviárias sugerem a necessidade de coordenação de programas de segurança pelo governo federal.

A agenda de segurança ferroviária é norteada pelo objetivo de haver tolerância zero para acidentes ou vítimas da *Federal Railroad Administration*. Um plano estratégico para o desenvolvimento da pesquisa e divulgação com o intuito de atingir este objetivo contém os seguintes elementos: redução dos acidentes associados a fatores humanos; detecção de defeitos do material rolante e melhoria de desempenho; detecção e prevenção de defeitos na via e na estrutura; aumento da segurança da interação veículo-via; prevenção de acidentes de trem e dos causados por excesso de velocidade; prevenção de acidentes em passagens em nível; melhoria da segurança do transporte de materiais perigosos, do sistema ferroviário, das instalações de pesquisa e desenvolvimento (P&D) e dos equipamentos de teste.

Há muitos elementos de segurança ferroviárias que interagem com outras modalidades de transporte. Um deles, a passagem em nível, foi discutido anteriormente como uma questão rodoviária. Não é de surpreender que a FRA e o setor ferroviário cooperassem com a AASHTO no desenvolvimento de normas para as passagens em nível e na incorporação dos resultados da pesquisa relacionada ao transporte inteligente, conforme mostrado na Figura 8.15. A área de fatores humanos é uma preocupação de todas as modalidades, pois uma alta proporção de acidentes no transporte pode ser atribuída a erros humanos. Assim, a *National Science and Technology Council* coordena a pesquisa sobre fatores humanos no transporte por meio de seu programa *Human-Centered Transportation Systems* (Sistemas de transporte voltados para os seres humanos). Outra grande preocupação é o transporte de materiais perigosos, um problema de segurança comum a todos as outras modalidades de transporte, principalmente no setor ferroviário e de caminhões.

Figura 8.15 – A segurança nas passagens em nível envolve muitas organizações.

Fonte: Motauri/Kino.

Resumo

A segurança é um elemento importante no projeto e na operação do sistema de transporte de um país. É uma atividade multidisciplinar que envolve a consideração do veículo, da via, de fatores humanos, meio ambiente e fiscalização. Um elemento essencial é a cooperação entre indústria, órgãos do governo e cidadãos. O esforço em conjunto em curso para reduzir ou eliminar o número de acidentes que ocorrem a cada ano deve continuar ao longo do século XXI. No entanto, atingir essas metas enquanto a demanda por viagens aumenta exigirá que os índices de acidentes diminuam ainda mais do que diminuíram nos últimos anos.

As organizações nacionais assumiram a liderança, desenvolvendo planos estratégicos de longo prazo para cumprir as metas de segurança. Para que sejam bem-sucedidos, será exigido um esforço de equipe de Estados, municípios, fabricantes de veículos e da indústria dos transportes. Os programas de melhoria de segurança no transporte têm abordado a tarefa em três frentes: prevenção de acidentes, minimização dos efeitos quando eles ocorrem, e desenvolvimento das análises e sistemas de recuperação de dados que fornecerão informações sobre a causa mais provável. Cada uma dessas fases requer a contribuição de profissionais de engenharia e cientistas.

A eficácia final de qualquer estratégia de segurança depende das ações dos motoristas ou operadores dos veículos no sistema. Assim, a melhoria no registro de segurança do país envolve melhorias nos sistemas com a competência do motorista/operador, treinamento, maturidade e experiência.

Problemas

8.1 Discuta a diferença entre uma colisão e um acidente. Qual termo é mais adequado em se tratando de segurança no transporte?

8.2 Escolha um artigo de jornal ou de um site de notícias a respeito de um acidente de transporte recente. Descreva o evento e sua causa provável.

8.3 Compare os artigos encontrados por outros membros da classe a respeito dos eventos relacionados com a segurança. Categorize-os por modalidade de transporte, se um único ou múltiplos veículos estavam envolvidos e o número de lesões e mortes. Com base nesse registro, o que você pode concluir sobre a segurança relativa das modalidades?

8.4 Qual foi a principal causa do naufrágio do navio *Titanic*, que resultou na morte de 1.200 pessoas? Quais foram os outros fatores que contribuíram para a magnitude desse desastre?

8.5 Quais são os principais fatores que podem influenciar a ocorrência de colisões no transporte?

8.6 Descreva as abordagens básicas para melhorar a segurança do transporte.

8.7 O número de colisões por ano em uma passagem em nível com 12 trens por dia é de cinco durante um período de três anos. O número médio de veículos que entram na passagem é de 2.500 por dia. Determine o índice de colisão por milhão de veículos que entram na passagem.

8.8 Estudos de colisão foram realizados em dois trechos ferroviários com características semelhantes. O trecho A tem 24 km de comprimento, média de 30 trens por dia e sofreu sete incidentes durante um período de três anos. O trecho B tem 34 km de comprimento, média de 45 trens por dia e sofreu 11 incidentes em três anos. Determine o índice de colisão/*Milhão de Veículo-Milha/ano*. Discuta as implicações deste resultado.

8.9 É necessário testar se caminhões de grande porte estão mais envolvidos significativamente em colisões traseiras em rodovias interestaduais, com limites de velocidade diferentes (LD) para automóveis de passageiros e caminhões de grande porte do que em rodovias com um limite de velocidade uniforme (LU). Utilizando o teste *t* e os dados para o mesmo período de três anos indicados na tabela a seguir, determine se se pode concluir que os caminhões estão mais envolvidos em colisões traseiras em rodovias interestaduais com limites de velocidade diferentes. Use um nível de significância de 5%.

Rodovias interestaduais com LD		Rodovias interestaduais com LU	
Nº do local	Número de colisões	Nº do local	Número de colisões
1	14	1	11
2	10	2	10
3	6	3	8
4	9	4	6
5	12	5	12
6	8	6	9

Liste as deficiências inerentes nesta análise estatística.

8.10 A tabela a seguir mostra colisões com M&L e SDM em trechos em obras e em trechos normais em seis locais nas mesmas rodovias interestaduais durante os mesmos períodos. Utilizando o teste de proporcionalidade, determine se a probabilidade de caminhões de grande porte estarem envolvidos em colisões com M&L é maior em trechos em obras do que em trechos normais com um nível de significância de 5%.

Canteiros		Áreas não relacionadas com canteiros	
Colisões com SDM	Colisões com M&L	Colisões com SDM	Colisões com M&L
9	5	8	5
5	4	6	3
8	6	5	2
6	7	7	3
2	0	10	6
4	2	11	5

8.11 Os dados a seguir mostram colisões traseiras coletadas durante o mesmo período em locais com câmeras de avanço de sinal vermelho e em vários outros sem câmeras. Utilizando o teste qui-quadrado, sem presumir que a razão de controle esteja livre de erros, determine se é possível que as colisões traseiras tendam a ser maiores em locais com câmeras de avanço de sinal vermelho. Utilize um nível de significância de 5%.

Locais com câmeras de avanço de sinal vermelho	Locais sem câmeras de avanço de sinal vermelho
Antes = 45	Antes = 102
Depois = 36	Depois = 98

8.12 A tabela a seguir mostra os índices de colisão de caminhões de grande porte em sete períodos iguais durante e fora dos horários de pico em uma rodovia interestadual. Utilizando o teste de soma das ordens de Wilcoxon, determine se é possível concluir que os índices de colisão de caminhões, durante e fora dos horários de pico, são semelhantes. Utilize um nível de significância de 5%.

	Índices de colisão (Nº de colisões/100M VMT)	
Período	Períodos fora de pico	Períodos de pico
1	1,47 (6)	2,21 (13)
2	2,12 (11)	2,18 (12)
3	1,03 (2)	1,34 (5)
4	1,00 (1)	1,82 (9)
5	1,56 (7)	1,21 (3)
6	1,62 (8)	1,31 (4)
7	1,84 (10)	2,24 (24)

8.13 Liste as principais preocupações com relação à segurança que requerem atenção para as seguintes modalidades: rodoviária, aérea, ferroviária e marítima.

8.14 Quais são as duas questões de segurança comuns a todas as modalidades?

8.15 Liste os elementos de um processo de melhoria de segurança que se aplica a todas as modalidades.

8.16 Quais são os principais resultados das pesquisas de segurança que sugerem áreas "de alto retorno" para melhorar a segurança rodoviária?

8.17 Liste os métodos possíveis para melhorar a segurança de motoristas, pedestres, bicicletas, motocicletas e caminhões.

8.18 Qual é o aumento da distância de visibilidade de parada exigido de um motorista se o tempo de percepção e reação aumenta de 2,5 s para 6 s a uma velocidade de 80 km/h?

8.19 Qual é a relação entre velocidade e segurança? Qual é a distância adicional necessária para parar um veículo em uma via em nível a 65 km/h e a 105 km/h uma vez que os freios tenham sido acionados?

8.20 Explique a diferença entre o transporte comercial e não comercial. Como é que esta diferença influencia a segurança?

8.21 Quais são os elementos da agenda de segurança da aviação comercial?

8.22 A *Federal Railroad Administration* estabeleceu um objetivo de tolerância zero para acidentes e mortes. Explique como a FRA se propõe a alcançar este objetivo.

Referências bibliográficas

AMERICAN ASSOCIATION OF STATE HIGHWAY AND TRANSPORTATION OFFICIALS (AASHTO) *Strategic Highway Safety Plan*, 1998.

BOZIN, William G., "Commercial Aviation Safety Team: A Unique Government-Industry Partnership", *TR-News*, n. 203, jul./ago., 1990. Transportation Research Board, National Academies, National Research Council.

COLE, Thomas B., "Global Road Safety Crisis Remedy Sought", *Journal of the American Medical Association*, v. 290, 2004.

DITMEYER, Steven R., "Railroad Safety Research", *TRNews*, n. 203, jul./ago., 1999. Transportation Research Board, National Academies, National Research Council.

EVANS, Leonard, *Traffic Safety and the Driver*, Nova York: Van Nostrand Reinhold, 1991.

____. *Traffic Safety, Science Serving Society*, MI: Bloomfield Hills, 2004.

OGDEN, K.W., *Safer Roads: A Guide to Road Safety Engineering*, Burlington,VT: Ashgate Publishing Ltd., 1996 (reimpresso em 2002).

SKINNER, Robert E., Jr.,"Policy Making to Improve Road Safety in the United States". Trabalho apresentado ao Road Safety Congress, Pretoria, África do Sul, set. 2000.

SWEEDLER, Barry M., "Toward a Safer Future: National Transportation Board Priorities", *TRNews*, n. 201, mar./abr. 1999. Transportation Research Board, National Academies, National Research Council.

NCHRP Report 500, *Guidance for Implementation of AASHTO Strategic Highway Safety Program*:

Volume 1: *A Guide for Addressing Aggressive-Driving Collisions*
Volume 2: *A Guide for Addressing Collisions Involving Unlicensed Drivers and Drivers with Suspended or Revoked Licenses*
Volume 3: *A Guide for Addressing Collisions with Trees in Hazardous Locations*
Volume 4: *A Guide for Addressing Head-On Collisions*
Volume 5: *A Guide for Addressing Unsignalized Intersection Collisions*
Volume 6: *A Guide for Addressing Run-Off-Road Collisions*
Volume 7: *A Guide for Reducing Collisions on Horizontal Curves*
Volume 8: *A Guide for Reducing Collisions Involving Utility Poles*
Volume 9: *A Guide for Reducing Collisions Involving Older Drivers*
Volume 10: *A Guide for Reducing Collisions Involving Pedestrians*
Volume 11: *A Guide for Increasing Seat Belt Use*
Volume 12: *A Guide for Reducing Collisions at Signalized Intersections*
Volume 13: *A Guide for Reducing Collisions Involving Heavy Trucks*

Sites relacionados com a segurança no transporte

Air Transport Association: *www.air-transport.org*
American Association of State Highway and Transportation Officials: *www.aashto.org*
American Automobile Association Foundation for Traffic Safety: *www.aaafts.org*
Federal Aviation Administration: *www.faa.gov*
Federal Railway Administration: *www.fra.gov*
Insurance Institute for Highway Safety: *www.hwysafety.org*
National Highway Traffic Safety Administration: *www.nhtsa.gov*
National Transportation Safety Board: *www.ntsb.gov*
Transportation Research Board: *www.trb.org*
United States Coast Guard: *www.uscg.mil*

Transporte inteligente e tecnologia da informação

CAPÍTULO 9

A Tecnologia da Informação (TI) tem tido um impacto dramático sobre a sociedade e o transporte. Este capítulo aborda as aplicações de TI nos sistemas de transporte, também chamado programa de Sistemas Inteligentes de Transporte (SIT).

SIT refere-se à aplicação de tecnologias de informação, tais como programas de computador, equipamentos, tecnologias de comunicação, dispositivos de navegação e eletrônica para melhorar a eficiência e a segurança dos sistemas de transporte. Ele oferece uma abordagem moderna para enfrentar os desafios da crescente demanda por viagens, que substitui a construção física de capacidade adicional pela otimização da já existente. Seus benefícios incluem a melhoria do fluxo de tráfego, a redução dos atrasos e a minimização dos congestionamentos. O SIT melhora o nível de serviço e a segurança, fornecendo informações na hora, alertas antecipados e operações eficientes dos veículos comerciais.

Várias aplicações podem ser identificadas pela cobertura dos Sistemas de Transporte Inteligentes. Existem muitas aplicações de SIT, algumas projetadas para melhorar a segurança e a eficiência do transporte de passageiros, enquanto outras concentram-se no transporte de cargas. Elas podem ser encontradas na infraestrutura de transporte e nos próprios veículos, e por isso podem ser denominadas Rodovias Inteligentes (ou Ativas) ou Veículos Inteligentes (ou Ativos).

Este capítulo descreve as tecnologias baseadas nas infraestruturas projetadas para melhorar a segurança e a mobilidade do transporte de passageiros. Entre as áreas cobertas estão:

1. Sistemas de gerenciamento de incidentes e de via expressa (FIMS – *freeway and incident management system*);
2. Controle avançado de tráfego (ATC);
3. Sistemas de transporte público avançados;
4. Sistemas de informações ao viajante multimodal;
5. Tecnologias avançadas para ferrovias.

Os tópicos abordados devem fornecer um entendimento das aplicações bem-sucedidas de SIT e dos problemas a elas relacionados. Para cada área, o conceito operacional será descrito e ilustrado com uma breve descrição de exemplos do mundo real. O capítulo também abordará as ferramentas de modelagem e análise que podem ser utilizadas para auxiliar no planejamento, projeto e análise das aplicações de SIT.

Sistemas de gerenciamento de incidentes e de via expressa

Os sistemas de gerenciamento de incidentes e de via expressa são projetados para melhorar o fluxo de pessoas e de mercadorias em instalações com acesso limitado. Eles incluem equipamentos de campo (como detectores de tráfego, painéis com mensagens variadas e semáforos de controle de acesso), redes de comunicação, centros de operações de tráfego e o pessoal operacional. Esses itens auxiliam o sistema a controlar e gerenciar o tráfego de forma eficiente e segura, reduzindo os congestionamentos. A Figura 9.1 retrata um centro de controle de tráfego típico.

O congestionamento em uma via expressa ocorre quando a demanda excede sua capacidade. Em geral, existem dois tipos de congestionamento, o recorrente e o não recorrente. O primeiro ocorre regularmente, em geral durante os horários de pico. Já o segundo é menos previsível, uma vez que é causado por ocorrências como acidentes, condições adversas do tempo e obras de curto prazo. Esses eventos resultam na redução da capacidade de um trecho da via expressa e em aumento do congestionamento. O sistema de gerenciamento pode servir a ambos os tipos de congestionamento, mas é mais eficaz no tratamento dos congestionamentos não recorrentes.

Objetivos e funções do sistema de gerenciamento de incidentes e de via expressa

Os objetivos geralmente definidos para o sistema são:

- Monitorar continuamente o *status* do fluxo de tráfego e implementar ações apropriadas para o seu controle que reduzam os congestionamentos;
- Minimizar a duração e a gravidade dos congestionamentos não recorrentes, restabelecendo a capacidade ao seu nível normal;
- Reduzir a frequência dos congestionamentos recorrentes e abrandar seus efeitos adversos;
- Maximizar a eficiência das vias expressas e melhorar a segurança; e
- Fornecer informações em tempo real sobre as condições do tráfego que auxiliem os motoristas a alterar os planos de rota.

Figura 9.1 – Centro de operações de tráfego.
Fonte: Timothy Fadek/Corbis/Latinstock

As funções do sistema são: vigilância do tráfego, detecção e gestão de incidentes, controle de acesso, disseminação de informações e orientação dinâmica de rota, e gestão das faixas de tráfego. Cada uma dessas funções é descrita a seguir.

Vigilância do tráfego

Vigilância do tráfego é a monitoração contínua do *status* do sistema de transporte. Esta função fornece a base para todas as outras funções e aplicações do SIT, porque dependem do uso de informações em tempo real sobre o estado do sistema. O sistema de vigilância do tráfego coleta vários tipos de dados, entre os quais os mais importantes são aqueles sobre o *status* das operações de tráfego. Estas são avaliadas com base em três parâmetros fundamentais do tráfego, mencionados no Capítulo 4. Esses parâmetros constituem um componente essencial dos dados coletados pelos sistemas modernos de vigilância, mas outros tipos de dados também são capturados pelas tecnologias de vigilância. Entre estes estão as imagens de vídeo das operações do sistema de transporte, comprimento da fila, tempo de percurso entre uma determinada origem e destino, localização dos veículos de atendimento a emergências, de ônibus ou veículo de transporte público e dados ambientais, incluindo a temperatura do pavimento, velocidade do vento, informações sobre as condições superficiais da via, níveis de emissões e a qualidade do ar.

Componentes e tecnologias do sistema de vigilância de tráfego

Um sistema de vigilância consiste em quatro componentes: métodos de detecção, hardware, software de computador e comunicações. Os métodos de detecção utilizam tecnologias como laços indutivos, dispositivos de detecção não invasivos, câmeras de circuito fechado de TV, monitoração veicular, relatórios da polícia ou dos cidadãos e sensores ambientais para monitorar as condições meteorológicas. Os itens de hardware incluem computadores, monitores, controladores e telas de exibição. O software de computador é utilizado para converter os dados coletados pelos dispositivos de detecção e fazer interface e se comunicar com os dispositivos de campo. O sistema de comunicações conecta os itens localizados no centro de controle com os dispositivos de campo.

Métodos de detecção – Incluem detectores de laços indutivos e não intrusivos, como sensores de micro-ondas, por infravermelho, de ultrassom e acústicos, circuito fechado de TV, processamento de imagens de vídeo, veículos de inspeção, comunicações da polícia e dos cidadãos e sensores ambientais. Essas tecnologias são descritas a seguir no que tange às suas características, aplicações, vantagens e desvantagens.

Detectores de laço indutivo (DLI) são amplamente utilizados para a detecção de veículos. Seu principal uso está nas intersecções com sistemas de controle semafórico avançados e nas vias expressas para percepção de incidentes e monitoramento de tráfego. Os DLIs são constituídos de um fio isolado embutido no pavimento. O laço é conectado, por meio de um cabo condutor, à unidade de detecção que percebe alterações na indutância dentro do fio embutido quando um veículo passa sobre o laço (Figura 9.2).

Os DLIs podem funcionar tanto no modo de pulso como no de presença. No primeiro, o laço envia um sinal curto (normalmente na ordem de 0,125 s) para a unidade de detecção; é utilizado para contagens de volume de tráfego. No modo de presença, o sinal persiste enquanto o veículo ocupa a área de detecção, fornecendo a contagem de volume e do tempo ocupado por veículo. Os DLIs também medem as velocidades (por meio da instalação de dois laços de pulso a uma curta distância entre si) e podem determinar a classificação do veículo. Entretanto, eles nem sempre são confiáveis, e podem deixar de funcionar quando danificados pelo tráfego pesado. Além disso, a instalação e a manutenção dos laços exigem o fechamento da faixa e modificações no pavimento.

Cálculos de ocupação, em que laços indutivos no modo de presença fornecem medições da ocupação, são definidos como a proporção do tempo em que um detector está "ocupado" ou coberto por um veículo durante um determinado período de tempo. As medições da ocupação podem ser utilizadas para calcular a densidade

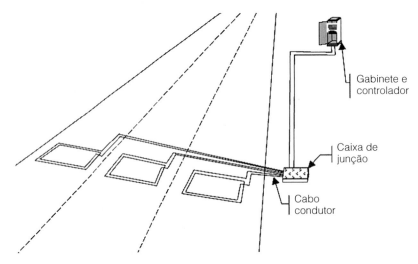

Figura 9.2 – Detectores de laços indutivos.

de tráfego, um dos parâmetros fundamentais de fluxo de tráfego discutidos no Capítulo 4, por meio do uso de uma estimativa do comprimento médio dos veículos na corrente de tráfego (L_v) e do comprimento efetivo do detector (L_{eff}). O valor de L_{eff} é geralmente maior do que o comprimento físico do laço, uma vez que os veículos são detectados antes e depois de estarem dentro do laço (veja a Figura 9.3). Se o comprimento médio de um veículo (L_v) for conhecido, a equação a seguir pode ser utilizada para estimar a densidade de tráfego com base nas medições da ocupação:

$$D = \frac{10 \times Occ}{L_v + L_{eff}} \tag{9.1}$$

em que:
    D = densidade de tráfego em veículo/km/faixa
    Occ = medições da ocupação (porcentagem de tempo ocupado)
    L_v = comprimento médio do veículo em metros
    L_{eff} = comprimento efetivo do detector em metros.

Observe que os comprimentos do veículo e do detector são somados, já que o detector é ativado na medida em que o para-choque dianteiro entra na área de detecção e desativado quando o para-choque traseiro deixa a área. Tendo em vista que a medição da ocupação é para um único detector em uma faixa predeterminada, o valor da densidade aplica-se somente para àquela faixa.

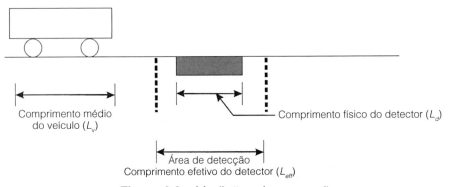

Figura 9.3 – Medições da ocupação.

Exemplo 9.1

Cálculo da densidade de tráfego com base nas medições da ocupação do DLI

A estação de detecção de uma via expressa em um sentido de uma rodovia de seis faixas (três faixas por sentido) fornece as medições da ocupação apresentadas na Tabela 9.1. O comprimento médio dos veículos é de 6 m para a faixa 1; 5,5 m para a faixa 2; e 5 m para a faixa 3. O comprimento efetivo de cada detector de laço é de 2,5 m. Determine a densidade de tráfego para (a) cada faixa e (b) para a via expressa.

Tabela 9.1 – Medições da ocupação.

Nº da faixa	Ocupação (%)
Faixa 1	22
Faixa 2	15
Faixa 3	12

Solução

(a) Calcule a densidade de cada faixa por meio da Equação 9.1. Os resultados são mostrados na Tabela 9.2.

Tabela 9.2 – Densidade por faixa.

Nº da faixa	Ocupação (%)	Comprimento médio do veículo (pés)	Densidade (veículo/km/faixa)
Faixa 1	22,00	6	25,9
Faixa 2	15,00	5,5	18,8
Faixa 3	12,00	5	16,0

(b) A densidade total para o sentido medido da via expressa é a soma das densidades de cada faixa:

Densidade total = 25,9 + 18,8 + 16,0 = 60,7 veículos/km

Detectores de radar de micro-ondas são dispositivos não intrusivos cuja instalação e manutenção não requerem o fechamento da faixa de tráfego nem modificações no pavimento, pois são montados em uma estrutura sobre ou ao lado da via (Figura 9.4). Os tipos de dados coletados pelo sensor dependem da forma da onda eletromagnética transmitida. Os sensores que transmitem uma onda contínua são projetados para detectar as velocidades dos veículos por meio da medição do desvio Doppler na onda de retorno. Eles não podem perceber os veículos parados e, assim, não funcionam como um tipo de detector de presença. Os sensores de micro-ondas que utilizam uma onda contínua modulada em frequência podem medir velocidades e detectar veículos. A presença de um veículo é revelada pela medição da variação da distância quando ele entra no campo de detecção.

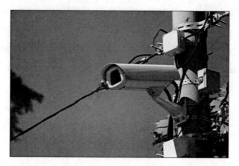

Figura 9.4 – Detector de tráfego não intrusivo.
Fonte: Ilya Zlatyev/Shutterstock

Uma grande vantagem dos detectores de micro-ondas é a sua capacidade de funcionar em todas as condições climáticas. Como são instalados acima da superfície do pavimento, não ficam expostos aos efeitos do gelo e do equipamento que remove a neve. É esperado que os detectores de micro-ondas funcionem corretamente sob chuva, neblina, neve e vento.

Sensores infravermelhos são detectores não intrusivos que podem ser passivos ou ativos. Os passivos não transmitem energia, mas detectam a que é emitida ou refletida pelos veículos, superfícies da via e outros objetos. A quantidade de energia transmitida é uma função da temperatura superficial, do tamanho e do tipo de estrutura. Quando um veículo entra na zona de detecção, ele provoca um aumento na energia transmitida em comparação com uma superfície estática da via. Os detectores infravermelhos passivos podem medir a velocidade, o comprimento, o volume e a ocupação do veículo. Como sua precisão é afetada pelas condições adversas do tempo, nem sempre são confiáveis.

Detectores infravermelhos ativos são semelhantes aos de radar de micro-ondas, pois direcionam um feixe estreito de energia em direção à superfície da via. O feixe é, em seguida, redirecionado para os detectores e os veículos são identificados observando as mudanças no tempo de propagação de ida e volta do feixe infravermelho.

Eles medem a passagem do veículo, a presença e as informações de velocidade. A velocidade é medida observando o tempo que leva para um veículo cruzar dois feixes infravermelhos que varrem a superfície da via a uma determinada distância. Alguns detectores ativos têm a capacidade de classificar os veículos por meio da medição e identificação de seus perfis. A precisão pode ser comprometida pelas condições climáticas, como neblina e chuva.

Detectores ultrassônicos são semelhantes aos de micro-ondas no sentido em que ativamente transmitem ondas de pressão em frequências acima da faixa audível humana. As ondas podem ser contínuas ou em pulso. Os que usam ondas contínuas detectam os veículos por meio do uso do efeito Doppler e medem o volume, a ocupação e a velocidade. Os de ondas de pulso também podem determinar a classificação e a presença. Como detectores ultrassônicos são sensíveis às condições ambientais, exigem um alto nível de manutenção.

Detectores acústicos medem a energia acústica ou o som audível com base em uma variedade de fontes, tanto do interior do veículo como da interação entre os pneus e a superfície da via. Eles utilizam um conjunto de microfones acústicos para detectar esses sons de uma única faixa em uma estrada. Quando um veículo passa pela área de detecção, um algoritmo de processamento de sinal percebe um aumento na energia do som e um sinal de presença do veículo é gerado. Quando este deixa a área de detecção, a energia sonora diminui abaixo do limiar de percepção e o sinal de presença do veículo é encerrado.

Os detectores acústicos podem ser utilizados para medir a velocidade, o volume, a ocupação e a presença. A classificação do veículo também pode ser obtida, combinando a assinatura sonora de um veículo contra um banco de dados de assinaturas sonoras dos diversos veículos. A velocidade é medida utilizando um conjunto de microfones, de tal forma que o atraso da chegada do som variará para cada microfone. A vantagem desses sensores é a sua capacidade de funcionar em todas as condições climáticas e de luminosidade.

Processamento de imagem e vídeo (VIP – *video image processing*) é uma técnica de detecção de tráfego que pretende atender às necessidades de gerenciamento e de controle de tráfego. Os detectores VIP identificam os veículos e os parâmetros do fluxo de tráfego por meio da análise de imagens captadas pelas câmeras de vídeo. Estas são digitalizadas e processadas por uma série de algoritmos que identificam mudanças no fundo da imagem. Os novos modelos incluem um processador de visão integrado, câmera em cores e lentes de *zoom* (Figura 9.5).

Uma vantagem dos sistemas VIP é sua capacidade de possibilitar a detecção em área ampla por meio de várias faixas de tráfego e em múltiplas áreas dentro da própria faixa. O usuário pode alterar as zonas de detecção por meio da interface gráfica sem a necessidade de escavar o pavimento ou fechar a faixa de tráfego. O desempenho dos sistemas VIP pode ser comprometido por iluminação inadequada, zonas de sombra e fortes intempéries.

Figura 9.5 – Sistema integrado de processamento de câmera de vídeo/imagem.
Fonte: Autoscope web site, http://www.autoscope.com/.

VIP e circuito fechado de TV (CFTV) podem ser combinados para fornecer uma excelente ferramenta de detecção, principalmente para percepção de incidentes e objetivos de verificação. Quando ocorre um incidente, o usuário pode alternar entre o modo VIP e o padrão de CFTV e verificar a ocorrência de incidentes por meio dos controles visão panorâmica/rotação/aproximação.

Monitoração veicular implica o rastreamento de veículos com o uso de tecnologias de posicionamento e de comunicação e informação sobre a localização do veículo transmitida para um computador central no qual os dados de várias fontes são reunidos para determinar o *status* do fluxo de tráfego sobre o sistema de transporte medido. A monitoração veicular pode fornecer informações úteis que não estão disponíveis por meio das outras técnicas de detecção. Entre elas estão os tempos de viagem entre dois pontos, as velocidades médias e as informações de origem-destino. As três diferentes tecnologias que utilizam veículos como referências são: identificação automatizada de veículos (AVI), localização automatizada de veículos (AVL) e amostragem de chamadas móveis anônimas.

A identificação automatizada de veículos (AVI) pode reconhecer os veículos à medida que passam pela área de detecção. Um *transponder* (ou etiqueta de identificação) instalado no veículo é lido por um dispositivo na margem da estrada, que utiliza Comunicações Dedicadas de Curto Alcance. Em seguida, as informações são transmitidas para um computador central. A aplicação mais comum de tecnologias AVI é em conjunto com os sistemas de cobrança automática de pedágio. Esta cobrança é automaticamente descontada da conta do motorista quando o veículo entra na praça de pedágio. Esta tecnologia também pode ser utilizada para fins de detecção, determinando o tempo médio de viagem nas vias expressas entre antenas ou leitores eletrônicos posicionados nas margens da via.

A localização automatizada de veículos (AVL) determina a localização dos veículos que viajam ao longo de uma rede. A tecnologia AVL pode localizar e despachar veículos de emergência, rastrear ônibus em tempo real e determinar o horário previsto de chegada nos seus pontos. Várias tecnologias são utilizadas em AVL, incluindo o método de deslocamento (*dead reckoning*), localização por rádio, métodos de proximidade e o sistema de posicionamento global (GPS), que atualmente é a tecnologia mais utilizada de um modo geral para a identificação de localização e navegação. Para operar, o GPS depende de sinais transmitidos de 24 satélites que orbitam a Terra a uma altitude de 20.200 km. Estes receptores calculam a localização de um ponto utilizando o tempo que leva para os sinais eletromagnéticos viajarem a partir dos satélites até eles.

A amostragem de chamada móvel anônima utiliza técnicas de triangulação para determinar a posição de um veículo por meio da medição de sinais que provêm de um telefone celular dentro do veículo. Este conceito oferece uma riqueza de informações a um custo relativamente baixo, e exige dois elementos: um sistema de controle de localização geográfica e um centro de informações de tráfego. O sistema de controle de localização geográfica fornece a latitude e a longitude dos telefones celulares, que são comunicadas ao centro de informações de tráfego, no qual as informações são centralizadas e analisadas. Este conceito foi primeiramente testado na área de Washington, DC, em meados da década de 1990.

Relatórios móveis constituem outra fonte de informações de vigilância de uma via expressa. Em muitos casos, os relatórios de incidentes feitos por cidadãos e pela polícia podem fornecer informações de monitoração do sistema a um custo menor que as tecnologias de vigilância. Esses relatórios móveis fornecem informações sobre o evento em intervalos imprevisíveis que poderiam ser úteis para fins de gerenciamento do tráfego. São especialmente eficazes para a detecção de incidentes. Exemplos de métodos de reportagem móvel incluem os telefones celulares e as patrulhas de serviço da via.

Os telefones celulares podem servir como uma ferramenta eficiente para a detecção de incidentes. Muitos órgãos ao redor do país estabeleceram um canal de comunicação direta para encorajar os cidadãos a informar sobre os incidentes de trânsito. Este método tem a vantagem de possuir custos iniciais baixos. Patrulha de serviço de uma via expressa consiste em uma equipe de motoristas treinados que são responsáveis por cobrir um determinado segmento da via. O veículo de patrulha de serviço está equipado para ajudar os motoristas presos nos veículos e liberar um local de incidente. Exemplos de itens utilizados por uma patrulha incluem gasolina, água, cabos para baterias, ferramentas para conserto de veículos, *kit* de primeiros socorros, para-choques de impulsão (quebra mato) e luzes de alerta. Essas patrulhas podem localizar os incidentes e executar todo o processo de gerenciamento, envolvendo tanto a detecção como sua liberação.

Figura 9.6 – Estação ambiental.
Fonte: Marafona/Shutterstock.

Sensores ambientais são utilizados para detectar as condições adversas do tempo, tais como pista com gelo ou escorregadia. Essa informação pode ser utilizada para alertar os motoristas por meio dos painéis de mensagem variável (PMV) e ser utilizada pelo pessoal de manutenção para otimizar suas operações. Podem ser divididos em sensores de condição da via, que medem a temperatura e a umidade da superfície da via e a presença de acúmulos de neve; sensores de visibilidade, que detectam neblina, fumaça, chuva forte e tempestades de neve; e sensores de mapeamento térmico, que podem ser utilizados para detectar a presença de gelo. Além disso, muitos fabricantes fornecem atualmente estações meteorológicas completas capazes de monitorar uma ampla gama de condições ambientais e superficiais. A Figura 9.6 mostra um exemplo de estação meteorológica.

Equipamento computacional Computadores são o segundo componente de um sistema de vigilância de tráfego. Recebem informações dos dispositivos e sensores de campo;

transferem dados do centro de controle para os dispositivos de campo (por exemplo, dados de controle para possibilitar a visão panorâmica/rotação/aproximação de uma câmera de CFTV de campo); processam informações para obter os parâmetros de tráfego significativos com base em dados em tempo real coletados pelos sensores e armazenam estas informações.

Além de computadores, um sistema de vigilância geralmente inclui monitores no centro de controle para possibilitar uma visualização das operações do sistema de transporte obtidas pelas câmeras de campo. As imagens podem ser fornecidas em monitores das estações de trabalho ou de tela grande. Esses monitores assumem a forma de uma série de telas de vídeo (Figura 9.1).

Programas computacionais Estes constituem o terceiro componente de um sistema de vigilância de tráfego. Exemplos de programas para sistema de vigilância de tráfego incluem algoritmos de detecção de incidentes, sistemas de apoio à decisão (DSS – *Decision Support Systems*) para gerenciamento de incidentes e programas para controle dos dispositivos de campo, os dois primeiros abordados nas próximas seções.

Sistema de comunicações Necessário para possibilitar a comunicação entre os componentes de um centro de controle, o centro de controle e os dispositivos localizados no campo. As comunicações dentro do centro são realizadas por meio de uma rede local (LAN – *local area network*). Entre o centro e os dispositivos de campo, é utilizado um sistema de comunicação com fio (por exemplo, fibra óptica, coaxial, par trançado) ou sem. A escolha do meio de comunicação (por exemplo, cabo de fibra óptica *versus* cabo coaxial) depende dos requisitos de largura de banda dos dados transmitidos. Por exemplo, imagens de vídeo exigem uma banda larga que só pode ser alcançada com a utilização de cabos de fibra óptica.

Gerenciamento de incidentes

A segunda função fornecida por um FIMS é o gerenciamento de incidentes. Os congestionamentos nas vias expressas podem ser recorrentes ou não. Os sistemas de gerenciamento de incidentes foram projetados, principalmente, para tratar das condições daqueles não recorrentes. Este gerenciamento é definido como "uma abordagem coordenada e planejada para restabelecer o tráfego à sua condição normal após a ocorrência de um incidente", que pode ser um evento aleatório (um acidente na via ou um veículo com problemas mecânicos) ou planejado e programado (como o fechamento de uma faixa de tráfego em um trecho em obras). Em ambos os casos, o objetivo é utilizar sistematicamente os recursos humanos e mecânicos para:

- Detectar e verificar rapidamente a ocorrência de um incidente;
- Avaliar a gravidade da situação e identificar os recursos necessários para lidar com ela;
- Determinar o plano de resposta mais adequado que restabelecerá a via à sua condição de operação normal.

O processo de gerenciamento de incidentes pode ser conceitualmente visto como consistindo de quatro estágios em sequência:

- Detecção e verificação;
- Resposta;
- Liberação;
- Recuperação.

O objetivo do processo é reduzir o tempo necessário para completar cada estágio e restabelecer as operações normais. Uma breve discussão sobre esses quatro estágios é apresentada a seguir.

Detecção e verificação de incidentes

Detecção é a identificação de um incidente. Verificação é a obtenção de informações sobre o incidente, como a sua localização, gravidade e extensão. Ela fornece as informações utilizadas para elaborar um plano de resposta adequado. Detecção e verificação de incidentes sempre foram de responsabilidade das polícias estadual e local. As tecnologias agora disponíveis aumentam essas funções e podem ser automatizadas ou não. As técnicas de detecção não automatizadas incluem ligações de telefone celular para um número 0800, patrulhas de serviço, monitoramento da faixa de rádio do cidadão, fones de emergência e operadores de frota. Essas técnicas, muitas vezes, exercem um papel importante no processo de gerenciamento de incidentes como um complemento às tecnologias de vigilância automatizadas. Os métodos automatizados de detecção de incidentes serão discutidos na próxima seção.

Resposta ao incidente

Com um incidente detectado e verificado, o próximo passo no processo de gerenciamento é a respectiva resposta, que envolve a ativação, coordenação e gestão de pessoal e equipamento para remover o incidente. A resposta pode ser dividida em dois estágios. O estágio 1 diz respeito à identificação dos órgãos mais próximos necessários para remover o incidente, comunicar-se com estes órgãos, coordenar suas atividades e propor quais recursos são necessários para tratar o incidente de forma eficaz. O estágio 2 envolve a gestão do tráfego e as atividades de controle que visam reduzir os impactos adversos do incidente, o que inclui informar o público sobre o incidente por meio de painéis de mensagem variada (PMV) ou outros dispositivos de disseminação de informações, implantar o controle semaforizado de acesso e as estratégias de desvio de tráfego e coordenar estratégias de controle nos grandes corredores de tráfego.

O objetivo principal das tecnologias de resposta a incidentes é otimizar a alocação de recursos e minimizar o tempo de resposta, cujos três elementos são a verificação da ocorrência e sua localização; o envio de uma equipe de resposta, e seu tempo de viagem. Uma série de técnicas e tecnologias está disponível para reduzir o tempo de resposta, incluindo manuais, contratos de reboques, técnicas para melhorar o acesso de veículos de emergência e um melhor fluxo de tráfego por meio do planejamento de rotas alternativas.

Remoção do incidente

Refere-se à remoção segura e em tempo hábil de um incidente. Existem várias tecnologias para melhorar sua eficiência. Os sistemas de *air bag* infláveis são um exemplo. O principal objetivo destes sistemas é restabelecer um veículo capotado a uma posição vertical. O sistema consiste em cilindros de borracha infláveis com diversas alturas que são colocados sob o veículo capotado e inflados até que a tarefa esteja completa.

Recuperação do incidente

Este estágio refere-se ao tempo gasto pelo tráfego para voltar às condições normais de fluxo após a remoção do incidente. O objetivo é utilizar técnicas adequadas de gestão de tráfego para restabelecer as operações normais e evitar que os efeitos do congestionamento se espalhem.

Métodos de detecção automática de incidentes

A detecção automática de incidentes (AID – *automatic incident detection*) utiliza algoritmos para encontrar incidentes em tempo real com a utilização de informações fornecidas pelos detectores de tráfego. O desenvolvimento desses algoritmos começou na década de 1970 e, desde então, muitos têm sido utilizados. A avaliação feita pelos algoritmos de AID baseia-se no índice de detecção (DR – *detection rate*); índice de alarmes falsos (FAR – *false alarm rate*); e tempo para detectar (TTD – *time to detect*).

Índice de detecção (DR) é a medida de eficiência de um algoritmo de AID para identificar incidentes. É a razão entre o número de incidentes que o algoritmo detecta e o número total de incidentes ocorridos. Os valores variam de 0% a 100%, e quanto mais próximo de 100, mais eficaz é o algoritmo.

Índice de alarme falso (FAR) é a razão entre o número de detecções falsas e o total de observações. A maioria dos algoritmos observa incidentes em intervalos regulares, como a cada 30 segundos ou a cada minuto. Os resultados do FAR são um percentual para cada estação do detector, ou simplesmente o número total de relatórios falsos sobre o período de tempo observado.

Tempo de detecção (TTD) é a diferença de tempo entre o momento em que um incidente foi detectado e quando ele ocorreu. *Tempo médio de detecção* (MTTD – *mean time to detect*) é o TTD médio sobre um determinado número de incidentes.

Os três parâmetros estão correlacionados. Por exemplo, aumentando o valor dos resultados do DR resulta um aumento correspondente do FAR. Caso o tempo de detecção do algoritmo fosse aumentado (TTD), ambos os valores do DR e FAR melhorariam. A experiência com a AID já implantada nem sempre foi favorável. Em muitos casos, o número de alarmes falsos que os algoritmos da AID produzem tornou-se tão duvidoso que vários centros de operações de tráfego pararam de utilizá-los.

Exemplo 9.2

Cálculo dos índices de detecção e de alarmes falsos para algoritmo de AID

Um determinado algoritmo de detecção automática de incidentes (AID) é utilizado em um centro de gestão do tráfego. Ele é aplicado a cada 30 s. Para avaliar seu desempenho, o tráfego foi observado durante um período de 30 dias em que um total de 57 incidentes ocorreu. Desse número, o algoritmo detectou corretamente um total de 49. E forneceu 1.000 alarmes falsos durante o período de observação. Determine (a) o DR e (b) o FAR para este algoritmo.

Solução

(a) DR:

DR é a razão entre o número de incidentes detectados e o total de incidentes ocorridos. Assim:

$$DR = \frac{49}{57} \times 100 = 86\%$$

(b) FAR é a razão entre o número de detecções incorretas e o total de vezes que o algoritmo foi aplicado. Portanto, primeiro é necessário determinar este último número. Como ele é aplicado a cada 30 s e o período de observação foi de 30 dias, o número de vezes que o algoritmo foi aplicado é:

30 dias × 24 horas × 60 minutos × 2 aplicações/minuto
= 86.400 vezes

Assim:

$$FAR = \frac{1000}{86400} \times 100 = 1,16\%$$

Embora o índice de FAR seja relativamente baixo (apenas cerca de 1% neste problema), o número absoluto de alarmes falsos (1.000) é elevado, o que poderia se tornar muito irritante para os operadores de centros de tráfego.

Comparação do desempenho dos algoritmos de detecção de incidentes

O índice de desempenho, ID, é um indicador utilizado para comparar diferentes algoritmos de AID, que também pode ser utilizado para calibrar os algoritmos de um determinado local. O índice de desempenho é definido na Equação 9.2 com valores menores de ID indicando um melhor desempenho do algoritmo:

$$ID = \left[\frac{(100 - DR)}{100}\right]^m \times FAR^n \times MTTD^p \tag{9.2}$$

em que:

DR e FAR = índices de detecção e de falso alarme, respectivamente

MTTD = tempo médio de detecção em minutos

m, n e p = coeficientes que podem ser utilizados para enfatizar ou ponderar como as três medidas de desempenho são utilizadas na avaliação de desempenho de um algoritmo (por exemplo, o uso de valores maiores para o coeficiente m em relação a n e p enfatizaria o papel do índice de detecção para o algoritmo na avaliação de seu desempenho).

Exemplo 9.3

Comparando o desempenho de algoritmos de AID

O desempenho de sete algoritmos de AID foi avaliado pelo registro do DR, FAR e MTTD para cada um deles. Os resultados são apresentados na Tabela 9.3. Os valores dos coeficientes m, n, p são todos iguais a 1,0. Utilizando a Equação 9.2, determine como é o desempenho de cada algoritmo de AID. Qual destes é o preferido?

Tabela 9.3 – Comparando o desempenho de algoritmos de AID.

	DR (%)	FAR (%)	MTTD$_{min.}$
AID1	82	1,73	0,85
AID2	67	0,134	2,91
AID3	68	0,177	3,04
AID4	86	0,05	2,5
AID5	80	0,3	4
AID6	92	1,5	0,4
AID7	92	1,87	0,7

Solução

Para resolver este problema, o ID é calculado para cada AID. Os resultados são apresentados na Tabela 9.4, na qual é possível observar que o AID4 tem o menor valor e, portanto, é o algoritmo com melhor desempenho.

Tabela 9.4 – Cálculos de ID para m = 1; n = 1; e p = 1

	DR (%)	FAR (%)	MTTD$_{min.}$	ID
AID1	82	1,73	0,85	0,265
AID2	67	0,134	2,91	0,129
AID3	68	0,177	3,04	0,172
AID4	**86**	**0,05**	**2,5**	**0,018**
AID5	80	0,3	4	0,240
AID6	92	1,5	0,4	0,048
AID7	92	1,87	0,7	0,105

Exemplo 9.4

Tempo de detecção dos algoritmos de AID

No exemplo anterior, o engenheiro de tráfego estava interessado em enfatizar a importância da rápida detecção de incidentes. Diante disso, ele decide executar novamente a análise, mas dobrando o valor do coeficiente p (ou seja, $p = 2$). Qual algoritmo seria considerado o de melhor desempenho neste caso?

Solução

A análise é agora executada com $m = 1$, $n = 1$ e $p = 2$. Os resultados são apresentados na Tabela 9.5.

Neste caso, o AID6, que possui um tempo médio de detecção de apenas 0,4 min é considerado como sendo o melhor algoritmo.

Tabela 9.5 – Cálculos de ID.

	DR (%)	FAR (%)	$MTTD_{min}$	ID
AID1	82	1,73	0,85	0,225
AID2	67	0,134	2,91	0,3749
AID3	68	0,177	3,04	0,523
AID4	86	0,05	2,5	0,044
AID5	80	0,3	4	0,960
AID6	92	1,5	0,4	0,019
AID7	92	1,87	0,7	0,073

Tipos de algoritmos de AID

Os algoritmos de AID podem ser, de forma ampla, divididos em quatro grupos baseados nos princípios por trás da operação do algoritmo: (1) algoritmos do tipo comparativo ou de reconhecimento de padrões; (2) baseados na teoria da catástrofe; (3) de base estatística; e (4) baseados em inteligência artificial (IA). Esta seção descreve os algoritmos do tipo comparativo, ou de reconhecimento de padrões, já que servem de base para as outras aplicações. Outros algoritmos são abordados de forma resumida.

Algoritmos do tipo comparativo ou de reconhecimento de padrões Estes estão entre os algoritmos de AID mais utilizados. Baseiam-se na premissa de que a ocorrência de um incidente resulta em um aumento na densidade do tráfego a montante e em uma diminuição a jusante detectadas. A Figura 9.7 ilustra este fenômeno.

Algoritmos do tipo comparativo tentam distinguir entre os padrões de tráfego "normal" e "incomum", comparando os valores dos volumes de tráfego, densidades e velocidades das estações de detecção a montante e a

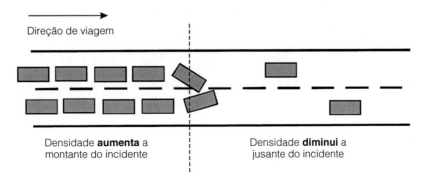

Figura 9.7 – Mudanças de ocupação em decorrência de um incidente.

jusante com limiares preestabelecidos. Se os valores observados em campo excederem os limiares estabelecidos, um alarme é acionado, indicando que um incidente pode ter ocorrido. A parte mais desafiadora na implantação dos algoritmos do tipo comparativo envolve o estabelecimento de valores para os limiares preestabelecidos, uma vez que diferem para locais específicos da via. Alguns exemplos de algoritmos do tipo comparativo são apresentados a seguir.

O algoritmo de AID da Califórnia foi um dos primeiros do tipo comparativo a ser desenvolvido e é frequentemente utilizado para comparações e *benchmarking*. Ele examina um incidente, comparando os valores de ocupação (densidade) de duas estações de detecção adjacentes de acordo com a seguinte lógica:

Passo 1: A diferença entre a ocupação da estação a montante (OCC_{acima}) e a da estação a jusante (OCC_{abaixo}) é comparada em relação ao valor limiar T_1. Se o valor do limiar for ultrapassado, então o algoritmo prossegue para o passo 2.

Passo 2: A razão entre a diferença das ocupações a montante e a jusante e a da estação a montante ($OCC_{acima} - OCC_{abaixo})/OCC_{acima}$ é verificada em relação ao valor limiar T_2. Se esse limiar for ultrapassado, o algoritmo prossegue para o passo 3.

Passo 3: A razão entre a diferença das ocupações a montante e a jusante e a da estação a jusante ($OCC_{acima} - OCC_{abaixo})/OCC_{abaixo}$ é verificada em relação ao valor limiar T_3. Se esse limiar for ultrapassado, um incidente potencial é indicado. Nenhum alarme é indicado, mas o Passo 2 é repetido para o intervalo de tempo seguinte. Se os valores limiares T_2 e T_3 forem novamente ultrapassados, um incidente potencial é presumido.

Um estado de incidente é terminado quando o valor limiar T_2 não for mais excedido. Os limiares são calibrados de acordo com dados empíricos. A aplicação do algoritmo da Califórnia é muito simples, mas é um desafio determinar os valores adequados de limiares do algoritmo (T_1, T_2 e T_3) para cada local.

Exemplo 9.5

Aplicação do algoritmo da Califórnia na detecção de incidentes

A Tabela 9.6 fornece as leituras de ocupação de duas estações de detecção ao longo de uma via expressa equipada com um algoritmo de AID do tipo Califórnia. Ele é aplicado em intervalos regulares de 30 s. Com base na calibração *off-line*, os três valores de limiar T_1, T_2 e T_3 foram determinados para ser iguais a 20, 0,25 e 0,50. Aplique a lógica do algoritmo da Califórnia para determinar o intervalo de tempo quando um alarme de incidente seria disparado e o intervalo de tempo quando o estado de incidente seria encerrado.

Solução

Para cada intervalo de tempo, calcule os valores para as três quantidades a seguir:

Passo 1: ($Occ_{acima} - Occ_{abaixo}$)
Passo 2: ($Occ_{acima} - Occ_{abaixo})/Occ_{acima}$
Passo 3: ($Occ_{acima} - Occ_{abaixo})/Occ_{abaixo}$

Os cálculos estão apresentados na Tabela 9.7, nas colunas 4 a 6.

Tabela 9.6 – Leituras das estações de detecção.

Intervalo de tempo	Occ_{acima} (%)	Occ_{abaixo} (%)
1	60	10
2	62	15
3	59	17
4	65	14
5	67	22
6	64	19
7	59	22
8	48	27
9	37	29
10	32	29
11	30	28
12	32	31

Tabela 9.7 – Cálculos do algoritmo da Califórnia.

Coluna [1]	Coluna [2]	Coluna [3]	Coluna [4]	Coluna [5]	Coluna [6]
Intervalo de tempo	Occ_{acima} (%)	Occ_{abaixo} (%)			
1	60	10	50	0,83	5,00
2	62	15	47	0,76	3,13
3	59	17	42	0,71	2,47
4	65	14	51	0,78	3,64
5	67	22	45	0,67	2,05
6	64	19	45	0,70	2,37
7	59	22	37	0,63	1,68
8	48	27	21	0,44	0,78
9	37	29	8	0,22	0,28
10	32	29	3	0,09	0,10
11	30	28	2	0,07	0,07
12	32	31	1	0,03	0,03

Coluna [4] = (Occ_{acima} - Occ_{abaixo}) = Coluna [2] - Coluna [3]
Coluna [5] = (Occ_{acima} - Occ_{abaixo})/Occ_{acima} = (Coluna [2] - Coluna [3])/Coluna [2]
Coluna [6] = (Occ_{acima} - Occ_{abaixo})/Occ_{abaixo} = (Coluna [2] - Coluna [3])/Coluna [3]

Os valores nas colunas 4 a 6 são, em seguida, comparados com os três limiares T_1, T_2 e T_3, respectivamente, para determinar se estes são excedidos. Os resultados são apresentados na Tabela 9.8.

Pode-se ver que um alarme seria acionado após o intervalo de tempo 2, uma vez que o algoritmo precisa de dois intervalos de tempo em que os valores limiares são excedidos antes que um alarme seja disparado. O estado de incidente seria então encerrado após o intervalo de tempo 9.

Desde que o algoritmo original da Califórnia foi desenvolvido, seu desempenho tem sofrido refinamentos. Pelo menos dez novos algoritmos foram produzidos, dos quais o 7 e o 8 são os mais bem-sucedidos. O algoritmo TSC 7 representa uma tentativa de reduzir o índice de alarmes falsos do algoritmo original. Para tanto, exige que as descontinuidades de tráfego continuem por um período de tempo especificado antes de um incidente ser declarado. O algoritmo TSC 8 fornece um teste repetitivo para a propagação dos efeitos de congestionamento a montante do incidente; também classifica os volumes de tráfego em diferentes estados, que exigem que mais parâmetros sejam calibrados. O algoritmo TSC 8 pode ser considerado como o mais complexo surgido na série Califórnia modificada, mas também o de melhor desempenho.

Tabela 9.8 – Resultados do algoritmo da Califórnia.

Coluna [1] Intervalo de tempo	Coluna [2] Occ_{acima} (%)	Coluna [3] Occ_{abaixo} (%)	[4] > T_1	[5] > T_2	[6] > T_3
1	60	10	SIM	SIM	SIM
2	**62**	**15**	**SIM**	**SIM**	**SIM**
3	59	17	SIM	SIM	SIM
4	65	14	SIM	SIM	SIM
5	67	22	SIM	SIM	SIM
6	64	19	SIM	SIM	SIM
7	59	22	SIM	SIM	SIM
8	48	27	SIM	SIM	SIM
9	**37**	**29**	**NÃO**	**NÃO**	**NÃO**
10	32	29	NÃO	NÃO	NÃO
11	30	28	NÃO	NÃO	NÃO
12	32	31	NÃO	NÃO	NÃO

Algoritmos baseados na teoria da catástrofe O nome teoria da catástrofe provém de mudanças bruscas que ocorrem em uma variável sendo monitorada, enquanto outras variáveis relacionadas sob investigação mostram mudanças suaves e contínuas. Para a detecção de incidentes, estes algoritmos monitoram as três variáveis fundamentais do fluxo de tráfego, ou seja, velocidade, fluxo e ocupação (densidade). Quando detecta uma queda drástica na velocidade, sem uma mudança correspondente imediata na densidade e no fluxo, indica que provavelmente um incidente tenha ocorrido. Isto ocorre porque os incidentes normalmente formam uma fila de forma repentina. A vantagem dos algoritmos baseados na teoria da catástrofe em relação ao tipo comparativo é que utilizam múltiplas variáveis e as comparam com a tendência anterior dos dados, enquanto o comparativo geralmente usa uma única variável e a compara com um valor limiar preestabelecido. Ao utilizar mais de uma variável, estes algoritmos são melhores em distinguir entre congestionamentos não recorrentes e recorrentes. O algoritmo McMaster, desenvolvido na Universidade de McMaster, no Canadá, é um bom exemplo de algoritmo baseado nesta ideia.

Algoritmos de base estatística A ideia por trás destes algoritmos é o uso de métodos estatísticos e de séries temporais para prever os estados ou as condições de tráfego futuro. Ao comparar os dados de tráfego observados em tempo real com os previstos, as mudanças inesperadas são classificadas como incidentes. Um exemplo destes algoritmos é o de série temporal de média móvel integrada autorregressivo (ARIMA – *auto-regressive integrated moving-average*). Neste, uma técnica de séries temporais é utilizada para fornecer previsões de densidade de tráfego de curto prazo com base em dados observados em três intervalos de tempo anteriores. O algoritmo também calcula o intervalo de confiança de 95%. Se as observações caírem deste intervalo, como previsto pelo modelo, presume-se que um incidente tenha ocorrido.

Algoritmos com base em inteligência artificial Uma série de paradigmas computacionais que utilizam IA tem sido aplicada a problemas de engenharia e de planejamento de transportes. A detecção automática de incidentes é uma delas. O problema de detecção de incidentes é um bom exemplo de um grupo de problemas chamado reconhecimento de padrões ou problemas de classificação. Diversos paradigmas da IA estão disponíveis para resolver problemas de classificação, dos quais as redes neurais (RNs) estão entre as mais eficazes.

RNs são sistemas inspirados na Biologia, que consistem em uma rede conectada de forma massiva de "neurônios" computacionais organizada em camadas (Figura 9.8). Ao ajustar os pesos das conexões de rede, conectando os neurônios nas diferentes camadas da rede, as RNs podem ser "treinadas" para aproximar virtualmente

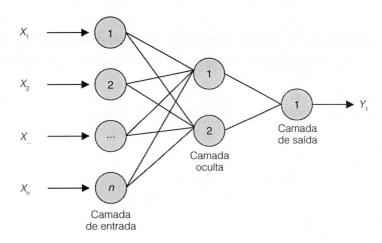

Figura 9.8 – Rede neural perceptron multicamada.

qualquer função não linear a um grau de precisão requerido. As RNs normalmente aprendem, fornecendo à rede um conjunto de modelos de entrada e saída. Um algoritmo de aprendizagem seria então utilizado para ajustar os pesos da rede para que forneça a saída desejada em um tipo de aprendizagem normalmente chamado aprendizado supervisionado. Uma vez treinada, a RN pode ser utilizada para prever a saída provável para novos casos.

Ao longo dos anos, vários tipos e arquiteturas de RN foram desenvolvidos. O tipo utilizado para a detecção de incidente é a rede neural perceptron multicamadas (PMC), que está entre as arquiteturas de RN mais utilizadas. Como visto na Figura 9.8, as PMCs normalmente consistem em três camadas: (1) de entrada; (2) ocultas(s); e (3) de saída. A primeira recebe dados dos detectores de laço indutivo, a intermediária processa os dados e a de saída dá um sinal de incidente ou livre de incidente. O treinamento é realizado mediante a apresentação à rede de um conjunto de situações de tráfego com e sem incidentes. O treinamento ajuda a rede a ajustar seus pesos de modo que seja capaz de distinguir entre os estados de tráfego que estão livres de incidentes e os que apontam para uma ocorrência.

Estimativa dos benefícios dos sistemas de gerenciamento de incidentes
Um dos grandes benefícios dos sistemas de gerenciamento de incidentes é a redução da duração de uma ocorrência. Os componentes de redução da duração de um incidente são as diminuições no tempo para detectar e verificar a ocorrência, responder ao incidente e removê-lo. Os sistemas de gerenciamento de incidentes são conhecidos por reduzir a duração de um incidente em até 55%. Esta redução, resultante da implantação de sistemas de gerenciamento de incidentes, pode ser utilizada para estimar os benefícios prováveis de sua implantação, como ilustra o exemplo a seguir.

Exemplo 9.6

Estimativa dos benefícios de implantação dos sistemas de gerenciamento de incidentes
Uma via expressa de seis faixas (três em cada sentido) suporta aproximadamente 4.200 veículos/h durante o horário e no sentido do pico. A capacidade da via expressa é de 2.000 veículos/h/faixa. Um incidente ocorre, com 60 minutos de duração, e bloqueia 50% da capacidade da via expressa. Determine a economia de tempo possível se um sistema de gerenciamento de incidentes for implantado de modo que a duração fosse reduzida para 30 minutos.

Solução

Primeiro, calculamos o atraso total dos veículos para o caso de a duração do incidente ser de uma hora. Para fazer isto, o método do gráfico cumulativo é utilizado conforme mostrado na Figura 9.9 (um problema semelhante foi resolvido no Capítulo 2, Exemplo 2.4).

A taxa de chegada é de 4.200 veículos/h. A de saída, de 3.000 veículos/h durante os 60 minutos de duração e, quando o incidente é removido, a taxa de saída sobe para 6.000 veículos/h. O atraso total dos veículos é calculado como sendo a área do triângulo entre as curvas de chegada e de saída.

(a) Encontre o tempo X necessário para a fila se dissipar:

$(3.000)(1) + (6.000)(X) = 4.200(1 + X)$
$3.000 + 6.000X = 4.200 + 4.200X$

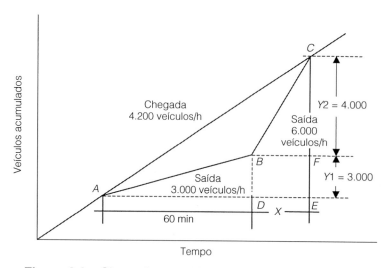

Figura 9.9 – Chegadas e saídas acumuladas de veículos.

$1.800X = 1.200$
$X = 0,667$ h

(b) Determine o número acumulado de veículos, indicado pelas distâncias verticais $Y1$ e $Y2$, como segue:

$Y1 = 3.000 \times 1 = 3.000$ veículos
$Y2 = 6.000 \times 0,6667 = 4.000$ veículos

(c) Determine o atraso total em veículos/hora em decorrência do congestionamento, calculando a área do triângulo, ABC, entre as curvas de chegada e de saída. A área deste triângulo é determinada, primeiro, pelo cálculo da área do AEC e, depois, pela subtração da área do ABD da do retângulo $BDEF$ e da do CBF, como segue:

$(1/2)(7.000)(1,67) - (1/2)(1)(3.000) - (3.000)(0,67) - (1/2)(0,67)(4.000) = 1.000$ veículos/hora

Em seguida, consideramos o caso de quando a duração do incidente é reduzida para 30 minutos. A Figura 9.10 desenvolve o gráfico cumulativo para este caso. O atraso total é calculado de forma semelhante ao descrito anteriormente, como segue:

(a) Encontre o tempo X necessário para a fila se dissipar:

$(3.000)(0,5) + (6.000)(X) = (4.200)(0,5 + X)$
$1.500 + 6.000X = 2.100 + 4.200X$
$1.800X = 600$
$X = 0,333$ h

(b) Determine os veículos cumulativos de $Y1$ e $Y2$:

$Y1 = 3.000 \times 0,5 = 1.500$ veículos
$Y2 = 6.000 \times 0,333 = 2.000$ veículos

(c) Determine o atraso total em veículos/hora em decorrência do congestionamento:

$(1/2)(3.500)(0,833) - (1/2)(0,5)(1.500) + (1.500)(0,33) + (1/2)(0,33)(2.000) = 250$ veículos/hora

A implantação do sistema de gestão de incidentes reduziu o atraso de 1.000 para 250 veículos/hora; uma redução de 75%.

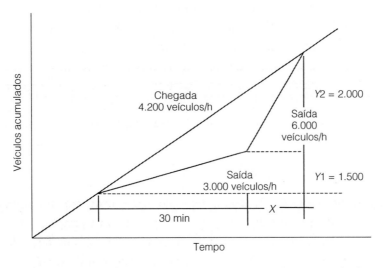

Figura 9.10 – Chegadas e saídas de veículos acumuladas.

Controle de acesso em rampas

Este é a terceira função de um FIMS, que envolve a regulação da entrada de veículos em uma via expressa por meio de sinais de tráfego nas rampas de entrada. Os sistemas de controle de acesso em rampas têm como objetivo reduzir os congestionamentos recorrentes durante os períodos de pico, bem como melhorar a segurança quando existem algumas deficiências geométricas.

Este controle não é uma estratégia nova, já que data do início dos anos 1950 e 1960. Sistemas deste tipo funcionam em muitas áreas, incluindo Minneapolis/St. Paul, em Minnesota, Seattle, em Washington, e Austin, no Texas. A maioria deles tem alcançado o objetivo de reduzir os atrasos e melhorar a segurança. O foco desta seção é sobre os vários tipos de sistemas de controle de acesso em rampas e seus conceitos operacionais. Os principais componentes e tecnologias utilizados por estes sistemas são descritos acompanhados de exemplos de projetos bem-sucedidos.

Filosofia do controle de acesso em rampas

Como foi abordado no Capítulo 4, à medida que o fluxo de tráfego (q) aumenta, a densidade de tráfego (k) aumenta, atingindo um k_o ótimo em uma capacidade máxima ($q_{máx}$). Em níveis de densidade maiores que k_o, as condições do fluxo de tráfego pioram e mudam de estável para instável. O controle de acesso em rampas foi projetado para evitar o fluxo instável e controlar a quantidade de tráfego que entra na via expressa, na tentativa de manter a densidade igual ou inferior ao ideal (k_o) e garantir que o tráfego não passe para uma condição instável ou congestionada.

Benefícios do controle de acesso

O controle de acesso em rampas foi projetado para atingir as seguintes melhorias nas operações de tráfego:

Melhoria da operação do sistema: Seu principal objetivo é reduzir o congestionamento em uma via expressa, controlando o número de veículos que entram na via. É importante, no entanto, certificar-se de que o congestionamento não seja transferido para as ruas. As filas de veículos nas rampas não devem exceder os comprimentos destas. Os sistemas com controle de acesso também podem minimizar a turbulência causada pelo entrelaçamento no entroncamento da rampa com as faixas de tráfego da via principal, reduzindo os grupos de veículos que entram, de tal forma que se juntem à corrente de fluxo da via principal um ou dois veículos por vez.

Melhoria da segurança: Muitos acidentes na via expressa ocorrem perto das rampas de acesso à medida que a intensidade das manobras de entrelaçamento aumenta e chegam grandes pelotões de veículos. Ao liberar os pelotões de veículos que entrelaçam e suavizar a operação de entrelaçamento, os sistemas de controle de acesso melhoraram a segurança das operações de tráfego. Além disso, ao reduzir as condições de para-e-anda, melhoram a segurança das operações de tráfego em uma via expressa.

Redução de emissões e do consumo de combustível: Existe uma relação direta entre as melhorias das operações de tráfego e a redução das emissões nocivas e o consumo de combustível. Por consequência, o facilitador de acesso pode melhorar a qualidade do ar e o consumo de energia.

Desenvolvimento de estratégias de gestão de demanda: O controle de acesso em rampas pode ser projetado para estimular as estratégias de gestão e de redução de demanda. Por exemplo, podem sê-lo no sentido de fornecer alta ocupação de veículos de transporte público com tratamento preferencial, acrescentando uma faixa exclusiva na entrada da rampa que permite a esses veículos desviar do semáforo do controle de acesso. Assim, o controle de acesso pode contribuir com estratégias voltadas para a redução de veículos com um só ocupante.

Classificação das estratégias de controle de acesso em rampas

Essas estratégias podem ser classificadas como controle restritivo e não restritivo e controle local *versus* global.

Controle restritivo e não restritivo: O primeiro define a taxa de controle em um nível inferior ao volume não controlado da rampa. Como resultado, este controle resulta na criação de filas nas rampas e faz que os motoristas utilizem ruas alternativas. O segundo define a taxa de controle como sendo igual ou até superior ao volume médio de chegada. Como resultado, as filas são menores e o desvio para as ruas é reduzido. O controle não restritivo é, muitas vezes, utilizado para fins de melhoria na segurança operacional nas imediações da rampa, diluindo os pelotões de veículos. Também ajuda a retardar o aparecimento de congestionamentos, suavizando o processo de entrelaçamento.

Facilitador local versus *global:* As taxas de controle de acesso em rampas local são determinadas com base nas condições de tráfego nas imediações da rampa. Este controle é utilizado quando o congestionamento do tráfego pode ser reduzido pela monitoração de uma única rampa ou quando várias rampas sem controle estão próximas das com controle. As taxas do controle de acesso global são implantadas em mais de uma rampa ao longo de um trecho da via expressa de forma integrada, e geralmente são mais eficazes do que o controle local.

Estratégias para as taxas de controle de acesso

O sucesso do controle de acesso em rampas depende da taxa de controle selecionada que permite que os veículos entrem no sistema. A taxa deste controle para rampas de faixa única está entre 240 e 900 veículos/h. As taxas de controle de acesso podem ser pré-programadas ou definidas em função do tráfego. As estratégias pré-programadas mantêm a taxa de controle de acesso constante por um determinado período de tempo, independente dos volumes reais de tráfego na via expressa. As baseadas no volume de tráfego variam as taxas de controle com base nos volumes reais de tráfego. Elas podem ser *locais*, com base nas condições de tráfego local detectadas nas imediações da rampa, ou *global*, em que várias rampas são controladas em conjunto, como parte de um sistema integrado, e as taxas de controle de acesso são determinadas com base em medições de tráfego ao longo de um grande segmento da via expressa. Os tipos de estratégias de controle de acesso em rampas são descritos a seguir:

Controle pré-programado As taxas de controle pré-programado são determinadas com base nas observações históricas. São especificadas para diferentes períodos de tempo dentro de um dia normal. A taxa de controle selecionada depende do objetivo a ser alcançado, ou seja, se o controle foi projetado para reduzir o congestionamento ou melhorar a segurança.

Se o sistema se destina a aliviar o congestionamento, as taxas são determinadas para garantir que o fluxo de tráfego da via principal seja menor que a capacidade. Assim, esta taxa será uma função do fluxo de tráfego a montante do volume da rampa e da capacidade a jusante. O controle de acesso deve satisfazer à Equação 9.3, conforme ilustrado na Figura 9.11:

Taxa de controle de acesso + volume a montante ≤ capacidade a jusante (9.3)

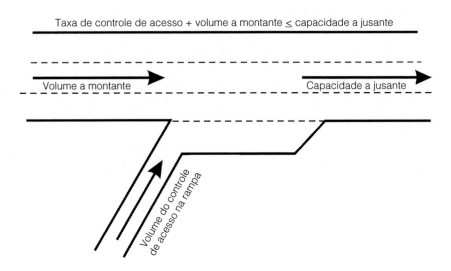

Figura 9.11 – Controle de acesso em rampas pré-programado.

Outros fatores a serem considerados na definição da taxa de controle de acesso são a disponibilidade de espaço adequado na rampa para acomodar a fila e a capacidade adequada ao longo do corredor para acomodar os veículos que podem ser desviados.

Se o sistema se destina a melhorar a segurança, a taxa de controle de acesso é selecionada com base nas condições de entrelaçamento no final da rampa. Nas rampas e nos entroncamentos, colisões traseiras e causadas por mudanças de faixa podem ocorrer quando os pelotões de veículos tentam se entrelaçar com o tráfego da via principal. O controle de acesso em rampa pode aliviar essa situação reduzindo o número de veículos em um pelotão. A taxa de controle de acesso depende da geometria da rampa e da disponibilidade de brechas aceitáveis na corrente de tráfego da via expressa.

Com o controle de acesso em rampa pré-programado, o semáforo localizado na rampa funciona de acordo com um plano predefinido durante o período considerado. A determinação dos intervalos de vermelho, amarelo e verde difere se a entrada for única, se o controle de acesso for de um pelotão de veículos ou para dois veículos lado a lado, conforme será abordado a seguir.

Entrada única É permitido entrar apenas um veículo a cada intervalo de verde. O intervalo de verde (ou verde mais amarelo) é, portanto, normalmente na ordem de 1,5 a 2,0 s para garantir que apenas um veículo entre por intervalo. A duração do intervalo de vermelho depende da taxa de controle de acesso em vigor.

Exemplo 9.7

Projeto de um controle de acesso em rampa de entrada única pré-programado
Projete um sistema de controle de acesso em rampa de entrada única pré-programado em uma via expressa de quatro faixas. O volume de tráfego a montante é igual a 3.400 veículos/h/sentido e a capacidade da via expressa é de 2.000 veículos/h/faixa. O intervalo de verde é igual a 2 s.

Solução
A capacidade a jusante de um sentido é calculado por (2)(2.000) = 4.000 veículos/h.

A taxa de controle de acesso pode ser calculada com o uso da Equação 9.3:

Taxa de controle de acesso + 3.400 = 4.000

Taxa de controle de acesso = 4.000 - 3.400 = 600 veículos/h

Como o intervalo de verde é de 2 s, o intervalo de vermelho é (duração do ciclo) - (2,0):

Duração do ciclo = 3.600/600 = 6 s

Assim, o intervalo de vermelho é de (6,0 - 2,0) = 4,0 s/ciclo, e o ciclo do semáforo do controle de acesso é verde por 2 s e vermelho por 4 s.

CONTROLE DE ACESSO DE PELOTÃO DE VEÍCULOS Para taxas de controle superiores a 900 veículos/h, o controle de acesso para pelotão de veículos é utilizado quando dois ou mais veículos por ciclo entram na via expressa. A duração mínima do intervalo de verde deve ser suficiente para permitir que o pelotão de veículos passe.

Exemplo 9.8

Projeto de um sistema com controle de acesso para pelotão de veículos pré-programado

Projete um plano de sinalização para um sistema com controle de acesso em rampa com base nas seguintes informações:

Volume a montante = 4.800 veículos/h
Número de faixas/sentido = 3 faixas
Capacidade = 2.000 veículos/h/faixa

Solução

Calcule a taxa de controle de acesso com o uso da Equação 9.3 e considerando uma capacidade a jusante de 3 × 2.000 = 6.000 veículos/h.

Taxa de controle de acesso = 6.000 - 4.800 = 1.200 veículos/h

Como a taxa de controle de acesso é superior a 900 veículos/h, o controle de acesso para pelotão de veículos é necessário. A taxa de controle de acesso é de 1.200/60 = 20 veículos/min.

Se dois veículos entrarem no sinal verde, serão necessários 10 ciclos/min (ou seja, (2)(10) = 20). A duração do ciclo é de 60/10 = 6 s e o intervalo de verde é de 4 s por 2 s por veículo. O intervalo de vermelho é de 6 - 4 = 2 s.

CONTROLE DE ACESSO PARA DOIS VEÍCULOS LADO A LADO Dois veículos são liberados lado a lado (em uma rampa de duas faixas), alternadamente, e o intervalo de verde é definido para permitir a liberação de um veículo/ciclo. Com o controle de acesso para dois veículos lado a lado, até 1.700 veículos/h podem ser acomodados.

Controle de acesso atuado pelo tráfego local As taxas de controle de acesso atuado pelo tráfego não são prefixados. Em vez disso, são determinadas em tempo real, com base nas medições do volume de tráfego. Essas taxas são selecionadas com base em medições em tempo real das condições de tráfego nas imediações da rampa. Os sistemas de controle de acesso atuados pelo tráfego utilizam os modelos de fluxo de tráfego, que incluem as variáveis de fluxo (q), velocidade (u) e densidade (k). Veja a Figura 4.2 do Capítulo 4. A estratégia básica deste controle é:

- Obter medições em tempo real dos parâmetros atuais de fluxo de tráfego;
- Determinar o estado atual do fluxo de tráfego com base em modelos de fluxo de tráfego;
- Determinar a taxa máxima de controle de acesso que garantiria que o fluxo fosse mantido dentro da parte não congestionada do diagrama fundamental do fluxo de tráfego (veja a Figura 9.12).

As estratégias do controle de acesso diferem uma da outra com base em quais parâmetros do fluxo de tráfego utilizam para determinar a taxa adequada de controle de acesso. Duas das estratégias mais utilizadas do controle de acesso atuado pelo tráfego são o controle da demanda-capacidade e o controle da ocupação.

CONTROLE DA DEMANDA-CAPACIDADE As taxas de controle de acesso são obtidas com base em comparações em tempo real dos volumes de tráfego a montante em relação à capacidade a jusante. O volume a montante é medido em tempo real, a capacidade a jusante, em dados históricos ou calculada em tempo real com base nas medições de volume a jusante. A taxa de controle de acesso para o próximo período de controle (normalmente

1 min) é calculada como sendo a diferença entre a capacidade a jusante e o volume a montante para garantir que a primeira não seja ultrapassada. Por exemplo, se em um determinado intervalo de controle, o volume a montante for igual a 3.000 veículos/h (ou seja, 50 veículos/min) e a capacidade a jusante for igual a 3.600 veículos/h (ou seja, 60 veículos/min), uma taxa de controle de acesso de até (60 - 50) = 10 veículos/min poderá ser utilizada.

Um problema com o uso apenas do *volume* como sendo a medida de desempenho do fluxo de tráfego é que os valores de baixo volume podem estar associados a condições de fluxo livre, bem como às de congestionamento, dependendo se a densidade de tráfego é menor ou maior que a densidade na capacidade. Como pode ser visto na Figura 9.12, correspondendo a um valor de volume, $V1$, existem dois valores de densidade possíveis, um que corresponde às condições não congestionadas e o outro às congestionadas. Para superar este problema e ser capaz de distinguir entre as condições congestionadas e não congestionadas, medições da ocupação (densidade) são obrigatórias.

CONTROLE DE OCUPAÇÃO As taxas de controle de acesso são selecionadas com base nas medições de *ocupação (densidade)* a montante. Existem dois tipos deste controle: de ocupação em laço aberto e em laço fechado.

O *controle de ocupação em laço aberto* prevê um cronograma de taxas de controle de acesso. Com base em medições de ocupação a montante da rampa com controle de acesso, uma das várias taxas de controle de acesso predefinida é selecionada para o próximo período de controle. As taxas predefinidas de controle de acesso são determinadas com base no estudo de um gráfico da relação entre os volumes e a ocupação das vias de interesse. Utilizando este gráfico para cada nível de ocupação, pode ser estabelecida uma taxa de controle de acesso que corresponda à diferença entre a estimativa predeterminada de capacidade e a estimativa em tempo real do volume que corresponde à ocupação medida. O volume pode ser estimado utilizando um gráfico de volume-densidade, conforme mostrado na Figura 9.13, que determina uma relação aproximada entre a ocupação (densidade) e o volume.

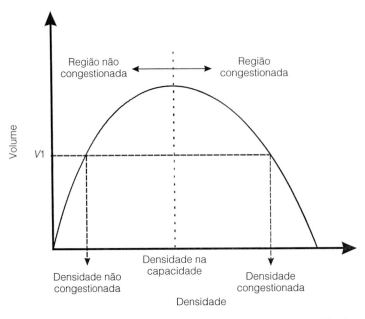

Figura 9.12 – Um gráfico típico de volume-densidade.

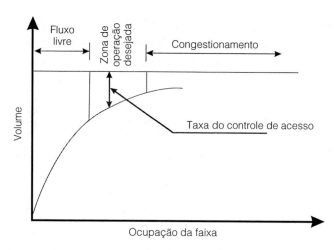

Figura 9.13 – Cálculo das taxas de controle de acesso com base nos gráficos de volume e ocupação (densidade).

Tabela 9.9 – Taxas de controle de acesso como função de ocupação a montante.

Ocupação (%)	Taxa de controle de acesso (Veículos/min)
≤10	12
11-16	10
17-22	8
23-28	6
29-34	4
>34	3

A Tabela 9.9 pode ser utilizada para determinar as taxas locais apropriadas de controle de acesso atuado pelo tráfego como função da capacidade a montante da via principal medida. Como pode ser visto na Tabela 9.9, se a ocupação medida ultrapassar a capacidade preestabelecida (ou seja, 34% neste caso), uma taxa mínima de controle de acesso será selecionada com valor igual a 3 veículos/min.

O tipo de controle descrito é chamado *laço aberto*, pois controla o fluxo com base em valores predefinidos e não verifica o impacto da ação de controle sobre o ambiente controlado. Ele não controla o fluxo para atingir explicitamente um parâmetro percebido por detectores, tais como a ocupação a jusante, como faz o controle em laço fechado.

Exemplo 9.9

Determinação das taxas de acesso para um controle de acesso de laço aberto

Com base nas medições de ocupação em um lugar com controle de acesso atuado pelo tráfego local apresentadas na Tabela 9.10, determine as taxas de acesso para os diferentes períodos de controle.

Tabela 9.10 – Dados do Exemplo 9.9.

Período de controle	Ocupação medida (%)
1	23%
2	25%
3	29%
4	21%
5	18%

Solução

Este problema pode ser resolvido utilizando a Tabela 9.9 para determinar as taxas adequadas de controle de acesso para cada nível de ocupação. A solução é dada na Tabela 9.11.

Tabela 9.11 – Taxas de controle de acesso do Exemplo 9.9.

Período de controle	Ocupação medida (%)	Taxa de controle de acesso (veículo/min)
1	23	6
2	25	6
3	29	4
4	21	8
5	18	8

O *controle de ocupação em laço fechado* monitora a ocupação a jusante para se adaptar ao valor de ocupação desejado. Os valores de ocupação medidos a jusante da rampa são repassados para o controlador a fim de determinar a taxa de controle de acesso que elevaria a capacidade a montante ao valor desejado. Um dos algoritmos deste controle mais bem conhecidos é chamado ALINEA, projetado para operar com uma estação de detector de via principal que mede os valores de ocupação a jusante da rampa. A taxa do controle de acesso para um determinado período, i, é então calculada por meio da seguinte equação:

$$r(i) = r(i-1) + K_R(o_s - o_{fora}(i)) \tag{9.4}$$

em que:
$r(i)$ = taxa de controle de acesso para o intervalo i
$r(i-1)$ = taxa de controle de acesso durante o intervalo anterior $(i-1)$
o_s = valor predefinido ou desejado para a ocupação a montante
$o_{fora}(i)$ = ocupação a jusante medida para o intervalo de controle i.

K_R é um coeficiente, normalmente denominado como de ganho. Seu valor afeta a sensibilidade do controlador e a rapidez com que reage às mudanças nos seus dados de entrada. Quanto maior o valor de K_R, mais rápido o controlador reage às mudanças. Ao mesmo tempo, no entanto, altos valores de K_R tendem a tornar o controle mais oscilatório e sensível a erros na ocupação medida.

Para detectores de laço indutivo, o ponto definido de ocupação (o_s) é normalmente estabelecido de forma a garantir que o nível de serviço (NS) na via expressa não fique abaixo de um determinado NS (por exemplo, NS D ou E). O cálculo continua, em princípio, procurando o valor de densidade mais alto para o NS especificado com base nas curvas ou tabelas do *Highway Capacity Manual* (HCM). Com isto determinado, a Equação 9.1, que relaciona os valores de densidade e de ocupação, pode ser utilizada para calcular o ponto de ocupação correspondente. O exemplo a seguir ilustra o procedimento.

Exemplo 9.10

Determinação do ponto de ocupação para um controle de acesso atuado pelo tráfego

Um controle de acesso com controle de ocupação em laço fechado funciona medindo a ocupação a jusante por meio de um detector de laço indutivo e, em seguida, determinando a taxa de controle de acesso com o algoritmo ALINEA. É desejável estabelecer o ponto definido de ocupação para este algoritmo a fim de que o NS na via expressa seja NS E. Determine esse ponto de ajuste considerando as seguintes informações:

Comprimento médio de automóveis de passageiro = 5,4 m
Comprimento médio de veículos comerciais = 8,1 m
Porcentagem de veículos comerciais na corrente de tráfego = 4%
Comprimento efetivo do detector = 2,4 m
Nível de densidade superior correspondente ao NS E = 28 automóveis de passageiros/km/faixa

Solução

Calcule o comprimento médio do veículo com 4% de veículos comerciais (ou seja, 96% de automóveis de passageiros). O comprimento médio dos veículos, L_v, é

$$L_v = 5,4 \times (1 - 0,04) + 8,1 \times (0,04) = 5,51 \text{ m}$$

O ponto de ajuste de indicação de presença é calculado usando a Equação 9.1:

$$D = \frac{10 \times Occ}{L_v + L_{eff}}$$

$$28 = \frac{10 \times Occ}{5,51 + 2,4}$$

$$\text{Ocupação} = \frac{10 \times 7,91}{10} = 22,15\%$$

Controle de acesso atuado pelo tráfego de todo o sistema Esta é a aplicação de estratégias de controle de acesso para uma série de rampas. Para cada intervalo de controle, medições em tempo real dos parâmetros de tráfego são feitas, como volume e/ou ocupação, que definem as condições de capacidade em cada rampa. As taxas de controle de acesso da rampa são determinadas para todo o sistema, bem como para os controles de acesso individuais. Algoritmos apropriados incluirão as taxas de controle de acesso pré-programadas. O sistema normalmente utilizará as taxas mais restritivas dentre as pré-programadas e as atuadas pelo tráfego.

A maioria dos algoritmos de controle de acesso atuados pelo tráfego para todo o sistema começa dividindo a via expressa em uma série de zonas. Para cada zona, o algoritmo calcula o número de veículos excedente com base em medições diretas na via principal. As taxas de controle de acesso das rampas dentro da zona são, então, estabelecidas com base no número de veículos excedente.

O algoritmo Minnesota serve para ilustrar o processo. Ele regula o tráfego dentro das zonas da via expressa, garantindo que o número total de veículos que saem de cada uma seja maior do que o número dos que entram.

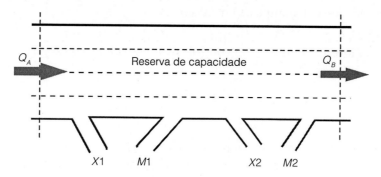

Figura 9.14 – Volumes que entram e saem de uma zona da via expressa.

Conforme mostrado na Figura 9.14, cada zona da via expressa possui três variáveis de entrada (representando os veículos que entram na zona) e três variáveis de saída (representando os veículos que saem da zona). As variáveis de entrada são:

Q_A = volume a montante da via principal que entra na zona, determinado por uma estação de detecção a montante

M = volume total da rampa de acesso que entra na zona por meio das rampas de entrada com controle de acesso. Na Figura 9.14, $M = M1 + M2$

U = volume total da rampa sem controle de acesso que entra na zona

As variáveis de saída são:

Q_B = volume a jusante da via principal que sai da zona

X = volume total que sai por meio das rampas de saída da zona. Na Figura 9.14, $X = X1 + X2$

S = capacidade de reserva ou o volume adicional que pode entrar na zona sem causar congestionamento. Calculado com base nos dados medidos de velocidade e volume da via principal.

O algoritmo Minnesota pode ser expresso conforme apresentado a seguir:

$$Q_B + X + S \geq Q_A + M + U \tag{9.5}$$

Portanto

$$M \leq Q_B + X + S - Q_A - U \tag{9.6}$$

A Equação 9.6 é o número máximo de veículos que pode passar por todos os controles de acesso em uma determinada zona da via expressa. O volume M é então disperso por toda a zona de forma proporcional à demanda (D) nas rampas de entrada com controles de acesso, utilizando a Equação 9.7:

$$R_n = M \times (D_n/D) \tag{9.7}$$

em que:
  R_n = taxa de controle de acesso da rampa de entrada, n
  D_n = demanda na rampa, n
  D = demanda total em todas as rampas com controle de acesso dentro da zona

Exemplo 9.11

Determinação das taxas de controle de acesso para um sistema totalmente controlado
Determine as taxas adequadas de controle de acesso para as rampas de entrada A e B da zona da via expressa mostrada na Figura 9.15. Os volumes da demanda projetada para as rampas A e B são $D_A = 550$ e

$D_B = 700$ veículos/h. O tráfego está fluindo normalmente dentro da zona e a capacidade de reserva é de 1.000 veículos/h.

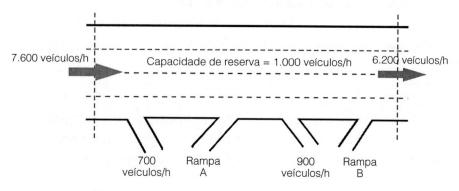

Figura 9.15 – Volumes de tráfego do Exemplo 9.11.

Solução

Calcule o número total de veículos que pode passar pelas rampas A e B com controladores de acesso. Utilize a Equação 9.6:

$$M = Q_B + X + S - Q_A - U$$
$$= 6.200 + (700 + 900) + 1.000 - 7.600 - 0 = 1.200 \text{ veículos/h}$$

(Observe que U é igual a 0, uma vez que todas as rampas de entrada dentro da zona possuem controladores de acesso).

As taxas de controle de acesso das rampas A e B podem ser determinadas utilizando a Equação 9.7 como segue:

$$R_1 = 1.200 \times \frac{550}{(550 + 700)} = 528 \text{ veículos/h (resposta)}$$

$$R_2 = 1.200 \times \frac{700}{(550 + 700)} = 672 \text{ veículos/h (resposta)}$$

Esquema de um sistema de controle de acesso em rampas

Os componentes típicos deste sistema estão apresentados na Figura 9.16. Ele consiste nos seguintes elementos:

- Semáforo de controle de acesso, que pode ser tradicional de três cores (vermelho, amarelo e verde) ou apenas vermelho-verde;
- Controlador local, semelhante ao utilizado em cruzamentos semaforizados;
- Placa indicativa de controle de acesso à frente para informar aos motoristas que a rampa está sendo controlada;
- Detectores de veículos, dispositivos que estabelecem as condições dentro da área da rampa. Existem cinco tipos de detectores nos sistemas de controle de acesso em rampas, conforme descritos a seguir.
  Detectores de chegada: o semáforo da rampa permanece vermelho até que um veículo seja detectado. Uma taxa mínima de controle, no entanto, é utilizada para evitar problemas causados por possível falha do detector ou um veículo que não pare perto o suficiente da retenção para acioná-lo.

Detectores de saída: asseguram a entrada de um único veículo. Quando um veículo for autorizado a passar pela rampa, ele é percebido pelo detector de saída e a fase verde é encerrada. Isso garante que o intervalo de verde seja suficiente para a passagem de um único veículo.

Detectores de fila: estes detectam se a fila formada pelo tráfego da rampa entra na via marginal à via expressa. Quando uma fila é detectada, a taxa de controle de acesso pode ser aumentada para fazer com que a fila se reduza.

Detectores de entrelaçamento: podem ser utilizados para detectar a presença de veículos na área de entrelaçamento. Quando um veículo está bloqueando a área de entrelaçamento, o semáforo da rampa permanece vermelho até o veículo detectado imergir no tráfego da via expressa.

Detectores da via principal: detectam os volumes de tráfego a montante da área de entrelaçamento e podem ser de uma única faixa ou multifaixas. Eles fornecem os dados de entrada para o algoritmo de controle de acesso.

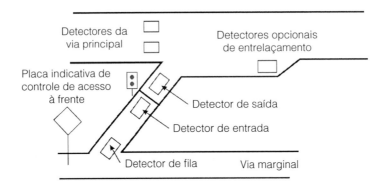

Figura 9.16 – Esquema do sistema de controle de acesso em rampas.

Requisitos de retenção da rampa

É necessário um espaço de retenção adequado nas rampas a fim de evitar que as filas cheguem às vias marginais. Os requisitos de retenção para as rampas podem ser calculados utilizando os princípios da teoria das filas, conforme descrito no Capítulo 2.

Conforme discutido, os sistemas de filas são classificados com base na forma em que os clientes chegam e partem. Para os controles de acesso em rampas, tanto o tempo entre chegadas como o de atendimento são mais bem descritos pela distribuição exponencial negativa. Assim, o modelo de fila $M/M/1$, abordado no Capítulo 2, pode ser utilizado para resolver problemas de filas formadas pelo controle de acesso. O exemplo a seguir ilustra o procedimento.

Exemplo 9.12

Análise de fila dos controladores de acesso em rampas

O tráfego deve ser regulado em uma rampa de entrada que leva a uma via expressa com um controle de acesso atuado pelo tráfego. A rampa tem espaço de retenção adequado para oito veículos. Durante o horário de pico, estima-se que a taxa de controle de acesso não ultrapassará 600 veículos/h. O volume médio na rampa durante uma hora de pico normal é de 480 veículos/h. Utilizando a teoria das filas, determine (1) o comprimento médio da fila na rampa; (2) o atraso médio dos veículos no controle de acesso; e (3) a probabilidade de que a rampa fique lotada.

Solução

(1) Primeiro, calculamos a relação entre as taxas de chegada e de atendimento, ρ, para o controle de acesso descrito no problema como segue:

$$\rho = \lambda/\mu = 480/600 = 0,80$$

Conforme discutido no Capítulo 2, o comprimento médio da fila, $\overline{Q}$, para uma fila de $M/M/1$ é dado pela Equação 2.28

$$\overline{Q} = \frac{\rho^2}{(1-\rho)}$$

Portanto,

$$\overline{Q} = \frac{0,80^2}{(1-0,80)} = 3,2 \text{ veículos}$$

(2) Também do Capítulo 2, o atraso médio, $\overline{W}$, para uma fila $M/M/1$ é dada pela Equação 2.29 como segue:

$$\overline{W} = \frac{\lambda}{\mu(\mu-\lambda)}$$

em que:
  λ = taxa de chegadas (clientes/tempo)
  μ = taxa de atendimento (clientes/tempo)

Neste exemplo,

λ = 480 veículos/h = 480/60 = 8 veículos/min
μ = 600 veículos/h = 600/60 = 10 veículos/min

Portanto,

$$\overline{W} = \frac{\lambda}{\mu(\mu-\lambda)} = \frac{8}{10(10-8)} = 0,40 \text{ min/veículo ou 24 s/veículo}$$

(3) A rampa ficará lotada quando tivermos mais de oito veículos na fila. Para as filas $M/M/1$, a probabilidade de termos exatamente n clientes, p_n, na fila é dada pela Equação 2.31 como segue:

$$P_n = (1-\rho)\rho^n$$

A probabilidade de $n > 8$ pode ser expresso como segue:

$$p(n>8) = 1,0 - p(n \leq 8)$$

Ou seja,

$$p(n>8) = 1 - p(0) - p(1) - p(2) - p(3) - p(4) - p(5) - p(6) - p(7) - p(8)$$

Os cálculos podem ser facilmente realizados com o Excel, conforme mostrado na Figura 9.17. A probabilidade de que a rampa fique lotada é igual a 0,1342.

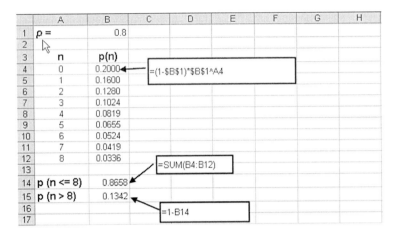

Figura 9.17 – Cálculos de probabilidade do Exemplo 9.12.

Disseminação da informação

Ela é outra função para a qual os FIMS são projetados a disponibilizar. A comunicação eficaz com os motoristas é um componente essencial do processo de gerenciamento da via expressa. São utilizados vários dispositivos para mantê-los informados sobre as condições atuais e esperadas na via expressa. A disseminação das informações de viagem ocorre antes e durante a viagem.

As que são dadas antes permitem que os viajantes obtenham conhecimentos prévios a respeito da viagem antes de iniciá-la, como as condições de tráfego e meteorológicas atuais e esperadas e horários e tarifas de ônibus. São fornecidas normalmente por meio de dispositivos como TV a cabo e internet e permitem que os viajantes escolham o horário de saída, a rota e o modo de transporte. Essas decisões com base nas informações recebidas provavelmente devem melhorar o nível geral dos serviços da rede de transporte.

Durante a viagem, os viajantes obtêm informações por meio de dispositivos como painéis de mensagem variável (PMV) (Figura 9.18), rádio HAR (*Highway Advisory Radio*), rádio FM de baixa potência, telefones celulares e dispositivos de exibição nos veículos. São disponibilizadas informações sobre as condições de tráfego e meteorológicas atuais e esperadas, incidentes e rotas alternativas. A Orientação Dinâmica de Rota (DRG – *dynamic route guidance*) utiliza informações em tempo real sobre as condições de fluxo de tráfego para redirecionar os motoristas em torno das áreas congestionadas ou dos locais de incidente.

Orientação dinâmica de rota

O conceito de DRG está intimamente associado à função de disseminação de informações de um FIMS. Os viajantes geralmente escolhem a rota mais curta para seu destino considerando o congestionamento, se possível. Para eles, é difícil saber antecipadamente o nível de congestionamento na rota que pretendem utilizar. Isto é especialmente verdadeiro nos casos em que incidentes e acidentes imprevistos ocorrem na rede de transporte. A ideia por trás do DRG é tirar proveito das informações fornecidas pelos equipamentos avançados de vigilância e fiscalização de uma infraestrutura de transporte inteligente e utilizá-las para desenvolver uma forma ideal de atribuir ou distribuir o tráfego na rede em tempo real. As recomendações de rotas são então comunicadas aos motoristas por meio dos PMV (Figura 9.18) ou por dispositivos no veículo.

Ao desenvolver rotas ideais, os algoritmos de DRG consideram os níveis de tráfego e de congestionamento em tempo real; são, portanto, chamados de algoritmos de alocação dinâmica do tráfego (ADT) em oposição às

Figura 9.18 – Painéis de mensagem variável (PMV).
Fonte: Delfim Martins/Pulsar Imagens

técnicas de alocação estática discutidas anteriormente em relação ao planejamento de transportes, que se concentra em condições médias em regime estacionário. A próxima seção descreve a diferença entre os problemas de alocação dinâmica e estática em mais detalhes.

Alocação dinâmica de tráfego versus alocação estática

O problema da alocação geral de tráfego inclui uma rede e um conjunto de pares ordenados de pontos em que as viagens iniciam e terminam. Para cada par de origem-destino, é dada a função $R(t)$, $0 \leq t \leq T$, em que T é o horizonte de planejamento que define a taxa na qual os veículos deixam a origem no tempo t para um determinado destino. Esta função resulta no que chamamos de matriz origem-destino (O-D), conforme mostrado na Figura 9.19. Além disso, é fornecida a capacidade de cada *link* (segmento rodoviário), *Cap(t)*, na rede. O problema de alocação é definir o padrão ou os fluxos de tráfego nos *links* da rede que satisfaçam determinadas condições de otimização ou de equilíbrio.

Matriz origem-destino

Zona	1	2	3	4	5
1	0	1.000	2.000	900	0
2	500	0	1.200	1.700	700
3	1.200	900	0	1.100	1.500
4	800	700	1.500	0	2.000
5	1.100	750	1.150	1.500	0

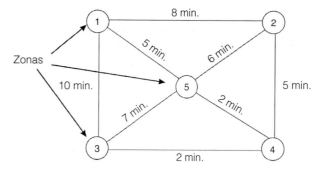

Figura 9.19 – O problema de alocação de tráfego.

Quando $R(t)$ e $Cap(t)$ são constantes ao longo do tempo, o problema reduz-se à alocação estática de tráfego. Embora esta suposição possa ser razoável para as aplicações de planejamento de transporte, não é muito realista para a modelagem e o controle das redes de transporte em tempo real. A suposição de demanda e oferta constante não é válida para muitas situações realistas de tráfego. As condições de hora de pico, por exemplo, são normalmente caracterizadas por variações na demanda de tráfego. A ocorrência de incidentes afeta a capacidade (ou seja, o lado da oferta) da rede. Para tais condições de demanda e/ou oferta variável, é necessária uma formulação do problema na forma de alocação dinâmica de tráfego (ADT), exigida para roteirizar de forma ótima os motoristas em tempo real no problema de DRG.

Formulação matemática da orientação dinâmica de rota ou problema de alocação de tráfego

Os problemas DRG ou ADT podem ser formulados como um programa matemático. Para tanto, as variáveis de decisão são as composições de tráfego variáveis no tempo em cada ponto de derivação que otimiza o desempenho da rede (por exemplo, minimizar o tempo total de viagem). Isto define como o tráfego deve ser distribuído pela rede. A função objetivo expressa a medida de desempenho da rede rodoviária a ser otimizada (como o tempo total de viagem para todos os veículos) e o conjunto de tentativas de restrições para modelar o fluxo de tráfego na região e assegurar a conservação do fluxo nos nós e ao longo dos *links* da rede. O modelo formulado é resolvido para determinar a estratégia de roteirização que otimizará a função objetivo.

Desafios da DRG O problema da DRG é desafiador. Para redes de transporte realistas com centenas e até milhares de nós, *links* e rotas alternativas, o esforço computacional necessário para resolvê-lo é intenso. Isto é especialmente verdadeiro considerando-se o fato de que as estratégias recomendadas de roteirização precisam ser desenvolvidas em tempo real. Assim que as condições de tráfego mudam, como na ocorrência de um incidente, as estratégias de roteirização devem ser revisadas para tratar da nova situação. Em seguida, a formulação do problema, discutida anteriormente, pressupõe que a demanda por viagens e as origens e os destinos dos viajantes sejam conhecidos. Na prática, a previsão das origens e dos destinos dos viajantes está longe de ser um problema simples. É preciso também ser capaz de prever como os motoristas responderão às recomendações de roteiro geradas. Finalmente, há o problema da falta de informações ou sua incompletude, uma vez que o sistema de vigilância cobrirá apenas um subconjunto da rede. Além disso, defeitos de funcionamento dos sensores é uma ocorrência comum no ambiente adverso da via expressa.

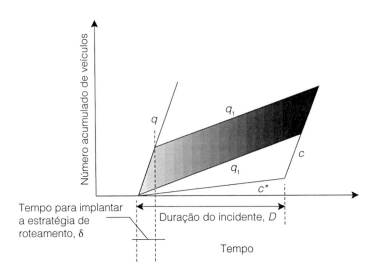

Figura 9.20 – Diagrama da fila do incidente.

Requisito de execução em tempo real do problema DRG

A execução em tempo real, no contexto do gerenciamento de incidentes do fluxo de tráfego, refere-se à resposta imediata *on-line* de um incidente por meio da implantação de uma estratégia de roteirização, de modo que se minimize os atrasos resultantes. O atraso na implantação da estratégia de roteirização resulta em atrasos adicionais. Para ilustrar isto, examinaremos o próximo exemplo que utiliza gráficos cumulativos. Considere a Figura 9.20, que mostra um diagrama de filas para as chegadas e partidas acumuladas de veículos durante um cenário específico de incidente de duração, D, em minutos, semelhante ao do gráfico cumulativo que desenvolvemos no Capítulo 2.

A taxa de chegada do tráfego, antes de uma estratégia de roteirização ser implantada, é indicada por q (veículo/h) e representada pela inclinação da função de chegadas acumuladas. Da mesma forma, q_1 (veículo/h) indica a taxa de chegada reduzida de tráfego após uma estratégia de roteirização ser implantada. A capacidade reduzida do segmento, causada pela ocorrência do incidente, é indicada por c^* (veículo/h), enquanto a capacidade normal, na ausência de incidentes, por c (veículo/h). As capacidades c^* e c são representadas pela inclinação das curvas de partidas acumuladas.

Como a Figura 9.20 mostra, a espera por um período, digamos δ minutos, para implantação da estratégia de roteamento incorre em custos de atraso adicionais, conforme indicado pela região sombreada da Figura 9.20. Geometricamente, a área da região sombreada pode ser mostrada como sendo igual a

$$(q - q_1) \times \delta \times \left[\frac{\delta(q - c) + 2D(c - c^*)}{120(c - q_1)} \right] \text{veículo/min} \qquad (9.8)$$

onde:

q = taxa de chegada do tráfego antes da roteirização (veículos/h)
q_1 = taxa de chegada reduzida do tráfego após a roteirização (veículos/h)
δ = tempo de espera antes da implantação de uma estratégia de roteirização, em minutos
c = capacidade normal do segmento sem nenhum incidente (veículos/h)
c^* = capacidade reduzida do segmento como resultado de um incidente (veículos/h)
D = duração do incidente, em minutos

As unidades para o atraso resultante incorrido serão em veículos/min.

Exemplo 9.13

Atraso extra resultante da espera para implantação das estratégias de roteirização
Um trecho da via expressa de seis faixas, cuja capacidade sem restrições é de 2.200 veículos/h/faixa, comporta um volume médio de 6.000 veículos/h. Um incidente ocorre e resulta em uma redução de 60% da capacidade do trecho. O incidente tem duração de 45 min. Para aliviar o congestionamento durante o incidente, a roteirização de tráfego é implantada, o que reduz o volume no trecho para 3.600 veículos/h. Qual seria o atraso extra decorrido se se levasse cinco minutos para a implantação da estratégia de roteamento contra apenas 30 s?

Solução
Para calcular o atraso extra, decorrente da espera por um período de δ minutos para implantação das estratégias de roteirização, utilizamos a Equação 9.8.

Para o caso de 30 s:
$q = 6.000$ veículos/h

q_1 = 3.600 veículos/h
δ = 0,5 min
c = 6.600 veículos/h
c^* = 0,4 x 6.600 = 2.640 veículos/h
D = 45 min

Substituindo na Equação 9.8 temos

$$\text{Atraso extra} = (q - q_1) \times \delta \times \left[\frac{\delta(q - c) + 2D(c - c^*)}{120(c - q_1)}\right]$$

$$= (6.000 - 3.600) \times 0,5 \times \left[\frac{0,5(6.000 - 6.600) + 2 \times 45 \times (6.600 - 2.640)}{120(6.600 - 3.600)}\right]$$

$$= 1187 \text{ veículos/min}$$

Para o caso de 5 minutos, substituindo na Equação 9.8 temos

$$\text{Atraso extra} = (q - q_1) \times \delta \times \left[\frac{\delta(q - c) + 2D(c - c^*)}{120(c - q_1)}\right]$$

$$= (6.000 - 3.600) \times 5 \times \left[\frac{5(6.000 - 6.600) + 2 \times 45 \times (6.600 - 2.640)}{120(6.600 - 3.600)}\right]$$

$$= 11.780 \text{ veículos/min}$$

Portanto, o atraso extra, decorrente da demora de cinco minutos para implantação da estratégia de roteirização em vez apenas 30 s é igual a 11.780 - 1.187 = 10.593 veículo/min.

Gerenciamento de faixa de tráfego

A função de gerenciamento da faixa de um FIMS tenta maximizar a utilização da capacidade disponível da faixa da via expressa. Uma aplicação importante envolve o uso de fluxos de faixa reversível, que alteram a capacidade direcional de uma via expressa para acomodar as demandas de pico de tráfego direcional. Este uso justifica-se quando o fluxo de tráfego apresenta desequilíbrio direcional significativo (por exemplo, quando há mais de 70% do volume do tráfego bidirecional na direção de pico). Em tais casos, o uso de faixas reversíveis permite utilizar a capacidade existente de uma forma mais eficiente. As faixas reversíveis, ou faixas de contrafluxo, também são muito úteis durante alguns cenários de gerenciamento de incidentes e para evacuação de emergência.

O uso de pistas reversíveis, no entanto, levanta algumas preocupações em relação à segurança e às medidas adequadas que devem ser implantadas para garantir as operações. Isso inclui o uso de cancelas para evitar que os veículos entrem na direção errada, cones, câmeras de vídeo para detecção de veículos e PMVs para informar os motoristas sobre a direção operacional em uso.

Exemplos reais de sistemas de gerenciamento de via expressa e de incidentes e seus benefícios

Os sistemas de gerenciamento de via expressa e de incidentes do mundo real podem ser encontrados em todo os Estados Unidos e no mundo todo. Nos Estados Unidos, por exemplo, há os de Atlanta, Houston, Seattle,

Minneapolis-St. Paul, Nova York, Chicago, Milwaukee, Los Angeles, San Diego e o do norte da Virgínia, entre outros. O gerenciamento de via expressa e de incidentes foi provado como sendo muito eficaz no alívio de congestionamentos recorrentes e não recorrentes. O sistema *TransGuide* de San Antonio, no Texas, por exemplo, ajudou a reduzir os acidentes em 15% e o tempo de resposta às emergências em 20%. O controle de acesso em rampas provou que pode ajudar a aumentar o rendimento em 30% na região metropolitana de Minneapolis-St. Paul, e em 60% nas velocidades de hora de pico. Os controles de acesso em rampa em Seattle, no Estado de Washington, são responsáveis pela diminuição de 52% do tempo de viagem e redução de 39% nos acidentes. A avaliação da operação inicial do programa CHART de Maryland apresentou uma relação custo/benefício igual a 5,6:1, com a maioria dos benefícios resultante de uma diminuição de 5% (que totalizou cerca de 2 milhões de veículos/h/ano) em atrasos de congestionamentos não recorrentes.

Sistemas de controle avançado de tráfego (ATC)

Os cruzamentos semaforizados desempenham um papel importante na determinação do desempenho geral das redes arteriais e de muitos outros tipos de infraestruturas de transporte. São os pontos em que as correntes de tráfego conflitantes se encontram e competem pelo mesmo espaço físico, criando muitos conflitos potenciais. Durante muito tempo, os profissionais de transporte pensaram em maneiras de tornar os cruzamentos semaforizados mais eficientes, e uma ferramenta-chave que têm tentado aproveitar é a TI. Em grande parte, a melhoria do desempenho dos cruzamentos semaforizados por meio do uso de TI está centrada em duas ideias simples.

A primeira tenta tornar o semáforo mais inteligente e sensível às demandas do tráfego real. O conceito é a utilização de sensores de tráfego ou detectores de laço, semelhantes aos descritos em relação ao FIMS, na aproximação do cruzamento. Esses sensores detectariam a presença ou passagem de veículos e comunicariam essas informações ao controlador do semáforo. Com base nessas informações, o controlador tentaria otimizar o plano de semaforização de modo a minimizar o atraso do veículo na interseção. Esses semáforos são geralmente denominados atuados pelo tráfego.

A segunda ideia envolve o controle de um grupo de semáforos existente ao longo de um importante corredor de forma integrada ou, para usar a terminologia de controle semafórico, de forma coordenada. Isto significa que os planos semafóricos dos cruzamentos individuais seriam coordenados de tal forma que um pelotão de veículos liberado de um cruzamento não será parado imediatamente no cruzamento a seguir, mas continuaria por uma sequência de cruzamentos coordenados sem parar. Além dos semáforos atuados e coordenados, as aplicações de ATC incluem o controle de tráfego adaptativo e a antecipação da fase verde para permitir que veículos de emergência cheguem aos seus destinos de forma segura o mais rápido possível. As seções a seguir descrevem essas aplicações com mais detalhes.

Semáforos atuados pelo tráfego

O controle semafórico atuado pode ser considerado uma das primeiras aplicações de TI nos problemas de transporte, que antecede o termo *SIT* por vários anos. Ao contrário dos semáforos pré-programados, os atuados têm a capacidade de rever sua programação com base nas demandas reais de tráfego obtidas por meio dos detectores de tráfego. A ideia por trás do uso dos controladores atuados é ter um tipo adaptativo de controle que seja sensível às condições de tráfego em constante mudança. Para controladores pré-programados, o plano de semaforização implantado é apenas ideal para os volumes assumidos no desenvolvimento do plano *off-line*. Esses volumes podem ser muito diferentes dos reais, especialmente se os planos de semaforização não forem atualizados regularmente, o que é frequentemente o caso. Os controladores atuados são capazes de otimizar a alocação do tempo com base nos volumes de tráfego reais.

Para entender o conceito básico das operações dos controladores atuados, primeiro precisamos definir os três parâmetros a seguir:

Verde mínimo. A cada fase do semáforo de um controlador atuado é atribuído um tempo de verde mínimo. Este tempo é geralmente adotado como igual ao que leva uma fila de veículos potencialmente retida entre a faixa de retenção e o local do detector de aproximação para entrar no cruzamento.

Intervalo de tempo de passagem. É o tempo que leva um veículo para percorrer do local do detector até a faixa de retenção. O tempo de passagem também define o intervalo máximo, que é o período máximo permitido entre as chegadas dos veículos no detector para a aproximação manter o verde. Se um período de tempo igual ao intervalo de tempo de passagem decorrer sem atuações dos veículos no detector, o verde para esta aproximação é encerrado e outra, com veículos em espera, fica verde. Neste caso, diz-se que a fase que terminou foi "desativada temporariamente".

Tempo de verde máximo. Além de atribuir um verde mínimo a cada fase, um valor máximo também é atribuído. Se a demanda por uma aproximação for suficiente para manter o verde até esse limite (ou seja, os veículos continuam a chegar antes de o intervalo máximo expirar), a fase é encerrada após o tempo máximo de verde ser ultrapassado. Neste caso, diz-se que a fase que terminou foi "maximizada".

A Figura 9.21 mostra o conceito operacional de um controlador atuado. Quando uma determinada fase se torna ativa, o verde mínimo é exibido primeiro. Depois, é prorrogado pelo tempo de passagem dos veículos. Dependendo das atuações dos veículos, o mínimo de verde é estendido pelo intervalo de tempo de passagem para cada atuação de veículo. Se uma atuação subsequente ocorrer dentro de um intervalo de tempo de passagem, outro deste intervalo é adicionado (medido do momento da nova atuação, e não do final do intervalo). Finalmente, o verde é encerrado de acordo com um dos dois mecanismos: um tempo de passagem decorre sem atuação de veículo (a fase desativa temporariamente) ou o tempo máximo de verde para aquela fase é ultrapassado (a fase é maximizada).

Os leitores interessados em aprender os detalhes do projeto de controlador semafórico atuado devem procurar as referências adequadas de engenharia de tráfego e rodoviária, incluindo *Traffic and Highway Engineering* de Garber e Hoel.

Coordenação semafórica

Quando vários semáforos estão localizados próximos uns dos outros ao longo de um corredor principal, uma ideia simples para melhorar a eficiência do sistema de transporte é coordenar o início do verde para esses semáforos. Ao ajustar com cuidado a diferença de tempo entre o início do verde nos cruzamentos sucessivos (esta diferença é normalmente denominada defasagem do semáforo, como será explicado mais adiante), pode ser possível criar uma "onda verde" ao longo do corredor que permitiria que os motoristas passassem por esses semáforos sem ter de parar em cada um e em todos os cruzamentos.

Um requisito fundamental para a coordenação de semáforos é que os semáforos sucessivos estejam perto o suficiente uns dos outros, permitindo assim que os veículos cheguem aos cruzamentos em forma de pelotões (ou seja, um grupo de veículos espaçados próximos uns dos outros). Os cruzamentos muito distantes uns dos outros não são boas alternativas para a coordenação, pois os veículos, após percorrerem longas distâncias entre os cruzamentos, tendem a se dispersar e a estrutura de grupo da corrente de tráfego é destruída. Nestes casos, os cruzamentos podem ser considerados como se fossem isolados, e os padrões de chegada de veículos, neles, tendem a se tornar aleatórios.

Para permitir a coordenação, todos os semáforos ao longo de um sistema coordenado devem ter a mesma duração de ciclo (em alguns casos, no entanto, um cruzamento com volumes excepcionalmente elevados

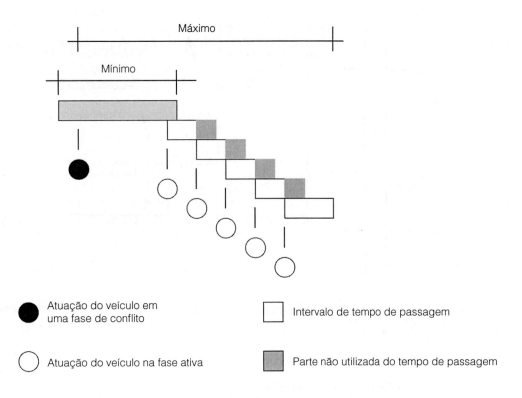

Figura 9.21 – Conceito de operação de controle atuado.

pode ter o dobro da duração do ciclo). Uma duração de ciclo comum é necessária para que o início do verde ocorra ao mesmo tempo em relação aos cruzamentos nas proximidades. Embora ela tenha de ser a mesma, a duração do verde nos diferentes cruzamentos pode variar. Dada a exigência de duração do ciclo, a maioria dos semáforos dos sistemas coordenados é configurada para operar de forma pré-programada. Também é possível coordenar semáforos atuados, mas eles devem ter uma duração de ciclo comum.

Os controladores atuados coordenados são, portanto, frequentemente do tipo semiatuado, que permitem variar o verde dado para as ruas laterais de um ciclo para o outro.

Para a coordenação semafórica, os controladores individuais precisam ser interconectados para atingir a sincronização necessária. Normalmente, em um sistema coordenado, um controlador mestre enviaria pulsos de coordenação a todos os outros dentro do sistema coordenado (estes são, geralmente, denominados controladores locais). A comunicação direta poderia ser estabelecida por meio de cabos com fio rígido, linhas telefônicas, cabo coaxial, cabo de fibra óptica ou comunicações via rádio. Além disso, a comunicação indireta poderia ser estabelecida usando coordenadores com base no tempo.

Diagrama espaço-tempo e coordenação semafórica

Uma ferramenta poderosa que historicamente tem sido utilizada para projetar sistemas de coordenação semafórica é o diagrama espaço-tempo apresentado no Capítulo 2. Atualmente, o uso do diagrama espaço-tempo em projeto de planos de coordenação semafórica tem sido amplamente substituído por programas de simulação de tráfego mais poderosos e algoritmos de otimização. No entanto, o diagrama é ainda muito útil para ilustrar conceitos, fatores e desafios da coordenação semafórica.

A Figura 9.22 mostra um diagrama espaço-tempo típico para um problema de coordenação semafórica. À esquerda do eixo y do diagrama, que representa a distância, desenhamos em escala um plano do corredor ou da rua ao longo do(a) qual os semáforos devem ser coordenados. Em seguida, focamos em um determinado sentido (norte, neste exemplo) e na localização de cada cruzamento, e ao longo do eixo x desenhamos uma re-

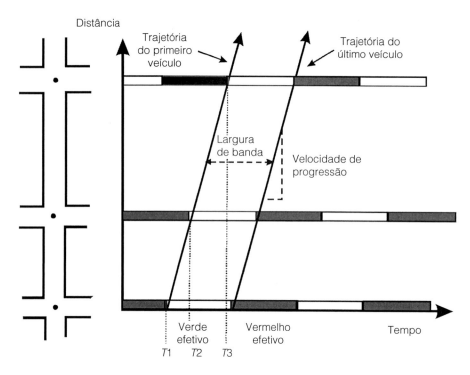

Figura 9.22 – Coordenação semafórica em um diagrama espaço-tempo.

presentação esquemática das sequências de fase para o sentido escolhido naquele cruzamento específico. Para tornar as coisas mais simples, traçamos normalmente apenas a duração do verde efetivo (ou seja, verde + amarelo) como uma linha vazada, e o vermelho efetivo como uma linha cheia. Ao representar o plano semafórico para cada cruzamento, é importante registrar corretamente o início do verde para cada semáforo. As trajetórias dos veículos poderiam, então, ser desenhadas e suas interações com o plano semafórico estudadas.

Como pode ser observado na Figura 9.22, o primeiro semáforo fica verde no tempo $T1$, seguido pelo segundo no tempo $T2$, e o terceiro no tempo $T3$. A diferença entre o tempo quando um semáforo a montante fica verde e um a jusante também é denominado defasagem do semáforo. Em geral, a defasagem é definida como $(T2 - T1)$ ou $(T3 - T2)$ e, portanto, normalmente é um número positivo entre 0 e a duração do ciclo comum para o sistema semafórico coordenado. Também é mostrado na Figura 9.22 o conceito de largura de banda. Esta é a quantidade de verde que pode ser utilizada por um grupo de veículos em movimento pelos cruzamentos sem ter de parar em nenhum deles.

Determinação das defasagens "ideais"

Se nos concentrarmos em um sentido (como o norte na Figura 9.22), a determinação dos valores para as defasagens "ideais" é simples. Se a defasagem de um determinado semáforo deve ser relacionada com o semáforo diretamente a montante dele, a defasagem ideal pode ser facilmente calculada como segue:

$$O_{ideal} = L/S \quad (9.9)$$

em que:

L = distância entre os cruzamentos semaforizados
S = velocidade média do veículo

Os cálculos são ilustrados pelo seguinte exemplo.

Exemplo 9.14

Cálculo das defasagens ideais para a coordenação semafórica

É necessário coordenar os semáforos ao longo do corredor de mão única mostrado na Figura 9.23. Todos os semáforos mostrados têm uma duração de ciclo comum de 80 s, e o verde efetivo para o sentido a ser coordenado para todos os semáforos é de aproximadamente 60% da duração do ciclo. Considerando que a velocidade média dos veículos ao longo do corredor é de 55 km/h e as distâncias entre os cruzamentos são mostradas na Figura 9.23, calcule as defasagens ideais para os semáforos.

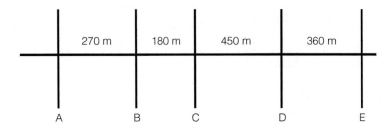

Figura 9.23 – Cálculo das defasagens ideais para a progressão de mão única.

Solução

Primeiro, convertemos a velocidade dada em km/h em valor equivalente em m/s, como segue:

Velocidade média = 55 km/h = 55 × 1.000/3.600 = 15,3 m/s

Em seguida, aplicamos a Equação 9.9 para calcular as defasagens conforme mostrado na Tabela 9.12. A defasagem de um determinado semáforo é calculada em relação ao que está à sua direita e a montante.

Tabela 9.12 – Cálculo das defasagens ideias para o corredor da Figura 9.23.

Semáforo	Defasagem calculada em relação ao semáforo	Defasagem ideal (s)
B	A	270/15,3 = 17,6 s
C	B	180/15,3 = 11,8 s
D	C	450/15,3 = 29,4 s
E	D	360/15,3 = 23,5 s

Conceito de largura de banda

Como mencionado, com referência à Figura 9.22, a largura de banda pode ser definida como a diferença de tempo, em segundos, entre as trajetórias do primeiro e último veículos em um pelotão capaz de se mover por uma série de cruzamentos sem ter de parar em nenhum deles. A *eficiência da largura de banda* proporciona uma indicação da eficiência do esquema de coordenação. Ela é geralmente definida como a relação entre a largura de banda e a duração do ciclo, como dada pela Equação 9.19.

$$\text{Eficiência da largura de banda} = \left(\frac{BW}{C}\right) \times 100 \quad (9.10)$$

em que:
  BW = largura de banda, em segundos
    C = duração do ciclo, em segundos

Em geral, uma largura de banda em torno de 50% é considerada indício de uma boa coordenação.

A capacidade da largura de banda fornece o número de veículos/h que pode passar pelo sistema coordenado sem parar. Ela pode ser facilmente calculada, determinando-se primeiro o número de veículos por faixa de tráfego que passam sem parar em cada ciclo do semáforo. Isto pode ser feito dividindo-se a largura de banda em segundos pelo *headway* de saturação, que é normalmente na faixa de 2 s/veículo (veja o Capítulo 4). Esse número é, então, multiplicado pelo de ciclos/h do semáforo e pelo de faixas de tráfego, conforme mostrado na Equação 9.11.

$$\text{Capacidade da largura de banda (em veículos/h)} = \frac{3.600 \times BW \times N}{C \times h} \qquad (9.11)$$

em que:
  BW = largara de banda, s
  N = número de faixas no sentido indicado
  C = duração do ciclo, s
  h = *headway* de saturação, s

A determinação da largura de banda para um sistema coordenado pode ser estimada graficamente por um diagrama espaço-tempo semelhante ao mostrado na Figura 9.22. Assim que isto for feito, a eficiência e a capacidade da largura de banda podem ser calculadas. O exemplo a seguir ilustra o procedimento.

Exemplo 9.15

Cálculo da largura de banda, sua eficiência e sua capacidade

A Figura 9.24 apresenta um conjunto de três semáforos ao longo de uma via arterial com duas faixas em cada sentido. Os semáforos são coordenados principalmente para o sentido norte. A duração do ciclo, a do verde para a fase N-S (Norte-Sul) e a defasagem de cada um dos três semáforos (A, B e C) são mostrados na Tabela 9.13.

Tabela 9.13 – Dados do semáforo do Exemplo 9.15.

Semáforo	Duração do ciclo	Verde para a fase N-S	Defasagem em relação ao semáforo a montante
Semáforo A	80 s	35 s	0 s
Semáforo B	80 s	45 s	20 s
Semáforo C	80 s	40 s	15 s

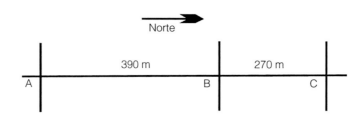

Figura 9.24 – Esboço da via do Exemplo 9.15.

Considerando que a velocidade média dos veículos ao longo do corredor é de 66 km/h,

1. Desenhe um diagrama espaço-tempo para o sistema coordenado;
2. Determine a eficiência e a capacidade da largura de banda para o sentido norte;
3. Determine a eficiência e a capacidade da largura de banda para o sentido sul.

Solução

(1) O primeiro passo para resolver este problema é traçar o diagrama espaço-tempo para o sistema coordenado, conforme mostrado na Figura 9.25.

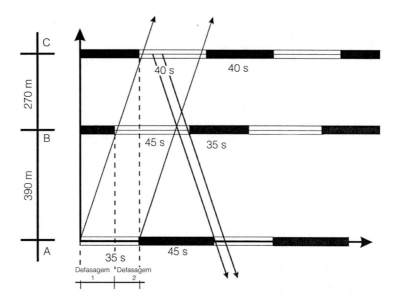

Figura 9.25 – Diagrama espaço-tempo para o sentido norte.

A via com os três semáforos foi primeiro desenhada em escala ao longo do eixo y do diagrama espaço-tempo. Em seguida, as programações semafóricas para cada um dos três semáforos, A, B e C, foram esboçadas ao longo do eixo x. Para o semáforo A e o sentido N-S, temos 35 s de verde seguido de 45 s de vermelho (para completar o ciclo de 80 s). O semáforo B tem 45 s de verde seguido de 35 s de vermelho. Como a defasagem do semáforo B é de 20 s, o verde dele é desenhado de forma que comece 20 s após o início do verde do semáforo A. Finalmente, o semáforo C fica 40 s em verde e 40 s em vermelho, e seu verde inicia 15 s após o verde do semáforo B.

Em seguida, desenhamos as trajetórias dos veículos. A velocidade média ao longo do corredor é de 66 km/h, o que equivale a 66 × 1.000/3.600 = 18 m/s. As trajetórias são, portanto, representadas por linhas retas com uma inclinação de 18 m/s, conforme mostrado na Figura 9.25, para ambos os sentidos, norte e sul.

(2) Como pode ser observado na Figura 9.25, para o sentido norte, a largura de banda é igual a 35 s. Diante disso, sua eficiência pode ser facilmente calculada pela Equação 9.10 como segue:

$$\text{Eficiência da largura de banda} = \left(\frac{BW}{C}\right) \times 100 = \left(\frac{35}{80}\right) \times 100$$

$$= 43{,}75\%$$

A capacidade da largura de banda pode ser calculada pela Equação 9.11

$$\text{Capacidade da largura de banda} = \frac{3.600 \times BW \times N}{C \times h} = \frac{3.600 \times 35 \times 2}{80 \times 2}$$

$$= 1.575 \text{ veículos/h}$$

(3) Para o sentido sul, como pode ser visto claramente na Figura 9.25, a largura de banda é muito menor, apenas cerca de 6 s. Com essa largura determinada, a eficiência e a capacidade podem ser facilmente calculadas pelas Equações 9.10 e 9.11 como segue:

$$\text{Eficiência da largura de banda} = \left(\frac{BW}{C}\right) \times 100 = \left(\frac{6}{80}\right) \times 100$$

$$= 7{,}5\%$$

A capacidade pode ser calculada pela Equação 9.11

$$\text{Capacidade da largura de banda} = \frac{3.600 \times BW \times N}{C \times h} = \frac{3.600 \times 6 \times 2}{80 \times 2}$$

$$= 270 \text{ veículos/h}$$

Desafios na coordenação semafórica

Embora a coordenação semafórica em ruas de mão única seja simples, este não é o caso naquelas de mão dupla e rede de semáforos em malha. A complexidade decorre do fato de que, em uma rua de mão dupla, uma vez que as defasagens são determinadas para um determinado sentido (com base nas suas necessidades), no outro são fixas (veja a Figura 9.26). Essas defasagens (para o outro sentido) podem ser inadequadas às necessidades daquele outro sentido, como a Figura 9.26 e o Exemplo 9.15 ilustram.

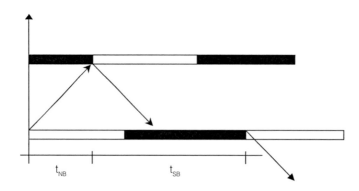

Figura 9.26 – Relação entre as defasagens em ruas de mão dupla.

A determinação das defasagens para uma rua de mão dupla começa com a percepção de que estas nos dois sentidos acrescentam uma extensão ou um múltiplo inteiro de extensões de ciclo no caso de distâncias entre quarteirões mais longas (veja a Figura 9.26). Portanto, com referência à Figura 9.26, podemos dizer que

$$t_{NB} + t_{SB} = C \qquad (9.12)$$

em que:

t_{NB} = defasagem no sentido norte
t_{SB} = defasagem no sentido sul
C = duração do ciclo

A defasagem real, que tem de satisfazer à Equação 9.12, pode então ser expressa por

$$t_{real} = t_{ideal} + e \qquad (9.13)$$

O objetivo da maioria dos programas de otimização de semáforos é minimizar a soma ponderada da diferença entre as defasagens reais e ideais.

Uma série de programas de computador está disponível atualmente para ajudar na elaboração de planos ótimos de programação semafórica para sistemas coordenados. A ideia por trás desses programas é encontrar um conjunto de parâmetros de programação (como defasagens, duração do ciclo e intervalos de fase) que minimizaria uma determinada medida de desempenho (como o atraso ou o número total de paradas), enquanto satisfaz às diversas restrições (como as definidas na Equação 9.12). Entre os programas de computador mais famosos estão o TRANSYT-7F e o SYNCHRO.

TRANSYT (TRAffic Network StudY Tool) foi desenvolvido inicialmente pelo *Transport Road Research Laboratories*, do Reino Unido, no fim dos anos 1960, e passou por várias revisões desde então. Sua Versão 7 foi americanizada para a *Federal Highway Administration* (FHWA) no fim dos anos 1970 e início dos 1980, daí o nome TRANSYT-7F. Atualmente, ele é um dos programas de computador mais utilizados para o desenvolvimento de planos ideais de programação semafórica para corredores e redes. Para desenvolver planos ideais de semáforos coordenados, o TRANSYT varia a duração dos ciclos, das fases e as defasagens dos semáforos até que um plano que otimiza uma função objetivo definida pelo usuário seja identificada.

SYNCHRO é outro destes programas que poderia ser utilizado para gerar planos ideais de semaforização (duração do ciclo, das fases e defasagens). Para a otimização, ele utiliza uma função objetivo que tenta minimizar uma combinação de atraso, número de paradas e de veículos em fila. A única vantagem do SYNCHRO é sua capacidade de modelar com precisão o funcionamento dos controladores atuados dentro de um sistema coordenado.

Sistemas de controle de tráfego adaptativos

Controle adaptativo ou computadorizado de tráfego refere-se ao uso de um computador digital para controlar a operação de um grupo ou sistema de semáforos. Os sistemas de controle de tráfego adaptativo combinam o conceito de controle atuado ou computadorizado com o de coordenação semafórica. Eles podem, portanto, ser considerados como o próximo passo na evolução dos sistemas de controle de semáforos. A ideia é aproveitar a potência dos computadores digitais para controlar muitos semáforos, ao longo de uma via arterial ou uma rede, a partir de uma central. Os sistemas de controle de tráfego computadorizado precedem os DIT por várias décadas. A primeira instalação desses sistemas ocorreu no início dos anos 1960. Eles, no entanto, sofreram refinamento contínuo desde aquela época. Nos próximos parágrafos forneceremos algumas perspectivas históricas sobre seu desenvolvimento.

O tipo mais básico de sistema de controle computadorizado de semáforos apareceu pela primeira vez na década de 1960. A ideia era um computador controlar uma série de controladores, mas sem *feedback* de informações dos detectores de campo para os computadores. Em tal sistema, os planos de tráfego implantados não são sensíveis à demanda real. Em vez disso, são desenvolvidos *off-line* de acordo com contagens de tráfego históricas e implantadas com base na hora e dia da semana. Embora este sistema possa parecer um pouco simplista, ele oferece diversas vantagens, incluindo a capacidade de atualizar os planos de semaforização a partir de uma central, armazenar um grande número de planos e a detecção automática de equipamentos com defeito.

O próximo passo foi ter os sistemas de controle de semáforos, nos quais as informações dos detectores de tráfego são retroalimentadas para o computador central. Este, então, utilizaria essas informações para selecionar o plano de semaforização a ser implantado. Esta seleção é realizada de acordo com um dos seguintes métodos:

Seleção do plano em uma biblioteca de planos pré-desenvolvidos. Neste método, o sistema tem acesso a um banco de dados (biblioteca) que armazena um grande número de diferentes padrões de tráfego, juntamente com os planos "ideais" de semaforização para cada padrão (desenvolvidos *off-line*). Com base nas informações dos detectores de tráfego, o computador compara o padrão de tráfego observado com os armazenados na biblioteca e identifica o mais próximo. O plano, associado ao padrão identificado, é então implantado. Esse tipo de sistema de controle de tráfego adaptativo é muitas vezes denominado sistema de primeira geração. A característica peculiar desses sistemas é que os planos, embora sejam sensíveis às condições de tráfego, ainda são desenvolvidos *off-line*. Normalmente, a frequência de atualização do semáforo é a cada 15 min. Os sistemas de primeira geração, geralmente, não têm capacidade de previsão de tráfego.

Desenvolvimento do plano on-line. Neste método, o plano "ideal" de semaforização é calculado e implantado em tempo real. Isto exige muita potência computacional para fazer os cálculos necessários *on-line*. Os sistemas que desenvolvem planos *on-line* são classificados como de segunda ou de terceira geração. Eles normalmente têm uma frequência de atualização do plano muito menor em relação aos de primeira geração. Além disso, os planos de semaforização são calculados em tempo real com base em previsões das condições de tráfego obtidas na alimentação de informações dos detectores em um algoritmo de previsão de tráfego de curto prazo. Para os sistemas de segunda geração a frequência de atualização do plano é a cada 5 minutos, enquanto os de terceira têm um intervalo de atualização que varia de 3 a 5 min. A próxima seção descreverá alguns exemplos desses sistemas que estão em uso em todo o mundo.

Algoritmos de controle de tráfego adaptativos

Uma série de algoritmos de controle de tráfego adaptativos está disponível atualmente. Entre os mais amplamente aceitos estão o SCOOT e o SCATS. SCOOT (*Split, Cycle, Offset Optimization Technique*) é um sistema de controle de tráfego adaptativo desenvolvido pelo TRL do Reino Unido no início da década de 1980. Em 1996, estava em funcionamento em mais de 130 cidades em todo o mundo. Ele funciona tentando minimizar o índice de desempenho (PI – *performance index*), que geralmente é considerado como a soma do comprimento médio da fila e o número de paradas em todas as aproximações da rede. Para fazer isto, este programa modifica a duração dos ciclos, as defasagens e as proporções entre fases em cada semáforo em tempo real, em resposta às informações fornecidas pelos detectores de veículos.

A operação do SCOOT baseia-se em perfis de fluxo cíclicos (PFCs), que são os histogramas de variação do fluxo de tráfego ao longo de um ciclo, medidos por laços e detectores colocados no meio do quarteirão em cada *link* significante da rede. Usando os PFCs, o otimizador de defasagem calcula as filas na faixa de retenção. As proporções ideais e a duração do ciclo são, então, calculadas. Nos últimos anos, uma série de recursos foram adicionados ao SCOOT para melhorar sua eficácia e flexibilidade. Isso inclui a capacidade de oferecer tratamento preferencial ou prioridade nos semáforos para os veículos do transporte público, de detectar automaticamente a ocorrência de incidentes e o acréscimo de um banco de dados automático de informações do trânsito que alimenta dados históricos no SCOOT, permitindo que o modelo funcione mesmo se houver detectores com defeito.

O sistema SCATS (*Sydney Co-ordinated Adaptive Traffic System*) foi desenvolvido no final da década de 1970 pelo *Roads and Traffic Authority of New South Wales*, Austrália. Para a operação, ele requer apenas detectores de tráfego na faixa de retenção, e não no meio do quarteirão, como faz o SCOOT. Esta é definitivamente uma vantagem, pois a maioria dos sistemas de semaforização existentes é equipada com sensores apenas nas faixas de retenção. SCATS é um sistema hierárquico e de inteligência distribuída que otimiza a duração do ciclo, os intervalos de fase (proporções) e as defasagens em resposta aos volumes detectados. Para o controle, todo o sistema de semaforização é dividido em um grande número de subsistemas menores que variam de 1 a 10 interseções cada. Os subsistemas funcionam individualmente, a menos que as condições de tráfego exijam o "casamento" ou a integração deles.

Ao desenvolver planos de semaforização em tempo real, o objetivo do SCATS é geralmente equalizar a relação de fluxo de saturação das aproximações conflitantes. Consequentemente, o sistema, em muitos casos, não minimiza os atrasos nas vias arteriais principais, que podem realmente apresentar deterioração no nível de serviço, principalmente durante os períodos de pico. Isto ficou evidente no teste de campo FAST-TRAC ITS em Oakland County, Michigan. Nesse projeto, a detecção de vídeo era utilizada para alimentar um sistema SCATS, que depois desenvolvia planos de semaforização em tempo real.

Precedência e prioridade semafórica

Os sistemas de controle de tráfego avançados (ATC) geralmente incluem capacidades de precedência e prioridade semafórica, que permitem aos controladores detectarem veículos que se aproximam dos cruzamentos semaforizados e oferecer algum tipo de tratamento preferencial. Há vários casos em que tais sistemas podem ser utilizados. Por exemplo, a precedência semafórica poderia fornecer sinal verde para um veículo de emergência que se aproxima, um ato que pode salvar a vida de pessoas em situação de emergência. Poderia ser utilizada nas passagens de nível rodoferroviárias para evitar que um veículo fique preso na via férrea. E também para fornecer algum tratamento especial aos veículos de transporte público, estendendo o verde em um cruzamento para um ônibus que se aproxima a fim de permitir que mantenha os seus horários.

Historicamente, o termo *precedência semafórica* tem sido utilizado para se referir aos sistemas de passagens de nível rodoferroviários, sistemas de veículos de emergência e de transporte público. Mais recentemente, o uso deste termo é preferido por refletir o fato de que há uma necessidade de atribuir diferentes prioridades para diferentes demandas. Por exemplo, normalmente é atribuída prioridade máxima para uma passagem de nível rodoferroviária que, em geral, envolveria uma resposta instantânea do controlador a fim de evitar a interceptação de veículos sobre a via férrea. Para veículos de emergência, em geral é atribuída uma prioridade ligeiramente inferior para permitir que um semáforo de passagem de nível rodoferroviária seja mais importante que o pedido de passagem dos veículos de emergência, quando for o caso. Por fim, aos veículos de transporte público é atribuída uma prioridade ainda menor. Tais solicitações recebidas de veículos de transporte público normalmente não causam grandes interrupções na sequência de fases, mas pode estender a fração de verde por um tempo determinado, permitindo que o ônibus passe o sinal.

Existem várias estratégias de controle que poderiam ser utilizadas para conceder um tratamento preferencial aos veículos de transporte público em cruzamentos semaforizados. Nesta seção, entretanto, concentramo-nos principalmente nos sistemas voltados aos veículos de emergência. Em nosso estudo, utilizaremos o termo *precedência*, já que é o mais utilizado atualmente para se referir a estes sistemas. Em geral, a precedência semafórica é projetada para fornecer o sinal verde no sentido do veículo de emergência que se aproxima, enquanto sinaliza o vermelho para os demais acessos (Figura 9.27). Outra opção, menos utilizada, é a de precedência para fazer que todos os acessos obtenham o vermelho. Existem basicamente duas abordagens diferentes para a precedência semafórica. A primeira baseia-se na comunicação local entre o veículo e o controlador. Neste caso, o controlador identifica os veículos que se aproximam por meio de tecnologias acústica, óptica ou de laço especial.

Na segunda abordagem, o direito de passagem é concedido com base nos pedidos a partir de um centro de gerenciamento de emergências para um centro de gerenciamento de tráfego. Essa abordagem requer um sistema de SIT altamente integrado por meio do qual o centro de gerenciamento de emergências rastrearia seus veículos em tempo real, utilizando a tecnologia de sistemas de posicionamento global, e enviaria os pedidos de precedência semafórica para o centro de gerenciamento de tráfego. Este centro concederia então o direito de passagem aos veículos de emergência e de transporte público.

Figura 9.27 – Precedência semafórica.
Fonte: Site da 3M.

O estudo permite o desenvolvimento de estratégias mais sofisticadas de coordenação da sinalização em relação à aproximação de precedência da sinalização local, que anteciparam os movimentos rotatórios dos veículos e minimizariam a interrupção total do sistema. No entanto, é muito mais complexo e mais caro do que a aproximação de precedência da sinalização local.

Benefícios dos sistemas de controle de tráfego avançados

Os benefícios que se esperam destes sistemas incluem a redução do tempo de viagem, benefícios ambientais resultantes das melhores condições do fluxo de tráfego, menores índices de emissões e menos consumo de combustível, além dos relacionados à segurança, resultantes da redução dos índices de acidentes em condições de viagem melhores. Segue uma breve discussão sobre cada um desses benefícios.

Benefícios da redução do tempo de viagem

Os estudos de avaliação realizados nos Estados Unidos indicam que os sistemas de controle semafóricos avançados poderiam resultar em redução do tempo de viagem na faixa de 8% a 25%. O valor exato dependerá de uma série de fatores, incluindo a variabilidade da demanda de viagens, o nível geral de congestionamento, o intervalo de tempo entre as modificações do plano de programação da semaforização e da densidade dos semáforos.

Benefícios ambientais
Estudos mostram que os sistemas de controle semafórico avançados poderiam resultar em uma redução de poluentes atmosféricos (como os hidrocarbonetos e o monóxido de carbono) variando entre 16% e 19%. Eles também poderiam resultar em uma redução de 4% a 12% no consumo de combustível.

Benefícios na segurança
Alguns estudos mostram que os sistemas de controle semafórico avançados também poderiam resultar em uma redução na frequência de acidentes com ferimentos entre 6% e 27%.

Num exemplo de como os benefícios de um sistema de controle de tráfego avançado pode ser calculado, considere um trecho em uma via arterial que comporta um VDM de aproximadamente 20.000 veículos/dia. Supondo que a duração média de viagem para esse trecho seja de aproximadamente 10 minutos e utilizando a estimativa conservadora de uma redução de 10% no tempo de viagem (como já discutido, os estudos mostram uma redução na faixa de 8% a 25%), a economia de tempo resultante da implantação do sistema de SIT pode ser estimada em (0,10 × 10 = 1,0 min/veículo/dia). Supondo que o valor do tempo seja igual a $ 8,90/h, os benefícios podem ser calculados como segue:

$$\text{Benefícios} = (\text{n}^\text{o} \text{ de veículos}) \times (\text{tempo economizado}) \times (\text{valor do tempo}) \times 365$$
$$= 20.000 \times (1,0/60) \times (\$ 8,90) \times 365 = \$ 1.082.833/\text{ano}$$

Sistemas de transporte público avançados

Os sistemas de transporte público avançados tentam melhorar a eficiência, produtividade e segurança deste tipo de transporte. Eles também se esforçam para aumentar o número de passageiros e a satisfação dos clientes. Nesta seção, descrevemos alguns exemplos de sistemas de transporte público avançados, que podem ser enquadrados em quatro categorias, a saber: sistemas de localização automatizados de veículos (AVL – *automated vehicle location*), programas de operações de transporte, informações sobre o transporte público e sistemas eletrônicos de pagamento de tarifa.

Sistemas de localização automatizados de veículos (AVL)
Os sistemas AVL foram projetados para permitir rastrear a localização dos sistemas de transporte público em tempo real. Esses sistemas funcionam pela medição da posição atual em tempo real de cada veículo e comunicação dessa informação para uma central. Ela pode então ser utilizada para aumentar a eficiência operacional e de despacho, permitir uma resposta mais rápida às interrupções de serviço, fornecer informações aos sistemas de informação de transporte público e aumentar a segurança dos passageiros.

Embora uma série de tecnologias esteja disponível para os sistemas AVL, incluindo métodos de deslocamento (*dead-reckoning*), localização por rádio, sistemas por proximidade, odômetro e GPS, a maioria das agências está escolhendo sistemas baseados em GPS, um sistema de navegação e posicionamento que depende de sinais transmitidos por satélites para seu funcionamento. Em 1996, havia 86 agências de transporte público em todo o país operando, implantando ou planejando sistemas AVL, 80% delas utilizavam a tecnologia GPS. A seção a seguir descreve algumas implantações no mundo real de sistemas AVL.

Exemplos reais de sistemas AVL para transporte público
Em Atlanta, Geórgia, aproximadamente 250 ônibus da frota de 750 veículos da *Metropolitan Atlanta Rapid Transit Authority* (MARTA) são equipados com AVL. O sistema é conectado ao centro de gerenciamento de tráfego do Departamento de Transporte do Estado. Há também painéis eletrônicos em alguns pontos de parada de

ônibus para mostrar informações aos passageiros. O sistema mostrou produzir benefícios concretos, incluindo melhor desempenho no prazo e maior segurança.

O *Tri-County Metropolitan Transportation District de Oregon* (Tri-Met) concluiu recentemente a implantação de um sistema AVL baseado em GPS para 640 veículos de rota fixa e 140 de transporte coletivo especial. O AVL está sendo empregado como parte de um sistema de SIT regional, em que os ônibus serão utilizados como veículos sondas de monitoramento de tráfego, conforme discutido anteriormente.

O *Milwaukee Transit System* (MTS) concluiu a instalação de um AVL baseado em GPS em 543 ônibus e 60 veículos de apoio. Os resultados preliminares indicam uma diminuição de 28% no número de ônibus com mais de um minuto de atraso.

Programas para operações de transporte público

Estes permitem a automatização, racionalização e integração de várias funções do transporte público, incluindo aplicações como o despacho de veículos auxiliado por computador (CAD – *computer-aided dispatching*), monitoramento do serviço, controle de supervisão e aquisição de dados. O uso de um programa de operações pode melhorar a eficácia das operações de despacho, a programação dos horários, planejamento, atendimento ao cliente e outras funções da agência. Esse programa está disponível para operações de ônibus de rota fixa, bem como de transporte coletivo especial ou sob demanda.

Os programas de operação para transporte público sensíveis à demanda implantam novos programas para despacho e programação de horários para melhorar o desempenho e aumentar a capacidade de transporte de passageiros dos veículos. Os sistemas variam amplamente no que diz respeito às suas capacidades; os mais avançados integram despachos automático e com sistemas AVL, sistemas de informação geográfica e de comunicação avançados. Esses sistemas fornecem aos despachantes a capacidade de visualizar os mapas da área de serviço com a localização de todos os veículos em tempo real. Os motoristas possuem terminais de dados móveis que exibem os embarques e desembarques que ocorrerão na próxima hora.

Exemplos reais de implantações de programas de operações de transporte público

A cidade de Kansas City, Missouri, foi capaz de reduzir em até 10% o equipamento necessário para as rotas de ônibus utilizando um sistema AVL/CAD, permitindo-lhe que recuperasse seu investimento no sistema no prazo de dois anos. O desempenho no prazo melhorou em 12% no primeiro ano de operação do sistema AVL. Em Ann Arbor, Michigan, o serviço de transporte coletivo especial da cidade (chamado A-Ride) implantou o despacho auxiliado por computador (CAD), a programação de horários automatizada e a comunicação avançada para oito veículos de transporte coletivo especiais equipados com AVL. Esse sistema é capaz de fornecer serviços 24 horas por dia, com atendimento de um despachante apenas para fazer as reservas e os cancelamentos das pessoas que fazem as chamadas e para confirmar as corridas.

Os sistemas de informações de transporte público implementam os de informação aos viajantes. Três tipos destes podem ser identificados: sistemas de pré-viagem, em terminais/margem da via e de informações de transporte público a bordo do veículo.

Os sistemas de pré-viagem fornecem informações precisas e na hora aos viajantes antes de iniciar suas viagens, de modo a lhes permitir tomar decisões com relação às modalidades de transporte, rotas e horários de partida. As informações fornecidas podem abranger uma ampla gama de categorias, incluindo rotas de transporte, mapas, horários, tarifas, locais de estacionamentos integrados com outras modalidades de transporte, pontos de interesse e condições do tempo. Além disso, esses sistemas frequentemente dão apoio ao planejamento de itinerários. Os métodos de obtenção de informações de pré-viagem incluem telefones, *pagers*, quiosques, internet, fax e TV a cabo.

Os sistemas nos terminais/margem da via fornecem informações para os viajantes que já estão em rota. Essas informações são normalmente comunicadas por meio de sinalização eletrônica, quiosques interativos de informações e monitores de CFTV. O objetivo geral é disponibilizar os horários de chegada e partida de ônibus e trens em tempo real, reduzir a ansiedade pela espera e aumentar a satisfação do cliente. Os sistemas a bordo do veículo fornecem informações em rota para os viajantes que se encontram no veículo. O grande ímpeto por trás desses sistemas é cumprir as disposições aplicáveis da lei americana dos portadores de necessidades especiais de 1991.

Exemplos reais de sistemas de informações de transporte público
Um bom exemplo deste de pré-viagem pode ser encontrado em Seattle, Washington, onde o principal produto do Seattle Metro é um site na web no qual os viajantes podem obter informações sobre os horários e tarifas de transporte público, serviços de *van* e carona solidária, balsas e estacionamentos integrados com outras modalidades de transporte. Esse *site* também oferece assistência aos usuários no planejamento de suas viagens. Além disso, a Universidade de Washington desenvolveu um *applet* em Java que lhe permite visualizar a localização de todos os ônibus que atendem todo o sistema metropolitano. A Universidade também desenvolveu páginas da web para ajudá-los a prever o horário de chegada dos ônibus nos diferentes pontos.

Exemplos de sistemas de informações no terminal e a bordo do veículo podem ser encontrados em Ann Arbor, Michigan, onde um par de monitores de vídeo de 79 cm é utilizado para exibir dados, em tempo real, gerados pelo sistema AVL para informar aos passageiros no terminal central de transporte público da cidade sobre os horários de chegada, atrasos e partida. Este sistema também inclui sinais luminosos/auditivos e monitores nos quais os passageiros receberão informações sobre a próxima parada e transferências. Estes aparecem na forma de anúncios que identificam as transferências de ônibus válidas nas próximas paradas.

Sistemas eletrônicos de pagamento de tarifas
A ideia é facilitar a cobrança e a gestão dos pagamentos das tarifas de transporte público por meio de mídia eletrônica, em vez de dinheiro ou transferências de papéis. Esses sistemas consistem em dois componentes principais: um cartão e seu leitor. Os cartões podem ser com tarja magnética, por meio da qual o leitor realiza a maioria do processamento. Também podem ser equipados com um microprocessador (cartões inteligentes) e, neste caso, o processamento de dados poderia ocorrer no próprio cartão. Os sistemas eletrônicos de pagamento de tarifas oferecem uma série de vantagens: comodidade aos operadores de veículos, eliminando a necessidade de quaisquer ações de sua parte; eliminação da necessidade de o passageiro se preocupar em ter o valor exato da tarifa de ônibus; facilidade na cobrança e processamento das tarifas e a adoção de estruturas de tarifas mais complexas e efetivas.

Existem dois tipos de sistemas eletrônicos de pagamento de tarifas: (a) fechados; e (b) abertos. Os primeiros são limitados a um objetivo principal (ou seja, pagar as tarifas de transporte público), ou a algumas outras aplicações, como o pagamento das taxas de estacionamento. No entanto, o valor armazenado no cartão não pode ser utilizado fora do conjunto de atividades definido, daí o nome *sistema fechado*. Os sistemas abertos podem ser utilizados fora do sistema de transporte. Um bom exemplo é o cartão de crédito, que naturalmente pode ser utilizado em todo o comércio.

Benefícios do software de operações e do sistema AVL de transporte
Estudos mostram que a implantação do sistema AVL no transporte público e do programa de operações pode resultar tanto em economia de capital como de custos operacionais para a agência operadora. Os valores padrão são uma redução entre 1% e 2% no tamanho da frota e na faixa de 5% a 8% nos custos operacionais. Para ilustrar como os benefícios da implantação de tais sistemas podem ser estimados, considere o caso de uma agência de transporte público cujos custos anuais de capital e de operação sejam de $ 2 milhões e $ 1,5 milhão, respectivamente. Assumindo uma economia de 1,5% para os custos e capital e 6% para os operacionais, a economia anual é igual a

$$2.000.000 \times 1,5/100 + 1.500.000 \times 6/100 = \$\ 120.000/\text{ano}$$

Sistemas de informações ao viajante multimodal

Estes são projetados para fornecer informações de viagens estáticas e em tempo real, sobre uma variedade de modalidades de transporte (por exemplo, rodovias, transporte público, balsas etc.). Em essência, esses sistemas integram as funções de disseminação de informações de tráfego dos sistemas de gerenciamento das vias expressas e de incidentes com as funções dos sistemas de informações de transporte público. Em seguida, adicionam mais informações de fontes como Páginas Amarelas, as organizações turísticas e serviços meteorológicos. As informações aos viajantes podem ser fornecidas antes ou durante uma viagem (informações de pré-viagem ou em rota). A Tabela 9.14 apresenta uma lista extensa de dados de possível interesse que poderia ser parte do sistema de informações aos viajantes, classificadas como estáticas ou em tempo real.

Após a coleta e o processamento dos dados, as tecnologias de telecomunicação, incluindo voz, dados e transmissão de vídeo por linha e canais sem fio, são utilizadas para divulgar as informações para o público. Entre os meios de disseminação de informações estão internet, TV a cabo, rádio, sistemas de telefonia, quiosques, *pagers*, PDAs e dispositivos de exibição a bordo do veículo. Além disso, esforços estão sendo feitos para implantar um número nacional, 511, que oferecerá informações de viagens multimodais em tempo real aos viajantes nos Estados Unidos.

Benefícios dos sistemas de informações ao viajante multimodal

Os serviços de informações aos viajantes multimodais permitem que os usuários tomem decisões em relação ao horário de saída, itinerários e ao modo de viagem. Esses sistemas têm mostrado aumentar o uso do transporte público e a redução dos congestionamentos quando os viajantes optam por adiar ou postergar as viagens ou escolher rotas alternativas. Um bom exemplo de um sistema regional de informações multimodais aos viajantes é dado pela iniciativa de implantação do modelo *Smart Trek* de Seattle, Washington. No centro deste sistema está um conjunto de protocolos e paradigmas projetado para coletar e integrar os dados de várias fontes, processá-los para extrair informações úteis, disseminar as informações obtidas aos provedores independentes de serviços de informações e armazenar os dados para efeitos de planejamento de longo prazo.

Tabela 9.14 – Conteúdo potencial de um sistema de informações ao viajante multimodal.

Informações estáticas: Conhecidas previamente, mudam com pouca frequência	Construção e atividades de manutenção planejadas
	Eventos especiais, como feiras estaduais e eventos esportivos
	Tarifas, horários e linhas de transporte público
	Conexões intermodais (por exemplo, horários da balsa ao longo do Lago Champlain)
	Regulamentos de veículos comerciais (por exemplo, materiais perigosos e restrições de altura e peso)
	Locais e custos de estacionamento
	Listagens de empresas como hotéis e postos de gasolina
	Destinos turísticos
	Instruções de navegação
Informações em tempo real: Mudam frequentemente	Condições da via, incluindo informações sobre congestionamentos e incidentes
	Rotas alternativas
	Condições meteorológicas da estrada, como neve e neblina
	Aderência aos horários do transporte público
	Tempo de viagem

Desafios enfrentados pelos sistemas de informações ao viajante multimodal

Embora os sistemas de informações aos viajantes multimodais tenham o potencial de trazer benefícios significativos tanto para os viajantes como para os operadores do sistema, a demanda por produtos tem sido lenta para se concretizar. O tamanho deste mercado tem sido modesto até a presente data. Várias razões poderiam ser dadas para justificar este crescimento lento. Primeiro, o conhecimento do consumidor a respeito dos produtos de informações aos viajantes é atualmente muito baixo. Segundo, o preço de alguns produtos, principalmente os dispositivos de exibição a bordo do veículo, ainda é elevado. Finalmente, a qualidade das informações e a extensão da cobertura precisam ser aumentadas.

Tecnologias avançadas para ferrovias

O setor ferroviário também está muito ativo na aplicação da TI no transporte ferroviário. Embora existam inúmeros exemplos de aplicações de tecnologias avançadas para melhorar a segurança e a eficiência do transporte ferroviário, limitamos nossa abordagem a apenas dois exemplos representativos, (1) os sistemas de controle positivo de trens (PTC) e (2) os cruzamentos ferroviários inteligentes.

Controle positivo de trens

Os sistemas de PTC foram projetados para permitir o controle dos movimentos do trem com segurança e eficiência. Eles integram as redes digitais de comunicação de dados, os sistemas de navegação GPS, computadores de bordo dos trens, monitores na cabine e computadores e monitores do centro de controle. Os sistemas de PTC permitirão que o pessoal do centro de controle rastreie a localização dos trens e as equipes de manutenção em tempo real e controle os movimentos do trem de modo que atinja velocidades ideais e, consequentemente, as capacidades máximas da via. E, ainda, que um centro de controle pare um trem no caso de incapacidade da tripulação, proporcionando, assim, um maior nível de proteção e segurança. Os projetos de demonstração dos sistemas de PTC estão atualmente em andamento nos Estados Unidos, e a implantação em larga escala prevista para começar em breve.

Cruzamentos rodoferroviários inteligentes

Os sistemas de cruzamentos rodoferroviários inteligentes foram projetados para eliminar os acidentes nos cruzamentos em nível rodoferroviários. Os sistemas de alerta ativos nos cruzamentos (como luzes piscantes e cancelas) são ativados quando a aproximação de um trem é detectada. O equipamento no cruzamento também pode ser conectado ao sistema de sinalização adjacente. No caso de detecção de um veículo preso na linha férrea, o sistema imediatamente antecipa o sinal e, simultaneamente, alerta o engenheiro da locomotiva. O sistema inteligente também monitora continuamente as condições gerais dos sistemas de detecção e alerta e relata qualquer defeito descoberto às autoridades competentes.

Resumo

Neste capítulo, discutimos algumas das aplicações da tecnologia da informação para melhorar a eficiência e a segurança do sistema de transporte. Como foi discutido, este esforço é muitas vezes denominado Sistemas Inteligentes de Transporte (SIT). O capítulo concentrou-se principalmente em cinco aplicações principais de SIT: (1) sistemas de gerenciamento de via expressa e de incidente; (2) sistemas de semaforização avançados; (3) sistemas avançados de transporte público; (4) sistemas de informações ao viajante multimodal; e (5) tecnologias avançadas para ferrovias. O conceito operacional de cada aplicação foi abordado, bem como a descrição dos seus prováveis benefícios. Uma breve menção também foi feita a respeito das aplicações de tecnologias avançadas ao transporte ferroviário. A aplicação de tecnologias avançadas no transporte ainda é um campo em desenvolvimento, e novas ideias são propostas a cada dia.

Problemas

9.1 Selecione um projeto de SIT em seu Estado com o qual você esteja familiarizado e descreva brevemente o conceito básico da operação. Quais são os prováveis benefícios desse projeto?

9.2 Liste os objetivos principais de um sistema de gerenciamento de via expressa e de incidentes (FIMS).

9.3 Qual é a diferença entre congestionamento *recorrente* e *não recorrente*?

9.4 Descreva os quatro componentes básicos de um sistema de vigilância de tráfego.

9.5 Selecione quatro métodos diferentes para a detecção de tráfego e discuta brevemente as vantagens e desvantagens de cada um.

9.6 Uma estação de detecção em uma via expressa de oito faixas fornece as medições de ocupação apresentadas a seguir. O comprimento médio para os veículos é de 6,25 m para a faixa 1; 5,75 m para a faixa 2; 5,25 m para a faixa 3; e 5 m para a faixa 4. Supondo que o comprimento efetivo para os detectores de laço indutivo seja de 2,5 m, determine a densidade de tráfego para cada faixa e para o sentido da via expressa.

Nº da faixa	Ocupação (%)
Faixa 1	24%
Faixa 2	17%
Faixa 3	14%
Faixa 4	12%

9.7 No contexto da monitorização do tráfego, explique o que se entende por "veículos-sonda". Discuta as diferentes tecnologias que podem ser utilizadas para implantar o conceito.

9.8 Discuta brevemente as quatro fases diferentes do processo de gerenciamento de incidentes.

9.9 Descreva os parâmetros utilizados para avaliar o desempenho dos algoritmos de detecção automática de incidentes (AID).

9.10 Para avaliar o desempenho de um algoritmo de AID, seu desempenho foi observado durante 45 dias. Durante esse período, ocorreu um total de 80 incidentes, dos quais o algoritmo conseguiu detectar 63. Ao mesmo tempo, o algoritmo forneceu um total de 1.300 alarmes falsos. Se ele for aplicado a cada 30 segundos, determine o índice de detecção (DR) e o de alarme falso (FAR).

9.11 Uma agência de transportes deseja comparar o desempenho de cinco diferentes algoritmos de AID a fim de escolher um para implantação em seu centro de operações de tráfego. Para tanto, ela analisa alguns dados históricos que resultam no índice de detecção (DR), no de alarme falso (FAR) e no tempo médio de detecção (MTDD) para os cinco algoritmos. Os dados compilados são apresentados na tabela a seguir. Supondo que a agência pretendesse colocar ênfase igual nas três medições de desempenho, qual algoritmo ela deveria escolher?

	DR (%)	FAR (%)	MTTD (min)
AID1	83	0,37	2,1
AID2	92	0,86	1,2
AID3	87	0,03	0,4
AID4	95	1,24	0,7
AID5	72	0,73	0,2

9.12 No Problema 9.11, supondo que a agência pretendesse colocar o dobro de ênfase no tempo para detectar incidentes, como no índice de detecção ou no de alarme falso, qual algoritmo deveria escolher?

9.13 Escolha três tipos diferentes de algoritmos de AID e descreva brevemente como funcionam.

9.14 Duas estações de detecção em uma via expressa equipadas com um algoritmo AID do tipo Califórnia fornecem as seguintes leituras: o processo de calibração para o algoritmo de AID mostra que os valores dos três limiares de algoritmos (T_1, T_2 e T_3) são iguais a 25%, 0,30% e 0,45%, respectivamente. Determine o intervalo de tempo quando um alarme de incidente é disparado e quando o estado de incidente é encerrado.

Intervalo de tempo	Occ$_{acima}$ (%)	Occ$_{abaixo}$ (%)
1	55	18
2	67	17
3	72	15
4	70	14
5	67	13
6	69	14

Intervalo de tempo	Occ$_{acima}$ (%)	Occ$_{abaixo}$ (%)
7	74	9
8	65	17
9	60	24
10	42	30
11	39	34
12	37	33

9.15 Um sistema de via expressa de quatro faixas comporta volume estimado de 3.400 veículos/h durante o horário de pico no sentido principal. Um incidente ocorre, resultando uma perda de aproximadamente 60% da capacidade original da via expressa. Sem um sistema de gerenciamento de incidentes, é provável que ele dure por um período de uma hora. Determine a economia de tempo possível se um sistema de gerenciamento de incidentes fosse implantado de modo que a duração fosse reduzida para apenas 20 minutos. Suponha que a capacidade de uma faixa da via expressa seja igual a 2.200 veículos/h/faixa.

9.16 Um acidente ocorre em uma via expressa de seis faixas, com volume de pico de 4.800 veículos por hora no sentido principal. O acidente bloqueia duas das três faixas da via expressa, resultando uma redução significativa da capacidade para um valor de apenas 2.000 veículos/h. Supondo uma capacidade de faixa de 2.100 veículos/h/faixa, compare o comprimento máximo da fila, o atraso máximo incorrido por um veículo e o atraso total do veículo para os dois casos a seguir:

(a) Sem um sistema de gerenciamento de incidentes, o incidente tem duração de 75 minutos.
(b) Com um sistema de gerenciamento de incidentes, a duração é reduzida para apenas 30 minutos.

9.17 Um sistema de via expressa de quatro faixas comporta aproximadamente 2.600 veículos/faixa durante o horário de pico no sentido de pico. Estudos têm demonstrado que a capacidade máxima da via expressa é de 2.000 veículos/h/faixa. Para um incidente com duração de 90 minutos, que bloquearia 50% da capacidade da via expressa, quais são as economias de tempo resultantes da implantação de um sistema de gerenciamento de incidentes que reduzisse a duração do incidente pela metade?

9.18 Discuta brevemente os prováveis benefícios do controle de acesso em rampas.

9.19 Distinga entre controle de acesso restritivo e não restritivo.

9.20 Descreva brevemente os diferentes tipos de estratégias do controle de acesso em rampas.

9.21 Descreva brevemente a diferença entre o controle em laço aberto e em laço fechado para os sistemas de controle de acesso em rampas.

9.22 Projete um sistema pré-programado de controle de acesso de entrada única em uma via expressa de quatro faixas. O volume de tráfego a montante é de 3.800 veículos/h/sentido e a capacidade da faixa da via expressa é igual a 2.300 veículos/h/faixa. Suponha que o intervalo em verde seja igual a 2 s.

9.23 Projete um plano de semaforização para um sistema com controle de acesso em uma via expressa de seis faixas que comporta um volume total de 5.220 veículos/h no sentido de pico. Suponha que a capacidade de faixa da via expressa seja igual a 2.100 veículos/h/faixa.

9.24 As medições de ocupação em uma estação de controle de acesso sensível ao tráfego local são apresentadas na tabela a seguir. Determine as taxas de controle para os diferentes períodos de controle.

Período de controle	Ocupação medida (%)
1	12
2	18
3	17
4	24

9.25 Determine o ponto de ajuste para um controle de acesso em rampa do tipo ALINEA considerando o seguinte:

Comprimento médio de automóveis de passageiro = 5,25 m
Comprimento médio de caminhões = 8,5 m
Porcentagem de caminhões na corrente de tráfego = 8%

Comprimento efetivo do detector = 2,5 m
Nível de densidade superior correspondente ao NS E = 28 automóveis de passageiros/km/faixa

9.26 Determine as taxas de controle adequadas às duas rampas de acesso A e B mostradas abaixo se a demanda projetada para a rampa A for de 900 veículos/h e para a B de 700 veículos/h.

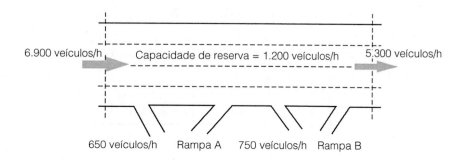

9.27 Uma rampa atuada pelo tráfego possui espaço suficiente para armazenar 10 veículos. Durante o horário de pico, estima-se que a taxa de controle de acesso não excederá 750 veículos/h, enquanto a demanda média de tráfego é de 620 veículos/h. Utilizando a teoria das filas, determine o número médio de veículos na rampa, o atraso médio dos veículos e a probabilidade de a rampa ficar lotada.

9.28 Explique a diferença entre os serviços de informações de pré-viagem e em rota aos usuários.

9.29 Discuta a diferença entre alocação dinâmica de tráfego *versus* alocação estática.

9.30 Conforme foi discutido, o atraso na implantação das estratégias de roteirização de tráfego dinâmica incorre em atrasos adicionais. Este atraso pode ser calculado utilizando a Equação 9.8 como segue:

Atraso adicional em veículos/minutos =

$$(q - q_1) \times \delta \times \left[\frac{\delta(q - c) + 2D(c - c^*)}{120(c - q_1)} \right]$$

em que:
q = taxa de chegada de tráfego antes do roteamento (veículos/h)
q_1 = taxa de chegada de tráfego reduzida após o roteamento (veículos/h)
δ = tempo de espera antes da implantação de uma estratégia de roteirização, em minutos
c = capacidade normal do segmento sem nenhum incidente (veículos/h)
c^* = capacidade reduzida do segmento como resultado de um incidente (veículos/h)
D = duração do incidente em minutos

Utilize um gráfico cumulativo para confirmar a validade da equação anterior.

9.31 Um segmento de via expressa de quatro faixas comporta um volume médio de 3.800 veículos/h. A capacidade sem restrições de uma faixa da via expressa pode ser assumida como sendo igual a 2.300 veículos/h/faixa. Ocorre um incidente que resulta uma redução de 65% da capacidade do trecho. O incidente dura 60 minutos. Para aliviar o congestionamento, a roteirização de tráfego é implantada, o que reduz o volume de tráfego no trecho para 2.200 veículos/h. Qual seria o atraso extra incorrido se demorasse quatro minutos para implantar a estratégia de roteirização contra apenas 20 s?

9.32 Defina brevemente os termos a seguir em relação aos semáforos atuados pelo tráfego: (1) verde mínimo; (2) tempo de passagem; e (3) verde máximo.

9.33 Descreva brevemente o conceito operacional de um controlador atuado pelo tráfego.

9.34 É necessário coordenar os semáforos ao longo das duas faixas do corredor de mão única mostrado a seguir:

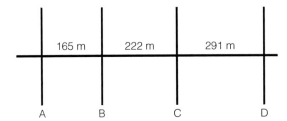

Todos os semáforos têm ciclo comum de 90 s e o verde efetivo para o sentido a ser coordenado é de 66,67% da duração do ciclo. Considerando que a velocidade média ao longo do corredor é de 63,4 km/h, calcule o seguinte:

(a) As defasagens ideais;
(b) A eficiência da largura de banda;
(c) A capacidade da largura de banda.

9.35 Uma via arterial norte-sul com duas faixas em cada sentido possui quatro de seus semáforos coordenados para o sentido norte, conforme mostrado. A velocidade média do veículo ao longo do corredor é de 55,5 km/h.

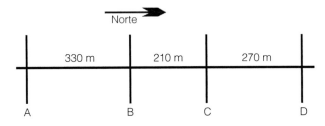

A duração do ciclo, a duração do verde para a fase N-S e a defasagem para cada um dos quatro semáforos (A, B, C e D) são:

Semáforo	Duração do ciclo (s)	Verde para a fase N-S	Defasagem em relação ao semáforo a montante
A	100	55	0
B	100	60	21
C	100	45	14
D	100	50	18

(a) Trace um diagrama espaço-tempo para o sistema coordenado.
(b) Determine a eficiência e a capacidade da largura de banda para o sentido norte.
(c) Determine a eficiência e a capacidade da largura de banda para o sentido sul.

9.36 Trace brevemente o desenvolvimento dos sistemas de controle de tráfego adaptativo desde o início da década de 1960.

9.37 Discuta a diferença entre precedência e prioridade semafórica.

9.38 Determine os benefícios que podem ser esperados da implantação de um sistema de semáforos avançado em uma via arterial com um VDM médio de 30.000 veículos/dia. A duração média de viagem no trecho onde o sistema deve ser implantado é de 15 minutos. Suponha que o valor do tempo seja igual a $ 10,00/h.

9.39 Dê alguns exemplos de (1) sistemas de rastreamento de transporte público no mundo real; e (2) de informações de transporte público.

9.40 Uma agência de transporte tem custo de capital anual e operacional de $ 3 milhões e $ 2,5 milhões, respectivamente. Determine os benefícios esperados com a implantação de um sistema de operações de transporte público e de AVL.

9.41 Descreva duas aplicações de tecnologias avançadas no transporte ferroviário.

Referências bibliográficas

BISHOP, R. *Intelligent Vehicles Technology and Trends*, Norwood, MA: *Artech House, Inc.*, 2005.
BRETHERTON, D. "Current Developments in SCOOT: Version 3", in *Transportation Research Record 1554*, TRB, National Research Council, Washington, D.C., 1996.
CAMBRIDGE SYSTEMATICS AND ITT INDUSTRIES. *ITS Deployment Analysis System User's Manual*. Cambridge, MA, 2000.
CHOWDHURY, M. A. e SADEK, A. *Fundamentals of Intelligent Transportation Systems Planning*, Norwood, MA: *Artech House, Inc.*, 2003.
CHEU, R. L. e RITCHIE, S. G. "Automated Detection of Lane-Blocking Freeway Incidents Using Artificial Neural Networks", *Transportation Research C*, v. 3(6), p. 371-388.
DAILEY, D. J. Smart Trek: A Model Deployment Initiative. U.S. Department of Transportation, 2001. Disponível em http://www.its.washington.edu/pubs/smart_trek_report.pdf.
GARBER, N. J. e HOEL, L. A. *Traffic & Highway Engineering*, Brooks/Cole, Pacific Grove, CA, 2002.
HANSEN, B. G., MARTIN, P. T. e PERRIN, H. JOSEPH, JR. "SCOOT Real-Time Adaptive Control in a CORSIM Simulation Environment", in *Transportation Research Record 1727*, TRB, National Research Council, Washington, D.C., 2000.
HEAD, K. L., MIRCHANDANI, P. B. e SHEPPARD, D. "Hierarchical Framework for Real Time Traffic Control", in *Transportation Research Record 1360*, TRB, National Research Council, Washington, D.C., 1992.
INSTITUTE OF TRANSPORTATION ENGINEERS. *Intelligent Transportation Systems Primer*, Washington, D.C., 2001.
LUCAS, D. E., MIRCHANDANI, P. B. e HEAD, K. L. "Remote Simulation to Evaluate Real Time Traffic Control Strategies", in *Transportation Research Record 1727*, TRB, National Research Council, Washington, D.C., 2000.
MICHALOPOULOS, P. G., JACOBSON, R. D., ANDERSON, C. A. e BARBARESSO, J. C. "Field Deployment of Machine Vision in the Oakland County ATMS/ATIS Project", *Proceedings*, IVHS America 1994 Annual Meeting, Atlanta, GA, p. 335-342, abril 1994.

MITRETEK SYSTEMS, INC. *ITS Benefits: 1999 Update*, Report n. FHWA-OP-99-012, Federal Highway Administration, U. S. Department of Transportation, Washington, D.C., 1999.

NEUDORFF, L. G., RANDALL, J. E., REISS, R. e GORDON, R. *Freeway Management and Operations Handbook*, Report No. FHWA-OP-04-003, Federal Highway Administration, U. S. Department of Transportation, Washington, D.C., 2003.

PAYNE, H. J. e TIGNOR, S. C., "Freeway Incident Detection Algorithms Based on Decision Trees with States", in *Transportation Research Record 682*, TRB, National Research Council, Washington, D.C., p. 30-37, 1978.

PERSAUD, B. e HALL, F. L. "Catastrophe Theory and Pattern in 30 Second Freeway Traffic Data – Implication for Incident Detection", *Transportation Research A*, v. 23(2), p. 103-113, 1989.

SMITH, BRIAN L., PACK, MICHAEL L., LOVELL, DAVID J. e SERMONS, M. William. "Transportation Management Applications of Anonymous Mobile Call Sampling", Anais da 11ª reunião anual do ITS América, Miami, FL, 2001.

U.S. DEPARTMENT OF TRANSPORTATION, Federal Highway Administration, *The National Intelligent Transportation Systems Architecture, Version 5.1*, 2005. Disponível em http://www.iteris.com/itsarch.

U.S. DEPARTMENT OF TRANSPORTATION, Federal Highway Administration, *Intelligent Transportation Systems, Compendium of Field Operational Test-Executive Summaries*, Washington, D.C., 1998.

____. *Developing Traveler Information Systems Using the National ITS Architecture*, Washington, D.C., 1998.

____. *The National Intelligent Transportation Systems Program Plan*, Washington, D.C., 1995.

U.S. DEPARTMENT OF TRANSPORTATION, *Advanced Public Transportation Systems: The State of the Art 1998 Update*, Report n. FTA-MA-26-7007-98-1, Federal Transit Administration, Washington, D.C., 1998.

APÊNDICE

Tabela A-1 Valores críticos de T_L e de T_U do Teste da soma das classes de Wilcoxon; amostras independentes

A estatística do teste é a soma das classes associada com a menor amostra (para amostras de tamanhos iguais qualquer soma das classes pode ser utilizada)

(a) alfa = 0,025 monocaudal alfa = 0,05 bicaudal

n_2/n_1	3		4		5		6		7		8		9		10	
	T_L	T_U	T_L	T_U	T_L	T_U	T_L	T_U	T_L	T_U	T_L	T_U	T_L	T_U	T_L	T_U
3	5	16	6	18	6	21	7	23	7	26	8	28	8	31	9	33
4	6	18	11	25	12	28	12	32	13	35	14	38	15	41	16	44
5	6	21	12	28	18	37	19	41	20	45	21	49	22	53	24	56
6	7	23	12	32	19	41	26	52	28	56	29	61	31	65	32	70
7	7	26	13	35	20	45	28	56	37	68	39	73	41	78	43	83
8	8	28	14	38	21	49	29	61	39	73	49	87	51	93	54	98
9	8	31	15	41	22	53	34	65	41	78	51	93	63	108	66	114
10	9	33	16	44	24	56	32	70	43	83	54	98	66	114	79	131

(b) alfa = 0,05 monocaudal alfa = 0,10 bicaudal

n_2/n_1	3		4		5		6		7		8		9		10	
	T_L	T_U	T_L	T_U	T_L	T_U	T_L	T_U	T_L	T_U	T_L	T_U	T_L	T_U	T_L	T_U
3	6	15	7	17	7	20	8	22	9	24	9	27	10	29	11	31
4	7	17	12	24	13	27	14	30	15	33	16	36	17	39	18	42
5	7	20	13	27	19	36	20	40	22	43	24	46	25	50	26	54
6	8	22	14	30	20	40	28	50	30	54	32	58	33	63	35	67
7	9	24	15	33	22	43	30	54	39	66	41	71	43	76	46	80
8	9	27	16	36	24	46	32	58	41	71	52	84	54	90	57	95
9	10	29	17	39	25	50	33	63	43	76	54	90	66	105	69	111
10	11	31	18	42	26	54	35	67	46	80	57	95	69	111	83	127

Fonte: F. Wilcoxon e R. A. Wilcox, "Some rapid approximate statistical procedures", 1964, 20-23.

Unidades utilizadas

Principais unidades utilizadas em mecânica

Quantidade	Sistema internacional (SI)			Sistema de unidades usuais dos Estados Unidos (USCS)		
	Unidade	Símbolo	Fórmula	Unidade	Símbolo	Fórmula
Aceleração (ângular)	radiano por segundo ao quadrado		rad/s^2	radiano por segundo ao quadrado		rad/s^2
Aceleração (linear)	metro por segundo ao quadrado		m/s^2	pé por segundo ao quadrado		ft/s^2
Área	metro quadrado		m^2	pé ao quadrado		ft^2
Densidade (massa) (Massa específica)	quilograma por metro cúbico		Kg/m^3	slug por pé cúbico		slug/ft^3
Densidade (peso) (Peso específico)	newton por metro cúbico		N/m^3	libra por pé cúbico	pcf	lb/ft^3
Energia; trabalho	joule	J	N·m	pé-libra		ft-lb
Força	newton	N	kg·m/s^2	libra	lb	(unidade base)
Força por unidade de comprimento (Intensidade da força)	newton por metro		N/m	libra por pé		lb/ft
Frequência	hertz	Hz	s^{-1}	hertz	Hz	s^{-1}
Comprimento	metro	m	(unidade base)	Pé	ft	(unidade base)
Massa	quilograma	kg	(unidade base)	slug		lb-s^2/ft
Momento de uma força; torque	newton-metro		N·m	libra-pé		lb-ft
Momento de inércia (área)	metro biquadrado		m^4	polegada biquadrada		in.^{4}
Momento de inércia (massa)	quilograma vezes metro ao quadrado		kg·m^2	slug vezes pé ao quadrado		slug-ft^2
Potência	watt	W	J/s (N·m/s)	pé libra por segundo		ft-lb/s
Pressão	pascal	Pa	N/m^2	libra por pé ao quadrado	psf	lb/ft^2
Módulo de seção	metro cúbico		m^3	polegada cúbica		in.^{3}
Tensão	pascal	Pa	N/m^2	libra por polegada ao quadrado	psi	lb/in.^{2}
Tempo	segundo	s	(unidade base)	segundo	s	(unidade base)
Velocidade (angular)	radiano por segundo		rad/s	radiano por segundo		rad/s
Velocidade (linear)	metro por segundo		m/s	pé por segundo	fps	ft/s
Volume (líquidos)	litro	L	10^{-3}m^3	galão	gal.	231 in.^{3}
Volume (sólidos)	metro cúbico		m^3	pé cúbico	cf	ft^3

Conversões entre unidades tradicionais de medidas dos Estados Unidos e as unidades do SI

Unidade tradicional de medida dos Estados Unidos		Multiplicado pelo fator de conversão		Equivale à unidade do SI	
		Preciso	Prático		
Aceleração (Linear)					
pés por segundo quadrado	ft/s^2	0,3028*	0,305	metro por segundo quadrado	m/s^2
polegadas por segundo quadrado	in./s^2	0,0254*	0,0254	metro por segundo quadrado	m/s^2
Área					
mil circular	cmil	0,0005067	0,0005	milímetro quadrado	mm^2
pés quadrados	ft^2	0,09290304*	0,0929	metro quadrado	m^2
polegadas quadradas	in.^{2}	645,16*	645	milímetro quadrado	mm^2
Densidade (massa)					
slug por pé cúbico	slug/ft^3	515,379	515	quilograma por metro cúbico	kg/m^3
Densidade (peso)					
libra por pé cúbico	lb/ft^3	157,087	157	newton por metro cúbico	N/m^3
libra por polegada cúbica	lb/in.^{3}	271,447	271	quilonewton por metro cúbico	kN/m^3
Energia: trabalho					
pé-libra	ft-lb	1,35582	1,36	joule (N·m)	J
polegada-libra	in.-lb	0,112985	0,113	joule	J
quilowatt-hora	kWh	3,6*	3,6	megajoule	MJ
unidade térmica britânica	Btu	1055,06	1055	joule	J
Força					
libra	lb	4,44822	4,45	newton (kg·m/s^2)	N
kip (1000 libras)	k	4,44822	4,45	quilonewton	kN
Força por unidade de comprimento					
libra por pé	lb/ft	14,5939	14,6	newton por metro	N/m
libra por polegada	lb/in.	175,127	175	newton por metro	N/m
kip por pé	k/ft	14,5939	14,6	quilonewton por metro	kN/m
kip por polegada	k/in.	175,127	175	quilonewton por metro	kN/m
Comprimento					
pé	ft	0,3048*	0,305	metro	m
polegada	in.	25,4*	25,4	milímetro	mm
milha	mi	1,609344*	1,61	quilometro	km
Massa					
slug	lb-s^2/ft	14,5939	14,6	quilograma	kg
Momento de uma força: torque					
libra-pé	lb-ft	1,35582	1,36	newton metro	N·m
libra-polegada	lb-in.	0,112985	0,113	newton metro	N·m
kip-pé	k-ft	1,35582	1,36	quilonewton metro	kN·m
kip-polegada	k-in.	0,112985	0,113	quilonewton metro	kN·m
Momento de inércia (área)					
polegada à quarta potência	in.^{4}	416.231	416.000	milímetro à quarta potência	mm^4
polegada à quarta potência	in.^{4}	0,416231 × 10^{-6}	0,416 × 10^{-6}	metro à quarta potência	m^4
Momento de inércia (massa)					
slug pé quadrado	slug-ft^2	1,35582	1,36	quilograma metro quadrado	kg·m^2
Potência					
pé-libra por segundo	ft-lb/s	1,35582	1,36	watt (J/s ou N·m/s)	W
pé-libra por minuto	ft-lb/min	0,0225970	0,0226	watt	W
potência (550 ft-lb/s)	hp	745,701	746	watt	W
Pressão; estresse					
libra por pé quadrado	psf	47,8803	47,9	pascal (N/m^2)	Pa
libra por pé quadrado	psi	6894,76	6890	pascal	Pa
kit por pé quadrado	ksf	47,8803	47,9	quilopascal	kPa
kit por polegada quadrada	ksi	6,89476	6,89	megapascal	MPa

Unidade tradicional de medida dos Estados Unidos		Multiplicado pelo fator de conversão		Equivale à unidade do SI	
		Preciso	Prático		
Módulo de seção					
polegadas cúbica	in.^{3}	16.387,1	16.400	milímetro cúbico	mm^3
polegadas cúbica	in.^{3}	16,3871 x 10^{-6}	16,4 x 10^{-6}	metro cúbico	m^3
Velocidade (linear)					
pé por segundo	ft/s	0,3048*	0,305	metro por segundo	m/s
polegada por segundo	in./s	0,0254*	0,0254	metro por segundo	m/s
milha por hora	mph	0,44704*	0,447	metro por segundo	m/s
milha por hora	mph	1,609344*	1,61	quilometro por hora	km/h
Volume					
pé cúbico	ft^3	0,0283168	0,0283	metro cúbico	m^3
polegada cúbica	in.^{3}	16,3871 x 10^{-6}	16,4 x 10^{-6}	metro cúbico	m^3
polegada cúbica	in.^{3}	16,3871	16,4	centímetro cúbico (cc)	cm^3
galão (231 in.3)	gal.	3,78541	3,79	litro	L
galão (231 in.3)	gal.	0,00378541	0,00379	metro cúbico	m^3

*Um asterisco indica um fator de conversão exata
Observação: para converter de unidades do SI para as unidades USCS, dividir pelo fator de conversão

Propriedades físicas selecionadas

Propriedade	SI	USCS
Água (fresca)		
densidade de peso	9,81 kN/m^3	62,4 lb/ft^3
densidade de massa	1000 kg/m^3	1,94 slugs/ft^3
Água do mar		
densidade de peso	10,0 kN/m^3	63,8 lb/ft^3
densidade de massa	1020 kg/m^3	1,98 slugs/ft^3
Alumínio (ligas estruturais)		
densidade de peso	28 kN/m^3	175 lb/ft^3
densidade de massa	2800 kg/m^3	5,4 slugs/ft^3
Aço		
densidade de peso	77,0 kN/m^3	490 lb/ft^3
densidade de massa	7850 kg/m^3	15,2 slugs/ft^3
Concreto armado		
densidade de peso	24 kN/m^3	150 lb/ft^3
densidade de massa	2400 kg/m^3	4,7 slugs/ft^3
Pressão atmosférica (nível do mar)		
Valor recomendado	101 kPa	14,7 psi
Valor padrão internacional	101,325 kPa	14,6959 psi
Aceleração da gravidade (nível do mar, aprox. 45° latitudinal)		
Valor recomendado	9,81 m/s^2	32,2 ft/s^2
Valor padrão internacional	9,80665 m/s^2	32,1740 ft/s^2

Prefixos do SI

Prefixo	Símbolo	Fator de multiplicação	
tera	T	10^{12} =	1.000.000.000.000
giga	G	10^9 =	1.000.000.000
mega	M	10^6 =	1.000.000
quilo	k	10^3 =	1.000
hecto	h	10^2 =	100
deca	da	10^1 =	10
deci	d	10^{-1} =	0,1
centi	c	10^{-2} =	0,01
mili	m	10^{-3} =	0,001
micro	μ	10^{-6} =	0,000001
nano	n	10^{-9} =	0,000000001
pico	p	10^{-12} =	0,000000000001

Observação: o uso dos prefixos hecto, deca, deci e centi não é recomendado no SI.

Índice remissivo

A

AASHTO, *veja* American Association of State Highway and Transportation Officials (AASHTO)
AATC, *veja* controle avançado de tráfego (ATC)
acidentes, definição, 466
ações do governo, planejamento de transporte multimodal, 223
acostamentos, 267-268, 278
    padrões de projeto geométrico, 267-268, 278
    pistas de pouso e decolagem, 278
    pistas de rolamento, 278
    rodovias, 267-268
acuidade, percepção visual humana, 77
Advise Customs Service (ADCUS), 119
aeronaves, 198-199, 199
    capacidade da pista de pouso e decolagem, 199
    composição da frota de, 199
    movimento de, 199-200
    requisitos de separação impostos pelo controle de tráfego aéreo, 198-199
aeroportos, 118-119, 232, 274. *Veja também* pistas de pouso e decolagem; pistas de taxiamento/rolamento
    Advise Customs Service (ADCUS), 119
    aviação geral, 118
    características dos, 118-119
    classificação da FAA, 118-119
    com direitos de aterrissagem (LRAs – Landing Rights), 119
    com taxa de utilização, 119
    de apoio, 118
    designados pela ICAO, 118-119
    internacionais de entrada designados (AOE – Designated International Airport of Entry), 119
    internacionais, 118-119
    International Civil Aviation Organization (ICAO), 118-119
    pistas de pouso e decolagem, 119
    pistas de taxiamento, 119
    planejamento de transporte, 232
    público básico de aviação geral (BU), 118
    público geral da aviação geral (GU), 118
    serviço comercial, 118
    transporte de aviação geral, 118
    visibilidade da torre de controle de tráfego, 274
agregados, 381-383
AID, *veja* detecção automática de incidentes (AID – Automatic Incidence Detection)
Airport Pavement Design and Evaluation, 353
algoritmo da Califórnia, detecção automática de incidentes (AID – Automatic Incident Detection), 524-526
algoritmos baseados na teoria da catástrofe, detecção automática de incidentes (AID), 526
algoritmos com base em inteligência artificial, detecção automática de incidentes (AID), 526-527
algoritmos de base estatística, detecção automática de incidentes (AID – Automatic Incidence Detection), 526
alinhamento horizontal, 300-328. *Veja também* curvas
    curvas, tipos de, 300-306
    esquema das curvas, 319-328
    método das deflexões, 319-321
    projeto de, de ferrovias, 312-328
    projeto de, em rodovias, 306-312
alinhamento vertical, 286-292. *Veja também* curvas
    esquema das curvas, 296-298
    projeto de pista de pouso e decolagem, 292-293, 296-298
    projeto de via ferroviária, 284, 298-300
    projeto rodoviário, 286-292, 295-298
    projeto, 285-292
    rampas para, 286, 292, 293
alocação da tripulação, 23
alocação de tráfego dinâmico, 543-544

American Association of State Highway and Transportation Officials (AASHTO), 80, 81-82, 253-254, 363-367, 408-420, 491-497
  A policy on geometric design of highways and streets, 253-254
  áreas de trechos em obras, 495
  classificação dos veículos automotores, 82-83
  componente estrutural de das vias de transporte, 363-367, 388-400, 408-420
  Guide for the design of pavement structures, 408, 409
  implementação das recomendações, 495-497
  método de projeto de pavimento flexível, 389-400
  método de projeto de pavimento rígido, 408-420
  National Cooperative Highway Research Program (NCHRP), 495
  passagens em nível, 493-494
  projeto de pavimentos, método do, 389-400, 408-420
  segurança das motocicletas, 493
  segurança dos caminhões, 493
  segurança dos veículos de passageiros, 493
  segurança, abordagem abrangente para a, 491-497
  sistema de classificação de rodovias e de vias urbanas, 253-254
  sistema de classificação do solo, 363-367
  tempo de percepção e reação, 80
  Transportation Research Board (TRB), 495
American Railway Engineering and Maintenance-of-Way Association (AREMA), 282, 349, 444-457
American Railway Engineering Association (AREA), 96
amostras de solo, 363-369, 369-376
  limite de liquidez (LL), 364
  pavimentos, propriedades para, 369-376
  seleção do componente estrutural das, 363-369
  sistema de classificação da AASHTO, 363-367
sistema unificado de classificação dos solos (SUCS), 363, 367-369, 371
análise de capacidade da rodovia, 132-134, 134, 134-149
  aplicações da, 141-143
  capacidade de uma determinada faixa, 138
  conceitos de faixa crítica, 139-140
  fator de pico horário (FPH), 133-134
  interseções semaforizadas, 134-149
  método HCM, 149
  modelo de espera de Webster, 144-149
  princípios de programação semafórica, 136-138
  relação entre volume e capacidade (v/c), 134
  semáforos, 134-138
  taxas de fluxo, 132-134
  tempo disponível, 139
  tempo em verde efetivo, 137
  volume, por hora, por sub-hora, 132-134
análise de regressão linear, 34-42
  entre duas variáveis, 33-36
  índice de condição do pavimento (PCI – Pavement Condition Index), 3
  Microsoft Excel, utilização do, 34-35, 36-39
  múltipla, 36-39
  variáveis transformadas, 40-42
análise dos dados de colisão, 471-487
  coleta de dados, 471-487
  índices de, 474-475
  método de Bayes, 487
  método empírico, 487
  tabelas de contingência, 483-484
  técnicas não paramétricas, 485
  teste de hipóteses, 476, 477
  teste de proporcionalidade, 476, 481-482
  teste de qui-quadrado, 476, 482-484
  teste de soma das classes de Wilcoxon, 476, 485-487
  teste t, 476, 479-480
ângulo da via férrea, 117
ângulo de rolagem, ferrovias, 117
ângulo do vagão, 117

APTS, *veja* sistemas de transporte público avançados (APTS – Advanced Public Transportation System)
área livre de objetos (OFA – Object Free Area), padrões de projeto de pista de rolamento e da pista de pouso e decolagem, 275
áreas de canteiros, segurança das, 494-495
áreas de embarque/desembarque, 150-151, 154-155, 157, 170-172
  capacidade de transporte, 150-151
  ônibus, 154-155
  ponto de parada crítico, 154-155
  sistemas ferroviários em nível separado, 170-172
  tempo de liberação, 150-151
  tempo de parada, 150
automóveis, 15, 81-82, 90-92, 93-94, 95-96, 98-99, 100-102
  características dinâmicas dos, 90-92, 93-94, 95-96, 100-102
  características estáticas dos, 81-82
  classificação da AASHTO, 81-82
  distância de frenagem, 100-102
  distância de parada, 102
  invenção dos, 15
  requisitos de potência, 98-99
  resistência de curva, 95-96
  resistência de rolamento, 93-94
  resistência do ar, 91-92
avaliação das alternativas de transporte, 244-248
  abordagem de ponto de partida, 244
  custo benefício, 247
  indicadores de eficácia, 244-245
  multicritério, 247
  partes interessadas, 244
  pontuação e classificação, 247
  valor do dinheiro no tempo, 245
  valor presente, 245
avaliação econômica, planejamento de transporte, 245
aviões/aeronaves, 75-76, 82-88, 333-340
  características estáticas das, 82-88
  classificação de aeronavegabilidade, 82-88
  classificação de, FAA, 87-88
  curvas de desempenho, FAA, 335-337

Índice remissivo

da aviação geral, 82
de transporte, 85
determinação do comprimento da pista de pouso e decolagem com base no agrupamento de, 333-335
determinação do comprimento da pista de pouso e decolagem com base em aeronaves específicas 335-337
Federal Aviation Administration (FAA), 82-88
tipos de, 75-76

B

barcos, *veja* embarcações marítimas
barreiras à beira de estradas, padrões de projeto geométrico, 269
Best Friend of Charleston, 11
bicicletas, 184-186, 189-195
    análise de capacidade das, 189-195
    capacidade de transporte, 189-195
    ciclofaixas, 194-197
    ciclovias fora da via, 190-192
    conceitos de NS, 184-186, 189-190, 190-191, 192-193, 193-194, 194-195
    estruturas, compartilhadas entre pedestres e bicicletas, 184-186, 192-193
    fluxo de tráfego, 189
    interseção semaforizada, 193-194
    vias compartilhadas, 191-193
bondes, 12-14, 163-168
    história dos, 12-14
    procedimento de análise de capacidade, 163-168

C

calçadas, 183-184, 269-270
    cálculo do NS de, 183-184
    capacidade de pedestres, 183-184
    padrões de projeto geométrico, 269-270
California Bearing Ratio (CBR), 369-371, 374, 401
camada de sublastro, 350
camels of the prairies (camelos das pradarias), 9
canais, história dos, 10
canteiros, padrões de projeto geométrico, 268-269
    capacidade de transporte, 151
capacidade em termos de pessoas, 149-150, 175-176
    cálculo da, 175-176
    capacidade veicular, 150
    definição, 149-150
    demanda de passageiros, 149-150
    infraestruturas de transporte e, 175-176
    política do operador, 149
capacidade veicular, 149-151, 172-175
    capacidade de transporte, 149-151
    sistemas sobre trilhos em nível separado, 170-173
    transporte sobre trilhos em via singela, 166
capacidade, 125-213
    análise e, 125-213
    áreas de embarque/desembarque, 150-151, 154-155, 157, 170-172
    bicicletas, 189-195
    conceito de, 125-126
    das rodovias, 127-149
    de pessoas, 149, 175-176
    definição, 126
    estações, 151
    faixas de ônibus, 151, 157-163
    fator de pico horário (FPH), 133-134
    fluxo de tráfego, 127-128, 128-129, 129-131, 132
    Highway Capacity Manual (HCM), 125-126
    infraestrutura para pedestres, 179-189
    interseção, de uma determinada faixa em, 138
    introdução à, 125
    nível de serviço (NS), 126-127
    ônibus, 150-151, 152-163
    pistas de pouso e decolagem de um aeroporto, 196-204
    qualidade de serviço, 151-152, 176-179
    relação entre volume e capacidade (v/c), 134
    segmentos ferroviários, 151
    taxa de fluxo de serviço, 127
    terminais, 151
    transporte e, 125-213
    transporte ferroviário, 151, 163-168
    transporte público, 149-179
    veicular, 149-151, 166, 172-175
    volume de passageiros, 157, 177
características dinâmicas dos veículos, 90-104
características do veículo, 81-104
    automóveis, 91-92, 93-94, 98, 104-106
    aviões, 85-88
    características dinâmicas, 90-104
    distância de frenagem, 99-103
    embarcações marítimas, 90-91
    estáticas, 81-90
    importância das, 81
    requisitos de potência, 97-99
    resistência ao movimento, 98
    resistência de curva, 95-96
    resistência de rampa, 93
    resistência de rolamento, 93-95
    resistência do ar, 90-93
    trens, 88-90, 92-93, 94-95, 96, 102-104
características estáticas dos veículos automotores, 81-90
características humanas, 77-81
    acuidade visual, 77-80
    comportamento do passageiro, 80-81
    ergonomia, 76-77
    importância das, 76-77
    Manual sobre dispositivos de controle de tráfego uniformes (MUTCD – Manual on Uniform Traffic Control Devices), 80
    ofuscamento e recuperação da visão, 78-79
    percepção auditiva, 80
    percepção de profundidade, 80
    percepção visual, 77-80
    processo de resposta, 77-80
    tempo de percepção e reação, 80
    terminais de transporte, nas, 80-81
    velocidades de caminhada, 80
    visão de cores, 78
    visão periférica, 78
carga por eixo, 354-359
    equivalente, 359
    simples equivalente, 354-359
cargas das rodas do trem, 362-363
carregamento, 353-363
    características de tráfego, 354-359
    carga por eixo simples equivalente (ESAL – Equivalent Single-Axle Load), 354-359
    cargas das roda, locomotivas, 362-363

Número Estrutural de Pavimento (SN), 354
peso bruto de projeto, 359-360
projeto de pavimento rodoviário, 354-359
projeto para o pavimentos de aeroportos, 359-362
ciclofaixas, capacidade e NS de, 194-195
ciclos, semáforos, 135, 143-144
cimento
  asfáltico, 379-383
  Portland, 383-386
Civil Aviation Board (CAB), 216-217
Clermont, 10
Código de referência do aeroporto (ARC – Airport Reference Code), 88, 256-257, 272, 332
  componentes de vento cruzado, 332
  dados para localização e orientação da pista de pouso e decolagem, 272-277
  sistema de codificação para aeroportos, 88
coeficiente da camada, projeto de pavimentação flexível, 390, 391
coeficiente de variação, 150
coleta, definição, 218
colisões, 466-470
  causas de, 466-467
  definição, 466
  principais fatores de, 467-470
componentes da sub-base, 350, 374-379
  componentes de projeto estrutural, 349-352
  materiais, 374-379
  pavimentos de aeroporto, 377-379
  pavimentos rodoviários, 374-377
componentes do subleito, 350, 363-374
  materiais, 363-374
  pavimentos de aeroportos, 371-374
  pavimentos flexíveis, 369, 371-374
  pavimentos rígidos, 371, 374
  pavimentos rodoviários, 369-371
  plataforma preparada como um, 350
  projeto estrutural, 350, 363-374
  propriedades de engenharia, 363-374
  sistema AASHTO de classificação do solo, 363-367
  Sistema Unificado de Classificação dos Solos (SUCS), 363, 367-369

solo, 363-374
vias férreas, 374
componentes estruturais das vias de transporte, 349-352. *Veja também* pavimentos
componentes estruturais, 349-352, 363-388, 388-456
  camada de sub-base, 350, 352, 377-379
  camada de sublastro, 350
  das vias de transporte, 349-352, 363-388
  dormentes, 352, 386
  lastro, 350-352, 379
  leito da estrada (plataforma), 350-352
  materiais de base, 350, 377-379
  materiais para, 363-388
  revestimento, 352, 379-386
  seção transversal dos, 351
  seleção de materiais para, 363-388
  subestrutura ferroviária, 350
  subleito, 350, 363-374
  superestrutura das vias férreas, 350, 386-388
  tamanho mínimo e/ou espessura dos, 388-456
  trilhos, 352, 387-388
comportamento do passageiro, terminais de transporte, 80-81
comprimento mínimo da tangente, padrões de projeto de via ferroviária, 284-285
conceitos de taxa crítica, 139-140
concreto, 408, 430-443
  armado, 430-443
  armado com juntas, 408, 427-434, 443
  com armadura, 408, 427-434
  pavimentos de pista de pouso e decolagem, 439-443
  pavimentos de, continuamente armado (CRCP – Continuous Reinforced Concrete Pavement), 408, 434-443
  pavimentos rodoviários, 434-440
  simples com juntas, 408
  tela de arame deformado (DWF), 430-432
  tela de arame soldado (WWF), 430-432
condições meteorológicas, capacidade da pista de pouso e decolagem de aeroporto, 199

confiabilidade do trecho de linha, 177-179
considerações de ruídos, capacidade da pista de pouso e decolagem de aeroporto, 200
construção, oportunidades de carreira em transportes, 7-8
conteinerização, definição, 12
controle avançado de tráfego (ATC), 511, 547-559
  benefícios ambientais, 559
  benefícios dos sistemas de, 558-559
  benefícios na segurança, 559
  coordenação semafórica, 548-549
  diagrama espaço-tempo, 549-554
  introdução ao, 547
  precedência e prioridade, 557-558
  redução do tempo de viagem, 555
  semáforos atuados, 547-548
  sistemas de controle de tráfego adaptativos, 555-557
  Sydney Co-ordinated Adaptive Traffic System (SCATS), 556-557
  SYNCHRO, 555
  técnica de otimização da fração, ciclo de defasagem (SCOOT – Split, Cycle, Offset Optimization Technique), 556
  tempo de passagem, 548
  tempo de verde, 548
  Traffic Network Study Tool (TRANSYT), 555
controle da demanda-capacidade, acesso atuado pelo tráfego, 533-534
controle de acesso, 529-542
  análise de fila, 540-542
  atuado pelo tráfego, 531, 537-539
  benefícios do, 530
  classificação das estratégias, 530-531
  controle da demanda-capacidade, 533-534
  controle de ocupação de laço aberto, 534-536
  controle de ocupação em laço fechado, 536
  controle de ocupação, 534-537
  de entrada única, 532
  de pelotão de veículos, 532, 533
  detectores da via principal, 540
  detectores de entrada, 539
  detectores de entrelaçamento, 540

Índice remissivo

detectores de fila, 540
detectores de saída, 540
entrada única, 532
esquema de um sistema, 539-540
estratégias para as taxas de, 531-539
facilitador local, 531, 537-539
filosofia do, em rampas, 530
introdução ao, 529
local, 531, 533-537
não restritivo, 530
pré-programado, 531-532
requisitos de retenção da rampa, 540
restritivo, 530
sistemas de FIMS, 529-542
controle de ocupação, 534, 536
    acesso atuado, 533-536, 536-538
    laço aberto, 534-536
    laço fechado, 536-537
controle de tráfego aéreo, 196, 198-199, 200
    condição e desempenho do sistema de, 200
    função do, 196
    requisitos de separação de aeronaves, 198-199
controle de tráfego, *veja* semáforos
controle positivo de trem (PTC – Positive Train Control), 490, 563
cruzamentos semaforizados, infraestruturas viárias de pedestres e NS em, 187-188
curvas, 108-112, 117, 284-285, 286-292, 292, 293-299, 300-328, 496
    A Guide for Reducing Collisions on Highway Curves, 496-497
    circulares, raio mínimo de, 108-112
    compostas, 303, 309, 315, 323
    comprimento mínimo da tangente, 284-285
    distância de visibilidade mínima na, 306-308
    espirais, 305-306, 310-312, 315-319, 323-328
    horizontais simples, 300-302, 306-309, 312-315, 319-323
    horizontais, 117, 284-285, 300-328
    horizontais, características da via férrea em, 117
    horizontais, esquema de, 319-328
    horizontais, via férrea em, 117
    método das deflexões, 319-321, 323-326
    projeto de ferrovias, 284-285, 293-299, 312-328
    projeto de, de rodovias, 286-292, 296-299, 306-312, 319-328
    projeto de, para pista de pouso e decolagem, 292, 296-299
    rampas para, 286, 292, 293
    redução de colisões em, 496-497
    reversas, 304, 309-310, 323
    taxa máxima de superelevação, 306
    transição, 305-306
    verticais, 286-292, 292, 293-299
    verticais, esquema de, 296-299
curvas compostas, 303, 309, 315, 323
    de rodovias, 309, 323
    esquema das, 323
    ferroviárias, 315
    projeto geométrico, 303
curvas de transição, *veja* curvas espirais
curvas espirais, 305-306, 310-312, 315-319, 323-328
    esquema das, 323-328
    método das deflexões, 323-326
    projeto de rodovia, 310-312, 323-328
    projeto de via ferroviária, 315-319, 323-328
    projeto geométrico, 305-306
curvas horizontais simples, 300-302, 306-309, 312-315, 319-323
    esquema de, 319-323
    método das deflexões, 319-321
    projeto de rodovias, 306-309, 319-323
    projeto de via ferroviária, 312-315
    projeto geométrico, 300-302
curvas reversas, 304, 309, 323
    esquema das, 323
    projeto de rodovias, 309, 323
    projeto geométrico, 304, 323
custo benefício, avaliação do transporte, 247

D

declividades transversais das pistas de pouso e decolagem e de rolamento, 279-281
declividades transversais, padrões de projeto geométrico, 270
defensas metálicas, projeto geométrico, 269
definição, 22
demanda, 222-225, 226, 227, 228, 235-243
    capacidade e previsão, comparação de, 227
    estimativa de viagem futura, 235-243
    planejamento das modalidades de transporte, 222-225
    previsões de, de viagens, 226
densidade, parâmetros de fluxo de tráfego, 129
Department of Transportation – DOT (Departamento de Transportes) dos Estados Unidos, 217
desempenho do pavimento, 390-396, 408-418
    coeficiente da camada, 390, 391
    efeito de drenagem, 394-396, 413
    fator da perda de suporte (LS), 413
    fatores ambientais (sazonais), 390, 392, 408, 411
    índice de serventia, 408-409
    módulo de elasticidade, 409, 411-413
    módulo de resiliência efetiva, 393
    módulo efetivo, 414-416
    projeto de pavimentos flexíveis, 389-396
    projeto de pavimentos rígidos, 408-416
desvio padrão, variáveis aleatórias e, 45
detecção automática de incidentes (AID – Automatic Incident Detection), 520-527
    algoritmo da Califórnia, 524-526
    algoritmo de reconhecimento de padrões, 523-526
    algoritmo do tipo comparativo, 523-526
    algoritmos baseados na teoria da catástrofe, 526
    algoritmos com base em inteligência artificial, 526-527
    algoritmos de base estatística, 526
    algoritmos, 521-526
    gerenciamento de incidentes por um FIMS, 519-526
    índice de alarme falso (FAR – False Alarm Rate), 521

índice de desempenho (ID), 522
índice de detecção (DR – Detection Rate), 520
tempo de detecção (TTD – Time To Detect), 521
tipos de, 523-527
diagramas de espaço-tempo, 24-29, 549-554
    aplicações dos, 25
    conceito de largura de banda, 551-554
    controle avançado de tráfego (ATC), 549-554
    coordenação semafórica, 549-554
    defasagens ideais, 550-551
    movimento de um veículo utilizando os, 25
    movimento, 25
    uso de, 24-25
disseminação da informação, sistemas de FIMS, 542
distância, 99-104, 104-108, 109, 112-117
    frenagem, 99-104
    parada, 102, 104
    visibilidade, 104-108, 109, 112-117
distância de frenagem, 99-104
    distância de parada, 102, 104
    forças da, 99
    fórmulas Minden, 103
    freios a disco, 103
    freios de sapatas, 103
    trens, 102-104
    veículos automotores, 100-102
distância de parada, 102, 104-105
    automóveis, 102
    trens, 104
distância de visibilidade, 104-108, 109, 112-117, 306-308
    curvas, 306-308
    de decisão, 106
    de parada (DVP), 104-105, 306-308
    de ultrapassagem, 106-108, 107
    ferrovias, 112-117
    mínima, 104, 106, 107
    requisitos em interseções de controle passivo, 112-117
    rodovias, 104-108
distância de visibilidade de parada (DVP), 104-105, 306-308, 488-489
    características de rodovias, 104-105
    conscientização da segurança, 488-489
    mínima na curva, 306-308
    projeto de rodovia, 306-308
distância de visibilidade de ultrapassagem, 106-108, 109
distribuição de viagem, processo de quatro etapas, 237, 238-240
distribuição, 47-54, 55
    binomial, 47-48
    contínua, 51-52
    de Poisson, 49-51
    de probabilidade geral (G), 55
    exponencial negativa (M), 55
    fator da modalidade de transporte, 218
    função de distribuição acumulada, 45
    geométrica, 48
    normal, 52-54
    probabilidade discreta, 47-54
    probabilidade geral (G), 55
    teoria de filas, 55
    uniforme (D), 55
distribuições contínuas, 51-52
distribuições de probabilidade discreta, 47-54
    distribuição binomial, 47-48
    distribuição de Poisson, 49-50
    distribuição geométrica, 48
    distribuições contínuas, 51-52
    distribuições normais, 52-54
    Microsoft Excel, cálculos com o uso do, 48, 50, 52-53
distribuições normais, 52-54
distrito comercial central, 153
dormentes, 352, 386-387
    componentes estruturais, 352
    materiais para, 386-387
    vias ferroviárias, 352, 386-387
DOT, *veja* Department of Transportation – DOT (Departamento de Transportes) dos Estados Unidos

E

efeito de drenagem, projeto de pavimentação, 394-396, 413
elementos da seção transversal, padrões de projeto geométrico, 266-270
embarcações marítimas, 90-92, 490
    características estáticas das, 90-92
    passageiros, 90-92
    segurança de barcos de passeio, 490
emulsão asfáltica, 380
engenharia de transporte, oportunidades de carreira em, 6-7
entradas de pista, 260
entrega, definição, 218
equação de Boussinesq, 445-446
equação de Talbot, 445-447
equipamento, definição, 22
ergonomia, *veja* Características humanas
escolha da rota/itinerário, processo de quatro etapas, 237, 240-243
espaçamento, parâmetro do fluxo de tráfego, 129
espera (atraso), 144-149
    agregada, 145
    definição, 144
    duração de ciclo ótima, 147-149
    média, 145-146
    modelo de, de Webster, 144-149
estação mais carregada, sistemas ferroviários em nível separado, 170-171
estações, capacidade de transporte, 151
estradas e ruas coletoras, 255, 256
estradas urbanas, 253-255
    estradas coletoras, 256
    estradas locais, 256
    vias arteriais secundárias, 255
    vias arteriaisl principais, 255
estradas/vias rurais, 256
    arteriais principais, 255
    arteriais secundárias, 255
    coletoras principais, 256
    coletoras secundárias, 256
    locais, 256
estradas/vias, 9, 11, 16-17, 253-256. *Veja também* rodovia(s)
    arteriais principais, 255
    arteriais secundárias, 255
    camels of the prairies (camelos das pradarias), 9
    classificação das, 253-256
    coletoras, 256
    história das, 11, 16-17
    locais, 256
    primeiras, 11
    rurais, 256
    sistema de classificação da AASHTO, 253-254
    sistema interestadual, 16-17
    U.S. Office of Road Inquiry, 16
    urbanas, 255

estudos abrangentes de transporte de longo prazo, 227
estudos de corredores, planejamento de transporte, 227-228
estudos do centro de atividade principal, planejamento de transporte, 228
estudos sobre os investimentos principais, planejamento de transporte, 227

F

FAA, *veja* Federal Aviation Administration (FAA)
facilitador de acesso global do sistema, 530, 535-539
faixas de tráfego, padrões de projeto geométrico, 266
fase, semáforos, 135
fator de perda de suporte (LS), projeto de pavimentação rígida, 413
fator pico horário (FPH), 133-134
fatores ambientais, 4, 227, 390-392, 409, 412, 559
    benefícios dos sistemas de controle de tráfego avançados (ATC – Advanced Arterial Traffic Control), 558-559
    impactos dos, no transporte, 4
    projeto de pavimentação flexível, 390-392
    projeto de pavimentação rígida, 409, 412
    relatório de impacto, planejamento de transporte, 227
Federal Aviation Administration (FAA), 82, 118-119
    aeroportos internacionais, classificação da, 118-119
    Airport Pavement Design and Evaluation, 353
    aviões, classificação de, 87
    categoria de aproximação da aeronave, 88
    classificação de aeronavegabilidade, 82
    código de referência do aeroporto (ARC – Airport Reference Code), 88
    curvas de desempenho da aeronave, 335-340
    grupo de aeronaves, e projeto, 87
    métodos de projeto de pavimentação de pista de pouso e decolagem, 401-408

planejamento de transporte aéreo, 217
Plano Nacional de Sistemas Aeroportuários Integrados (NPIAS – National Plan of Integrated Airport Systems), 217
projeto de pavimentos rígidos, método da, 420-443
projeto de um pavimento flexível, método de, 401-408
Federal Railroad Administration, 115, 262, 490, 504, 505
    desenvolvimento de, 115
    programas de segurança, 504
    Railroad Safety Advisory Committee, 504
    relatório anual de estatísticas de segurança ferroviária, 472-473
ferrovias, 10-12, 112-117, 216-217, 232, 472, 490, 493-494, 503-505, 563. *Veja também* trens
    ângulo de rolagem, 117
    características das, 112-117
    conteinerização, 12
    controle positivo de trem (PTC – Positive Train Control), 490, 563
    cruzamentos em nível inteligentes, 115
    cruzamentos ferroviários em nível, 493-494
    cruzamentos rodo-ferroviários inteligentes, 563
    distância de visibilidade mínima, 112-117
    Federal Railroad Administration (Administração Federal de Rodovias), 115, 472-473, 490, 504
    história das, 10-12
    Interstate Commerce Commission (ICC), 12, 216
    locomotiva, 11
    planejamento de transporte, 216-217
    Railroad Safety Advisory Committee (RSAC), 504
    relatório anual de estatísticas de segurança ferroviária, 472-473
    segurança das, 490
    segurança do transporte comercial, 503-505
    superelevação, 117
    tecnologia da informação (TI), 563

trens de passageiros de alta velocidade, 12
velocidade de equilíbrio, 117
via férrea em curvas horizontais, 117
fila, 30-31, 54-58, 540, 540-542
    análise de, dos controladores de acesso, 540-542
    definição, 30-31
    detectores, 540
    formação de, 54
    primeiro que entra, primeiro que sai (PEPS), 55
    requisitos de retenção da rampa, 540
    sistemas, exemplos de, 54
    tipos de, 55
    último que entra, primeiro que sai (UEPS), 55
filas do primeiro que entra, primeiro que sai (PEPS), 55
filas do último que entra, primeiro que sai (UEPS), 55
FIMS, *veja* Sistemas de gerenciamento de incidentes e de via expressa (FIMS – Freeway and Incident Management Systems)
fluxo de tráfego, 127-128, 128-129, 129-131, 132, 132-134, 136, 179-181
    bicicletas, 189
    definição, 128, 179-180
    densidade, 129, 179
    espaçamento, 129, 179
    fator de pico horário, 133
    fluxo-densidade de pedestres, 179
    ininterruptas, 127-128
    interrompido, 128
    intervalo entre veículos, 129
    modelos, 132
    parâmetros macroscópicos, 128, 129-131
    parâmetros microscópicos, 128
    parâmetros, 128-129
    pedestre, 179-181
    relação entre fluxo-velocidade-densidade, 179-181
    rodovias (rodoviário), 127-134
    taxa de fluxo de saturação, 136
    taxa de fluxo de serviço, 127
    taxas de, 132-134
    velocidade, 128, 179
fluxo interrompido, análise, 127-128
fluxo, *veja* fluxo de tráfego

forças de mercado, planejamento de transporte multimodal, 223
fórmula de Love, 445-446
fórmulas Minden, 103
freio(s)
a ar, 103
eletrodinâmico, 103
eletromagnético, 103
a disco, trens, 103
de sapatas, trens, 103
frequência, capacidade de transporte e, 176-177
função
distribuição acumulada, 45
massa de probabilidade, 45
objetivo, técnicas de otimização, 59

G
geração de viagem, processo de quatro etapas, 238-240
gerenciamento de faixa, sistemas FIMS, 546
gerenciamento de incidentes, 519-529
algoritmo de base estatística, 526
algoritmos baseados na teoria da catástrofe, 526
detecção automática de incidentes (AID – Automatic Incident Detection), 520-527
detecção e verificação, 520
estimativa dos benefícios de, 527-529
índice de alarme falso (FAR – False Alarm Rate), 521
índice de detecção (DR – Detection Rate), 520
recuperação, 520
remoção, 520
resposta, 520
sistemas de FIMS, 519-529
tempo de detecção (TTD – Time to Detect), 521
gradiente longitudinal, padrões de projeto de vias férreas, 281-284
guias, padrões de projeto geométrico, 269

H
hidrovias, história das, 10
Highway Advisory Radio (HAR), 542
Highway Capacity Manual (HCM), 125-126, 140, 536
horário de serviço, capacidade de transporte e, 177
horários, definição, 23

I
Índice(s)
de alarme falso (FAR – False Alarm Rate), 521
de Condição do Pavimento (PCI – Pavement Condition Index), 36
de detecção (DR – Detection Rate), 521-522
de falha, 155-156
de serventia, projeto de pavimentação flexível, 390
de congelamento do ar, 371-374
infraestrutura, 6, 8, 217
definição, 22
manutenção, 8
oportunidades de carreira em transportes, 6, 8
setor, 6
infraestruturas voltadas para pedestres, 179-189
análise de capacidade das, 181-189
calçadas, 183-184
capacidade de transporte, 179-189
características do fluxo, 179
compartilhadas entre pedestres--bicicletas, 184-186
conceitos de níveis de serviço, 181, 183-189
fluxo de tráfego, 179-181
interseções semaforizadas, 186-188
passarelas, 181, 183-184
relações fluxo-velocidade-densidade, 179-181
vias urbanas, 188-189
interseções/cruzamentos, 134-149, 186-188, 193-194, 563
análise de, 134-149
capacidade das, semaforizadas, 140
ciclo, 135, 142-144
conceitos de faixa crítica, 139-140
espera, 144-149
estruturas para bicicleta em, 193-194
infraestrutura viária voltada para o pedestre em, 185-187
NS para, 146, 185-187
regras de circulação, 134-135
rodoferroviários inteligentes (HRI), 563
semaforizadas, 134-149, 186-187, 193-194
semáforos, 134-138

Interstate Commerce Commission (ICC – Comissão de Comércio Interestadual), 12, 216
intervalo entre veículos e taxa de fluxo de saturação, 136
intervalo entre veículos, 129, 136, 164-166
análise da capacidade sobre trilhos na via, 163-168
nos trechos da via, 164-165
parâmetros de fluxo de tráfego, 129
saturação, 136
trecho com sinalização por bloco, 165
intervalos, semáforos, 135, 136

J
juntas, 427-431
articulação, 428
contração, 428
de construção, 428
de pavimento rígido, 428-430
espaçamento de, 428-430
expansão, 427
tipos de, 427-430
juntas de articulação, projeto de pavimentação rígida, 428
juntas de construção, projeto de pavimentos rígidos, 428
juntas de contração, projeto de pavimentos rígidos, 428
juntas de expansão, projeto de pavimentação rígida, 427

L
lei federal de auxílio às estradas, 16
limite de liquidez (LL), amostras de solo, 365-366
linha de visão, pista de pouso e decolagem, 281
localização automatizada de veículos (AVL – Automated Vehicle Location), 559-560
locomotiva, 11
locomotivas
a vapor, 89
diesel-elétricas, 89
elétricas, 89
veja trens
logística empresarial, oportunidades de carreira em, 6
LOS, *veja* nível de serviço (NS)

M
manual sobre dispositivos de controle de tráfego uniformes (MUTCD –

Manual on Uniform Traffic Control Device), 80
materiais de base, 350, 374-379
   componentes estruturais, 349-352
   materiais para, 374-379
   pavimentos de aeroportos, 377-379
   pavimentos de rodovias, 377
materiais do lastro, 351-352, 379
   componentes estruturais, 350
   materiais para, 379
   vias férreas, 379
média, variáveis aleatórias e, 45-47
medidas resumo, 45-47
método da resistência reduzida do subleito, projeto de pavimentação da pista de pouso e decolagem, 374
método de Bayes, análise de colisão, 487
método de penetração completa de geada, projeto de pavimentação da pista de pouso e decolagem, 371
método de penetração limitada de gelo no subleito, projeto de pavimentação da pista de pouso e decolagem, 371-374
método de taxa de crescimento, planejamento de transporte, 235-237
método dos ângulos de deflexão, 319-321, 323-326
   curva espiral, 323-326
   curvas horizontais simples, 319-321
método empírico, análise de colisão, 487
método Simplex, 60
métodos de detecção, 513-519, 520, 520-527
   acesso atuado, 539-540
   detecção automática de incidentes (AID – Automatic Incident Detection), 520-527
   detectores da via principal, 540
   detectores de entrada, 539
   detectores de entrelaçamento, 540
   detectores de fila, 540
   detectores de saída, 540
   gerenciamento de incidentes, 519-527
   índice de detecção (DR – Detection Rate), 521-522
   monitoramento de tráfego, 512-518
   sistemas de gerenciamento de incidentes e de via expressa (FIMS – Freeway and Incident Management Systems), 512-518
   tempo de detecção (TTD – Time To Detect), 521
Microsoft, 34, 36-39, 41, 46, 47, 48, 49, 50, 52-54, 60-63, 65-66
   desvio padrão, cálculo do uso, 46-47
   ferramentas de análise de dados, 35, 36-39
   média, cálculos do uso, 46-47
   modelos de programação linear, 60-63, 65-66
   Solver, 60-63, 65-66
   uso da análise de regressão linear multivariáveis, 36-39
   uso da análise de regressão linear, 34-35, 36-39, 41
   uso da análise de regressão, 36-39
   uso das técnicas de otimização, 60-63, 65-66
   uso de distribuições de probabilidade discreta, 47-48, 49-50
   uso do cálculo de distribuição binomial, 47-48
   uso do cálculo de distribuição normal, 53-54
   uso dos cálculos de distribuição de Poisson, 50
   variância, cálculo do uso, 46-47
modalidade de transporte, 218-225
   fatores na escolha da, 218-225
   modelo logit, 220-221
   opções disponíveis para, 219
modalidade de transporte de passageiro, 218-225
   fatores na escolha da, 218-225
   opções disponíveis para, 218-219
modalidades de viagem, *veja* modalidade de transporte de passageiro
modelo de incerteza, 43
   logit, planejamento de transporte multimodal, 220-221
modelos, 21-73, 132, 144-149, 200-204, 220-222
   capacidade da pista de pouso e decolagem de aeroporto, 200-204
   espera de Webster, 144-149
   fila M/D/1, 56-57
   fila M/M/1, 57-58
   fluxo de tráfego, 132
   função objetivo, 59
   otimização, 58-59
   programação linear, 59-63
   restrições, 58-59, 59-60
   sistemas de transporte, 21-73
   teoria das filas, 55
   variáveis de decisão, 58, 59
modelos de programação linear (LP – Linear Programming), 59-63
   método Simplex, 60
   Solver do Microsoft Excel, uso do, 60-63, 65-66
   técnicas de otimização, uso de, 58-66
modelos matemáticos, planejamento de transporte, 235
módulo de elasticidade, projeto de pavimentos rígidos, 409, 412, 413
módulo de resiliência efetivo, projeto de pavimento flexível, 393-394
módulo efetivo, projeto de pavimentos rígidos, 414-416
monitoramento de tráfego, 512-519
   cálculos de ocupação, 513-514
   celulares, 518
   componentes e tecnologias de sistema, 513-519
   Comunicações Dedicadas de Curto Alcance, 517
   detectores acústicos, 513
   detectores de laço indutivo (DLI), 513
   detectores de radar de micro-ondas, 515
   detectores ultrassônicos, 516
   equipamentos/programas de computador, 519-520
   identificação automatizada de veículos (AVI), 517
   localização automatizada de veículos (AVL), 517
   métodos de detecção, 512-519
   processamento de imagem e vídeo (VIP – Video Image Processing), 516
   sensores ambientais, 518
   sensores infravermelhos, 516
   sistema de comunicação, 519
   sistema de posicionamento global (GPS), 517
   VIP e circuito fechado de TV (CFTV), 517

N

National Climatic Data Center (NCDC), 329
National Cooperative Highway Research Program (NCHRP), 495
National Highway Traffic Safety Administration (NHTSA), 466, 473
　fatos de segurança no trânsito, 473
　melhorias de segurança, 466, 573
National Oceanic and Atmospheric Administration (NOAA), 329
National Transportation Safety Board (NTSB), 466, 472, 472-473, 487
　Banco de dados de acidentes aéreos, 472
　dados de colisão, 472-473
　investigação de colisão, 466
　melhorias de segurança de alta prioridade, 487
navegação aérea, obstrução da pista de pouso e decolagem para, 273
nível de resistência inerente, definição, 95
nível de serviço (NS), 17, 126-127, 146, 181-195
　calçadas, 184
　capacidade e, 125-127
　ciclofaixas, 194-195
　ciclovias fora da via, 190-192
　conceito de, 126-127
　definição, 17
　infraestrutura compartilhada por pedestres e bicicletas, 185-186, 192-193
　infraestruturas para bicicletas, 184-186, 189-195
　infraestruturas voltadas para pedestres, 181-183, 183-184, 184-189
　interseções semaforizadas, 144, 186-188, 193-194
　medidas de desempenho, 126
　passarelas, 183-184
　taxa de fluxo de serviço, 127
　vias urbanas, infraestruturas para pedestres em, 188-189

O

oferta, planejamento de transporte multimodal, 222-225
ofuscamento da visão e recuperação, 78-80
ofuscamento direto, 78-79
ofuscamento especular, 78-79
ônibus, 150-151, 152-163
　análise da capacidade ferroviária na rua, 163-168
　análise da capacidade, 152-163
　áreas de embarque/desembarque, 150-151, 157
　capacidade das faixas, 151, 157-163
　capacidade de transporte, 150-151, 152-163
　capacidade do ponto de parada, 157
　coeficiente de variação, 150, 155
　estações, capacidade de transporte, 151
　faixas com tráfego misto, 160-161
　faixas, capacidade de tráfego das, 151, 157-163
　fator de ajuste, 158-159
　índice de falha, 155-156
　operação com paradas alternadas, 156, 158-159, 162-163
　qualidade do serviço, 151-152
　tempo de liberação, 150-151, 155
　tempo de parada, 150, 152-155
　terminais, capacidade de transporte, 151
　volume de passageiros, 156
operação com paradas alternadas, 151, 156, 158-159, 162-163
　ajuste para a, 158-159
　análise da capacidade do ônibus, 156, 158-159, 162-163
　definição, 151
　impacto da, 162-163
operações de tráfego, 24-32
　diagramas de espaço-tempo, 24-29
　ferramentas de análise, 24-32
operações e gerenciamento, oportunidades de carreira em, 8
oportunidades de carreira, transporte, 6-8
Organização da Aviação Civil Internacional (ICAO – International Civil Aviation Organization), Convenção, 119-120
orientação dinâmica de rota (DRG – Dynamic Route Guidance), 542-546
　alocação dinâmica de tráfego, 543-544
　alocação estática de tráfego, *versus*, 543-544
　desafios da, 544
　execução em tempo real de, 545-546
　formulação matemática de, 544
　sistemas de gerenciamento de incidentes e de via expressa (FIMS – Freeway and Incident Management Systems), 542-546

P

padrões de conexão, 23
padrões de projeto de pistas de rolamento, 272-281
　área de segurança da pista de rolamento, 274
　área livre de objeto, 275
　código de referência do aeroporto (ARC – Airport Reference Code), 272
　comprimentos, 278
　declividades transversais, 279-280
　larguras, 278
　localização e orientação, 272-277
　padrões de projeto para, 272-281
　perigos oriundos da vida selvagem, 277
　topografia, 273-274
　visibilidade da torre de controle de tráfego aeroportuário, 274
painéis de mensagem variável (PMV), 78, 542
parâmetros macroscópicos, fluxo de tráfego, 128, 129-131
parâmetros microscópicos, fluxo de tráfego, 128
passagens, capacidade de pedestres e LOS das, 179-183, 184
pavimento asfáltico de desempenho superior (superpave), 383
pavimentos de concreto continuamente armado (CRCP – Continuous Reinforced Concrete Pavement), 408, 434-443
pavimentos, 354-359, 359-362, 369-376, 377-379, 379-386, 389-400, 400-408, 408-443. *veja também* pavimentos flexíveis; pavimentos rígidos
　agregados, 380-383
　asfáltico de desempenho superior (superpave), 383
　California Bearing Ratio (CBR), 369, 374, 399
　características de tráfego para, 354-359
　carga por eixo equivalente (EAL), 359

Índice remissivo

carga por eixo simples equivalente (ESAL – Equivalent Single Axle-Load), 354-359
carregamento, determinação de, 353-363
cimento asfáltico, 379-383
cimento Portland, 383-386
concreto armado com juntas, 408, 430
concreto continuamente armado (CRCP – Continuous Reinforced Concrete Pavements), 408, 434-443
concreto, 408
desempenho, 390-396, 408-417
emulsão asfáltica, 380
flexíveis, 369, 371-374, 378, 379-383, 389-400, 401-408
Guide for the Design of Pavement Structures, 408, 409
índice de congelamento do ar, 371-374
materiais de base para, 377-379
materiais de revestimento para, 379-386
materiais de sub-base para, 377, 377-379
materiais de subleito para, 369-374
método da AASHTO para o projeto, 389-400, 401-408
método da resistência reduzida do subleito, 374
método de penetração completa de gelo, 371, 372
método de penetração limitada de gelo no subleito, 371-374
método de projeto FAA, 401-408, 420-443
número estrutural (SN), 354, 356
peso bruto de projeto, 359-362
programa de pesquisa estratégico de rodovias (SHRP – Strategic Highway Research Program), 383
projeto estrutural de aeroporto, 359-362, 371-374, 378-379, 379-386, 401-408, 420-443
projeto estrutural de rodovia, 354-359, 369, 377, 379-383, 383-386, 389-400, 408-420
rígidos, 371, 374, 377, 383-386, 408-443
percepção visual, 77-80

acuidade estática, 77-78
acuidade visuais dinâmica, 78
acuidade, 80
auditiva, 80
características da, 76-81
de profundidade, 80
ofuscamento direto, 78
ofuscamento e recuperação, 78-79
ofuscamento especular, 78-79
painéis de mensagem variável (PMVs), 78
visão de cores, 78
visão periférica, 78
perigos da vida selvagem, padrões de dimensão para a pista de pouso e decolagem e pista de rolamento, 277-278
peso bruto de projeto, 359-362
pistas de pouso e decolagem, 119, 196-204, 256-261, 272-281, 292, 328-342, 359-362, 371-374, 377-379, 379-383, 383-386, 401-408, 408-443
capacidade de transporte das, 196-204
características das, de um aeroporto, 119
classificação das, 256-258
comprimento das, 332-342
condição e desempenho do sistema de controle de tráfego aéreo, 200
condições metereológicas, 199
considerações sobre ruído, 200
controle de tráfego aéreo, 196-200
de saída, 260
direção e força do vento, 199
fatores que afetam a capacidade de um sistema de, 197-200
frota de aeronaves, 226
indicadores da capacidade, 196-197
modelos para cálculo da capacidade das, 200-204
movimentos de aeronaves, 199-200
número e características geométricas das, 197-198
padrões de projeto para, 272-281
paralelas, 258, 342
principais, 256-257, 332
projeto estrutural das, 359-362, 371-374, 377-379, 379-383, 383-386, 401-408, 461-501
projeto geométrico das, 256-258, 272-281, 292, 328-342

regras de voo visual (VFR – Visual Flight Rules), 258
requisitos de separação impostos pelo controle de tráfego aéreo, 198-199
saída, tipo e localização da, 200
vento cruzado, 257, 342
pistas de rolamento
de desvio, 260
de pátio, 260-261
paralelas, 259-260
pistas de taxiamento/rolamento, 119, 258-261, 272-281
características das, 119
classificação das, 258-261
de desvio, 260
de pátio, 260-261
entradas de, 260
padrões de projeto, 272-281
paralelas, 259
projeto geométrico das, 258-261, 272-281
saídas de pista, 260
planejamento de transporte multimodal, 216-217, 218-225
ações do governo, 223
Civil Aviation Board (CAB), 216-217
coleta, 218
demanda, 222-225
distribuição, 218
entrega, 218
forças de mercado, 223
Interstate Commerce Commission (ICC), 216
modalidade de transporte de cargas, 218-225
modalidade de transporte de passageiros, 218-225
modelo logit, 220-221
oferta, 222-225
Plano Nacional de Sistemas Aeroportuários Integrados (NPIAS – National Plan of Integrated Airport Systems), 217
tecnologia, 223
Department of Transportation – DOT (Departamento de Transportes) dos Estados Unidos, 217
planejamento de transporte, 7, 215-252
aeroportuário, 232
alternativas, avaliação das, 244-248

aplicação do processo de, 232-232
avaliação das alternativas, 244-248
avaliação econômica, 245
capacidade e previsão,
comparação entre, 227
    coleta, 218
    comparação entre alternativas, 229
    condições atuais, avaliação das, 226
    declaração de impacto ambiental, 227-228
    definição do problema, 227-228
    demanda, 223-225
    distribuição, 218-220
    entrega, 218-219
    estimativa da demanda futura de viagens, 235-243
    estudos abrangentes de longo prazo, 227
    estudos de acesso e impacto do tráfego, 228
    estudos de corredores, 227-228
    estudos de gestão do sistema de transporte, 228
    estudos do principal centro de atividade, 227
    estudos sobre os investimentos principais, 227
    ferroviário, 216-217, 232
    identificação das alternativas, 229
    Interstate Commerce
Commission (ICC), 216
    introdução ao, 215
    método da taxa de crescimento, 235-237
    modalidade de coleta e
distribuição, 218-225
    modelos matemáticos, uso dos, 235
    multimodal, 216-217, 218-225
    oportunidades de emprego em, 7
    Plano Nacional de Sistemas Integrados de Aeroportos (NPIAS – National Plan of Integrated Airport Systems), 217
    previsões de demanda de viagens, 226-227
    processo de quatro etapas, 237-243
    processo do, 225-235
    rodoviário, 216, 232
    seleção das alternativas, 229-230
    transporte aéreo, 217
    transporte urbano, 232

Department of Transportation – DOT (Departamento de Transportes) dos Estados Unidos, 217
planejamento, *veja* planejamento de transporte
Plano Nacional de Sistemas Aeroportuários Integrados (NPIAS – National Plan of Integrated Airport Systems), 217
planos de contingência, 24
pontuação e classificação, avaliação do transporte, 247
potência (HP), 97
precedência semafórica, definição, 557
prioridade da sinalização, definição, 557
procedimentos de análise da capacidade, 134-149, 152-154, 163-168, 170-175, 181-189
    bondes, 163-168
    infraestruturas voltadas para pedestres, 181-189
    ônibus, 152-154
    rodovias, 134-149
    sistema ferroviário em nível separado, 170-175
    sistemas ferroviários na via, 163-168
processo de quatro etapas, 237-243
    cálculo das viagens, 237-243
    distribuição de viagens, 237, 238-240
    escolha da modalidade, 237
    escolha da rota, 237, 239-243
    geração de viagem, 237-238
    modelo gravitacional, 239-240
programa de pesquisa estratégico de rodovias (SHRP – Strategic Highway Research Program), 383
projeto da pista de pouso e decolagem, 272-281, 292, 296-298, 328-342, 359-362, 371-374, 377-379, 379-383, 383-386, 401-408, 408-443
    agrupamento de aeronaves, determinação do comprimento a partir de, 332-335
    Airport Pavement Design and Evaluation, 353
    área de segurança da pista de pouso e decolagem, 274
    área livre de objetos, 275
    cargas de entrada, 359-362

código de referência de aeroporto (ARC – Airport Reference Code), 272, 332
componentes de vento cruzado, 328-332
comprimento da pista de decolagem, 340-341
comprimento da pista de pouso e decolagem com vento cruzado, 342
comprimento da pista de pouso e decolagem paralela, 342
comprimento da pista de pouso e decolagem principal, 332
comprimento da pista de pouso, 337-340
comprimento, 278, 332-342
curvas de desempenho da aeronave, determinação do comprimento a partir de, 335-340
curvas verticais, 292, 296-298
declividades transversais, 279-280
esquema das curvas verticais, 296-298
índice de congelamento do ar, 371-374
larguras, 278
linha de visão, 281
localização e orientação, 272-277
materiais de base, 377-379
materiais de sub-base, 377-379
método da resistência reduzida do subleito, 374
método de penetração completa de gelo, 371
método de penetração limitada de gelo no subleito, 372
navegação aérea, obstrução à, 273
orientação de, 328-332
padrões, 272-281
pavimento de concreto continuamente armado (CRCP – Continuously Reinforced Concrete Pavement), 434-440
pavimentos, 359-362, 371-374, 377-379, 379-383, 383-386, 401-408, 408, 420-434, 439-443
perigos oriundos da vida selvagem, 277
peso bruto de projeto, 359-362
pistas de pouso e decolagem em interseção, 281

Índice remissivo

projeto de pavimentação flexível, 371-374, 377-379, 379-383, 401-408
projeto de pavimentação rígida, 359-362, 374, 377-379, 383-386, 408, 420-443
projeto estrutural, 359-362, 371-374, 377-379, 379-383, 383-386, 401-408, 408-443
projeto geométrico, 272-281, 292, 296-298, 328-342
rampas para, 292
superfícies, 379-383, 383-386
topografia e, 273-274
vento e, 272-373, 328-332
visibilidade da torre de controle de tráfego aeroportuário, 274
projeto de pavimentos flexíveis, 369-374, 378, 379-383, 389-400, 401-408
   California Bearing Ratio (CBR), 369, 374, 401
   coeficiente de camada, 390, 391
   desempenho do pavimento, 390-396
   efeito de drenagem, 394-397
   equações do, 396-400
   fatores ambientais, 390-392
   índice de serventia, 390
   materiais de base e sub-base, 377-378
   materiais de revestimento, 379-383
   materiais do subleito, 369, 371-374
   método AASHTO, 389-400
   método da FAA, 401-408
   módulo de resiliência efetivo, 393-394
   pistas de pouso e decolagem de aeroporto, 369-374, 378, 379-383, 401-408
   rodovias, 371, 377, 379-383, 383-386, 389-400
projeto de pavimentos rígidos, 371, 374, 377, 383-386
   armadura de aço, 431-443
   bombeamento, 443
   concreto armado com juntas, 408, 427-434
   concreto com juntas, 408
   desempenho do pavimento, 408-417
   diagramas de projeto, 422-426
   equação de projeto para determinação da espessura, 417-420
   fatores sazonais (ambientais), 409, 412
   juntas, 427-430
de articulação, 428
   de construção, 428
   de contração, 428
   de expansão, 427
   materiais de base e sub-base, 377-379
   materiais de superfície, 383-386
   materiais do subleito, 371, 374
   método AASHTO, 408-420
   método de FAA, 420-443
   módulo de elasticidade, 409, 411-414
   módulo efetivo, 414-418
   pavimentos de concreto continuamente armados (CRCP – Continuously Reinforced Concrete Pavement), 408, 434-443
   perda de fator de suporte (LS), 413
   pistas de pouso e decolagem de aeroporto, 359-362, 374, 377-379, 383-386, 408, 420-483
   resistência à flexão do concreto, 420-421
   rodovias, 369, 377, 383-386, 389-400, 408-420
   tela de arame deformado a frio (DWF), 430-431
   tela de arame soldado (WWF), 430-431
projeto de vias férreas, 281-285, 293-299, 312-328, 349, 362-363, 374, 379, 386-388, 444-456. *Veja também* superestruturas da via férrea
   alinhamento horizontal, 312-328
   área de suporte efetiva, 456
   cargas das rodas do trem, 362-363
   comprimento mínimo da tangente, 284-285
   curvas compostas, 315
   curvas espirais, 315-319
   curvas horizontais, 284-285
   curvas horizontais simples, 312-315
   curvas verticais, 293-299
   dormentes, 352, 386-388, 446-447, 454-455, 455-456
   equação de Boussinesq, 445-446
   equação de Talbot, 445
   esquema de curvas horizontais, 319-328
   esquema de curvas verticais, 296-299
   extremidades dos dormentes, 446-447
   fórmula de Love, 445-446
   gradiente longitudinal, 281-284
   materiais de lastro, 379
   materiais do subleito, 374, 375-376
   materiais para, 386-388
   método AREMA de, 444-456
   módulo de apoio do trilho, 444-446
   padrões geométricos, 281-285, 293-299, 312-328
   padrões, 281-285
   profundidade e largura do lastro, 446-447, 447-448
   projeto estrutural, 349, 362-363, 374, 379, 386-388, 444-456
   rampas para, 281-284, 293
   seção transversal do trilho, determinação da, 448-454
   subestrutura ferroviária, 350
   superestrutura ferroviária, 350, 386-388
   tamanho da placa de apoio do trilho, 454-455
   Track Design Handbook for Light Rail Transit, 313
   trilhos, 353, 386-388, 448-454
   velocidade de projeto, 284
   vias férreas principais intermunicipal e de carga, 282
   vias principais de transporte público ferroviário urbano, 282
   vias principais de veículos leves sobre trilhos, 282
   vias secundárias, 282-284
projeto estrutural, 349-463
   Airport Pavement Design and Evaluation, 353
   amostras do solo, 363-376
   camada de base, 350
   camada de lastro, 350-351
   camada de sub-base, 350
   camada de sublastro, 350
   carga por eixo equivalente, 359
   carga por eixo simples equivalente (ESAL – Equivalent Single Axle Load), 354-359

cargas das rodas de locomotiva, 362-363
cargas de entrada, determinação do, 354-363
componentes de, 349-352, 363-388
componentes estruturais das vias de transporte, 349-352
dormentes, 352, 386
Guide for the Design of Pavement Structures, 408, 409
introdução ao, 349
materiais do subleito, 350, 363-374
materiais para, 363-388
método AASHTO de projeto de pavimentação, 389-400, 408-420
método AREMA para o projeto de vias férreas, 444-457
método da FAA para projeto de pavimentação, 401-408, 420-443
número estrutural (SN), 354, 355
pavimento de aeroporto, 359-362, 371-374, 377-379, 379-383, 383-386, 401-408, 408-443
pavimento flexível, 369, 371-374, 377-379, 379-383, 389-400, 401-408
pavimento rodoviário, 354-359, 371, 377, 379-383, 383-386, 389-400, 408-443
pavimentos rígidos, 371, 374, 377, 383-386, 408-443
pavimentos, 354-359, 359-362, 369-376, 377-379, 379-386, 389-400, 401-408, 408-443
peso bruto de projeto, 359-362
princípios do, 353-457
revestimento, 352
subestrutura, da via férrea, 350
superestruturas, da via férrea, 350, 379, 386-388
trilho da via, 352-353, 387-388, 448-455
vias de transporte, 349-463
vias férreas, 350, 362-363, 374-376, 379, 386-388, 444-457
projeto geométrico, 253-347
A Policy on Geometric Design of Highways and Streets, 253-254
alinhamento horizontal, 300-328
alinhamento vertical, 285-299
classificação das vias de percurso, 253-262
comprimento da pista de pouso e decolagem, 332-342
orientação da pista de pouso e decolagem, 329-332
padrões de, 262-285
pistas de pouso e decolagem de aeroportos, 257-258, 272-275, 292, 296-299, 328-342
pistas de rolamento de aeroportos, 258-261, 272-281
rodovias, 253-256, 262-272, 286-292, 296-299, 306-312, 319-328
vias férreas, 261-262, 281-285, 293-299, 312-328
projeto rodoviário, 263-272, 285-292, 296-299, 306-312, 319-328, 354-359, 371, 377, 379-383, 383-386, 389-400, 408-439
acostamentos, 267-268
alinhamento horizontal, 306-312, 319-328
alinhamento vertical, 285-292, 296-299
barreiras de concreto nos canteiros e nas margens, 269
calçadas, 269-270
California Bearing Ratio (CBR), 369, 374, 401
canteiros, 269
características de tráfego, 354-359
carga por eixo simples equivalente (ESAL – Equivalent Single Axle Load), 354-359
carregamento, 353-359
curvas compostas, 309
curvas espirais, 310-312
curvas reversas, 309-310
curvas simples, 306-309
declividades transversais, 270
defensas metálicas, 269
desempenho do pavimento, 390-396, 408-418
distância simples de visibilidade mínima na curva, 306-308
elementos da seção transversal, 266-270
esquema das curvas horizontais, 319-328
esquema das curvas verticais, 296-299
faixas de tráfego, 366
guias, 269
Guide for the Design of Pavement Structures, 408, 409
índice de serventia, 390
materiais da sub-base, 350, 352, 377
materiais de base, 377
materiais do subleito, 350, 369-371
método da AASHTO para o projeto de pavimentos, 389-400, 408-474
padrões, 263-272
pavimento asfáltico de desempenho superior (superpave), 383
pavimento de concreto continuamente armado (CRCP – Continuous Reinforced Concrete Pavement), 434-440
pavimentos, 354-359, 371, 378-379, 379-383, 383-386, 389-400, 408-420, 434-441
programa de pesquisa estratégico de rodovias (SHRP – Strategic Highway Research Program), 383
projeto de pavimentação rígida, 371, 377, 383-386, 389-400, 408-420
projeto estrutural, 354-359, 371, 378-379, 379-383, 383-386, 389-400, 408-443
projeto geométrico, 263-272, 285-292, 296-299, 306-312, 319-328
projeto para pavimentos flexíveis, 369, 377-379, 379-383, 383-386, 389-400
rampas, 270-272, 286
revestimento, 379-383
sarjetas, 269
superelevação, 306, 311
terreno em nível, 264
terreno montanhoso, 264-265
terreno ondulado, 264
velocidade de projeto, 264-266
volume de projeto, 263-264
volume diário médio (VDM – Average Daily Traffic), 263-264
volume diário médio anual (VDMA – Average Annual Daily Traffic), 263-264
volume horário de projeto (VHP – Design Hourly Volume), 263-264
projeto, 6, 7, 253-347, 349-463
de transporte, 7

Índice remissivo

de veículos, 6
estrutural, 349-463
oportunidades de carreira em, 6, 7
projeto geométrico, 253-347
vias de transporte, 253-347, 349-463
público básico (BU – Basic Utility), de aviação geral, aeroportos, 118
público geral (GU), aeroportos da aviação geral, 118

Q

qualidade do serviço, 151-152, 176-179
    conceitos, 151-152
    confiabilidade do trecho de linha, 177-179
    frequência, 176
    horário de serviço, 177
    indicadores, 176-179
    volume de passageiros, 177

R

raio mínimo de uma curva circular de uma rodovia, 108-111
rampas, 270-272, 281-284, 285-292, 293
    curvas verticais, 286, 291-292, 293-294
    gradiente longitudinal, 281-284
    padrões de projeto de pista de pouso e decolagem, 292
    padrões de projeto de vias férreas, 281-285, 293
    padrões de projeto geométrico, 270-272
    padrões de projeto rodoviários, 286
razão entre volume e capacidade (v/c), 134
regras de voo visual (VFR – visual flight rules), 258
regressão linear multivariável, 36-39
relação custo/nível do serviço, 23
requisitos de energia, 97-99
    automóveis, 98-99
    potência, 97
    trens, 97-98
resistência ao movimento, definição, 97
resistência de curva, 95-96
    definição, 95
    em trens, 96
    em veículos automotores, 95-96
resistência de rampa, definição, 93
resistência de rolamento, 93-95
    definição, 93
    resistência inerente ao movimento, 95

trens, 94-95
veículos automotores, 93-95
resistência do ar, 90-93
    definição, 90
    em trens, 92-93
    em veículos automotores, 90-92
restrições, técnicas de otimização, 59, 59-60
resultados coletivamente exaustivos, 43
resultados mutuamente exclusivos, 43
revestimento, 352, 379-388
    agregados, 380-383
    cimento Portland, 383-386
    cimentos asfálticos, 379-380
    componentes do projeto
estrutural, 352
    emulsão asfáltica, 380
    materiais para, 377-386
    pavimentos de aeroportos, 377-383, 383-386
    pavimentos de rodovias, 379-383, 383-386
    pavimentos flexíveis, 379-383
rodovia de fluxo interrupto, 127-128
rodovia(s), 15-17, 104-112, 127-149, 216, 219, 253-256, 263-272, 286-292, 306-312, 472-473, 488-490, 494-495, 497-498. *Veja também* gerenciamento de incidentes e de via expressa (FIMS)
A Guide for Reducing Collisions on Highway Curves, 496-497
A Policy on Geometric Design of Highways and Streets, 253-254
    análise de capacidade, 134-149
    automóvel, invenção do, 15
    capacidade, 127-149
    características das, 104-112
    características do fluxo de tráfego, 128
    classificação das, 253-256
    cruzamentos ferroviários em nível, segurança dos, 493-494
    distância de visibilidade, 104-108, 109
    distância de visibilidade de parada, conscientização da segurança da, 488-489
    estradas coletoras, 256
    estradas locais, 256
    estruturas de fluxo interrompido, 127-128
    fator de pico horário, 133

Fatos de segurança no trânsito, 472-473
    fluxo de tráfego, 129-131, 132
    Highway Capacity Manual (HCM), 125-126, 149, 536
    história das, 15-17
    interseções, 134-149
    lei federal de auxílio às estradas, 16
    método HCM de análise, 149
    National Highway Traffic Safety Administration (NHTSA), 466, 472-473
    padrões de projeto para, 263
    planejamento de transporte, 216-217, 232
    raio mínimo de uma curva circular 108-111
    relação entre volume e capacidade (v/c), 134
    ruas coletoras, 255
    ruas principais arteriais, 255
    rural, 255, 256
    segurança, 470-471, 488-489, 493-496, 497-498
    semáforos, 134-149
    sistema de classificação AASHTO de, 253-254
    sistema interestadual, 16-17
    superelevação, 110-111
    taxas de fluxo, 132-134
    trechos em obras, segurança de, 495
    U.S. Office of Road Inquiry, 16
    urbanas, 255
    uso do cinto de segurança, 487
    vias arteriais secundárias, 255
rodoviárias, *veja* aeroportos; rodovias; ferrovias
ruas, *veja* rodovias; estradas/vias

S

sarjetas, projeto geométrico, 269
segurança do transporte comercial, 499-505
    equipe de estratégia de segurança da indústria (ISST – Industry Safety Strategy Team), 502
    ferrovias, 503-505
    Railroad Safety Advisory Committee (RSAC), 504
    transporte aéreo, 499-503
    voo controlado contra o terreno, 500
segurança, 465-509, 559
    abordagem abrangente da AASHTO para, 491-497

acidentes, 466
análise de colisões, 471-487
áreas dos canteiros, 494-495
benefícios dos sistemas de controle de tráfego avançados, 558-559
caminhões, 493
colisões, 466-470
Fatos de segurança no trânsito, 472-473
ferroviária, 490
índices de colisão, 476-479
introdução à, 465-466
melhoria da, 470-471
melhorias de alta prioridade, 487-497
migração da colisão, 486
Mothers Against Drunk Driving (MADD), 467
motocicletas, 493
National Cooperative Highway Research Program (NCHRP), 496-497
National Highway Traffic Safety Administration (NHTSA), 466, 472-473
National Transportation Safety Board (NTSB), 466-467
navegação, 490
passagens em nível, 493-494
preocupações comuns a todas as modalidades, 490-491
Railroad Safety Advisory Committee (RSAC), 504
relatório anual de estatísticas de segurança ferroviária, 472
rodoviária, 497-498
Transportation Research Board (TRB), 495
transporte aéreo, 489-490
transporte comercial, 499-505
uso do cinto de segurança, 487-488
veículos de passageiros, 493
semáforos, 134-138, 547-559
atuados, 135, 547-548
benefícios dos sistemas de controle, 558-559
capacidade de uma determinada faixa, 138
ciclo de defasagem (SCOOT – Split, Cycle, Offset Optimization), 556-557
ciclos, 135
conceito de largura de banda, 551-554
coordenação, 548-555, 555-556
defasagem, 135
defasagens ideais, 550-551
diagrama espaço-tempo, 549-554
fase, 135
intervalo de liberação, 137
intervalo, 135
precedência e prioridade, 557-558
pré-programado, 135
princípios de programação semafórica, 136-139
sistemas de controle avançado de tráfego (ATC), 547-559
sistemas de controle de tráfego adaptativos, 55-557
Sydney Coordinated Adaptive Traffic System (SCATS), 556-557
tempo de passagem, 548
tempo em verde, 137, 138, 548
efetivo, 137, 138
mínimo, 548
máximo, 548
serviço comercial, aeroportos, 118
setores de serviço, oportunidades de carreira, 6-8
sinais pré-programados, 135
sinalização de trens, 168-170, 170-175
sistemas de controle do sinalização por bloco, 168-170
sistemas de sinalização de cabine, 170, 171, 172-174
sistemas por blocos fixos, 169-170, 171
sistemas por blocos móveis, 170, 172, 174-175
uso da análise de capacidade, 170-175
sinalizações, *veja* semáforos; sinalização de trens
sistema de posicionamento global (GPS), 22, 517, 559-560
sistema interestadual, 17
sistema sobre trilhos em níveis separados, 168-175. *Veja também* sinalização de trens
análise de capacidade dos, 170-175
capacidade de pessoas no transporte público, 175-176
capacidade de veículos, 172-175
indicadores de qualidade de serviço, 176-179
margem operacional, 172
sistemas de controle de sinalização por bloco, 168-175
tempo de parada, 195
tempo por aproximação na estação mais carregada, 170-172
tempo por aproximação, 170-172
Sistema Unificado de Classificação dos Solos (SUCS), 363, 367-368
sistemas de comunicação, 22
sistemas de controle de sinalização por bloco, 168-175
sistemas de controle de tráfego adaptativos, 555-557
algoritmos para, 556-557
controle de semáforo DIT, 555
Sydney Co-ordinated Adaptive Traffic System (SCATS), 556-557
técnica de otimização da fração, ciclo de defasagem (SCOOT – Split, Cycle, Offset Optimization Technique), 556
sistemas de gerenciamento de incidentes e de via expressa (FIMS – Freeway and Incident Management Systems), 511, 512-547
algoritmo de base estatística, 526
algoritmos com base em inteligência artificial, 527-528
algoritmos da teoria da catástrofe, 526
alocação dinâmica de tráfego, 543-544
aplicações de, 512-513
benefícios e exemplos de, 546
controle de acesso, 529-542
detecção automática de incidentes (AID – Automatic Incident Detection), 520-526
disseminação de informações, 542
gerenciamento de faixa, 546
gerenciamento de incidentes, 519-529
Highway Advisory Radio (HAR), 542
introdução aos, 512
objetivos, 512-513
orientação dinâmica de rota (DRG – Dynamic Route Guidance), 542-546
painéis de mensagem variável (PMV), 542
vigilância do tráfego, 513-519
sistemas de informações ao viajante multimodal, 511, 562-563

Índice remissivo   593

benefícios de, 562
desafios enfrentados pelos, 563
introdução aos, 562
sistemas de localização, 22
sistemas de sinalização de cabine, 170, 171, 172-174
sistemas de sinalização por blocos móveis, 170, 172, 174-175
sistemas de transporte público avançados, 511, 559-561
    benefícios do, 561
    computer-aided dispatching (CAD), 560
    eletrônicos de pagamento de tarifas, 561
    informações de transporte público, 561
    localização automatizada de veículos (AVL – Automatic Vehicle Location), 559-560
    programas de operações de transporte, 560-561
    sistema de posicionamento global (GPS), 559-560
sistemas de transporte, 23-84, 227
    análise, 24-66
    características dos, 21-22
    componentes dos, 22-24
    diagramas espaço-tempo, 24-27
    elementos físicos, 22
    estudos de gestão, 228
    Ferramenta de análise de dados, com o uso do Microsoft Excel, 36-39
    ferramentas de análise das operações de tráfego, 24-32
    gráficos acumulativos, 24, 29-32
    localização, 22
    Microsoft Excel, uso do, 36-39, 60-63, 65-66
    normas operacionais, 23-24
    posicionamento global (GPS), 22
    programação linear, 59-66
    recursos humanos, 22-23
    sistemas de comunicação, 22
    Solver, usando o Microsoft Excel, 60-63, 65-66
    técnicas de análise de regressão, 32-42
    técnicas de otimização, 58-66
    técnicas de tomada de decisão, 58-66
    teoria das probabilidades, 43-54
    teoria de filas, 54-58
Sistemas Inteligentes de Transporte (SIT), 511-570. *Veja também* Tecnologia da Informação (TI)
    cruzamentos rodoferroviários inteligentes, 563
    introdução aos, 511
    precedência e prioridade Semafórica de ATC, 557-558
    sistemas de controle de tráfego adaptativos, 555-557
    sistemas de gerenciamento de incidentes e de via expressa (FIMS – Freeway and Incident Management System), 511, 512-547
    sistemas de informações ao viajante multimodal, 562-563
    sistemas de localização automatizados de veículos (AVL), 559-560
    sistemas de transporte público avançados, 511, 559-561
    vigilância do tráfego, 513-519
sistemas por blocos fixos, 169-170, 171
superelevação, 108-111, 117, 306, 311
    ângulo
        da via férrea, 117
        de rolagem, 117
        do vagão, 117
    definição, 108
    equilíbrio, 117
    escoamento, 311
    ferrovias, 117
    projeto de rodovia, 306, 311
    rodoviária, 108-111
    taxa de, 110
    taxa máxima de, 306
    velocidade de equilíbrio, 117
superestruturas da via férrea, 350, 379, 386-388
    componentes de projeto estrutural, 350, 379
    definição, 350
    dormentes, 379, 386-387
    materiais para, 386-388
    trilhos, 386-388
Sydney Coordinated Adaptive Traffic System (SCATS), 556-557
SYNCHRO, 555

T

tabelas de contingência, análise de colisão, 483-484
taxa de fluxo de serviço, 127
técnica de otimização do ciclo de defasagem (SCOOT – Split, Cycle, Offset Optimization Technique), 556
técnicas de análise de regressão, 32-42
    ferramentas de análise de dados, 35, 36-39
    Microsoft Excel, uso, 35, 36-39
    multivariáveis, 36-39
    regressão linear, 33-42
    valores estimados, 33
    valores observados, 33
    variáveis dependentes, 33
    variáveis e, 32-34
    variáveis independentes, 33
    variáveis transformadas, 40-42
técnicas de otimização, 58-66
    funções objetivo, 59
    programação linear, uso da, 59-66
    restrições, 59, 59-60
    Solver do Microsoft Excel, uso do, 60-63, 65-66
    tipos de, 58
    utilização, 58-59
    variáveis de decisão, 58, 59
técnicas não paramétricas, análise de colisão, 485
tecnologia da informação (TI), 511-570
    controle avançado de tráfego (ATC), 511, 547-559
    controle de acesso, 529-542
    controle positivo de trem (PTC – Positive Train Control), 563
    cruzamentos rodoferroviários inteligentes, 563
    detecção automática de incidentes (AID – Automatic Incident Detection), 520-529
    ferrovias, 563
    introdução à, 511
    localização automatizada de veículos (AVL), 559-60
    orientação dinâmica de rota (DRG – Dynamic Route Guidance), 542-545
    sistema de posicionamento global (GPS), 517, 559-560
    sistemas de gerenciamento de incidentes e de via expressa (FIMS – Freeway and Incident Management System), 511, 512-547

sistemas de informações ao viajante multimodal, 511, 562-563
sistemas de transporte público avançados, 511, 559-561
vigilância do tráfego, 513-519
tecnologia do planejamento de transporte multimodal, 222-223
tela de arame deformado (DWF), 430-432
tela de arame soldado (WWF – Welded Wire Fabric), 430-431
tempo de parada, 150-151, 152-155
   ônibus, 150-151, 152-155
   sistema sobre trilhos em nível separado, 172
   efetivo, 137
   máximo, 548
   mínimo, 548
tempo para detectar (TTD – Time to Detect), 520
tempo perdido total, 136
tempo por aproximação, sistemas em nível separado, 170-172
tempo, 80, 135, 136-139, 150-151, 152-155, 170-172, 548. *Veja também* semáforos
   de liberação, 150-151, 155
   de parada, 150, 152-155
   de passagem, 548
   de percepção e reação, 80
   de verde, 137, 138, 548
de verde efetivo, 137
   de verde máximo, 548
   de verde mínimo, 548
   intervalo de saturação, 136
   intervalo de, entre as dispersões de veículos, 136
   perdido total, 137
   por aproximação, 170-171
   princípios, 136-139, 548
   taxa de fluxo de saturação, 136
teoria das filas, 54-58
   distribuição de probabilidade geral (G), 55
   modelos, suposições para, 55
   distribuição exponencial negativa (M), 55
   uso da, 54
   modelo de fila M/D/1, 56-57
   modelo de fila M/M/1, 57-58
teoria das probabilidades, 43-54
   distribuições de probabilidade discreta, 47-54

   eventos e, 43-44
   exemplos de, 43
   modelo de incerteza, 43
   probabilidades, 43-44
   resultados coletivamente exaustivos, 43
   resultados mutuamente exclusivos, 43
   resultados, 43
   uso da, 43
   variáveis aleatórias discretas, 44-45
   variáveis aleatórias, 44, 45-47
terminais, 22, 80-81, 151
   capacidade de transporte, 151
   comportamento do passageiro nos, 80-81
   definição, 22
terreno, velocidade de projeto rodoviário, 264
teste da soma das classes de Wilcoxon, análise de colisão, 476, 486-487
teste de hipóteses, análise de colisão, 476, 477
teste de proporcionalidade, análise de colisão, 476, 481-482
teste de qui-quadrado, análise de colisão, 476, 482-484
teste t, análise de colisão, 476, 479-481
TI, *veja* Tecnologia da Informação (TI)
Tom Thumb, 11
topografia, padrões de projeto de pista de pouso e decolagem e de rolamento, 273-274
tráfego atuado, 533-539
   controle da demanda-capacidade, 533-534
   controle de ocupação, 534-536, 536-537
   de todo o sistema, 537-539
   local, 533-536
tráfego, 24-32, 128, 134-138, 196-197, 198-199, 200, 228, 263-264, 274, 354-359, 466, 512-519, 542-546, 547-559
   alocação dinâmica de tráfego, 543-544
   análise das operações, 24-32
   características de tráfego no projeto de pavimento, 354-359
   características do fluxo, 128
   controle avançado de tráfego (ATC), 511, 547-559
   controle de tráfego aéreo, 196, 197, 197-199, 200

   estudos de acesso e impactos, 228
   Fatos de segurança no trânsito, 472-473
   gerenciamento de faixa, 546
   monitoramento, 512-519
   National Highway Traffic Safety Administration (NHTSA), 466, 487
   Orientação Dinâmica de Rota (DRG – Dynamic Route Guidance), 542-546
   planejamento de transportes, 227
   semáforos, 134-138
   visibilidade da torre de controle de tráfego aeroportuário, 274
   volume diário médio (VDM – Average Daily Traffic), 263-264
   volume diário medio anual (VDMA – Average Annual Daily Traffic), 263-264
Traffic Network Study Tool (TRANSYT), 55
trajetória, diagramas espaço-tempo, 24-25
Transportation Research Board (TRB), 495
transporte de aviação geral, 118
transporte aéreo, 15, 217, 489-490, 499-503
   Civil Aviation Board (CAB), 217-218
   equipe de estratégia de segurança da indústria (ISST – Industry Safety Strategy Team), 502
   formação de gelo na asa, 489
   história do, 15
   invasões em pista de pouso e decolagem, 489-490
   misturas explosivas nos tanques de combustível, 490
   planejamento de transporte, 217
   Plano Nacional de Sistemas Aeroportuários Integrados (NPIAS – National Plan of Integrated Airport Systems), 217
   segurança comercial, 499-503
   segurança, 489-490, 499-503
   voo controlado contra o terreno, 500
transporte ferroviário na via, 163-168
   análise de capacidade do, 163-168
   capacidade veicular, 166
   intervalo em via única, 165-166
   intervalo entre veículos do trecho com sinalização por bloco, 165

Índice remissivo 595

intervalo entre veículos nos trechos da via, 164-165
transporte ferroviário, 12, 151, 163-168, 168-175
   sistema, história do, 12
   sistemas de vias, 163-168
   sistemas em níveis separados, 168-175
   trechos, capacidade do, 151
transporte público urbano, 12-15. *Veja também* transporte
   ônibus, 14
   veículo leve sobre trilhos, 14
   história do, 8-17
   transporte ferroviário, 10-11
   bondes, 12-13
transporte público, 149-179, 232. *Veja também* sistemas de transporte público avançados (APTS – Advanced Public Transportation System); transporte público urbano
   análise da capacidade de ônibus, 152-163
   análise da capacidade de tecnologia sobre trilhos na via, 163-168
   áreas de embarque/desembarque, 150-151, 156-157
   capacidade de pessoas, 149-150, 175-176
   capacidade veicular, 149-150, 166, 172
   capacidade, 149-179
   coeficiente de variação, 150
   estações, 151, 164
   índice de falha, 155-156
   operação com paradas alternadas, 156-157, 162-163
   planejamento de transporte urbano, 232
   qualidade do serviço, 151-152, 176-179
   sistemas sobre trilhos em níveis separados, 168-175
   tempo de liberação, 150-151, 155
   tempo de parada, 150, 152-154, 172
   terminais, 151
   trechos sobre trilhos, 151
   volume de passageiros, 156
transporte público, *veja* sistemas de transporte público avançados (APTS – Advanced Public Transportation System);

transporte; transporte público urbano
transporte, 1-18, 21-73, 75-123, 215-252, 465-508
   aéreo, 15
   American Association of State Highway and Transportation Officials (AASHTO), 80, 81-82
   análise de dados de colisão, 471-487
   avaliação das alternativas de, 244-248
   canais, 10
   características das vias de percurso e, 104-119
   características de veículos e, 81-104
   características dinâmicas dos veículos, 90-95
   características dos, 75-123
   usuários e, 76-81
   características estáticas dos veículo, 81-90
   construção, 7-8
   conteinerização, 12
   definição, 1
   engenharia, 6-7
   estimativa da demanda futura de viagens, 235-243
   estradas, primeiras, 9-10
   ferroviário, 10-12
   finalidade do, 1-2
   hidrovias, 10
   história do, 8-10
   impactos ambientais do, 4-5
   indústria de infraestrutura, 6
   indústria de serviço, 6
   logística empresarial, 6
   manutenção da infraestrutura, 8
   modalidade de frete, 218-225
   modalidade de transporte de passageiros, 218-225
   modelos de sistemas, 21-73
   modelos, 21-73, 132, 144-146, 200-204
   nível de serviço, 17
   operações e gerenciamento, 8
   oportunidades de carreira em, 6-8
   planejamento multimodal, 216-217, 218-225
   planejamento, 7, 215-252
   projeto e fabricação de veículos, 6
   público urbano, 12-15
   rodoviário, 15-17
   segurança, 465-508
   segurança comercial, 499-505

   sociedade e, 1-5
   visão geral do, 1-18
trens, 88-90, 92-93, 94-95, 96-97, 102-104. *Veja também* sistema sobre trilhos em nível separado; ferrovias
   American Railway Engineering Association (AREA), 96
   características dinâmicas dos, 92-93, 94-95, 96-97, 102-104
   características estáticas dos, 88-90
   de levitação magnética (Maglev), 89-90
   distância de frenagem, 102-104
   distância de parada, 104
   freio a ar, 103
   freio eletrodinâmico, 103
   freio eletromagnético, 103
   freios a disco, 103
   freios de sapatas, 103
   freios eletropneumáticos, 103
   locomotivas a vapor, 89
   locomotivas diesel-elétricas, 89
   locomotivas elétricas, 89
   requisitos de potência, 97
   resistência ao rolamento, 94-95
   resistência de curva, 96
   resistência de nível, 95
   resistência do ar, 92-93
   trens de levitação magnética (Maglev – Magnetic Levitation), 89-90
trilhos, 352, 386-388
   componentes de projeto estrutural, 352
   materiais para, 386-388
   vias férreas, 352, 386-388

U
U.S. Office of Road Inquiry, 16
uso do cinto de segurança, 487-488

V
valor presente, avaliação de transporte, 245
valores estimados, análise de regressão e, 33-34
valores observados, análise de regressão e, 33
variáveis, 32-34, 36-47, 51-52, 58-60, 66
   aleatórias discretas, 44-45
   aleatórias, 44-45, 51
   análise de regressão e, 32-33
   análise de regressão linear e, 34-40
   decisão, 58, 59
   dependentes, 32

596 Engenharia de infraestrutura de transportes

independentes, 32
técnicas de otimização, 58
transformadas, 40-42
uso do modelo de probabilidade, 44-45, 46-48
variáveis aleatórias, 44, 45-47
    definição, 44
    desvio padrão, 45-47
    medidas resumo, 45-47
    medidas, 45-47
    Microsoft Excel, cálculos com o uso, 47
    teoria da probabilidade e, 44, 45-47
    variância, 45-47
variáveis aleatórias discretas, 44-45
    função distribuição acumulada, 45
    função massa de probabilidade, 45
    teoria da probabilidade e, 45
variáveis de decisão, técnicas de otimização, 58, 59, 60
variáveis dependentes, análise de regressão e, 33
variáveis independentes, análise de regressão e, 33
variáveis transformadas, regressão com utilização de, 40-42
veículos, 6, 22, 24, 493
    capacidade de transporte, 149-151
    de passageiros, segurança dos, 493
    definição, 22
    diagramas de espaço-tempo, 24-25
    projeto de fabricação, carreiras em, 6
veículos leves sobre trilhos, 14, 261, 282, 284, 313
    definição, 14
    rampas, 284
    via de transporte público de, 313
    vias férreas de transporte, 261
    vias principais, 282
veículos/milha de viagem (VMT – Vehicle Miles Traveled), 253, 473, 474
velocidade, 80, 117, 128, 179-181, 264-266, 284-285
    caminhada, 80
    de projeto, terreno e, 264
    equilíbrio, ferrovias, 117
    parâmetros de fluxo de tráfego, 128, 179
    projeto de ferrovia, 284-285
    projeto de rodovia, 264-266
    relação entre fluxo-velocidade--densidade, 179-181

velocidade de projeto, 264-266, 284
    rodovias, 264-266
    topografia, 264-265
    vias férrea, 284
vento, 199, 272-273, 328-332
    capacidade das pistas de pouso e decolagem, 200
    códigos de referência de aeroporto (ARC – Airport Reference Code), 256, 272, 332
    componentes da força centrífuga, 312-313
    direção e força, 199
    National Climatic Data Center (NCDC), 329
    National Oceanic and Atmospheric Administration (NOAA), 329
    padrões de projeto de pista de rolamento, 272
    rosa dos, 330-332
    topografia de pista de pouso e decolagem e, 273, 328-336
vias arteriais, 255
vias de carga e intermunicipais de passageiros, 262
vias de pátio, 261, 262, 284
vias de transporte, 104-119, 253-346, 349-462
    aeroportos, 118-119, 256-261, 272-281, 292, 328-342
    alinhamento horizontal, 300-328
    alinhamento vertical, 285-299
    ângulo de rolagem, 117
    características das, 104-119
    classificação das, 253-262
    distância de visibilidade, 104-108, 112-117
    ferroviários, 112-117
    padrões de projeto para, 262-285
    pistas de pouso e decolagem, 256-258, 271-281, 292, 328-342
    pistas de rolamento, 259-261, 272-281
    projeto estrutural das, 349-462
    projeto geométrico das, 253-346
    público ferroviário urbano, 261
    raio mínimo de curvas circulares, 108-112
    rodoviários, 104-112, 253-256
    rodovias, 253-256, 262-272, 285-292, 306-312
    superelevação, 110-111, 117
    velocidade de equilíbrio, 117

vias em curvas horizontais, 117
vias ferroviárias, 261-262, 281-285, 293-299, 312-328
vias férreas, 117, 261-262, 281-285, 293-299, 312-328, 349, 352, 362-363, 374, 379, 386-388, 444-456
    alinhamento vertical, 293-299
    características das, 117
    classificação das, 261-262
    curvas horizontais, 117, 284-285
    de carga e intermunicipais de passageiros, 262
    dormentes, 352
    padrões de projeto para, 281-285
    principais, 262
    projeto estrutural de, 349, 362-363, 374, 379, 386-388, 444-456
    projeto geométrico das, 261-262, 281-285, 293-299, 312-328
    secundárias, 262
    sem receitas, 262
    subestrutura, 350
    superestrutura, 350
    transporte ferroviário urbano, 261
    transporte público de veículos leves sobre trilhos, 261
    trilhos, 353, 386-388, 448-454
    vias de alta velocidade, 262
    vias de pátio e sem receita, 262, 284
    vias principais, 262
vias secundárias, 262
visão de cores, 78
visão periférica, 78
volume de passageiros, 156, 177
    capacidade de transporte, 156
    qualidade do serviço, 177
volume de projeto, 263-264
    horário (VHP – Design Hourly Volume), 263-264
    volume diário médio (VDM – Average Daily Traffic), 263-264
    volume diário médio anual (VDMA – Average Annual Daily Traffic), 263-264
volume diário médio (VDM – Average Daily Traffic), 263-264
volume diário médio anual (VDMA – Average Annual Daily Traffic), 263-264
volume horário de projeto (VHP – Design Hourly Volume), 263-264